色母粒配方设计和工业制造

陈信华　赵瑞良　徐一敏　等编著

化学工业出版社

·北京·

内 容 简 介

色母粒行业是为塑料产业配套的一个重要分支行业。本书主要对色母粒的组成及特性、薄膜级色母粒配方设计、电缆、管道级色母粒配方设计、注塑级色母粒配方设计、纤维级色母粒配方设计、其他色母粒配方设计、功能母粒配方设计、色母粒工业制造、色母粒质量控制与剖析、中国色母粒工业发展趋势展望等进行了详细介绍，可供从事颜料、染料、塑料着色、塑料制品加工的各类技术人员参考。

图书在版编目（CIP）数据

色母粒配方设计和工业制造 / 陈信华等编著. —北京：化学工业出版社，2021.10（2023.9重印）

ISBN 978-7-122-39578-8

Ⅰ. ①色… Ⅱ. ①陈… Ⅲ. ①塑料着色-着色剂-配方-设计②塑料着色-着色剂-制造 Ⅳ. ①TQ320.67

中国版本图书馆 CIP 数据核字（2021）第 144616 号

责任编辑：赵卫娟　　文字编辑：刘　璐
责任校对：王　静　　装帧设计：刘丽华

出版发行：化学工业出版社（北京市东城区青年湖南街 13 号　邮政编码 100011）
印　　装：北京建宏印刷有限公司
787mm×1092mm　1/16　印张 26¾　字数 659 千字　　2023 年 9 月北京第 1 版第 4 次印刷

购书咨询：010-64518888　　售后服务：010-64518899
网　　址：http://www.cip.com.cn
凡购买本书，如有缺损质量问题，本社销售中心负责调换。

定　　价：128.00 元

编写人员

马冠群　王艳　王琼　王玉宝　王明华　王群林

毛亚琴　朱国珍　刘鹏　孙伟仁　孙家悦　杨永卿

李军　李杰　李果　李一卫　李兴达　李毕忠

李海峰　吴兆权　吴爱华　何贵平　余国同　邹明华

张成　张中明　张更建　张新民　陈信华　郑有家

武立新　赵瑞良　祝润生　袁林　夏晶　徐一敏

高荣宝　梅诗宇　黄佐超　崔世鸿　董奇　董永辉

董前年　蒋钰　谢林生

序言

《色母粒配方设计和工业制造》是陈信华、赵瑞良、徐一敏等作者奉献给色母粒行业的又一本重要书籍。

本书从专业性、知识性、全面性着手，梳理了色母粒配方设计和工业制造的相关科学理论、行业技能和实践经验，可作为色母粒行业的工具书使用。

《塑料着色剂——品种·性能·应用》《塑料配色——理论与实践》《色母粒配方设计和工业制造》三本书籍的系列出版，完成了对色母粒行业四大关键技术——着色剂、配色、配方、制造的系统阐述，是色母粒从业人员必备的系列工具书和重要的参考书。

在此，仅向本书全体作者致以最崇高的敬意，你们的辛勤付出必将会带来中国色母粒行业的蓬勃发展。筚路蓝缕，薪火相传，中国一代代色母粒人的执着与追求，正在勾勒出一幅幅美丽的画卷，赤橙黄绿青蓝紫，“我”持彩练当空舞。

乔辉

2021 年 6 月

前言

我国色母粒的自主研发始于 20 世纪 70 年代中期，自起步伊始就紧随全球色母粒发展的步伐，期间的差距相较于其他行业与世界先进水平之差距而言是非常小的。历经几十年的发展，我国色母粒行业在技术研发、工艺布局、生产管理、设施配套等诸多方面取得了长足的进步。改革开放使色母粒行业能够比较容易地获得世界一流的成套生产设备、优质颜料和加工助剂，因而也能够制造出符合世界一流水平的色母产品以满足部分终端应用。据中国染料工业协会色母粒专委会统计，129 家国内企业 2019 年总销量达到 107 万吨，总销售额 123.5 亿元。虽然，色母粒行业只是为整个塑料产业配套的一个分支行业，然而中国色母人从来没有把自己仅仅定位成一个无足轻重的配角，经过几十年的辛勤耕耘，已经赢得了应有的市场地位。目前已有四家色母粒企业成为上市公司，资本市场的青睐正是对色母粒行业最大的肯定和认可，也是色母粒企业逐步走向规模化和规范化的最好佐证。

笔者从 1968 进入上海染料化工一厂从事染颜料生产和开发，1977 年起开始从事色母粒研发、工业化生产，至 2012 年退休，一辈子就只从事有机颜料生产和应用这一项技术工作。为了把一生所做过的工作、所积累的经验传授给同业者，2014 年完成了《塑料着色剂——品种·性能·应用》一书的出版，2016 年完成了《塑料配色——理论与实践》一书的出版，深受色母粒行业技术人员欢迎。

即将出版的《色母粒配方设计和工业制造》将重点对色母粒应用（薄膜、电缆、管道、化纤、注塑、吹塑）的技术要求作全面梳理。色母粒配方设计过程中，需要对所有组分进行综合考量，因此书中对颜料、分散剂、载体、助剂的选择要点等作了详细的介绍。色母粒配方只有与制造工艺合理匹配，才能生产出客户满意产品，书中也对色母粒加工工艺要点和各种设备技术要求作了梳理，并对每个工艺和设备的优缺点以及应用中出现的问题原因和解决办法等进行了论述。

以上三本书的出版，实现了“着色剂”“配色”“配方”“制造”色母粒四大关键技术的系统闭环。无论是刚进入色母粒行业的新人，还是长期从事开发的技术人员都将从中受益。

衷心希望这三本书能为色母粒行业技术进步、推动色母粒行业向高端制造业发展、使我国从色母粒制造大国向制造强国转型做出微薄贡献。

本书主要由陈信华，赵瑞良，徐一敏执笔。在编写过程中特邀请了部分行业精英参与撰写，得到了行业专家和同仁们的热心帮助。其中，刘鹏完成了“ABS 家电专用色母配方设计”和“色母粒剖析的一般方法和步骤”的撰写；李军完成了“聚乙烯蜡的特性和选择原则”的撰写；祝润生完成了“色母粒配方中载体的选择原则”的撰写；李兴达完成了“食品包装膜色母粒配方设计”的撰写；黄佐超完成了“预混双螺杆色母粒生产工艺”的撰写；郑有家完成了“汽车内饰件色母粒配方设计”的撰写；王群林完成了“双螺杆挤出机的特点”和“双螺杆挤出机螺杆排列组合特性”等的撰写；谢林生完成了“连续混炼机制造色母粒生产工艺”等的撰写；高荣宝完成了“布斯机连续往复式挤出机制造色母粒生产工艺”的撰写；崔世鸿完成了“失重式计量机的原理和种类”的撰写。董永辉、李毕忠、李杰、李果、李一卫、李海峰、余国同、蒋钰、董前年、何贵平、毛亚琴、孙家悦、吴爱华、梅诗宇、董奇、袁林、王玉宝、王琼、王艳、王明华、夏晶、吴兆权、武立新、朱国珍、张新民、张中明、张更建、张成、杨永卿、邹明华也参与了部分内容的撰写。马冠群、王琼、王艳、孙伟仁对全书作了校阅。正是由于这些人的积极参与、无私奉献，使本书更接地气、更实用，在此向他们表示衷心的感谢。

本书从专业性、知识性、全面性着手，梳理配方设计和工业制造相关理论和实践经验，力求将本书写成塑料着色领域的又一本工具书。

限于笔者的学识水平有限，时间仓促，书中定有不妥之处，敬请读者不吝指正。

陈信华
2021 年 4 月

目录

绪论　中国色母粒工业发展历史回顾　/　1

0.1　起步阶段：20 世纪 70 年代中期～80 年代中期……1
0.2　持续发展阶段：20 世纪 80 年代中期至今……2
0.3　色母粒专业委员会对行业发展的引领作用……5

第 1 章　色母粒的组成及特性　/　6

1.1　色母粒组成、分类及着色优势……8
1.1.1　色母粒的定义、使命和用途……9
1.1.2　色母粒组成……10
1.1.3　色母粒分类……11
1.2　色母粒配方设计原则……11
1.3　色母粒配方中着色剂选择……14
1.3.1　色母粒配方中着色剂的选择原则……14
1.3.2　无机颜料品种和性能……15
1.3.3　有机颜料品种和性能……17
1.3.4　溶剂染料品种和性能……23
1.4　色母粒配方中分散剂选择……27
1.4.1　聚乙烯蜡的特性和选择原则……27
1.4.2　超分散剂的特性和选择原则……39
1.5　色母粒配方中载体的选择……41
1.5.1　色母粒配方中载体的选择原则……41
1.5.2　聚烯烃色母粒载体……44
1.5.3　ABS 色母粒载体……45
1.5.4　PS 色母粒载体……45
1.6　色母粒配方中助剂选择……46
1.6.1　抗氧剂和光稳定剂的特性和选择原则……46
1.6.2　偶联剂的特性和选择原则……52
1.6.3　润滑剂的特性和选择原则……56
1.6.4　硬脂酸金属盐的特性和选择原则……59
1.7　色母粒配方中填料的选择……60

1.7.1 色母粒配方中填料的选择原则……60
1.7.2 碳酸钙的特性和选择……61
1.7.3 硫酸钡的特性和选择……62
1.7.4 滑石粉的特性和选择……63
1.7.5 玻璃微珠的特性和选择……64
1.8 色母粒配方设计要点……65
1.8.1 熔体加工剪切力足够大时配方设计的考量……66
1.8.2 熔体加工剪切力不够大时配方设计的考量……67
1.8.3 载体在配方设计中的考量……67
1.8.4 抗氧剂和光稳定剂在配方设计中的考量……68
1.8.5 填料在配方设计中的考量……68
1.8.6 色母粒浓度在配方设计中的考量……69
1.8.7 色母粒配方设计的综合考量……69

第2章 薄膜级色母粒配方设计 / 70

2.1 PE 吹塑薄膜色母粒配方设计……70
2.1.1 PE 吹塑薄膜色母粒应用工艺和技术要求……71
2.1.2 PE 吹塑薄膜色母粒配方……72
2.1.3 PE 吹塑薄膜色母粒配方中颜料选择……73
2.1.4 PE 吹塑薄膜色母粒配方中分散剂选择……76
2.1.5 PE 吹塑薄膜色母粒配方中载体选择……76
2.1.6 PE 吹塑薄膜色母粒应用中出现的问题和解决办法……77
2.2 PE 流延薄膜色母粒配方设计……77
2.2.1 PE 流延薄膜色母粒应用工艺和技术要求……78
2.2.2 PE 流延薄膜色母粒配方……80
2.2.3 PE 流延薄膜色母粒配方中颜料选择……81
2.2.4 PE 流延薄膜色母粒应用中出现的问题和解决办法……85
2.3 食品包装膜色母粒配方设计……86
2.3.1 食品安全国家标准体系……86
2.3.2 食品包装膜白色母粒应用工艺和技术要求……90
2.3.3 食品包装膜白色母粒配方……90
2.3.4 食品包装膜用黑色母粒中炭黑选择……93
2.4 PVDC 肠衣膜色母粒配方设计……94
2.4.1 PVDC 树脂的性能和应用……94
2.4.2 PVDC 肠衣膜色母粒应用工艺和技术要求……94
2.4.3 PVDC 肠衣膜色母粒配方……96

2.4.4 PVDC 肠衣膜色母粒配方中颜料选择……96
2.5 片材色母粒配方设计……98
2.5.1 PP 片材色母粒应用工艺和技术要求……99
2.5.2 PP 片材色母粒配方……100
2.5.3 PS 片材色母粒配方……101
2.5.4 PET 片材色母粒配方……101
2.5.5 片材应用——吸塑工艺……101

第 3 章 电缆、管道级色母粒配方设计 / 103

3.1 通信电缆色母粒配方设计……103
3.1.1 通信电缆色母粒应用工艺和技术要求……104
3.1.2 通信电缆色母粒配方……106
3.1.3 通信电缆色母粒配方中颜料选择……107
3.1.4 通信电缆色母粒应用中出现的问题和解决办法……108
3.2 光缆色母粒配方设计……108
3.2.1 光缆色母粒应用工艺和技术要求……108
3.2.2 光缆级 PBT 色母粒配方……110
3.3 电缆护套黑色母粒配方设计……113
3.3.1 电缆护套黑色母粒应用工艺和技术要求……113
3.3.2 电缆护套黑色母粒配方……114
3.4 聚乙烯压力管色母粒配方设计……119
3.4.1 聚乙烯压力管色母粒应用工艺和技术要求……119
3.4.2 聚乙烯压力管色母粒配方……121
3.4.3 聚乙烯压力管色母粒配方中炭黑选择……123
3.4.4 聚乙烯压力管色母粒配方中有机颜料选择……126
3.5 PPR 管色母粒配方设计……126
3.5.1 PPR 管色母粒应用工艺和技术要求……127
3.5.2 PPR 管色母粒配方……128
3.5.3 PPR 管色母粒应用中出现的问题和解决办法……130
3.6 PB 管色母粒配方设计……131
3.6.1 PB 管色母粒应用工艺和技术要求……131
3.6.2 PB 管色母粒配方……132

第 4 章 注塑级色母粒配方设计 / 134

4.1 ABS 家电专用色母粒配方设计……135
4.1.1 ABS 家电色母粒应用工艺和技术要求……135

4.1.2 ABS 家电色母粒配方 …… 137
4.1.3 ABS 色母粒配方中着色剂选择 …… 138
4.1.4 ABS 家电色母粒生产中出现的问题和解决办法 …… 142
4.1.5 ABS 家电色母粒应用中出现的问题和解决办法 …… 142
4.2 运动场座椅色母粒配方设计 …… 143
4.2.1 运动场座椅色母粒应用工艺和技术要求 …… 143
4.2.2 运动场座椅色母粒配方 …… 144
4.3 瓶盖色母粒配方设计 …… 148
4.3.1 瓶盖色母粒应用工艺和技术要求 …… 149
4.3.2 瓶盖色母粒配方 …… 150
4.4 汽车内饰件色母粒配方设计 …… 153
4.4.1 汽车内饰件色母粒应用工艺和技术要求 …… 153
4.4.2 汽车内饰件色母粒配方 …… 154
4.5 聚酰胺色母粒配方设计 …… 157
4.5.1 聚酰胺色母粒应用工艺和技术要求 …… 157
4.5.2 聚酰胺色母粒配方 …… 158
4.5.3 聚酰胺色母粒配方设计中着色剂选择 …… 159
4.5.4 聚酰胺色母粒的应用 …… 165

第 5 章 纤维级色母粒配方设计 / 166

5.1 化学纤维概论 …… 166
5.1.1 化学纤维的品种 …… 166
5.1.2 化学纤维的分类 …… 168
5.1.3 化学纤维的制造方法 …… 168
5.1.4 化学纤维的原液着色 …… 170
5.2 黏胶、腈纶原液着色剂（浆状）配方设计 …… 171
5.2.1 黏胶原液着色剂配方 …… 171
5.2.2 腈纶原液着色剂配方 …… 181
5.3 聚丙烯纤维色母粒配方设计 …… 185
5.3.1 聚丙烯纤维色母粒应用工艺和技术要求 …… 185
5.3.2 聚丙烯纤维色母粒配方 …… 187
5.3.3 聚丙烯纤维色母粒配方中颜料选择 …… 188
5.3.4 聚丙烯纤维色母粒配方中分散剂选择 …… 190
5.3.5 聚丙烯纤维色母粒配方中载体选择 …… 191
5.3.6 聚丙烯纤维色母粒应用中出现的问题和解决办法 …… 191
5.4 聚丙烯纤维复合非织造布（熔喷层）色母粒配方设计 …… 191

5.4.1 聚丙烯纤维复合非织造布（熔喷层）色母粒应用工艺和技术要求 ……192
5.4.2 聚丙烯纤维复合非织造布（熔喷层）色母粒配方 ……194
5.4.3 聚丙烯纤维复合非织造布（熔喷层）色母粒配方中颜料选择 ……196
5.4.4 聚丙烯纤维复合非织造布（熔喷层）色母粒的应用 ……196
5.4.5 聚丙烯纤维复合非织造布（熔喷层）色母粒应用中出现的问题和解决办法 ……197
5.5 聚酯纤维原液着色配方设计 ……198
5.5.1 聚酯纤维原液着色方法和发展历史 ……198
5.5.2 聚酯纤维原液着色剂（浆状） ……200
5.5.3 聚酯纤维色母粒 ……202
5.6 聚酰胺纤维原液着色配方设计 ……208
5.6.1 聚酰胺 6 纤维原液着色剂（浆状） ……208
5.6.2 聚酰胺纤维色母粒应用工艺和技术要求 ……209
5.6.3 聚酰胺色母粒配方 ……210

第 6 章 其他色母粒配方设计 / 212

6.1 吹塑级色母粒配方设计 ……212
6.1.1 吹塑级色母粒应用工艺和技术要求 ……212
6.1.2 PE 吹塑色母粒配方 ……214
6.2 EVA 发泡色母粒配方设计 ……217
6.2.1 EVA 发泡色母粒应用工艺和技术要求 ……217
6.2.2 EVA 发泡色母粒配方 ……218
6.2.3 EVA 发泡色母粒应用中可能出现的问题和解决办法 ……220
6.3 人造运动草坪用色母粒配方设计 ……220
6.3.1 人造草坪用色母粒应用工艺和技术要求 ……221
6.3.2 人造草坪用色母粒配方 ……222
6.4 PLA 塑料色母粒配方设计 ……224
6.4.1 PLA 塑料色母粒应用工艺和配方设计 ……224
6.4.2 PLA 塑料色母粒应用 ……225
6.5 荧光颜料母粒配方设计 ……227
6.5.1 荧光颜料母粒应用工艺和技术要求 ……227
6.5.2 荧光母粒配方 ……228
6.5.3 荧光母粒制造和应用过程中出现的问题和解决办法 ……231
6.6 橡胶着色剂（色饼）配方设计 ……232
6.6.1 橡胶着色剂（色饼）应用工艺和技术要求 ……232
6.6.2 橡胶着色剂（色饼）配方 ……234
6.6.3 橡胶着色剂（色饼）工业制造 ……236

6.6.4 橡胶着色剂（色饼）工业应用…… 236

第 7 章 功能母粒配方设计 / 238

7.1 珠光母粒配方设计…… 238
7.1.1 珠光母粒应用工艺和技术要求…… 239
7.1.2 珠光母粒配方…… 239
7.1.3 珠光母粒制造和应用过程注意事项…… 241
7.2 金属颜料母粒配方设计…… 241
7.2.1 金属颜料母粒应用工艺和技术要求…… 242
7.2.2 金属颜料母粒配方…… 242
7.2.3 金属颜料母粒的铝颜料选择…… 244
7.2.4 金属颜料母粒的制造…… 245
7.2.5 金属颜料母粒应用中出现的问题和解决办法…… 246
7.3 免喷涂塑料…… 247
7.3.1 免喷涂材料概述…… 247
7.3.2 免喷涂塑料母粒品种选择…… 248
7.3.3 免喷涂塑料用树脂选择…… 248
7.3.4 免喷涂塑料应用中出现的问题和解决办法…… 249
7.4 双防母粒配方设计…… 250
7.4.1 聚乙烯棚膜的老化机理…… 250
7.4.2 聚乙烯棚膜防老化对策…… 252
7.4.3 双防母粒配方设计要点和步骤…… 253
7.4.4 双防母粒配方…… 256
7.4.5 双防母粒的应用注意事项…… 257
7.5 防雾滴母粒配方设计…… 257
7.5.1 防雾滴剂的工作原理…… 258
7.5.2 流滴剂品种组成和特性…… 259
7.5.3 流滴剂产品的选择要点…… 259
7.5.4 防雾滴母粒配方…… 260
7.5.5 防雾滴母粒的应用…… 261
7.5.6 防雾滴消雾母粒…… 263
7.6 保温（棚膜）母粒的配方设计…… 265
7.6.1 影响温室（大棚）内温度变化的因素…… 265
7.6.2 提高聚乙烯棚膜的保温性技术要点…… 267
7.7 抗菌母粒配方设计…… 273
7.7.1 抗菌剂的作用机理…… 273

7.7.2 抗菌母粒应用工艺和技术要求……274
7.7.3 抗菌母粒配方……275
7.7.4 抗菌母粒的市场和应用……276
7.8 PPA 母粒配方设计……276
7.8.1 含氟聚合物 PPA 的工作原理、组成特性和应用性能……277
7.8.2 PPA 母粒配方……278
7.8.3 PPA 母粒的应用……279
7.9 消泡母粒配方设计……280
7.9.1 氧化钙吸水原理及其品种和选择……280
7.9.2 消泡母粒配方……281
7.9.3 消泡母粒的应用……281
7.10 填充母粒配方设计……282
7.10.1 碳酸钙的品种和选择……282
7.10.2 填充母粒配方……282
7.10.3 填充母粒在新材料上的应用……283

第 8 章 色母粒工业制造 / 286

8.1 颜料分散理论在色母粒制造上的应用……286
8.2 预混双螺杆制造色母粒工艺……288
8.2.1 高速混合机的特性和选择……288
8.2.2 双螺杆挤出机的特点……290
8.2.3 双螺杆挤出机螺杆排列组合特性……291
8.2.4 成型辅助设备的特性和选择……295
8.2.5 预混双螺杆制造色母粒工艺……296
8.3 分段喂料双螺杆制造色母粒工艺……300
8.3.1 失重式计量机的原理和种类……301
8.3.2 分段喂料双螺杆制造色母粒工艺原理……305
8.3.3 分段喂料双螺杆制造色母粒工艺……306
8.4 挤水转相制造色母粒工艺……308
8.4.1 颜料转相原理……308
8.4.2 颜料砂磨挤水转相制造色母粒工艺……310
8.4.3 颜料滤饼挤水转相制造色母粒工艺……314
8.5 密炼制造色母粒工艺……320
8.5.1 密炼机制造色母粒工艺……320
8.5.2 捏炼双螺杆制造色母粒工艺……326
8.5.3 连续混炼机制造色母粒工艺……328

8.6 布斯连续往复式挤出机制造色母粒工艺 …… 338
8.6.1 布斯机结构特点和机型 …… 338
8.6.2 布斯机工作原理 …… 343
8.6.3 布斯机制造色母粒工艺 …… 345
8.6.4 布斯机制造工艺可能出现的问题、原因及解决方法 …… 347
8.7 高效分散混合器（HIDM）制造色母粒工艺 …… 350
8.7.1 HIDM 机结构和工艺特点 …… 350
8.7.2 HIDM 机制造色母粒生产工艺 …… 352
8.7.3 HIDM 机制造色母粒生产品种和优势 …… 352
8.8 颜料预制剂制造色母粒工艺 …… 353
8.8.1 颜料预制剂概述 …… 353
8.8.2 颜料预制剂的生产工艺 …… 354
8.8.3 颜料预制剂色母粒的生产工艺 …… 354
8.8.4 颜料预制剂制造色母粒工艺的缺陷 …… 355

第 9 章 母粒质量控制和剖析 / 356

9.1 色母粒色差的控制 …… 356
9.1.1 配方设计系统对色差的控制 …… 356
9.1.2 生产系统过程对色差的控制 …… 359
9.1.3 品管系统对色差的控制 …… 361
9.1.4 客服系统对色差的控制 …… 364
9.2 母粒的功能性控制测试 …… 366
9.2.1 聚乙烯棚膜防老化性能 …… 366
9.2.2 聚乙烯农膜的流滴功能检测 …… 369
9.2.3 塑料抗菌性能检测 …… 370
9.2.4 塑料可降解性能的检测 …… 374
9.3 母粒的安全性控制测试 …… 378
9.3.1 食品接触用塑料母粒安全性能测试 …… 379
9.3.2 汽车内饰塑料材料 VOCs 测试 …… 381
9.4 色母粒剖析的一般性方法和步骤 …… 383
9.4.1 初步鉴定 …… 384
9.4.2 组分之间的分离和纯化 …… 385
9.4.3 定性鉴定 …… 388
9.4.4 定量分析 …… 390
9.4.5 白色薄膜色母综合分析 …… 390

第 10 章　中国色母粒工业发展趋势展望　/　393

10.1　格局篇：大者恒大，强者愈强，规模产生效应……393
10.2　行业篇：化纤原液着色用母粒和色浆持续增长可期……396
10.3　进步篇：先进技术、工艺、设备的运用和普及……398
10.3.1　计算机辅助测、配色应用的普及……398
10.3.2　FCM/LCM 设备及其分散工艺……400
10.4　趋势篇：颜料制剂（SPC）的制造和应用……401
10.5　可持续发展篇：废旧塑料资源再生的大课题……403
10.6　挑战篇：高性能塑料着色之挑战……408

参考文献……411

中国色母粒工业发展历史回顾

我国色母粒的自主研发始于20世纪70年代中期，经历了初期较长时间的技术、应用探索阶段，历经几代母粒从业人员不懈努力而得以发展壮大至今。下面以行业发展大事件和时间为主要脉络进行梳理回顾。

提起激发我国研发塑料色母粒的契机或迫切感的主要因素，不得不提及丙纶（聚丙烯纤维）着色。鉴于聚丙烯纤维属烷烃聚合物结构，分子链中不含有任何极性基团，因而成纤制品不能以后染方式进行染色。所以，采用颜料进行熔融着色成为唯一的选择。1977年石油化学工业部科技局下达了研究项目，由此开启了我国色母粒发展的第一步。

丙纶纺丝色母粒的成功起到了一个极好的示范作用，塑料制品行业纷纷借鉴其有益的经验，通过运用适用的色母粒产品解决生产和制品存在的问题和不足、提升产品质量。供需双方共同的需求和发展目标成为推动中国色母粒研发和生产向多元化、产业化、规模化道路不断前行的巨大动力。

0.1 起步阶段：20世纪70年代中期～80年代中期

自中国全面实施改革开放政策后，开始从一些技术先进的国家大规模引进万吨级的乙烯生产装置，并以此为基础逐步发展形成了兰州、上海金山、上海高桥、北京燕山、辽宁辽阳、吉林、黑龙江大庆、山东齐鲁、南京扬子等石化基地。伴随石化产业的快速发展，聚丙烯纤维研发生产蓬勃兴起并逐渐成为我国主要的合成纤维品种之一。为解决丙纶染色困难和容易老化等问题，1977年由当时的石油化学工业部科技局牵头并下达了“聚丙烯纤维防老化及改进染色性能的研究”的科研项目，项目主要由湖南岳阳化工总厂研究院、上海染料化工一厂、广州化工部合成材料老化研究所等三家单位承担。研究项目的具体分工为：岳阳院负责聚丙烯纤维纺丝工艺的研究；上海染化一厂承担对聚丙烯纺丝适用颜料品种的甄选和聚丙烯纤维专用色母粒的开发工作；老化研究所则承担了聚丙烯纤维抗老化的研究任务。“聚丙烯纤维防老化及改进染色性能的研究”获得 1978 年全国科技大会奖。从整个项目的展开和推进过程不难看出其带有浓重的国家计划经济指令的痕迹。

石油化学工业部科技局的这一项目推动了中国色母粒工业的起步。随之，北京化工大学、北京染料厂也相继加入了开发研究。同时在江苏省丹阳丝绸厂、上海国棉三十一厂、上海第二十三漂染厂等单位的协助下，对着色剂及色母粒加工工艺、原液着色丙纶纺丝工艺和原液着色丙纶防老化配方等进行了较为全面的研究，为我国有色丙纶的生产、应用及发展趟出了一条新的道路，取得了丰硕的成果。最终，该科研项目于 1980 年 11 月 24 日到 26 日由化工部科技局主持，在岳阳化工总厂研究院通过鉴定，并获得了化工部 1980 年科技成果奖。

该项目在国内具有开路和先导的作用，它的成功也为行业今后的发展即技术、生产、经营等诸多方面积累了宝贵的经验。

历经十年左右的开发和进步，中国色母粒从无到有，从单一到多元，一点一点地缓慢前行，终于在塑料加工行业中有了立足之地。也正因为是处于起步阶段，因而那时整个中国色母粒产业的发展是不平衡的：规模小、没有合理布局、产品类别少且界限模糊。总之，发展之路任重道远。

0.2 持续发展阶段：20 世纪 80 年代中期至今

自 20 世纪 80 年代初，中国色母粒工业进入快速发展的时期直至今天。纵观整个发展过程，它又可以分成数个不同的阶段，推动每个阶段发展的主要因素和发展速度不尽相同，可借用图 0-1 所示的全国色母粒产量发展走势图做一陈述。

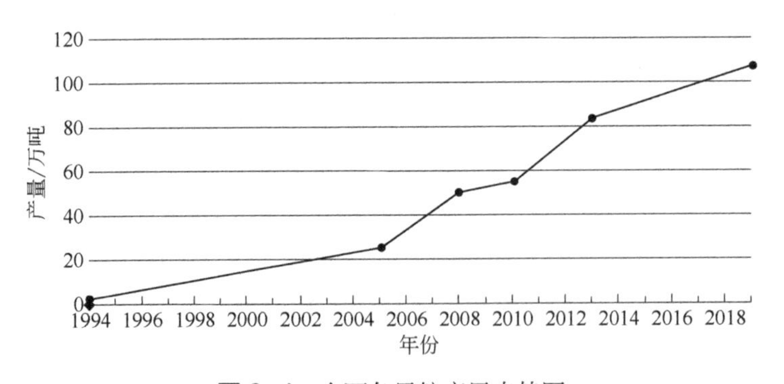

图 0-1 全国色母粒产量走势图

(1) 20 世纪 80 年代中期 ~ 90 年代中期

推动这一时期色母粒发展的源动力是基于燕化和辽化的聚丙烯新增项目的开工以及原有燕山、大庆、齐鲁、扬子等石化项目的扩产。由此极大地提升了丙纶着色的需求量，因而这一时期色母粒的发展带有非常明显的倾向性，先后诞生了一批着眼于纺丝专用色母粒研发生产的厂商，如：广东省新会县纤维母粒厂（广东彩艳股份有限公司的前身）、北京燕山石化公司、辽阳石油化纤化工三厂色母粒厂、上海同心着色剂厂、湖南省塑料研究所色母料厂、厦门鹭意彩色母粒有限公司、佛山东方色母厂有限公司，苏州江南丝厂、无锡市长虹化塑色粒有限公司、苏州康达纤维母粒厂等；同时也出现了以兰化公司石油化工厂、上塑二十一厂、宁波浓色母粒厂（宁波色母粒股份有限公司的前身）为代表的专注研制塑料色母粒的生产厂家。并开始尝试多用途应用产品的开发和推广。

这一时期尚属发展初期，所以总的生产规模有限，直至 90 年代中期，全国色母粒的年总产销量也仅为万吨级水平。但令人欣喜的是，这一时期的色母从业者非常重视向发达国家学习，利用各种渠道的对外交流学习先进技术，以促进行业的发展。例如，1987 年由化工部组织、欧洲共同体赞助的中国色母粒行业代表团前往欧盟考察色母粒研发、生产和运营现状，分别与德国巴斯夫、赫斯特、W&P、拜耳等公司，比利时威尔逊、山道士等公司，荷兰瑞士汽巴工厂等进行深入交流，就色母粒用颜料、设备、工艺各个方面进行全面的考察和学习，开阔了眼界，受益良多。诸如此类，为行业今后的持续发展打下了坚实的基础。

⑵ 20 世纪 90 年代中期～21 世纪初

在此时期之初，由深圳带动的珠三角出口加工区已成规模，市场需求催生色母粒行业在这一地区遍地开花，并由此逐步带动其他沿海地区色母粒生产企业的持续发展，呈现一波爆发式增长的势头。80 年代中国色母粒行业的崛起可以看到明显的行业背景特色：它们有的依托于石化或树脂生产基地；有的源于塑料制品企业；也有的直接与终端应用市场联姻，如广东地区色母粒企业紧密契合当地庞大的出口加工需求等。

进入 90 年代后，以上海浦东为龙头的长三角经济区的崛起，成为中国色母粒行业持续推进的一股巨大的驱动力，沿海地区新的色母生产企业如雨后春笋般地不断涌现。这一发展阶段的一个显著特征是：伴随改革开放的深入和政策的不断完善，许多外资先后进入中国市场。以美国汉纳公司（普立万集团的前身）和科莱恩集团为代表的欧美色母巨头先后在中国不同的地区设立色母生产基地，并在以后的数十年中不断发展壮大；港资进入中国色母粒行业也是一股不可忽视的力量，其代表性企业毅兴行公司（现毅兴行有限公司）在经历了始于 80 年代末期的试水后，于 1995 年迁址并扩建，成立了东莞毅兴塑胶原料有限公司，专业从事色母粒产品的开发生产和经营，并在后续数年中先后于上海、青岛、成都等地建立生产基地。

众多外资企业进入中国色母粒行业参与经营活动的同时，也带来了新的经营理念、先进的生产方式和工艺技术，起到了很好的引领和示范作用，极大地促进了中国色母粒行业的全方位提升。

纵观这一时期的发展，虽然取得了约 22%的年均增长率的战绩，但是，由于期初的基数较低，经历这一阶段的发展后，中国色母粒行业才初具规模。

⑶ 第一波高速发展——2005～2008 年

历经三年努力，中国色母粒年总产量实现翻番，从 25 万吨猛增至 50 万吨。

实现这一快速增长的因素有许多，主要归结为以下几种。

总体市场需求的增长：改革开放促进制造产业快速增长，需求大增，海外市场拓展驱使出口量剧增；可持续增长理念助推塑料材料替代不可再生资源成为新的趋势。所有这些因素都极大地烘托了色母粒市场产销两旺的爆发势头。

合成纤维增量迅猛：聚酯纤维及其制品增量迅猛，成为占比最大的合成纤维类别。中国成为全球主要的聚酯纤维和制品的供应方，出口量成倍增长。聚酯纤维专用色母粒产量也随之水涨船高。

汽车工业的持续增量和汽车轻量化趋势也在很大程度上促进了着色塑料制品总量的增长。

这一时期中国色母粒市场在供需两端快速增长的同时，也在制品总体质量、专用化、应用功能等诸多方面取得了长足的进步。

(4) 增速迟滞期——2009 年和 2010 年

众所周知，受始于 2008 年的全球金融风暴的冲击，全球经济遭受重大打击：重大工程和项目全面停顿、工业生产大面积减缓甚至停滞，经济一片萧条。如此状况延续数年之久。

中国作为一个出口大国、全球加工厂所遭受到的最大打击首先是出口贸易领域。当时所面临的出口受阻是全方位的。因此，全国工业生产和市场需求面临极大困难。中国政府及时出手，采取并实施了一系列补救措施和政策，有效遏制了经济下滑的势头，引导各行业逐步走出危局。

作为为塑料工业配套的色母粒行业在这次风暴中也是历经磨难，一波三折，最终挺过了这段艰难时刻，2009 年、2010 年两年内全国色母年产量小幅增长 5 万吨。

这波金融危机所导致的中国色母粒行业发展速度迟滞，在一定程度上也引发了一个积极的效果，那就是，它对前面高速增长期所产生的一些盲目乐观的情绪、不理性的投资和无序竞争的倾向起到了败火降温的作用。

(5) 跌宕起伏的近十年

中国经济快速走出全球金融风暴所带来的困境后，色母粒行业又迎来新一波快速增长。

2010 ~ 2013 年，再次重现了 2005 ~ 2008 年的快速增长，这主要受益于整体市场需求的放量，尤其是几大支柱产业，如建筑、汽车、纺织等行业的复苏。此时的中国色母粒行业也正萌发新一波转型再发展的思潮，更高的质量、更专业化的产品、更具规模化的生产能力等目标变得越来越明晰。

然而成功与挫折似乎总是相伴相随，紧随而至的 2018 年中美贸易摩擦又一次使加速发展中的中国色母粒工业陷入困境之中：色母粒出口贸易严重受阻，尤其是纤维专用色母粒的生产和销售，最严重的时候部分主要纤维色母厂商的生产量跌幅竟高达 60%。一波未平，一波又起，还没有完全走出贸易战的漩涡，新冠肺炎疫情又导致全国大面积停工停产。但是，中国色母从业人员，经过努力很快走出困顿，制住颓势，而且利用色母粒行业优势，迅速开发口罩用 PP 熔喷料和驻极母粒的生产，保证重要防疫物资原料供应，再攀新高。

虽然，色母粒行业只是为整个塑料产业配套的一个分支行业。然而，中国色母从业人员从来没有把自己仅仅定位成一个无足轻重的配角，经过数十年的辛勤耕耘，终于赢得了应有的市场地位。作为中国色母粒行业具有代表性的企业：广东美联新材料股份有限公司、苏州宝丽迪材料科技股份有限公司和宁波色母粒有限公司先后于 2017 年、2020 年和 2021 年在中国证券市场挂牌，成为中国色母粒行业的上市公司。资本市场的青睐正是对中国色母粒行业最大的肯定和认可，也是色母粒企业逐步走向规模化和规范化最好的佐证。

中国色母粒行业的发展在很大程度上也得益于国内自身完善的工业配套，尤其是颜料、染料工业的蓬勃发展，中国颜料和染料工业巨大的产能、日益健全的产品系列和快速提高的质量标准等，无一不成为中国色母粒工业快速发展的坚强后盾；反之，色母粒和塑料制品行业的进步也不断催生颜料和染料行业出现新品种、提升产品性能、拓展原有产品应用领域。良性的相互促进必将继续推动行业间携手再攀高峰。

0.3 色母粒专业委员会对行业发展的引领作用

中国染料工业协会色母粒专业委员会依托于北京化工大学材料科学与工程学院，是隶属于中国染料工业协会色母粒行业方面的专业委员会。

色母粒专业委员会是在北京化工大学材料科学与工程学院色母粒小组的基础上建立起来的。该研究小组曾先后完成聚丙烯色母粒、聚酯色母粒、HDPE 黑色或黄色夹克母粒、导电母粒、PVC 电线电缆用色母粒（中国专利）等科研攻关项目。该小组也注重科研与产业相结合，协助参与了广东省新会色母粒厂的设备引进工作和试生产过程，广东省中山威力洗衣机色母车间的筹建等工作，也为业内诸多厂家解决配色、生产乃至出口产品质量标准等难题。

1994 年 6 月，北京化工大学材料科学与工程学院出面组织召开了第一次行业会议，到会 120 余人，参会的同业者迫切希望能够组织起来成立行业协会。1993 年，在北京化工大学吴立峰教授牵头下酝酿成立中国色母粒行业协会，1995 年正式提出申请并得到国家民政部门批准，定名为中国染料工业协会色母粒专业委员会，挂靠化工部，由吴立峰教授出任第一任专委会秘书长。当年第一批的单位和个人会员就有 64 个。专委会秉承研究小组原有的职责并强化了对协会成员间的指导和协调作用；专委会自成立起，每年组织召开全体成员的年度会议，所涉及的是当年的热点问题，包括生产、技术、品质、经营等诸多议题。时至今日，年会已连续召开了 27 届。

乔辉教授自 2003 起接任专委会第二任秘书长。专委会着重开展了对国内色母粒行业发展的调查研究工作，收集掌握国内外本行业的发展动态、行业技术信息；提出有关科技、经济、政策和立法等方面的意见和建议；组织开展国内企业间的技术经验交流与合作，竭力推广新技术、新产品、新工艺、新材料；组织落实对业内人才、技术、职业等的培训工作；开展技术咨询和技术服务；组织展销会、展览会；组织和承担行业内相关产品标准的修订或编制，并进行监督使之得以贯彻实施；指导帮助企业改进生产工艺及加工技术；发挥协会特长，起到政府与企业间的桥梁作用，协调会员关系，维护企业合法权益，努力促进行业的健康发展。

色母粒专业委员会特别注重对人才的培养，每年组织协会成员进行专业技术培训，聘请学院专业教授和业内资深专家为学员授课，传授专业知识，讲解推广色母粒高新技术和实用加工技术；专委会还发起组织业内技术交流活动，邀请行业生产配套原材料方面的技术专家、检测技术和设备方面的专业人员、业内成功人士等讲解专业经验，分享成功心得。上述培训和交流活动已经成为专委会每年制度化的活动，为行业培养造就了大批的专业技术人才，为行业的可持续发展奠定了坚实的基础。

色母粒的组成及特性

人类利用颜（染）料进行塑料着色的历史悠久，但是因颜料分散等原因在塑料应用上遇到不少问题。色母粒（color master batch）研究开发从 20 世纪 40 年代起源于欧洲，如原德国的赫司特公司和瑞士的汽巴嘉基公司将颜料制成色母粒，最先应用的是电缆和合成纤维着色。色母粒的创新和发展大大拓展了颜料在塑料行业的应用。

塑料是一种以合成或天然高分子（树脂）为主要成分，加入各种添加剂，在一定温度和压力条件下加工成一定形状，当外力去除后，在常温下仍能保持形状不变的材料。塑料的主要成分是树脂，占塑料总量的 40%～100%。塑料工业在当今世界上占有极为重要的地位，其主要性能特点如下。

① 大多数塑料品种质轻且坚固，化学性质稳定，不会锈蚀。大部分塑料的密度在 0.9～2.0g/cm^3 之间，最有代表性的是发泡塑料，它的密度还不到 0.19g/cm^3。这意味着在同等体积时，采用塑料制品比采用金属制品重量大幅度减轻，可将塑料应用到航天飞行器、飞机、导弹、火箭等这类对重量要求十分苛刻的武器装备上。

② 塑料对酸、碱等化学物质有良好的抗腐蚀性能，特别是聚四氟乙烯，它的化学稳定性比黄金还要好，这种特性使之可用于制备化工机械设备、船舶设备以及在高温、盐雾条件下使用的设备。

③ 塑料抗冲击性能好，在工程应用上是一项重要的性能指标，它反映不同材料抵抗高速冲击的能力，使塑料得到了极广泛的应用。

④ 塑料大部分为良好绝缘体，其优越的电绝缘性能可以媲美陶瓷和橡胶。正因为如此，塑料被大范围用于电子产业，用于制备电机、电器、电线电缆绝缘层等。

⑤ 塑料容易加工、着色性好，加工成本低。相比于金属加工，塑料制品的制作效率很高，能从模具中脱模，即使是几何形状非常复杂的制品，也比较容易制作，且加工成本低。此外由于塑料着色性能好，商业价值很高。

纯粹的塑料无色透明或呈现自然的白色，仅仅把它简单制成产品并不具备能够引人注意、惹人喜爱的特性。因此，赋予塑料制品缤纷的色彩，成为塑料加工从业者不可推卸的神圣使命。

塑料着色不能仅仅看成树脂加上着色剂就能简单完成的一件事。塑料着色是贯穿塑料制品整个价值链体系中的重要环节，是关乎塑料制品好坏不可或缺的一个关键步骤（见图 1-1）。

图 1-1 塑料着色是个系统工程

在整个上述体系中，把着色剂简单看成只是赋予塑料制品色彩是远远不够的。因为，着色剂除了提供给制品符合设计要求的颜色及其相应的色彩性能之外，还必须在经过特定加工成型工艺条件后确保其自身各项性能的稳定；着色塑料制成品在使用过程中应具有良好的应用特性并符合产品安全规范。塑料着色剂的性能体现见图 1-2。

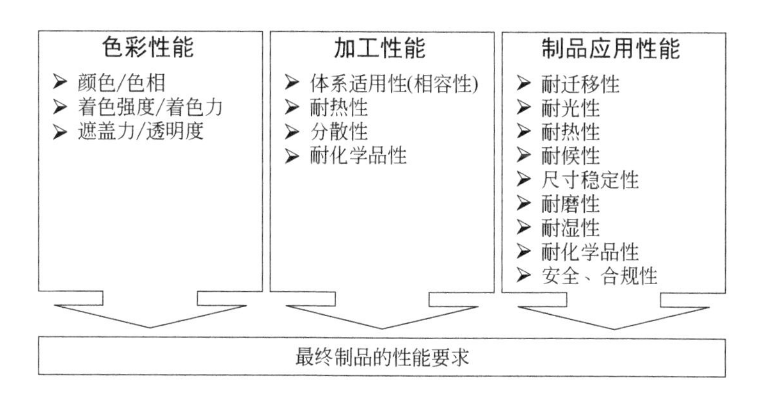

图 1-2 塑料着色剂的性能体现

在着色剂对塑料进行着色之前就必须综合考虑其如此众多的性能在每个环节的表现结果，如有一个性能不能达到设计要求，那么整个产品就不成功。可见，把塑料着色说成是塑料制品产业链上非常重要的一个环节并非夸张之谈。

当今世界塑料品种发展神速，新增塑料成型工艺众多，塑料消费量日益增加，塑料取代传统不可再生材料的趋势已经成为世界潮流。如果塑料制品行业中单一的生产厂商要想独立完成塑料着色的工作，那就必须具备一支非常熟悉各种着色剂的性能，和确保最终完整体现着色剂应有特性的深加工工艺理论，且能够实施这些工艺操作的专业化技术团队；此外，所有的生产设备、场地和各种检测仪器也是必不可少的。如何保证着色剂深加工制剂的质量进而保障最终塑料制品的质量是一件非常具有专业化要求的繁琐的工作，况且，对于单一的使用者来说，有限的使用量所能体现的综合效益十分低下，这样的运作模式是不可取的。由此，一个专为塑料着色配套的新兴行业——色母粒行业应运而生，它的出现有效地实现了着色剂和树脂两大复杂体系的无缝连接。这也印证了苏格兰经济学家、哲学家亚当·斯密的《国富论》中提出的经典经济学理论——分工。一旦合理必要的分工发展起来了，经济水平就会大大提高。从经济学角度出发，工业进一步精细分工，促进了经济发展和社会发展。尽管色母粒行业在国民经济中的占比很小，但与人民生活息息相关，所以从其诞生之日起就与时俱进，获得了长足的进步和发展。

本书将从着色剂、助剂、分散剂、载体出发，对典型的、量大面广的色母粒品种配方设计和工业制造要点进行全面阐述，让读者有一全面了解。

此外，功能母粒是指在树脂中混入超常量的能赋予其某种特殊性能的功能助剂，得到的具有特殊功能的母粒，它能赋予塑料耐老化、防雾滴、抗静电等功能，拓展塑料新的用途。塑料作为当今世界迅速发展的新材料，在国民经济中应用广泛，功能助剂的作用功不可没。但是，如果在塑料成型过程中直接添加功能助剂，因其某些物性与主体树脂物性的差异较大，导致产生种种缺陷及引起性能的不稳定，因此有必要对所用的功能助剂进行预处理。常用的方法是：制成专用的功能母粒；或将功能助剂加入色母粒产品中，使之兼具着色和功能双重功效；还可以直接做成改性混配料。面对塑料功能母粒的迅猛发展，在本书特列“功能母粒配方设计”一章以飨读者。色母粒配方设计原则也适用于功能母粒的配方设计。

1.1 色母粒组成、分类及着色优势

可用于塑料着色的着色剂种类及其深加工制剂品种繁多，它们被用于着色时的表现各异，着色质量也参差不齐。纯粹的着色剂可分为颜料（含有机颜料及无机颜料）和染料两大类。深加工制剂的形态就更多，比如固态高浓度色母类：色母粒、色砂、色饼；液态高浓度色母类：色浆（也被称作色油、色膏）。那么为什么色母粒会成为塑料着色的主流选择？要说清楚这个问题，有必要先以各种颜料和颜料深加工制剂为例，大致归纳和比较一下它们在塑料成型过程中，直接用于着色过程中的表现和着色的结果。

① 未处理的粉体状颜料　过程简单，无预处理成本；使用过程中有色粉尘污染操作场地和设备；成型过程物料剪切能力有限易导致颜料分散问题，从而降低颜料原有色彩性能的表现力；颜料的相对添加比例低可能导致制品颜色分布不均匀。一般多用于分散要求不高的着色制品，这一着色方法的使用已日渐减少。

② 色母粒　经良好分散的颜料均匀分布于载体树脂并被制成颗粒状，使用过程中无粉尘飞扬，无污染；良好的分散效果能确保塑料制品的高质量和体现最佳的色彩性能。色母粒着色工艺能够适应绝大多数热塑性塑料的着色要求。

③ 色砂、色饼　属于固态高浓度色母中较为小众的形态类别，具有其他固态色母相同的

应用特性。一般用于特定树脂体系的专门应用，如：PU 人造革、软质 PVC 等。

④ 色浆　以矿物油或液性树脂作为载体的颜料分散制剂，以计量泵精确加入被着色树脂体系；分散效果佳，宜透明色制品；因载体与主体树脂间物性差异较大，添加比例上限受到一定限制。

有些成型加工直接采用全色改性料进行。所谓全色改性料是指树脂在进行填充或添加改性时同时加入着色剂对物料进行着色，此时一般采用粉状着色剂或色母粒配色。此种方法能最大限度保障塑料制品特别是大尺寸/大表面制品的颜色均匀一致。

从上述各种方法的比较中可知：色母粒着色工艺无论从生产适应性、稳定性，以及最终着色产品的质量等诸多方面的表现都是令客户放心的，因而色母粒着色工艺成为业内普遍选用的着色工艺也就是顺理成章的了。加之色母粒产品本身以其适用性广、质量稳定、易储存、无污染等诸多优点而备受青睐。色母粒已成为塑料着色的主流剂型和首选。

1.1.1　色母粒的定义、使命和用途

所谓的色母粒是把超常量的颜料经良好分散后均匀地附载于树脂之中而制得的着色颗粒。

受颜料表面特性制约，不同品种颜料在色母粒中的含量各不相同。通常有机颜料可达到的质量分数范围在 20% ~ 40%，而无机颜料一般在 50% ~ 80%之间。

因为粉体颜料颗粒在色母粒制造过程中已被很好地均匀分散在树脂中，所以它被用于塑料着色能体现优良的分散性能，这是色母粒产品最根本的价值所在；此外，色母粒产品所能体现的色彩性能也是依照最终客户的需求而量身定做的，也就是说，配色是色母粒产品与生存具有的两大使命之一。

色母粒着色工艺主要优点有：分散性佳、质量稳定、计量精确、配料混合方便简单、加料输送不架桥、简化生产工艺、易操控，有效保障生产效率和制品质量及稳定性能；无粉尘，对加工场所和设备无污染；色母粒产品本身能长时间稳定储存。

色母粒产品通常的使用比例为 1:50 左右，大量用于薄膜、电缆、片材、管材、合成纤维和绝大多数工程塑料等领域。它已成为塑料着色的主流工艺，占塑料着色应用的 80%以上。不同着色剂剂型的特性与应用见表 1-1。

⊡ 表 1-1　不同着色剂剂型的特性与应用

特性	着色剂				
	干粉料	色砂	色浆（液体色母）	色母粒	全色改性料
着色剂形态	粉状	砂粒状	液状或浆状	颗粒状	颗粒状
颜料分散性	较差	良好	优	优	良好—优
颜色均匀性	一般	良好	良好	良好—优	优
粉尘	有粉尘	低粉尘	无粉尘	无粉尘	无粉尘
污染性	污染严重	低污染	低沾黏	无污染	无污染
计量性	不稳定	一般	精确	精确	无需计量
成型加工性	一般	良好	良好	良好	优
对成品物性影响	有隐患	较低	较低	无	无

特性	着色剂				
	干粉料	色砂	色浆（液体色母）	色母粒	全色改性料
储存稳定性	一般	一般	不宜长期储存	稳定	稳定
稀释比	0.1～1	1～5	1～1.5	2～10	无需稀释
体系适用性	热塑性树脂（颜料分散性成为最大制约）	PVC 不饱和聚酯 聚氨酯 环氧树脂 其它	PET PVC 其它	所有热塑性树脂	所有热塑性树脂
成型工艺适应性	注塑成型 滚塑成型	压延成型 涂布	吹塑成型 注塑成型	注塑成型 挤出成型 压塑成型	注塑成型 挤出成型 压塑成型 滚塑成型

注：根据最终制品要求，选用与主体树脂相近或相同的树脂作为色母粒的载体，最大限度保持制品应有的设计物性指标。

1.1.2　色母粒组成

色母粒通常由颜料、载体树脂、分散剂及其它助剂这几个基本要素所组成。

① 着色剂　着色剂是色母粒最主要的组成部分，它们提供了所需要的全部色彩和特效。着色剂分为:

无机颜料：以钛白粉、炭黑等为代表的黑白颜料；氧化铁、金属氧化混晶系列、群青、金属硫化物等;

有机颜料：偶氮系列、酞菁系列、杂环（稠环）系列等;

有机染料：溶剂染料、分散染料（部分）、还原染料（部分）;

效果颜料：云母（珠光）颜料、铜金粉、铝银粉（浆）。

② 分散润湿剂　顾名思义，它们的主要作用是加速对颜料颗粒的润湿，从而提高对颜料颗粒进行分散的效果。分散润湿剂在加工过程结束后均匀并稳定在树脂中，成为制品体系的一部分，对整个制品物性有一定的影响。分散剂主要有低分子聚合物类，如聚乙烯蜡、聚丙烯蜡、EVA 蜡等，以及它们的衍生产品（如氧化聚乙烯蜡等）；超分散剂则是近年来发展较快的另一类别的分散助剂。

③ 载体树脂　作为媒介物使颜料能被分散并保持均匀稳定地分布其中，同时确保最终色母粒制品呈现应有的颗粒状态。各种聚烯烃树脂、聚氯乙烯、ABS、PET、丙烯-乙烯共聚弹性体以及各种有针对性指定的树脂都能成为色母粒的载体树脂。

④ 助剂/添加剂　塑料助剂/添加剂是塑料加工和应用不可或缺的基本要素。虽说助剂在塑料配方中的用量微不足道，但其对制品加工和应用性能的改善和提高的作用无可比拟。塑料助剂一般可分为两大类，即：工艺加工助剂和功能助剂，前者主要功能是帮助顺利实施加工过程，提高工艺操作的顺畅性，这类助剂有抗氧剂、润滑剂、偶联剂、脱模剂等；而后者可以赋予或提升制品的特定的应用性能，代表性助剂类别有增塑剂、光稳定剂、紫外吸收剂、抗静电剂、阻燃剂、成核剂、抗菌剂等。

1.1.3 色母粒分类

色母粒的分类方法常用的有以下几种。

按树脂载体分类：PE 色母粒、PP 色母粒、ABS 色母粒、PVC 色母粒、EVA 色母粒等。

按成型工艺分类：注塑色母粒、吹塑色母粒、纺丝色母粒、吹膜色母粒等。

各品种又可分为不同的等级，如：普通吹膜色母粒用于一般包装袋、编织袋的着色。高档吹膜色母粒用于共挤复合超薄包装膜的着色。

为了方便读者阅读和使用，本书以产品用途分类为主线，分为薄膜、电缆、管材、片材、纤维、功能母粒等章节，以产品成型分类为辅线基本上涵盖了绝大多数色母粒的配方设计，也用极少量篇幅介绍了橡胶色饼的配方设计，作为色母产品其他剂型的补充。

1.2 色母粒配方设计原则

色母粒配方设计原则是根据客户产品需求，综合考虑着色制品生产制造以及制成品使用等全过程的性能要求，进行各种原材料的选择和制作工艺的设定。具体来说就是要在明了树脂的种类及型号、加工设备、工艺选择及工艺条件、其它化学助剂的种类和添加量、着色制品成型工艺及条件、制成品的使用环境及期限等因素后而设计完成的。

色母粒配方设计的关键为选材、互配、用量、制造四大要素，表面看起来十分简单，但其中包含了很多内在联系，要想设计出一个高性能、易加工、经济适用的配方也并非易事，需要考虑的因素很多，笔者积多年的配方设计经验提供如下几个方面的因素供读者参考色母粒配方设计应遵循先进性、稳定性、可加工性、合理性、经济性、安全性原则。

（1）色母粒配方设计的先进性

色母粒配方先进性所要突出体现的就是配方的科学性。它既能适应先进的色母粒制成工艺，还能够确保色母粒产品的质量稳定，以及合理的成本控制。

色母粒配方的科学性首要考虑的问题是必须确保配方中各原料间具有良好的相容性，只有这样才能保证塑料制品体系的有机融合，帮助粉体颗粒达成预想的分散效果，体现材质应有的物性，和切实保障制品设计所定的使用寿命。

色母粒配方所选原材料的各项性能必须满足生产工艺条件和符合制成品特定的使用性能要求等也是体现色母粒配方先进性的一个方面。例如：颜料或其他粉体颗粒料的分散性需满足加工工艺和制品质量的规定；所有原材料的牢度（耐光/候、耐化学品等）性能、耐迁移性、安全性等应符合制成品使用的规范标准。

单就配制颜色而言，色母粒配方中尽可能采用较少的彩色着色剂品种。其一，此方法能降低配色复杂性，有利于质量稳定和控制；其二，优化着色剂品种库存管理。

色母粒配方设计也应该充分考虑生产实际的需求，力争实现生产操作的合理性和顺畅性，从而确保制品的质量稳定。最明显的实例如：具体设计之初就应该通盘考量全部原材料的不同形态，选择载体树脂的品种及其外观形态，合理配置粉体料和颗粒料的比例，唯有如此，方能保障整体物料混合均匀、输送顺畅，达到高效率生产之目的；同时，又能最大限度防止生产过程中因振动而造成不同形态物料分层导致的比例失控、质量不均等问题的产生。

色母粒配方的先进性还体现在配方中助剂选择的协同效应，以求达到制品各项性能最优化的目标。如，亚磷酸酯类辅抗氧剂与阻酚类主抗氧剂复配，以提高抵御热氧化作用；利用受阻胺类光稳定剂通过捕获自由基、分解氢过氧化物和传递激发态分子的能量等多种途径来抑制光氧化降解反应，同时添加苯并三唑类紫外吸收剂以有效吸收紫外辐射对树脂化学键的直接破坏作用，如此协同搭配可大大提高制品抵御阳光曝晒的能力。

需要填充的配方中，必须选择适用的填充剂和合理定量填充比例，只有这样，才能发挥填充性能，确保加工操作顺利，合理降低成本。

(2) 色母粒配方设计的稳定性

色母粒配方设计的稳定性是指色母粒制作过程、色母粒用于成型加工过程的稳定性，以及着色塑料制品使用过程中的稳定性等。

如何能做到色母粒生产制作的稳定？一般是指在选定加工工艺及设备的前提下，通过合理准确选择配方组分并精准定量，保证生产制作过程顺利，产品质量稳定，色彩性能可控。需要考量的方面，如所选颜料的分散性能否适应当前工艺设备的处理能力，是否会因为分散不佳导致频繁堵网而影响正常生产？着色剂耐热性是否能匹敌要求的工艺温度和时长？微量配色的着色剂是否会在加工温度下发生性能突变而产生严重退变色现象？填料品质和添加量是否会影响加工顺畅进行（如，拉条平顺性、切粒不均等）？诸如此类，都是需要审慎评估的因素。

就色母粒配方的生产稳定性而言，同一配方对于不同的生产线（或设备）的适应性也是必须要加以关注的，因为生产调度是一个很实际的问题。其中最为突出的是颜料分散性，如果配方中有一个品种的分散性能明显差于其他颜料组分，那么经过剪切能力有明显差异的不同生产线（或设备）加工处理后，其产品间将会呈现明显的色相偏差。如果配方中所有颜料间的分散性能相近，则这样的差异就会明显降低甚至不易察觉。

关于色母粒用于成型加工过程的稳定性，首先必须十分明了该色母粒制品所要应用的成型加工条件。以加工温度为例，相同树脂体系的塑料制品，通常大多数的注塑成型温度高于色母粒制作的工艺温度，注塑加工时长又依据制品尺寸和结构而长短不一，这些对所选着色剂的耐热性能都是严苛的挑战，选择的依据必须以整个制品制作全过程中最高的温度要求和时长为准，否则，制品成型后的颜色将无法控制。

所谓色母粒配方应用的稳定性，确切地说就是经过色母粒着色后的塑料制品在使用全过程的稳定性。制品设计所要求的使用特性与其将被使用的环境和年限有着极大的关系：户外使用的制品，配色必须全部选择高耐候性能的着色剂；塑料包装材料的配色必须评估着色剂对被包装内容物的化学耐受性能；诸如此类都是在配方之初就应该引起重视的。

由此可知，色母粒配方所组成的物质是一个体现综合特性的有机整体，它容不得任何一块短板的存在。着色剂配方中任何一个组分其中一项性能的不足，对于整个配方来说都将是致命的。

(3) 色母粒配方设计的可加工性

色母粒配方的可加工性是指所设计的配方能够顺利进行工艺加工，所制得的色母粒产品无论是内在质量，还是外观形态都能符合设计要求。这需要关注的要点有如下几个方面：

① 配方中所有组分在加工工艺条件下不发生分解、不产生变异；

② 配方中的组分对设备没有明显的腐蚀和磨损作用；

③ 配方成分在加工过程中不产生对操作人员健康有伤害的毒性气体；

反之，也可以针对配方中某些成分的特殊性，制定相应的操作规定，以降低不利影响。如：对于部分质地比较坚硬的无机颜料或矿物填充料，由于它们对金属具有较强的研磨特性，可以特别规定高速搅拌（1000r/min 以上）步骤的操作时间的上限，并保证严格执行。

(4) 色母粒配方设计的合理性

色母粒配方设计的合理性是针对配方中各组分选择和配伍而言。选择的主要原则有二：其一，扬长避短，最大限度发挥各自的最佳性能；其二，尽量避免配方组分间的相互反应和性能抵触。

对着色剂的选用就有一些非常实用的经验可供借鉴：配制深色泽制品时应选用着色力高的着色剂品种，这样色料的添加量相对较少，可以保证着色制品的颜色饱和度，同时也有利于成本控制；对于浅色制品而言，可以有针对性地选择着色力相对低的着色剂产品，如无机颜料，这样选择的好处是能够避免因微量添加增加相对误差可能性导致的色相不稳定和颜色牢度性能的衰减；对于光反射型效果颜料（珠光颜料，金属颜料等）的配色，应避免与遮盖性较强的颜料，如钛白粉、某些无机颜料等相配，否则将严重影响反射效果的展现；此外，在制品应用规范允许的条件下，可以选用溶剂染料对大多数的工程塑料进行着色，既可获得良好的色彩性能，也可有效降低着色成本。

避免配方组分间反应或性能抵触所涉及的范围比较广，树脂、着色剂、各类助剂皆有可能成为根源，一旦“触雷”就会导致严重的质量问题或性能下降甚至消失。下面所列就是一些表现形式和原因：

① 带有酸性的颜料（如颜料黄 139）与碱性的受阻胺光稳定剂配伍产生中和反应，会产生颜色偏差，制品耐候性能不能符合设计要求；

② 珠光颜料在部分树脂中与单酚抗氧剂 BHT 共用会导致制品黄变而引发质量问题；

③ 着色剂或助剂中含有的微量游离氯在高温下会诱发聚酯树脂产生质地坚硬且不易熔融结晶晶核，致使透明制品出现“鱼眼”，或严重影响涤纶纺丝的可纺性；

④ 含铅化合物，如铬黄（铬酸铅，碱式铬酸铅，硫酸铅）与含硫抗氧剂 DLTP、DSTP、1035、300 等共用，在高温条件下发生反应生成黑色硫化铅，造成制品颜色不可控；

⑤ 炭黑与抗氧剂 BHT 共用发生反应，致使抗氧剂 BHT 几乎完全失去效能。

(5) 色母粒配方设计的经济性

谋求色母粒产品的经济性是无可厚非的。但是，这必须是在确保产品性能和质量达标第一准则下的一个目标。单单追求一个独立的色母配方的经济性是非常片面的，也很难达成目标。因为，每个色母粒配方的经济性体现与整个企业的经营方针和运营模式戚戚相关。下列各项就是在满足产品质量规范前提下，以经济性为考量而选择原材料的一些基本出发点：

① 达标为准，适用即可：以最终制品性能要求为准，原料性能达到要求即可，尽量避免选择超高性能的原材料，导致无谓的成本上升；

② 一料多用，优化库存：依据企业主体产品特性，尽可能选择符合共性的原材料作为备库之基本，体现综合效应；

③ 先库后外，就近避远：能够符合制品性能的前提下，优先选择基本备库的原料；尽可能选择当地或邻近区域的原材料，以降低运输成本、缩短交货期；

想要真正做到上述各点，首先要对企业运营进行切实的定位，即：当前主营产品结构、近期和中期发展的目标产品系列，以及相关原材料的权重等级等，进行物流管理的优化整合。

(6) 色母粒配方设计的安全性(环保性)

色母粒配方的安全性是指配方中的各类着色剂及助剂对操作者无害、对设备无害、对使用者无害。

色母粒配方的安全性是指配方中的各类着色剂，助剂的选择必须符合国际、国内相关法规的要求。特别对塑料制品中用于食品接触的包装容器/膜/袋、药品包装、医卫用品、儿童玩具、穿戴用品等产品，不仅应选用已通过美国食品药品监督管理局(FDA)检验并许可，中国食品安全国家标准《食品接触材料及制品用添加剂使用标准》(GB 9685—2016)允许的着色剂、抗氧剂、光稳定剂等品种，而且须严格遵循每种原料所允许最大添加量的限定。

色母粒配方的设计安全性还包含所选组分必须对环境如，土地、水、大气等无污染。铅盐不能用于上水管和电缆护套，因为组分会从埋地的上水管、架空的电缆护套经雨淋渗入土壤中；增塑剂 DOP 等不能用于玩具、食品包装膜；铅、镉、六价铬、汞等重金属不能用于电子产品；多溴联苯、多溴联苯醚等因其会产生二噁英而污染大气，被限制用于阻燃塑料产品中。

1.3 色母粒配方中着色剂选择

塑料着色是塑料工业中不可缺少的一个组成部分，其重要意义已远远超越了起初美化产品的唯一目的。当今的塑料着色更是赋予塑料制品众多的特性和作用，它大大提升了制品原有的商业价值，谁能在颜色之外体现与众不同的特性、开拓别具一格的应用领域，谁就能在激烈竞争的市场中占据制高点。

塑料用着色剂主要包含颜料和溶剂染料。色母粒中着色剂(无机颜料、有机颜料、溶剂染料)的品种和性能，笔者在已出版《塑料着色剂——品种·性能·应用》《塑料配色——理论与实践》两书中作了详细的叙述，在此就不一一重复了。但是，为了体现本书的系统性和完整性，我们对此部分内容以图、表形式表达，这样能够比较直观、简便、有效地呈现。

1.3.1 色母粒配方中着色剂的选择原则

从图 1-1 中可知：塑料着色并非是一个独立的环节，与之密不可分的关联因素众多。塑料着色剂的选择首先从被着色对象出发，进而要考量应用配方的综合配伍特性，还必须满足相应的加工工艺条件，最终的制成品要经受住使用环境和时长等种种考验。

所以着色剂选择仅仅关注色彩是远远不够的，需要关注色彩表征——满足客户产品需求；需要关注性能表征——耐热性、分散性以满足色母粒加工需求；关注性能表征——耐迁移性、耐光性和耐候性、收缩与翘曲、耐酸、耐碱、耐溶剂性、耐化学药品性以满足制成品应用环境等诸多要求。

众所周知，着色剂的各项性能除了与其化学结构密切相关外，还与其晶型、粒径大小、粒子分布和表面特征等有关，也与添加量、使用条件等有关，还与树脂类型及塑料添加剂有关，所以着色剂的选择原则需从着色的整个系统工程出发。

1.3.2 无机颜料品种和性能

无机颜料组成通常是金属的氧化物、硫化物和金属盐类以及炭黑。从颜色、化学组成和色彩构成等方面考虑进行分类。无机颜料大致可分为消色，彩色，效果类三大类见表 1-2。

表 1-2 无机颜料分类表

分类	项 目	定 义
消色	白色颜料	无选择性光反射造成的光学效应（二氧化钛和硫化锌颜料、立德粉、锌白）
	黑色颜料	无选择性光吸收造成的光学效应（炭黑颜料）
彩色	彩色颜料	选择性光吸收所造成的光学效应，在很大程度上也是选择性光反射的效应（氧化铁红和氧化铁黄、镉系颜料、群青颜料、铬黄、钼铬红、钛黄、钛棕、钴蓝、钴绿、铋黄）
效果	金属效应颜料	主要在平面的和平行面的金属颜料粒子上发生的镜面反射（片状铝粉、铜粉）
	珠光颜料	发生在高度折射的平行的颜料小片状体上的镜面反射（云母钛白）
	干涉色颜料	全部或主要因干涉现象而造成的有色闪光的光学效应（云母氧化铁）
	变色颜料	低折射率、高折射率介质交替包覆而产生光线折射，颜色取决于视角（“变色龙”）

消色颜料包括白色、黑色颜料，它们仅表现出反射光量的不同（全反射或全吸收），即亮度的不同，其组成见表 1-3。彩色颜料则能对一定波长的光，有选择地加以吸收，把其余波长的光反射出来而呈现各种不同的色彩，其组成见表 1-4。效果颜料是颜料表面不同反射的光学效应，从而产生的不同效果，见表 1-5。

表 1-3 主要消色无机颜料组成

化学类别	白色颜料	黑色颜料
氧化物	二氧化钛 TiO_2 锌白（ZnO）	氧化铁黑 Fe_3O_4，铁锰黑$[(Fe, Mn)_2O_4]$，铁钴黑$[(Fe, Co)Fe_2O_4]$
硫化物	硫化锌（ZnS） 立德粉（$ZnS+BaSO_4$）	
碳及碳酸盐	铅白$[Pb(OH)_2 \cdot 2PbCO_3]$	炭黑 C

表 1-4 主要彩色无机颜料组成

化学类别	黄	橙	红	紫	蓝	绿	棕
铬系颜料	铬黄 $PbCrO_4, PbSO_4$ $PbCrO_4 \cdot PbO$		钼铬红 $PbCrO_4$ $PbMoO_4$ $PbSO_4$			铬绿 Cr_2O_3	
氧化铁颜料	铁黄 α, λ-FeO(OH)		铁红 Fe_2O_3				铁棕 $[(Fe \cdot Mn)_2O_3]$
金属氧化物颜料	钛黄$[(Ti, Ni, Sb)O_2]$	钛橙$[(Sn, Zn)TiO_3]$		锰紫 $NH_4MnP_2O_7$	钴蓝 Co, Al_2O_4 $Co(Cr, Al)_2O_4$	钴绿 $Co_2Cr_2O_4$ $(Co, Ni, Zn)_2TiO_4$	钛棕 $(Ti, Cr, Sb)O_2$
镉系颜料	镉黄 CdS · ZnS	镉橙 CdS · ZnS	镉红 CdS · CdSe				
稀土颜料	钐黄 r-$S_{m2}S_3$	铈橙 r-La_2S_3/r-Ce_2S_3	铈红 r-Ce_2S_3				铈棕 β-Ce_2S_3
群青颜料				群青紫 $Na_5Al_4Si_6O_{23}S_4$	群青蓝 $Na_6Al_6Si_6O_{24}S_4$		
钒酸铋	铋黄 $4BiVO_4 \cdot 3Bi_2MoO_6$						

⊡ 表1-5 主要效果（无机）颜料组成

化学类别	组成	色泽
金属颜料	铝 Al	闪光银色
	铜锌合金 Cu-Zn	闪光金色
珠光颜料	涂覆有 TiO_2 的云母	珠光银白和干涉色
	涂覆有 TiO_2 和金属氧化物的云母	金色和古铜色
变色龙颜料	用氧化铁和 SiO_2 涂覆铝粉	颜色取决于角度

我们把无机颜料按金属的氧化物，硫化物、金属盐类、炭黑以及效果颜料归成一张图，那么能够用于塑料着色的无机颜料品种、组成、色谱范围就一目了然了，见图 1-3。

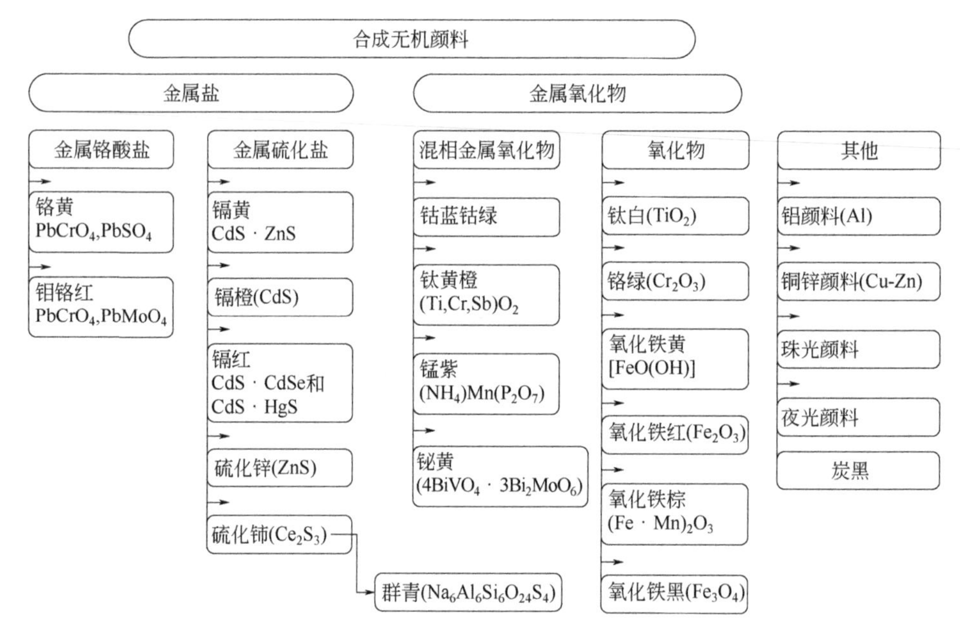

图1-3 无机颜料品种和组成

图 1-3 的左边包括：铬酸铅·钼酸铅系列颜料（俗称：铬黄、钼铬红）；金属硫化盐系列颜料，它们有硫化镉（镉黄、镉红）、硫化锌（白度最高的白色颜料）、硫化铈（铈红、铈橙，主要适用于玻纤增强塑料的着色），此外，含硫化合物颜料中还有一个大家族——群青系列颜料（在钠铝晶格中内捕获并稳定多硫化物的自由基而形成的钠盐群青蓝、群青紫）。

图 1-3 中间所列的是金属氧化物颜料，共分为两大类别：金属氧化颜料和多金属复合氧化颜料。前者包含使用量之最的二氧化钛白色颜料（俗称：钛白）、用途广泛的氧化铁系列颜料（黄、红、棕、黑）、氧化铬绿颜料等。所谓多金属复合氧化颜料是指在某一金属氧化物晶型中复合另一种或多种其他金属离子，形成一种复合的晶格形态的颜料，依据不同的组成，其结晶主要有金红石型和尖晶型两种结晶形态。金红石型颜料的主要色泽为黄色、橙色、和棕色；尖晶型颜料的颜色更加丰富了，除了黄色、棕色外，还包括钴蓝、钴绿色等。

图 1-3 右边所列的是光反射效果颜料和其他，如炭黑及夜光颜料。

光反射效果颜料的特征是颜料颗粒呈微小薄片状形态，光照射在平面上产生镜面反射而形成闪烁的特效。依据构成材质的不同，光反射效果颜料分为两大类：金属效果颜料（片状的铝粉、铜粉）；珠光颜料（表面有二氧化钛涂层的片状云母，故也称云母-钛颜料）。珠光颜料又有白色、彩色之分，采用两种手段帮助云母-钛获得颜色：改变二氧化钛涂层厚度产生干涉色或直接在云母片表面涂覆有色的金属氧化物涂层，如氧化铁涂层。另有一类变色颜料，也称幻彩颜料，其结构就是在云母-钛、片状铝粉或玻璃微片上附加一层光干涉层（通常为二氧化硅层），通过它对光的干涉产生随角异色的光学效应而达到颜色变化。

所谓夜光颜料，它的学名应为光致蓄能发光（夜光）粉。其发光机理是：在日光或长波紫外光等光源的照射下吸收辐射能量，并在无光环境下释放所吸收的能量而发出荧光。不同材质的夜光颜料其发出荧光的持续时间和光的颜色都是不同的，例如：硫化锌——短效夜光粉、稀土类——超长余辉夜光粉、硫化钙夜光粉——红色荧光、硫氧化钇夜光粉——橘红或红色荧光。

炭黑由碳组成，尽管碳是有机化学的主要成分之一，但按德国标准 DIN 55944《着色剂按色度和化学特性分类》的规定，炭黑被归为无机颜料类。虽然炭黑的组成单一，但是，不同的生产工艺和控制条件，造就了众多性能各异的庞大产品群，成为无机颜料中一个非常重要品种系列。

通过上述简单叙述你就可从图中大致了解无机颜料分类和品种。更详细的内容建议可读笔者以前写的《塑料着色剂——品种·性能·应用》第三章塑料着色用无机颜料的主要品种和性能。

1.3.3 有机颜料品种和性能

塑料着色用的有机颜料品种和性能可以从化学结构入手进行分类和定性，其基本的理由是：主体化学结构相同的有机颜料系列产品，其耐光、耐候和耐热等性能基本相似，一定程度上可以以主体化学结构预估某有机颜料产品的特质。故此，本节内容中对相关性能的罗列也是依照产品名称（颜料索引号），并选择国际国内相同结构所能达到的最佳性能值呈现，与市场流通的具体产品无直接关联。

有机颜料可以分成三大类，即：偶氮类、酞菁类、杂环及稠环酮类颜料。这三类颜料都可根据结构特点做进一步细分。

偶氮颜料中根据偶氮基的数量和外接基（团）类型和形式可分为：单偶氮金属色淀颜料，品种和性能见表 1-6；单偶氮萘酚类红色色淀颜料，品种和性能见表 1-7；单偶氮色酚类颜料，品种和性能见表 1-8；单偶氮色淀红颜料，品种和性能见表 1-9；双氯联苯胺双偶氮颜料，品种和性能见表 1-10。

表 1-6 单偶氮金属色淀颜料品种和性能

产品名称	色泽	耐热性/（℃/5min）	耐光性/级	耐候性/级	耐迁移性/级	翘曲
颜料黄 168	绿光黄	240	7		5	无
颜料黄 62	中黄	250	7		5	低
颜料黄 191（钙盐）	红光黄	300	8	3	5	低
颜料黄 191:1（铵盐）	红光黄	300	7	3～4	5	无
颜料黄 183（遮盖）	红光黄	300	7	3～4	5	低
颜料黄 183（透明）	红光黄	280	7		5	低

⊡ 表1-7 单偶氮萘酚类红色色淀颜料品种和性能

产品名称	色泽	耐热性/（℃/5min）	耐光性/级	耐迁移性/级
颜料红 53:1	黄光红	270	4	4～5

⊡ 表1-8 单偶氮色酚类红色颜料品种和性能

产品名称	色泽	耐热性/（℃/5min）	耐光性/级	耐候性/级	耐迁移性/级	翘曲
颜料红 170（F3RK 70）	中红	270	8	3	2	低
颜料红 170（F5RK）	蓝光红	250	8			低
颜料红 187	蓝光红	260	8		5	低

⊡ 表1-9 单偶氮色淀红颜料品种和性能

产品名称	色泽	耐热性/（℃/5min）	耐光性/级	耐迁移性/级
颜料红 48:2	蓝光红	220	7	4～5
颜料红 48:3	中红	260	6	5
颜料红 57:1	蓝光红	260	6～7	5

⊡ 表1-10 双氯联苯胺黄橙双偶氮颜料品种和性能

产品名称	色泽	耐热性/（℃/5min）	耐光性/级	耐迁移性/级
颜料黄 17	绿光黄	200	6～7	3
颜料黄 81	绿光黄	200	6～7	5
颜料黄 14	绿光黄	200	6～7	2～3
颜料黄 13	中黄	200	7～8	4～5
颜料黄 83	红光黄	200	7	5
颜料橙 13	黄光橙	200	4	2
颜料橙 34	黄光橙	200	6～7	4～5

由上述介绍可知，经典偶氮颜料除色彩性能外，其他的各项性能体现一般，为了提升其应用性能，可以通过改变原有结构来实现。

通过引入酰氨基完成两个单偶氮颜料的缩合，形成分子量较高的缩合偶氮颜料，大大提高了原有单偶氮颜料的应用性能（品种和性能见表1-11）。由于缩合后颜料分子量成倍增加，故此类颜料也被俗称为“大分子（偶氮）颜料”。

⊡ 表1-11 缩合偶氮颜料品种和性能

产品名称	色泽	耐热性/（℃/5min）	耐光性/级	耐候性/级	耐迁移性/级	翘曲
颜料黄 128	绿光黄	260	8	4～5	5	N
颜料黄 93	绿光黄	280	8	3～4	5	N
颜料黄 95	绿光黄	280	7～8	3	5	N
颜料黄 155	绿光黄	260	7～8	3	3～4	高
颜料红 242	黄光红	300	7～8		5	高

续表

产品名称	色泽	耐热性/(℃/5min)	耐光性/级	耐候性/级	耐迁移性/级	翘曲
颜料红 166	黄光红	300	7～8	3～4	5	高
颜料红 144	中红	300	7～8	3	5	高
颜料红 214	中红	300	7～8	4～5	5	高
颜料棕 23	中棕	260	6～7	5	5	—
颜料棕 41	黄光棕	300	7～8	4～5	5	高

另外，通过在偶氮结构中引入杂环可降低溶解度从而改善和提高性能。比如，在偶氮基的一端导入5-酰氨基苯并咪唑酮基团，由此产生了一个全新的系列——“苯并咪唑酮颜料”系列（品种和性能见表1-12）。数据显示：苯并咪唑酮系列颜料的各项牢度性能远高于偶氮颜料。

表1-12 苯并咪唑酮单偶氮颜料品种和性能

产品名称	色泽	耐热性/(℃/5min)	耐光性/级	耐候性/级	耐迁移性/级	翘曲
颜料黄 214	绿光黄	280	7		5	低
颜料黄 151	绿光黄	290	8	3～4	5	低
颜料黄 180	中黄	290	7～8		5	低
颜料黄 181	红光黄	300	8	4	5	低
颜料橙 72	黄光橙	290	7～8	4～5	5	低
颜料橙 64	正橙	300	7～8	3～4	5	低
颜料红 176	蓝光红	270	7		5	低
颜料红 185	中红	250	5～6		5	低
颜料紫 32	红紫	250	7		5	高
颜料棕 25	棕	290	7	5	4～5	低

酞菁颜料主要涵盖蓝绿色谱的品种，蓝色铜酞菁颜料具有同质多晶特性，即同一化合物具有生成多种不同晶体结构的现象，而晶型会对其应用性能，如着色力、颜色色相等产生影响。卤代铜酞菁显现绿色，不同卤族元素的取代而形成的绿色颜料在着色力和色光上的表现大相径庭。酞菁颜料的主要品种和性能见表1-13。

表1-13 酞菁颜料品种和性能

产品名称	色泽	耐热性/(℃/5min)	耐光性/级	耐候性/级	耐迁移性/级	翘曲
颜料蓝 15	红光蓝	200	8	5	5	高
颜料蓝 15:1	红光蓝	300	8	5	5	高
颜料蓝 15:3	绿光蓝	280	8	4～5	5	高
颜料绿 7	蓝光绿	300	8	5	5	高
颜料绿 36	黄光绿	300	8	5	5	高

杂环及稠环酮类颜料包含喹吖啶酮类颜料（表1-14），二噁嗪类颜料（表1-15），异吲哚啉酮类颜料（表1-16），异吲哚啉类颜料（表1-17），苝系类颜料（表1-18），吡咯并吡咯二酮类（DPP）颜料（表1-19），蒽醌和蒽醌酮类颜料（表1-20），喹酞酮类颜料（表1-21），金属络合类颜料（表1-22）。

⊡ 表1-14 喹吖啶酮类颜料品种和性能

产品名称	色泽	耐热性/（℃/5min）	耐光性/级	耐候性/级	耐迁移性/级	翘曲
颜料紫 19（γ）	蓝光红	300	8	4～5	5	低
颜料红 122	蓝光红	300	8	4～5	5	低
颜料红 202	蓝光红	300	8	4	5	低
颜料紫 19（β）	红光紫	300	8	4	5	低

⊡ 表1-15 二噁嗪类颜料品种和性能

产品名称	色泽	耐热性/（℃/5min）	耐光性/级	耐候性/级	耐迁移性/级	翘曲
颜料紫 23	蓝光紫	280	8	4	4	高
颜料紫 37	蓝光紫	280	8	4～5	5	低

⊡ 表1-16 异吲哚啉酮类颜料品种和性能

产品名称	色泽	耐热性/（℃/5min）	耐光性/级	耐候性/级	耐迁移性/级	翘曲
颜料黄 109	绿光黄	280	7～8	5	5	高
颜料黄 110	红光黄	300	7～8	4～5	5	高
颜料橙 61	黄光橙	290	7～8	4～5	5	高

⊡ 表1-17 异吲哚啉类颜料品种和性能

产品名称	色泽	耐热性/（℃/5min）	耐光性/级	耐候性/级	耐迁移性/级	翘曲
颜料黄 139	红光黄	240	7～8	3	5	高

⊡ 表1-18 苝系类颜料品种和性能

产品名称	色泽	耐热性/（℃/5min）	耐光性/级	耐候性/级	耐迁移性/级	翘曲
颜料橙 43	黄光橙	300	7～8	3	5	高
颜料红 149	黄光红	300	8	3	5	高
颜料红 178	黄光红	300	8	3～4	5	高
颜料红 179	蓝光红	300	8	4	4～5	高
颜料紫 29	蓝光紫	300	8	4	5	高

⊡ 表1-19 吡咯并吡咯二酮类（DPP）颜料品种和性能

产品名称	色泽	耐热性/（℃/5min）	耐光性/级	耐候性/级	耐迁移性/级	翘曲
颜料橙 71	黄光橙	300	7～8	4	4～5	低
颜料橙 73	红光橙	280	6～7	4	5	高
颜料红 272	黄光红	300	7～8	3～4	5	低
颜料红 254	中红	300	7	4	5	高
颜料红 264	蓝光红	300	8	4～5	5	N

⊡ 表1-20 蒽醌和蒽醌酮类颜料品种和性能

产品名称	色泽	耐热性/（℃/5min）	耐光性/级	耐候性/级	耐迁移性/级	翘曲
颜料红 177	蓝光红	260	7～8	3	5	无
颜料蓝 60	红光蓝	300	7～8	5	5	高

表 1-21 喹酞酮类颜料品种和性能

产品名称	色泽	耐热性/（℃/5min）	耐光性/级	耐候性/级	耐迁移性/级	翘曲
颜料黄 138	绿光黄	260	7～8	—	4～5	—

表 1-22 金属络合类颜料品种和性能

产品名称	色泽	耐热性/（℃/5min）	耐光性/级	耐候性/级	耐迁移性/级	翘曲
颜料黄 150	红光黄	300	8	—	5	—
颜料橙 68	红光橙	300	7～8	3	5	—

表 1-6～表 1-22 共列了塑料着色用有机颜料的 17 大类品种，每一大类品种的色谱范围见表 1-23，其中苯并咪唑酮单偶氮颜料品种色谱范围跨度最大，从偏绿相黄开始，经红色（棕色）直至紫色区域。

表 1-23 塑料着色有机颜料 17 类品种色谱范围

序号	化学结构	黄	橙	红	棕	紫	蓝	绿
1	联苯胺双偶氮	←→	←→					
2	单偶氮金属色淀	←→						
3	β 萘酚色淀			←→				
4	色酚 AS			←→				
5	2B			←→				
6	苯并咪唑酮	←→	←→	←→	←→	←→		
7	偶氮缩合	←→		←→	←→			
8	二噁嗪紫					←→		
9	喹吖啶酮			←→		←→		
10	酞菁系						←→	←→
11	1,4-二酮吡咯并吡咯		←→	←→				
12	苝系类和芘酮类		←→	←→		←→		
13	异吲哚啉酮	←→	←→					
14	异吲哚啉	←→						
15	蒽醌			←→			←→	
16	喹酞酮	←→						
17	金属络合	←→	←→					

从应用性能、主要特征和制品生命周期、应用环境适应性进行综合定义，拟将有机颜料 17 大类品种划分成经典颜料、中档颜料、中高档颜料和高性能颜料四大类，四类颜料划分主要特征和应用范围，见表 1-24。

表 1-24 四类颜料的主要特征和应用范围

颜料分类	主要特征及性能	主要应用领域（或产品）
经典颜料	优异的色彩性能及良好的加工性能 由于自身结构制约，各种耐受性能和牢度性能普遍较低，尤以浅色为甚	无特殊要求制品，短使用周期耗材等 常见于：一般工业品、一般包材（非食品接触）、电线电缆等
中档颜料	耐热性、耐迁移性、耐光性均可，耐候性不足 综合性能能够满足大多数塑料着色制品的需求	适用于无阳光直射或室内应用制品 常见于包装材料、压力管材、日用制品、玩具、丙纶原液着色等
中高档颜料	总体耐受性能优异；总体牢度性能良好，个别性能或有不足；某些品种浅色耐候性能欠佳，尤其高比例冲淡色下降明显	适应大部分中高档要求的制品、常规工程塑料制品，户外制品视应用实情而定 常见于高档包装材料、汽车部件、建材、玩具、日用制品、化纤原液着色等

续表

颜料分类	主要特征及性能	主要应用领域（或产品）
高性能颜料	耐受性能和牢度性能普遍优异，能适应严苛的工艺条件和制品应用条件	适应户外应用制品，汽车及航空部件等 常见于汽车部件、户外建材及装饰材料、大型玩具、人造草坪、化纤原液着色等

按表 1-6 ~ 表 1-22 中所列性能、表 1-24 所列分类要求，17 个系列产品一一对应的性能见表 1-25。其中有些类别的个别品种性能特别突出，例如单偶氮金属色淀系列中颜料黄 191、颜料黄 191:1、颜料黄 183，其耐热性能相对于一般经典偶氮颜料而言特别优异，无论浅色还是深色均能达 280 ~ 300℃，但其他性能一般，如着色力偏低、耐水性差等，所以横跨于两个系列，并以△表示，表示某些应用性能指标有缺陷。

表 1-25　塑料着色用有机颜料 17 个产品系列对应性能

序号	化学结构	低性能	中等性能	中高性能	高性能
1	联苯胺双偶氮	○			
2	单偶氮金属色淀	○	△		
3	β 萘酚色淀	○			
4	色酚 AS	○	△		
5	2B	○			
6	苯并咪唑酮		○	△	
7	偶氮缩合			○	
8	二噁嗪紫			○	
9	喹吖啶酮			○	△
10	酞菁系		△	○	○
11	1,4-二酮吡咯并吡咯			○	△
12	苝系类和芘酮类			○	△
13	异吲哚啉酮			○	○
14	异吲哚啉		○		
15	蒽醌			○	△
16	喹酞酮		○		
17	金属络合				○

注：○表示符合要求；△表示某些应用性能指标有缺陷。

把纵坐标定义为色调值，色调值按波长从大到小，即从红色（780 ~ 640nm）开始，划为黄光红、中红、桃红、橙、红光黄、中黄、绿光黄、绿色、蓝色，一直到紫色（470 ~ 380nm）为止。

把横坐标分别定义为性能（一般到优异）、价格（从低到高）和产量（从大到小），构建了有机颜料分类、结构、色谱、性能图。再把每个系列中颜料索引号列上，这样就一目了然地对塑料着色用有机颜料的品种和性能有个初步的了解，见图 1-4。

从图 1-4 中可看到在图的左边经典颜料一类中，有双偶氮、β 萘酚色淀红、2B 色淀红系列颜料。这些颜料以传统偶氮颜料为主体，以优异的色彩性能和加工性能、相对低廉的价格为特征，深受客户青睐，几乎是年产量万吨级的大系列品种，但因其结构等因素，在耐热性、耐光性、耐迁移性等方面存在种种缺陷，特别在浅色着色时其差距更大。当然其价格也是相对低廉的。

在图 1-4 的右边高性能颜料一类中，可看到喹吖啶酮类、异吲哚啉酮类、吡咯并吡咯二酮类（DPP），苝系类和芘酮类颜料靠最右边，无疑是性能最好的。高性能有机颜料以良好的色彩性能和加工性能以及优异的耐受性能、应用性能而立足，形成年产量几百吨到几千吨的品种，当然其价格也是最高的。

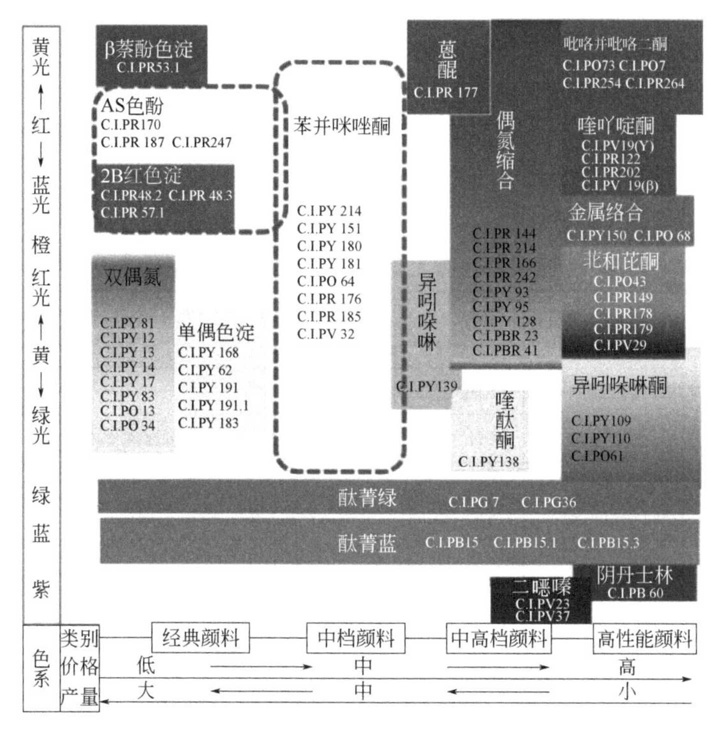

图1-4 有机颜料品种性能价格产量图

在图 1-4 的中间列出了中档和中高档颜料两类，其中苯并咪唑酮系颜料和异吲哚啉系列颜料列为中档颜料，列于中间偏左，这些颜料性能和价格介于经典颜料和高性能颜料之间，特别是苯并咪唑酮系列颜料属于性能不错、价格不贵的系列，性价比高，也是年产量几千吨的大品种。把偶氮缩合、蒽醌、二噁嗪、喹酞酮颜料列为中高档颜料，靠中间偏右些，这是因为这些颜料综合性能相对略低一些，或它们在某项性能指标上有缺陷。

从图 1-4 中可以看到，横跨经典、中档颜料和高性能颜料的是酞菁系蓝绿颜料，之所以这样排列是因为酞菁系蓝绿颜料综合性能优异，年产量十万吨以上，但价格经济，称得上性价比最好的蓝绿颜料。

通过上述简单叙述，你就可从图中了解颜料结构可能所对应的性能和价格。更详细的内容建议参考笔者编写的《塑料着色剂——品种·性能·应用》第四章塑料着色用有机颜料的主要品种和性能以及《塑料配色——理论与实践》第三章塑料着色用有机颜料定位等相关内容。

1.3.4 溶剂染料品种和性能

溶剂染料（solvent dye）最初因其可在各种有机溶剂中溶解而得名，我们通常把能溶解在非极性或低极性溶剂（脂肪烃类、甲苯、二甲苯、燃料油、石蜡等）中的染料称为油溶染料（oil dye），把能溶解在极性溶剂（乙醇，丙酮）的染料称为醇溶染料（alcohol soluble dye）。目前在塑料上着色用的溶剂染料主要是油溶染料，所以人们也习惯把溶剂染料称为油溶染料。

溶剂染料中不少品种同时也兼具其他类别染料的身份，它们具有相同的化学结构，其中分散染料、酸性染料、碱性染料更为突出。所以溶剂染料具有不同类型染料的化学索引号，其中主要有蒽醌类、偶氮型（单偶氮和双偶氮）、偶氮金属络合型、三芳甲烷游离碱类、酞菁类（铜酞菁，铝酞菁）以及杂环类等。

蒽醌类溶剂染料最多，包括蓝色、绿色、紫色、黄色、橙色、红色等几乎所有的颜色。蒽醌类溶剂染料各项性能是非常稳定的，其溶解性虽比偶氮型溶剂染料稍差一些，但耐光性和耐热性却比偶氮型染料好。所以蒽醌类溶剂染料在塑料着色中占有重要地位。

蒽醌类溶剂染料就是在蒽醌环上引入各种取代基，蒽醌环上 1-取代衍生物溶剂染料，蒽醌 1,4-二取代物溶剂染料品种繁多，色谱遍及橙色、红色、蓝色、绿色，见表 1-26。

表 1-26　蒽醌环上 1-取代衍生物，蒽醌 1,4-二取代衍生物溶剂染料主要品种和性能

化学式	溶剂染料索引号	R1	R4	耐热性/（℃/5min）	耐光性/级
R_8 O R_1 R_2 R_3 R_5 O R_4	C.I.溶剂红 111	$-NHCH_3$		280	4
	C.I.溶剂橙 86	—OH	—OH	300	7～8
	C.I.溶剂紫 13	$-\underset{H}{N}-C_6H_4-CH_3$	—OH	300	7～8
	C.I.分散紫 57	$-\underset{H}{N}-C_6H_4-SO_2CH_3$	—OH	280	4～5
	C.I.溶剂蓝 35	$-NH(CH_2)_3CH_3$	$-NH(CH_2)_3CH_3$	280	7
	C.I.溶剂蓝 104	CH_3 $-\underset{H}{N}-$ CH_3 CH_3	CH_3 $-\underset{H}{N}-$ CH_3 CH_3	300	6
	C.I.溶剂蓝 122	$-\underset{H}{N}-C_6H_4-NHCOCH_3$	—OH	300	6～7
	C.I.溶剂蓝 97	C_2H_5 $-\underset{H}{N}-$ CH_3 C_2H_5	C_2H_5 $-\underset{H}{N}-$ CH_3 C_2H_5	300	6
	C.I.溶剂绿 3	$-\underset{H}{N}-C_6H_4-CH_3$	$-\underset{H}{N}-C_6H_4-CH_3$	300	4～5

蒽醌 1,5-二取代衍生物溶剂染料、1,8-二取代衍生物溶剂染料品种、蒽醌其他取代衍生物溶剂染料品种和性能见表 1-27。

表 1-27　蒽醌二取代衍生物及其他取代衍生物溶剂染料品种和性能

衍生物	溶剂染料索引号	结构式	色泽	耐热性/（℃/5min）	耐光性/级
蒽醌 1, 5-二取代衍生物	C.I.溶剂红 207	O NH— HN— O	蓝光红	300	7～8

续表

衍生物	溶剂染料索引号	结构式	色泽	耐热性/(℃/5min)	耐光性/级
蒽醌 1,8-二取代衍生物	C.I.溶剂黄 163	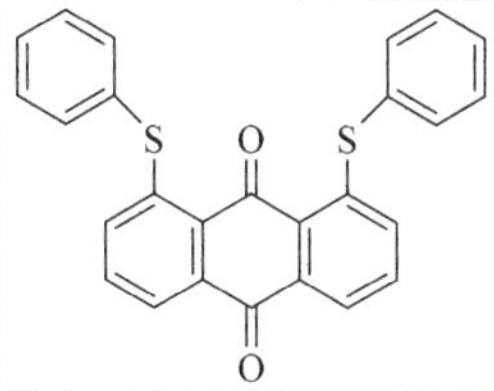	红光黄	300	7
蒽醌其他取代衍生物	C.I.溶剂红 146	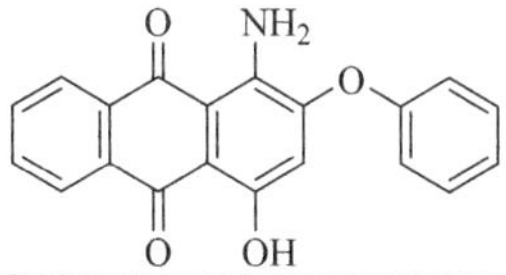	鲜艳蓝光红	300	5
	C.I.溶剂紫 31	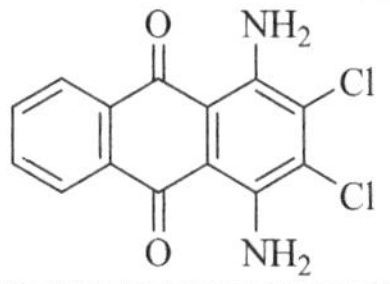	艳紫	300	6～7
	C.I.溶剂紫 59	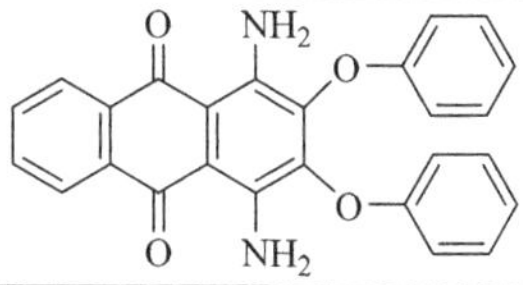	红光紫	300	6
	C.I.溶剂绿 28	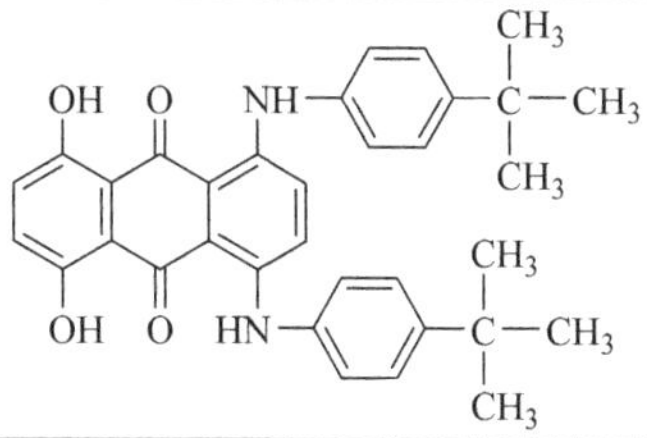	黄光绿	300	7～8

杂环类溶剂染料品种繁多，仅次于蒽醌类。杂环类溶剂染料色光鲜艳，许多品种带有强烈的荧光，并有良好的牢度性能。广泛应用于各种工程塑料和合成纤维纺前着色。

其中氨基酮类溶剂染料是 1,8-萘酐及其衍生物或苯酐及其衍生物与芳族二胺化合物缩合、闭环后生成，色谱包含黄色、橙色和红色。香豆素类溶剂染料色谱仅限于黄色品种，具有强烈的荧光，色彩绚丽，而且耐光性和耐热性优异，还适合于荧光颜料原料，主要品种和性能见表 1-28。

表 1-28　氨基酮类、香豆素类杂环类溶剂染料主要品种和性能

染料种类	溶剂染料索引号	色泽	耐热性/(℃/5min)	耐光性/级
氨基酮类溶剂染料	C.I. 溶剂橙 60	黄光橙	300	6
	C.I. 溶剂红 135	黄光红	300	8
	C.I. 溶剂红 179	黄光红	300	7
	C.I. 颜料黄 192	红光黄	300	7～8
香豆素类溶剂染料	C.I. 颜料黄 160:1	亮绿光黄	300	3～4
	C.I. 颜料黄 145	亮绿光黄	300	5

杂环类溶剂染料品种还有喹酞酮类溶剂染料，仅限于黄色，其耐光性和耐热性良好，在

喹酞酮分子上引入取代烷基或磺酰化物可提高染料的耐热性，适合涤纶纤维纺前着色，苝系类溶剂染料重要品种有 C.I.溶剂绿 5（表 1-29）。

⊡ **表 1-29　喹酞酮类及苝系杂环类溶剂染料主要品种和性能**

染料种类	溶剂染料索引号	色泽	耐热性/（℃/5min）	耐光性/级
喹酞酮	C.I.溶剂黄 33	中黄	300	6～7
	C.I.溶剂黄 147	绿光黄	300	7～8
	C.I.溶剂黄 157	绿光黄	300	7～8
	C.I.溶剂黄 176	红光黄	280	7
苝系类	C.I 溶剂绿 5	鲜艳荧光绿光黄	260	3

杂环类溶剂染料品种还有硫靛类、稠环类溶剂染料，主要品种和性能见表 1-30。

⊡ **表 1-30　硫靛类、稠环类溶剂染料主要品种和性能**

涂料种类	溶剂染料索引号	色泽	耐热性/（℃/5min）	耐光性/级
硫靛类	C.I.还原红 41	艳丽荧光红	300	3
	C.I.颜料红 181	艳丽荧光红	300	5
稠环类	C.I 溶剂黄 98	荧光绿光黄	300	4～5
	C.I 溶剂红 52	蓝光红	280	2
	C.I 溶剂橙 63	荧光红光橙	300	7

甲川类溶剂染料中以黄色、橙色为主，甲亚胺类溶剂染料中最主要的品种是紫、棕色。酞菁类溶剂染料仅限于蓝色。甲川类、甲亚胺类、酞菁类溶剂染料的主要品种和性能见表 1-31。

⊡ **表 1-31　甲川类、甲亚胺类、酞菁类溶剂染料主要品种和性能**

染料种类	溶剂染料索引号	色泽	耐热性/（℃/5min）	耐光性/级
甲川类	C.I.溶剂黄 93	中黄	300	7～8
	C.I.溶剂黄 133	艳丽绿光黄	330	5
	C.I.溶剂黄 179	绿光黄	300	7～8
	C.I.溶剂橙 107	红光橙	300	5～6
甲亚胺类	C.I.溶剂紫 49	暗红光紫	240	6～7
	C.I.溶剂棕 53	蓝光红	300	8
酞菁类	C.I.溶剂蓝 67	绿光翠蓝色	260	5

偶氮类溶剂染料有黄色、橙色和红色品种，着色力高；偶氮金属络合溶剂染料是分子中含有配位金属原子的染料，是某些染料（直接、酸性、酸性媒介、中性染料）与金属离子（铜、钴、铬、镍等离子）经络合而成的。络合染料大部分是 1∶2 金属络合，少量为 1∶1 金属络合，主要色调有黄色、橙色、红色等，其中最主要的品种是 C.I.溶剂黄 21、C.I.溶剂红 225，可用于尼龙纤维纺前着色。偶氮类、偶氮金属络合溶剂染料主要品种和性能见表 1-32。

⊡ **表 1-32　偶氮类、偶氮金属络合溶剂染料主要品种和性能**

染料种类	溶剂染料索引号	色泽	耐热性/（℃/5min）	耐光性/级
偶氮类	C.I.分散黄 241	亮艳绿光黄	280	5
	C.I.溶剂橙 116	红光橙色	300	6
	C.I.溶剂红 195	亮艳绿蓝光红	300	5
偶氮金属络合	C.I.溶剂黄 21	红光黄		6
	C.I.溶剂红 225	黄光红		7

通过上述表格，可了解溶剂染料品种和性能，性能数据选用溶剂染料在 PS 上的数据。更详细的内容建议参考笔者编写的《塑料着色剂——品种·性能·应用》第五章塑料着色用溶剂染料的主要品种和性能。

1.4 色母粒配方中分散剂选择

色母粒配方中，分散剂顾名思义是帮助颜料在塑料中分散，常用的有聚乙烯蜡和新近开发的超分散剂。

1.4.1 聚乙烯蜡的特性和选择原则

聚乙烯蜡属高分子蜡，简称 PE 蜡。聚乙烯蜡作为一种精细化工材料，广泛应用在塑料、橡胶加工和涂料、油墨的生产中。聚乙烯蜡与聚乙烯、聚丙烯相容性好，能改善聚乙烯、聚丙烯、ABS 的流动性和聚甲基丙烯酸甲酯、聚碳酸酯的脱模性。在 PVC 加工中，和微晶蜡相比，聚乙烯蜡具有更强的外部润滑作用。此外，聚乙烯蜡也可用于油墨、涂料、纸张及热熔胶等。

本章所提的聚乙烯蜡是专指色母粒加工而言，是解决色母粒中颜料或填料分散性问题的重要原料。选择的聚乙烯蜡必须与树脂有好的相容性，避免迁移；具有优良的热稳定性，避免在后续的加工中分解，产生质量问题。因为重要，所以在本节中占用的篇幅较多。

1.4.1.1 均聚聚乙烯蜡的生产工艺和品种

目前市场上供应的均聚聚乙烯蜡品种可通过下列三种途径获得：一是由乙烯直接聚合成低分子聚乙烯（聚乙烯蜡）；二是高分子聚乙烯的热分解生成物；三是聚乙烯生产装置的副产品（高压法或低压法生产聚乙烯时的副产低聚物）。

（1）聚合法

1951 年美国联合化学公司采用高压法聚合生产得到分子量为 2000 的蜡状低分子聚乙烯。迄今美国联合化学公司仍是国外生产蜡状低分子聚乙烯规模较大的厂商之一。

聚合法即用单体乙烯聚合（高压 147.17 ~ 196.2MPa）而成，聚合的方式与生产高压聚乙烯类似，见图 1-5。

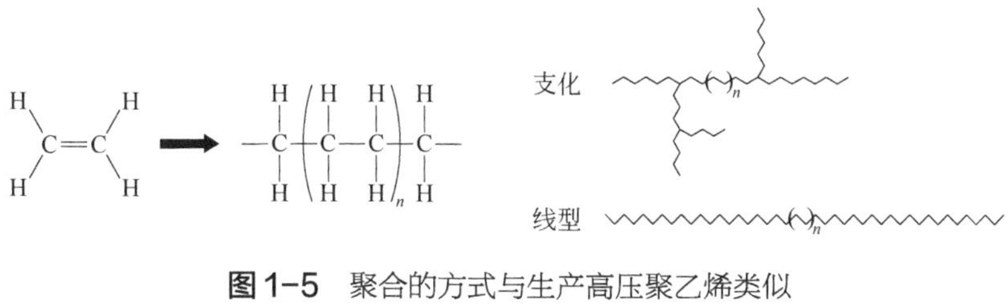

支化

线型

图 1-5 聚合的方式与生产高压聚乙烯类似

聚合在管式或釜式反应器中进行，高压条件下使乙烯连续聚合，通过改变聚合工艺条件，可以得到不同的低分子量聚乙烯蜡。由于在生产过程中，严格控制流程，这类产品在分子量分布和耐热性上都高于其他的生产方式。

聚合法聚乙烯蜡的基本特性是一定的支化度；有相对较低的熔点，低于 120℃；中等密度或低密度；中等黏度或低黏度；硬度相当。

按照聚合方法不同，有自由基催化剂、齐格勒-纳塔催化剂、茂金属催化剂。通过调整反应温度和压力，可以生成不同支化度的产品，进而影响产品的结晶度、熔点、密度和硬度等指标。聚合法聚乙烯蜡的基本物性见表 1-33。

表 1-33　聚合法聚乙烯蜡的基本物性

名称	指标	名称	指标
分子量	2000～6000	硬度	0.5～140
相对密度	0.88～0.96	熔滴点/℃	85～140
黏度（140℃）/mPa·s	40～7500		

① 自由基催化剂　在一定的温度、压力下（高温，高压），乙烯聚合得到分子量 3000 ~ 5000 的高压聚乙烯蜡。有两种反应器，一种是高压釜反应器，另一种是管式反应器，前者有许多长支链的球形分子，支化度较高，一般比较软，后者是直链分子，长支链较少，聚乙烯蜡硬度和熔点较高。

采用自由基催化剂生产的聚乙烯蜡，数均分子量在 1000 ~ 6000，分子量分布在 2 ~ 5，140℃布鲁克菲尔德黏度在 100 ~ 3000mPa·s 范围，产品品种多样，属于低密度聚乙烯蜡，以霍尼韦尔的 AC 系列和巴斯夫 Luwax 为代表。

② 齐格勒-纳塔催化剂　采用齐格勒-纳塔催化剂可在较低的压力下，乙烯直接聚合得到聚乙烯蜡。聚乙烯蜡具有短侧链的线型分子结构，采用此方法不仅能控制链长度，还能调节结晶度，使产品性能更佳，数均分子量在几千到一万以上，分子量分布在 3 ~ 4，140℃布鲁克菲尔德黏度从几百到几千，分子规整度较高，一般为高密度聚乙烯蜡，以科莱恩 Licowax 为代表。

③ 茂金属催化剂　采用茂金属以及其他单活性中心催化剂（由锆、镁、钾等金属形成的有机金属化合物）生产聚乙烯蜡与齐格勒-纳塔催化剂相比，催化剂活性高，用量少，同时产品灰分小，不需要脱除工序；聚合温度低，生产工艺的经济性更好。利用茂金属催化体系特殊的聚合性质以及结构可变性可生产出性能更加优异或者完全新性能的聚乙烯蜡产品。数均分子量在几千的范围，分子量分布在 1 ~ 3 之间，布鲁克菲尔德黏度从几十到几千，可以进行分子规整度设计，一般为高密度聚乙烯，且催化剂残留少，是目前进行聚乙烯蜡生产最先进的方法，不足之处是催化剂的成本相对较高，以科莱恩的 Licocene 和三井的 Excerex 为代表。

不同催化剂生产聚乙烯蜡的质量指标见表 1-34。

表 1-34　不同催化剂生产聚乙烯蜡的质量指标汇总

催化剂	技术指标		
	数均分子量	分子量分布	布鲁克菲尔德黏度/mPa · s
自由基	1000～6000	2～5	100～3000
齐格勒-纳塔	几千至 10000 以上	3～4	几百至几千
茂金属	几千	1～3	几百至几千

另外采用贝克休斯专有技术（特殊催化剂）生产的聚乙烯蜡，数均分子量在 400 ~ 3000 之间，分子量分布在 1.0 ~ 1.1 之间，结晶度高，耐热性好，不溶于大部分溶剂，140℃布鲁克菲尔德黏度极低，大部分在一百以内，只有个别牌号超过一百，比较知名的牌号是 Polywax 1000 和 Polywax 2000。

合成型聚乙烯蜡在分子量分布上，由于可以通过终止剂控制反应，因此在性能上要优于裂解蜡。

催化剂不同、聚合工艺不同，产品的物性略有不同，表 1-35 列出了国际跨国公司不同工艺生产的聚乙烯蜡的基本物性。

表 1-35 不同工艺生产的聚乙烯蜡的基本物性

聚合方法	代表厂家	典型牌号	熔点/℃	布鲁克菲尔德黏度（140℃）/mPa·s	密度/(g/cm³)
自由基聚合	霍尼韦尔	A-C 6A	106	375	0.92
	巴斯夫	Luwax A	109	558	0.92
齐格勒-纳塔聚合	科莱恩	Licowax PE 130	130	350	0.97
茂金属聚合	科莱恩	Licocene PE 5301	130	350	0.97

（2）裂解法

裂解法以高分子聚乙烯在隔绝空气的条件下裂解生成聚乙烯蜡，在生产过程中根据需要和用途来控制其分子量。聚乙烯热裂解时分子量迅速降低，然后达到一个常数值。聚乙烯具有较高的热稳定性，裂解在 290℃高温以上才能进行。支化或侧链基团以及不饱和键的存在可使裂解温度下降。

高分子聚乙烯热裂解可分为加压条件下裂解和常压条件下裂解。加压裂解是用氩气或氮气加压到 9.96 ~ 9.81MPa，在 350 ~ 400℃的温度下进行。用氩气加压时可加入镍氢催化剂。

常压裂解是在氮气或其他惰性气体保护下进行热裂解，热裂解时氮气不流动。在氮气流中，于 350 ~ 440℃温度下进行热裂解。

热裂解工艺，可以分为螺杆式或反应釜的形式。其中，裂解反应釜法采用间歇式加工方式，适合在产量较低、产能较小的企业中进行生产。釜式固定床常压间歇热裂解，设备简单、操作方便，能根据实际需要生产不同分子量的产品。由于在生产过程中，没有办法控制裂解的程度，因此在分子量分布上很难达到均一。

螺杆挤出法作为连续化生产方式，适合于产量大、产能高的生产企业。螺杆挤出连续法热裂解工艺除了生产能力大，产品质量均匀、稳定，同时也可生产不同分子量的产品，但设备投资大。我国目前生产低分子量聚乙烯绝大多数采用釜式常压间歇方法。所制备的聚乙烯蜡的主要性能（如结晶度、密度、硬度和熔点）受裂解原料来源影响较大。

对于热裂解而言，由于反应器内部温度分布梯度不同，会造成热裂解的速度不同，从而影响产品的分子量分布曲线，也造成热裂解蜡在物性上与合成蜡有区别，尤其是分子量分布的不同，在耐热性上也有很大的差异，见表 1-36。

表 1-36 聚合法蜡与裂解法蜡的分子量分布

种类	M_n 数均分子量	M_w 重均分子量	M_z 更高的平均分子量	MWD 分子量分布
裂解蜡（样品 A）	1730	8560	30900	4.95
裂解蜡（样品 B）	1620	6320	18000	3.90
裂解蜡（样品 C）	280	2400	79500	8.57
裂解蜡（样品 D）	1830	7230	21600	3.95
合成蜡（A-C 6A）	2950	6040	—	2.1

从表 1-36 可以看出，聚合法聚乙烯蜡分子量分布窄，裂解法聚乙烯蜡的分子量分布宽。

⊡ 表1-37　聚合法蜡与裂解法蜡热失重分析（TG法）

参数	裂解蜡（样品A）	裂解蜡（样品B）	裂解蜡（样品C）	裂解蜡（样品D）	聚合蜡 A-C 6A
失重点/℃	163.27	203.68	222.90	198.76	297.86
失重率/%	1.579	1.032	1.300	1.300	1.009
300℃失重率/%	39.96	3.846	3.955	4.569	1.009

从表 1-37 可以看出聚合法聚乙烯蜡失重起始点温度高，300℃失重率仅 1.009%，远低于裂解蜡的 3%～4%失重率。

采用 DSC 测试分析聚乙烯蜡，分别测试不同蜡熔点和熔融过程，从而分析聚乙烯蜡的热稳定性。不同工艺聚乙烯蜡的 DSC 分析结果如表 1-38 所示。

⊡ 表1-38　不同工艺聚乙烯蜡的 DSC 分析

参数	裂解蜡（样品A）	裂解蜡（样品B）	聚合蜡 A-C6A	裂解蜡（样品C）	裂解蜡（样品D）
结晶峰温度/℃	50.18	99.22	100.46	100.12	96.45

从表 1-38 中可以看出，不同工艺聚乙烯蜡在加热过程中，反映出的稳定性是不同的。对于色母来说，在加工过程中，聚乙烯蜡对于颜料的浸润是需要数量保证的，在加工过程中，过早的失重将损失有效的组分，这对于颜料分散是不利的。为此，在选择聚乙烯蜡时，需要按照实际的操作温度进行选择，确保减少由于热稳定性不好造成的分散下降的现象。

（3）副产物（低聚物）

低聚物是高密度聚乙烯树脂生产时的副产物，有巴赛尔技术和日本三井技术。当前国内采用巴赛尔技术的规模较大的聚乙烯装置主要在吉林石化公司、抚顺石化公司、四川石化公司、辽阳石化公司；采用日本三井技术的规模较大的聚乙烯装置主要在大庆石化公司。随着国内聚乙烯产能增加，以及国外低聚物的进口，国内低聚物在聚乙烯蜡的市场中所占比例有所上升。

低聚物是聚乙烯聚合过程中产生的副产物，所以低聚物含有较多的轻组分，而且分子量分布较宽，熔滴点范围宽，黏度低于 100mPa·s，直接使用，在生产过程中有大量有机物烟雾产生。随着国内对环保要求的提高，低聚物直接使用的范围越来越窄，一般需通过精制细分成不同熔滴点范围的产品再进行使用。

聚合法、裂解法和低聚物三种不同的聚乙烯蜡的性能对比见表 1-39。

⊡ 表1-39　聚合法、裂解法和低聚物三种不同的聚乙烯蜡的性能对比

特点	合成聚乙烯蜡	裂解聚乙烯蜡	副产物蜡
批次稳定性	+++	+～++	+
味道	+++	+++～+	++～+
颜色	+++	+++～+	++～+
热稳定性	+++	+～+++	+
杂质	NA	+～+++	+～++
合规性	+++	+～++	+～++
规格	+++	+～++	+～++
功能化	+++	+～++	+
共聚物	+++	NA	NA
应用场合	色母粒、PVC、塑料改性、橡胶、油墨、涂料、热熔胶	色母粒、PVC	PVC

注：+ 表示产品质量水平。

综合来说，聚合法、裂解法和低聚物三种不同的聚乙烯蜡生产工艺和品质对比结果如下。

① 采用聚合法生产的聚乙烯蜡，分子量分布窄，所以分散颜料和填料的效率更高，析出的风险较低。自由基聚合、齐格勒-纳塔、茂金属三种聚合工艺相比较，自由基聚合的聚乙烯蜡含有长支链和双键，结晶度不高，较软，颜料、填料的润湿性较好。齐格勒-纳塔聚合为低压聚合，无产生黑点的风险，纯度较高，耐热性更高，但由于在工艺中需要去除催化剂和溶剂，操作成本较高，而且产品密度较高，黏度较高，颜料初始润湿不利。茂金属聚合技术合成的聚乙烯蜡，是更先进的一种聚合技术，催化剂反应活性高，在最终产品中残留的少，可以设计更多样性的产品。

② 裂解法生产的聚乙烯蜡，由于工艺路线的限制有产生黑点的可能性，同时分子量分布较宽，含有未裂解部分对润湿无效的高分子量聚乙烯成分，以及很容易产生味道的低分子量成分，在终端应用中也有析出的风险。对后端的品质管控要求很高。

③ 来自于副产物的聚乙烯蜡一般黏度较低，虽然对颜料和填料的润湿性很好，但由于分子量太小，组分复杂，批次稳定性不好，在终端应用中析出的可能性很大。

1.4.1.2 均聚聚乙烯蜡的特性和选择原则

均聚聚乙烯蜡主要应用在聚烯烃色母中，包括聚乙烯色母、聚丙烯色母以及 EVA 色母。均聚聚乙烯蜡用在聚烯烃色母粒主要起颜料润湿分散剂作用。主要体现在颜料的润湿、分散、混合及分散后的稳定。

在色母粒中，由于颜料或填料的用量很大，再加上这些颜料和填料的粒径都很小，在 0.01 ~ 1.0μm 级别，很容易团聚。通过加入均聚聚乙烯蜡，在一定的温度范围内，聚乙烯蜡熔融，可对颜料或填料表面进行润湿。

所谓颜料润湿就是通过毛细作用将熔融的聚乙烯蜡紧贴于颜料颗粒表面并渗透入颜料颗粒的细微空隙中以替代原位置上的空气和水分的过程。颜料的初始润湿对于颜料分散的结果有着无可替代的重要意义，通常这一过程都是经由一些看似简单的步骤来完成的，所以非常容易被忽视。润湿剂必须在颜料颗粒聚集体中的微隙间作充分的毛细渗透，见图 1-6，由于毛细渗透作用，颜料颗粒间凝聚力降低，并在剪切力的作用下很容易被粉碎细化。因此颜料的润湿速率和毛细渗透的程度，对颜料颗粒总的被分散速率和质量起着决定性的作用。润湿效果良好的情形下，即使采用较弱的剪切，也很容易完成颜料聚集体分散。一旦颜料聚集体被分散，蜡又会包覆新产生的颜料自由表面并稳定颜料的分散体，这就是聚乙烯蜡用作颜料分散润湿剂的作用原理。

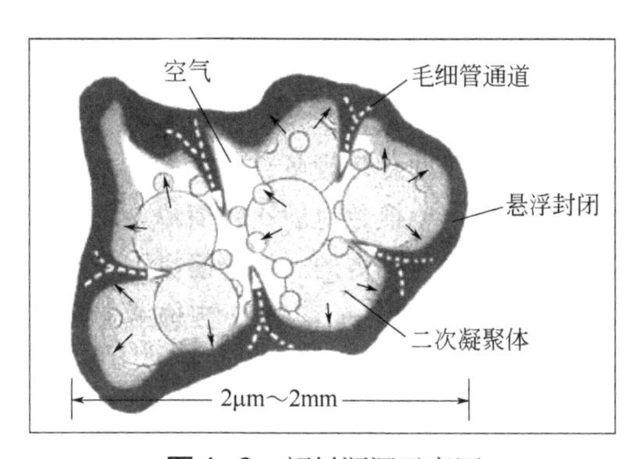

图1-6 颜料润湿示意图

根据著名的瓦什伯恩（WASHBUM）方程式所描述的润湿理论可知，润湿剂黏度和官能团的多少对于颜料的润湿分散效果有着至关重要的作用。聚乙烯蜡性能的差异、分子量的差异、熔体的黏度、支化度的大小等会对颜料的润湿和分散，表现出不同的结果。聚乙烯蜡自身的极性或功能性官能团对于颜料的润湿以及自身黏度对于体系黏度的影响，会影响材料本身在挤出加工过程中的剪切力的传导。

所以聚乙烯蜡作为润湿分散剂，其选择原则如下：

适当的分子量——聚乙烯蜡的黏度；

较窄的分子量分布；

较好的润湿能力；

较高的耐热性。

(1) 适当的分子量——聚乙烯蜡的黏度

颜料润湿速率与润湿剂黏度有关，因为用于颜料的润湿剂黏度越低，其流动性越好，润湿效率越高，在润湿过程中越容易在颜料粒子间的微波间隙中作毛细管渗透，颜料越容易被润湿，见表 1-40 和图 1-7。

表 1-40　不同规格聚乙烯蜡试验配方　　单位：%

配方	1	2	3	4	5
颜料绿 7	40				
聚乙烯蜡 1（1800mPa · s，180℃，500μm）	30			20	
聚乙烯蜡 2（700mPa · s，180℃，500μm）		30			20
聚乙烯蜡 3（700mPa · s，180℃，30μm）			30	10	10

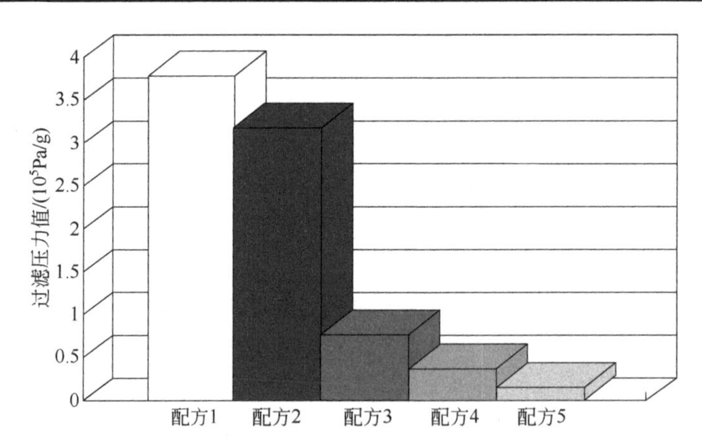

图 1-7　不同规格聚乙烯蜡对颜料分散的影响

通过图 1-7 所示的实验结果可以看出：对同一颜料来说，配方 2 中，润湿剂黏度低（700mPa·s）的要比黏度高（1800mPa·s）的分散性更好。另外，如果将聚乙烯蜡微粉化后更有利于在颜料颗粒表面吸附润湿，其过滤压力值更低，分散效果更好。

众所周知，相对密度较低（0.91～0.93）的聚乙烯蜡，支化度较高，一般较软，其相对黏度比较低，而当相对密度较高（0.94 以上）时，分子规整度高，其黏度明显较高，相对颜料的润湿效果就比较差。另外，就聚乙烯蜡本身而言，在作为润湿分散剂的同时也是一个典型的外润滑剂，当其密度过高时会大大强化其在体系中的润滑性而不利于颜料的分散。

(2) 分子量分布

这是非常重要的一个考量因素，而这一点又恰恰经常被忽略。一定要选择分子量分布相对集中的聚乙烯蜡。如果使用的聚乙烯蜡产品的分子量分布较宽（图 1-8），则其中必定含有较多分子量过大和过小的部分，分子量过大，蜡的黏度过高，必定影响润湿效果；而分子量过小则黏度太低，降低体系的剪切应力而影响分散。

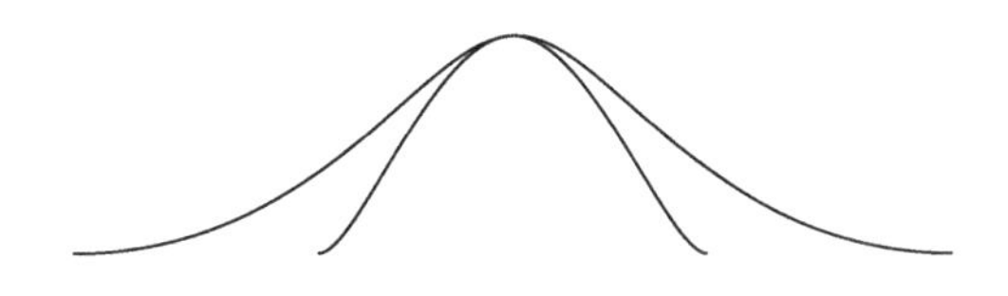

图 1-8 聚乙烯蜡分子量分布不同

另外，过低分子量蜡还会影响产品质量，过低分子量蜡与树脂相容性较低，促进树脂粒子间的滑动，起到外润滑剂作用，从而减少摩擦热量并推迟熔化过程，过低分子量也可能增加挥发性从而污染生产环境或给制品带来异味。

通常来说，以聚合法工艺生产的聚乙烯蜡因其工艺特点可对产品聚合度进行有效控制，故而生产出的产品的分子量分布比较窄；而以裂解法生产的蜡对断键部位的不可控性，造成了产品分子量分布很宽。

在同一配方，同一工艺条件下，聚合法工艺生产的聚乙烯蜡比裂解蜡过滤压力值低，说明分子量分布窄的蜡能使得对颜料的润湿和适当的剪切达到最佳的平衡，从而获得完美的分散结果。表 1-41 和图 1-9 所列数据就能说明问题。

表 1-41 聚乙烯蜡、裂解蜡和费托蜡在色母中的分散性试验配方 单位：%

项目	配方					
	颜料蓝 15:3 30			颜料红 144 30		
聚合蜡	12			12		
费托蜡		12			12	
裂解蜡			12			12
载体	LLDPE 58（颗粒:粉状=2:1）					
挤出成粒	（进料口）110℃—150℃—160℃—165℃—170℃—175℃—170℃					
测试	10μm 滤网			5μm 滤网		

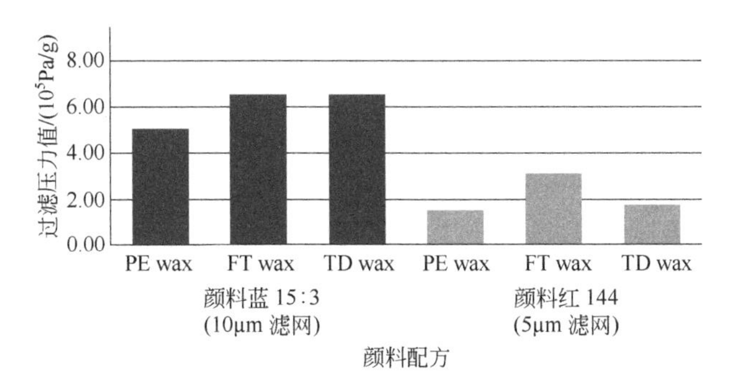

图 1-9 聚乙烯蜡、裂解蜡和费托蜡在色母中的分散性比较

过滤压力值的测试表明，聚合蜡更有利于分散。这是由于聚合蜡在体系的剪切传导、体

系黏度等方面的可控性要好于裂解蜡和费托蜡。

（3）较好的耐热性

聚乙烯蜡用于色母粒加工过程中时，蜡的物性体现也是不同的。聚乙烯蜡在制品成型加工阶段，所经受的温度较高，一般在 170～200℃之间，如果蜡的热稳定性差，在加工过程中必然发生分解，对制品的最终形态和性能造成严重的影响。因此，聚乙烯蜡必须具有良好的热稳定性。

（4）粉体细度

比较细的聚乙烯蜡粉能够在设备中快速完成熔融过程，也就是说颜料颗粒能够比较早地被浸润而进入润湿分散的过程，这也有效地提高了润湿的速度，所以微粉蜡更加受到行业的青睐。

从图 1-7 可以看出，对同一颜料配方中聚乙烯蜡微粉化更有利于颜料表面吸附润湿，其过滤压力值更低，分散更好。

综上所述，仅仅就聚乙烯蜡润湿剂特性对分散影响的论述，介绍了对聚乙烯蜡的选择考量，下面就色母粒配方中对聚乙烯蜡的选择原则作一介绍。

① 色母粒配方中聚乙烯蜡的品种选择需要从色母粒中颜料和载体树脂两方面考虑，同时还需考虑色母粒所需着色的树脂。这是因为根据相似相容原理，均聚聚乙烯蜡适宜于非极性塑料，如聚乙烯、聚丙烯，而共聚聚乙烯蜡分子上接入极性基团引入羧基，进而再进行酯化等改性，所以适宜于带极性的聚氯乙烯、聚苯乙烯、ABS、工程塑料。所选择的聚乙烯蜡品种只有与载体树脂有很好的相容性，方可互相混合和分散。同理聚乙烯蜡品种选择也适合于各种不同颜料的极性匹配。

② 聚乙烯蜡用于色母粒加工中有润湿和分散功能，一个理想的润湿分散剂在其对颜料颗粒进行润湿处理阶段（相对低温）时的黏度相对低些，有利于对颜料颗粒的润湿；在剪切分散阶段（相对高温）时的黏度希望能够高些，这样对剪切分散的帮助会比较明显。但颜料在塑料中分散时以剪切力为主，黏度过低，则不利于分散。在常规的加工处理中，提高分散体系的温度有利于颜料颗粒的润湿和渗透；而降低温度则比较有利于对颜料颗粒的剪切分散。如何找到既有利于对颜料颗粒的润湿，又能对其进行有效分散的加工条件和方法，是我们必须认真考虑和对待的，所以需综合系统考虑，选择合适的聚乙烯蜡品种。

③ 聚乙烯蜡选择需考虑环境和产品安全等因素，过低分子量的蜡产品会提高挥发性而造成环境污染和制品异味等，如果把这样的蜡用于一些敏感应用领域诸如食品包装材料、儿童玩具等，就会造成十分严重的不良后果，所以，对于这样一个比较主要的辅助材料的选择必须慎之又慎。

④ 从终端客户需求来选择不同种类的聚乙烯蜡。如果色母用于低端应用，比如垃圾袋、垃圾桶、地膜等，客户可以选择副产物蜡或裂解蜡。如果色母用于中端应用，有分散和味道的要求，那就要选择合成的聚乙烯蜡。如果色母用于特殊的应用，对味道和耐热性有苛刻的应用，那就要选择齐格勒-纳塔或茂金属聚合的聚乙烯蜡。这时候，使用者选择聚乙烯蜡不仅仅是一种分散剂，也要一并考虑来自于终端应用的其他要求。

1.4.1.3 聚乙烯蜡的用量

在色母粒配方中作为分散剂，要使颜料获得最佳分散，取决于下列三个因素：颜料本身的易分散性；设备的剪切能力；用于分散剂的品种和用量。添加多少比较合适，是否越多越好，与颜料的吸油值和色母粒加工工艺有关。

① 聚乙烯蜡添加量与颜料性质有关。聚乙烯蜡添加量与颜料分散难易有关，显而易见，当聚乙烯蜡品种确定后，其加入量应根据颜料分散难易而定。一般而言，无机颜料相对密度大，原始粒径大，而且容易分散，一般添加量少，而有机颜料原始粒径小，比表面积大，相对添加量大。

② 聚乙烯蜡添加量与色母粒加工工艺有关。目前，色母粒加工主要有高混双螺杆挤出和密炼法，密炼法有间隙式和连续式单转子混炼密炼机和连续式双转子混炼密炼机（详见本书第 8 章）。一般而言，采用高混双螺杆挤出工艺聚乙烯蜡添加量相对要比密炼法工艺高，甚至密炼法的工艺特性决定其可以不加聚乙烯蜡，也能制得分散良好、质量上乘的色母粒产品，特别是分散困难的黑色母粒。

③ 当聚乙烯蜡品种和数量确定后，欲使颜料获得最佳分散，需注意加工工艺条件的确定。颜料颗粒在被分散时，加工机械以不同的方式通过熔融体传导作用力，对加速颜料颗粒的润湿和渗透也起到了极大的作用。对于不同规格的聚乙烯蜡品种，根据其特性，选择合适的润湿温度和润湿促进方式就显得特别重要。总而言之，润湿需要能量（热能或机械能）。

1.4.1.4 共聚聚乙烯蜡品种和应用

前面花了很大篇章介绍均聚聚乙烯蜡，因为它是应用范围广、量大、价格合理的品种。在聚乙烯蜡分子上接入极性基团将大大拓展其应用领域。它既可以通过乙烯与含氧单体的共聚生产，也可以通过对聚乙烯蜡进行氧化、接枝等引入羧基，进而再通过酯化、酰胺化、皂化等进一步改性，以满足不同应用的要求。

（1）氧化聚乙烯蜡

聚乙烯上的双键被氧化后得到氧化聚乙烯蜡，根据酸值的不同分为不同的牌号，同时采用的聚乙烯原材料不同，所得到的氧化聚乙烯物性也不同，在使用过程中要根据具体应用去选择。氧化聚乙烯蜡品种和性能见表 1-42。

表 1-42 氧化聚乙烯蜡品种和性能

厂商	细分品种	典型牌号	酸值 /（mgKOH/g）	熔点 /℃	布鲁克菲尔德黏度（140℃）/mPa·s	密度 /（g/cm³）
霍尼韦尔	低密度氧化聚乙烯蜡	AC 629A	15	101	200	0.92
	高密度氧化聚乙烯蜡	AC 316A	16	140	8500（150℃）	0.98
巴斯夫	高密度氧化聚乙烯蜡	Luwax OA 2	19～25	108～111	320～400（120℃）	0.99
	高密度氧化聚乙烯蜡	Luwax OA 3	20～24	130	4500	0.99
科莱恩	中密度氧化聚乙烯蜡	Licowax PED 521	17	104	350	0.95
	高密度氧化聚乙烯蜡	Licowax PED 191	17	123	1800	0.98

（2）乙烯-乙酸乙烯共聚物蜡

乙烯单体与乙酸乙烯单体共聚合成乙烯-乙酸乙烯共聚物蜡。根据乙酸乙烯的含量不同分成不同的牌号。一般自由基聚合比较容易合成乙烯-乙酸乙烯共聚物蜡，VA 含量可以达到 6%～25%。乙烯-乙酸乙烯共聚物蜡的品种和性能见表 1-43。

（3）氧化乙烯-乙酸乙烯共聚物蜡

乙烯-乙酸乙烯共聚物上的双键被氧化，可以得到氧化乙烯-乙酸乙烯共聚物，代表厂商的典型牌号见表 1-44。

表1-43　乙烯-乙酸乙烯共聚物蜡的品种和性能

厂商	典型牌号	VA含量/%	熔点/℃	布鲁克菲尔德黏度(140℃)/mPa·s	密度/(g/cm³)
霍尼韦尔	AC 400A	13	99	375	0.94
巴斯夫	Luwax EVA 3	13～15	98～104	750	0.95

表1-44　氧化乙烯-乙酸乙烯共聚物蜡的品种和性能

厂商	典型牌号	酸值/(mgKOH/g)	熔点/℃	布鲁克菲尔德黏度(140℃)/mPa·s	密度/(g/cm³)
霍尼韦尔	AC 645 P	13	92	595	0.92
科莱恩	Licowax 371 FP	21	102	3000	0.96

(4) 乙烯-丙烯酸共聚物蜡

乙烯与丙烯酸共聚得到乙烯-丙烯酸共聚物蜡，随着丙烯酸含量的增加，产品越来越软，代表厂商为霍尼韦尔，其典型牌号见表1-45。

表1-45　乙烯-丙烯酸共聚物蜡的品种和性能

厂商	典型牌号	酸值/(mgKOH/g)	熔点/℃	布鲁克菲尔德黏度(140℃)/mPa·s	密度/(g/cm³)
霍尼韦尔	AC 540	40	105	575	0.93
	AC 580	75	95	650	0.93
	AC 5120	120	92	600	0.93

(5) 马来酸酐接枝聚乙烯蜡

在聚乙烯的侧链上接枝上马来酸酐，可以大大增强聚乙烯蜡的极性，而且马来酸酐的接枝率会远远大于马来酸酐接枝聚乙烯树脂的接枝率。代表厂商的典型牌号见表1-46。

表1-46　马来酸酐接枝聚乙烯蜡的品种和性能

厂商	典型牌号	酸值/(mgKOH/g)	熔点/℃	布鲁克菲尔德黏度(140℃)/mPa·s	密度/(g/cm³)
霍尼韦尔	AC 573	—	106	600	0.92
	AC 575	—	106	4200	0.92
科莱恩	Licowax PE MA 4221	18	123	140	0.98
	Licowax PE MA 4351	45	123	350	0.99

(6) 共聚聚乙烯蜡产品的应用

共聚聚乙烯蜡产品的物性有很大提高，其价格也不菲，所以用在一些特殊用途产品中。

共聚聚乙烯蜡应用在PA6、PA66、PET、PBT、PC中，这些工程塑料都带有或强或弱的极性，根据相似相容原理，需要选择带有一定极性的聚乙烯蜡，比如氧化聚乙烯蜡、乙烯-丙烯酸共聚物蜡、马来酸酐接枝聚乙烯蜡等，比如在PA6中采用乙烯-丙烯酸共聚物蜡可以显著提高流动性，如果在玻纤增强PA66中，加入马来酸酐接枝的聚乙烯蜡可消除表面浮纤的问题，因为马来酸酐与玻纤表面的—OH亲和性很好，可以增加玻纤与PA66的界面相容性。

氧化聚乙烯蜡应用在聚氯乙烯(PVC)：PVC的黏流温度与降解温度很接近，所以很容易在加工过程中发生各种形式的降解，从而失去使用性能。故PVC混配料的配方中必须加入热稳定剂和润滑剂，前者可提高其热稳定性；后者可降低 PVC 分子链之间的摩擦力，以及 PVC 熔体与金属之间的脱膜力，提高将 PVC 加工成各种制品的便利性。

与其他大多数热塑性塑料不同，PVC 在加工过程中发生的不是一般的由玻璃态转变为黏流态并以分子链作为流动单元的塑化行为，而是发生颇为复杂的所谓融合行为，也称凝胶化行为。为了达到较好的力学性能、表面性和加工性，凝胶化程度在 70% ~ 85%之间比较合适。氧化聚乙烯蜡对 PVC 有一定的相容性，可以附着在结核表面，增加熔体黏度，对凝胶化行为有微调促进的作用，可以延迟或加速凝胶化过程。同时氧化聚乙烯蜡熔融之后，存在于一级粒子或结核之间，降低一级粒子或结核之间的摩擦力，从而减少熔体的摩擦生热，延迟 PVC 的塑化，同时对 PVC 的热稳定性有所提高。它的另一个主要功能是可以在 PVC 熔体和金属表面形成一层膜，降低熔体与加工设备之间的摩擦，是 PVC 加工中很好的脱模剂，尤其是在透明 PVC（有机锡稳定剂）膜中，加入适量的氧化聚乙烯蜡既起到很好的脱模性，又不会降低透明性。

1.4.1.5 聚丙烯蜡的特性和选择原则

前面已经介绍了聚乙烯蜡的润湿和分散作用，实践已经证明黏度低的聚乙烯蜡作为分散助剂是较为有利的，它们可以使颜料的表面和聚集体内部快速、有效地润湿（包覆）起来。从而减弱了在聚集体内部的强劲黏合力，这样采用较弱的剪切，就很容易把聚集体分散。一旦聚集体被分散，蜡又会包覆在新生颜料粒子自由表面并稳定分散体。根据毛细管效应，就很容易理解低黏度的聚乙烯蜡在一定的时间内，作为润湿剂更为有效到达高黏度聚合物难以逗留的颜料初级粒子表面，所以对于颜料分散助剂的选择，聚乙烯蜡和聚丙烯蜡是首选的。

但在丙纶纤维纺丝应用中，聚乙烯蜡的适用性是受到一定限制的。对于普通细旦丝和高质量的纤维，特别是用于柔软的羊毛状、适合铺地和纺织外衣的细旦和 BCF 长丝来说，聚丙烯蜡往往比聚乙烯蜡更可取。因为聚丙烯和聚乙烯的不相容性，所以形成微观意义上的均匀混合是十分困难的，这种不相容性会导致相分离。其次，由于聚乙烯蜡的熔点显著比聚丙烯或聚丙烯蜡低，所以这两种聚合物的不同熔融特性很难处理。产品的不匀性、不适合的流变性可能导致纺丝工艺断头，由于这些副作用，使纤维的物理纺织性能变得更坏。这时候，就需要使用低黏度的聚丙烯蜡，因其黏度低，润湿性好，能在短时间内润湿颜料。

另外，在丙纶纤维拉伸和热定形时，从热处理温度（通常大约在 130℃下进行）可以发现，这个温度恰好处于聚乙烯蜡熔融温度范围内。由于聚丙烯初生纤维结晶结构变化，可观察到熔融的聚乙烯蜡从聚丙烯基质渗到纤维表面上来，并且不仅是纯粹的蜡，连颜料也会带到表面上。

聚丙烯蜡与聚丙烯树脂的相容性无论在微观还是宏观方面都比较好，对力学性能影响很小。采用茂金属催化技术聚合的聚丙烯蜡有两种：一种为均聚聚丙烯蜡，所用原料是丙烯；另一种是共聚聚丙烯蜡，所用原料是丙烯和乙烯。通常，均聚聚丙烯蜡熔点较高，在 140 ~ 160℃之间，分子量可以从几千到上万，相对应的布鲁克菲尔德黏度也从几十到几千，结晶度比较高，硬度比较高。共聚聚丙烯蜡的熔点通常在 80 ~ 110℃之间，布鲁克菲尔德黏度在几百到几千甚至上万，相应的分子量在几千到几万。由于共聚聚丙烯中加入了乙烯共聚单体，打乱了丙烯分子的规整排列，所以共聚聚丙烯的结晶度较低，因此熔点也较低。科莱恩的聚丙烯蜡品种和性能见表 1-47。

⊡ **表 1-47　科莱恩聚丙烯蜡品种和性能**

类型	典型牌号	软化点/℃ ASTM D3104	熔点/℃ ASTM D3954	布鲁克菲尔德黏度/mPa·s（170℃）DIN 53019	密度/（g/cm³）ISO 1183
均聚聚丙烯蜡	Licocene PP 6102		约 145	约 60	0.90
	Licocene PP 6502	约 148		约 1500	0.90
	Licocene PP 7502	约 163		约 1800	0.90
共聚聚丙烯蜡	Licocene PP 1302		约 90	约 200	0.87
	Licocene PP 1502	约 87		约 1800	0.87
	Licocene PP 1602	约 88		约 6000	0.87
	Licocene PP 2602	约 99		约 6200	0.88
	Licocene PP 3602	约 111		约 9500	0.90

对于聚丙烯纤维色母粒，采用聚丙烯蜡是在技术上和经济上达到良好效果的唯一方法，特别是均聚聚丙烯蜡熔点接近聚丙烯（132～162℃），所有的聚合物组分都完全相容，显现出一种非常近似的熔融特性。产品具有优异的热稳定性；颜料的润湿和分散效力高；减少了过滤器和喷丝板的堵塞，减少了纤维断头，特别是用于地毯纤维，不损伤压缩后回复的性能（对于地毯纤维很重要）。科莱恩公司聚丙烯蜡 Licocene PP 6102 是完全可以满足丙纶纤维纺丝要求的。

从分散理论上讲，在颜料润湿阶段，低黏度的蜡润湿很快发生，润湿效率更高。但在挤出造粒阶段，我们又希望蜡具有一定的黏度，在颜料和树脂熔体之间可以很好地传递剪切力，从而润湿好的颜料能均匀地分布在树脂熔体中。这时候，可以考虑将低熔点的聚丙烯蜡与高黏度的聚丙烯蜡复配使用，从而达到最佳的分散性。

通过将低黏度的 PP 蜡与高黏度的 PP 蜡复配，可以明显提高色粉的分散性，见图 1-10。

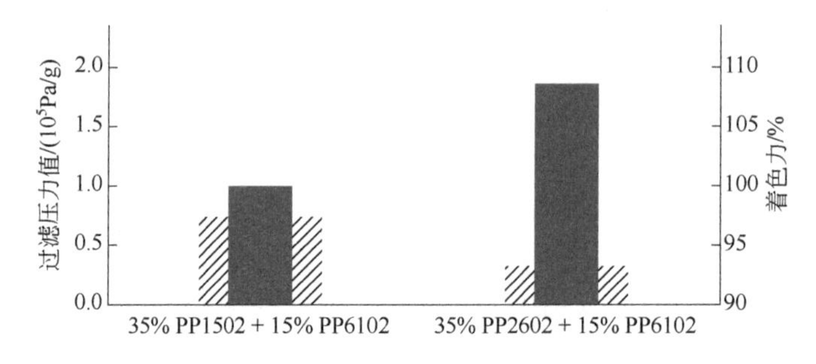

图 1-10　颜料蓝 15∶1 不同复配蜡的过滤压力值和着色力

▨—过滤压力值；■—着色力

从图 1-10 可以看出，颜料蓝 15∶1 以同样的比例与低黏度 PP 蜡 PP6102 复配，更高黏度的 PP2602 比 PP1502 可以达到更低的过滤压力值和更高的着色力，所以不同的颜料对复配蜡的黏度要求是不一样的，需要区别对待。

共聚聚丙烯蜡由于熔点较低，能很快在高混机中熔融并开始润湿色粉，与相应的高熔融指数的 PE 相比，达到同样的润湿性需要更低的能量消耗，而且不会因为结块而变冷变硬，导致无法在挤出机的喂料口顺利下料。共聚聚丙烯蜡还可以用于聚乙烯、聚丙烯、EVA 等各种基材里面，相容性比较广泛。

1.4.2 超分散剂的特性和选择原则

美国路博润（Lubrizol）公司推出了被称为超分剂的分散剂，通过极性、功能性基团和树脂或颜料表面产生锚合作用，解决颜料分散稳定性。与传统的颜料表面吸附高分子层有着部分相似之处，但也具有一些明显不同的作用机理，因而所产生的分散和分散稳定效果也不尽相同。

超分散剂是一类高效的锚接型颜料分散稳定助剂。其分子结构主要由两部分组成：一部分为锚固基团，常见的锚固基团有—NR_3^+、—COOH、—COO—、—SO_3H、—SO_3—、—PO_4^{2-}、多元胺、多元醇及聚醚等。超分散剂以各自的锚固基团为基点，通过离子键、共价键、氢键及范德华力等作用力与颜料粒子相互吸引作用，紧紧地吸附在固体颜料粒子表面；超分散剂的另一部分为溶剂化聚合链，常见的聚合链组成有聚酯、聚醚、聚烯烃以及聚丙烯酸酯等，见图 1-11。

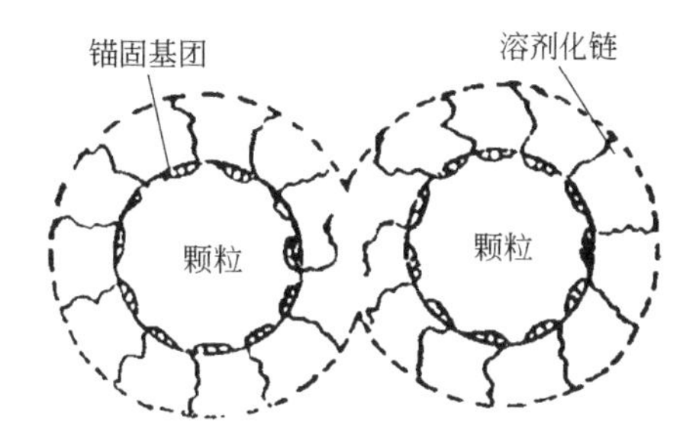

图 1-11 超分散剂作用机理示意图

超分散剂按极性大小可分为三类：低极性聚烯烃链；中等极性的聚酯链或聚丙烯酸酯链等；强极性的聚醚链。在极性匹配的分散介质中，链与主体分散介质有着良好的相容性，能够与之融为一 体。

高分子化合物固定在颜料粒子表面有两种途径。

第一种固定方式是吸附，吸附形态可分为列队形：平卧在表面上；尾形：在介质中展开；环形：展开后又重新回到表面；桥形：连接两个颗粒，详见图 1-12。

第二种固定方式为锚接，即通过化学作用与颗粒表面分子连接。锚接型可能形成蘑菇形、薄饼形和梳形，如图 1-13 所示。

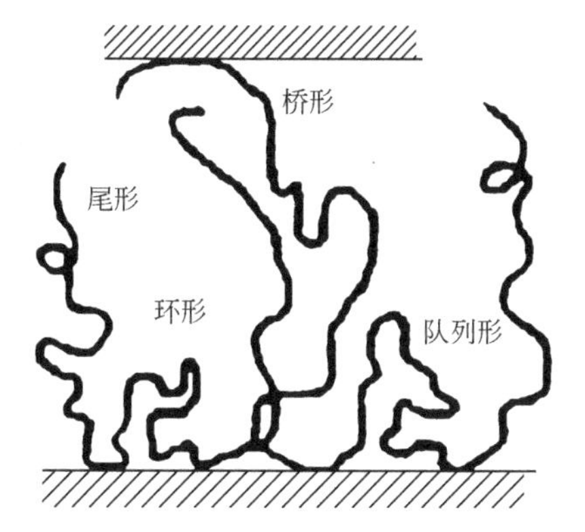

图 1-12 吸附型化合物在颗粒表面的形态

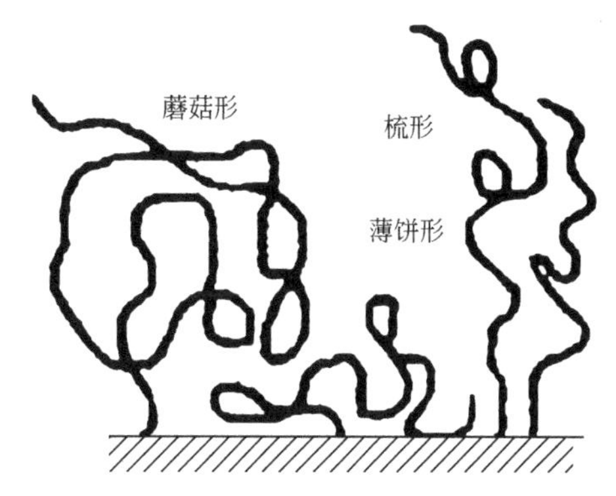

图 1-13 锚接型化合物在颗粒表面的形态

不同的超分散剂有着不一样的结构：有的以单个具有强吸附力的锚固基团与固体颗粒相吸附；有些则是以单一分子中具有多个吸附力不太强烈的锚固基团同时作用，见图 1-14 和图 1-15。

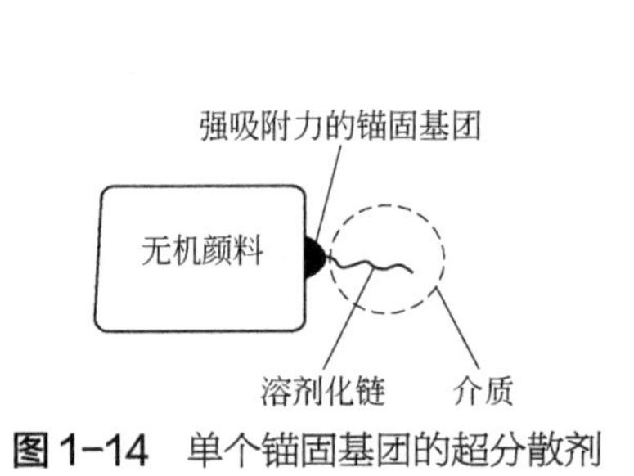

图 1-14 单个锚固基团的超分散剂

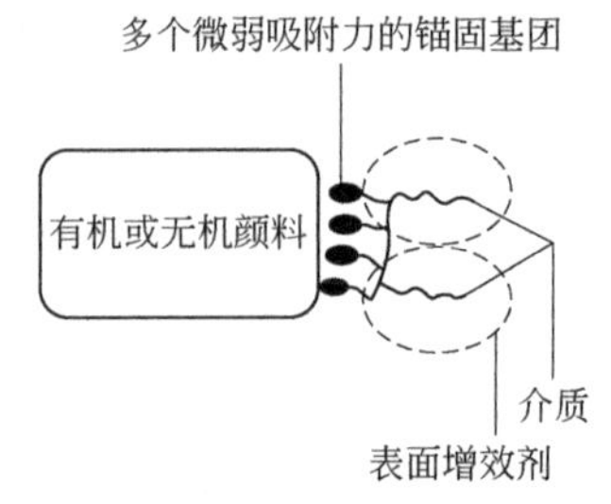

图 1-15 多个锚固基团的超分散剂

超分散剂的锚固基团牢固吸附于颜料粒子的表面，其溶剂化聚合链则比较舒展地在分散介质中展开并在固体颗粒表面形成足够厚度的保护层（约为 5 ~ 15nm）。当 2 个或多个吸附有超分散剂分子的固体颗粒相互靠拢碰撞时，由于伸展的聚合链的空间障碍而使得固体颗粒弹开，从而不会引起凝聚，维持稳定的分散状态，见图 1-16。

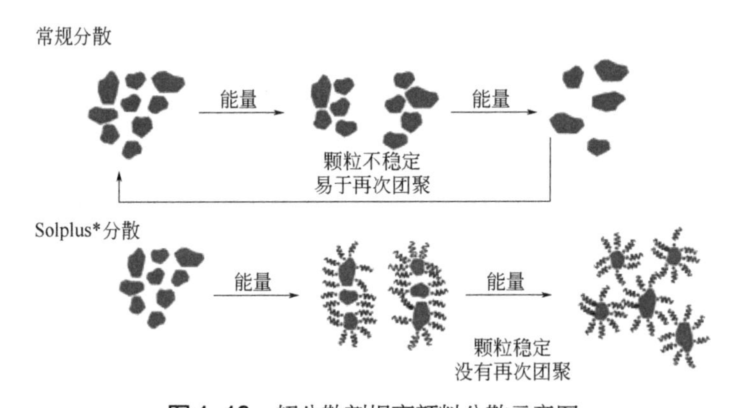

图 1-16 超分散剂提高颜料分散示意图

超分散剂的分散稳定性机理除了改变固体颗粒表面的电性质、增大静电斥力外，主要还是通过增大高分子吸附层厚度来增加空间位阻作用，而位阻作用与静电斥力相比，其优点在于位阻机制在极性和非极性介质中都有效，并且位阻稳定是热力学稳定，而静电斥力是热力学亚稳定。所以，与传统分散剂相比，其分散稳定性效果有着大幅度的提高。

这里需要特别指出的是：因为大部分塑料是非极性的，选择低极性聚烯烃溶剂化聚合链超分散剂，能够取得更好的效果。

超细分散剂对颜料的处理，需要适宜的添加量，这样其对颜料分散稳定性才能发挥到最大效率。超细分散剂添加量太多会引起锚固基缠绕，太少会引起颗粒表面只有部分被覆盖，均不能达到颜料分散稳定性效果，见图 1-17。超细分散剂的添加量与颜料表面积有关，理论上适宜添加量是颜料比表面积的 1/5。

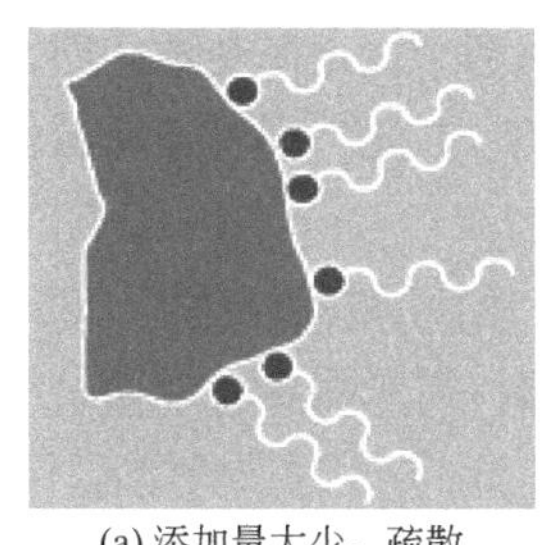
(a) 添加量太少，疏散

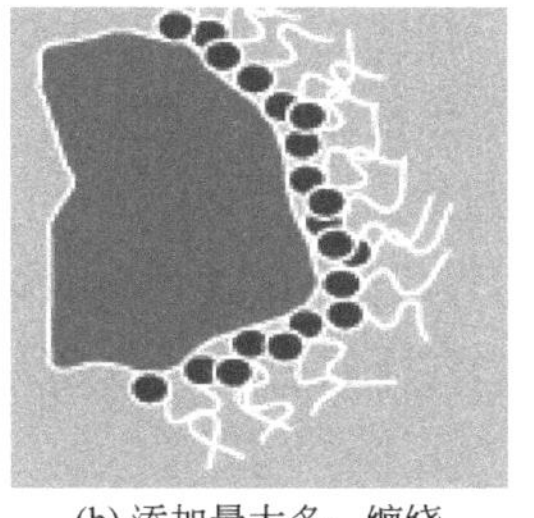
(b) 添加量太多，缠绕

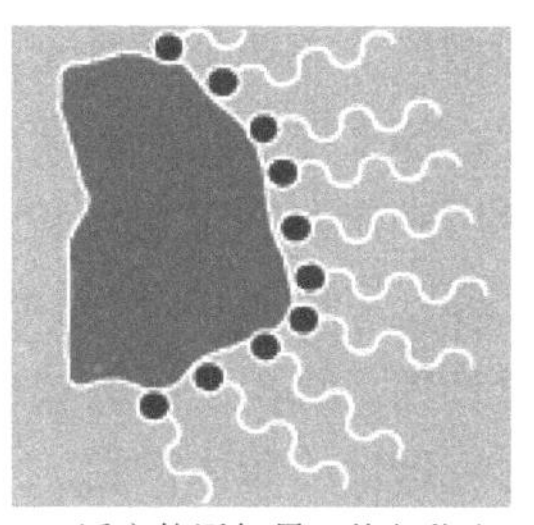
(c) 适宜的添加量，均匀稳定

图 1-17　超细分散剂添加量对颜料分散稳定性的影响

1.5　色母粒配方中载体的选择

载体是色母粒的基体，是色母粒成型的基础，色母粒一般选择与制品树脂相同的树脂作为载体，两者的相容性最好，但同时也要考虑载体的流动性。

1.5.1　色母粒配方中载体的选择原则

色母粒工业与塑料加工业经过几十年同步发展，以其独有的产品优势，已成为塑料加工工业中不可或缺的重要成员。随着人们对塑料制品的外观表象和内在性能要求的不断提高，越来越多的色母粒被赋予新的使命。用户对颜色的要求、对色泽稳定性的要求、对环境的要求以及色母粒在最终制品中所起的作用等，使得色母粒的配方日趋复杂。所有的这些使作为色母粒重要组成部分的载体树脂越来越体现其重要性。

载体树脂是色母粒的基体，载体树脂是用来使颜料均匀分布并使色母粒呈颗粒状的，其对颜料起包覆、粘连、承载的作用，能增强颜料与被着色树脂之间的亲和力，同时也用来提高着色组分在被着色树脂中的分散和混合。

色母粒在树脂中除了分散性之外，混合分配性也很重要。色母粒分散性是指着色剂分散的粒径大小满足客户需求，分散性不好的表现是颜料色点。混合分配性是指色母粒与树脂混合后的均匀分布性，混合分配性不好，表现条纹和云雾。所以，载体树脂的选择，除了考虑在熔体剪切分散时的黏度大小，还要考虑色母粒在塑料加工时的混合分布性，需要统一平衡。

色母粒配方中载体选择原则是相容性、流动性、加工性、高黏性、适用性。

（1）相容性

所谓相容性是指两种物质彼此相互容纳的能力，按照相似相容原则，色母粒载体树脂与被着色树脂结构相同或相似，其相容性好。常规情况下色母粒载体树脂与制品的基体树脂应选择相同类型的聚合物，目的是保证载体树脂与基体树脂具有良好的化学相容性。

ABS 树脂是丙烯腈（acrylonitrile）、丁二烯（butadiene）、苯乙烯（styrene）三元单体的接枝共聚物。AS 树脂是丙烯腈-苯乙烯的二元单体共聚物，虽然 AS 材质的抗冲击性能（韧性）不如 ABS，但因与 ABS 结构相似，作为 ABS 色母载体十分理想。另外，聚对苯二甲酸乙二醇酯（PET），属结晶型饱和聚酯，与聚对苯二甲酸丁二醇酯（PBT）结构相似。PBT 与 PET

分子链结构相似，大部分性质也是一样的，只是分子主链由两个亚甲基变成了四个，所以分子更加柔顺，加工性能更加优良，耐热性比 PET 高。当 PET 与 PBT 两种原料有价差时，常常会被互换用来作为 PET 色母粒的载体。

同样道理，共聚 POM 树脂可用作均聚 POM 色母载体，SAN 树脂可用作 ABS 色母载体，PA6 树脂可作为 PA66 色母的载体。对于某种塑料合金而言，可采用合金中两种流动性较好的组分作为色母粒的载体树脂。

如果树脂之间不相容，会影响着色产品质量，如聚乙烯和聚丙烯虽同属烯烃类，选用聚乙烯为载体的色母用在注塑、吹膜等产品没有问题，但将聚乙烯载体色母用于聚丙烯纺丝会影响可纺性，用于高亮度注塑产品，会在产品上有流痕，也说明了聚乙烯与聚丙烯虽同为烯烃树脂，但两树脂的相容性不是很好。

20 世纪 90 年代，万能色母开始用聚乙烯蜡为载体，也有选择不同熔融指数的 LLDPE 做载体树脂。而后采用 EVA 树脂，EVA 是乙烯与乙酸乙烯无规共聚物，由于乙酸乙烯的存在，限制了 PE 的结晶，成为一种热塑性弹性体，EVA 既含有非极性链段聚乙烯，也含有极性链段乙酸乙烯。特别是 K 树脂与 EVA 树脂混合为载体树脂的万能母粒，其通用性更好，可适用于 PE、PP、PVC、PS 等通用塑料；也适用于 ABS、AS、PC、POM、PA、PU、PBT、PET、PMMA 等工程塑料，开发万能色母的初衷是为了以最低成本来满足顾客指定所需的颜色。

万能色母粒如用于普通聚烯烃塑料中，缺陷可能不太明显，因为 LLDPE、EVA 等与聚烯烃有相对较好的相容性。但如果这些万能色母用于工程塑料中，LLDPE 与工程塑料（诸如 PA、PBT、PC、PPE、POM 等）的相容性较差，所加工的制品表面容易出现“起皮”的现象；工程塑料一般加工温度比较高，而 EVA 在高温下会发生热降解，产生的降解物会引起螺杆的磨损和导致产品外观变差，尤其是浇口和熔接线的地方更加明显。最终，万能母粒的市场规模远远达不到所预期的目标。

在色母粒配方设计过程中若使用不相容树脂作为载体则本质上就是刻意引入污染物，一般推荐使用一些与最终树脂产品相容性较好的载体。

树脂间的相容性可查阅树脂溶解度参数，溶解度参数相近的树脂间相容性好。

(2) 流动性

所谓流动性就是色母载体树脂自身的流动性要好，载体熔体流动速率要高于被着色树脂，如使用与需要着色的塑料相同的聚合物作载体，其分子量应低于着色的塑料（即载体的熔体流动速率大于需着色的塑料的熔体流动速率）；当载体和着色的塑料为不同的聚合物时，载体的熔点要低于着色塑料的熔点，而且在相同温度下，载体的熔体流动性要高于所需要着色的塑料熔体的流动性；在制成色母粒之后，确保色母粒的熔体流动速率稍高于所需要着色的塑料的熔体流动速率；这样，高熔体流动速率的色母粒在着色螺杆中发生理想流动更加容易，而且在大量的树脂中更容易分散。

通常来说，色母粒配方设计时为了促进色母粒与基体树脂更好的混合，一般都会选择一种比将要被着色的基体树脂有着更高熔融指数的树脂作为载体。一般而言，对于一定的高聚物，熔融指数越大表示流动性越好，黏度越小，另外也能表明分子量越小。但这种方法往往也存在弊端，无论何时都不可忽视熔融指数和分子量之间的联系，归根结底是分子量决定了树脂的性能，而高熔体流动速率的载体树脂，在最后加工成型时可能会导致产品性能有所下降，尤其是工程塑料的着色。如果选择与所需要着色的树脂的分子量相近的载体树脂，可以辅以适量的润滑剂来改善整体色母粒的流动性，即提高色母粒的熔融指数；否则，低分子量的树脂容易产生降解，甚者会严重影响制品的外观。

色母粒着色时，一般要求色母粒的熔融指数稍高于被着色树脂。因此一般通过下述方法：选用熔融指数比较大的树脂作为色母粒用载体树脂；添加适当的分散剂降低色母粒的黏度，提高色母粒分散性和熔融指数；降低色母粒中的颜料含量。有时，在一些着色制品中，明确要求色母粒中不允许添加分散剂，此时选用合适的载体树脂就显得更加重要。

（3）高黏性

树脂黏度高与流动性好也许是一对矛盾体，但载体树脂的熔融黏度高则体系的剪切黏度也高，由熔融树脂传导至颜料颗粒的剪切力也就越大，有利于对颜料颗粒的分散。所以如何使矛盾统一，需要在载体选择上作全面考量。

所谓线型低密度聚乙烯（LLDPE），是乙烯与少量高级 α-烯烃（如丁烯-1、己烯-1、辛烯-1、四甲基戊烯-1 等）在催化剂作用下，经高压或低压聚合而成的一种共聚物，密度为 0.915 ~ 0.935g/cm^3。常规 LLDPE 的分子结构以其线型主链为特征，只有少量或没有长支链，但含有短支链，没有长支链使得聚合物的结晶性较高。在分子量相同的情况下，线型结构的 LLDPE 熔体黏度要比非线型结构的 LDPE 高。在熔体流动速率相同的情况下，LDPE 的熔体黏度也明显低于 LLDPE。因此，选择使用或部分使用高熔体流动速率线型低密度聚乙烯（LLDPE）作为聚烯烃色母粒的载体也就不足为奇了。

（4）加工性

所谓加工性是指满足生产工艺需求。很多实践经验和统计结果表明，采用粉状树脂进行生产所获得的最终分散性能要比使用粒料树脂好些。一个明显的区别在于：粉状树脂因粒度小而能在设备中快速完成熔融过程，也就是说颜料颗粒能够比较早地被浸润而进入润湿分散的过程。同时粉体间相互的混合均匀性也极高，这也有效地提高了润湿的速度。反观粒状树脂，因其颗粒度很大，熔融过程由表及里需要一定的时间，由此可知它对于颜料的润湿速度是远不如粉体树脂来得快。这一问题看似无足轻重实则直接对分散结果产生明显影响，应当加以重视。然而，市场上并非所有树脂产品都有粉状料供应，因此，色母粒生产企业应自备磨粉设备，在必要时将所用树脂部分或全部经过磨粉后再用于色母粒的生产，以此来提升和保证产品的质量。

（5）适用性

适用性是指载体需满足客户生产需要，还需要满足产品的需求，不能影响产品表面和内在的质量。当色母粒用于塑料着色时，不应因载体使用不当，对塑料制品的力学性能等造成负面影响。

如 PPR 管色母粒选用 LLDPE 为载体树脂，与 PPR 有良好相容性，但 LLDPE 熔融指数高，意味着分子量太低，不能承受热水压力；HDPE 载体树脂与 PPR 相容性好，但耐热时间很短。

耐压输水管黑色母有时采用 LDPE、LLDPE，起到调节体系黏度、润湿炭黑的作用，但需满足压力测试要求；采用高流动性 HDPE 效果更好；采用复合载体 LLDPE 和 HDPE，两者比例必须适宜。

总而言之，在设计色母粒配方时，需要充分考虑目标基体树脂的性能，选择合适的载体树脂。色母粒生产厂家可根据制品的加工过程是注塑还是挤出、基体树脂的流动情况、产品的最终使用条件等来设计不同的色母粒载体配方。

1.5.2 聚烯烃色母粒载体

聚烯烃色母粒载体一般可采用分子量低于被着色树脂的同类聚合物。色母粒行业最早、最具有代表性的载体树脂是北京燕山石化生产的薄膜级聚乙烯 1F7B（熔融指数 7g/10min），为第一代载体树脂。目前经过较长时间的开发，国内市场对于聚烯烃色母粒，一般选用 1C7A、1I20A、1I50A 作载体树脂，适用性较好；当然选用上海金山石化的 Q200 也不错，只是熔体流动速率偏低一些。唯一遗憾的是这些 LDPE 树脂都是粒料，如需粉料，需要增加设备磨粉。

如果需要用于高质量、高透明薄膜，要求薄膜没有色点和晶点，推荐选用壳牌 2426H 为载体。

线型低密度聚乙烯（LLDPE）在气相反应器中生成的是粉料，大大有利于色母粒企业，因此可使用线型低密度聚乙烯作为聚烯烃色母粒的载体。

高熔融指数（5 ~ 200g/10min）的 LLDPE 作为载体树脂，可最大限度地减小分散剂用量，最大限度地保证被着色制品的使用性能。这为调节色母粒的加工流动性提供了充足的可选择性，进而为颜料的润湿、分散与稳定提供保证。线型低密度聚乙烯最著名品牌是埃克森美孚的 LL6101（20g/10min）和 LL6201（50g/10min），SABIC 的 LLDPE 粉料也可与埃克森美孚产品媲美。

目前国内的 LLDPE 也能满足色母粒行业需求，如中石化天津 TJZS-2433（33g/10min）、TJZS-2650F（MFI 50）和镇海炼化 8320（20g/10min）。

采用这些载体的聚烯烃色母粒可用在聚乙烯吹塑薄膜、流延薄膜、片材产品中。选用熔融指数较大的载体树脂，使母粒的熔融指数较高于被着色高聚物，在挤出过程中色母粒流动性好，以保证最终制品的色泽均匀一致，无明显云纹、条纹。

以 LDPE 和 LLDPE 为载体的色母粒也可用在聚丙烯上，但在质量要求高的产品上还是需选用 PP 为载体，如纺丝产品、高光亮注塑产品。聚丙烯纤维在纺丝过程中需要树脂的流动性很好，所以添加的色母粒的流动性是一项重要指标。一般化纤色母粒的熔融指数要求在 20g/10min 以上，故选择的载体树脂熔融指数要求更高。可选用上海赛科 PPS2040 和茂名石化纤维 PPZ30-S。

随着茂金属催化技术在高分子合成工业中的应用，新型合成树脂材料（POE 弹性体等）问世，并得以广泛的应用，为聚烯烃色母粒载体带来新的品种。

威达美特种弹性体是一种由丙烯、乙烯共聚形成的新型半结晶共聚物，是采用埃克森美孚化工公司的茂金属催化专利技术制造的特种烯烃弹性体。与乙烯-辛烯共聚物（POE）及乙丙橡胶（EPR）不同，丙烯基弹性体以丙烯为主体，是一种乙烯含量低的热塑性弹性体，按照规格不同，其乙烯含量从 9%到 16%不等。产品结构由全同立构聚丙烯微晶区及松散的非晶态区构成，见图 1-18。

因为威达美弹性体与其他聚合物具有极好的相容性，所以非常容易加工，提供独特的高弹性、柔软性、韧性、挠曲性，且与聚烯烃具有较宽的相容性，威达美弹性体熔体温度低时黏度小，易润湿颜料和填料固体粒子，从而实现较好的分散，从而达到在挠曲性、冲击强度和透明度之间实现平衡的要求。弹性体分子量分布较窄，熔体温度高时黏度高，适于高填充，十分适于高浓度色母粒的制备。威达美弹性体用于载体时用量为色母粒载体总量的 20% ~ 30%。

选用威达美弹性体 6101 MFI 3 为载体的色母粒可用于注塑工艺产品，选用威达美弹性体 6102 MFI 18 为载体的色母粒可用于吹膜、流延膜、压延或挤出片材、注塑或吹塑、异型材、PP 非织造布、PP 纺丝等产品。

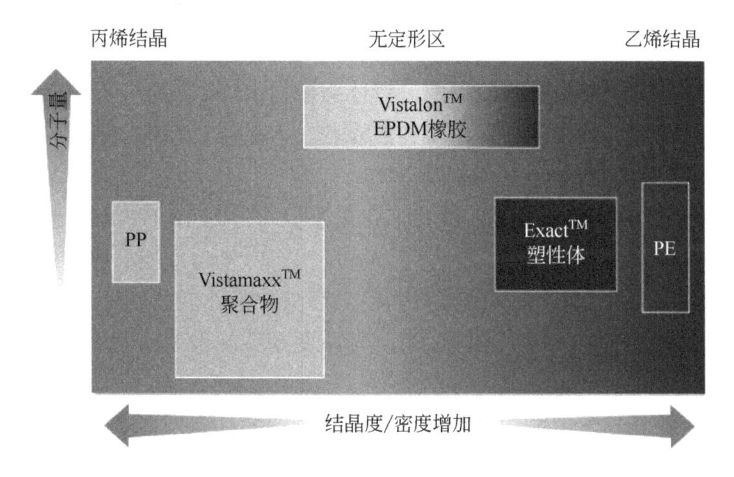

图 1-18 威达特种美弹性体结构

1.5.3 ABS 色母粒载体

ABS 树脂是五大合成树脂之一，是丙烯腈、丁二烯和苯乙烯组成的三元共聚物。其中 A（丙烯腈）提供耐化学性、耐油性、一定的刚度、硬度和热稳定性；B（丁二烯）提供韧性、抗冲击性和耐寒性能；S（苯乙烯）赋予 ABS 良好的介电性能、光泽、透明性以及易加工流动性。

ABS 属于非结晶性无定形高分子材料，相对密度约为 1.05，熔融温度为 217 ~ 237℃。ABS 具有良好的综合性能，其抗冲击性、耐热性、耐低温性、耐化学药品性及电气性能优良，还具有易加工、制品尺寸稳定、表面光泽性好等特点，广泛应用于机械、汽车、电子电器、仪器仪表、纺织和建筑等工业领域，是一种用途极广的热塑性工程塑料。

ABS 树脂按用途和性能特点可分为一般级、高流动级、电镀级、透明级、挤出级、挤出板材级、管材级、防火级以及耐热级等。ABS 根据成型加工工艺的差异，可分为注射、挤出、压延、真空、吹塑等品种；根据冲击强度，可分为超高抗冲型、高抗冲型、中抗冲型等品种。

ABS 色母粒载体可以选择 AS 为载体，需要注意的是，由于 AS 本身发脆，挤出切粒时容易产生粉末，可能影响使用效果；也可选择中低冲击性（橡胶含量低）、优良流动性的 ABS 为载体，如奇美公司 ABS 757、宁波 LG-121、锦湖的 ABS 750SW 和 ABS780、吉化的 ABS 0215A 等，当然选用 ABS 767 更好，熔融指数更高。采用 AS 与 ABS 适当比例的混合物作为载体也是较好的选择。

1.5.4 PS 色母粒载体

聚苯乙烯（简称 PS）是由苯乙烯单体通过多种合成方法聚合而成的。PS 是一种热塑性、非结晶性的树脂，主要分为通用级聚苯乙烯（GPPS、俗称透苯）、抗冲击级聚苯乙烯（HIPS、俗称改苯）和发泡级聚苯乙烯（EPS）。GPPS、HIPS 和 EPS 的区别在于：GPPS 透明度高，光泽良好，HIPS 的亮度一般，韧性比 ABS 要逊色一点，火烧后表面光亮，有苯乙烯的味道。HIPS 的截断面发白，但 GPPS 没有，而 EPS 主要用于泡沫。

GPPS 密度为 1.04 ~ 1.09g/cm³，透明度高达 88% ~ 92%，折射率为 1.59 ~ 1.60，如此高的折射率使其具有良好的光泽，具有装饰效果，尺寸稳定性好。

HIPS 实质为 PS 的一个冲击改性品种，具体组成为 PS 和橡胶，分子中含有 5% ~ 15%橡胶成分，是通过在聚苯乙烯中添加聚丁基橡胶颗粒生产的一种抗冲击聚苯乙烯产品。其韧性比 PS 提高了 2 ~ 4 倍，冲击强度大大提高。

按 HIPS 改性幅度的大小以及橡胶组分、含量不同可分为中抗冲 PS、高抗冲 PS 和超高抗冲 PS 三类。

HIPS 的外观为白色不透明珠状或粒状颗粒，它除冲击性能优异外，还具有 PS 的大多数优点，如刚性好、易加工性、制品光泽度高（光泽度 85%）及易着色等，但其拉伸强度和透明性下降。

EPS 是一种轻型高分子化合物。它采用聚苯乙烯树脂加入发泡剂，同时加热进行软化，产生气体，形成一种硬质闭孔结构的泡沫塑料。这种均匀封闭的空腔结构使 EPS 具有吸水性小，保温性好，质量轻及较高的机械强度等特点。EPS 的密度由成型阶段聚苯乙烯颗粒的膨胀倍数决定，一般介于 10 ~ 45kg/m³ 之间。

聚苯乙烯色母粒载体可以选择 GPPS，与 ABS 色母载体选择 AS 存在同样的问题，GPPS 也发脆，挤出切粒时同样容易产生粉末，影响后续使用效果；可以选择流动性较好的中抗冲击性 HIPS 作为载体，如奇美公司的 PH88、PH88E、PH66，锦湖的 HI425TVL 等。

1.6 色母粒配方中助剂选择

塑料制品实际上是树脂与各种颜料、填料和助剂的混合体。

塑料助剂又叫塑料添加剂，没有助剂的塑料，是不能实际应用的，为了改善塑料加工和应用性能，各类塑料助剂是不可或缺的。根据各国塑料品种构成和塑料用途上的差异，塑料助剂消费量约为塑料产量的 8% ~ 10%。

1.6.1 抗氧剂和光稳定剂的特性和选择原则

空气和阳光对地球上的人类生存及植物生长是必不可少的，但空气中的氧气和阳光中的紫外线却导致塑料发生热氧化或光氧化反应，使塑料制品的外观和物理机械性能变差，提前失去原有功能和使用价值（老化）。

我们之所以将抗氧剂和光稳定剂列于一节内，因为其是塑料抗老化体系不可缺少的组成部分，只不过其使用的目的略有不同而已。

抗氧剂——解决色母粒载体树脂在加工制造、储存、使用过程中的热氧老化。

光稳定剂——解决色母粒载体树脂整个使用过程的光氧老化。

1.6.1.1　抗氧剂和光稳定剂的选择原则

色母粒基本组成是颜料和载体，载体以树脂为主，色母粒中会选用抗氧剂和光稳定剂来解决树脂载体的热氧老化和光氧老化。对于一些户外塑料产品，除了需要色母粒配套，还需防老化母粒满足产品需求。

主要根据塑料材料的种类及型号、加工设备及工艺条件、其他化学添加剂的品种和加入量、制品的使用环境及期限以及老化试验方法、试验要求等因素来综合确定抗氧剂、光稳定剂的品种和加入比例。选择抗氧剂、光稳定剂应基本参考以下原则。

（1）相容性

聚合物一般是非极性的，而抗氧剂、光稳定剂的分子具有不同程度的极性，二者相容性较差，通常是在高温下将抗氧剂、光稳定剂与聚合物熔体结合，聚合物固化时将抗氧剂、光稳定剂分子固定在聚合物分子之间。在配方用量范围内，抗氧剂、光稳定剂在加工温度下要熔融，设计配方时，选用的固体抗氧剂、光稳定剂的熔点或熔程上限，应低于聚合物的加工温度。国外文献已证明，聚合物晶区球晶界面处的非晶相，是聚合物基质中最易受氧化的部分，相容性好的抗氧剂正好集中于聚合物最需要它们的区域。

（2）迁移性

塑料制品，尤其是表面积与体积比（或重量比）相对较小的不透明制品，氧化反应主要发生在制品的表面，这就需要抗氧剂、光稳定剂连续不断地从塑料制品内部迁移到制品表面而发挥作用。但如果向制品表面的迁移速率过快，迁移量过大，抗氧剂、光稳定剂就要挥发到制品表面环境中，或扩散到与制品表面接触的其他介质中而损失，这种损失事实上是不可避免的，设计配方时应加以考虑。当抗氧剂、光稳定剂品种有选择余地时，应选择分子量相对较大，熔点适当较高的品种，并且要以最严酷的加工条件和使用环境为前提确定抗氧剂、光稳定剂的添加量。

（3）稳定性

抗氧剂、光稳定剂在树脂中应保持稳定，在使用环境下及高温加工过程中挥发损失少，不变色或不显色，不分解（除用于加工热稳定作用的抗氧剂外），不与其他添加剂发生不利的化学反应，不腐蚀机械设备，不易被制品表面的其他物质所抽提。受阻胺光稳定剂一般为低碱性化学品，选用受阻胺为光稳定剂时，配方中不应包含酸性的其他添加剂，相应塑料制品也不应用于酸性环境。

（4）加工性

色母粒配方中加入抗氧剂、光稳定剂较多时，树脂熔融黏度和螺杆扭矩都可能发生改变。抗氧剂、光稳定剂熔点与树脂熔融范围如果相差较大，会产生抗氧剂、光稳定剂偏流或抱螺杆现象。抗氧剂、光稳定剂的熔点低于加工温度 100℃左右时，可先将抗氧剂、光稳定剂制成一定浓度的母粒，再与色母粒混合加入树脂加工塑料制品，以避免因偏流造成制品中抗氧剂、光稳定剂分布不均及加工产量下降。

（5）毒性、卫生性和环保性

抗氧剂、光稳定剂应无毒或低毒，无粉尘或低粉尘，在加工制造和使用中对人体无有害作用，对动物、植物无危害，对空气、土壤、水系无污染。

对食品包装盒、儿童玩具、一次性输液器等间接或直接接触食品、药品、医疗器具及人体的塑料制品，不仅应选用已通过美国食品药品监督管理局（FDA）检验并许可，或欧共体委员会法令允许的抗氧剂、光稳定剂品种，而且加入量应严格控制在最大允许限度之下。

光稳定剂 UV-326 的急性毒性实验数值 $LD_{50} > 5000mg/kg$，是相对无毒的化学物质。但欧共体委员会法令仍规定了 UV-326 在与食品接触的塑料材料中的最大限量，在聚丙烯（PP）、聚乙烯（PE）中最大限量为 0.5%，在聚氯乙烯（PVC）中最大限量为 0.3%，在聚苯乙烯（PS）中最大限量为 0.6%。

紫外线吸收剂 UV-320、UV-350、UV-327、UV-328，因被欧洲化学品管理局（ECHA）初步认定为：“持久性、生物积累性和毒性的物质；高持久性、高生物积累性的物质”，已经被列入第 12 批、第 14 批高度关注物质 SVHC 候选清单，生产出口欧洲的塑料制品时，要特别注意。

1.6.1.2 抗氧剂的品种和特性

塑料与氧的反应是一个自动催化过程，塑料通常在热及氧气的作用下快速发生老化，从而使材料褪色、变黄、硬化、龟裂，丧失光泽，最后导致强度、刚度及韧性下降。对聚合物来讲，采用添加抗氧剂的方法，提高其抗氧化性能是最简便有效的方法。

常用的塑料抗氧剂按分子结构和作用机理一般分为受阻酚类、亚磷酸酯类、含硫类、复合类。

（1）受阻酚类抗氧剂

受阻酚类抗氧剂是塑料材料的主抗氧剂，其主要作用是与塑料材料中因氧化产生的氧化自由基 R· 、ROO·反应，中断活性链的增长。

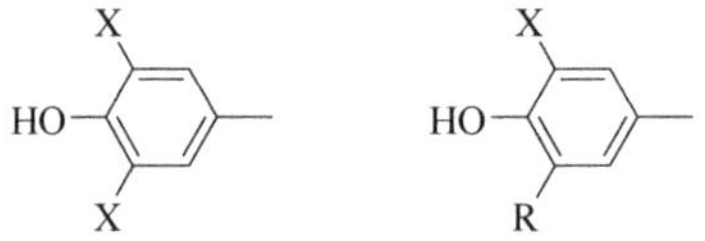

图 1–19 受阻酚的主要结构

图 1-19 中，X 为叔丁基；R 可以是氢、甲基、叔丁基，也可以是壬基、十八烷基等高碳链烷基或芳烷基。受阻酚抗氧作用的关键在于所含反应羟基的活性，羟基与自由基的反应活性受到其邻位烷基 X 和 R 的空间阻碍影响。烷基分子量越小，空间阻碍越小，反应活性越大，反应速度越快，热氧稳定效率越高。因此，羟基邻位取代基的空间位阻是影响抗氧剂稳定性的重要因素之一。

受阻酚抗氧剂按分子结构分为单酚、双酚、多酚、氮杂环多酚等品种。单酚和双酚抗氧剂，如 BHT、2246 等产品，因分子量较低，挥发性和迁移性较大，易使塑料制品着色，近年来在塑料中的消费量大幅度降低。

对称型受阻酚抗氧剂 1010 和 1076 是以 2,6-二叔丁基苯酚为母体的衍生物，X 和 R 均为叔丁基—$C(CH_3)_3$，称作完全受阻酚，是当今国外、国内塑料抗氧剂的主导产品，1010 则以分子量高、与塑料材料相容性好、抗氧化效果优异、消费量大而成为抗氧剂中较优秀的产品。对称型受阻酚抗氧剂主要品种见表 1-48。

非对称型受阻酚抗氧剂结构是酚羟基邻位具有一个叔丁基和一个甲基，也就是以 2-甲基-6-叔丁基苯酚为骨架的非对称型受阻酚抗氧剂，不仅具备一般受阻酚类抗氧剂的特性，而且与辅助抗氧剂的协同稳定作用和耐着色作用，比传统的对称型受阻酚更加突出，适用于易热氧化降解、要求高度耐热和高色泽稳定的高分子应用领域。如巴斯夫（原 Ciba SC）公司开发的抗氧剂 Irganox 245、Irganox170，美国氰特公司开发的抗氧剂 Cyanox 1790。非对称型受阻酚抗氧剂主要品种见表 1-49。

表 1-48 对称型受阻酚抗氧剂主要品种

对称型受阻酚抗氧剂名称	化学组成	外观	用途	备注
264	2,6-二叔丁基对甲酚	白色或浅黄色	PVC、PS、PET、ABS	可用于食品接触
1076	*β*-(3,5-二叔丁基-4-羟基苯基) 丙酸正十八碳醇酯	白色或浅黄色	PO、PVC、PS、PET、ABS	
1010	四[*β*-(3,5-二叔丁基-4-羟基苯基)丙酸]季戊四醇酯	白色或浅黄色	PE、PP、PS、聚酰胺、聚甲醛、ABS	特适合聚丙烯
1098	*N*,*N*′-双-[3-(3,5-二叔丁基-4-羟基苯基)丙酰基]己二胺		用于聚酰胺、聚烯烃、聚苯乙烯、ABS 树脂、缩醛类树脂、聚氨酯以及橡胶等聚合物	具有受阻酚和受阻胺类抗氧剂双重功效

表 1-49 非对称型受阻酚抗氧剂主要品种

名称	化学组成	用途
Irganox 245	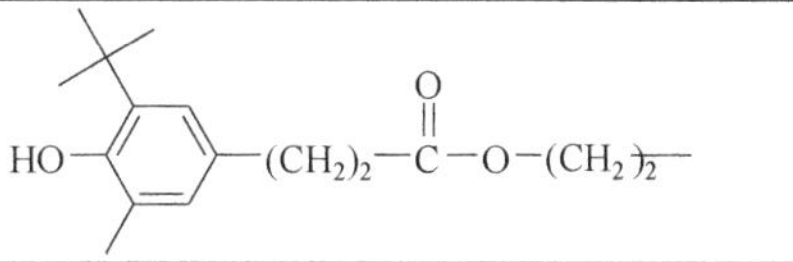 HO—(苯环)—$(CH_2)_2$—C(=O)—O—$(CH_2)_2$—	HIPS、ABS、MBS、SB 和 SBR 胶乳液及 POM 单体和共聚物
Cyanox 1790	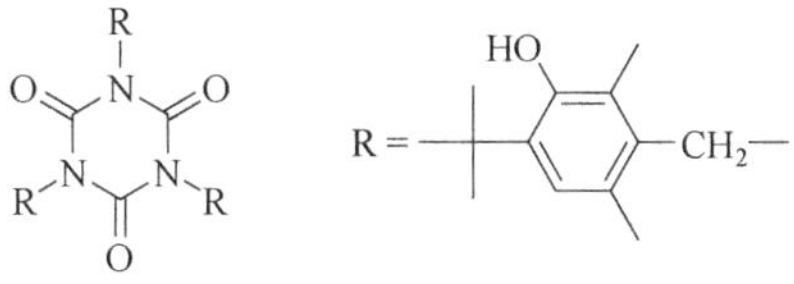 (三嗪三酮环，N 上取代基 R) R = —(苯环，HO)—CH_2—	PO、PVC、PS、PET、ABS
Irganox170		PE、PP、PS、聚酰胺、聚甲醛、ABS

（2）亚磷酸酯抗氧剂和含硫抗氧剂

亚磷酸酯抗氧剂和含硫抗氧剂同为辅助抗氧剂。辅助抗氧剂的主要作用机理是通过自身分子中的磷或硫原子化合价的变化，把塑料中高活性的氢过氧化物分解成低活性分子。国内亚磷酸酯抗氧剂生产消费量约占国内抗氧剂生产消费总量的 40%。亚磷酸酯类抗氧剂的常用产品牌号为 168、626 等。

国内生产的含硫抗氧剂按分子结构可分为硫代酯抗氧剂、硫代双酚抗氧剂和硫醚型酚三类。含硫抗氧剂常用品种为硫代酯类 DLTP、DSTP。

亚磷酸酯抗氧剂主要品种见表 1-50，含硫抗氧剂主要品种见表 1-51。

表 1-50 亚磷酸酯抗氧剂主要品种

名称	化学组成	外观	用途	备 注
TPP	亚磷酸三苯酯	透明油性状	PVC、PP、PS、ABS	配合金属皂类
TNPP	亚磷酸三（壬基苯酯）	琥珀色	PE、PP、ABS	耐高温，可接触食品
TPP	亚磷酸三丁酯	透明液体	PP	PP 专用
TBP（168）	亚磷酸三（2,4-二叔丁基苯基）酯	白色粉末	PP、PE、PS	与 1010 复配

表 1-51 含硫抗氧剂主要品种

名称	化学组成	外观	用途	备 注
DLTP	硫化二丙酸二月桂酯	白色粉末	PE、PP、ABS	耐高温，可接触食品，与 1010 复配
300	4,4′-硫代双（6-叔丁基-3-甲基苯酚）	白色或浅黄色	PO、RUBBER	与炭黑共用时显示出优良的协同效应，特别为聚乙烯电缆电线材料

（3）复合抗氧剂

不同类型主、辅抗氧剂，或同一类型不同分子结构的抗氧剂，作用功能和应用效果存在差异，各有所长，又各有所短。复合抗氧剂由两种或两种以上不同类型或同类型不同品种的抗氧剂复配而成，在塑料材料中可取长补短，显示出协同效应，以最小加入量、最低成本而达到最佳抗热氧老化效果。协同效应是指两种或两种以上的助剂复合使用时，其应用效应大于每种助剂单独使用的效应加和，即 1+1 > 2。如抗氧剂 1010 与 168 按不同比例复合的抗氧剂 215、225、561 等。不同抗氧剂间存在协同效应，由产生协同效应的主抗氧剂和辅助抗氧剂组成的复合体系具有高效、稳定、经济的突出特点，是最有效地防止高分子热氧老化的体系。因此在实际应用中，多是采用两种或两种以上的主、辅抗氧剂复配的复合型抗氧剂。高效复合型抗氧剂为受阻酚与亚磷酸酯、硫代酯的复合物，见表 1-52，另外还有受阻酚类抗氧剂与紫外线吸收剂复合产品。

表 1-52 高效复合型抗氧剂名称和配比

复合抗氧剂名称	配比	复合抗氧剂名称	配比
复合抗氧剂 225	抗氧剂 1010:抗氧剂 168（1:1）	复合抗氧剂 1411	抗氧剂 3114:抗氧剂 168（1:1）
复合抗氧剂 215	抗氧剂 1010:抗氧剂 168（1:2）	复合抗氧剂 1412	抗氧剂 3114:抗氧剂 168（1:2）
复合抗氧剂 220	抗氧剂 1010:抗氧剂 168（1:3）	复合抗氧剂 900	抗氧剂 1076:抗氧剂 168（1:4）
复合抗氧剂 561	抗氧剂 1010:抗氧剂 168（1:4）	复合抗氧剂 921	抗氧剂 1010:抗氧剂 168（1:2）

全球抗氧剂的发展现在仍将以受阻酚类为主（约占 50%），亚磷酸酯类为辅（约占 40%），但在完善改进二元复配体系的基础上正在向性能更为全面的多元复合体系迈进。随着塑料工业中通用树脂的高功能化、高附加值化及复合材料和工程塑料应用范围的拓展，要求抗氧剂具有高效、低毒、相容性好、不析出等性能。复合抗氧剂抗氧化活性高，挥发性低，特别适用于高温加工，代表着当今抗氧化技术的最新水平。

1.6.1.3 光稳定剂的品种和特性

由于太阳光覆盖着我们身边的大部分环境，而太阳光中的紫外光对所有塑料及高分子材料有着巨大的破坏作用，对塑料来讲，地面阳光中所含紫外光的敏感波长大都在 280～400nm 之间，这正是塑料最易破坏的敏感波长，见图 1-20。另外，没有直接照射到阳光的部分，同样也会受到散射光的影响，间接受到紫外光的破坏。导致塑料的主要组分聚合物的降解，会出现外观和力学性能劣化，使得制品变色、发脆、性能下降，以致无法再用。这一过程称为光降解或光老化。

光稳定剂主要作用为屏蔽光线、吸收并转移光能量、猝灭或捕获自由基。光稳定剂按作用机理可分为光屏蔽剂、紫外线吸收剂、猝灭剂和受阻胺光稳定剂四类。

受阻胺光稳定剂（HALS）是一类具有空间位阻效应的有机胺类化合物，国内受阻胺光稳定剂的主要产品牌号为 944、770、622 等，消费量占国内光稳定剂消费总量的 65%左右；紫外线吸收剂包括水杨酸酯类、二苯甲酮类、苯并三唑类、取代丙烯腈类、三嗪类等有机化合物；猝灭剂主要是镍的有机络合物；光屏蔽剂包括炭黑、氧化锌和一些无机颜料。

（1）受阻胺光稳定剂（HALS）

受阻胺光稳定剂因具有分解氢过氧化物、猝灭激发态氧、捕获自由基，且有效基团可循环再生功能，是国内外用量最大的一类光稳定剂。

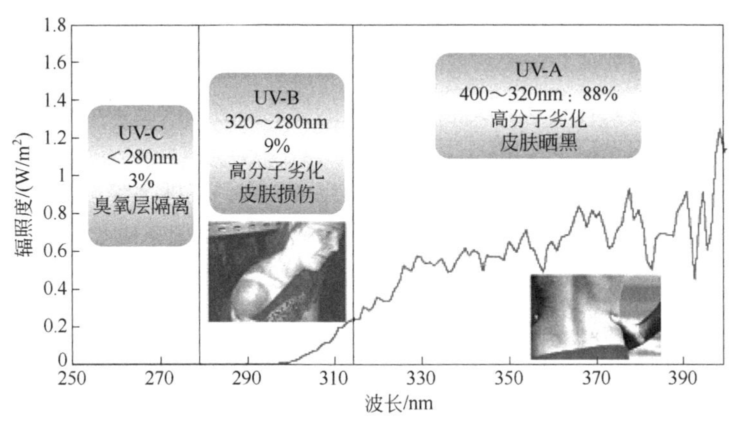

图1-20　紫外光谱

受阻胺光稳定剂（HALS）是一类具有空间位阻效应的有机胺类化合物，绝大部分品种均以 2,2,6,6-四甲基-4-哌啶基为母体，其代表结构为：

$R=CH_3$

R_1=各种基团

R_2= H、O；CH_3、OR 等

受阻胺光稳定剂对高分子材料的稳定化机理如下。

① 四甲基哌啶的仲氨基被高分子材料光、热氧老化产生的氢过氧化物等所氧化，转变为氮氧自由基 NO·，该氧化反应破坏掉能引发高分子材料降解过程的一些活性物质，使其变成相对稳定的羟基化合物。

② 氧化所产生的氮氧自由基 NO·捕获高分子材料所产生的具有破坏性的活性基团，例如 R·、RO·、ROO·等自由基，也使其转变为相对稳定的化合物，例如 R—R，R—O—R，R—OO—R 等。

③ 在此过程中氮氧自由基 NO·得到再生，继续和材料中的其他自由基反应，如此循环往复，大大延缓了塑料材料的光、热氧老化速度。另外，HALS 还具有猝灭单线态氧的功能，使其从激发态转变为基态，在光老化的链引发前干预光氧化反应的进行。所以，HALS 具有分解氢过氧化物、猝灭激发态氧、捕获自由基、循环再生四种自我协同能力，不仅是高效的光稳定剂，同时也是高效的抗氧剂。

受阻胺光稳定剂（HALS）主要品种见表 1-53。

表 1-53　受阻胺光稳定剂（HALS）主要品种

名称	化学组成	CAS 号	用途	备　注
770	双（2,2,6,6-四甲基-4-哌啶基）癸二酸酯	52829-07-9	PO、ABS、PU	可接触食品
GW-540	三（1,2,2,6,6-五甲哌啶基）亚磷酸酯	95733-09-8	PE、PP	可接触食品
944	四甲基哌啶	70624-18-9；71878-19-8	PE 薄膜、PP 纤维	高效品种，可接触食品
622	丁二酸与 4-羟基-2,2,6,6-四甲基-1-哌啶醇的聚合物	70198-29-7	PO、PS、PU PET、PVC	可接触食品

（2）紫外光稳定剂

紫外光稳定剂能强烈地、选择性地吸收高能量的紫外光，而自身又具有高度的耐光性，并以能量转换形式，将吸收的能量以热能或无害的低能辐射释放出来或耗掉，避免塑料材料发生光氧化反应而起到光稳定作用。

紫外光稳定剂根据分子结构不同分为二苯甲酮类和苯并三唑类等。苯并三唑类光稳定剂是一类性能较二苯甲酮类好的优良的紫外线吸收剂。国内二苯甲酮类和苯并三唑类光稳定剂消费量分别占光稳定剂消费总量的 25%和 10%左右。紫外光稳定剂主要品种如表 1-54 所示。

表 1-54　紫外光稳定剂主要品种

名称	化学组成	外观	用途	备　注
UV-531	2-羟基-4-正辛氧基二苯甲酮	浅黄色或白色粉末	PO、PS、ABS	可接触食品
UV-P	2-(2′-羟基-5′-甲基苯基)苯并三氮唑	浅黄色或白色粉末	PET、PVC、PS、PMMA	可接触食品
UV-327	2-(2′-羟基-3′,5′-二叔丁基苯基)-5-氯苯并三唑	淡黄色粉末	PO、PVC、PMMA、ABS	高温加工，可接触食品
UV-328	2-(2′-羟基-3′,5′-二叔戊基苯基)苯并三唑	淡黄色粉末	PO、PET、PS、PA、PC	相容性好，耐挥发

（3）猝灭剂——有机镍络合物类光稳定剂

这类稳定剂本身对紫外光的吸收能力很低（只有二苯甲酮类的 1/10～1/20），在稳定过程中不发生较大的化学变化，但它能转移聚合物分子因吸收紫外线后所产生的激发态能，从而防止了聚合物因吸收紫外线而产生的自由基。有机镍络合物类光稳定剂主要品种见表 1-55。

表 1-55　有机镍络合物类光稳定剂主要品种

名称	化学组成	外观	用途	备　注
2002	羟基苄基磷酸单乙酯镍	白色粉末	PO、PS、ABS	适合薄膜、纤维、1010 复配
AM-101	4-叔基酚氧基	浅绿色粉末		适合薄膜、纤维

（4）光屏蔽剂

光屏蔽剂是一类能够吸收或反射紫外光的物质。它在聚合物和光源之间设立了一道屏障，使光在达到聚合物的表面时就被吸收或反射，阻碍了紫外线深入聚合物内部，从而有效地抑制了制品的老化。光屏蔽剂构成了光稳定剂的第一道防线。光屏蔽剂有炭黑、二氧化钛、氧化锌、锌钡白等。

1.6.2　偶联剂的特性和选择原则

偶联剂的产生最早追溯到 20 世纪 40 年代，是由美国联合碳化物公司（UCC）和道康宁公司（Dow Corning）为发展玻璃纤维增强塑料而开发的。其最初用途仅作为玻璃纤维的表面处理剂。现代工业中随着硅烷偶联剂的发展和性能的不断提高和钛酸酯类偶联剂等新品种开发，偶联剂越来越广泛地被应用于涂料行业、胶黏剂行业、塑料行业和色母粒工业。

1.6.2.1　偶联剂的作用机理

偶联剂是可以改善合成树脂与无机填充剂或增强材料的界面性能的一种塑料助剂，是一种表面改性剂，它在塑料加工过程中可降低合成树脂熔体的黏度，改善填充剂的分散性以提高加工性能，进而使制品获得良好的表面质量及力学、热和电性能。其分子内含有两类不同性质的结构基团。一类基团可与无机物表面的化学基团发生反应，进而形成牢固的化学键合，见图 1-21，另一类基团则具有亲有机物性质，能与树脂进行化学反应或物理缠绕，最终达到使有机树脂与无机材料牢固结合，提高制品力学性能、物理性能并改善加工性能的目的。偶联剂的作用和效果已逐渐被人们认识和肯定，至于界面上极少量的偶联剂为什么会对复合材料的性能产生如此显著的影响，现在还没有一套完整的机理来解释，下面介绍几种学界理论。

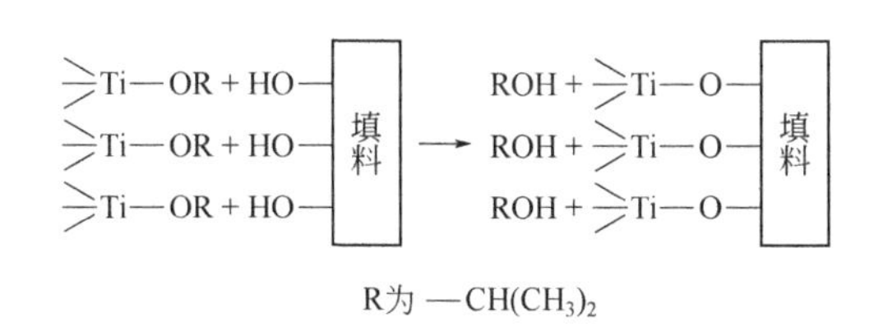

图 1-21 钛酸酯类偶联剂对无机填料的作用机理

（1）化学键理论

化学键理论是最古老的理论，至今仍是大家最熟悉的理论，该理论认为偶联剂含有一种化学官能团，与玻纤表面的硅醇基团或其他无机填料表面的分子作用形成共价键，此外，偶联剂还含有至少一种不同的官能团与聚合物分子键合，从而偶联剂就在无机相与有机相之间起相互连接的桥梁作用，导致较强的界面结合。

（2）浸润效应和表面能理论

液态树脂对被粘物的良好浸润是头等重要的，如果能获得完全的浸润，那么树脂对高能表面的物理吸附将提供远高于有机树脂的内聚强度，将提供远高于有机树脂的内聚强度的粘接强度。

（3）可变形层理论

为了缓和复合材料冷却时由于树脂和填料之间热收缩率的不同而产生的界面应力，希望与处理过的无机物邻接的树脂的界面是一个柔曲性的可变形的相，这样复合材料的韧性最大。偶联剂处理过的无机物表面可能会择优吸收树脂中的某一配合剂，相间区域的不均衡固化可能形成一个比偶联剂在聚合物与填料之间的单分子层厚得多的缠绕性树脂层，这一层被称为可变形层。该层能松弛界面应力、阻止界面裂缝的扩展，因而改善了界面的结合强度。

（4）约束层理论

在无机填料区域内的树脂应具有某种介于无机填料和树脂之间的模量，约束层理论认为，偶联剂的功能在于将聚合物结构“紧束”在相间区域内。从增强后的复合材料的性能来看，要获得最大的粘接力和耐水解性能，需要在界面处有一个约束层。

偶联剂的作用机理较为复杂，到目前为止人们已进行了相当多的研究，提出了多种理论，但至今尚无完整统一的认识。

1.6.2.2 偶联剂的选择原则

工业上广泛使用的偶联剂品种依结构大致分为硅烷类、钛酸酯类、铝酸酯类、铝-钛及铝-锆复合金属类、脂肪酸类及酸酐化聚烯烃类等。各类偶联剂的偶联效果与所处理的无机物组成和配合树脂结构密切相关。经偶联剂改性后的颜料和填料在色母粒及塑料着色中具有良好的分散效果。偶联剂的选择原则如下。

① 硅烷类偶联剂主要适用于玻璃纤维及含硅填料，如石英、硅灰石等，也可用于部分金属的氧化物及氢氧化物，但不适用于 $CaCO_3$。树脂主要为热固性树脂。

② 钛酸酯类偶联剂对填料的适用范围广，如 $CaCO_3$、钛白粉等，还可用于玻璃纤维中。树脂主要为热塑性树脂。

③ 酸性填料应选用含碱性官能团的偶联剂，而碱性填料应选用含酸性官能团的偶联剂。

④ 硅烷偶联剂的用量可为填料的 1%左右；钛酸酯类用量一般为填料的 0.25% ~ 2%。

⑤ 一些表面活性剂会影响钛酸酯偶联剂偶联作用的发挥，如硬脂酸等，因此它们必须在填料、偶联剂、树脂充分混合后加入。

⑥ 大多数钛酸酯类偶联剂易与酯类增塑剂发生酯交换反应，因此，此类偶联剂需待偶联剂加入后方可加入。钛酸酯类与硅烷类偶联剂混合加入协同效果好。

1.6.2.3 偶联剂品种和特性

偶联剂的种类繁多，目前塑料行业应用范围最广的是钛酸酯偶联剂。填料也有很多品种，对于同样的聚合物可以选择多样化的填料和偶联剂，应该综合考虑应用效果、用量及成本等因素，现分别介绍如下。

（1）硅烷偶联剂

硅烷偶联剂是人们研究最早、应用最早的偶联剂。由于其独特的性能及新产品的不断问世，使其应用领域逐渐扩大。其品种繁多，结构新颖，已知结构的产品就有百余种。1945 年前后由美国联合碳化合物等公司开发和公布了一系列具有典型结构的硅烷偶联剂；1955 年又由 UC 公司首次提出了含氯基的硅烷偶联剂；从 1959 年开始陆续出现了一系列改性氯基硅烷偶联剂。20 世纪 60 年代初期出现的含过氧基硅烷偶联剂和 60 年代末出现的具有重氮和叠氮结构的硅烷偶联剂，大大丰富了硅烷偶联剂的品种。我国于 20 世纪 60 年代中期首先由中国科学院化学研究所和南京大学同时开始研制硅烷偶联剂。近年来，分子量较大和具有特种官能团的硅烷偶联剂发展很快，如辛烯基、十二烷基，还有含过氧基、脲基、羰烷氧基、阳离子烃基硅烷偶联剂等。

硅烷偶联剂的通式为 $R_nSiX_{(4-n)}$，式中 R 为非水解的、可与高分子聚合物结合的有机官能团。根据高分子聚合物的不同性质。R 应与聚合物分子有较强的亲和力或反应能力，如甲基、乙烯基、氨基、环氧基、巯基、丙烯酰氧丙基等。X 为可水解基团，遇水溶液、空气中的水分或无机物表面吸附的水分均可引起分解，与无机物表面有较好的反应性。典型的 X 基团有烷氧基、芳氧基、酰基、氯基等，最常用的则是甲氧基和乙氧基。它们在偶联反应中分别生成甲醇和乙醇副产物。由于氯硅烷在偶联反应中生成有腐蚀性的副产物氯化氢，因此要酌情使用。

（2）钛酸酯偶联剂

钛酸酯偶联剂依据它们独特的分子结构，包括四种基本类型。

① 单烷氧基型　这类偶联剂适用于多种树脂基复合材料体系，尤其适合于不含游离水只含化学键合水或物理水的填充体系。

② 单烷氧基焦磷酸酯型　该类偶联剂适用于多种树脂基复合材料体系，特别适合于含水量高的填料体系。

③ 螯合型　该类偶联剂适用于多种树脂基复合材料体系，由于它们具有非常好的水解稳

定性，特别适用于含水聚合物体系。

④ 配位体型　该类偶联剂用在多种树脂基或橡胶基复合材料体系中，都有良好的偶联效果，它克服了一般钛酸酯偶联剂用在树脂基复合材料体系中的缺点。

钛酸酯偶联剂最早出现于20世纪70年代。1974年12月美国KENRICH石油化学公司报道了一类新型的偶联剂。它对许多干燥粉体有良好的偶联效果。此后加有钛酸酯偶联剂的无机物填充聚烯烃复合材料相继问世。目前钛酸酯偶联剂已成为复合材料不可缺少的原料之一。

钛酸酯偶联剂的分子式为 R—O—Ti(—O—X—R′—Y)$_n$。通过 R 基与无机填料表面的羟基反应，形成偶联剂的单分子层，从而起化学偶联作用。填料界面上的水和自由质子（H^+）是与偶联剂起作用的反应点。—O—能发生各种类型的酯基转化反应，由此可使钛酸酯偶联剂与聚合物及填料产生交联，同时还可与环氧树脂中的羟基发生酯化反应。X 是与钛氧键连接的原子团，或称黏合基团，决定着钛酸酯偶联剂的特性。这些基团有烷氧基、羧基、硫酰氧基、磷氧基、亚磷酰氧基、焦磷酰氧基等。R′是钛酸酯偶联剂分子中的长链部分，主要是保证与聚合物分子的缠结作用和混溶性，提高材料的冲击强度，降低填料的表面能，使体系的黏度显著降低，并具有良好的润滑性和流变性能。Y 是钛酸酯偶联剂进行交联的官能团，有不饱和双键基团、氨基、羟基等。n 反映了钛酸酯偶联剂分子含有的官能团数。

钛酸酯偶联剂能在无机物界面与自由质子（H^+）反应，形成有机单分子层。由于界面不形成多分子层及钛酸酯偶联剂的特殊化学结构，生成的较低表面能使黏度大大降低。用钛酸酯偶联剂处理过的无机物是亲有机物的。将钛酸酯偶联剂加入聚合物中可提高材料的冲击强度，填料添加量可达50%以上，且不会发生相分离。

大多数钛酸酯偶联剂特别是非配位型钛酸酯偶联剂，能与酯类增塑剂和聚酰胺树脂进行不同程度的酯交换反应，因此增塑剂需待偶联后方可加入，螯合型钛酸酯偶联剂对潮湿的填料或聚合物的水溶体系的改性效果最好。

钛酸酯偶联剂有时可以与硅烷偶联剂并用以产生协同效果。但是这两种偶联剂会在填料界面处对自由质子产生竞争作用。单烷氧基钛酸酯偶联剂用于经干燥和煅烧处理过的无机填料时改性效果最好。

（3）铝酸酯偶联剂

铝酸酯偶联剂是一种新型偶联剂，其结构与钛酸酯偶联剂类似，分子中存在两个活性基团，一个可与无机填料表面作用，另一个可与树脂分子绕结，由此在无机填料与基体树脂之间产生偶联作用。

铝酸酯偶联剂在改善制品的物理性能，如提高冲击强度和热变形温度方面可与钛酸酯偶联剂相媲美，其成本较低，价格仅为钛酸酯偶联剂的一半，且具有色浅、无毒、使用方便等特点，热稳定性能优于钛酸酯偶联剂。

经铝酸酯偶联剂改性的活性碳酸钙具有吸湿性低、吸油量少、平均粒径较小、在有机介质中易分散、活性高等特点。铝酸酯偶联剂的热稳定性优于钛酸酯偶联剂，基本上不影响原碳酸钙的白度。经铝酸酯偶联剂改性的活性碳酸钙广泛适用于填充PVCP、PP、PU和PS等塑料，不仅能保证制品的加工性能和物理性能，还可增大碳酸钙的填充量，降低制品成本。

（4）双金属偶联剂

双金属偶联剂的特点是在两个无机骨架上引入有机官能团，因此它具有其他偶联剂所没有的性能，加工温度低，常温下即可与填料相互作用，偶联反应速度快；分散性好，可使改性无机填料能与有机物易于混合，能增大无机物在聚合物中的填充量，价格低廉，约为硅烷偶联剂的一半。

铝-锆偶联剂是美国CAYEDON化学公司在20世纪80年代中期研究开发的新型偶联剂。根据用途及处理对象不同，可按桥联配位基选择不同的铝-锆偶联剂。它不仅可以促进不同物质之间的黏合，而且可以改善复合材料体系的性能，特别是流变性能。该类偶联剂既适用于多种热固性树脂，也适用于多种热塑性树脂。将铝-锆偶联剂应用于电缆胶料中，极大地改善了胶料的加工性能，降低了成本。

(5) 木质素偶联剂

木质素是一种含有羟基、羧基、甲氧基等活性基团的大分子有机物，是工业造纸废水的主要成分。对木质素的开发和应用，既可减少工业污染，又能增加其使用价值。木质素是在第二次世界大战中开始被人们所注意，战后被开发出来的。在橡胶工业中的应用主要以补强作用为主，以提高胶料的拉伸强度、撕裂强度及耐磨性，可在橡胶中大量填充，以节约生胶用量，能在相同体积下得到质量更轻的橡胶制品。木质素偶联剂的价格比硅烷偶联剂便宜。并且变废为宝，今后将有很好的应用前景。

(6) 锡偶联剂

在工业生产聚丁苯橡胶（SSBR）时常采用四氯化锡偶联活性 SBR，得到锡偶联 SSBR。其特点是碳-锡键在混炼过程中受剪切和热的作用而发生断裂，导致分子量下降，从而改善了胶料的加工性能；链末端锡原子活性高，可增强炭黑与胶料之间的相互作用、提高胶料的强度和耐磨性能；有利于降低滚动阻力和减小滞后损失。由于锡偶联剂的独特性能，其越来越受到人们的关注。

除上述介绍的偶联剂外，还有锆偶联剂、磷酸酯偶联剂、稀土偶联剂等。随着复合材料的不断发展，对无机物的改性要求越来越多，偶联剂由于独特的表面改性效果而受到人们的广泛重视。

1.6.3 润滑剂的特性和选择原则

树脂在熔融之后通常具有较高的黏度，在色母粒加工过程中，熔融的高聚物在挤出时，聚合物熔体必定要与加工机械表面产生摩擦，有些摩擦对聚合物的加工是很不利的，这些摩擦使熔体流动性降低，同时严重的摩擦会使表面变得粗糙，缺乏光泽或出现流纹。为此，需要加入以提高润滑性、减少摩擦、降低界面黏附性能为目的助剂，这就是润滑剂。

1.6.3.1 润滑剂的作用机理和选择原则

润滑剂之所以能起润滑作用，是因为它的加入降低了塑料熔体的摩擦，这种摩擦又分内摩擦和外摩擦两类，由此相应有内润滑剂和外润滑剂。

(1) 外润滑剂界面润滑机理

外润滑剂的作用主要是改善聚合物熔体与螺杆套筒的金属表面的摩擦状况，由于外润滑剂与聚合物的相容性较差，甚至不相容。在压力作用下容易从熔体中往外迁移到表面或混合物料和加工机械的界面处，在成型过程中润滑剂分子取向排列，极性基团向着金属表面，通过物理吸附或化学键，能在熔料与模具间形成一层很薄的润滑界面或隔离膜，减少了两者之间的摩擦，使塑料熔体不粘住螺杆套筒设备表面。

(2) 内润滑剂界面润滑机理

内润滑剂一般碳链较长、极性较低、与聚合物有良好的相容性。它在聚合物内部起着降低聚合物分子间内聚力的作用，从而改善塑料熔体的内摩擦生热和熔体的流动性。内润滑剂和聚合物长链分子间的结合是不强的，它们可能产生类似于滚动轴承的作用，因此其自身能在熔体流动方向上排列，从而互相滑动，使得内摩擦力降低，流动性增加，易于塑化。这就是内润滑的机理。

一般润滑剂的分子结构中，都会有长链的非极性基和极性基两部分，它们在不同的聚合物中的相容性是不一样的，从而显示不同的内、外润滑作用。

通常多数润滑剂均兼具有内、外润滑剂的功能，只是相对强弱不同；就一种润滑剂而言，它的作用可能随聚合物种类、加工设备和加工条件，以及其他助剂的种类和用量的不同而发生变化，故很难确定它属于哪一类。不过，不同的润滑剂其内、外润滑性能不同，有的润滑剂内润滑性较差，而外润滑性能较好；有的润滑剂外润滑性较差，而作为内润滑剂性能较好。通常认为，与聚合物相容性好、极性基团极性小的润滑剂用作内润滑剂；反之，则用作外润滑剂，但也有内润滑及外润滑性能均佳的品种。

1.6.3.2 润滑剂的选择原则

色母粒配方中优秀润滑剂应具有如下优良性能。

① 持久性。具有优异的、效能持久的润滑性能。

② 相容性。与聚合物具备良好的相容性，内部、外部润滑作用要平衡，不影响树脂的透明性，不起霜、不易结垢，不与其他助剂反应。

③ 低黏性。黏度小，表面张力小，在界面处扩展性好，易形成界面层。

④ 稳定性。热稳定性能优良，在加工成型过程中不分解、不挥发、不降低聚合物的各种优良性能，不影响制品二次加工性能。

⑤ 安全性。无毒，无污染，不腐蚀设备，价格适宜。

在色母粒加工选用润滑剂时，要遵循下列几条原则。

① 如果聚合物的流动性已可满足成型工艺的需要，则主要考虑外润滑剂是否满足工艺要求，以保证内外平衡。

② 外润滑是否理想，应看在色母粒挤出成型时，表面是否光洁。因此，外润滑剂的熔点应与成型温度相接近，但要注意有 10 ~ 30℃ 的差异。

③ 与聚合物的相容性大小适中，内外润滑作用平衡，不起霜，不易结垢。

④ 所添加润滑剂尽量不降低聚合物的各种优良性能，不影响塑料的二次加工性能。

⑤ 表面张力小，黏度小，在界面处的扩展性好，易形成界面层。

⑥ 润滑剂的耐热性和化学稳定性优良，在加工中不分解、不挥发、不腐蚀设备、不污染制品、没有毒性。

1.6.3.3 润滑剂品种、特性

一般润滑剂的分子结构中，都会有长链的非极性基和极性基两部分，它们在不同的聚合物中的相容性是不一样的，从而显示不同的内外润滑作用。按照化学组分，常用的润滑剂可分为如下几类：脂肪酸及其酯类、脂肪酰胺、金属皂、烃类、有机硅化合物等。按用途可划

分为内润滑剂（如高级脂肪醇、脂肪酸酯等）、外润滑剂（如高级脂肪酸、脂肪酰胺、石蜡等）和复合型润滑剂（如金属皂类硬脂酸钙、脂肪酸皂、脂肪酰胺等）。

（1）脂肪酰胺类润滑剂

脂肪酰胺类润滑剂有硬脂酰胺、*N,N*-亚乙基双硬脂酰胺（EBS）、油酸酰胺、芥酸酰胺、硬脂酸正丁酯（BS）、甘油三羟硬脂酸酯，其主要性能见表 1-56。

表 1-56　脂肪酸酰胺类润滑剂性能

名　称	外　观	密度/（g/cm^3）	分子量	熔点/℃	用　途
硬脂酸酰胺	白色或淡黄褐色粉末	0.96	283	98～103	PVC、PS、UF
EBS	白色或乳白色粉末或粒状物	0.98	593	142℃	PE、PP、PS、ABS、热固性树脂
油酸酰胺	白色粉末状	0.90	281	68～79	PE、PP、PA
芥酸酰胺	白色颗粒或粉末		337	78～81	PE、PP、PA
硬脂酸正丁酯	淡黄色液体	0.855～0.862	340	27.5	PVC
甘油三羟硬脂酸酯	无色结晶粉末	0.862	891	71～73	PVC、ABS、MBS

（2）烃类润滑剂

烃类润滑剂有微晶石蜡、液体石蜡、固体石蜡、氯化石蜡、聚乙烯蜡、氧化聚乙烯蜡。烃类润滑剂性能见表 1-57。

表 1-57　烃类润滑剂性能

名　称	外　观	密度/（g/cm^3）	熔点/℃	用　途
微晶石蜡	白色或微黄色鳞片状或粒状物	0.89～0.94	70～90	
液体石蜡	无色透明液体			PVC、PS
固体石蜡	白色固体	0.9	57～60	PVC、PE、PP、PS、ABS、PBT、PET 及纤维素等
氯化石蜡	白色或浅黄色	1.2		PVC
聚乙烯蜡	白色或浅黄色	0.9～0.93		PVC、PE、PP、ABS、PET、PBT
氧化聚乙烯蜡	白色粉末或珠粒状固体	0.92～0.98		PVC

（3）硅氧烷润滑剂

硅氧烷系作为脱模剂、防粘连剂和润滑剂，广泛应用于酚醛、环氧、聚酯等塑料的加工成型上。常用的品种有聚硅氧烷、硅油、二氧化硅和硅藻土等。

（4）复合润滑剂

单纯使用一种润滑剂，往往难以达到目的，需几种润滑剂联合使用，由此产生了复合润滑剂，可以起到多方面的作用，效果更好。近年来复合润滑剂发展很快，在选择时，可以多角度地来看待润滑剂的作用。比如低熔点的石蜡可以起前期润滑的作用；中熔点的聚乙烯蜡、费托蜡可以起中期润滑的作用；高熔点的氧化聚乙烯蜡起后期润滑的作用。一些耐热性有限的润滑剂如石蜡、脂肪酸酯等，容易在挤出制品的模头、压延薄膜的冷却辊上沉积，这些物质对最终制品的表面性能以及现场工人的工作环境、生产都会造成不良的影响。

常用的复合润滑剂有石蜡类、金属皂与石蜡复合、脂肪酰胺与其他润滑剂复合物、褐煤蜡为主体的复合润滑剂、稳定剂与润滑剂的复合体系。

常用树脂所适用的润滑剂见表 1-58。

⊡ **表1-58　常用树脂所适用的润滑剂**

树脂名称	适用润滑剂
聚氯乙烯	液体石蜡、固体石蜡、高熔点石蜡、聚乙烯蜡、亚乙基双硬脂酰胺、硬脂酸正丁酯、单硬脂酸甘油酯、金属皂、硬脂酸、硬脂醇
聚乙烯、聚丙烯	亚乙基双硬脂酰胺、硬脂酰胺、油酸酰胺、硬脂酸钙、硬脂酸锌、高沸点石蜡、微晶石蜡、脂肪酸
聚苯乙烯	硬脂酸锌、亚乙基双硬脂酰胺、高熔点石蜡、硬脂酸正丁酯
ABS	硬脂酸锌等金属皂、脂肪酰胺、亚乙基双硬脂酰胺、高熔点石蜡
聚酰胺	油酸酰胺、硬脂酰胺、亚乙基双硬脂酰胺
PBT/PET	硬脂酸锌、硬脂酸钙、脂肪酰胺、高熔点石蜡、聚乙烯蜡
酚醛、氨基树脂	硬脂酸锌等金属皂、脂肪酰胺、亚乙基双硬脂酰胺、高熔点石蜡

1.6.4　硬脂酸金属盐的特性和选择原则

硬脂酸金属盐是一类具有多种功能的添加剂，主要体现在三个方面：聚烯烃酸中和剂，对聚烯烃颜色的稳定及防腐蚀有直接的贡献；润滑作用、加工助剂，提高了聚烯烃、聚酰胺、苯乙烯类及橡胶在挤出成型（薄膜、纤维、仿形等）和压制成型时的可加工性；脱模性，主要针对热塑性塑料、橡胶以及热固性制品，如聚氨酯泡沫及不饱和聚酯。

1.6.4.1　硬脂酸金属盐的作用机理

硬脂酸金属盐分子上有一个电荷高度分散的无机核和两条线型的烃链，见图1-22。

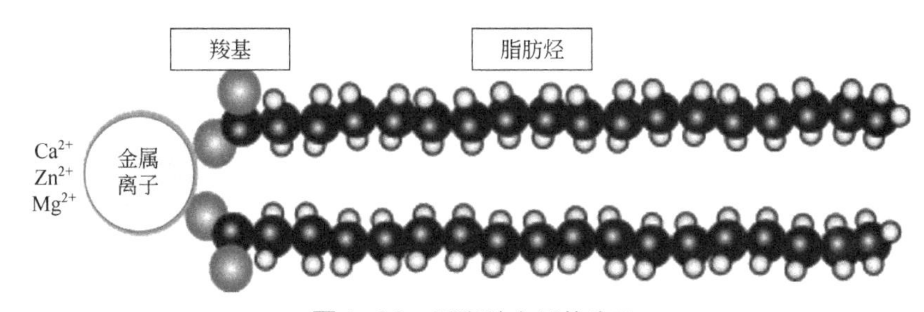

图1-22　硬脂酸金属盐分子

硬脂酸盐组分不同，作用也不同。当硬脂酸金属盐的金属组分用作中和剂时，用于酸及残余酸性催化剂的反应；其硬脂酸组分具有固有的脂肪酸特性，包括润滑性及斥水性。因此，硬脂酸盐拥有金属与硬脂酸的综合性能。硬脂酸盐不同部位的作用见表1-59。

⊡ **表1-59　硬脂酸盐不同部位的作用**

硬脂酸盐的部分	性 能	硬脂酸盐的部分	性 能
金属部分：与酸具有反应性	稳定效果	脂肪烃部分：根据金属离子的不同，有1～3个烃链	润滑性
	熔点		脱模性
	毒性		滑动性能
	溶解度		疏水性 热稳定性
	熔融黏度		
	组分的稳定性（Ca/Zn）		良好的有机性能

硬脂酸盐的生产方法，主要有水法和熔融法两种。水法又称湿法，是指当水为介质时，加入一定量的催化剂，控制好合适的温度、压力，然后加入一定量的金属氢氧化物，金属离子会通过催化剂再置换到硬脂酸上，生成金属盐，催化剂经过后序处理，循环利用。水法生

产通常硬脂酸会稍过量，因此反应后硬脂酸盐成品显酸性。熔融法又称干法，是指在熔融的硬脂酸中，直接加入金属氧化物（间接法氧化锌），在催化剂存在的条件下，控制一定的温度、压力及搅拌速度，通过反应得到硬脂酸盐，干法生产的产品由于催化剂的存在，可以完全反应，金属氧化物稍过量，因此反应后硬脂酸盐成品显碱性。

1.6.4.2 硬脂酸金属盐的品种和选择

硬脂酸金属盐稳定剂根据金属部分不同分别有硬脂酸钙，硬脂酸锌，硬脂酸镁。

（1）硬脂酸钙

在 125℃左右出现软化，145℃左右开始融化，直至完全变成流体。硬脂酸钙，被公认具有生理安全性。硬脂酸钙不溶于大多数的溶剂。在加热时会微溶于芳香化合物、氯代烃或者植物油、矿物油或石蜡中。作为聚氯乙烯的热稳定剂和多种塑料加工的润滑剂、脱模剂等。在硬质制品中，与三碱式铅盐、铅皂配合可提高凝胶化速度。硬脂酸钙一般用在 ABS 和聚丙烯上。

硬脂酸钙作为 PVC 润滑剂存在时，并非只发挥润滑的作用，它的润滑作用比较复杂，在内润滑度较高的情况下，它还会体现出外润滑的作用，而且它和很多润滑剂都有协同作用。硬脂酸钙和聚乙烯蜡配合使用时，能达到更良好的效果，强化润滑作用，优化润滑剂的分散性。同时硬脂酸钙还在 PVC 硬质品中有不错的热稳定效果，橡胶加工中作脱模剂、增塑剂。

（2）硬脂酸锌

熔点 120℃左右，融程较短，融化后为黏度小的液体。它们主要的应用领域是塑料和橡胶工业，由于具有很好的相容性而被用作脱模剂和润滑剂。硬脂酸锌一般用在聚烯烃上。

（3）硬脂酸镁

在 90℃左右开始软化，在 95 ~ 97℃开始融化，至 105℃左右完全融化。主要用作润滑剂、抗黏剂、助流剂。硬脂酸镁一般用在工程塑料上。

1.7 色母粒配方中填料的选择

填料是在塑料中所加入的惰性物质，主要是为了降低成本或改善性能等。廉价的填充剂不但降低了色母粒的生产成本，同时也扩大了树脂的应用范围。

1.7.1 色母粒配方中填料的选择原则

填料的正面作用有改善制品的耐热性、刚性、硬度、尺寸稳定性、耐蠕变性、耐磨性、阻燃性、消烟性及可降解性，降低成型收缩率以提高制品精度；副作用有导致制品某些性能下降甚至是大幅度下降，最明显的下降性能有冲击强度、拉伸强度、加工流动性、透明性及制品表面光泽度等。所以选择塑料填料应参考以下原则。

（1）加入的填料不与树脂和助剂发生化学反应，吸收增塑剂能力小。

（2）填料的加入量要适当，不影响树脂性能和不降低制品的力学性能，不能使制品出现龟裂现象。

（3）有适当细度，在树脂中能均匀分布，不含结晶水。

（4）耐热性好，不能促进树脂的加速分解，在高温条件下不变色、不分解。

（5）耐酸、耐碱，不溶于水、石油及一切溶剂。

填料品种很多，可作为塑料填料的如表 1-60 所示。

表 1-60　塑料填料品种

填充剂	说明
碳酸钙	最为廉价易得，外观为白色无味粉末。密度 2.71g/cm^3，莫氏硬度为 3
高岭土	易分散，比碳酸钙价格相对高，外观为白色，密度 2.6g/cm^3，折射率为 1.56
滑石粉	易分散，加工过程中对设备有一定的润滑性。是带固体结晶的白色粉末。密度 2.7～2.8g/cm^3，价格相对贵些
云母粉	相对白度较低，由于云母粉无毒，故可用于食品接触的制品中。密度 2.8～3.0g/cm^3，折射率为 1.59，莫氏硬度为 3
硅灰石	具有很高的白度，密度 2.75～3.10g/cm^3，折射率 1.63，莫氏硬度 4.5。最大优点是对母粒中的颜料颜色影响很小
沉淀硫酸钡	细度可以做到亚纳米级，市场应用广泛。外观为白色斜方晶体，密度 4.5g/cm^3，折射率 1.65，莫氏硬度 3～3.5，pH 为 5～6

色母粒常用填充剂是碳酸钙、硫酸钡和滑石粉，玻璃微珠是近年来发展起来的一种用途广泛、性能优异的新型材料，值得关注。

1.7.2　碳酸钙的特性和选择

碳酸钙是一种无机矿物质，在我国储量丰富，碳酸钙目数从刚开始的 200 ~ 300 目发展到现在的几千目，甚至是纳米级，从单一的填料功能发展到改性增强功能，目前已开发到了前所未有的程度，几乎每个塑料企业都会用到它。生产碳酸钙的厂家也很多，但是生产的碳酸钙质量参差不齐，差别很大，所以选择碳酸钙是有很大讲究的。

碳酸钙一般分为方解石和大理石两种，通过磨粉加工，生产出来的粉体叫重质碳酸钙粉，但他们的应用性能差异较大。

可以从四个方面来区分方解石粉和大理石粉。

① 方解石矿石从微观的晶体结构上来看属于六方晶系，解理很清晰，有透光性，矿石表面是一个个很清晰的平面，不管怎么敲碎，都能看到平面。方解石也分为大方解石和小方解石，解理清晰规则的为大方解石，透明度很高；解理错乱的为小方解石。方解石矿有三种色调，乳白相、偏黄相、偏红相。大理石晶体一般呈立方体形，分为粗晶矿和细晶矿，色调同为偏青白相。

② 方解石色相比较柔和，有偏黄相和偏红相。大理石粉略感青白相、蓝相，白度差的感觉会比较暗。

③ 方解石和大理石主要成分都是碳酸钙，好的方解石含钙量可以达到 99%以上，而大理石含钙量大约在 96% ~ 98%。

④ 方解石粉体性软，韧性略好，吸油量低，分散性、流动性、粒径分布以及粉体的吸油值、遮盖率都比大理石要好。方解石粉白度可以做到 95% ~ 97%以上（400 目粉），大理石为青白色微微发灰，白度则偏低一些，大约在 93% ~ 96%（400 目）。密度大，性硬发脆，机械磨损大，吸油量高，高质量填充比较难做好。

从上述四项区别，应该根据客户需求，合理选择碳酸钙来作不同规格填充母粒。

① 大方解石粉由于纯度高，可以用在食品级的各个领域，比如牙膏、食品添加剂、食用钙片、饲料添加剂等，并且能通过欧盟的各项环保指标。还可用作婴幼儿纸尿裤、卫生巾、透气专用料等原料。

② 小方解石粉成型加工较易，适合做吹膜拉丝、复合薄膜，流延涂覆、无纺布填充等。

③ 大理石粉适合做注塑级改性料和塑钢门窗料等。

1.7.3 硫酸钡的特性和选择

将天然矿石重晶石经粉碎、水洗、干燥后制得重晶石粉，也称重质硫酸钡，呈白色或灰色粉末，密度为 4.3 ~ 4.6g/cm^3。重质硫酸钡由于选取天然重晶石，其杂质较多，品质主要由矿本身决定，但是其价格低廉。

沉淀硫酸钡顾名思义就是用沉淀法生产的，生产工艺主要有两种：芒硝法和硫酸法。芒硝法俗称黑灰法，重晶石加热至 1100℃还原生成可溶性硫化钡，再与硫酸或硫酸钠作用生成沉淀硫酸钡（也称轻质硫酸钡）。硫酸法是将硫化钡通二氧化碳转化为碳酸钡，然后和纯硫酸反应生成沉淀硫酸钡。

由以上硫酸钡的生产工艺可以看出，硫酸法沉淀硫酸钡的游离钡、气味（残余硫离子）、杂质和黑点以及白度都要比芒硝法好，但价格也高。所以需根据产品需求选择不同规格硫酸钡品种。

硫酸钡虽然是填料，但根据其特性合理使用会取得意外的效果。

（1）提高塑料制品硬度

硫酸钡的莫氏硬度为 3，因而磨损性很小。能适用所有的热塑性塑料。它能提高塑料制品的刚性、硬度和耐磨性。具有高热导性和流变性，这能帮助缩短塑料注射成型周期。 硫酸钡还能增加热塑性高分子的结晶度，从而提高制品的强度（尤其是低温下的撞击强度）和几何稳定性。

（2）提高塑料制品亮度

硫酸钡在紫外和红外波长范围内具有很强的光反射能力，因此，塑料着色配方中加入硫酸钡后能显现出着色制品的高亮度，硫酸钡折射率和常见的聚合物相近，所以能保留着色颜料的鲜艳度和色调。选择适当粒径的硫酸钡填充在 PP 材料中可显著提高加工制品的表面光泽度；当前流行的高光泽免喷涂 PP 小家电产品首选材料就是均聚聚丙烯加沉淀硫酸钡，可以替代 ABS、HIPS 等高光泽材料。可大量用于 PP、ABS、PA、PET 等树脂生产的家电外壳、机械零件、汽车部件、空调面板、电热壶外壳等。

（3）提高颜料分散性

硫酸钡粒径约为 0.7μm，粒径分布狭窄，与许多颜料的原始粒子的粒径尺寸相当，特别是在颜料分散体系中加入适量硫酸钡后，当颜料由于润湿剂作用由二次粒子变成一次粒子时，硫酸钡粒子可均匀地分布夹杂于颜料一次粒子之间，从而提高了颜料的分散效率，并使颜料粒子在整个配方体系中更均匀地扩散和排列，从而颜料的着色效率得以显著提高。可有效节省色母粒中的颜料用量，通常可减少 5% ~ 10%。

硫酸钡表面带有一定静电荷，具有空间位阻和静电排斥作用，可阻碍颜料粒子间的絮凝聚集，从而使颜料粒子在剪切分散中得以充分延展，减少了颜料粒子的絮凝聚集机会，大大减轻了颜料粒子的团聚现象，提高颜料在塑料中的分散稳定性。

（4）提高产品遮盖力

一般把折射率高于 1.7 的物质都定义为白色颜料，折射率低于 1.7 的归于填料，金红石型钛白粉（TiO_2）折射率高达 2.7，而硫酸钡的折射率只有 1.64。所以硫酸钡在塑料着色中只能作为填料。从这可以看出硫酸钡在塑料中有一定的遮盖力。

高纯度硫酸钡是无毒性的，LD_{50}（老鼠，经口）>15000mg/kg，其已被核准用于与食品接触的产品。但需特别关注的硫酸钡的重金属含量是否超标，因为其往往会随着白色母被应用到食品包装中。

（5）特殊用途

符合欧洲纯度要求和美国食品和药品管理法规，充分利用硫酸钡 X 射线不透明性，可用于儿童玩具原料的生产（在意外吞食后易于寻找）。

（6）严重磨损装置

硫酸钡为白色斜方晶体，其表面硬度强于碳酸钙，大量填充会造成设备严重磨损，特别是用于管道色母粒填充，会严重磨损定径套装置，应注意选择应用。

1.7.4 滑石粉的特性和选择

纯滑石粉为白色、带固体光泽的结晶性粉末，属于硅酸盐类矿物粉，以水合硅酸镁为主要成分，分子式为 $Mg_3[Si_4O_{10}](OH)_2$。具有三个八面体三层结构，由一层水镁石［氢氧化镁，$Mg(OH)_2 \cdot H_2O$］夹于两层二氧化硅（SiO_2）之间构成。通常呈致密的块状、叶片状、放射状、纤维状集合体。无色透明或白色，表面多呈珍珠光泽。质软，有滑腻感，流动性好。硬度 1，相对密度 2.7 ~ 2.8。滑石粉具有润滑性、抗黏、助流、耐火、抗酸性、绝缘性、熔点高、化学性不活泼、遮盖力良好、柔软、光泽好、吸附力强等优良的物理化学特性，不导电。

滑石粉作为塑料用填充剂可提高制品的刚性，改善尺寸稳定性和高温抗蠕变性。可显著提高塑料制品的刚性和耐蠕变性、尺寸稳定性、表面硬度和耐划伤性、耐热性和热变形温度，还可起到成核剂的作用，提高聚丙烯的结晶性；相当细的滑石粉亦能提高塑料制品的弯曲强度和冲击强度。并且添加后还具有润滑作用，能起流动促进作用，提高塑料的加工性能。

滑石粉作为填充改性剂在聚丙烯中的应用最为普遍，尤其是汽车工业中，聚丙烯添加滑石粉母粒的改性复合材料被广泛用于汽车内外饰品，如仪表板、门板、保险杠等。

滑石粉是由天然滑石矿经粉碎、精选或煅烧而制备的。煅烧滑石粉的钙含量和其他杂质含量低，酸可溶物少，适用于塑料填充改性等。

滑石粉的选择应考虑以下因素。

① 滑石的含量。滑石的含量越高越好，纯度高、氧化钙含量低的滑石粉一般是具有疏水性的，爽滑度高，有利于熔体流动；滑石含量高，杂质少，白度就高，有利于着色。

② 二氧化硅的含量。滑石粉中二氧化硅的含量一般在 10% ~ 60%之间，二氧化硅的含量越高，对提高改性材料的物性指标越有帮助。

③ 滑石粉的白度。白度越高越好，白度越高说明滑石粉的杂质越少，有利于材料性能稳定；着色性能也会越好。

④ 滑石粉的粒径及粒径分布。常用于塑料填充改性的滑石粉的粒径一般在 800 ~ 5000 目，粒径分布越均匀，材料的性能越稳定；滑石粉的粒度对填充效果有一定的影响，当分布比较均匀的滑石粉粒子在 PP 材料中分散较好时，粒径越小，粒子与 PP 的接触面积越大，他

们之间的界面作用越强，复合体系的综合物性如拉伸强度和冲击强度就越好。但同时也应该注意，当滑石粉粒径变小后，粒子间的团聚倾向增加，因此当滑石粉含量增加到一定值后滑石粉就会出现明显的团聚现象，从而使力学性能明显降低。超细滑石粉在不同塑料中的作用如表 1-61 所示。

表 1-61 超细滑石粉在不同塑料中的作用

聚合物	作用
PP	可提高刚性、表面硬度、耐热蠕变性、电绝缘性、尺寸稳定性、冲击强度；改善光泽等
PE	提高韧度、挠曲强度、抗蠕变倾向；提高热变形温度及尺寸稳定性；改善变形和翘曲
ABS	提高缺口冲击强度和撕裂强度，提高 ABS 原有的性能，又能降低成本
PS	提高冲击韧性，调节流变性，挠曲模量显著提高，拉伸屈服强度也有提高
PA	滑石粉有成核剂的作用，能够提高尼龙的结晶速率，增大结晶度，因此特别能够提高尼龙的韧度、机械强度、硬度、热稳定性、尺寸稳定性

1.7.5 玻璃微珠的特性和选择

玻璃微珠是近年来发展起来的一种用途广泛、性能优异的新型材料，该产品的主要成分是硅酸盐。玻璃微珠在改性高分子材料方面相对于其他填充剂的优势如下。

① 物理性能。微珠形状光滑圆整，没有应力高度集中现象，可有效防止应力开裂；单位体积的表面积小，与树脂接触面小，且微珠之间为点接触，具有滚动轴承效应，故对树脂黏度和流动性影响最小；对机械和模具的损伤和磨耗也很小；膨胀系数小，在树脂中分散性好，加之各向同性，可有效减少残余应变及减少制品收缩，从而提高制品尺寸稳定性；相对于玻纤、碳酸钙、滑石粉填充的工程塑料，其可明显起到减重作用；耐磨、抗压、绝缘、防震、填充率高、流动性好；透明性好，且具有吸收紫外线的作用，提高制品的光稳定性。

② 化学性能。热稳定性和化学稳定性好；增强塑料韧性的同时并不会降低其本身的刚度；熔点高、传热性能差，可提高被填充物的阻燃性能和维卡软化点；电绝缘性好，可用于高绝缘聚合物的填充；增加被填充物的流动性，加工性能；特有的结构改善了玻纤增强的表面性质；可以有效减少被填充物的收缩率等。

玻璃微珠分空心玻璃微珠和实心玻璃微珠，两者物理特性、生产工艺和功能完全不同，应用特性完全不同，属于完全不同的两种产品，容易混淆。

（1）实心玻璃微珠

密度一般为 2.46g/cm^3，莫氏硬度为 5 ~ 6。其主要通过破碎后，悬浮熔融烧结定型而成，不存在空心结构，实心玻璃微珠为球形，见图 1-23，各向同性，表面硬度高，抗压缩强度高，透明性好，吸油值非常低。

实心玻璃微珠应用在各类复合材料中，相比于玻纤、碳酸钙和滑石粉等填料，可明显降低翘曲，降低线膨胀系数，提高流动性，改善制件外观，提高耐磨、耐刮擦等性能。实心玻璃微珠典型应用如下。

① 薄壁制品。由于实心玻璃微珠为各向同性，可有效减少残余应变及制品收缩，从而提高制品尺寸稳定性，对翘曲的改善效果好于扁平玻纤、云母等，因此广泛用于薄壁制品抗翘曲。PA、PP 类材料，通常选用有碱玻璃微珠，如 Sovitec 公司的 Microperl 050-20-215；PBT、PET、PC 和 POM 类聚酯材料，通常选用无碱玻璃微珠，如 Sovitec 公司的特殊规格 Microperl C3 SP 20-60 T0，以免引起聚酯的降解。

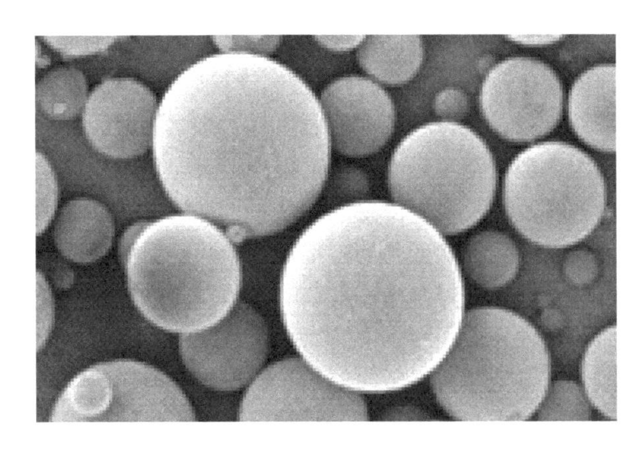

图 1-23 玻璃微珠电镜照片

② 玻纤增强材料。特别是玻纤增强尼龙，实心玻璃微珠在降低翘曲的同时，由于其低吸油值和滚珠效应，可以提高复合材料流动性，减少浮纤，改善外观质量，广泛用于汽车引擎盖等相关制品中。

③ 薄膜制品。使用实心玻璃微珠作为开口剂，相比于二氧化硅，可明显提高最终薄膜的透明度，并且开口母粒加工阶段，喂料容易，产量高。

④ 复合材料。相比其他填料，实心玻璃微珠对于收缩率调节更为明显，并且对流动性影响小；对于冷热交变环境下的材料，实心玻璃微珠可以明显降低线膨胀系数，满足不同使用条件下，材料的配合间隙。

⑤ 触感材料。常规塑料材料通常带来的触感较差，而大量填充玻璃微珠，可以提高塑料材料的温润感、质感，如按键、开关等材料。

(2) 空心玻璃微珠

密度一般为 0.20 ~ 0.60g/cm^3，经特殊工艺使玻璃外壳内部包裹大量空气，为中空结构，因此产品本身密度较低，球体直径和壁厚不同，其密度和抗压强度也会不同，密度越小，抗压强度越低。空心玻璃微珠主要用于隔热涂料和减重材料中，分别利用其低热导率和低密度的特性。近年来，也逐渐被用于 5G 材料中，主要是利用其空心结构所包裹的内部空气，降低材料介电常数。正是由于空心玻璃微珠中空的特性，堆密度较低，喂料困难，并且其玻璃壳层结构容易在剪切条件下破碎，增强效果差，不适合作为增强材料。

1.8 色母粒配方设计要点

前面已经将色母粒用的无机颜料、有机颜料、溶剂染料、润湿分散剂、载体、色母粒加工助剂等原料以图、表形式进行了简单的叙述，这些内容是色母粒配方设计的主要组成，但不能多写，因为这不是本书的重点，本章撰写的重点是：产品的选择原则和品种，建议读者可反复读，慢慢体会，一定会有不少收获，对色母粒配方设计和工业制造会有帮助。

色母粒配方设计就像学校考试一样，也就是面对相同的教材，相同的教授，有的学员能考满分，有的学员考试不及格，关键是学员认识问题的能力和解决问题的水平。

传统的印染行业、涂料行业和印刷行业已有 100 多年的发展历史，是远远比塑料行业发展早的行业，这些行业的配色都是由企业自行解决，唯独为塑料制品加工行业配色而诞生了一个新兴行业——色母粒行业，色母粒行业的诞生有两方面的原因。

第一是塑料配色，因为塑料配色是个系统工程，塑料配色不仅仅是在红、黄、蓝等有限的单色基础上，配出令人喜爱、符合客户要求的色彩，难的是如何把着色剂的各个变量（品种、用量）调节得能再现或达到已知颜色的视觉特性，并确保综合性能符合加工成型和产品使用的所有要求，且价格合理，这是个极其复杂的问题。所以塑料配色是行业的一大痛点。优秀配色师少、贵且流动性大，更是痛点中痛点。

第二是颜料的分散，相比于颜料用于油墨和涂料来说，塑料成型时剪切力低，而塑料成品（特别是化纤）对分散的要求却高多了。颜料的分散对塑料着色有着极其重要的意义。颜料分散的最终效果不仅影响着色制品的外观（斑点、条痕、光泽、色泽及透明度），也直接影响着色制品的质量，例如强度、伸长率、耐老化性和电阻率等，塑料着色对着色剂（功能助剂）的分散的重要性不言而喻。

塑料配色和颜料分散是色母粒行业两大技术核心。所以色母粒行业的工作不能仅仅看作是简单将颜料加树脂造粒而已。色母粒行业立足的根本是做好颜料分散和精确配色，而且分散更重要。本书的书名是《色母粒配方设计和工业制造》，其中配方设计和制造围绕的一个核心就是“如何将分散做好”。

所谓颜料分散就是在外力作用下破碎颜料颗粒附聚体与聚集体，使其在应用体系中尽可能完美地展现颜料本身所具备的各项性能。颜料分散时，首先必须克服颜料分子之间的吸引力，将颗粒分散。分散后的细微颗粒还需要保持稳定，避免它们重新凝聚。颜料在塑料中的分散方法主要是熔体剪切法，这是塑料工业中最常用的一种颜料分散方法。熔体剪切法就是颜料被树脂熔融体包裹润湿并通过熔融体运动时传递的剪切应力所分散，是由机械运动带动流体（熔融体）运动，并由流体运动速度差与流体黏度共同作用而产生，见图 1-24。所以色母粒配方设计首先从熔体剪切力这一着眼点考虑出发。

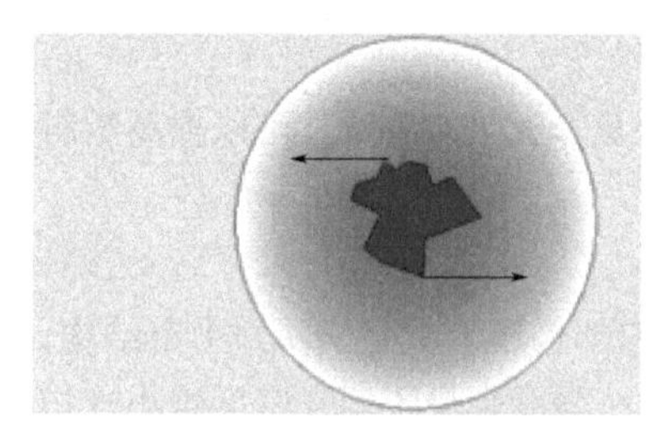

图 1-24 塑料熔体剪切法

1.8.1 熔体加工剪切力足够大时配方设计的考量

如果色母粒加工设备的剪切力足够大，当树脂熔融后能通过树脂的黏度把颜料分散，当剪切力达到一定程度时，颜料相发生断裂而被撕碎，颗粒尺寸变小，树脂熔体迅速对颜料润湿，黏度逐渐降低至黏流态时，较小颗粒渗入到聚合物内，在流场剪切应力的作用下，进一步减小粒径，直到颜料颗粒的团聚体被破碎并接近至初级粒子的状态得以均匀分散在聚合物中。最终颜料微细颗粒在流场的持续作用下被高度均匀地混合分布，见图 1-25。

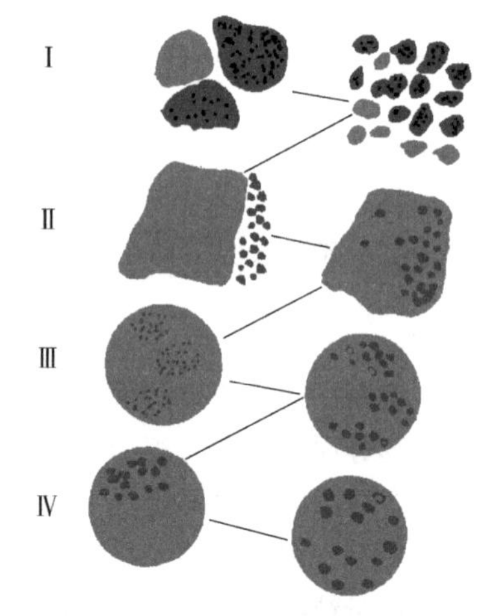

图 1-25 颜料在塑料熔体剪切力下分散示意图

在上述加工过程中不可缺少的主要成分是颜料和载体，这也是色母粒配方设计的两个主体。由于考虑到树脂在如此高剪切力下会有剪切热产生，促进树脂热氧老化，为了保护树脂需加入适量的抗氧剂，为了保证物料输送，添加适量的外润滑剂也是需要的。这样，一个色母粒产品的配方就设计好了。这个色母粒产品配方只有 4 个原料，而且非常简单。

需要说明的是，具有这么强的剪切力的色母粒制造机械是密炼机、连续密炼机（FCM）或双转子连续密炼机（LCM）。

密炼机或连续密炼机是制造色母粒最好的设备，但其剪切力大、设备大、投资大，换品种工序多，清洗设备困难，只适合黑、白色母粒两大品种，对于彩色多品种、小批量的色母粒，因换色清洗等原因就不太合适了。

对于一些特殊品种（如 PE 压力管），选用连续密炼机（FCM），配方中绝对不宜加入低分子物，否则会影响材料的性能。但如果产品性能没有特殊要求，在配方中选择加入少量低分子物（如聚乙烯蜡），可大大改善色母粒加工性能。

1.8.2 熔体加工剪切力不够大时配方设计的考量

如果色母粒加工设备的剪切力不够大，不足以将颜料分散至满意的结果，那就需要先对颜料进行润湿。这是因为润湿剂在颜料粒子聚集体中的微小间隙作毛细管渗透，由于毛细管渗透，颜料粒子间凝聚力降低了，在机械力的作用下，就很容易被粉碎。因此颜料的润湿速率对于分散总速率和质量，是一个决定性的因素。

所以，此时色母粒配方设计除了颜料和载体树脂外，还需加入润湿剂，良好的润湿和渗透能帮助剪切力传导至颗粒中间。要做好色母粒分散，选择容易被润湿的颜料和容易润湿颜料的润湿剂就成为关键。颜料润湿角和润湿剂黏度是做好产品的关键。

润湿剂用量与颜料的表面性能有关，或者说与颜料的吸油量有关，这一点在色母粒配方设计中也很重要，在选用同一颜料结构品种时，选用不同生产商，特别选用国外进口产品显得特别重要。

加入适量外润滑剂，以提高颜料的分散性也是有例可循的，但需注意外润滑剂的选择和添加量的控制，前者关乎适用性和避免不利影响，而后者与加工顺畅性相关。*N*,*N*-亚乙基双硬脂酰胺（EBS）等加入会影响产品的封口性和印刷性能，还会影响产品的气味。

1.8.3 载体在配方设计中的考量

载体树脂是色母粒的基体，载体树脂是用来使颜料均匀分布并使色母粒呈颗粒状的，对颜料起包覆、粘连、承载的作用，可增强颜料与被着色树脂之间的亲和力，同时也用来提高着色组分在被着色树脂中的分散和混合。

色母粒在塑料中除了分散之外，混合分布也很重要，这就是配方中载体树脂选择的重要性。载体选择除了考虑在熔体剪切分散时的黏度大小，还要考虑色母粒在塑料加工时混合分布性。

载体是色母粒的基体，是色母粒成型的基础，色母粒一般选择与制品树脂相同的树脂作为载体，两者的相容性最好，但同时也要考虑载体的流动性。

有时候为了客户需求选用高熔融指数树脂代替润湿剂也是可取的。

1.8.4 抗氧剂和光稳定剂在配方设计中的考量

塑料在阳光、热、臭氧等大气环境中会发生自催化降解反应，形成光氧老化和热老化，其中光氧老化影响最大，尤其是 400nm 以下的紫外线辐射。由于其光量子能量较高，所产生的光氧化作用和生物学效应十分显著，从而使材料褪色、变黄、硬化、龟裂、丧失光泽，最后导致强度、刚度及韧性下降。

实际上塑料在加工制造、储存、使用的整个过程的各个环节，随时都会发生光氧化反应，只是各自敏感的程度不同而已。所以在一些特殊应用场合的色母粒配方中，采用添加抗氧剂和光稳定剂是最简便有效的方法，以防树脂的老化进而影响色泽变化，从而影响塑料制品色彩变化。

抗氧剂主要解决塑料在加工时的热氧老化。光稳定剂主要解决塑料在应用时的光氧老化。抗氧剂和光稳定剂除了保护树脂外，理论上对颜料也起到保护作用，特别是一些经典的偶氮颜料，可防止塑料降解的自由基对颜料结构进行攻击，同样光稳定剂也可适当防止紫外线对颜料结构的破坏。期望这些抗氧剂和光稳定剂的加入来提高颜料的耐光性和耐候性是不现实的。

由于色母粒所选载体树脂已加了抗氧剂之类的助剂，所以配方设计中一般可考虑不加抗氧剂和光稳定剂，但在下列特定情况下需要考虑加入。

① 色母粒用特定树脂，如 ABS 树脂具有苯乙烯双键结构，容易发生热氧化降解，适当添加抗氧剂能显著提高制品的颜色稳定性。

② 色母粒在高剪切力下成型，由于高剪切力的存在，需加入适量抗氧剂，如连续密炼机加工色母粒。

③ 色母粒应用在高温成型工艺中，如宽幅淋膜复合工艺、注塑薄型制品中。

④ 色母粒应用在特定环境中，如户外产品，除了需加入抗氧剂外，还需加入光稳定剂。

⑤ 客户希望色母粒配方中加入抗氧剂和光稳定剂。

抗氧剂、光稳定剂主要应根据塑料材料的种类及型号，颜料的化学结构，加工设备及工艺条件，其他化学添加剂的品种和加入量，制品的使用环境及期限以及其老化试验方法、试验要求等因素来综合确定。一般情况下，客户只会提出产品的要求，而需达到产品要求的热光稳定系统，还是由色母粒厂商提供专业配方设计为好。

由于抗氧剂和光稳定剂熔点均较低，为了更好发挥其作用，可在配方中加入助剂，但会影响色母粒的可加工性。如加工不良，除了影响颜料的分散性外，还会影响抗氧剂和光稳定剂的性能，所以建议可将抗氧剂和光稳定剂分别制成母粒，与色母粒一起加入效果更好。

对于一些特殊需求的色母粒，现在有越来越多客户要求抗氧剂和光稳定剂加在色母中，以期降低成本，这对色母粒企业来说将会带来新的挑战。

1.8.5 填料在配方设计中的考量

色母粒配方设计中选择加入填料，以期降低色母粒的成本。但加入填料后，会降低色母粒整个配方体系的流动性，从而影响分散性，所以加入填料的量的控制很重要。

填料品种选择得好，会改善色母粒的分散性，提高制品的光亮度，改善制品的耐热性、刚性、硬度、尺寸稳定性、耐蠕变性、耐磨性、阻燃性、消烟性及可降解性，降低成型收缩率以提高制品精度；也导致制品某些性能的下降甚至是大幅度下降，最明显的下降性能有冲击强度、拉伸强度、加工流动性、透明性及制品表面光泽度等。

1.8.6 色母粒浓度在配方设计中的考量

色母粒浓度在色母粒配方设计中很重要，因为这对于客户来说直接与着色成本有关。

颜料在分散过程中，颗粒变小，表面积增大，还会发生凝絮，需树脂包覆维持颜料稳定性。吸附层的厚度决定粒子之间的距离是否足够大以克服分子间的范德华引力。当颜料浓度增加时，颜料粒子碰撞的概率大大增加。吸附层的覆盖是需要能量和时间得以实施的，尚未完成吸附的微粒之间因降低表面能的动能驱使也会很快相互凝聚；同时，颜料粒子的稳定也需要足够的吸附层物质以确保吸附层厚度和覆盖率。所以一般在色母粒中的颜料浓度不能过大也就是这个道理。

色母粒配方中颜料浓度与颜料性质、颜料粒径大小有关。如钛白粉密度 4.2 ~ 4.3g/cm^3，所以色母粒质量分数最高可达 75% ~ 80%，而炭黑表面积非常大，范围为 10 ~ 3000m^2/g，色母粒浓度低于 50%。而且炭黑色母粒浓度还与粒径大小有关，炭黑粒径 20nm 大小的色母粒浓度最高只能达到 40%，而粒径 60nm 大小的色母粒浓度最高可达到 50%。在实际生产中，有机颜料在色母粒中的浓度不超过 40%。

色母粒浓度设计还需考量色母粒的应用对象。一般而言，聚烯烃等树脂流动性相对高些，所以色母粒添加量相对低些，色母粒浓度可设计高些；而硬胶等树脂色母粒添加量相对高些，所以色母粒浓度可设计低些。

1.8.7 色母粒配方设计的综合考量

色母粒配方设计中最不可缺少的成分是颜料和载体，这是配方设计的两个主体。根据颜料的表面性能决定色母粒浓度，这样一个色母粒配方设计就完成了，这也许是色母粒配方设计中最简单的配方，但也是色母粒配方设计大道至简的最高境界。这样的配方对一些特殊用途（如食品接触）、高质量要求的色母粒品种十分有效。但是对原料的性能（如分散性）要求特别高，同时对设备的加工性能和操作也提出更高要求。

由于塑料着色是个系统工程，为了使产品更有竞争力，需要对色母粒配方设计综合考量，使色母粒配方设计更合理。只有对配方中每一因素进行详细了解和精心的设计，才能达到低成本、高质量目标，但这需要多行业技能、诀窍和专业知识。

本章已将色母粒、功能母粒主要原材料做了简单介绍，本节也对色母粒及功能母粒配方设计所需考量的要点做了概要提示。由于加工工艺不同，同一品种颜料性能不同，所以没有一个通用配方，只能给配方设计画个大框，给初入门的同仁点亮一盏灯。我们对色母粒品种中重要原料（颜料）等需要关注的关键点，做了详细的叙述，希望对长期从事色母粒工作的同仁有所帮助，使其设计的配方更合理、产品更有竞争力。

以下各章将按照薄膜、片材、电缆、管道、注塑、吹塑、化纤、功能等品种，分别从着色剂、助剂、润湿分散剂、载体出发，对配方设计要点进行全面阐述，让读者有一全面了解。

薄膜级色母粒配方设计

塑料薄膜质轻、柔软、透明，制成的包装材料美观大方，适用范围广。与传统包装材料相比，塑料薄膜能弥补金属和纸包装材料性能方面的一些不足。塑料薄膜成型工艺简单、能耗低、可再生、价格低廉，是一种环保型可持续发展的包装材料。鉴于此，塑料包装材料的增长速度远高于其他类别包装材料，已成为包装领域一支不可或缺的主力军，其色母粒在各种应用领域的消费构成占色母粒市场的一半以上，见图 2-1。塑料包装制品以 PE 薄膜为主，以 PE 为载体的色母粒大量用于吹塑薄膜、流延薄膜着色。

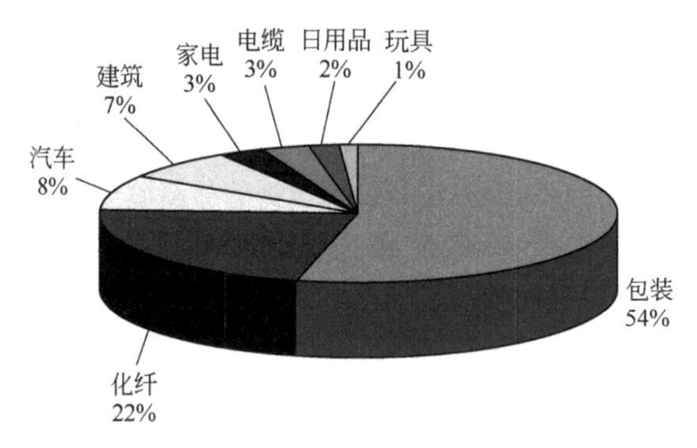

图 2-1 各种应用领域色母粒的消费构成

2.1 PE 吹塑薄膜色母粒配方设计

PE 吹塑薄膜具有设备简单、投资少、收效快、薄膜经牵伸和吹胀后力学性能有所提高、操作简单、无边料、废料少、成本低等优点，所以得到了快速发展。由于 PE 挤出吹塑设备整体制造技术的不断提高以及相对于双向拉伸和流延设备而言低得多的价格，以及大多数热塑性塑料都可以用吹塑法来生产薄膜，其产品大量用于食品袋、服装袋等。PE 吹塑薄膜的应用还在不断增多。

2.1.1 PE 吹塑薄膜色母粒应用工艺和技术要求

PE 吹塑薄膜是将塑料原料用挤出机挤出，通过口模把熔融树脂塑形成薄管，然后趁热用压缩空气将它吹胀，经冷却定型后即得到环形薄膜制品。即机头出料方向与挤出机垂直，所挤管状由底部引入的压缩空气将它吹胀成泡管，并以压缩空气量多少来控制横向吹胀尺寸，以牵引速度控制纵向拉伸尺寸，挤出泡管向上，牵引至一定距离后，由人字板夹拢，泡管经冷却定型就可以得到环状吹塑薄膜，见图 2-2。

随着食品等对塑料包装薄膜的要求越来越高，可采用多层共挤或多层复合薄膜的方式以满足各种使用要求。如：内层符合食品接触要求；中间层材质具备阻隔（氧、UV 辐射等）、抗穿刺等特性；表层具备良好的印刷（里印或表印）性能。薄膜层数已经从 5 层、7 层、9 层，发展到 10 ~ 20 层，薄膜层数越来越多而厚度越来越薄，见图 2-3。

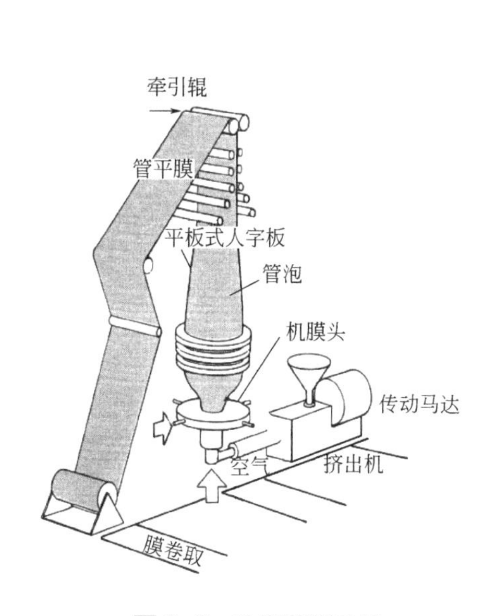

图 2-2 吹塑薄膜工艺

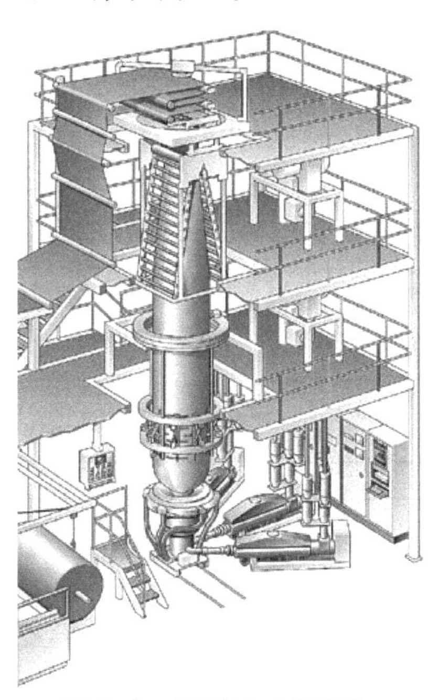

图 2-3 多层复合吹塑薄膜

塑料薄膜生产新技术的发展，对配套色母粒提出了更高的质量要求，要求色母的颜料含量更高、流动性更好、分散性更佳。应用于 PE 吹塑薄膜的色母应特别关注分散性、耐热性、耐迁移性、使用安全性等。

（1）分散性

由于大多数薄膜制品为透明的，如因颜料的分散性不佳而显现颗粒色点会影响制品的外观品质；另外，分散颗粒存留于薄膜中，对薄膜包装袋制品的封口性能产生不良后果，也会在包装液体物质时产生渗漏等问题；更有甚者，过大颜料颗粒可能直接使吹膜过程产生破泡现象，影响正常生产。

（2）耐热性

挤出吹膜是高温加工工艺，根据不同的树脂和吹膜要求，一般操作温度为 180 ~ 240℃，使用的着色剂必须能够在此温度下经过数分钟的操作，见表 2-1。因此颜料的耐热性能是必须具备的重要特性指标之一。

表 2-1　挤出吹膜工艺参数

薄膜种类		机身温度/℃	连接器温度/℃	机头温度/℃
聚乙烯		130～160	160～170	150～160
聚丙烯		100～250	240～250	230～240
复合薄膜	聚乙烯	120～170	210～220	200
	聚丙烯	180～210	210～220	200

（3）耐迁移性

塑料薄膜的主要应用是作为包装材料，如果其中所使用的颜料和助剂有迁移性，那么迁移出的物质会对与之相接触的物品造成沾污，更有甚者，会污染所包装的内容物，尤其对食品包装而言，更将引发食品安全问题。

（4）安全性

作为食品的包装材料必须符合一些公认的国际或国内的食品接触安全规定和指令，例如美国 FDA、欧盟 AP 89-1 和中国国家标准 GB 9685—2016、GB 4806.1—2016 等，这已经成为一个普遍的共识。用于塑料包装的着色剂、助剂和树脂同样必须遵守这个规范。

2.1.2　PE 吹塑薄膜色母粒配方

PE 吹塑薄膜级色母粒是以聚乙烯为载体的色母。包装薄膜要求：薄膜表面光滑，适合自动灌装生产要求，符合食品卫生性能要求，热封性能好，有一定的耐压性和耐冲击性。PE 吹塑薄膜级色母粒配方设计见表 2-2。

表 2-2　PE 吹塑薄膜级色母粒配方设计

原料名称		规格	含量/%
颜料	无机颜料		0～70
	有机颜料		0～40
润湿剂	聚乙烯蜡	相对密度 0.91～0.93	0～12
润滑剂	硬脂酸锌（镁）		0～0.5
填料	碳酸钙		0～10
	硫酸钡		
载体	LDPE	MI 20～50g/10min	*X*
	LLDPE	MI 1.5～50g/10min	
总计			100

① 吹塑薄膜级色母粒配方中无机颜料钛白粉含量能达到 70%以上，有机颜料含量只能达到 40%。色母粒中的颜料含量是根据客户需求、加工设备和加工工艺条件来决定的。

② 色母粒中润湿剂用量与加工设备及工艺条件有关，如采用高速混合机预混及双螺杆挤出工艺的添加量，与密炼工艺的添加量完全不同，而且润湿剂用量与颜料的亲油性（吸油量）密切相关，在配方设计时需加以关注。

有些超薄薄膜产品的色母添加量大，特别要注意配方中润滑剂的选择和添加量，要求色母粒产品中润湿剂聚乙烯蜡的含量越少越好，因为析出的物质会影响薄膜的热封和印刷性能。

③ 有的产品因加入聚乙烯蜡后或多或少会带来些气味，影响在食品包装薄膜中应用，可以采用高熔融指数的 LDPE 作为润湿剂对颜料进行润湿，满足食品包装薄膜用色母粒颜料的分散要求。

④ 配方中硬脂酸锌（镁）是作为外润滑剂来加入的，根据有些产品需要，可不加硬脂酸锌，但对喂料速度有所影响。

⑤ 吹塑薄膜可以根据需要添加填料，可加入超细碳酸钙，也可选择超细硫酸钡，硫酸钡可用于含量高的有机颜料色母粒，硫酸钡除了作为填料作用，还可帮助提高颜料分散性和着色力。

⑥ 由于 LLDPE 产品本身是粉料，符合色母加工工艺要求，一般选用熔融指数 20g/10min 的 LLDPE 粉料树脂。也可以适当加入 LDPE 或 LLDPE 粒状树脂，有利于提高进料速度和产品加工效率，如可选用 70%熔融指数 20g/10min 的 LLDPE 粉料树脂与 30%熔融指数 50g/10min 的 LLDPE 粒料树脂的混合载体。

2.1.3 PE 吹塑薄膜色母粒配方中颜料选择

吹塑薄膜级色母粒用颜料首选有机颜料，浅色品种可选无机颜料。溶剂染料用于聚烯烃会发生迁移，不能使用。

2.1.3.1 PE 吹塑薄膜色母粒配方中有机颜料选择

色母粒用于低密度聚乙烯吹塑薄膜时，温度在 170℃左右；而用于高密度聚乙烯吹塑薄膜时，温度在 230℃左右，所以大部分经典有机颜料由于色光鲜艳、着色力高、价格合理，可用于聚乙烯吹塑薄膜，见表 2-3。

表 2-3 聚乙烯吹塑薄膜用有机颜料

序号	产品名称	化学结构	色泽	耐热性/（℃/min）	耐光性/级	耐迁移性/级
1	颜料黄 13	双偶氮	中黄	200	7～8	4～5
2	颜料黄 14	双偶氮	绿光黄	200	6～7	2～3
3	颜料黄 17	双偶氮	绿光黄	200	6～7	3
4	颜料黄 83	双偶氮	红光黄	200	7	5
5	颜料黄 138	喹酞酮	绿光黄	270	8	4～5
6	颜料黄 139	异吲哚啉	红光黄	240	7～8	5
7	颜料黄 180	苯并咪唑酮	中黄	290	7～8	5
8	颜料橙 13	双偶氮	黄光橙	200	4	2
9	颜料橙 34	双偶氮	黄光橙	200	6～7	4～5
10	颜料红 48:2	偶氮色淀	蓝光红	220	7	4～5
11	颜料红 48:3	偶氮色淀	中红	260	6	5
12	颜料红 53:1	偶氮色淀	黄光红	270	4	4～5
13	颜料红 57:1	偶氮色淀	蓝光红	260	6～7	5
14	颜料紫 19(γ)	喹吖啶酮	蓝光红	300	8	5
15	颜料红 122	喹吖啶酮	蓝光红	300	8	5
16	颜料红 176	苯并咪唑酮	蓝光红	270	7	5
17	颜料红 242	缩合偶氮	黄光红	300	7～8	5

续表

序号	产品名称	化学结构	色泽	耐热性/（℃/min）	耐光性/级	耐迁移性/级
18	颜料蓝 15	酞菁	红光蓝	200	8	5
19	颜料蓝 15:1	酞菁	红光蓝	300	8	5
20	颜料蓝 15:3	酞菁	绿光蓝	280	8	5
21	颜料绿 7	酞菁	蓝光绿	300	8	5

① 从表 2-4 可以看到，用 3,3-双氯联苯胺（下简称 DCB）合成的黄橙有机颜料是偶氮颜料系列中的重要品种，如颜料黄 13、颜料黄 14、颜料黄 17、颜料黄 81、颜料黄 83，颜料橙 13、颜料橙 34 等，基本覆盖了黄橙色区范围。从绿光黄（颜料黄 81）到红光黄（颜料黄 83）以及颜料黄 12、颜料黄 13、颜料黄 14、颜料黄 17 以及它们之间的配色，可以基本满足塑料薄膜对黄色的要求。从黄光橙（颜料橙 13）到红光橙（颜料橙 34）覆盖了橙色区，微感不足的是颜料橙 34 的饱和度太低。

双氯联苯胺系列黄橙色品种另一特点是着色力高，如颜料黄 62 在塑料中着色力相对较低；其与 1%钛白粉配制 1/3 标准色深度的高密度聚乙烯制品需 0.5%的颜料。而略带红光双氯联苯胺颜料黄 13 达到同样效果只需 0.17%颜料，只有颜料黄 62 用量为 1/3。

双氯联苯胺系列颜料因着色力高，色泽鲜艳，价格经济，大量用于吹塑薄膜上，需注意的是双偶氮颜料的迁移性，特别是颜料黄 14 和颜料橙 13。其中，颜料黄 14，在欧洲仅仅推荐用于橡胶，但在国内因着色力比颜料黄 13 要高，价格也比颜料黄 13 低，所以大量用于吹塑薄膜，但需特别注意颜料黄 14 的耐热性和迁移性。

颜料橙 13 与颜料黄 14 相同，迁移性更差，只有 2 级。可用颜料橙 34 代用颜料橙 13，但色相偏红，着色力偏低，价格偏高。

双氯联苯胺系列颜料在聚合物加工温度超过 200℃时会发生热分解，分解的产物是双氯联苯胺，双氯联苯胺是对动物及人体可能有致癌性的芳香胺。颜料对人体和环境的影响越来越引起人们的重视。

② 颜料红 53:1 大量用于吹塑薄膜上，需注意颜料红 53:1 耐光性极差。

③ 颜料紫 19（γ）、颜料红 122 是蓝光红系列高性能有机颜料，性能好、价格高，大量用于拼制浅粉红色。红颜料与钛白配制粉红色，色相偏蓝相，如用黄色颜料调色，会影响饱和度；而缩合偶氮颜料红 242 与钛白粉配制，色相明显偏黄，饱和度好，可满足某些服装袋要求具有特别鲜艳粉红色的配方需求。

④ 颜料黄 138 综合牢度优良，本色（深色）的耐候性也十分优异。即使长期暴露于户外，色彩的艳丽性也很好。但一旦加入钛白粉冲淡后，耐候性急剧下降。颜料黄 138 还需注意低浓度着色的耐热性。

2.1.3.2 PE 吹塑薄膜色母粒配方中无机颜料的选择

如果采用高着色力有机颜料配制浅色，虽然添加量少，节约成本，但需注意该法不仅配色稳定性差，更严重的是在吹膜时也会在膜圈上出现明显的色差。

无机颜料着色力低，用于拼浅色，色彩稳定性好，特别是米黄、米灰、浅咖啡、浅蓝选用铁黄、铁红、群青等品种可收到良好效果，见表 2-4。

⊡ **表 2-4 聚乙烯吹塑薄膜可用的无机颜料**

序号	产品名称	色泽	耐热性/（℃/min）	耐光性/级	耐候性/级	耐迁移性/级
1	颜料白 6	白	300	8	5	5
2	颜料黑 7	黑	300	8	5	5
3	颜料黄 42（包膜）	红光黄	260	7	—	5
4	颜料黄 119	红光黄	260	7	5	5
5	颜料红 101	黄光红	400	8	5	5
6	颜料蓝 29	红光蓝	300	8	3	5

薄膜用黑色母粒是个大吨位品种，既用于高档共挤复合的液体包装膜、农用地膜上，还大量用于垃圾袋。黑色母的产品质量取决于炭黑的选择和加工。

炭黑因其生产工艺条件不同可以得到粒径范围极广的各种不同炭黑品种，其表面积通常为 10～1000m^2/g；由于其生产工艺条件不同，原生颗粒交互生长为聚集体不同的高结构和低结构炭黑，其性质也极为不同，见图 2-4。

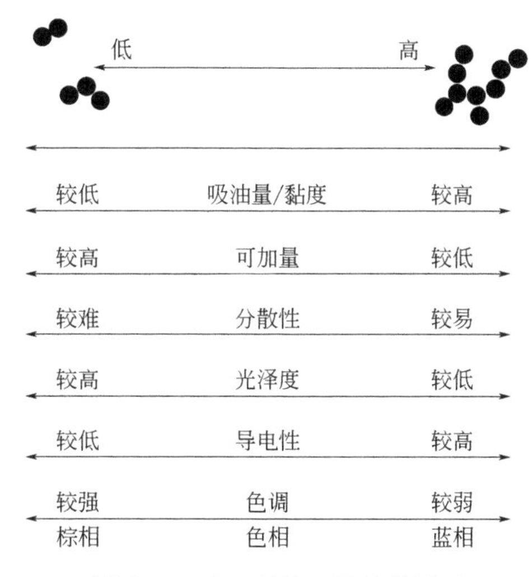

图 2-4 炭黑结构与性能的关系

炭黑粒径大小与炭黑的性质有很大的关系，其粒径与有关性能见表 2-5。

⊡ **表 2-5 炭黑粒径大小与性能关系**

炭黑的粒径	炭黑的比表面积	抗光老化能力	着色强度	分散性	填充量	吸湿性	色相
大	小	低	弱	好	高	低	蓝
小	大	高	强	差	低	高	红

综上所述，从炭黑粒径、结构、黑度、着色力和分散性考虑，一般经济型垃圾袋和购物袋可选择粒径在 30nm 左右、DBP 吸油值高达 0.72mL/g 的高结构炭黑。如卡博特炭黑 V9A32，粒径 19nm，着色力 120；卡博特炭黑 E570，粒径 24nm，着色力 115；欧励隆炭黑 Zeta A，粒径 25nm，着色力 98；欧励隆炭黑 XPB366，粒径 27nm，着色力 105；欧励隆炭黑 Hiblack 21LB，粒径 26nm，着色力 117。如果需提高炭黑分散性可选择粒径偏大（约 60nm）的品种，如欧励隆炭黑产品 XPB348，粒径 45nm，着色力 58；卡博特炭黑 BP120，吸碘值 28mg/g，

吸油值 64mL/100g，着色力 58。炭黑粒径大、表面积小、吸油量低，所以黑色母粒中炭黑质量分数可高达 50%。

2.1.4　PE 吹塑薄膜色母粒配方中分散剂选择

分散剂需与树脂有良好的相容性、与颜料有较好的亲和力，能使颜料均匀分散并不再凝聚，薄膜级色母粒最常用的分散剂为聚乙烯蜡。

（1）聚乙烯蜡的密度

把聚乙烯蜡作为颜料润湿剂来选择更为合理。根据分散润湿理论可知，润湿剂黏度和官能团的多少对于颜料的润湿分散效果有着至关重要的影响。润湿剂的黏度相对低些有利于对颜料的润湿。以聚乙烯蜡为例，简单的判别方法是选择相对密度为 0.91 ~ 0.93 的聚乙烯蜡，其黏度比较低，最终显现的分散效果比较理想；而当相对密度在 0.94 或以上时，其黏度明显较高，颜料的润湿效果就比较差，这是因为聚乙烯蜡在作为润湿分散剂的同时也是一个典型的外润滑剂，当其密度过高时会大大强化其在体系中的润滑性而不利于颜料的分散。

（2）聚乙烯蜡的分子量分布

这是非常重要的一个考量因素，分子量过大，蜡的黏度过高，必定影响润湿效果；而分子量过小，蜡的黏度太低，导致体系的黏度剪切能力降低而影响分散。

（3）聚乙烯蜡的技术指标

需关注聚乙烯蜡的“低温黏度”和“高温黏度”，这里所说的“低温”和“高温”特指相对温度概念。理想聚乙烯蜡在其对颜料颗粒进行润湿处理阶段（相对低温）时的黏度相对低些有利于对颜料颗粒的润湿；在剪切分散阶段（相对高温）时的黏度希望能够高些，这样对剪切分散的帮助会比较明显。所以仔细阅读聚乙烯蜡产品技术指标，有利于对聚乙烯蜡产品的选择。

（4）聚乙烯蜡产品的粉体细度

比较细的聚乙烯蜡粉能够在设备中快速完成熔融过程，也就是说颜料颗粒能够比较早地被浸润而进入润湿分散的过程，这也有效地提高了润湿的速度；所以微粉蜡更加受到行业的青睐。

（5）环境和产品安全等因素

过低分子量的蜡产品会提高挥发性而造成环境污染和制品异味等，如果把这样的蜡用于一些敏感的应用领域，诸如食品包装材料，就会造成十分严重的不良后果，所以，对于这样一个比较主要的辅助材料的选择必须慎之又慎。

2.1.5　PE 吹塑薄膜色母粒配方中载体选择

吹塑薄膜级色母粒配方中载体一般可采用分子量低于被着色树脂的同类聚合物。一般吹塑薄膜级低密度聚乙烯熔融指数为 2g/10min 左右，所以最初选择的具有代表性的载体树脂是燕山石化生产的 LDPE 1F7B，即第一代载体树脂。LDPE 载体市场成品都是粒状的，将粒状树脂加工成粉状，需惰性气体保护，成本较高，而用粒状树脂生产色母粒时，不利于对颜料充分润湿，不利于颜料分散。

LLDPE 在 20 世纪 70 年代由 Union Carbide 公司工业化，LLDPE 产品无毒、无味、无臭，呈乳白色颗粒。与 LDPE 相比具有强度高、韧性好、刚性强、耐热、耐寒等优点，还具有良好的耐环境应力开裂、耐撕裂等性能，并可耐酸、碱、有机溶剂等。

高熔融指数的 LLDPE 是粉状，用作载体可最大限度地减小分散剂用量，最大限度地保证被着色制品的使用性能不下降。LLDPE 的熔融指数为 5 ~ 200g/10min，这为调节色母粒的加工流动性提供了充足的可选择性，进而为颜料在塑料中的润湿、分散与稳定提供保证。最好选用熔融指数 20 ~ 50g/10min 的 LLDPE 为载体树脂。如埃克森美孚 LL-6101RQ（熔融指数 20g/10min）和 LL-6201RQ（熔融指数 50g/10min）。

2.1.6 PE 吹塑薄膜色母粒应用中出现的问题和解决办法

塑料薄膜着色是树脂中添加色母粒伴随塑料成型实现的，正如我们在第 1 章所述，塑料配色是个系统工程，色母粒中的颜料及其他成分除满足对最终色彩的要求外，还要满足色母粒在加工和应用时的要求。

色母粒在应用时难免会出现一些问题，轻的影响生产，重的导致产品收回，造成严重损失。色母粒制造和应用时产生问题的原因和排除的方法见表 2-6。

表 2-6 色母粒制造和应用时产生问题的原因和排除的方法

问题范围	问题	原因	排除方法
色母粒制造	色母粒中有颜料色点	颜料没有最佳分散	（1）增加分散剂用量 （2）降低喂料，增加转速，增加剪切力 （3）增加加工助剂 （4）降低挤出温度
		润湿工艺引起	（1）检查颜料分散性 （2）检查润湿时间 （3）检查润湿温度
		载体引起	（1）降低载体熔融指数 （2）检查载体分子量分布
	黑点	颜料受热分解	（1）改变、降低挤出温度 （2）减少在螺杆上的停留时间
		原材料循环污染	（1）使用干净原料 （2）保持环境清洁
客户出现问题	薄膜制品上有色点	颜料没有最佳分散	（1）重新做好润湿工艺 （2）加强剪切分散
	色母有异味	原料引起	（1）检查钛白粉-包膜组分 （2）检查聚乙烯蜡，尽量少加 （3）添加气味吸收剂
	白膜制品泛黄、变红	配方与树脂引起	（1）钛白是否包膜 （2）检查树脂中是否有 BHT 抗氧剂 （3）是否增白剂过量 （4）添加酸性硬脂酸锌类助剂

表 2-6 中仅仅是一些粗略现象罗列，实际上出现的问题远远大于表格中所列的。需要从整个系统考虑，设计配方来满足客户需求。

2.2 PE 流延薄膜色母粒配方设计

流延薄膜是由熔体流延骤冷而生产的一种无拉伸、非定向的平挤薄膜。膜的流延和定型过程是一个连续的过程：热塑性树脂熔融并通过狭缝 T 型模头（图 2-5）挤出到骤冷辊上，急速冷却固化成膜，最后流延薄膜从辊上分离，经卷取装置成卷。

图 2-5 T 型模头示例

流延薄膜有单层流延和多层共挤流延以及挤出拉伸薄膜（OPP、BOPP、BOPET）。流延薄膜具有优越的热封性能和优良的透明性，是主要的包装复合基材之一，用于生产高温蒸煮膜、真空镀铝膜等，市场前景极好。

流延薄膜与吹塑薄膜相比，其特点是生产速度快，产量高。薄膜的透明性、光泽性、厚度均匀性等都极为出色。目前挤出流延薄膜朝着高速、高效（挤出的线速度越来越快，已达到了 450m/min）、增加效益方向发展。

2.2.1 PE 流延薄膜色母粒应用工艺和技术要求

PE 流延薄膜是将高分子聚合物熔融后通过 T 型模头直接在冷却辊上铺展成型为一定厚度的未取向薄膜，是塑料成型重要工艺之一，见图 2-6。

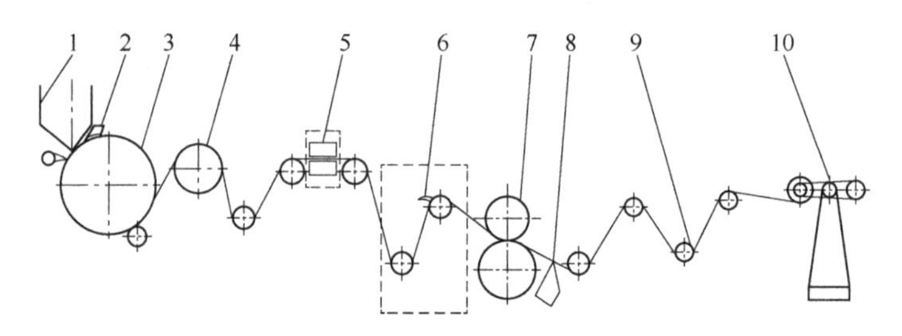

图 2-6 PE 流延薄膜生产过程流程图

1—挤出机头；2—气刀；3—骤冷辊；4—冷却辊；5—测厚仪；6—电晕处理装置；
7—牵引辊；8—切边装置；9—弧形辊；10—收卷装置

PE 流延薄膜具有许多应用方面的优越特性，广泛用于包装材料，尤其是多层复合膜，依托其不同材料的组合而体现出的特殊性能，已经成为软包装领域不可替代的主要材料，见表 2-7。

表 2-7 部分复合膜组合、特性及主要应用

复合膜组合	膜的特性	主要应用
LDPE/LLDPE/LDPE	低温强度高，视觉外观佳	肉类和蔬菜的生冷包装
PP/EVA，PP/PP-共聚	膜面坚挺，热封性能优异	可蒸煮食品包装袋，自动包装机用膜，纺织品包装膜，以及食品复合软包装基材
PP/HDPE/PP	膜面坚挺，扭结性强	糖果包装
PP-共聚Ⅰ/PP/PP-共聚Ⅱ	金属蒸镀性好	金属镀膜基材

续表

复合膜组合	膜的特性	主要应用
LDPE/黏结剂/EVOH/黏结剂/LDPE	抗湿抗潮，气体阻隔性高	食品、粉状化学品包装
PP/黏结剂/EVOH/黏结剂/PP-共聚	阻气、抗潮、热封性好、可消毒	熟食、果汁等食品包装

传统的干式多层复合包装薄膜在生产过程中所用胶黏剂、溶剂的挥发，易造成环境污染。随着环保呼声日益高涨，要求减少生产废料及包装废弃物，所以多层共挤包装材料的制造技术有了迅速的发展。目前，由 PA、EVOH、PVDC 与 PE、EVA、PP 等多层组合的共挤出吹塑薄膜，以其合理、经济、可靠的性能而风靡功能性包装薄膜市场。特别是一些非对称结构的多层共挤薄膜，更以其优异的复合剥离强度、突出的阻隔性、优越的耐环境性能和耐化学性、廉价的加工性、适宜的二次加工性等，取代或简化了许多以干式复合为主体的包装薄膜市场。可配置多台挤出机共同生产多层共挤复合膜，见图 2-7。

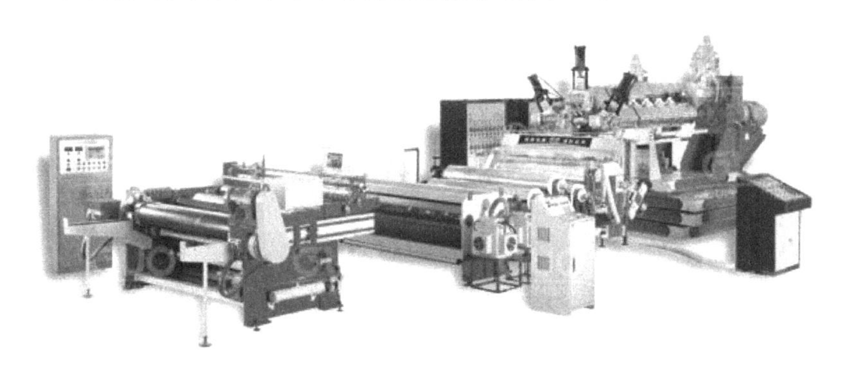

图 2-7 PE 流延薄膜生产装置

除了多层共挤复合膜还有流延薄膜异材基底复合（淋膜）工艺：以流延薄膜工艺为基础，成膜与其他衬底材料在线复合获得制品的工艺在业内称为“淋膜”，见图 2-8。淋膜的衬底材料多种多样，纸、无纺布、纺织品、塑料编织布等都可以作为淋膜制品的衬底材料。

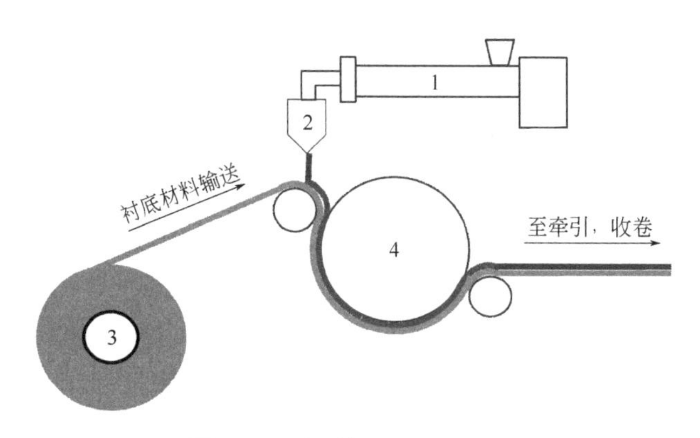

图 2-8 淋膜复合过程示意图

1—挤出机；2—扁平模头；3—衬底材料；4—骤冷辊

经淋膜工艺复合后的材料具有防水、防潮性能，被广泛用作一次性水杯、快餐盒、利乐包、食品包装袋、化工粉料包装、篷布和其他包装材料。

从市场应用层面而言，彩色流延薄膜的生产和应用并不是很多。然而，从应用的角度来说，其无论是技术难度还是安全性级别都是非常高的。因此色母粒应用于流延薄膜必须要注意的性能有耐热性、复合强度、分散性、耐迁移性、耐光（候）性、安全性等。

（1）耐热性

流延工艺需要树脂熔体具有良好的流动性，通常加工温度比较高，根据挤出树脂和设备大小，尤其是流延幅宽的不同，最高的温度可达 300℃左右。如果是淋膜工艺与棉布复合，则操作温度将更高。由此可见，颜料用于流延工艺必须具备极好的耐热性能，否则将会带来颜色变化、应用性能下降的严重后果。

（2）复合强度

挤出复合工艺将树脂经高温熔融、塑化、混炼，从 T 型模头定量、定压流延挤出后，形成的膜直接与另一薄膜结合成复合材料。流延复合膜挤出复合工艺具有投资少、成本低、生产效率高、操作方便的优点，在复合加工中占有重要地位。以液体包装牛奶膜为例，流延复合膜的剥离强度必须大于 0.7N/15mm。如果流延复合膜复合强度低，会造成包装液体物泄漏等一系列弊病。特别需注意色母粒配方设计中润湿剂、润滑剂量的控制和载体树脂的选择。

（3）分散性

一般流延薄膜都比较薄，尤其多层共挤流延薄膜的着色层更薄。在如此薄的着色层上要体现一定的色泽深度和鲜艳度，就只有增加颜料的添加量。这就一定要确保颜料具有良好的分散性，从而保证加工的顺畅和良好的产品质量。

（4）耐迁移性

从生产的角度要求颜料无迁移是为了确保产品间以及制品与设备间没有相互的沾污；从产品应用方面讲，作为一般包装材料，没有污染被包装物是基本要求；对于食品包装而言，迁移就代表了不安全。

（5）耐光/候性

如果流延薄膜/淋膜制品是户外使用的（篷布、遮阳伞、围栏彩条布等），颜料的耐光/耐候性必须要根据制品的实际使用要求而选择。

（6）安全性

很大比例的流延薄膜/淋膜制品被用于食品、饮料、乳制品的包装，因此必须符合 GB 4806.1—2016《食品安全国家标准　食品接触材料及制品通用安全要求》、GB 9685—2016《食品安全国家标准　食品接触材料及制品用添加剂使用标准》的规定；用于出口的食品包装制品需遵循美国 FDA、欧盟 AP 89-1 的要求。

2.2.2 PE 流延薄膜色母粒配方

PE 流延薄膜级色母粒是以低密度聚乙烯为载体的色母。流延薄膜要求：薄膜表面光滑；分散后各项指标均需符合聚乙烯着色母粒行业指标；封口牢固，封口压力不低于 2000N/m^2。PE 流延薄膜级色母粒配方设计见表 2-8。

表 2-8　PE 流延薄膜级色母粒配方设计

原料名称		规格	含量/%
颜料	无机颜料		0～70
	有机颜料		0～40

续表

原料名称		规格	含量/%
润湿剂	聚乙烯蜡	相对密度 0.91～0.93	0～10
	超分散剂		0～5
润滑剂	硬脂酸锌（镁）		0～0.3
抗氧剂	复合抗氧剂	225	0～0.5
载体	LDPE	MI≥7g/10min	*X*
	LLDPE	MI≥20g/10min	
	EVA、EMA		
总 计			100

对于 PE 流延薄膜级色母粒配方设计需特别关注的点如下。

① PE 流延薄膜级色母粒配方设计与 PE 吹塑级色母粒配方差别不大。需特别注意的是润湿剂使用量的控制，如润湿剂聚乙烯蜡加的过多，会影响流延薄膜的黏结强度和封口性能。为了解决颜料的分散性，可添加超分散剂。

② PE 流延薄膜级色母粒中尽量减少润滑剂的用量，特别是亚乙基双硬脂酰胺类的外润滑剂和硬脂酸盐类助剂，会影响复合膜黏结强度和封口性能，可用无味 EBS 接枝改性剂代替。

③ 因 PE 流延薄膜级色母粒应用时加工温度较高，温度高达 260℃以上，如流延机模头宽度提高到 2m 以上，温度可达 300℃，甚至更高，需要添加抗氧剂保护树脂，而且抗氧剂的量需不低于 0.5%，以保证效果。可选用复合抗氧剂 225（抗氧剂 1010∶抗氧剂 168 为 1∶2），以最小加入量、最低成本而达到最佳抗热氧老化效果。应避免选用酚类抗氧剂，2,6-二叔丁基酚（BHT）与钛白粉配伍时会发生黄变。

④ PE 流延薄膜色母粒中最好不加填料，特别是设有包覆或包覆较差的填料，包覆较差的填料经受高温，容易在口模处形成结焦，轻的在膜上引起明显的条痕，重的造成破膜。

⑤ 配制 PE 流延复合膜的色母载体必须选择适合的树脂，一般要求无开口性，以防影响流延复合膜的剥离强度。流延薄膜色母粒的熔融指数相对要高一些，以保证色母粒在流延工艺的流动性，所以载体的熔融指数应大于 7g/10min，另外也可以适量添加一些 EVA 树脂或 EMA 树脂以增加其黏合度。有时候客户需保证流延复合膜的剥离强度，要求色母粒配方中润滑剂和聚乙烯蜡的量尽可能少，所以载体可选择熔融指数 30 ~ 50g/10min 的 LDPE 或者 LLDPE,来保证色母粒的颜料的分散性和流动性。

⑥ 需要特别注意：PE 流延薄膜级色母粒的含水量，色母粒含水量过高，也会产生破膜，所以流延薄膜用色母需合理的加工工艺，以保证色母粒有良好的分散性，达到挤出条表面光滑。在挤出时采用双真空抽气装置，色母要充分干燥，含水量不得超过 0.05%。对水分要求非常高的要用铝箔材料包装袋。

2.2.3 PE 流延薄膜色母粒配方中颜料选择

因 PE 流延薄膜色母粒应用时加工温度较高，可供选择用有机颜料很少，在浅色品种可选无机颜料。溶剂染料用于聚烯烃会发生迁移不能使用。

2.2.3.1 PE 流延薄膜色母粒配方中有机颜料选择

由于流延工艺需要良好的流动性，通常加工温度比较高，最高的温度点可高达 300℃左右，所以色母粒配方中有机颜料选择少之而少。

颜料蓝 15:3、颜料绿 7 是常选的产品，适合用于流延薄膜的有机颜料品种见表 2-9。

⊡ 表 2-9 适合用于 PE 流延薄膜的有机颜料品种

序号	产品名称	化学结构	色泽	耐热性 /（℃/min）	耐光性 /级	耐候性 /级	耐迁移性 /级
1	颜料黄 110	异吲哚啉酮	红光黄	300	7～8	4～5	5
2	颜料黄 180	苯并咪唑酮	中黄	290	7～8		5
3	颜料黄 181	苯并咪唑酮	红光黄	300	8	4	5
4	颜料黄 191（钙盐）	金属色淀	红光黄	300	8	3	5
5	颜料黄 183（遮盖）	金属色淀	红光黄	300	7	3～4	5
6	颜料橙 64	苯并咪唑酮	正橙	300	7～8	3～4	5
7	颜料紫 19（γ）	喹吖啶酮	蓝光红	300	8	4～5	5
8	颜料红 122	喹吖啶酮	蓝光红	300	8	4～5	5
9	颜料红 144	缩合偶氮	中红	300	7～8	3	5
10	颜料红 149	苝系	黄光红	300	8	3	5
11	颜料红 166	缩合偶氮	黄光红	300	7～8	3～4	5
12	颜料紫 23	二噁嗪	蓝光紫	280	8	4	4
13	颜料蓝 15:1	酞菁	红光蓝	300	8	5	5
14	颜料蓝 15:3	酞菁	绿光蓝	280	8	4～5	5
15	颜料绿 7	酞菁	蓝光绿	300	8	5	5

① 需要特别注意的是流延机模头的温度与机头的宽度有关，一般流延机模头宽 0.5m 与模头宽 2m 的挤出温度不一样，显然模头宽的挤出温度往往要比模头窄的高 20 ~ 30℃，模头宽 4m 的挤出温度更高，这点在根据客户成型工艺条件选择有机颜料时需特别注意。

② 浅色品种如选用有机颜料会发生产品质量不稳定，尽管某些有机颜料品种耐热性高达 300℃，但因添加量小，而且加入大量钛白粉后，其耐热性进一步下降。因为 T 型模头要有非常好的流动性，所以模头两侧的温度要高于中间，所以部分颜料分解会造成流延薄膜两侧颜色与中间不一致。

③ 颜料紫 23 是着色力高、性能优良的高性能颜料，但因其着色力太高，而且本色是蓝光紫色，饱和度低，只有与大量钛白粉配制成紫罗蓝色才受到客户喜欢。颜料紫 23 加了钛白粉后其耐热性会急剧下降，会发生褪色。淋膜用紫色可选用蓝光红颜料红 122 和绿光蓝颜料蓝 15:3 配制，以保证质量。

④ 虽然有些经典颜料在高温流延工艺中有部分分解，但仍能保持较亮丽的颜色，所以可能觉得该颜色可以选用，但需注意虽然颜色可以接受，但因颜料分解而导致的迁移往往会造成退货赔款。

2.2.3.2 PE 流延薄膜色母粒配方中无机颜料选择

配制浅色品种可选用无机颜料，由于大部分无机颜料都是高温煅烧，所以无机颜料耐热性非常优异，另外通常无机颜料遮盖力好，钛白粉可以不加或少加，可选的产品见表 2-10。

□ 表 2-10 可用于 PE 流延薄膜的无机颜料品种

序号	颜料	产品名称	化学结构	色泽	耐热性 /(℃/min)	耐光性 /级	耐候性 /级
1	钛白	颜料白 6	TiO_2	白	300	8	5
2	炭黑	颜料黑 7	C	黑	300	8	5
3	铋黄	颜料黄 184	$4BiVO_4 \cdot 3Bi_2MoO_6$	绿光黄	260	8	—
4	铁黄	颜料黄 119	(Zn,Fe) Fe_2O_4	红光黄	300	7	5
5	铁红	颜料红 101	Fe_2O_3	黄光红	400	8	5
6	钛黄	颜料黄 53	$[(Ti,Ni,Sb)O_2]$	绿光黄	300	8	5
7	钛棕	颜料棕 24	$[(Ti,Cr,Sb)O_2]$	红光黄	300	8	5
8	群青	颜料蓝 29	$Na_6Al_6Si_6O_{24}S_4$	红光蓝	300	8	3

① 钛白粉在化学结构上存在一定的缺陷，无论是通过硫酸法的水解和煅烧工艺，还是氯化法的气相氧化工艺生产出来的二氧化钛都存在晶格缺陷（即肖特基缺陷）。光化学活性不稳定，特别在有水分的情况下经日光照射（特别是近紫外光谱域），其晶格上的氧离子会失去两个电子变为氧原子，这种新生态氧原子具有极强的活性，使高分子有机物发生断链、降解，最终使聚合物失光、泛黄、变色，导致耐候性降低。因此必须通过对钛白粉表面处理堵塞其光活化点，隔绝二氧化钛与光的直接接触，改善 TiO_2 粒子的表面化学性质，提高其应用性能。

钛白粉表面处理是指在钛白粉粒子表面包覆一层或多层无机物或有机物，以克服二氧化钛固有的缺陷或改变其颗粒的表面性质，提高钛白粉耐候性、分散性等应用性能。

钛白粉需要采用铝和硅等表面处理剂来包膜，见图 2-9，可大大提高钛白的耐候性，以及其抗黄化性能、分散性。原美国杜邦公司 Ti-PURE 钛白粉牌号及性能见表 2-11。

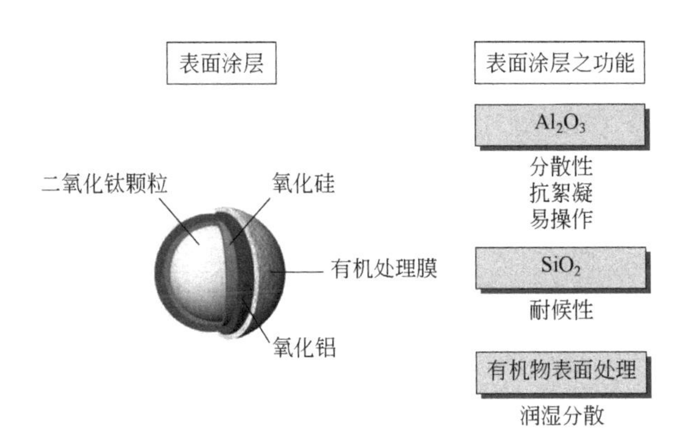

图 2-9 钛白粉表面包膜示意图

□ 表 2-11 原美国杜邦公司 Ti-PURE 钛白粉牌号及性能

指 标	杜邦公司 Ti-PURE 钛白粉							
	R101	R102	R103	R104	R105	R108	R350	R960
钛白粉（最低质量分数）/%	97	96	96	97	92	96	95	89
氧化铝（最高质量分数）/%	1.7	3.2	3.2	1.7	3.2	3.2	1.7	3.5
硅（最高质量分数）/%	—	—	—	—	3.5	—	3.0	—
有机处理	亲水	亲水	亲水	疏水	疏水	疏水	疏水	—
CIE L※ 最小值	97.9	98.5	97.8	97.5	98.5	97.8	98.5	98.5

续表

指　标	杜邦公司 Ti-PURE 钛白粉							
	R101	R102	R103	R104	R105	R108	R350	R960
着色强度	102/101	109	110	110	105	110	110	90
用途	低挥发（抗裂孔性）	改善水中分散（抗絮凝）	耐候，工程塑料用	低挥发（抗裂孔性）	高耐候、高分散，PVC 型材		低挥发（抗裂孔性）	非常耐候，彩色 PVC 型材

经铝和硅无机表面处理的钛白粉虽然能提高其应用性能，但这些无机处理剂在高温挤出中会成为挥发物，析出在钛白粉表面，从而在成品中出现气泡和小孔，见图 2-10。

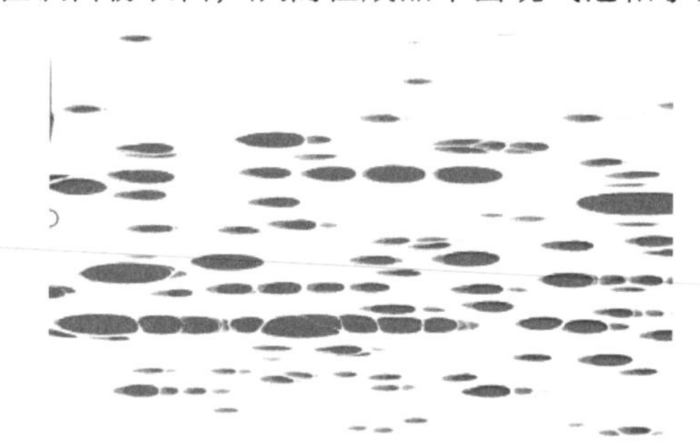

图 2-10　钛白粉塑料流延薄膜加工中高温挤出裂孔

流延薄膜裂孔现象的发生与包膜组分和包膜厚薄有关（见表 2-11），不同包膜组分钛白粉在高温（316℃）下挤出流延薄膜发生的裂孔见图 2-11，而且温度越高，薄膜钛白粉中钛白含量越高，裂孔越多，见图 2-12。

牌号	R108	R105	R104	R100	R101	R902	R960
钛白粉含量15%，薄膜厚度1mil							
裂孔现象	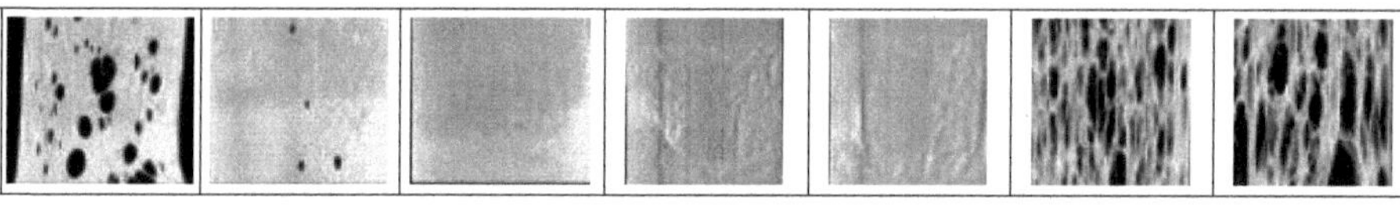						

图 2-11　钛白粉不同包膜组分发生裂孔情况

1mil = 0.0254mm

把表 2-11 和图 2-11 对照来看，钛白粉中钛白含量越低（即包膜量越多），裂孔越多，如 R960；钛白粉中钛白含量越高（即包膜量越少），裂孔越少，如 R101、R104。

品种	R102钛白粉					
工艺	不同钛白粉含量			不同挤出温度		
参数	5%	10%	15%	190℃	250℃	316℃
吹膜样品结果	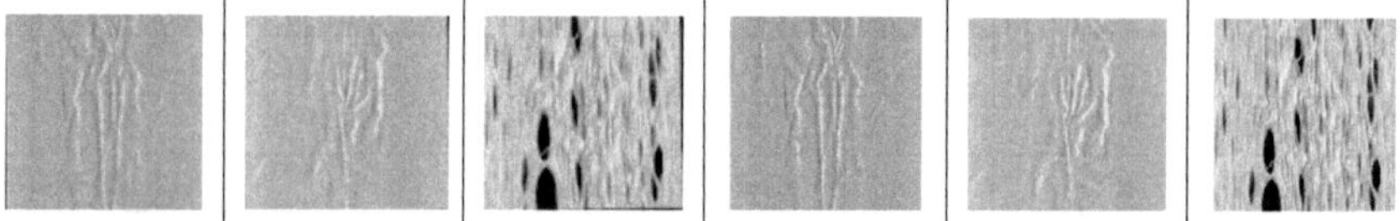					
薄膜规格	LDPE，316℃，薄膜厚度1.5～2mil			LDPE，15%钛白粉，薄膜厚度1.5～2mil		

图 2-12　不同钛白粉含量和不同挤出温度裂孔

从图 2-12 可以看出，对同一钛白粉品种，流延薄膜中钛白粉含量越高裂孔越多，挤出温度越高裂孔越多。为了符合流延薄膜的高温挤出工艺，应根据最终产品的钛白含量、挤出温度合理选择具有抗裂孔品种，如杜邦钛白粉 R101、R104 和 R350。

② 钛白粉气味来源于钛白粉的包膜,食品级液体包装膜用白色母粒没有气味是首要的要求，应选用低味或无气味的钛白，可选择亨斯迈、杜邦及国内龙蟒公司的钛白粉品种。

③ 流延薄膜工艺成型温度高，为了达到良好的流动性，温度可达 300℃，有机颜料可选择品种不多。颜料黄 119（锌铁黄）是一类混合金属氧化铁黄无机颜料，主要成分为铁酸锌（$ZnFe_2O_4$）。锌铁黄化学性质稳定，而且具有极佳的耐热性，可达 300℃以上。锌铁黄的色相偏红相，遮盖力好，可配制米黄色、咖啡色，几乎不用炭黑和钛白粉。也可提高着色的稳定性，还可以改善成本结构。所以选择锌铁黄颜料可以得到性价比高的配方。

颜料黄 119（锌铁黄）色相偏红相，色调比较暗，有些锌铁黄厂家合成的时候会考虑到色相偏绿黄相，显得鲜亮一些，不是很严格按照摩尔比来生产，做出来的锌铁黄晶型不稳定，用流延薄膜挤出时会发生变色现象，是颜料耐热性不够引起的。建议选用红相颜料黄 119。

④ 颜料黄 34 俗称中铬黄，铅铬黄的化学成分是铬酸铅（$PbCrO_4$）、硫酸铅（$PbSO_4$）及碱式铬酸铅（$PbCrO_4 \cdot PbO$），铬黄可获得柠檬黄色至橘黄色等一系列黄色色谱。颜料红 104 俗称钼铬红，化学组成：$PbCrO_4 \cdot PbMoO_4 \cdot PbSO_4$，钼铬红可获得亮丽至橘色系列色谱，但因其耐热性差等原因在塑料中应用受到很大的限制。针对铬系颜料的耐热性和耐光性差的缺点，以氧化铝、钛等氧化物对铬系颜料进行表面包膜处理，构成的非晶态水合氧化硅以羟基形式牢固地键合到颜料表面，因此不仅可看成是物理包膜，也是一种化学结合，使铬系颜料产品的耐热性、耐候性和耐硫化性大大提高，特别是硅包膜致密程度不同，可得到性能不同的包膜中铬黄和钼铬红。包膜铬系颜料耐光性较好，可达 7 级，耐热性可达 280 ~ 290℃，可用于流延薄膜着色，其饱和度好、价格合理。但需注意铬系颜料含重金属铅和铬，会对环境造成影响。

选用包膜铬系颜料用于淋膜，也会产生因包膜而产生的裂孔现象，而且温度越高，添加量越多，裂孔越多，所以应根据用量和挤出温度来选择合适的包膜铬系颜料品种。

2.2.4 PE 流延薄膜色母粒应用中出现的问题和解决办法

流延薄膜级色母粒是有一定技术难度的产品，在应用时会在耐热性、分散性方面出现一些问题，色母粒应用时产生问题的原因和排除方法见表 2-12。

表 2-12 色母粒应用时产生问题的原因和排除方法

序号	问题	原因	排除方法
1	耐热性	流延薄膜两旁与中间颜色不一致 流延不成膜，像网孔一样	选用耐热性好的颜料品种 不影响质量情况下适当降低温度 选择包膜符合要求的颜料品种
2	迁移性	淋膜温度太高，引起颜料部分分解	换耐热性好的颜料产品
3	剥离强度	淋膜与底物黏结不牢	减少聚乙烯蜡、EBS 等润滑剂 更换载体树脂
4	含水量	水分在高温条件下会形成挥发性气体，使塑料制品难以成型，特别是高温流延淋膜，所以色母必须严格控制含水量	流延淋膜等超高温加工时母粒含水量 0.05%
5	耐光/候性	户外使用的篷布、遮阳伞、围栏彩条布等褪色	必须要根据制品的实际使用要求而选择耐光/耐候性合格的颜料品种
6	安全性	流延薄膜/淋膜制品被用于食品、饮料、乳制品的包装，不合格	用于出口的食品包装制品需遵循美国 FDA、欧盟 AP89-1 及 GB 9685—2009 的要求

2.3 食品包装膜色母粒配方设计

食品包装膜色母粒配方设计既要满足食品包装材料的国家标准，又要满足 PE 吹膜/淋膜及复合膜级的技术要求。塑料包装膜已经大量应用于鲜奶、豆奶、果汁饮品、调味品等的包装。

生产食品包装膜色母粒企业需认真学习相关的食品安全国家标准，并遵照执行，千万不能麻痹大意、掉以轻心、心存侥幸。

本节以介绍食品包装膜用量最大的白母粒为主。

2.3.1 食品安全国家标准体系

食品接触材料作为食品的直接/间接接触者，在与食品接触的过程，其成分或组分不可避免地迁移到食品中，直接关系到食品安全。

随着国家对食品安全的高度重视，涉及食品安全的新法规、新标准等相继出台。2016 年 11 月 18 日，根据《中华人民共和国食品安全法》和《食品安全国家标准管理办法》规定，国家卫生计生委和食品药品监管总局发布了《食品安全国家标准　食品接触材料及制品通用安全要求》(GB 4806.1—2016) 等关于食品接触材料的 53 项食品安全国家标准。其中，基础标准 2 项，产品标准 9 项，检测标准 41 项，其他食品相关标准 1 项。随着这批标准的发布，具有食品接触材料安全管理的基本法律框架和标准体系成型。我国新的食品安全国家标准完整体系有三个层次，见图 2-13。

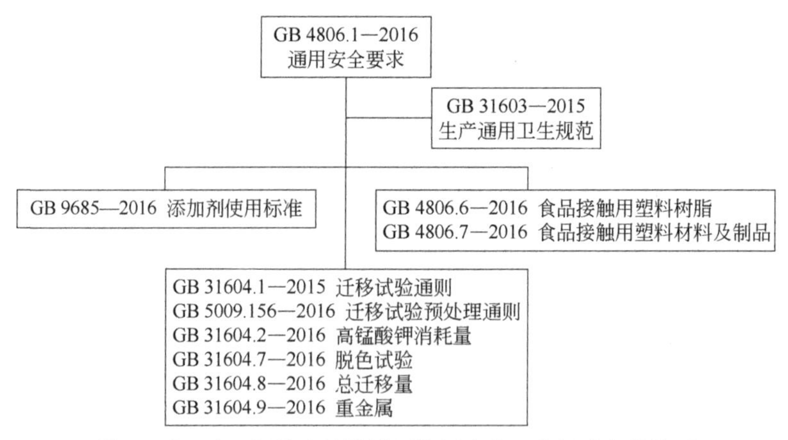

图 2-13 我国新的食品接触用塑料安全国家标准完整体系

第一层次是通用/基础标准:

《食品安全国家标准 食品接触材料及制品通用安全要求》(GB 4806.1—2016)，该标准为食品接触材料及制品新标准体系的框架性基石。标准规定了对于食品接触材料及制品的基本要求、限量要求、符合性原则、检验方法、可追溯性和产品信息等方面的要求。

《食品安全国家标准 食品接触材料及制品生产通用卫生规范》(GB 31603—2015) 规定了食品接触材料及制品的生产，涵盖了原辅材料、加工、包装、储存和运输各个环节的场所、设施、人员基本卫生要求和管理制度等方面。这是我国首次以强制性食品安全国家标准的形式来规范企业生产行为。本标准是食品接触材料及制品的良好生产规范，即所谓中国的GMP（Good Manufacturing Practice 的缩写）。世界卫生组织将 GMP 定义为指导食物、药品、医疗产品生产和质量管理的法规。这两个标准是国家食品安全生产的纲领性文件。

第二层次是产品、树脂，原辅料和添加剂标准：

① 塑料树脂标准——《食品安全国家标准 食品接触用塑料树脂》（GB 4806.6—2016）。

② 塑料产品标准——《食品安全国家标准 食品接触用塑料材料及制品》（GB 4806.7—2016）。

规定了食品接触用塑料材料及制品的基本要求、技术要求、迁移试验规定执行、标签标识。即 2017 年 4 月 19 日以后开始生产的产品必须符合本标准。

③ 添加剂包括颜料、助剂等产品标准——《食品安全国家标准 食品接触材料及制品用添加剂使用标准》（GB 9685—2016）。

第三层次是食品接触用塑料国家标准的检验方法，主要包括《食品安全国家标准 食品接触材料及制品迁移试验通则》（GB 31604.1—2015）、《食品安全国家标准 食品接触材料及制品迁移试验预处理方法通则》（GB 5009.156—2016）、《食品安全国家标准 食品接触材料及制品　高锰酸钾消耗量的测定》（GB 31604.2—2016）、《食品安全国家标准 食品接触材料及制品　脱色试验》（GB 31604.7—2016）、《食品安全国家标准 食品接触材料及制品 总迁移量的测定》（GB 31604.8—2016）、《食品安全国家标准 食品接触材料及制品 食品模拟物中重金属的测定》（GB 31604.9—2016）。

我国新的食品安全国家标准体系构建了一个从原料、添加剂到产品，以及生产过程和检测方法全覆盖的标准体系，整个标准体系是一个有机整体，相互关联。国以民为本，民以食为天，食以安为先，安以质为本，质以诚为根。食品安全国家标准体系确保了人民群众的饮食安全。

在新的《中华人民共和国食品安全法》和食品安全国家标准体系下，食品接触用塑料树脂、材料及制品的生产企业已成为安全合规的主体责任人。新的食品安全国家标准将给整个行业带来一系列的变化与挑战。尽快让食品接触材料的生产企业了解、熟悉、掌握和执行食品安全国家新标准势在必行。

下面我们对与色母粒相关的主要标准做一简单介绍。

（1）GB4806.1—2016《食品安全国家标准 食品接触用塑料材料及制品通用安全要求》

标准规定了食品接触材料的基本要求，明确了整个标准体系的框架，尤其是对可追溯性及产品信息方面提出了更明确、更高的要求。

可追溯性方面要求生产企业建立产品追溯体系，保证食品接触用材料及制品在各个阶段的可追溯性，保证其来源和去向信息、相关物质或材料的合规性信息。通过 1 个唯一的产品系列号或唯一条码就能追溯到每个产品在生产过程中的所有关键信息，如原材料供应商、生产日期或批号、数量、原材料的成分及添加剂的品种和添加量，每个生产工序所使用的设备、加工工艺、操作者、作业时间，最终产品的数量、检验等，还有产品的去向（使用）信息等。如果该批产品在使用过程中出现质量缺陷或食品安全问题时能够快速召回、分清责任。通过分析问题、改进生产来保证和提高产品质量，提升企业竞争力。

（2）GB4806.6—2016《食品安全国家标准 食品接触用塑料树脂》

该标准于 2017 年 4 月 19 日正式实施。它适用于各种食品接触用塑料材料及制品，也包括塑料色母粒，这意味着，食品包装膜色母粒配方中的塑料原料应来自 GB 4806.6 的附录 A

及卫生部公告批准的树脂。

(3) GB 9685—2016《食品安全国家标准　食品接触材料及制品用添加剂使用标准》

该标准于2016年10月19日，由国家卫生计生委发布。该标准是我国针对食品接触材料及制品生产过程中添加剂（包含颜料、助剂、填料）使用规范的强制性管理标准，过渡期为12个月，实施日期为2017年10月19日。GB 9685—2016国家标准参照美国欧盟的法规标准（见表2-13）。

表2-13　食品接触材料有关美国、欧盟和中国法规

国家地区	相关法规标准
美国	联邦法规FDA　21 CFR 178.3297《与食品接触的聚合物材料中着色剂的要求》
欧盟	欧盟AP(89)1号决议
中国	国家标准GB 9685—2016《食品安全国家标准　食品接触材料及制品用添加剂使用标准》

GB 9685—2016是强制性国家标准。新标准体系列出可添加的品种由958种扩充到1294种。规定了食品接触材料及制品用添加剂的使用原则，允许使用的添加剂品种、使用范围、最大使用量、特定迁移限量、最大残留量、特定迁移总量限量及其他限制性要求。

GB 9685—2016共379页，前言1页，标准正文2页，附录A（表A.1～表A.7）、附录B（表B.1）、附录C（表C.1）、附录D（表D.1）、附录E（表E.1、表E.2）合计376页。

附录及表的编号、名称和页码见表2-14。其中与食品接触的塑料材料及制品密切相关的为表A.1食品接触用塑料材料及制品中允许使用的添加剂及使用要求，表B.1特定迁移总量限量，表C.1金属元素特别限制规定。

表2-14　GB 9685—2016附录编号和名称、页码

附录及表编号	附录名称	页码
附录A	食品接触材料及制品中允许使用的添加剂及使用要求	3～4
表A.1	食品接触用塑料材料及制品中允许使用的添加剂及使用要求	4～95
附录B	特定迁移总量限量[SML(T)]	276
表B.1	特定迁移总量限量	276～280
附录C	金属元素特别限制规定	281
表C.1	金属元素特别限制规定	281
附录E	食品接触材料及制品用添加剂检索目录	284

为便于使用者查找，标准增加了附录E食品接触材料及制品用添加剂检索目录。该附录包括表E.1和表E.2。表E.1按照CAS号的大小顺序列出了附录A中添加剂的CAS号、中文名称、FCA号及页码，无CAS号的添加剂列于表的最后。表E.2按照添加剂中文名称的字符、数字、英文字母及汉语拼音首字母的音序顺序列出了附录A中添加剂的CAS号、中文名称、FCA号及页码，见表2-15。

表2-15　GB 9685—2016食品接触材料及制品用添加剂附录检索目录

附录及表编号	附录名称	页码
表E.1	按照CAS号排序的食品接触材料及制品用添加剂检索目录	284～332
表E.2	按中文名称排序的食品接触材料及制品用添加剂检索目录	333～378

GB 9685—2016标准体系覆盖原辅料、生产、产品和销售使用全过程。各类产品生产过程中所使用的添加剂应符合GB 9685—2016及相关公告要求的规定。

标准规定允许使用的添加剂来自 GB 9685—2016 的附录 A.1 中，不在上述清单中的添加剂视为不得使用。实施或执行强制性国家标准，原则是“法无授权不可为”，必须杜绝一般民事行为“法无禁止即可为”的想法、做法。如美国联邦法规 21 CFR 178.3297《与食品接触的聚合物材料中着色剂的要求》收录了如科莱恩的颜料黄 HGR（C.I. 颜料黄 191），但中国的国家标准 GB 9685—2016 附录 A 没有收录颜料黄 191，因此颜料黄 191 不符合中国食品接触产品的安全要求。而颜料黄 191∶1 被国家标准 GB 9685—2016 所收录，但不足的是由于颜料黄 191∶1 是铵盐，有一定的气味，因此在使用中对气味有严格要求的用户要慎重使用。

标准规定塑料添加剂用于在“使用范围和最大使用量”一栏中已经注明的塑料材料时，对于不同种类塑料材料，有不同的最大使用量限制。

标准规定同时使用两种或两种以上添加剂时，要特别注意特定迁移总量限量[(SML)T]。使用的添加剂在达到预期稳定效果时，应尽可能降低在食品容器、包装材料中的用量。这种降低用量做法，是为了更大程度地保证食品安全。

食品接触材料及制品用添加剂一般是化学合成或复合的化工产品，在生产、存放和塑料制品加工、使用及回收等过程中，受温度、湿度等条件的影响及塑料配方中其他添加剂等物质的作用，产品质量或分子结构可能发生变化。塑料制品生产厂家，不仅要使用品质合格的助剂，还需要适当了解助剂的使用条件、分解条件（如分解温度）等，以及添加剂之间的相互影响。

GB 9685—2016 标准体系实施后，由于标准的复杂性，食品接触材料及制品行业将面临严峻的考验，如何获知原辅料和添加剂相关的信息，如何将添加剂受限物质信息有效传递，如何按照标准对产品生产过程中所使用的添加剂进行符合性评价，是生产企业急需要解决的课题。

按照 GB 9685—2016 中对应的塑料材料，选择适用的着色剂、助剂品种，并且有效控制助剂质量和添加数量，可以生产有高度安全性的食品接触塑料材料用色母粒。

（4）GB 4806.7—2016《食品安全国家标准　食品接触用塑料材料及制品》

本标准的发布，统一了所有食品级接触塑料材料和制品的要求，简化实验流程，紧跟国际标准。标准规定感官色泽正常，无异臭、不洁物等；迁移实验所得浸泡液无浑浊、沉淀、异臭等感官性裂变。具体内容见表 2-16。

表 2-16　GB 4806.7—2016 测试要求和检查方法

项目	测试条件	限值	检验方法
总迁移量/(mg/dm^2)		10	GB 31604.8—2016
高锰酸钾消耗量/(mg/kg)	水，60℃，2h	10	GB 31604.2—2016
重金属量(以 Pb 计)/(mg/kg)	水，60℃，2h	1	GB 31504.9—2016
脱色试验（仅适用于添加了着色剂的产品）		阴性	GB 31604.7—2016

注：1.色母粒应按实际配方与树脂或粒料混合并加工成最终接触食品的塑料制品后进行检测。
2.接触婴幼儿食品的塑料材料及制品总迁移量应根据实际使用中的面积体积比将单位换算为 mg/kg，且限量≤60mg/kg。

（5）GB 31603—2015《食品接触材料及制品生产通用卫生规范》

规定了食品接触材料及制品的生产，从原辅料采购、加工、包装、储存和运输等各个环节的场所、设施、人员的基本卫生要求和管理准则。要求企业从原料、人员、设施设备、生产过程、包装运输、质量控制等方面按国家有关法规达到卫生质量要求，形成一套可操作的作业规范，帮助企业改善卫生环境，及时发现生产过程中存在的问题并加以改善。

食品接触材料作为食品安全的重要环节，直接关系到消费者的切身利益，日益受到社会各界的关注。从质量安全管理组织及职责、企业环境与场所要求、生产资源提供、采购质量控制、生产过程控制、产品质量检验六个方面内容细化食品接触类塑料制品生产许可实地核查办法中的条款要求，以作为生产许可审查和日常监管的参考。

2.3.2 食品包装膜白色母粒应用工艺和技术要求

随着人们生活质量提高和生活节奏加快，食品包装膜市场发展很快，而且新品种层出不穷。所以对其各项指标要求尤为苛刻，对其感官指标，特别是对嗅觉、味觉及封口强度等要求特别严格，对牛奶膜及各种液体包装膜等最为严格。

(1) 液体包装牛奶膜

牛奶膜是使用各种聚乙烯树脂并添加白色母粒后经挤出吹膜的方法生产的，厚度在 50 ~ 80μm 之间，适合低温 85℃、30min 的巴氏杀菌工艺处理，在–5 ~ 0℃保存和销售，有 2 ~ 3 天的保质期。薄膜表面光滑，适合自动灌装生产，热封性能好；牛奶膜必须要有足够的拉伸强度，保证在自动液体灌装机的拉力作用下不被拉断，并且薄膜的伸长率要小，不会在灌装的拉力作用下过分变薄；薄膜内外表面要有良好的润滑性，以便在灌装时间内充分灌满牛奶；要求牛奶袋表面印刷后不发生油墨的脱落，油墨的附着力强，印刷牢度好；要有良好的热封制袋性，有良好封断性（既热封，同时又能切断）；封口牢固，封口压力不低于 2000N/m^2。

(2) 流延复合膜

流延复合膜除了满足液体包装牛奶膜要求外，流延复合膜的剥离强度必须大于 0.7N/15mm。流延复合膜比普通的薄膜更具有阻隔性、保香性、防潮性、耐油性，在可蒸煮条件下的热封性能得到进一步提高，可广泛应用于肉类冷冻制品、蒸煮肉类食品、方便食品、水产品、水果等的固体包装。

(3) 高温蒸煮膜

高温蒸煮膜是一种能进行加热处理的复合塑料薄膜，通常在 85℃的温度下，一般的致病菌都会被杀死，其中危害最大的肉毒杆菌和孢子菌要在 135℃、10min 下才能被杀死，所以它是一种理想的销售包装袋，方便、卫生又实用，并能很好地保持食品原有的风味，较受消费者青睐。

高温蒸煮膜除了液体包装膜几大要求外，还需要耐高温（不能低于 121℃，20min），耐油性、耐渗流、耐溶剂性要好。

综合上述食品包装膜的应用工艺和技术要求，应用食品包装流延薄膜白色母粒必须要注意的性能是耐热性、分散性、耐迁移性、安全性等。这几个要求在前面几节中已做了很详细分析，在此就不重复了，由于食品包装膜色母粒配方和生产工艺的特殊性，其分散性是重中之重。

2.3.3 食品包装膜白色母粒配方

食品包装膜级色母粒配方设计之前需增加一个重点，配方中所选择的原料品种和规格需要符合国家食品接触用塑料安全国家标准。

第一步，按图 2-14 确认所选的着色剂和原辅材料品种是否符合要求。

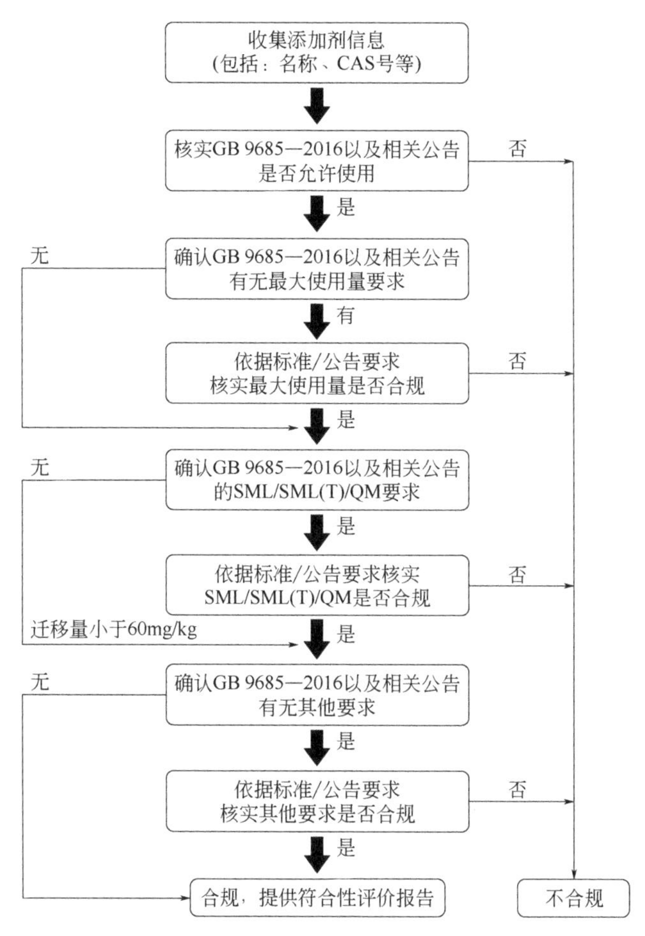

图 2-14　GB 9685—2016 符合性确认步骤

SML—特定迁移限量；SML（T）—特定迁移总量限量；QM—最大残留量

需要注意的是添加剂生产方，必须严格控制添加剂所包含的杂质，添加剂所包含的杂质如果迁移到食品中，并被检出，则必须承担相应法律责任。

第二步　根据 GB 4806.6—2016 标准的附录 A 及卫生部公告批准的允许食品接触的树脂中，选择色母粒所需的载体树脂。

第三步　需在这些原辅材料的供应商中选择优质的原材料、颜料和分散剂，特别是气味，这是一项非常烦琐的工作，需要大量的实验和人员来一一甄别。在大量的实验中能逐步总结经验，分类选择管理。

食品包装膜级色母粒配方设计既要满足 PE 吹膜、淋膜及复合膜级的技术要求（详见前两节介绍），又要满足食品包装材料的国家标准。食品包装膜白色母粒配方见表 2-17。

表 2-17　食品包装膜白色母粒配方

原料名称		要求	含量/%
颜料	钛白粉	金红石	0～75
分散剂	聚乙烯蜡	相对密度 0.91～0.93	0～5
载体	LDPE	MI≥7g/10min	X
	LLDPE	MI≥20g/10min	
总　计			100

① 食品包装膜白色母粒的设计原则：色母粒中钛白粉含量尽可能做到最高，满足产品对遮盖力要求；分散剂能少则少（分散剂减少能增加油墨印刷的附着力）；其他原料能不加就不加，当然前提是白色母粒的分散性满足需求。配方所制母粒外观光亮、洁白，颗粒均匀，含水量不得超过 0.1%，分散良好；熔融指数满足表 2-18 所示要求。

表 2-18 食品级液体包装膜用白色母粒熔融指数

指标	液体包装牛奶膜母粒	流延复合膜色母粒	高温蒸煮膜母粒
熔融指数（190℃，2.16kg）/（g/10min）	≥3	5～10	<2

② 所选择钛白粉无毒、无重金属、无析出物、无荧光、无气味，并必须取得卫生部门的检测认可。经户外光照射后无变色发黄现象（最少不能低于 6 个月），耐迁移性达到 5 级，钛白粉的抗裂孔性要好。

用于食品级液体包装膜的色母粒，气味是其特殊的味觉要求。食品包装膜气味的来源主要是色母粒中的钛白粉。钛白粉气味来源于钛白的包膜，应选用低味或无气味的钛白，可选择亨斯迈、杜邦及龙蟒公司的钛白粉。

另外可选择添加微量的气味吸收剂，但一定要是无重金属、无毒的，如德国生产的吸收型去味剂，一般添加量为 0.2%左右。

目前食品级液体包装膜有异味，但没有国家标准检验方法，一般工厂实用方法是将色母粒或吹膜样放置 70℃烘箱里 30min，请无不良嗜好的人进行味觉鉴别。

③ 钛白粉品种选择的另一重点就是分散性，因为从配方设计可以看到最主要的原料就是钛白粉，其他的原料少之而少，所以其分散性显得更重要。

色母粒成品分散性必须进行检验，特别是生产现场中间控制尤为重要，检测指标按表 2-19 来综合判断，加强控制。

表 2-19 食品级液体包装膜用白色母粒分散性等检验指标

检验项目	检验数量	判定结果
挤出情况		条子必须光滑，无凹凸点
吹膜检验		薄膜在透光下均匀，无色点
过滤压力差值 Δ/MPa BS EN1 3900—5:2005	成品检测（500 目过滤网，500g 色母）	< 2，越小越好
气味测试（参考汽车内饰件方法）		2 以下（5 级分类）

④ 润湿分散剂是食品包装膜气味的另一个重要来源，特别是高温裂解法生产的聚乙烯蜡。所以最好选择聚合工艺的高效无味合成蜡（如日本三井公司），也可谨慎选用惰性气体保护高温裂解工艺生产的蜡。配方中聚乙烯蜡添加量需控制，尽可能少加或不加，但会影响封口牢度。也可选择高熔融指数树脂代替聚乙烯蜡来润湿颜料，其效果也十分显著。

⑤ 硬脂酸类润滑剂建议不加，特别是亚乙基双硬脂酰胺类外润滑剂、硬脂酸盐类助剂，可用无味 EBS 接枝改性剂代替，但用量需控制，这会影响液体包装膜封口性能。润滑剂可以用母粒形式或粉剂在吹膜时添加。

⑥ 配方设计中抗氧剂建议尽量不加，尽可能少加或不加其他功能性助剂（如润滑剂），以免造成异味进入。如考虑流延复合白色母粒高温挤出需求，可适当添加 0.15%复合抗氧剂 B225（0.2%抗氧剂 1010，复配 0.4%抗氧剂 168）。

⑦ 食品包装膜白色母粒载体树脂必须符合 GB 4806.6—2016 规定，特别是配制流延复

合膜的白色母粒载体必须选择适合的树脂，一般要求无开口性、熔融指数大于 7g/10min 以上，另外也可以适量添加一些 EVA 树脂或 EMA 树脂以增加其黏合度。

⑧ 流延复合膜白色母粒要控制含水量，以防止水分或低分子物的挥发。色母粒必须充分干燥。

⑨ 总而言之，食品接触材料作为食品安全的重要环节，配方设计除了满足客户工艺要求，更重要的是符合法规和标准要求，千万马虎不得。

2.3.4 食品包装膜用黑色母粒中炭黑选择

黑膜是食品包装膜中的重要品种，食品包装膜用黑色母粒中炭黑的选择也是非常重要的。众所周知炭黑的生产工艺是将含碳物质（煤、天然气、重油、燃料油等）在空气不足的条件下不完全燃烧或受热分解而得的产物，所以炭黑生产的原料油有乙烯焦油、煤焦油、催化裂化渣油，这些油的质量直接影响炭黑的质量，如油料纯度不够，会导致炭黑含硫量太高，所制黑色母粒如用于液体包装膜会导致有味道，所以应选择含硫量低的炭黑品种，如欧励隆产品 Zeta A 炭黑，其硫含量 < 1000mg/kg，可保证产品质量。

另外炭黑化学纯净度也很重要，炭黑是含碳物质在一定的工艺条件下，不完全燃烧或热裂解而成。炭黑原料油中较高的多环芳烃含量有利于炭黑生产。芳烃含量较大，有利于提高炭黑质量和收率。多环芳烃（PAHs）是指分子中含有两个或两个以上苯环的芳烃化合物，属于持久性有机污染物，人类吸入或者皮肤直接接触 PAHs，都可能使人体致癌。研究表明，多种多环芳烃具有致癌、致突变以及生殖毒性。炭黑中残留一定量的多环芳烃物质是不可避免的，可通过调节反应时间、原料油雾化、反应温度等工艺参数来降低炭黑多环芳烃物的含量。按 GB 9685—2016 标准要求甲苯可萃取量<0.1%，苯并吡含量应低于 0.25mg/kg。

不同国家和地区对食品接触炭黑的要求也不尽相同，卡博特公司针对不同地区（国家）推荐相应的炭黑产品和建议最大添加量，如表 2-20 所示。

表 2-20 不同地区（国家）的食品接触炭黑产品和最大添加量

<table>
<tr><th>各国法规</th><th>炭黑添加量</th><th>食品接触级炭黑</th></tr>
<tr><td>符号美国（21 CFR 178.3297）&卡博特 FCN 1789</td><td>法规中没有说明</td><td>· BLACK PEARLS® 4350
· BLACK PEARLS 4750
· MONARCH® 4750</td></tr>
<tr><td>欧洲联盟（Reg. No. 10/2011）</td><td>在最终的食品接触产品中，炭黑最大添加量为 2.5%</td><td rowspan="5">· BLACK PEARLS 800
· BLACK PEARLS 880
· BLACK PEARLS 4350
· BLACK PEARLS 4560i
· BLACK PEARLS 4750
· BLACK PEARLS 4840
· ELFTEX® 254*
· ELFTEX P100
· ELFTEX TP
· MONARCH 800
· MONARCH 880
· MONARCH 4750
· VULCAN® 9A32
（*）没有申请 JHOSPA</td></tr>
<tr><td>南美洲（GMC/RES. No 15/10 G GMC/RES No 32/07）</td><td>在最终的食品接触产品中，炭黑最大添加量为 2.5%</td></tr>
<tr><td>瑞士（SR 817.023.21 of 1/5/17）</td><td>在最终的食品接触产品中，炭黑最大添加量为 2.5%</td></tr>
<tr><td>日本（JHOSPA）</td><td>法规中没有说明</td></tr>
<tr><td>中国（GB 9685—2016）</td><td>在最终的食品接触产品中，根据聚合物类型的不同，炭黑最大添加量如下：
· 在 PMMA，PVC，PVDC，PU，UP，PF，PEI，PPE，PBT，PPS，POM 和 LCP 中：最多 2.5%
· 在 PE 中：最多 3%
· 在 PP，PS，AS，ABS，PA，PET 和 PC 中：按需添加</td></tr>
</table>

另外用于液体复合包装膜的分散性是特别重要的，如在膜上有一分散不良点，就会引起液体泄漏，这是绝对不允许的，所以选择分散性好的炭黑也是必需的。

2.4 PVDC 肠衣膜色母粒配方设计

火腿肠的畅销，肠衣自然功不可没。目前火腿肠所用的肠衣包装大多为塑料薄膜，其中应用比较广泛的就是 PVDC 薄膜。PVDC 肠衣膜是一种阻隔性非常好的包装材料，能有效阻隔氧气和水蒸气，提高内装物的保质期。PVDC 热收缩率很高，在高温下发生收缩，并紧贴于包装物上，十分美观。

2.4.1 PVDC 树脂的性能和应用

PVDC 是聚偏二氯乙烯，是一种淡黄色、粉末状的高阻隔性材料，既不同于聚乙烯醇随着吸湿增加而阻气性急剧下降，又不同于尼龙膜由于吸水性使阻湿性能变差，而是一种阻湿、阻气都比较好的高阻隔性材料。

PVDC 是 20 世纪 30 年代，美国 DOW 化学由 VDC/VC（偏二氯乙烯/氯乙烯）共聚研制成功的，软化温度为 160 ~ 200℃，由于其分子间凝聚力强，结晶度高，PVDC 分子中的氯原子有疏水性，不会形成氢键，氧分子和水分子很难在 PVDC 分子中移动，从而使其具有优良的阻氧性和阻湿性。PVDC 在任何温度或湿度条件下，兼具卓越的阻隔水蒸气、氧气、气味的能力，且其阻氧性不受周围环境湿度的影响，是目前公认的在阻隔性方面综合性能最好的塑料包装材料，见表 2-21。

表 2-21 PVDC 与其他薄膜阻隔性能比较

PVDC 阻隔性能增加	阻氧性/倍	阻水蒸气性/倍	阻气味性/倍
LDPE	1700	20	17000
PP	1000		17000
EVOH		76	1700
PET	20		
PA	10	190	500

几十年来，PVDC 作为高阻隔包装材料，其主导地位未曾动摇。20 世纪 80 年代出现的高阻隔新材料 EVOH，由于具有可回收性能，一度曾威胁过 PVDC 的发展，但由于 EVOH 在高湿度下阻隔性能急剧下降，所以未能进一步发展，包括双向拉伸的尼龙膜，都无法取代 PVDC 的多种优异性能。

PVDC 利用其阻湿性，能够防止食品发生失水变干、口感变差的现象，不会因产品吸水而损伤包装原型，防止定量制品发生自然损耗（失重）。阻气性能不随湿度的变化而变化，即使高湿环境也不会引起产品变质；所以 PVDC 大量应用于蒸煮袋、医用包装的塑料产品。使用 PVDC 的复合包装膜比普通的 PE 膜、纸、铝箔等包装用料量要少得多，从而达到了减量化包装及减少废物源的目的。

2.4.2 PVDC 肠衣膜色母粒应用工艺和技术要求

PVDC 肠衣膜是一种综合阻隔性非常好的包装材料，PVDC 肠衣膜对热十分敏感，且热收缩率很高，在高温下会发生收缩，并紧贴于包装物上，包装十分美观。适合用在高频焊接的自动灌肠机上进行工业化大批量火腿肠的生产。

PVDC 肠衣膜生产工艺如图 2-15 所示。在塑料薄膜着色中，PVDC 肠衣膜是技术要求最高的，对配套色母粒也提出了更高的质量要求。要求色母的颜料含量更高，流动性更好，分散性更佳 。PVDC 肠衣膜是食品包装高温蒸煮膜，除了满足食品包装膜几大要求外，应特别关注色母粒的分散性、耐热性、耐光性、耐迁移性、使用安全性、耐化学性质稳定等。

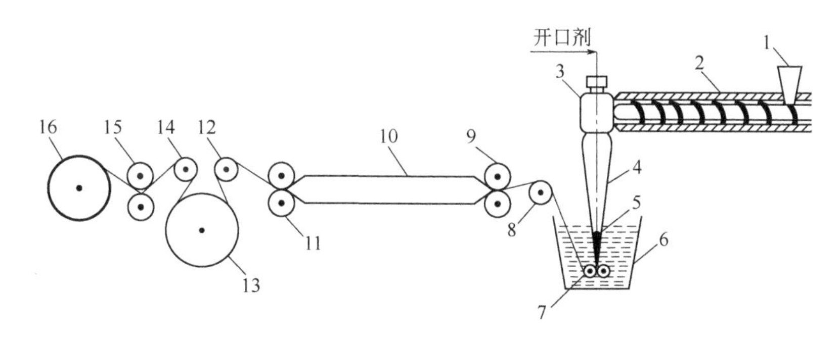

图 2-15 PVDC 肠衣膜生产工艺流程图

1—料斗；2—挤出机；3—管状口模；4—管坯；5—甘油；6—冷水槽；7—第一牵引辊；8,12,14—导向辊；9—第二牵引辊；10—管泡；11—第三牵引辊；13—加热辊；15—第四牵引辊；16—卷取辊

（1）分散性

PVDC 树脂是高结晶性聚合物，树脂颗粒直径在 150 ~ 350μm 之间，与颜料的相容性差，颜料很难分散均匀，影响薄膜内部结构的均匀性和 PVDC 气体阻隔性。

（2）耐热性

PVDC 肠衣膜在高温杀菌时承受 121℃温度，加热时间持续 40min。通常在 85℃的温度下，一般的致病菌都会被杀死，其中危害最大的肉毒杆菌和孢子菌要在 135℃下、10min 才能被杀死。

（3）耐光性

火腿肠即使长期暴露在室外，直接受阳光照射，也不会发生包装物褪色及老化现象。

（4）耐迁移性

不论着色剂是否有毒，与被包装物接触着色剂应不向被包装物迁移，美国联邦法规（CFR）对着色剂进行了定义：染料、颜料或者其他物质，可以用来给食品接触性材料着色或者改变其颜色；但是这些着色剂不能迁移到食品中去，所以颜料的耐迁移性在食品包装膜上特别重要。

（5）安全环保

符合食品卫生要求，通过 FDA（美国食品药品管理局）认证和中国 GB 9685—2016 规定要求，为食品包装安全保驾护航。

（6）耐化学性质稳定

PVDC 肠衣膜包装肉类食品，含有较高的油脂和水分，储存时间较长，颜料不与各种化学物质发生化学反应，需耐渗流、耐溶剂性好。

（7）气体阻隔性

PVDC 薄膜具有很高的气体阻隔性，色母粒添加后对 PVDC 气体阻隔性不能产生不良影响。

2.4.3 PVDC 肠衣膜色母粒配方

PVDC 肠衣膜可选用以 EVA 为载体的色母。要求挤出薄膜表面光滑，适合自动灌装生产要求，应符合食品卫生性能要求，热封性能好。PVDC 肠衣膜色母粒配方设计见表 2-22。

⊡ 表 2-22　PVDC 火腿肠衣膜色母粒配方设计

原料名称		要求	含量/%
	有机颜料		0～20
润湿剂	共聚蜡	乙烯-乙酸乙烯共聚物蜡	0～10
稳定剂	硬脂酸钙		0～0.1
载体	PVDC		X
总 计			100

① PVDC 树脂受热极易分解，多种金属离子，如铁、铜、锌、铝对 PVDC 热分解具有催化作用，所有色母粒中颜料不能含有这些金属离子，例如无机颜料氧化铁，有机颜料酞菁蓝、酞菁绿分子结构上有络合铜离子，如反应不完全，颜料中也会含有游离铜。

② PVDC 树脂由 VDC/VC 共聚而成，树脂有极性，按照相似相容原则，选择乙烯-乙酸乙烯共聚 EVA 蜡有利于颜料分散和树脂相容。

③ PVDC 由 VDC/VC 共聚而成，VC 单体是致癌的，VDC 也是对人体有害的，但 PVDC 将 VDC 和 VC 的含量降低到 FDA 标准以下，所以能够通过 FDA 认证，其已在肠衣膜中使用了 50 多年，PVDC 肠衣膜色母粒选用 EVA 树脂为载体，有利于成型造粒，也有利于分散。

④ PVDC 树脂为白色多孔状疏松粉末，所以如有可能将母粒磨成粉料，将更有利于 PVDC 挤出成膜。

2.4.4 PVDC 肠衣膜色母粒配方中颜料选择

众所周知，PVDC 火腿肠衣膜以红色为主，这是人们熟悉和喜欢的颜色，为了不同口味、不同品牌的需要，也有少量黄色和金黄色品种。

① 颜料红 38 最早用于 PVDC 火腿肠衣膜着色。颜料红 38 是 3,3′-二氯联苯胺重氮化后与（4,5-二氢-5-氧代-1-苯基吡唑-3-甲酸）二乙酯偶合产品，结构式见图 2-16。

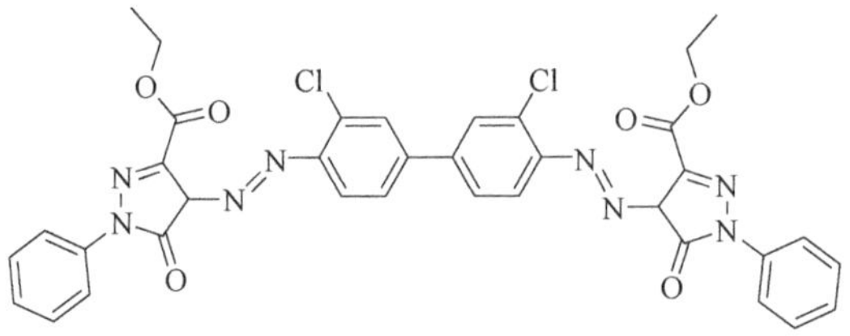

图 2-16　颜料红 38 化学结构

颜料红 38 中性红色，双偶氮颜料，色彩饱和度高，又显示高的着色力，耐光性达 6 级，耐热为 180℃；用于火腿肠衣着色，是漂亮的红色，而且颜料红 38 是唯一通过美国 FDA 认证的双氯联苯胺颜料。但是规定其只能在橡胶中使用，而且用量也有限制，详见表 2-23。

选择颜料红 38 的原因是当年河南春都集团从日本引进生产线，利用日本火腿肠衣着色的配方，选用当时德国赫司特公司的 GRAPHTAL RED BB（颜料红 38），但受到美国 DOW

公司的质疑，因为颜料红 38 系双氯联苯系颜料（简称 DCB），其原料 3,3′-二氯联苯胺是被列为第二类对动物有致癌性、对人体可能有致癌性的芳香胺。芳香胺虽然本身不会直接致癌，但经过机体活化，活化芳香胺与核酸中的碱基作用，使原来正常的碱基对变成错误配对，从而使人体细胞的 DNA 发生结构和功能的改变，产生肿瘤细胞，并且通过尿液将致癌物转移，所以患者多得膀胱癌。

表 2-23 颜料红 38 美国 FDA 认证

物质	限制要求
C.I.颜料红 38(C.I.No.21120)	仅可以使用在符合 21 CFR 177.2600 要求的重复性使用橡胶物品中，在橡胶产品中的总使用量不能超过 10%

德国的许多化工公司和欧洲染料与有机颜料制造商生态学和毒理学协会（ETAD）从 20 世纪 70 年代起，有组织地开展了一系列有机颜料毒理学与生态学的研究工作，没有发现由这些致癌芳香胺制成的偶氮颜料有致癌性的问题。采用动物长期接触的方法对十多个有机颜料进行致癌性测试，没有发现因内源代谢使有机颜料的偶氮键断裂而产生的游离的 3,3-双氯联苯胺和 2-甲基-5-硝基苯胺等致癌芳香胺，也没有发现它们有引起肿瘤的活性，这些都表明有机颜料应该没有致癌性。1996 年 7 月 23 日德国联邦政府又颁布了第五修正案，对 DCB 制成的有机颜料有了一个明确的说法。其中有一条规定如下：1998 年 4 月 1 日起禁止使用在法定分析条件下断裂且释放出致癌芳香胺的偶氮颜料。双氯联苯胺合成的偶氮颜料红 38 由于在法定分析条件下不会断裂，所以选用 DCB 为原料合成有机颜料红 38，进行完全反应，经后处理充分去除 DCB，并通过检测使颜料中痕量芳香胺控制在一定范围内，在使用上是相对安全的。

颜料红 38 在 PVDC 共挤时，需严格控制挤出温度不能超过 200℃，因为双氯联苯胺类颜料当加工温度超过 200℃会发生分解，分解产物为 3,3'-二氯联苯胺，对人体有害，尽管颜料色光在温度上升的过程中没有变化。

颜料红 38 退出火腿肠衣着色的原因是 1997 年后日本吴羽停止了 PVDCKM-10 R50 树脂生产，推出性能比较优越的 PVDC GG98 树脂，由于树脂底色变了，颜料红 38 达不到原来色泽，另一个原因是在国家制定的《食品安全国家标准 食品接触材料及制品用添加剂使用标准》中也没有将颜料红 38 列入。这两个原因导致颜料红 38 退出火腿肠衣着色应用。

② 颜料红 144、颜料黄 110 用于 PVDC 火腿肠衣膜着色。国外跨国公司推荐 Cromophtal Red BRNP（颜料红 144）和 Cromophtal Yellow 3 RLP（颜料黄 110）拼色着色配方，以颜料红 144 为主，颜料黄 110 调色，尽管采用这一配方着色成本上升好几倍，但这两个品种都通过 FDA 认证，各项性能优良，所以该配方一直使用到现在。

③ PVDC 树脂是高结晶性聚合物，与颜料相容性不好，所以色母粒中颜料浓度不宜太高，色母粒添加量适当高一些。

④ PVDC 火腿肠衣标志色是红色，为了应对市场竞争，也有单位推出黄色品种，黄色品种以颜料黄 110 为主，选用颜料红 144 调色。这两个品种各项性能均符合食品卫生要求。

⑤ PVDC 火腿肠衣选择有机颜料着色，必须考虑有机颜料在生产中产生的某些痕量杂质可能影响其使用。GB 9685—2016 规定了着色剂质量、特定重金属、非重金属和特定芳香胺要求，与欧盟 AP（89）1 号决议等同。食品接触性塑料所用着色剂中特定重金属和非重金属的限量要求见表 2-24。

⊡ 表 2-24　食品接触性塑料所用着色剂中特定重金属和非重金属的限量要求

元素要求	锑	砷	钡	镉	铬	铅	汞	硒
限量/%	0.05	0.01	0.01	0.01	0.1	0.01	0.005	0.01

注：特定芳香胺的要求：

1. 以 1mol/L 盐酸和以苯胺表示的初级非硫化芳香胺的含量不得大于 500mg/kg。
2. 联苯胺、β-萘胺和 4-氨基联苯（单独或总量）的含量不得大于 10mg/kg。
3. 通过适当溶剂和通过适当测试测定的芳烃胺的含量不得大于 500mg/kg。
4. 炭黑的甲苯可萃取量不得在任何形式下大于 0.15%。
5. 多氯联苯（PCBs）的限量要求为：不得大于 25mg/kg。

⑥ PVDC 火腿肠衣膜是食品接触包装物，需按 GB 5009.156—2016、GB 31604.1 进行相关试验。需要在乙醇和冷餐油中，于一定的试验条件下浸泡一定时间，检验浸泡液的颜色是否变化，定性判断颜料是否有迁移；测定浸泡液的蒸发残渣量，定量确定肠衣膜向外迁移总量。合格后才能使用，见表 2-25。

⊡ 表 2-25　PVDC 火腿肠衣膜的卫生性能指标

序号	检测项目	技术指标	检测结果	单项结论
1	氯乙烯含量/(mg/kg)	≤0.5	<0.2	合格
2	蒸发残渣/(mg/L) 4%乙酸 29%乙醇 正己烷	 ≤30 ≤30 ≤30	 6.0 3.0 1.8	 合格 合格 合格
3	高锰酸钾消耗量/(mg/L)	≤10	1.3	合格
4	重金属（以 Pb 计）量/(mg/L)	≤1	<1	合格
5	脱色试验浸泡液	阴性	阴性	合格

⑦ PVDC 火腿肠衣色母粒熔融指数要控制在 2g/10min（190℃，2.16kg）以内，封口牢固。

2.5　片材色母粒配方设计

所谓塑料片材是指厚度在 0.2～2mm 之间的软质平面材料和厚度在 0.5mm 以下的硬质平面材料。塑料片材有很多成型工艺：聚氯乙烯压延成型法，设备投资大，片材冲击强度低；PMMA（聚甲基丙烯酸甲酯）浇铸成型法，抗冲击强度高，但间歇生产劳动强度高；热塑性塑料挤出成型工艺，设备简单，成本低，抗冲击强度高，所以获得很大发展，特别是吸塑工艺拓宽了热塑性塑料片材应用范围。

PP（聚丙烯）片材不仅透明度高、阻隔性好、密度低、无毒卫生，而且可以回收利用，在加热或燃烧时不会产生有毒有害气体，不危害人体健康，也不腐蚀设备，是一种新型的绿色环保包装材料。

PP 片材通过热成型等二次加工形式可制成各种制品，主要用于食品、医药、医疗器械等包装。如加工成果冻盒、乳品包装盒、快餐盒、冷饮容器、托盘、微波炉用具等，可用于食品包装；加工成泡罩可用于药品片剂、胶囊等固体制剂的包装等。

2.5.1 PP片材色母粒应用工艺和技术要求

热塑性塑料片材成型工艺与流延薄膜成型工艺中有一个共同点：挤出后的熔融体都经由一个T型扁平口模机头成型，见图2-17，只是根据T型模唇的开合度（厚度）以及制品的软硬度的不同而被划分成膜、片等制品类型。所以这也是我们把热塑性片材归于薄膜的原因。由于片材厚度比薄膜厚，所以对颜料分散要求低，而且片材模头宽度一般在1m左右，树脂流动性要求低，所以对颜料耐热性要求低。PP片材色母粒技术要求可部分参照PE流延薄膜色母粒的要求，只不过耐热性和分散性要求没有那么高而已。

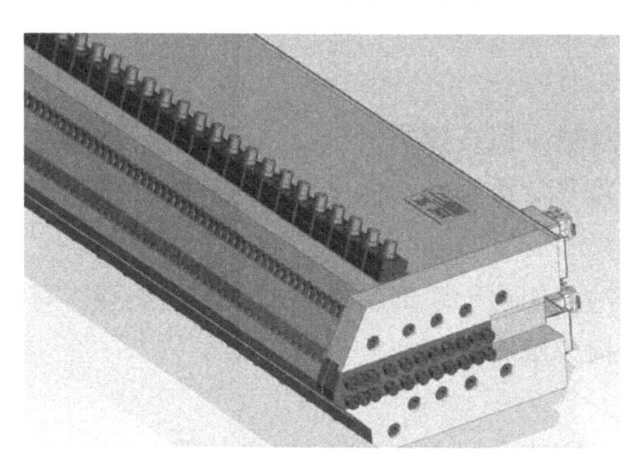

图2-17 T型模头

塑料片（板）材挤出成型工艺相对简单：从排气式单螺杆挤出机挤出，经扁平口模成型，三辊压光机组压光，由牵引辊过渡至冷却、定型成为片（板）材，最后被二辊牵引机引至卷筒包装/或切割堆叠装置（图2-18）。

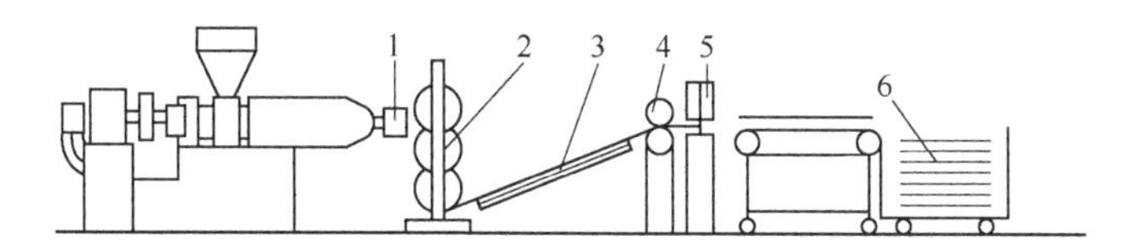

图2-18 板材挤出工艺设备装置图

1—机头；2—定型；3—冷却；4—牵引；5—切割；6—卷取/堆叠

塑料板材挤出加工温度见表2-26。

表2-26 几种塑料板材生产挤出加工温度设置

设备		硬PVC	软PVC	LDPE	PP
挤出机身	1区	120～130	100～120	150～160	150～170
	2区	135～145	135～145	160～170	180～190
	3区	145～155	145～155	170～180	190～200
	4区	150～160	150～160	180～190	200～205
连接模头		150～160	140～150	160～170	180～200
挤出机头	1区	175～180	165～170	190～200	200～210
	2区	170～175	160～165	180～190	200～210

续表

设备		硬 PVC	软 PVC	LDPE	PP
挤出机头	3 区	155～165	145～155	170～180	190～200
	4 区	170～175	160～190	180～190	200～210
	5 区	175～180	190～200	190～200	200～210

塑料片材、板材中使用的色母粒产品应关注分散性、耐光/候性、耐迁移性、安全性等。

(1) 分散性

用于文具、装饰材料、广告材料的片材和板材等需要很好的色彩展现和透明性，不能有色点和瑕疵，分散性直接会影响这些特性的体现。

(2) 耐光/候性

对于灯箱广告、装饰材料，以及建筑材料，如塑料瓦、外墙挂板等所选用的颜料来说，色彩的耐光、耐候稳定性是非常重要的指标之一，应严格筛选，不容忽视。

(3) 耐迁移性

迁移会导致颜色的沾污，如用于装饰制品则严重影响美观，有碍形象；如用于食品接触或玩具等，则对产品安全构成威胁。

(4) 安全性

片材经二次加工后大多数的应用与食品包装、餐饮等有直接关联，因而必须严格遵循 GB 9685—2016、FDA 等国际、国内的指令法规的要求。

2.5.2 PP 片材色母粒配方

PP 片材色母粒是以聚烯烃为载体的色母。要求片材表面光滑，有一定的耐压性和耐冲击性。PP 片材色母粒配方设计见表 2-27。

表 2-27 PP 片材色母粒配方设计

原料名称		要求	含量/%
颜料	无机颜料		0～70
	有机颜料		0～40
润湿剂	聚乙烯蜡	相对密度 0.91～0.93	0～10
润滑剂	硬脂酸锌		0～0.3
填料	碳酸钙	1250 目	0～10
	滑石粉	1250 目	
载体	LDPE/LLDPE	MI 20～50g/10min	X
	PP	MI 20g/10min	
总 计			100

① PP 片材色母粒配方中除了钛白颜料含量能达到 70%，有机颜料含量只能达到 40%。色母粒中颜料浓度是根据客户需求及加工工艺条件来决定的。PP 片材挤出温度在 190～200℃左右，所以大部分经典有机颜料由于色光鲜艳，着色力高，价格合理可用于 PP 片材；无机颜料着色力低，用于拼浅色，色彩稳定性好，特别是米黄色、米灰色选用铁黄、铁红、群青等品种可收到良好效果。

② PP 片材色母粒中润湿剂用量与加工设备及工艺条件有关，例如高速混合双螺杆挤出

工艺与密炼工艺的添加数量完全不同，而且润湿剂用量与颜料的吸油量密切相关，设计配方时需加以关注。

③ 由于 LLDPE 产品本身是粉料，符合色母粒加工工艺要求，一般选用熔融指数 20g/10min 的粉料作为色母粒载体，适当加入粒状 PE 或 LLDPE 有利于物料输送进料和产品加工。

2.5.3 PS 片材色母粒配方

PS 片材是近年发展起来的新型环保包装材料，凭着其优良热成型性能、良好的抗冲击性能、环保性能及卫生性能，广泛应用于医药、食品、玩具、电子和服装等吸塑包装产品，PS 片材一度成为包装产品主流，但是 PS 片材的热性能和价格比不上 PP 片材，所以 PP 片材发展速度远远超过 PS 片材。

① PS 片材色母粒配方设计原则上与 PP 片材色母粒类同，或者说如选用 LDPE 为载体的高浓 PP 片材白色母粒可直接用 PS 片材，产品质量没有问题。但是选用 LDPE 为载体的彩色色母用于 PS 片材会发生开裂，影响抗冲击性能，应选用 PS 载体。可在 PS 载体中混合添加 3%～5%丁苯透明抗冲树脂（简称 K 树脂）或高抗冲聚苯乙烯树脂（HIPS）以增加片材韧性。

② PS 片材色母粒配方设计中不建议加入填料，因为这会影响片材抗开裂性能。

2.5.4 PET 片材色母粒配方

PET/PETP 片材是一种无色透明，结晶性好，极具坚韧性的塑料材料，有似玻璃一样透明的外观，无臭、无味、无毒、易燃烧、气密性良好。PET 塑料材料的线膨胀系数小，成型收缩率低，仅 0.2%，是聚烯烃的十分之一，也较 PVC 和尼龙小，故制品的尺寸稳定。另外，PET 材料生产的吸塑包装制品机械强度佳，其扩张程度与铝相似，强度为聚乙烯（PE）的 9 倍、聚碳酸酯和尼龙的 3 倍，又有防潮和保香性能。虽然聚酯（PET/PETP 片材）具有上述优点，但是其价格较贵，热封困难，易带静电，所以单独使用极少。

双向拉伸聚酯薄膜（BOPET）是一种综合性能优异的高分子薄膜材料，应用领域不断拓展，除传统的包装、印刷、绝缘、装饰外，还拓展到建筑、光学、太阳能、电子等高精尖技术领域。

PET 片材色母除了采用 PET 或 PBT 为载体外，颜料选择系统也不一样，建议参考第 5 章涤纶化纤色母粒。

2.5.5 片材应用——吸塑工艺

要使片材、板材发挥更大的作用，拓展更多的应用领域，就需要对它们进行二次加工，也就是热成型加工。

所谓热成型，就是将一定尺寸和形状的热塑性塑料片/板材夹持在框架上，加热到 T_g（玻璃化温度）～T_f（高弹态温度）之间，并对片材施加压力（气动或机械力），使其贴合在模具型面上，取得与模具型面相仿的形状，经冷却定型和修整最终得到制品的工艺过程。常见的热成型分为真空吸塑成型和压缩空气加压成型，见图 2-19 和图 2-20。常见树脂热成型温度控制见表 2-28。

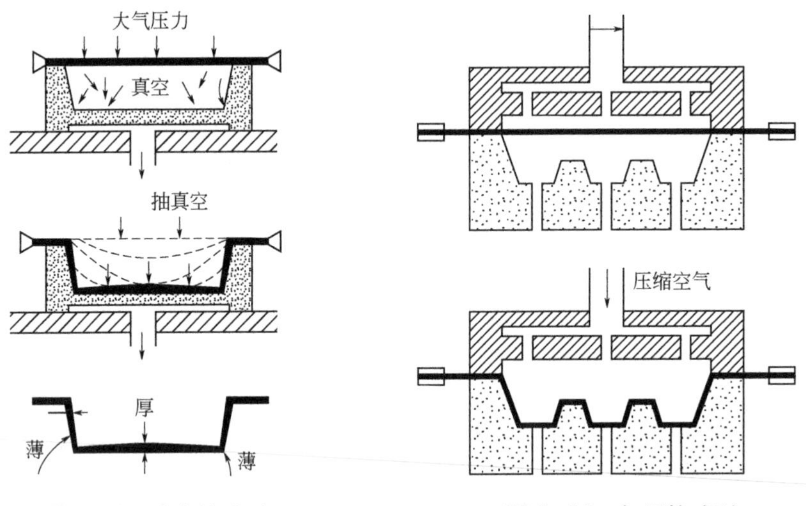

图 2-19 真空热成型

图 2-20 加压热成型

表 2-28 常见树脂热成型温度控制

树脂	模具温度/℃	热成型温度/℃	
		可操作范围	理想温度
HDPE	82	126～182	146
ABS	85	126～182	146
PS	85	126～182	146
PVC	66	93～149	118
PC	137	168～204	191
Cell-Ac（CA）	71	126～182	154
PMMA	85	149～193	177

电缆、管道级色母粒配方设计

把电缆和管道色母归于一章是基于电缆、管道两大领域都是塑料新材料，其创新发展对人类具有重大贡献，其次是它们都采用环型模头挤出成型工艺。

电缆最基本的性能是有效地传播电流或各种电信号。通常它包含一根或多根绝缘线芯，以及线芯各自具有的包覆层以及它的总保护层（电缆护套）。电缆绝缘层和护套层所用的树脂有低密度聚乙烯、高密度聚乙烯、聚丙烯、聚氯乙烯等；特殊电缆使用聚酰胺、氟树脂、聚酰亚胺等。本章主要是对通信电缆、光缆和电缆护套等做详细介绍。

塑料管材是指用于输送气体或液体的，具有一定长度的空心圆形塑料制品。这类制品的厚度与长度之比一般都很小。塑料管材与传统的金属管和水泥管相比，重量轻，一般仅为金属管的 1/6～1/10；有较好的耐腐蚀性、抗冲击强度和拉伸强度；塑料管内壁表面比铸铁管光滑得多，摩擦系数小，流体阻力小，因此可降低运输能耗 5%以上；产品的制造能耗比传统金属管降低 75%，且运输方便，安装简单；使用寿命长达 30～50 年，因此综合性能非常优越。塑料管材目前广泛应用于建筑给排水、城镇给排水以及燃气管道、工业输送和农业排灌等领域，已经成为城建管网的主力军。

塑料管材所用树脂原料有聚氯乙烯、聚乙烯、聚丙烯、ABS、聚酰胺、聚碳酸酯等。本章针对管材中市场量大、质量要求比较高的两大重点品种 PE 压力管、PPR 管以及近年兴起的 PB 管（地暖管）做详细介绍，其他产品可举一反三去参考设计。

3.1 通信电缆色母粒配方设计

市话通信电缆是将聚乙烯包覆的铜线制成通信线束，用于市内电话通信和长途电话网络通信。塑料作为绝缘层包在铜线外，一根市话通信电缆往往有高达千对以上线束，为了区别每一根线的功能必须对每根线的塑料包覆层进行着色，但随着现代化移动通信技术的发展，电话通信慢慢淡出人们的通信方式，但市话通信电缆色母粒曾是色母粒系统一个重要品种，还是有必要对它做一介绍。

3.1.1 通信电缆色母粒应用工艺和技术要求

根据电线电缆应用的特点，颜色的标准性是非常重要的一个指标，行业所规范的各种线缆的标准色和允许误差值是必须遵守的硬性标准。除此以外，所添加的其他化学品包括颜料必须最大限度地保持塑料包覆材料应有的电性能，以确保电线电缆的安全正常使用。

市话通信电缆挤出成型工艺在挤出阶段与其他挤出成型大同小异，仅在挤出口模处不一样：所附加的放线输入定位装置帮助金属线芯准确加入，并与塑料绝缘层共同挤出成为一体。其生产工艺如图 3-1 所示。

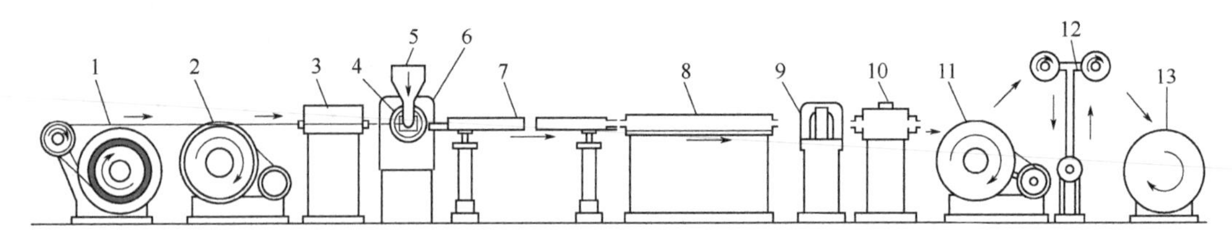

图 3-1 通信电缆挤出生产装置配套

1—放线输入转筒；2—输入卷筒；3—预热；4—电线包覆机头；5—料斗；6—挤出机；7—冷却水槽；8—击穿检测；9—直径检测；10—偏心度检测；11—输出卷筒；12—张力控制； 13—卷绕输出转筒

通信电缆所用绝缘层和护套层树脂有中密度聚乙烯、高密度聚乙烯、聚丙烯、聚氯乙烯等。通信电缆用部分树脂挤出的线缆加工温度见表 3-1。

表 3-1 部分树脂的线缆挤出加工温度 单位：℃

树脂	加料段	熔融段	均化段	机头	口模
PVC	130～160	150～170	155～180	160～175	170～180
HDPE	140～150	180～190	210～220	190～200	200～210
LDPE	130～140	160～170	175～185	170～175	170～180

颜料用于通信电缆绝缘着色必须符合相关线缆应用的特定质量要求。以国际公认的美国农业部农村电气化管理局 REA PE-200 标准为例，其中对颜色的要求必须符合一系列专门的测试指标，具体要求参见表 3-2。

表 3-2 美国 REA PE-200 标准要求

项目	测试条件	技术指标	国外标准
颜色		符合孟塞尔色标	REA PE-200
颜色热稳定性	265℃±3℃	不变色或轻微变色	REA PE-200
耐石油膏性	60℃，72h	石油膏上无色料	
耐溶剂性	煤油，50℃，24h	无褪色	
耐化学试剂性	HCl，10%，50℃，15 天	无变色	
	H_2SO_4，10%，50℃，15 天	无变色	
	NaOH，3%，55℃，15 天	无变色	
颜色迁移性	70℃±2℃，30 天	≤2 级	ESSEX M-139
体积电阻率		$1\times10^{13}\Omega\cdot cm$	REA PE-200

续表

项目		测试条件	技术指标		国外标准
介电损耗角正切	100kHz 1MHz	浸水前	$\leqslant 5\times10^{-4}$		ESSEX M-139
		浸水后			
介电常数（100kC，1MC）		浸水前	2.26～2.33	LDPE	ESSEX M-139
			2.31～2.40	HDPE	
		浸水后	2.21～2.30	PP	

颜料应用于通信电缆上时，除了对色彩的要求以外，需要特别关注分散性、耐热性、纯净度（杂质含量）、耐迁移性、安全性等。

（1）色彩标准

用于通信电缆绝缘的着色必须符合相关线缆应用的特定质量要求。所选用着色剂色彩鲜艳，在较暗淡的灯光下也能辨别。以国际公认的美国农业部农村电气化管理局 REA PE-200 标准为例，色泽需符合孟塞尔色标颜色，行业所规范的各种线缆的标准色和允许误差值是必须遵守的硬性标准。

国际上通常采用孟塞尔颜色系统来标定色度坐标，书写方式是 HV/C(色调、明度、彩度)。电缆色母粒的十种颜色的色度坐标见表 3-3。

表 3-3 电缆色母粒的十种颜色的色度坐标

颜色	红	橘	棕	黄	绿	蓝	紫	白	灰	黑
孟塞尔	2.5R	2.5YR	2.5YR	5Y	2.5G	2.5PB	2.5P	N9 /	N5 /	N2 /
坐标	4/12	6/14	3.5/6	8.5/12	5/12	4/10	4/10			

（2）分散性

通常电线绝缘层的厚度较薄（0.16 ~ 0.2mm），挤出速度快，尤其是现今的高速线缆生产线的基础线速度高达 1500 ~ 2500m/s，最高达 3000m/s。其挤出层的质量要求非常高，每 20km 长电缆线的火花击穿点需≤3 个。如果颜料在挤出的绝缘层有不良分散点，将会引起火花击穿，致使产品不合格或严重影响生产的正常进行。因此电线电缆对颜料分散性的要求是非常高的。

（3）耐热性

色母粒用于电线电缆中时，首先必须耐受电缆高速挤出加工过程的 260℃高温，此外还需要通过制成品的一系列耐高温测试要求以及实际应用的环境温度的考验。

（4）电性能

电缆着色用颜料应符合电缆电性能要求，性能不好的颜料会导致电缆耐击穿性的下降，极性大的颜料会影响树脂的介电常数和介电损耗，导致电缆在使用过程护套发热，通信电缆信号不稳等。颜料在生产反应和磨粉加工过程中可能会带入或残留一些杂质。一旦这些杂质随颜料混进线缆绝缘层，尤其是一些具有导电性的杂质，比如金属微粒、残留的盐类等，都有可能引起电线电缆的耐击穿性性能下降。因此需选择颜料纯净度好、杂质含量低、电导率低的产品。

（5）耐迁移性

电缆中所有的线的功能是以规定的颜色区别的，如果所使用的颜料有迁移性的问题，它们之间的颜色会因迁移而相互沾污，会降低线缆的识别度，给安全留下隐患；另外，为了提高通话质量，在各色通信电缆和护套层之间会填充石油膏，一旦有迁移发生，也会给安装使用造成麻烦。因此，颜料在电线电缆的应用上一定要强调耐迁移性。

（6）安全性

根据《关于限制在电子电气设备中使用某些有害成分的指令》（简称《RoHS 指令》），美国国会提出 H.R.2420 法案（电器设备环保设计法案），其均质材料中铅(Pb)、六价铬(Cr^{6+})、汞(Hg)、多溴联苯(PBB)和多溴联苯醚(PBDE)的含量不得超过重量的 0.1%，镉(Cd)的含量不得超过重量的 0.01%。其他的一些国家或行业法规和指令也明确设定了相关的指标，限定了包括电线电缆在内的电子电器应用中所使用的原材料对受限物质如特定的金属、卤素以及其他化学品的限量控制。

3.1.2 通信电缆色母粒配方

市话通信电缆色母粒是以聚乙烯为载体的色母。用于电缆着色的要求：电缆表面光滑，需符合孟塞尔色标颜色，分散性好，满足火花击穿要求，耐迁移性好。通信电缆色母粒配方设计见表 3-4。

表 3-4 通信电缆色母粒配方设计

原料名称		技术要求	含量/%
颜料		钛白粉	0～50
		无机颜料	0～30
		有机颜料	0～20
润湿剂	聚乙烯蜡	相对密度 0.91～0.93	0～8
抗氧剂	金属钝化剂	MD1024	0～0.5
填料	立德粉		0～30
载体	LDPE/LLDPE	MI 7～50g/10min	X
	PP	MI 20g/10min	
总 计			100

电缆级色母粒配方设计要点可参考 2.1.1 节中的叙述。

① 由于电线绝缘层的厚度一般较薄（0.16 ~ 0.2mm），如此薄的绝缘层要做到不透明，需要有好的遮盖力，所以色母中钛白粉添加量不能少，如果是纯白色母粒，钛白的含量要达 50%以上，如果是彩色母粒，虽然颜料也具有一定遮盖力，但色母中的钛白粉的含量也需达到 25% ~ 30%左右。

② 在《关于限制在电子电气设备中使用某些有害成分的指令》（RoHS）推出前，无机颜料因为遮盖力好，耐热性优异，常选来用于通信电缆色母粒黄色、橙色品种。但 RoHS 标准的目的在于消除电子电器产品中的铅、汞、镉、六价铬的重金属含量，铬系的无机颜料已不能用了。采用有机颜料取代黄色、橙色品种，但有机颜料棕色品种不多，选用有机颜料拼棕色时，由于着色力高，会有色差和性能问题。采用纯净氧化铁系列无机颜料具有一定的优越性。

③ 有机颜料在生产过程中，有酸碱中和反应，会有大量盐分产生，因此颜料在生产压滤工序时需用水漂洗来解决该问题。由于目前环保高压，废水排放需收费而且排放量受限制，所以有的企业会减少漂洗量，导致电线绝缘层母粒中金属盐的含量过多，引起电性能不达标。可以采用 GB 5211.12—2007《颜料水萃取液电阻率的测定》中规定的方法检验颜料的金属盐。

④ 对于无卤要求的色母粒，需要筛选不含卤素的颜料，某些颜料虽然结构无卤，但生产颜料过程中使用的含氯溶剂或中间体，可能导致卤素超标。

⑤ 为了防止电缆料产生降解、龟裂等老化现象，提高耐环境应力开裂性能，通常需要添加适量的抗氧剂。可添加抗氧剂 MD1024。抗氧剂 MD1024 是一种针对加工过程和长时间的使用，应用于有机共聚物的稳定剂和高效金属钝化剂，防止塑料与金属接触导致的热氧化降解，可单独使用，与酚类抗氧剂 1010 混合使用效果更佳。

⑥ 配方中可以选择性加入填料立德粉（$ZnS \cdot BaSO_4$），立德粉也是一种白颜料，是硫化锌及硫酸钡的混合物。由硫酸锌和硫化钡溶液起反应而得的沉淀，经过滤、干燥及粉碎后，再煅至红热，倾入水中急冷而得。遮盖力次于钛白。填料立德粉最大用量不得超过 30%。

⑦ 通信电缆色母粒载体应与电缆料相容性好，载体树脂的熔融指数稍大于电缆绝缘料的熔融指数，不影响绝缘料的电性能。通信电缆色母粒载体通常采用聚烯烃树脂，如果用于 HDPE 电缆可选择 LLDPE、LDPE 为载体，如果用于 PP 电缆可选择低熔融指数的 LDPE 为载体。

3.1.3 通信电缆色母粒配方中颜料选择

一根市话通信电缆往往有高达千对以上的线束，为了区别每一根线的功能，必须对每根线的塑料包覆层进行着色。全色谱的含义是指电缆中任何一对芯线，都可以通过各级单位的扎带颜色以及线对的颜色来识别。

颜色两两组合成全色谱线对：

领示色 a 线：白（W）、红（R）、黑（B）、黄（Y）、紫（V）

领示色 b 线：蓝（B）、橘（O）、绿（G）、棕（Br）、灰（S）

通信电缆色母粒用于高密度聚乙烯高速挤出包覆铜丝，所以大部分经典有机颜料（如双氯联苯胺双偶氮颜料和单偶氮色淀颜料）由于色光鲜艳，着色力高，价格合理，可用作通信电缆的颜料、通信电缆色母粒可用的有机颜料见表 3-5。

表 3-5 通信电缆色母粒可用的有机颜料

颜料种类	产品名称	化学结构	色泽	耐热性/（℃/5min）	耐光性/级	耐候性/级	耐迁移性/级
有机颜料	颜料黄 83	双偶氮	红光黄	200	7	5	5
	颜料黄 13	双偶氮	中黄	200	7～8		4～5
	颜料黄 180	苯并咪唑酮	中黄	290	7～8		5
	颜料橙 13	双偶氮	黄光橙	200	4		2
	颜料橙 64	苯并咪唑酮	正橙	300	7～8	3～4	5
	颜料紫 23	二噁嗪	蓝光紫	280	8	4	4
	颜料红 48:2	偶氮色淀	蓝光红	220	7		4～5
	颜料蓝 15:3	酞菁	绿光蓝	280	8	4～5	5
	颜料绿 7	酞菁	蓝光绿	300	8	5	5
无机颜料	颜料白 6	钛白	白	>300	8	5	5
	颜料黑 7	炭黑	黑	>300	8	5	5
	颜料红 101	氧化铁	棕	>300	7～8	5	5

3.1.4 通信电缆色母粒应用中出现的问题和解决办法

火花耐压试验是一种快速和连续的耐电压试验方法。要求每 20km 长电缆线的火花击穿点≤3 个。此试验的目的主要发现工艺中的缺陷或试样材料中是否混有杂质，以保证产品的基本电气性能，市话通信电缆挤出时火花数太多的原因见表 3-6。

⊡ 表 3-6 市话通信电缆挤出时火花数太多的原因

问题	原因	排除方法
市话通信电缆挤出时火花数太多	绝缘层有不良分散点	选择易分散的颜料 选用润湿性能好的分散剂 选用合适的加工工艺，增加剪切力
	色母粒中含水量太高	增加干燥工艺，控制含水量在 300×10^{-6} 以下
	颜料在生产过程中可能会残留一些金属杂质	选择电导率好的颜料产品
	色母粒中含有杂质太高	色母生产场地空气中有灰尘，做好环境空气净化工作 过滤网加细

3.2 光缆色母粒配方设计

人类社会现在已发展到了信息社会。声音、图像和数据等信息的交流量非常大。以前的通信手段已经不能满足现在的要求，而光纤通信以其信息容量大、保密性好、重量轻、体积小、无中继段距离长等优点得到广泛应用。光缆是当今信息社会各种信息网的主要传输工具。如果把“互联网”称作“信息高速公路”的话，那么，光缆就是信息高速公路的基石。光通信技术具有大带宽、低损耗等优势。光纤是现代通信网络的奠基石。随着移动通信步入 5G 时代，5G 时代的网络将趋于密集化，因此连接这些基站进行前传和回传的光纤网络需求也将大大增加。

3.2.1 光缆色母粒应用工艺和技术要求

光缆是一定数量的光导纤维按照一定方式组成缆心，以光波为载波，以光导纤维（简称光纤）为传输介质的通信工具，用以实现光信号传输。光缆一般是由缆芯、加强钢丝、填充物和护套等几部分组成，另外根据需要还有防水层、缓冲层、绝缘金属导线等构件，见图 3-2。

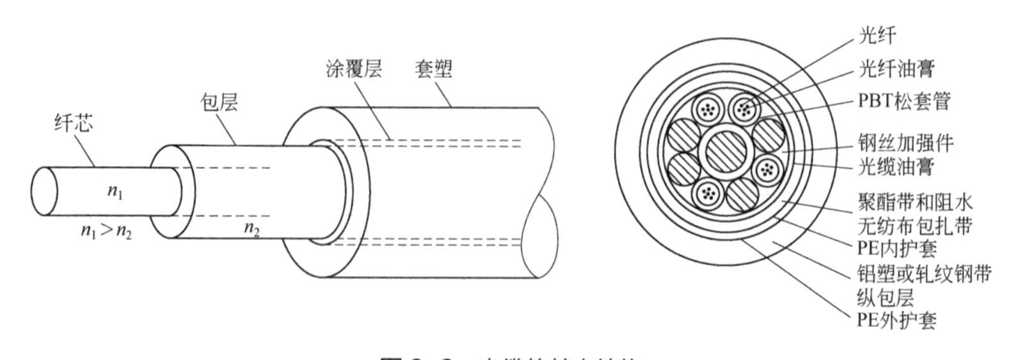

图 3-2 光缆的基本结构

光缆的制造一般分以下几个过程，见图 3-3。

① 光导纤维的筛选：选择传输特性优良和张力合格的光纤。

② 光纤的染色：应用标准的全色谱来标识，要求高温不褪色、不迁移。

③ 二次挤塑：选用高弹性模量、低线膨胀系数的树脂挤塑成一定尺寸的管子，将光纤纳入并填入防潮防光缆的水凝胶，最后存放几天（不少于两天）。

④ 光缆绞合：将数根挤塑好的光纤与加强单元绞合在一起。

⑤ 光缆外护套：在绞合的光缆外加一层护套。

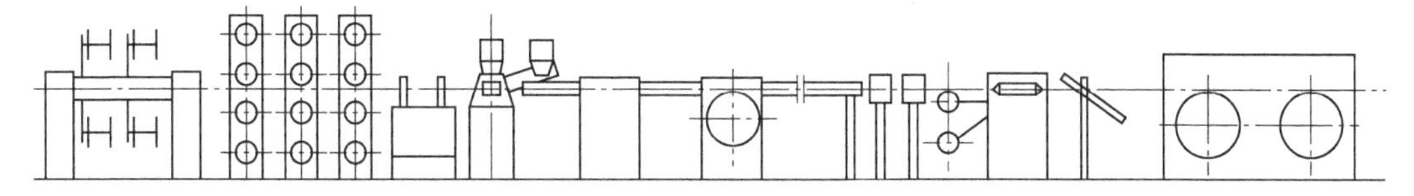

图 3-3 光缆的制造过程

光纤是由石英拉成的细丝，因其很脆弱，易折断，所以生产时会将 1 根或多根光纤置于松套管内，再填上油膏。然后再加上加强芯（用于增加光缆强度）和外护层（如铝箔层和聚乙烯护套）等就制成了光缆，见图 3-4。光缆的内护层只对已成缆的光纤芯起保护作用，避免受外界机械力和环境损坏，使光纤能适用于各种敷设场合，因此要求内护层具有耐压力、耐热、防潮、重量轻、耐化学侵蚀和阻燃等特点。光缆内护层松套管大多数采用的是 PBT 材料，光缆护套大多数使用的是 PE，前者属于聚酯类，后者属于聚烯烃类。本节主要以 PBT 用的光缆色母来讨论，下节讨论外护层护套。

PBT 即聚对苯二甲酸丁二醇酯，主链是由每个重复单元为刚性苯环和柔性脂肪醇连接起来的饱和线型分子组成，分子的高度几何规整性和刚性部分使聚合物具有高的机械强度，突出的耐化学试剂性、耐热性和优良的电性能；分子中没有侧链，结构对称，满足紧密堆砌的要求，从而使这种聚合物有高度的结晶性和高熔点。分子的结构决定了 PBT 具有良好的综合性能，耐腐蚀性强、易成型加工及价格低廉等。在光通信领域，PBT 主要用作光缆二次套塑材料（光缆松套管）。

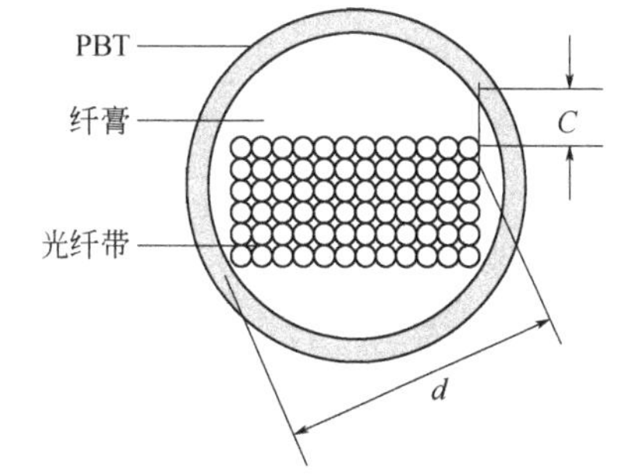

图 3-4 光纤带松套管

光缆的 PBT 色母的应用是区分松套管色谱，光缆的 PBT 色母粒要求如下。

（1）耐热性

PBT 分子中没有侧链，结构对称，有高的结晶度和高熔点，成型加工温度为 250 ~ 270℃，此外，也还需要通过制成品的一系列耐热测试要求以及实际应用的环境温度的考验。所以要求颜料耐 270℃以上高温。

（2）分散性

通常 PBT 内护层的厚度较薄，挤出速度快，挤出层的质量要求非常高，由于不能选用溶剂染料，如果颜料在挤出的绝缘层有不良分散点，将会致使产品不合格或严重影响生产的正常进行。而且应用光纤套管着色后还会影响套管的余长，因此光缆对颜料分散性的要求是非常高的。

（3）迁移性

PBT 内层松套管的作用是通过填充阻水油膏，防止水和潮气产生的氢氧根对光纤产生破坏，同时减少光纤之间的摩擦。尽管 PBT 树脂玻璃化温度高，但还是应避免选用溶剂染料着色。所选用颜料需耐迁移，如果所使用的颜料有迁移性的问题，它们之间的颜色因迁移而相互沾污，会降低光缆护套的识别度，给安全留下隐患。

（4）色彩标准

松套管同时对多芯光纤进行分组，电缆中所有的线的功能是以规定的颜色区别的，颜色需满足客户提出的要求，常用的有红、蓝、绿、灰、白等颜色。

（5）安全性

根据《RoHS 指令》，美国国会提出 H.R.2420 法案（电器设备环保设计法案），其他的一些国家或行业法规和指令也明确设定了相关的指标，限定了包括光缆在内的电子电器应用中，所使用的原材料对受限物质如特定重金属的限量控制。

3.2.2 光缆级 PBT 色母粒配方

光缆级 PBT 色母粒是以 PBT 为载体的色母。用于光缆着色要求：光缆表面光滑，分散性好、耐迁移性好，满足石油膏填充要求。光缆级色母粒配方设计见表 3-7。

表 3-7 光缆级色母粒配方设计

原料名称		技术要求	含量/%
着色剂		钛白粉	0～50
		有机颜料	0～20
润湿剂	共聚蜡	丙烯酸共聚蜡	0～12
润滑剂		EBS	0～0.5
抗氧剂	复合	B900	0～0.02
填料		硫酸钡	0～25
		滑石粉（超细）	0～5
载体	PBT	特性黏度>1.20dL/g	*X*
总　计			100

① PBT 色母的添加量一般希望为 1%，如色母粒添加量过高，会劣化 PBT 套管的性能，由于一般色母粒的融化温度低于主料 PBT 融化温度，再加上含水，会使其加速氧化和吸附在挤出螺槽表面，从而导致出料量产生变化，不利于生产工艺的稳定性。色母粒添加量过高还会降低松套管的强度，即抗侧压能力。

② 光缆内充填油性物质，选用溶剂染料会发生迁移，所以光缆用的着色剂还是选择有机颜料，要求有机颜料能耐 270℃以上高温，见表 3-8。

表 3-8 适用 PBT 光缆色母粒用的主要颜料品种和性能

序号	产品名称	色泽	耐热性/（℃/5min）	耐光性/级	耐候性/级	耐迁移性/级
1	颜料黄 180	中黄	290	7～8		5
2	颜料红 214	中红	300	7～8	3	5
3	颜料紫 23	蓝光紫	280	8	4	4

续表

序号	产品名称	色泽	耐热性/（℃/5min）	耐光性/级	耐候性/级	耐迁移性/级
4	颜料蓝 15:3	绿光蓝	280	8	4～5	5
5	颜料绿 7	蓝光绿	300	8	5	5
6	颜料白 6	白	>300	8	5	5
7	颜料黑 7	黑	>300	8	5	5

③ PBT 有高的结晶度和高熔点，有极性并且成型温度高，选择 PBT 色母粒的分散剂需要既与颜料有很好的润湿性，又与树脂有很好的相容性。

带有极性官能团的共聚聚乙烯蜡可以提高颜料的分散和色泽均匀度，由乙烯与丙烯酸共聚得到的乙烯-丙烯酸共聚蜡有卓越的热稳定性、特殊的黏性特征、广泛的相容性，可用作 PBT 色母的分散剂。可选择产品如美国霍尼韦尔 AC 540A。共聚蜡中丙烯酸含量增加，产品越来越软，黏度越来越高，见表 3-9。

表 3-9 乙烯-丙烯酸共聚蜡的品种和性能

类别	密度/（g/cm^3）	酸值/(mgKOH/g）	熔点/℃	布鲁克菲尔德黏度（190℃）/mPa·s
AC 540A	0.93	40	105	575
AC 580	0.93	75	95	650
AC 5120	0.93	120	92	600

如将金属离子锌与 AC 540A 进行中和可得到离子型聚合物，如美国霍尼韦尔 Aclyn 295A，见图 3-5。从图中可看出，分段的聚合物有不同的两个区域，一个为聚乙烯富集链段，如“壳”中显示；另一个区则有许多（或群集体）金属阳离子-羟酸盐负离子对，如“芯”中所示。但是，在“壳”周边的一些离子对，由于位阻而不会成为“芯”中部分。

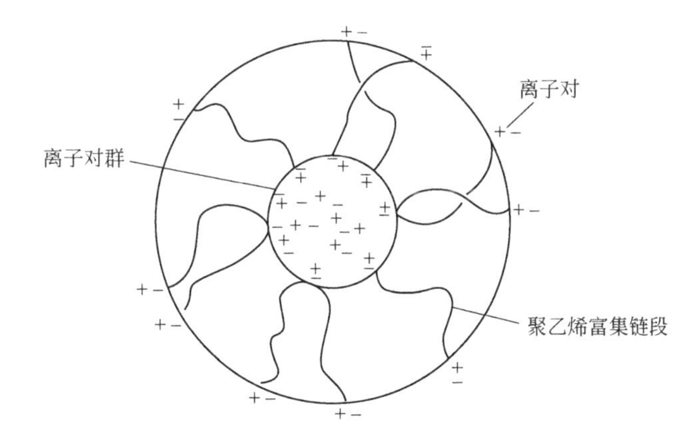

图 3-5 离子交联聚合物的“壳-芯”模板

离子聚合物的熔融黏度远远大于其相应的乙烯-丙烯酸共聚物，而且随着中和百分比的增加，其熔融黏度越来越大，见表 3-10。而高黏度在塑料熔体剪切中的重要性是显而易见的。离子聚合物 Aclyn 295A 用于光缆 PBT 色母粒，对颜料分散更佳。

⊡ 表 3-10　不同金属离子乙烯-丙烯酸基本共聚物品种和性能

类别	名称	硬度	熔点/℃	布鲁克菲尔德黏度（190℃）/mPa · s
Aclyn 246A	100%Mg	1.0	95	7000
Aclyn 272A	50%Na	1.2	105	1400
Aclyn 276A	100%Na	1.1	98	70000
Aclyn 293A	25%Zn	1.7	101	500
Aclyn 295A	100%Zn	1.0	99	4500

离子聚合物能促进颜料的分散性，使颜料表面润湿，阻止颜料的团聚。与其他蜡相比，热稳定性更好，见表 3-11，黏性更高，更容易破碎。分散的颜料聚集体与树脂有好的相容性，能更好地形成均一的颜料分散体。

⊡ 表 3-11　AC 6A、AC 400A 、AC 540A、Aclyn 295A 在空气中的热失重分析

产品名称	温度/℃								
	150	200	250	275	300	325	350	375	400
AC 6A	0	0	0	1.7	7.0	15.0	72		
AC 400A	0	0	0	1.8	7.5	17.0	58		
AC 540A	0	0	0	2.0	6.5	13.0	52		
Aclyn 295A	0	0	0	0.4	2.2	4.0	6.5	8.5	12

④ 色母粒可选用复合抗氧剂 B900（168∶1076 为 4∶1），有利于提高加工性能。

⑤ 光缆级 PBT 色母粒可适当选择功能性填料，特别在颜料分散体系中加入适量硫酸钡后，硫酸钡粒径约为 0.7μm。当颜料由于润湿剂作用下由二次粒子变成一次粒子时，硫酸钡粒子可均匀地分布夹杂于颜料一次粒子之间，从而提高了颜料的分散效率。硫酸钡表面带有一定静电荷，具有空间位阻和静电排斥作用，可阻碍颜料粒子间的絮凝聚集，从而使颜料粒子在剪切分散中得以充分延展，减少了颜料粒子的絮凝聚集机会，大大减轻了颜料粒子的团聚现象，提高了颜料在塑料中的分散稳定性。

滑石粉作为填充剂可提高制品的刚性，改善尺寸稳定性和高温抗蠕变性。滑石粉对 PBT 起到明显的成核作用，使 PBT 球晶细化，提高了 PBT 的结晶速率、结晶峰峰值温度和熔融焓，缩短了 PBT 的结晶周期，使 PBT 的热变形温度提高了 21 ~ 27℃，但滑石粉添加量不宜太多。

⑥ PBT 色母粒容易吸潮，PBT 树脂的初始黏度、端羧基含量和水分是 PBT 树脂湿热老化过程中的关键控制因素，PBT 树脂中初始端羧基含量越低，其耐湿热老化性能越好，PBT 色母的添加量一般为 1%，如含水量过高的话，会造成 PBT 管无法正常成型的严重后果，所以需控制 PBT 色母粒含水量小于 0.5%。加入微量的碳化二胺即可大幅度地提高 PBT 树脂耐水解性。

⑦ 色母粒中的杂质无论是无机杂质（机械杂质）还是有机杂质（颜料生产中的金属盐）都对 PBT 色母质量有影响，在造粒成型时选用高目数过滤网并注意及时更换新网。

⑧ 在 PBT 色母粒制成光纤套管后，光纤套管遇冷之后会收缩，衡量光纤套管收缩长度的指标为光纤套管的余长。在实际生产中，颜料的颗粒大小是决定光纤套管余长的关键因素，颜料颗粒过大，容易造成光纤套管的余长过长；颜料分散均匀，制成的光纤套管的余长可以稳定。

3.3 电缆护套黑色母粒配方设计

电缆护套是电缆的最外层，作为电缆中保护内部结构安全最重要的屏障，保护电缆在安装期间和安装后不受机械损坏。电缆护套不是要取代电缆内部的加固防具，但它们可以提供相当高水平但有限的保护手段。此外，电缆护套还可防止水分、化学物质、紫外线和臭氧对电缆的侵蚀。

3.3.1 电缆护套黑色母粒应用工艺和技术要求

我国已制定国家标准 GB/T 15065—2009《电线电缆用黑色聚乙烯塑料》，对通信电缆、光缆、海底电缆护套技术要求做了明确规定。黑色电缆护套的要求是耐大气老化，耐日光曝晒和耐环境应力开裂性好，使用寿命长。

护套材料专用基础树脂有高密度聚乙烯、中密度聚乙烯、低密度/线型低密度聚乙烯。其中，高密度聚乙烯分子链结构规整，分子链具有更少的支链结构，且支链更短，分子链排列整齐，分子链间距离小，分子链间作用力大。高密度聚乙烯的这些结构特点决定了其具有以下基本性能：密度较高，结晶性好，结晶度大，分子层间作用力大，宏观表现为拉伸强度等力学性能优于低密度/线型低密度/中密度聚乙烯，材料硬度高，耐磨损性能优异，耐化学腐蚀性能好。但由于其熔体流动性、材料柔韧性略差，对材料的加工有更高的要求。

电缆护套目前以黑色为主，炭黑可作为一种光稳定剂加入到基础树脂中生产电缆护套，以起到防止紫外线的作用，可满足电缆 50 年使用寿命。

电缆护套黑母粒需要特别关注分散性、粒径大小、纯净度（杂质含量）等。炭黑含量、炭黑粒径大小、分散性等因素对电缆护套耐紫外线辐射老化、耐热老化等长期性能影响巨大。

（1）粒径大小

塑料树脂的老化主要是光、热、臭氧等作用产生光氧老化和热老化，其中光影响最大，尤其是 400nm 以下的紫外线辐射。塑料曝晒于日光中，会吸收紫外线，紫外线的能量使塑料表面附近的分子分解并产生自由基，生成的自由基和氧及聚合物分子反应，产生的过氧基再和聚合物反应而导致聚合物表面开裂、发脆和力学性能下降。

炭黑的粒径较小时，因表面积增大，其吸收光或遮光能力增加，故紫外线防护作用增强。为了达到预期效果，出于安全考虑炭黑粒径应小于 25nm，电缆护套中炭黑含量一般规定在（2.5±0.5）%范围内，可以达到完美的紫外线屏蔽作用，可满足电缆 50 年使用寿命要求。

（2）分散性

电缆护套是电缆的最外层，电缆护套表面光滑度是一项重要的性能指标。炭黑的分散性与电缆护套表面光滑度有很大的关系，国家标准规定微观分散程度等级应≤3（ISO 11420 以及 NFT51.142）。

除了外观之外，电缆护套中未分散的炭黑附聚体可能导致护套过早变坏，这也是一个重大的安全隐患。

众所周知，炭黑粒径越细，就越难分散，这是因为较小粒径有较大表面积，需要较高能量去润湿。所以选择炭黑粒径小于 25nm，而且含量高达 2.5%，对炭黑的分散性要求之高就可想而知了。

(3) 炭黑纯净度（杂质含量）

炭黑纯净度分为化学纯净度和物理纯净度，化学纯净度是指炭黑中碳元素含量的高低，物理纯净度包括杂质、筛余物、水分等，尤其是铜、锰金属化合物均对电缆护套料产品质量有影响。

3.3.2 电缆护套黑色母粒配方

电缆护套黑色母粒是以聚乙烯为载体的色母。用于电缆护套要求：电缆表面光滑，分散性好，符合国家标准 GB/T 15065—2009 要求。电缆护套黑色母粒配方设计见表 3-12。

表 3-12 电缆护套色母粒配方设计

原料名称		技术要求	含量/%
颜料	炭黑	粒径≤25nm	40
润湿剂	聚乙烯蜡	相对密度 0.91～0.93	0～10
抗氧剂	硫代双酚类抗氧剂	300	0～0.3
润滑剂	硬脂酸锌		0～0.3
载体	LLDPE	MI 20g/10min	*X*
总 计			100

电缆护套材料专用基础树脂是聚乙烯，聚乙烯容易发生光老化，本身没有吸收光线的基本基团，其产生光氧降解的原因是聚合物合成和加工过程中体内的残留微量过渡金属和引发剂残基，或聚合物链中含有的少量羰基、过氧化氢基团等。这些基团能强烈吸收紫外光，引起聚合物光氧降解反应，导致电缆护套在紫外线的照射下发生开裂。

炭黑是一个多核芳烃结构，其周边含有邻羟基芳酮结构，所以能吸收紫外线，并兼有抗氧剂和光屏蔽剂作用，从而使聚合物吸收的紫外线减少。另外炭黑表面的羟基、羧基等含氧基团能和聚合物受紫外线照射分解后产生的基团反应，从而起到清除这些基团的作用，从而防止聚合物的进一步分解。

电缆护套选择炭黑为原料，不仅起到着色的作用，还可作为很好的紫外线吸收剂。当炭黑含量在（2.25±0.25）%的范围内，分散性≤3 级时，护套的残余断裂伸长率在 30 年不会低于 80%。可满足电缆护套 50 年使用寿命要求。

炭黑对塑料的紫外线老化的防护作用，取决于炭黑的粒径、结构和表面化学特性及添加量。电缆护套色母粒中炭黑的选择是关键中的关键。

(1) 炭黑的粒径

炭黑原始粒径对塑料老化的影响见图 3-6。

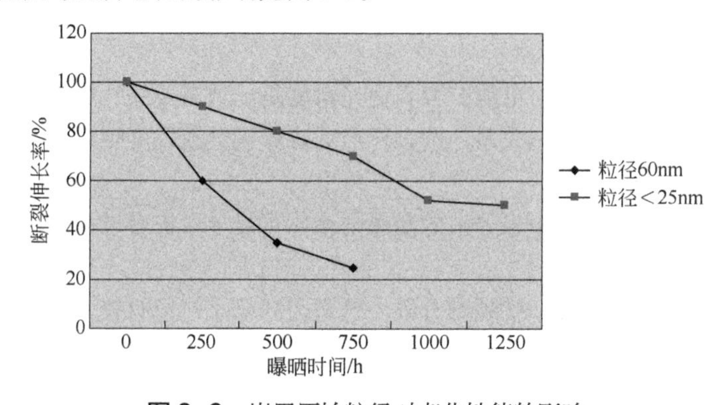

图 3-6 炭黑原始粒径对老化性能的影响

炭黑的粒径较小时，因表面积增大，其吸收光能力增加，故紫外线防护作用增强，详见图 3-7。但粒径比 20 ~ 25nm 更小时，其防护作用趋于同一水平，原因是当粒径过小时，逆向散射减少，而继续向前的光会威胁聚合物的稳定性。

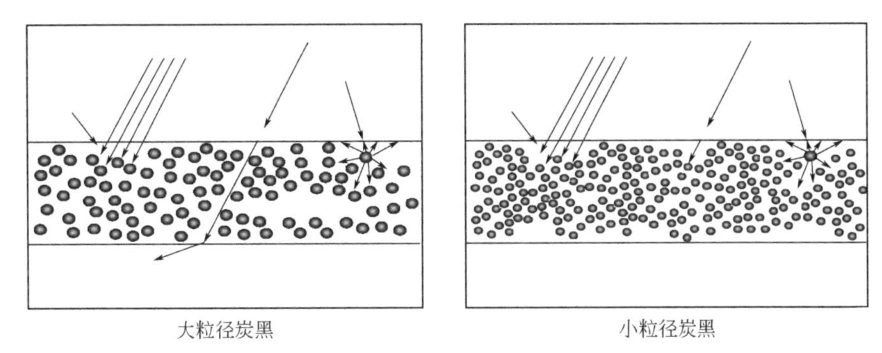

图 3-7 小粒径炭黑有利于提高聚乙烯的抗老化性

过去人们常认为炭黑是由球形或近球形粒子单个的或几个聚结成链枝状聚集体组成的，见图 3-8。

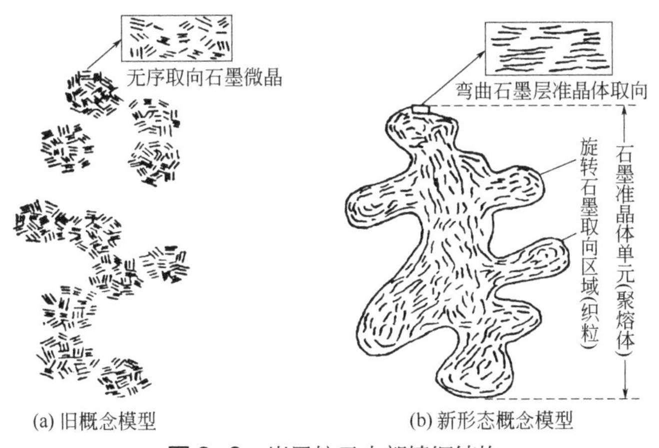

图 3-8 炭黑粒子内部精细结构

高分辨率电子显微镜问世之后，人们可以清晰地看到炭黑粒子内部的精细结构：炭黑是由层平面围绕多个生长核心分布，各层常常是弯曲的、连续的。也可以看到一层挤在某两层之间的情形，而较外层则连续地围绕聚集体内所有核心分布，形成完整的聚集体，炭黑聚集体从图 3-8 中可以看得很清楚。

电镜法是直接观察和测定炭黑粒径的主要方法。通常测定粒子的平均几何直径，测定步骤包括制备试样、成像拍摄、放大倍数校正以及统计计数。由于炭黑分布不均，都需要测量几百个甚至上千个粒子的直径才有代表性。所以一般炭黑粒径测试周期较长。近年来根据 BET 多分子吸附理论采用氮吸附法测定炭黑比表面积来测定炭黑粒径，方法简便快速，见图 3-10。

(2) 炭黑的添加量

添加量为 0.5%的小粒径炭黑（20nm）与 2%的相对粗粒径的炭黑（60nm）几乎具有同样的光保护作用，见图 3-11。当然从成本和性能考虑，应选择粒径细（如 20nm）的炭黑。

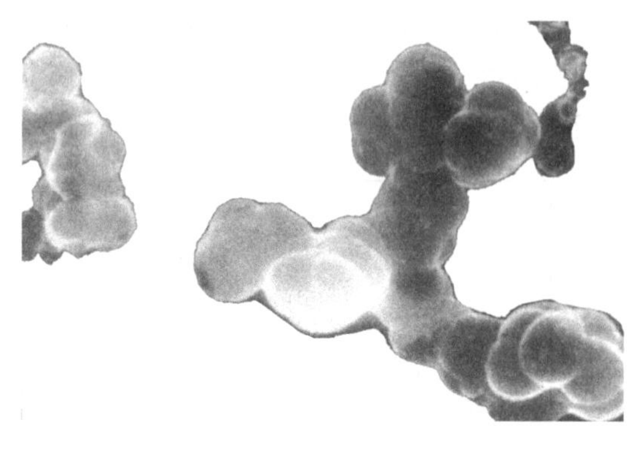

图 3-9　电子显微镜下炭黑粒子内部的精细结构

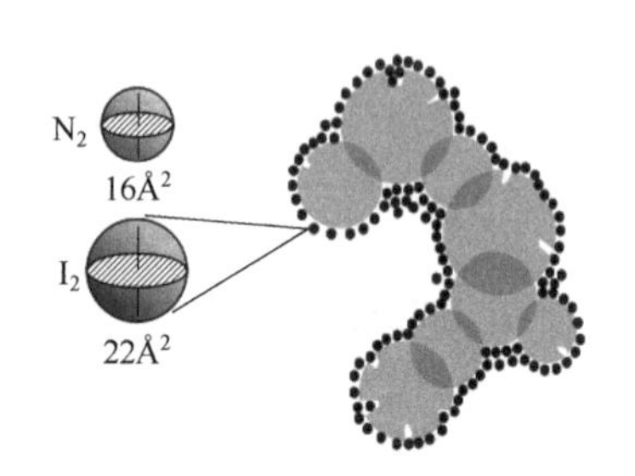

图 3-10　氮吸附法测定炭黑比表面积

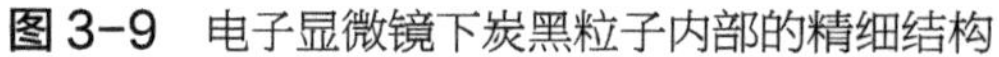

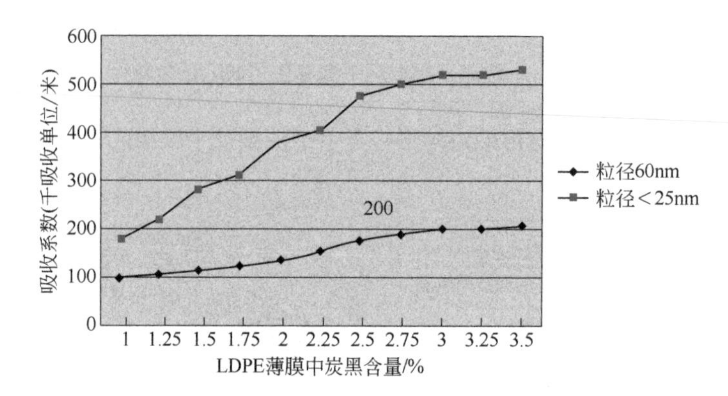

图 3-11　炭黑添加量对紫外线吸收的影响

从图 3-11 可以看到，粒径 60nm 炭黑添加量增加，炭黑吸收系数增加不明显而粒径小于 25nm 炭黑添加量从 1%增加到 2.5%时，炭黑吸收系数大幅度增加，炭黑添加量大于 2.5%后，增加减缓。试验证明当一定粒径大小的炭黑添加量为 2%以上时可以达到完美的紫外线屏蔽作用。

(3) 炭黑的结构

炭黑的结构是以炭黑粒子间聚成链状或葡萄状的程度来表示的。炭黑粒子不仅以原生粒子形式存在，而且会熔结成凝聚体。这种凝聚体是由原生粒子经化学键结合形成的。在凝聚过程中，由大量链枝的原生凝聚体构成的炭黑称为高结构炭黑。而原生凝聚体由较少链枝原生粒子组成的炭黑，则称为低结构炭黑。一般链枝越多越密，其结构性越高，反之则结构性越低。

炭黑的结构主要取决于聚集体的形状、大小，即聚集体中粒子数以及聚集体之间的附聚程度，结构较低，即聚集体尺寸较小，聚集体几何体积较小，会增加逆向散射，因此会增强对聚合物的防护作用，这也是结构较低的炭黑耐老化性能好的原因。

炭黑的结构是炭黑链枝复杂程度或炭黑聚集体不规整性的表征方法，常用吸油值表示，见图 3-12。

(4) 炭黑的表面化学性

炭黑在塑料中的防老化作用和对紫外线的屏蔽作用主要是由炭黑的特殊结构所决定的。炭黑作为紫外光稳定剂在塑料中所起的作用有：把光能转化为热能；保护塑料表面免遭一定波长的射线照射。

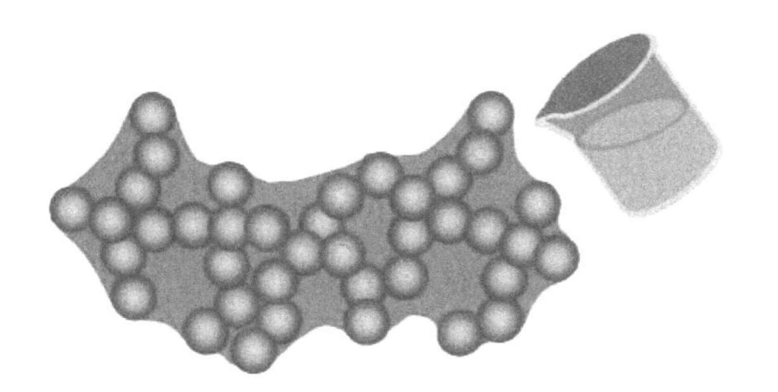
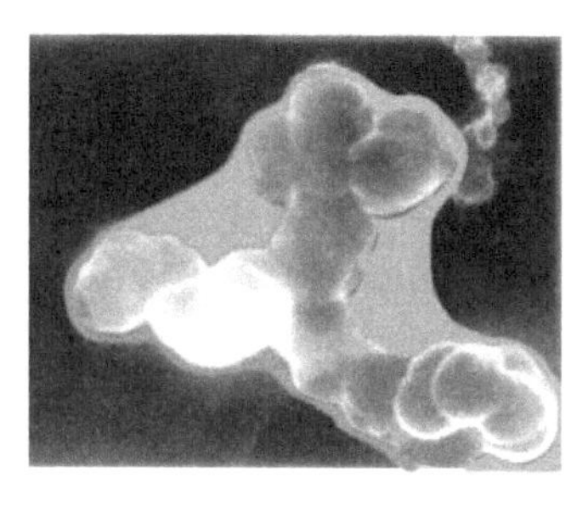

图 3-12 用吸油值表示的炭黑结构

另一方面，炭黑表面上主要的官能团是酚基、醌基、羧基和内酯基等，见图 3-13。X 射线衍射研究表明，炭黑的这些“杂原子”主要是键合在碳的稠环晶体结构的边缘和棱角部，或在晶格缺陷部位的碳原子上，极少数渗入内部形成杂环体系。炭黑表面上含氧基团能和聚合物受紫外线照射分解后产生的基团反应，从而起到清除这些基团的作用，防止聚合物的进一步分解。

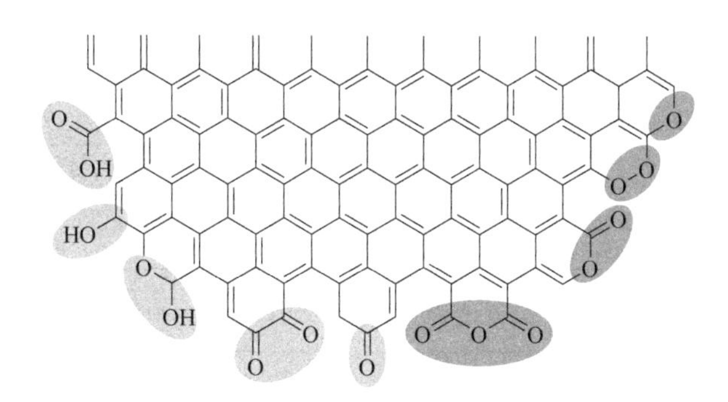

图 3-13 炭黑表面上主要的官能团酚基、醌基、羧基和内酯基

大多数炭黑的真实表面积大于由粒径计算出的几何表面积，这是由于炭黑表面上存在着许多微孔。氧化后炭黑孔隙度的增加见图 3-14，在表面出现微孔的同时，表面上也相应发生许多变化。这样一来，表面上含有吸附的气体和一些有机复合物，有时也松散地结合着一些诸如 CXOY 的衍生物。

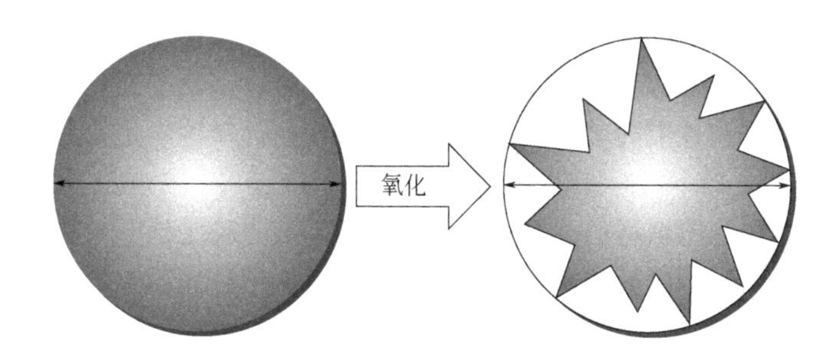

图 3-14 炭黑氧化后孔隙度的增加

含氧量较高的槽黑多呈酸性，pH 值在 3 ~ 5 之间。炉黑中含有过量的氢氧根则偏于碱性，

pH 值大于 7。只有当炭黑表面上的含氧量达到一定程度，足以抵消路易斯碱性而又有剩余时，炭黑表面才呈酸性。

炭黑挥发分含量可判断表面官能团的浓度，也可测得炭黑的极性，所以炭黑的挥发分是炭黑表面化学性能的表征。

（5）炭黑的纯净度

炭黑的生产工艺是含碳物质（煤、天然气、重油、燃料油等）在空气不足的条件下经不完全燃烧或受热分解而得的产物，所以炭黑生产的原料油有乙烯焦油、煤焦油、催化裂化渣油，这些油的质量直接影响炭黑的质量。如油料中芳烃含量和黏度过大，会影响原料油的雾化并使其结焦，导致筛余物偏高；如油料中水分含量太高，将会导致生产工艺不稳定，如油料中灰分含量过高，会导致炭黑灰分含量过高，尤其是铜、锰金属化合物均对电缆护套料产品质量有影响。

炭黑物理纯净度提高除了应控制原料油外，炭黑生产线的设备也有很大的关联度，选用不锈钢材料的收集与储存系统和配套使用炭黑微粒粉碎机与磁选机是必要的。

（6）电缆护套料黑色母粒中炭黑选择

由于炭黑选择是关键，所以花了大量笔墨介绍炭黑基本概念、品种选择和数量对老化的影响。电缆护套料黑母粒中炭黑可选择卡博特炭黑 V9A32、E570、BP450A111，德国欧励隆炭黑推荐选用 ZETA A、AS-11、XPB612、XPB701，见表 3-13。

表 3-13 德国欧励隆用于电缆护套的炭黑的品种和性能

性能	ZETA A	AS-11	XPB612	XPB701
产地	欧励隆（德国）	欧励隆（美国）	欧励隆（韩国）	欧励隆（青岛）
相对着色力 IRB3=100%(ASTM 方法)/%	98	119	113	108
DBP 吸油量/(mL/100g)	99	116	115	112
灰分/%	0.02	0.05	0.02	0.1
BET 比表面积/(m^2/g)	77	120	118	90
325 目筛余物/(mg/kg)	0.02	0.08	0.05	10
粒径/nm	25	19	19	21

（7）分散剂的选择

如果加工设备（如密炼机和连续密炼机）的剪切力足以分散炭黑，则不需要加分散剂。如采用双螺杆挤出工艺，可适当加入聚乙烯蜡来促进分散。

（8）抗氧剂的选择

聚乙烯在高温加工和长期使用过程中，由于氧的作用，会引起降解、龟裂等老化，需要加入抗氧剂，以捕捉聚乙烯因受热作用导致的分子链断裂，防止护套料产生降解、龟裂等老化现象。耐环境应力开裂性能随着抗氧剂的用量增加而提高，达一定量后继续加入则提高不明显。

对聚乙烯、聚丙烯等塑料材料，选用炭黑为着色剂或光稳定剂时，必须选用适当的抗氧剂。否则，不但降低抗氧剂的效能，也会降低塑料制品的户外光稳定性能。如炭黑对某些酚类抗氧剂的效能有削弱作用，在低压聚乙烯中也可与抗氧剂 BHT 发生作用，使 BHT 几乎完全失去效能，同时炭黑自身的光稳定作用也大幅度减弱。如添加 1%槽法炭黑、并加 0.1%BHT 的低压聚乙烯薄片的户外暴露寿命，仅为单一添加 1%槽法炭黑的低压聚乙烯薄片的户外暴露寿命的 40%左右。

抗氧剂 300 是一种典型的硫代双酚类抗氧剂，作为受阻酚类主抗氧剂，因其结构的特殊性（见图 3-15），使其具有自由基终止剂和氢过氧化物分解剂的双重功能。

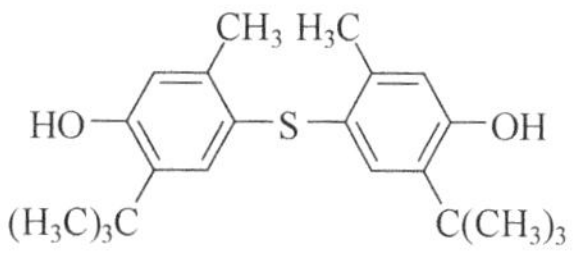

图 3-15 抗氧剂 300

抗氧剂 300 在聚乙烯中使用可更好地保持其原材料的物理性能（如拉伸强度、伸长率、熔融指数等）；良好地保存了其电性能，高度的热稳定性；增强了制品的耐候性；抗老化作用是一般抗老化剂效果的 4 倍；比其他常用抗氧剂挥发性小；与炭黑共用时显示出优良的协同效应，是一般常用的抗氧剂无法比拟的。

（9）载体树脂的选择

载体树脂是色母粒的基体，主要对炭黑起包覆和粘连作用，可选用 LDPE 为载体，其与 HDPE 相容性好，但 LLDPE 除具有聚烯烃的一般性能外，其拉伸强度、抗撕裂强度、耐环境应力开裂性能、耐低温性等尤为优越，所以选用 LLDPE 为电缆护套料母粒载体为佳。聚乙烯的耐环境应力开裂性能本来不高，由于炭黑加入使电缆护套料的耐环境应力开裂性能更差。EVA 是乙烯与乙酸乙烯的无规共聚物，具有良好的挠曲性、韧性和耐应力开裂性，可加入部分 EVA 树脂作为载体，选择熔融指数 1.5 ~ 2g/10min，VA 含量 14% ~ 16%为佳。

（10）设备的选择

常用于室外电缆的塑料护套使用寿命可达 50 年以上，除了选择粒径 20nm 的炭黑，还需要保证添加 2.5%的量来防止树脂紫外光老化，所以考虑到电缆护套加工工艺偏差，客户往往要求电缆的塑料护套黑色母的炭黑含量的正负偏差在 0.5%以内。目前，加工电缆护套黑母粒一般选用捏炼机，除了保证正确计量外，捏炼机搅拌轴与设备的间隙要达到一定精度，以保证混炼均匀性，间隙最好控制在小于 15 丝为好。

3.4 聚乙烯压力管色母粒配方设计

近年来，聚乙烯压力管材（简称 PE 压力管）已经成为继 PVC 之后，世界消费量第二大的塑料管道品种。聚乙烯在 20 世纪 50 年代中期首次作为管道材料使用。除了在原油和燃气上的应用，PE 压力管已经广泛应用于饮用水输送、农业灌溉、排污、矿山砂浆输送等工程及油田、化工及邮电通信等领域。它在地上也可以埋地，非开挖也可以作为浮体材料和海底铺设。

PE 压力管由于重量轻、耐腐蚀、节约能源、可以制成大口径的薄壁管等优点，正越来越受到重视，用来取代金属管，质量可靠、运行安全、维护方便、费用经济。

3.4.1 聚乙烯压力管色母粒应用工艺和技术要求

近年来，国内外给水和燃气输送用高密度聚乙烯（HDPE）管材发展很快，主要是在材料性能上取得重大的进步，见图 3-16。采用双峰技术生产的 PE100 管材是第三代压力管。

从图中可以看出，PE100 级管材为双峰分布产品，双峰的右峰（高分子量部分）使管材产品有较好的耐环境应力开裂性能、耐慢速裂纹增长性能、抗蠕变性能、高拉伸强度和高冲击强度；双峰左峰（低分子量部分）可以有效降低其在高剪切速率下的熔融黏度，改善加工流动性，并保证较高结晶度，使产品具有良好的刚性。典型的 PE100 产品中高分子量部分保持在 55%～70%，所以 PE100 产品以其更高的承压能力（连续长期使用所能承受的最大环向应力值为 10MPa）、更薄管壁（在同样的承压下，PE100 比 PE80 管壁厚度减少 33%，输送截面积增加 16%，输送能力增加 35%）和更强的耐候性，得到了越来越广泛的应用。

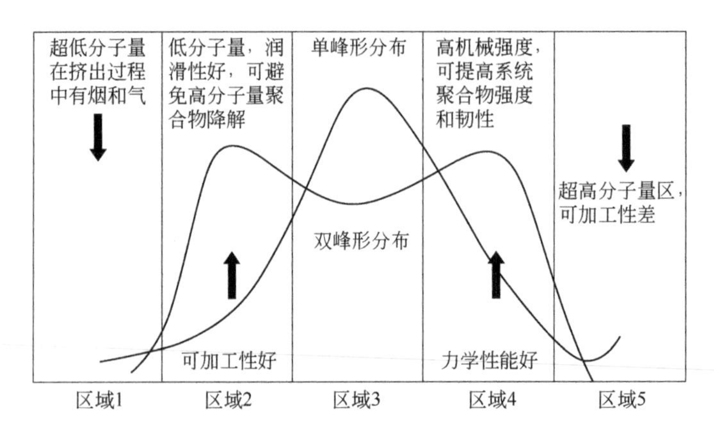

图 3-16 双峰技术生产 PE100 材料分子量分布和加工性

国家标准 GB/T 13663.1—2017《给水用聚乙烯（PE）管道系统　第 1 部分：总则》、GB 15558.1—2015《燃气用埋地聚乙烯（PE）管道系统　第 1 部分：管材》对塑料压力给水、塑料燃气管所用混配料中的炭黑和颜料提出了一整套相应的性能要求，见表 3-14。

表 3-14　GB/T 13663—2017 规定的给水 PE 管所用混配料基本性能

序号	性能	要求	试验参数		试验方法
1	密度/(kg/m^3)	≥930	试验温度	23℃	GB/T 1033.1—2008 GB/T 1033.2—2010
2	熔融指数/(g/10min)	0.2≤MI≤1.4 最大偏差不应超过混配料标准值±20%	试验温度 负荷质量	190℃ 5kg	GB/T 3682.1—2018
3	氧化诱导时间/min	>20	试验温度	210℃	GB/T 19466.1—2004
4	挥发分含量/(mg/kg)	≤350			
5	水分含量/(mg/kg)	≤350 或≤0.03%（质量分数）			SH/T 1770—2010
6	炭黑含量(质量分数)/%	2.0～2.5			GB/T 13201—1997
7	炭黑分散（黑色） 颜料分散（蓝色）	≤3 级			GB/T 18251—2019
8	灰分（质量分数）/%	≤0.08	试验温度	(850±50)℃	GB/T 9345.1—2008
9	拉伸标称应变/%	≥350	试验温度	23℃	GB/T 1845.2—2008 GB/T 1040.2—2006
10	拉伸屈服应力/ MPa	PE80：18 PE100：21	试验温度	23℃	

实践证明，无论 PE 压力管最终的失效形式如何，其起因都归结到裂纹的缓慢扩展上。根据脆性断裂的裂缝理论，所有制品表面不可能不存在裂缝和缺陷(如表面划痕、内部夹杂、微空等)，裂缝尖端处的应力集中达到或超过某一临界条件时，裂缝会失去稳定性而发生扩展，当裂缝贯穿管材壁，管材便遭到破坏。裂缝的增长速率可能相当慢，数年或者数十年，因此 GB/T 13663—2017 还对快慢速应力开裂提出要求，见表 3-15。

⊡ 表 3-15 PE 压力管应达到快慢速应力开裂要求

序号	性能	要求	试验参数		试验方法
1	耐快速裂纹扩展 （dn：250mm SDR11）	裂纹终止	试验温度 内部试验压力 PE80 PE100	0℃ 4.0MPa 5.0MPa	GB/T 19280—2003
2	耐慢速裂纹扩展 （dn：110mm SDR11）	无破坏 无渗漏	试验温度 内部试验压力 PE80 KPE100 试验类型 试验时间	80℃ 0.8MPa 0.92MPa 水 500h	GB/T 18476—2019

PE 压力管是需求量大而且产品质量要求非常高的色母粒品种。应用于塑料管材着色的色母粒应该注意分散性、耐热性、耐迁移性、安全性等特性指标。

（1）分散性

一些城市给水管道所要求的使用寿命长达 50 年以上，在使用中必须承受长时间、长距离的泵送，因此这些塑料管道须经过严格的耐压测试。如果颜料的分散性有问题或制品中含有较大的颗粒就会导致严重后果的发生。炭黑分散不好，除了表面不光滑外，存在于管壁内的未分散炭黑附聚体会产生应力集中，在耐压测试或高压泵送过程中，这一点位极易产生破管和爆裂，在压力管道上过早出现老化裂纹无疑也是一个重大的安全风险。

目前燃气 PE100 管有橙色，燃气 PE80 管有黄色，给水 PE 管有蓝色，这些有机颜料在无聚乙烯蜡作为分散剂的情况下，能达到良好的分散性就显得更重要了。

（2）耐热性

首先，颜料必须能够承受挤出成型的加工温度；其次，塑料管道在使用中需要经过热熔焊接或配以各种管件进行电熔连接方能组成管网，因此，颜料在熔接过程中，保持原有的颜色和特性就需要具备至少在 210℃、30min 以上长时间的耐热性能。

（3）安全性

对于生活用水的给水管而言，需符合 GB/T 17219—1998《生活饮用水输配水设备及防护材料安全性评价标准》要求。另外还要考虑使用的原材料不带异味或不因高温分解而产生异味，以确保饮水管放出的水没有气味。

（4）耐光/候性

许多建筑用塑料管材会安装在户外，且一般的使用年限要求数年至几十年不等。因此，相关产品中使用的颜料也必须具有同等的耐光/候性。

3.4.2 聚乙烯压力管色母粒配方

国外大型高密度聚乙烯生产装置生产黑色 PE100 混合料有两种工艺路线——直接加炭黑或黑色母粒。从基建投资、制造成本、生产力和混配料的质量看，每种方法都有优缺点，但是色母粒优点显而易见：可以获得更稳定的物性和表观性能，使聚合物分子链的断裂降解更少，生产线具有更大灵活性。

无论燃气管还是输水管，产品的技术标准要求都是很高的，压力管材的制造是管道安全的第一道保障。采用 PE 压力管黑色母粒加入 PE100 树脂经双螺杆混合的挤管工艺（号称白加黑）因设备和管理等原因满足不了 PE 压力管质量要求，所以 ISO、EN 及国家标准都规定，生产 PEl00 级的燃气管道及给水管道必须使用混配料，也即需应用大石化装置生产管材的混配料，以年产 20 万吨乙烯装置计算，需色母粒 3t/h，对黑色母产品质量稳定性提出更高的要求。PE 压力管色母粒配方设计见表 3-16。

表 3-16　PE 压力管色母粒配方设计

原料名称		技术要求	含量/%
颜料	炭黑	粒径≤25nm	40
	有机颜料		0～30
抗氧剂		受阻酚，亚磷酸酯	0～0.2
光稳定剂		受阻胺类	0～0.6
润滑剂		硬脂酸锌	0～0.5
树脂		HDPE，LLDPE	X
总　计			100

① PE 压力管一般选用黑色，这是因为炭黑除了着色外，还是一个价廉物美的紫外线吸收剂（详见上节电缆护套色母中炭黑的介绍）。具有一定粒径的炭黑在聚合物中添加量为 2.5%，其均匀分散在聚合物中，则聚合物寿命可达 50 年以上。当然除了满足上述要求外，炭黑纯净度还需满足饮用水标准。

② 色母粒炭黑含量。为保证制品的长期耐老化性能，标准规定聚乙烯管材的炭黑含量必须在 2%以上。色母中的炭黑含量越高，色母添加量越低，对本色树脂性能的影响就越小，成本也越低。由于炭黑表面结构度很高，在熔融共混的过程中，载体树脂的分子链会缠绕在炭黑表面形成物理交联，使整个体系的黏度提高。炭黑的粒径越小，炭黑含量越高，这种效果越显著。对同一粒径的炭黑，当炭黑含量增加到一定程度时，色母粒的黏度过高，流动性过差，最终无法加工。图 3-17 为炭黑含量对色母熔体流动速率的影响，其中炭黑粒径为 20nm，测试条件为 190℃，5kg。

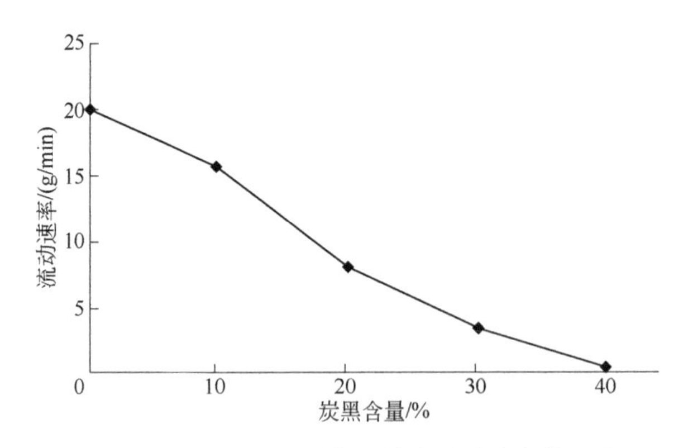

图 3-17　炭黑含量对色母熔体流动速率的影响

从图 3-17 可以看出，不含炭黑的载体树脂本身的熔体流动速率很高为 20g/10min，随着炭黑含量的增加，色母熔体流动速率下降得非常快。当炭黑含量为 20%时，色母的熔体流动速率为 8g/10min，而炭黑含量为 40%时，色母的熔体流动速率降至 0.8g/10min，此时与聚乙烯管材料的熔体流动速率很接近。若在此基础上再增加炭黑的含量，会影响炭黑色母与本色聚乙烯管材料的分散，另一方面会使加工难度加大。所以对小粒径的炭黑，国内外管道用色母中含量一般都在 40%左右。

③ 配方中没有选择常用润湿分散剂聚乙烯蜡的原因是这些小分子加入会影响管道物料测试性能。

④ 为了达到炭黑的分散要求，选择的混炼设备剪切力强，会引起剪切热，为了防止聚合物在加工或使用过程中发生热氧老化，加入适量抗氧剂是必要的。当然，加强设备冷却系统，保持熔体有足够的剪切力以达到炭黑分散要求，也非常重要。氧化诱导期测试用来评价 PE100 管材抗热氧老化性能，其一定程度上反映了产品的寿命和抗氧化降解的能力，所以加入适量抗氧剂是非常必要的。除了加入抗氧剂，还需加入光稳定剂，以达到 50 年使用寿命的要求。

⑤ 为了保证物料的输送正常，选用必要的外润滑剂是必需的，硬脂酸盐类可以选择。

⑥ 压力管色母粒配方中载体的选择。由于 PE 压力管道的特殊要求，在色母树脂载体的选择上还必须考虑管材机械强度和韧性的指标，满足管材挤出对熔融指数的要求。

载体树脂的类型对管道黑色混配料的长期静压性能有很大的影响。由于炭黑对聚合物有补强和加黏作用，使用纯的 PE80 或 PE100 作为色母粒载体是不合适的，应选用熔融指数高的低密度聚乙烯为载体。载体树脂最好为粉料，这样有利于对炭黑润湿和分散。

色母粒载体还可以选择 LDPE、LLDP。不过 LDPE 仅限于 PE60 和一些 PE80 的上水管料生产线，LLDPE 可以在 PE80 和 PE100 中使用，HDPE 仅限于生产 PE100 混配料。

3.4.3 聚乙烯压力管色母粒配方中炭黑选择

与电缆护套料黑色母粒一样，压力管材色母的炭黑选择是关键。炭黑用于输水压力管着色要保证着色剂不破坏压力管最终性能要求，并用最经济有效的手段满足产品必要的抗紫外要求。适用于压力管材色母的炭黑有四个关键性能指标：粒径大小及添加量、分散性、吸湿率、化学纯净度。

(1) 粒径大小及添加量

大部分有关压力管应用的国家和国际工业标准都认为炭黑颗粒大小对紫外稳定性至关重要。因此，这些标准(例如 BS6730，NFT54 ~ 072，ISO/FDIS8779)规定，炭黑的颗粒大小应小于 25nm，在电缆护套黑色母粒一节已做了非常详细的叙述了。

英国对乙烯和丙烯共聚物的水管材料有如下标准规定：炭黑粒径应小于 25nm，炭黑含量一般规定在（2.5±0.5）%范围内。由德国联邦健康局推荐的文件规定：塑料中炭黑含量不得超过 2.5%。两标准折中后规定范围为（2.25±0.25）%，这一数值刚好符合了生产者和消费者双方面的要求。

所以，炭黑母粒以 40%为佳，在混配料中添加量为 6%，以达到要求。

(2) 分散性

国家和国际标准规定微观分散程度等级应≤3。

最常用的微观分散程度测试方法是“压片法”：此方法是在透射光线下，用光学显微镜对混料热压成型的薄膜样本进行检测，按照未分散的炭黑附聚体大小和数量，可确定产品的微观分散程度级别或等级，见图 3-18。

也可采用过滤压力值测试定量分析微观分散性。管道用的 P 型炭黑 ELFTEX P100、ELFTEX 254、ELFTEX TP［过滤压力值小于 2bar/g（1bar=10^5Pa，余同）］表现出了显著的优胜于普通炭黑（过滤压力值大于 5bar/g）的微观分散程度，见图 3-19。

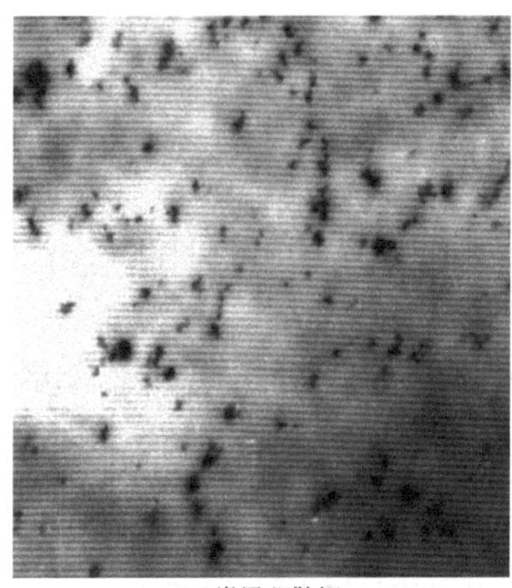

(a) 炭黑分散好

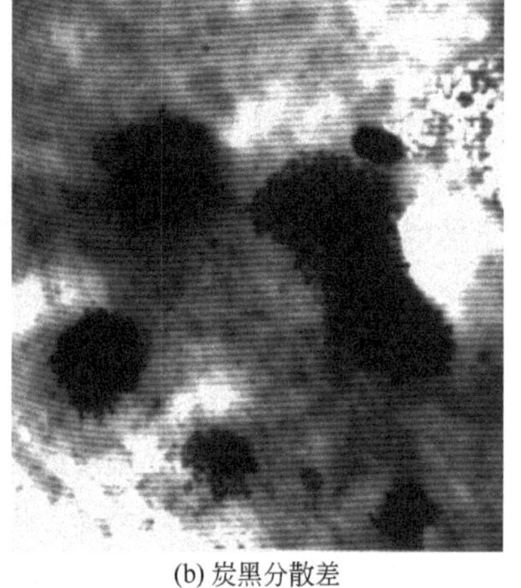

(b) 炭黑分散差

图 3-18 炭黑在聚合物中分散性

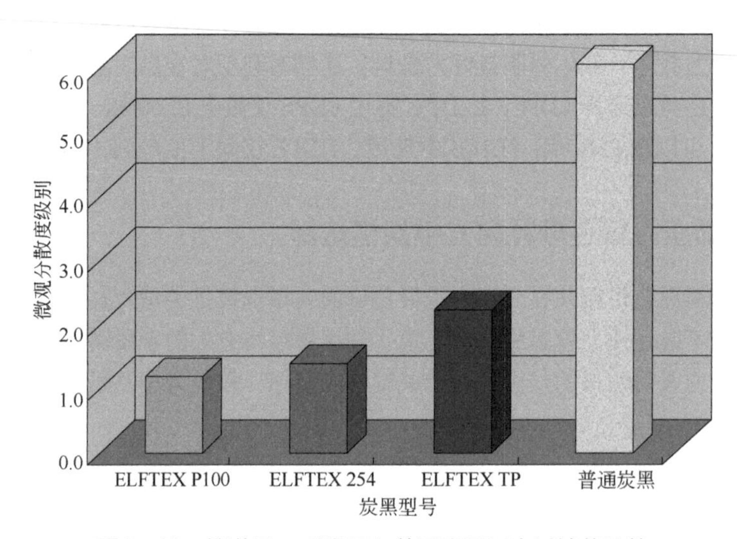

图 3-19 管道用 P 型炭黑与普通炭黑压力过滤值比较

（3）吸湿率

由于炭黑的表面积较大，容易吸附环境中的水分。特别是氧化后的炭黑，由于表面极性较强，强烈地吸附大气中的水分。在低压下炭黑对水分的吸附量是其总含氧量的函数，因此在空气中极易吸水。其加入到聚合物中，炭黑因表面处理不好也会吸收一些湿气，把炭黑吸湿性称为混料吸湿性（简称 CMA）。管道混合料吸湿性过高，在挤出管材时表面会产生缺陷、毛糙，并有可能在管材内部形成壁洞，如果挤出管材后的吸湿性过高，还会严重影响管材的焊接强度，应选择吸湿率低的 P 型炭黑品种来满足要求，见图 3-20。

（4）化学纯净度

耐压输水管主要用于输送饮用水，对于制造饮用水压力管的专用混料，有极为严格的要求。这些对压力管的要求是按照业界对饮用水的口感和气味（也即所谓的"感官性"特性）来确定的。有关管理机构将这些感官性要求进一步诠释为低硫含量、低灰分和低甲苯萃取物要求，详见表 3-17。

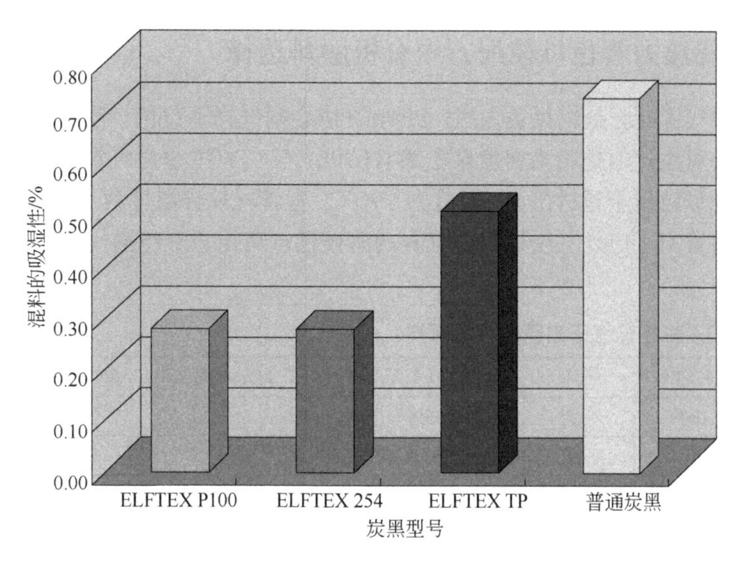

图 3-20 管道用 P 型炭黑与普通炭黑吸湿率比较

表 3-17 管道用 P 型炭黑的技术指标

特性	测试方法	限制值	特性	测试方法	限制值
总灰分	ASTM D1506	<0.10%	总硫量	CTM 15.71	<0.10%
甲苯萃取物	ASTM D1618	<0.03%	325 目筛余物	ASTM D—1514	<20mg/kg

管道用 P 型炭黑的特性表现在极低的硫、甲苯萃取物和灰分含量上。如图 3-21 所示，与普通炭黑相比，管道用 P 型炭黑只含有极少量的硫杂质、灰分和极低的甲苯萃取物。

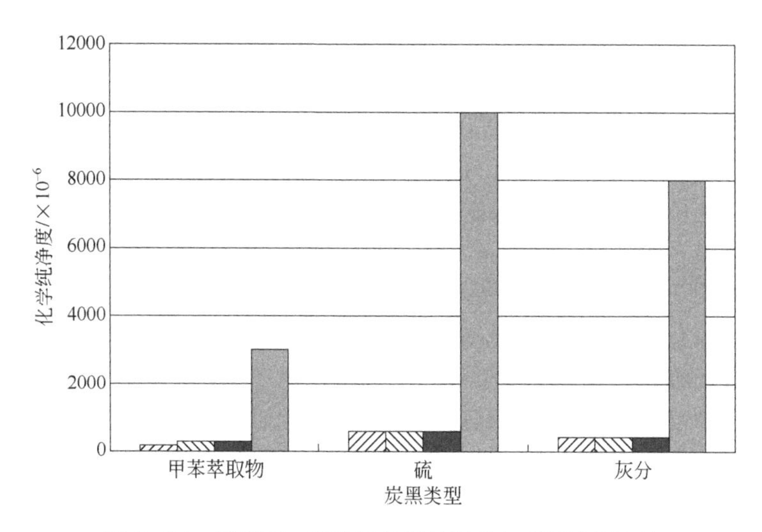

图 3-21 管道用 P 型炭黑化学纯净度与普通炭黑比较

▨—ELFTEX P100；▧—ELFTEX TP；■—ELFTEX 254；■—普通炭黑

近年来，国内外给水和燃气输送用高密度聚乙烯（HDPE）管材发展很快，PE100 压力管道的黑母粒需求也日益增长，这是一个技术含量高、数量大的色母粒品种，对产品质量要求很高，炭黑选择是关键。

3.4.4 聚乙烯压力管色母粒配方中有机颜料选择

在欧洲，燃气管混配料以黑色为主，PE100+协会则选择了黄色、橙色和蓝色管道色，例如法国道达尔公司生产的橙色高密度聚乙烯（HDPE）XS10YCF是燃气管的首选原料。PE100+输气压力管彩色母粒用于管材挤出，温度为190℃，但管材焊接温度为220℃（时间30min）。考虑到燃气压力管用于户外，所以需要优异的耐候性。可用于彩色输气压力管的有机颜料见表3-18。

⊡ 表3-18 可用于彩色输气压力管的有机颜料

序号	产品名称	色泽	耐热性/（℃/5min）	耐光性/级	耐候性/级	耐迁移性/级
1	颜料黄180	中黄	290	7～8		5
2	颜料橙64	正橙	300	7～8	3～4	5
3	颜料蓝15:3	绿光蓝	280	8	4～5	5

① 彩色输气压力管一般用于户外，配制颜色时使颜料浓度在制品中尽可能高，尽量少用或不用钛白粉。注意颜料粒径大小对耐光性和耐候性的影响。

② 彩色输气压力管用钛白粉需选择厚包膜、耐候性的钛白，如杜邦钛白966，国产耐候钛白也可选择，但需进行测试。

③ 塑料在光、热、氧等大气环境中会发生自催化降解反应（老化）。这是因为树脂受光、氧诱导后，分子中产生高能量、高活性的含氧自由基。这类自由基催化并加速树脂老化，引起树脂变色而导致户外制品变色。因此，彩色管道需要在树脂中加入老化稳定体系，体系中有足量的抗氧剂和紫外线吸收剂。

彩色管道抗氧剂可选择受阻酚型抗氧剂1010与性能优异的亚磷酸酯辅助抗氧剂168复配，如抗氧剂B225（1010∶168=1∶1）。如要进一步提高性能可选用抗氧剂1076或抗氧剂1790与抗氧剂168复配，其复配的抗氧剂产品为B921（1076∶168=1∶2）。

彩色管道的光稳定系统可选择高分子量的受阻胺光稳定剂944与低聚受阻胺光稳定剂622复配，其产品783（944∶622=1∶1）是一种多用途抗紫外稳定剂，其中944具有优异的相容性、耐萃取性和低挥发性，光稳定剂622同时也是一种抗氧剂，对聚烯烃和增黏树脂具有长效热稳定性。

复合光稳定剂783通过捕获自由基，清除自由基的危害，分解氢过氧化物，猝灭激发态能量等作用机理来发挥低浓度、高效率的抗光热降解作用，光稳定效果比紫外线吸收剂531要好得多。复合光稳定剂783具有很好的加工热稳定性、良好的相容性和耐水抽出性，具有抗气熏变黄、与颜料之间较少发生反应的特点。建议添加量为0.5%左右。

由于抗氧剂和紫外线吸收剂熔点均较低，为了更好发挥其作用，可将抗氧剂和光稳定剂分别制成母粒，与色母粒一起加入效果更好。

3.5 PPR管色母粒配方设计

聚丙烯（PP）是一种常用的聚烯烃塑料，产量大，价格便宜。但由于普通聚丙烯存在低温脆性和长期蠕变性能差等缺陷，限制了其在管道工程上的应用。为此，原料制造商与管道工程界进行了广泛合作，投入大量人力、物力和财力进行全面的研究，致力于对 PP 的改性，先后开发出了均聚聚丙烯（PPH）、嵌段共聚聚丙烯（PPB）和无规共聚聚丙烯（PPR）管道专用料。

PPR 管除具有一般塑料管重量轻、耐腐蚀、不结垢、使用寿命长等特点外，还具有以下特点。

① 其分子仅由碳、氢元素组成，原辅料完全达到食品卫生标准要求。因此，PPR 管不仅可用于冷热水系统，而且可用于纯净饮用水系统。

② 保温节能。PPR 管热导率为 0.21W/(m·K)，仅为钢管的 1/200，用于热水管道保温节能效果明显。

③ 较好的耐热性能。PPR 管维卡软化点温度为 131.5℃，最高工作温度可达 95℃，长期（50 年，1.0MPa 下）使用温度一般可达 70℃。

④ 使用寿命长。PPR 管在工作温度为 70℃、工作压力为 1.0MPa 的条件下，使用寿命可达 50 年；常温下（20℃）使用寿命可达 100 年以上。

⑤ 安装方便，连接可靠。由于 PPR 具有良好的焊接性能，因此 PPR 管材、管件可采用热熔连接和电熔连接。安装方便，接头质量可靠，其连接部位的强度大于管材本体的强度。

⑥ 物料可回收利用。PPR 管材、管件在生产及施工过程中产生的废料，经清洁、破碎后可回收利用。

3.5.1 PPR 管色母粒应用工艺和技术要求

PPR 管挤出生产线的挤出部分与其他挤出工艺差不多，主机为单螺杆挤出机，螺杆直径一般不小于 65mm，长径比不小于 30∶1，且按 PPR 原料特性在螺杆上设计有特殊的混炼段，以提高塑化能力。在加料段设计有电子称量装置，机头温度分段控制，并采用真空定径，全线自动化程度高。

挤出物料经口模成型后由下列配套辅机进行定型、冷却、切割等工序，整个过程见图 3-22。

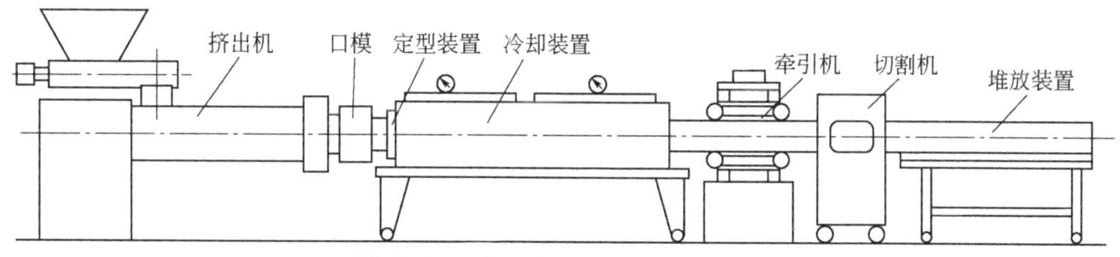

图 3-22 塑料管材挤出设备配置图

PPR 管的发展，对配套色母粒提出了更高的质量要求，要求色母粒的流动性好，颜料的耐热性好并具有优良的分散性，关键是要保证 PPR 管材产品的力学性能不受或少受破坏，最好是能够有所提升。应用于 PPR 管的色母粒应特别关注耐热性、分散性、耐迁移性、使用安全性等。

（1）耐热性

PPR 管材的熔体黏度比较高，而熔融指数比较低。PPR 的熔融指数在 0.25 ~ 0.35g/10min 左右，属于熔融指数小于 1g/10min 的“分数熔融指数”物料，它与熔融指数高的树脂相比，挤出时功率消耗和模头压力通常均比较高。PPR 管材挤出工艺参数见表 3-19。

表 3-19 PPR 管材挤出工艺参数

PPR 管材	机身温度/℃	连接器温度/℃	机头温度/℃
无规共聚聚丙烯	100～250	240～250	230～240

根据挤出塑化过程的本质，PPR 树脂在玻璃态—黏弹态—流动态—玻璃态过程中，经历了复杂的热历程。颜料的耐热稳定性与材料的热氧老化程度是保证管材质量的一个关键问题。

(2) 分散性

PPR 是一种结晶性聚合物，其软化点与熔点很接近，熔程很窄。PPR 材料断裂或韧性的宏观表征是冲击强度，其与许多变量有关，提高结晶温度、速率，细化球晶，减小晶粒间距等是 PPR 管材冲击强度的核心问题。

颜料在高分子聚合物成型时有异相成核作用。色母的加入一般会降低 PPR 管材的缺口冲击强度，管材的抗蠕变性能下降。在冷却过程中，颜料分散好的管材，结晶趋于细化，有利于提高管材的抗冲击性能。

熔体黏度是聚合物链段运动中难易程度的一个度量，聚合物熔融指数越大，分子量就越小，链越易运动，则熔体黏度越小，色母粒在熔体中就越容易分散。PPR 树脂熔融指数比较低，所以熔体黏度比较高，色母粒中颜料在 PPR 树脂中是很难分散的。

为了确保 PPR 管母粒中颜料的分散性，从而保证 PPR 管材无界面弱点，色母粒出厂检验必须进行过滤压力值测定（BS EN 13900-5：2005），以保证分散性。

(3) 耐迁移性

PPR 管材所使用的颜料迁移性需符合要求，如果有迁移的颜色会引起 PPR 管材安全隐患。

(4) 安全性

PPR 管材主要用于各种冷热水系统等与人接触的输水管道，所以选取颜料、助剂必须按 GB 17219—1998《生活饮用水输配水设备及防护材料的安全性评价标准》与 GB 9685—2016《食品安全国家标准 食品接触材料及制品用添加剂使用标准》执行。

3.5.2 PPR 管色母粒配方

PPR 管色母粒是以 PPR 为载体的色母。要求 PPR 管表面光滑，有良好遮盖力，具有一定的耐压性和耐冲击性。PPR 管色母粒配方设计见表 3-20。

表 3-20 PPR 管色母粒配方设计

原料名称		技术要求	含量/%
颜料	无机颜料		0～70
	有机颜料		0～40
润湿剂	聚乙烯蜡	相对密度 0.91～0.93	0～10
润滑剂	硬脂酸盐类	硬脂酸镁	0～0.2
抗氧剂	复合抗氧剂	B225	0～0.3
载体	PPR		X
总 计			100

① 无规共聚聚丙烯属于半结晶材料，具有一定的透光性，紫外光长期照射会引起管道内水变质，引起管壁生苔结垢，所以 PPR 管必须添加一定量的钛白粉和彩色颜料加以屏蔽。PPR

管色母粒加入大量钛白粉会降低颜料的耐热、耐光、耐候性能，所以必须要靠提高颜料用量来弥补不足，同时色母粒的成本也会相应提高。

② PPR 管主色调是黄灰色，无机颜料是首选。无机颜料着色力低，耐热性好，所生产的产品色差容易控制，PPR 管色母粒配制所需无机颜料主要品种见表 3-21。

表 3-21　PPR 管色母粒配制所需无机颜料主要品种

序号	产品名称	色泽	耐热性/（℃/5min）	耐光性/级	耐候性/级	耐迁移性/级
1	颜料棕 24	红光黄	320	8	5	5
2	颜料黄 53	绿光黄	320	8	5	5
3	颜料黄 119	红光黄	300	8	5	5

颜料棕 24（红光黄）用于黄灰色 PPR 管是最好的选择之一。

颜料黄 119（锌铁黄）是一类混合金属氧化铁黄颜料。锌铁黄化学性质稳定，遮盖力好而且具有极佳的耐热性，可达 300℃以上。锌铁黄的色相非常红，且呈棕色调，一些黄灰几乎可以代替炭黑和钛白，一步到位。

颜料黄 119（锌铁黄）是高温焙烧金属氧化物系列颜料，有些锌铁黄厂家合成的时候会考虑色相要呈绿黄相，显得鲜亮一些，不是很严格按照摩尔比来生产，做出来的产品晶型不稳定，用于调色也会发生偏绿光，建议选用红相颜料黄 119。

炭黑根据粒径大小有蓝光与黄光之分，所以需注意 PPR 灰色管应选用带黄光（粒径偏小），可避免发绿。

③ 橘红色、蓝色、绿色等颜色选择有机颜料为主，因有机颜料着色力高，但需选择易分散颜料，见表 3-22。

表 3-22　PPR 管色母粒配制用的有机颜料主要品种

序号	产品名称	色泽	耐热性/（℃/5min）	耐光性/级	耐候性/级	耐迁移性/级
1	颜料黄 180	中黄	290	7～8		5
2	颜料橙 64	正橙	300	7～8	3～4	5
3	颜料蓝 15:3	绿光蓝	280	8	4～5	5
4	颜料绿 7	蓝光绿	300	8	5	5

④ 色母粒要有良好的分散性，关键是要保证 PPR 产品的力学性能不受或少受破坏，最好是能够有所提升。颜料在高黏度下是很难分散的，必要的分散剂及流变剂能保证色母粒分散均匀，且管壁表面无流迹缺陷。

⑤ PP 是塑料中最易老化的一种，能造成着色材料过早地变色、粉化、发脆等。为了延长材料的光热氧化，加入适当的抗氧剂及光稳定剂是必要的，复配抗氧剂 B215 或 B225 均可选择，B225 加工性能更好。复配抗氧剂及光稳定剂一定要遵循抗短期氧化及抗长期氧化的原则，方能达到理想效果。

⑥ 对于色母粒载体来说，体系黏度既不能太高，也不能太低。同时涉及加工温度问题，众所周知随着温度升高，聚合物黏度下降，加强了聚合物对颜料的润湿性与亲和性。但是熔体黏度的下降，导致颜料颗粒的剪切力下降，这不利于颜料的细化。所以挤出时温度太高，剪切力会下降，颜料粒子不能很好地破碎；但温度太低，树脂和颜料的润湿性和亲和性就差，颜料就不能迅速地扩散到树脂中去。

PPR 是一种半结晶聚合物，其软化点与熔点很接近，熔程很窄。在结晶熔融温度下，它几乎没有高弹态，而达到结晶熔融温度以上后，拉伸黏度又急剧下降，熔体强度非常低，所以 PPR 管色母粒选择流动性比本色料大的树脂作为基本载体。也就是说，色母粒的起始熔点要绝对早于本色料。

也可采用将 PP 树脂进行破碎，再加入部分经过接枝的乙烯共聚物作为基本树脂载体，EVA 接枝料熔点低，黏度高，又有一定的极性，能与 PPR 树脂很好地相容。

⑦ 为使 PPR 管材的力学性能不受或少受破坏，所配制的色母粒一般熔融指数控制在比 PPR 原料稍高。

⑧ 绝对禁止碳酸钙（$CaCO_3$）的加入，因为 $CaCO_3$ 的加入会急剧降解 PPR 树脂。

3.5.3 PPR 管色母粒应用中出现的问题和解决办法

PPR 管在高速挤出时经常出现管材离开模具发生膨胀现象，这是色母粒熔融指数过高，管材固化时间过短造成的，也有可能是管材厂为了提高产量，挤出机温度设定偏高。建议适当降低温度，挤出成型固化段可适当加长，让产品有充分的时间冷却。一味地提高产量会严重降低产品合格率。

众所周知，结晶聚合物在挤出离开模头时，如果拉伸速率太快，聚合物表面层能量变弱，很容易出现垂直于流动方向的明纹与暗纹交替排列的畸形表面，俗称虎皮纹或者鲨鱼皮。鲨鱼皮、表面无光等问题的出现，轻的影响生产，重的导致产品收回，造成严重损失。可以通过降低挤出速度和增加模头温度加以缓解，也可以加入一些增加流动性的助剂（如含氟聚合物 PPA 等）。

由于 PPR 料的特殊性，在挤管时很空易引起管壁空洞，这是熔程狭窄及材料相容性差所致，最好选用 PPR 粉料及通用性好的热塑性聚烯烃弹性体进行生产，严格控制低分子物的加入，并尽量保持低含水量。

由于 PPR 料具有熔融指数低、黏度高的特性，PPR 色母粒用于生产管材时是没问题的，但用于注塑管件时有时会出现流痕、分散不好等现象。这是由于色母粒在挤管时，挤出机长径比大，没有复杂的型腔变化，所以色母粒熔融指数可适当低点，而注塑管件大都用小型注塑机，长径比较短，型腔复杂，厚薄不一，所以造成流痕、分散不好等问题，可适当提高色母粒熔融指数以提高流动性，并提高注塑模具温度，延长注塑、预塑时间，降低压力等。

PPR 色母粒制造应用时产生问题的原因和排除方法见表 3-23。

表 3-23 色母粒制造和应用时产生问题的原因和排除方法

问题	原因	排除方法
色母粒中有颜料色点	颜料没有最佳分散	（1）增加分散剂用量 （2）增加剪切力 （3）增加加工助剂
	润湿工艺	（1）检查颜料分散性 （2）检查润湿时间 （3）检查润湿温度
	载体	（1）载体熔融指数 （2）载体分子量分布
管材表面发青	（1）选用有机颜料（如颜料黄 191，颜料橙 64）调色光，因着色力高，用量少，会部分溶解，导致颜色偏移 （2）选用偏青相无机颜料黄 119，没按摩尔比来生产，晶型不稳定	（1）选用无机颜料棕 24 （2）选用红相颜料黄 119

续表

问题	原因	排除方法
挤出时冷却水槽中水变黄色	选用有机颜料，如颜料黄191、颜料黄191∶1、颜料黄183，水渗性不好	改用无机颜料
挤出管材表面有鲨鱼皮	垂直于流动方向上的明纹与暗纹交替排列	添加PPA助剂母粒
注塑管件时有时会出现流痕、分散不好等现象	注塑机，长径比较短，型腔复杂、厚薄不一、另外还有嵌件，造成流痕	（1）提高色母粒熔融指数 （2）提高注塑模具温度 （3）延长注塑、预塑时间 （4）降低注塑压力
管材离开模具发生膨胀现象	色母粒熔融指数过高 管材固化时间过短 挤出机温度设定偏高	（1）降低挤出温度 （2）成型固化段可适当加长，让产品有充分的时间冷却 （3）一味地提高产量会严重降低质量
挤出材料会变形、层离、缩孔等	色母粒熔融指数过高 挤出速度太快	（1）选择接近PPR的树脂载体 （2）控制分散剂用量 （3）降低挤出速度

以上表格中仅仅是一些粗略现象罗列，实际上出现的问题远远大于表格中所列。

3.6 PB管色母粒配方设计

聚丁烯树脂是由碳和氢组成的高分子聚合物(简称PB)，由丁烯-1（BUTENE-1）在催化剂作用下聚合而成的。1965年奥地利塑料协会第一个使用聚丁烯（PB）采暖管路系统，令人兴奋的是，该系统至今仍在运行。在此后的50多年，聚丁烯(PB)管路系统的应用得到了不断的推广。

聚丁烯（PB）是一种线型的、全同立构半结晶热塑性材料，PB的热导率（0.22）比PPR（0.25）小，PB的热膨胀系数（0.13）比聚丙烯PPR（0.18）小，在50℃温差时PPR的膨胀力是PB的3倍以上。

在我国近两年如火如荼的塑料管材市场中，聚丁烯（PB）管所占的份额逐渐加大。

3.6.1 PB管色母粒应用工艺和技术要求

聚丁烯树脂是具有特殊密度（0.937）的结晶体，其异型结构使其具有很好的抗磨损性、抗蠕变性、耐高温性。由其制成的PB管材是当今世界上最先进的暖气排管之一，具有耐寒、耐热、耐压、不生锈、不腐蚀、不结垢、寿命长（可达50年），且有能长期耐老化等特点，是作为加热盘管的理想材料，有“塑料中的黄金”的美誉。

PB管挤出生产线的挤出部分与其他挤出工艺差不多，主机为单螺杆挤出机，螺杆直径一般不小于65mm，长径比不小于30∶1，且按PB原料特性在螺杆上设计有特殊的混炼段，以提高塑化能力。在加料段设计有电子称量装置，机头温度分段控制，并采用真空定径，全线自动化程度高。

PB管的发展，对配套的色母粒提出更高的质量要求，要求色母的流动性更好，颜料耐热性好、分散性优良，关键是要保证PB管材产品的力学性能不受或少受破坏。PB管色母应特别关注颜料的耐热性、分散性、耐迁移性、使用安全性等。

（1）耐热性

由于 PB 树脂分子量较大，分子链较长，所以 PB 管材的熔体黏度一般比较高，而熔融指数比较低，PB 的熔融指数在 0.25 ~ 0.35g/10min 之间。挤出成型时，需要将卷曲的大分子链拉直，它与熔融指数高的树脂比较，挤出时功率消耗和模头压力均比较高。PB 管材挤出工艺参数见表 3-24。

⊡ **表 3-24　PB 管材挤出工艺参数**

PB 管材	机身温度/℃	连接器温度/℃	机头温度/℃
聚丁烯	100～180	160～170	170～180

根据挤出塑化过程的本质，需耐 260℃高温，而且当 PB 管与管件熔接时，也需在 220℃高温耐热 30min。另外，由于 PB 管长期用于地热管，需长期耐 90 ~ 110℃高温而不褪色。

（2）分散性

PB 管是一种结晶性聚合物，用于供暖系统管路，长期在压力下工作而保持 50 年不损坏，所以颜料分散性很重要，所有 PB 管材应按照 GB/T 6111—2008 和 GB/T 18252—2020 的要求做至少三个不同温度下的静压试验以保证其力学性能。如果颜料分散不好，大颗粒点存在的位置上会产生应力集中，影响力学性能。

为了确保 PB 管母粒中颜料的分散性，从而保证 PB 管材无界面弱点，色母粒出厂检验必须进行过滤压力值测定（BS EN 13900-5∶2005）。

（3）耐迁移性

PPR 管材所使用的颜料如果有迁移性，迁移出的颜色会迁移至与之相接触的管道造成沾污。

（4）安全性

聚丁烯是一种高惰性的聚合物材料，具有很高的化学稳定性。且微生物不能寄生滋长，是目前世界上最符合卫生标准的饮水管道。用于饮水管的 PB 管选取的颜料、助剂必须符合 GB 17219—1998 和 GB 9685—2016 的规定。

3.6.2　PB 管色母粒配方

PB 管色母粒是以 PB 为载体的色母。要求 PB 管表面光滑，有良好遮盖力，应具有一定的耐压性和耐冲击性。PB 管色母粒配方设计见表 3-25。

⊡ **表 3-25　PB 管色母粒配方设计**

<table>
<tr><th colspan="2">原料名称</th><th>规格</th><th>含量/%</th></tr>
<tr><td rowspan="2">颜料</td><td>无机颜料</td><td></td><td>0～60</td></tr>
<tr><td>有机颜料</td><td></td><td>0～20</td></tr>
<tr><td>润湿剂</td><td>聚乙烯蜡</td><td>相对密度 0.91～0.93</td><td>0～10</td></tr>
<tr><td rowspan="3">润滑剂</td><td>EBS</td><td></td><td>0～0.4</td></tr>
<tr><td>聚硅氧烷</td><td></td><td rowspan="2">0～0.5</td></tr>
<tr><td>PPA</td><td></td></tr>
<tr><td rowspan="2">助剂</td><td>复合抗氧剂</td><td>B225</td><td>0～0.25</td></tr>
<tr><td>光稳定剂</td><td>受阻胺</td><td>0～0.5</td></tr>
<tr><td>载体</td><td>PB</td><td></td><td>X</td></tr>
<tr><td colspan="3">总 计</td><td>100</td></tr>
</table>

① PB 管主要应用于建筑内的散热器采暖连接管路系统、地面辐射供暖系统。PB 管主要以白色、黄灰色、土红色和橘色等颜色为主。其中，米黄色 PB 管材主要应用于采暖系统，而灰色 PB 管材可用于生活冷热水系统。根据 CJ/T 372—2011《冷热水用无规共聚聚丁烯管材及管件》要求，管材和管件均不透光，透光率不应大于 0.2%，所以母粒中钛白粉含量大于 50%。

② 根据供暖系统 50 年使用寿命的周期，PB 管色母粒选用各项性能稳定的无机颜料是个明智的选择，可选用钛白粉加微量复合无机颜料调制白色，选用颜料红 101 加少量 DPP 红 254 调制橙红色，以保证产品质量稳定。PB 色母颜料选择见表 3-26。

表 3-26 PB 色母颜料选择

色泽	颜料索引号	化学结构	颜料 0.5%		
			耐热性/℃	耐光性/级	耐候性/级
白色	颜料白 6			8	5
土黄色	颜料棕 24	金属氧化物	320	8	5
	颜料黄 53		320	8	5
土红色	颜料红 101	氧化铁	400	7～8	5
橙色	颜料橙 64	苯并咪唑酮	300	7～8	5
红色	颜料红 254	DPP	300	8	5

③ 色母粒要有良好的分散，关键是要保证 PB 产品的力学性能不受或少受破坏，最好是能够有所提升。颜料在 PB 的高黏度下是很难分散的，需要添加适量的分散剂及流变剂。

④ PB 是塑料中易老化的一种，能造成着色体过早地变色、粉化、发脆等。主要是由于在生产、加工过程中受光、热及机械力的作用，导致 C—C 分子键及 C—H 分子键的断裂，加入适当的抗氧剂及光稳定剂是必要的，特别是国产 PB 料，抗氧剂和稳定剂必须超量加入。

⑤ PB 是高黏度材料，色母配方中可以考虑加适量 EBS 或聚硅氧烷、PPA 之类的润滑开口剂，以防止粘连料筒料杆，特别是国产 PB 料。

⑥ 国产 PB 料由于投产不久，质量还不是很稳定，特别是黏度不稳定，容易粘连机筒螺杆及挤管模腔，造成摩擦温度升高而变色和表面鲨鱼皮现象。

注塑级色母粒配方设计

塑料注射成型包含了注射和模塑两种手段，因而也被称为注塑成型。这项技术是在20世纪初根据压铸成型的原理演变发展而来。所谓注射成型（injection molding）就是将塑料配方物料由注射机的料斗送入料筒内，加热熔融塑化后，在柱塞或螺杆的加压作用下，物料被压缩并向前移动，通过机筒前的喷嘴，以很快的速度注入较低温度的闭合模具型腔内充实并保持压力，经一定时间冷却定型后，开启模具取出制品的加工过程。该方法适用于全部热塑性塑料和部分热固性塑料。

注射成型是目前塑料成型加工中被采用最多的成型工艺之一。占塑料加工成型总量的30%，可见其在塑料加工成型工艺中的重要性。

注射机完成一次注射成型的操作时间被称为注射成型周期。一个成型周期包括：加料、预塑、充模、保压、冷却以及开模、脱模、闭模、辅助作业等。注射成型过程如图4-1所示。

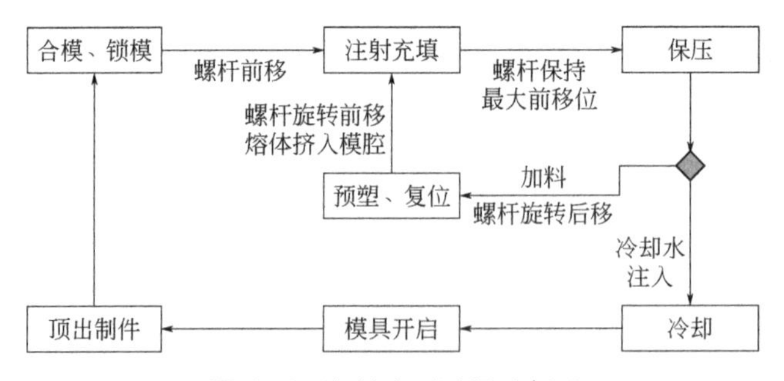

图4-1 注射成型过程示意图

与其他塑料成型工艺一样，注射成型也是在树脂熔融状态下进行的，因此，设定理想的操作温度是保证注射成型工艺正常进行的重要前提。温度的设置因树脂类型、制件大小和结构等条件而异。不同树脂注射成型加工温度设定范围见表4-1。

⊡ 表 4-1 不同树脂注射成型加工温度设定范围

树脂	机筒温度/℃			喷嘴温度/℃
	后段	中段	前段	
LDPE	160～170	180～190	200～220	220～240
HDPE	200～220	220～240	240～280	240～280
PP	150～210	170～230	190～250	240～250
PS、ABS、SAN	150～180	180～230	210～240	220～240
PVC（硬）	125～150	140～170	160～180	150～180
PVC（软）	140～160	160～180	180～200	180～200
PMMA	150～180	170～200	190～220	200～220
POM	150～180	180～205	195～215	190～215
PC	220～230	240～250	260～270	260～270
PA6	210	220	230	230
PA66	220	240	250	240
PUR	175～200	180～210	205～240	205～240
PPO	260～280	300～310	320～340	320～340

常规的注塑加工工艺能满足绝大部分的制作要求，但也存在一些不足之处，比如：组合部件需要分开注塑然后组装，细小部件注塑精度把控比较难等。随着注塑技术的发展，许多新的注塑技术和工艺不断涌现，如微量注塑技术、共注塑（双色/多色注射）技术、气辅/水辅注塑工艺等。

注射成型工艺经过许多年的发展，已逐步形成一个巨大的产业链，它的制品应用范围大到汽车、船舶、航空航天、铁路、建筑；小到电子电器、居家日用、医药卫生、餐饮娱乐等领域。有色制品占注射成型制件总量的 80%以上，尤其电子产品、日常用品、餐饮娱乐和儿童玩具等几乎都是有色塑料制品的天下。

本章特意选了 ABS、聚酰胺两大重点树脂，结合家电，汽车两大重点产品进行解剖，其他品种希望读者举一反三设计。我们还特意用两节内容分别叙述户外有耐候性要求的注塑产品和有翘曲变形特殊要求的包装容器瓶盖这两个量大、面广的色母粒品种，供读者配方设计时参考。

4.1 ABS 家电专用色母粒配方设计

ABS 塑料由于具有较好的综合性能，冲击性能又十分突出，因而被大量使用来代替金属材料。ABS 广泛用于电视机、收录机、洗衣机、电冰箱、电话机、空调机等的外壳和内部组件。

4.1.1 ABS 家电色母粒应用工艺和技术要求

ABS 家电制品主要采用注射成型工艺，将 ABS 物料由注射机的料斗送入料筒内，加热熔融塑化后，在柱塞或螺杆的加压作用下，物料被压缩并向前移动，通过机筒前的喷嘴，以很快的速度注入较低温度的闭合模具型腔内充实并保持压力，经一定时间冷却定型后，开启模具取出制品。

注塑制品的应用非常广泛，制品的性能、质量要求各不相同。ABS家电色母粒应用时要关注的主要特性指标有耐热性、分散性、耐迁移性、耐黄变性、力学性能、安全性等。

（1）耐热性

注塑加工时熔体的温度都比较高，且滞留在高温料筒中的时间也比较长，这就需要所使用的着色剂要有较高的耐热性方能抵御高温的破坏作用。尤其是那些大型制件、复杂结构的制件以及具有热流道型腔的制件，其温度设置都比一般注塑温度高。所以需充分考虑每一个制品不同的要求，选择具有相当耐热性能的着色剂。

（2）分散性

塑料注塑件对制品外观的基本要求就是色彩鲜艳，光泽度高，没有色点。对于光泽度而言，除了模具本身的因素之外，制品配方中所含有的固体物质的分散程度也是一个重要的因素。注塑机本身对色母粒的分散作用十分有限，如果色母粒分散性较差的话，制品表面就会产生很多色点，影响制品质量。

（3）耐黄变性

聚合物在太阳光、紫外光长时间照射下或在热、氧、应力、微量水分、杂质、不正当工艺等作用下色泽发黄的现象，叫做黄变。ABS树脂是丙烯腈、丁二烯和苯乙烯的三元共聚物，其中苯乙烯链段对氧极为敏感，加工温度下即使存在微量的氧也会导致分子量降低；丁二烯链段对氧化更加敏感，表现为交联和弹性下降，色泽随之改变；丙烯腈链段对热应力敏感并生成共轭结构，这种共轭结构能吸收可见光并产生变色现象，由于不同组分氧化链的相互影响，使得最终结果更为复杂。随着我国家电企业的不断发展壮大，家电出口份额逐年增大。家电出口一般长途运输时间较长，特别是出口到中东和热带地区的产品，ABS塑料制件容易产生黄变等问题。

（4）迁移性

ABS家电制品中，常涉及食品接触或与其他制品的直接接触等，一旦发生迁移问题，轻则造成颜色的交叉污染，重则引发制品使用安全问题，千万不可掉以轻心。应该依据制品实际应用需要，针对敏感性产品，避免使用有潜在迁移可能的颜料产品。

（5）力学性能

ABS家电色母还需要满足QB/T 2894—2007《丙烯腈-丁二烯-苯乙烯（ABS）色母料》技术指标中力学性能测试，其中冲击强度保留率≥88%，拉伸强度保留率≥90%，有些品种还需要进行落锤冲击性能测试，见表4-2。

表4-2 ABS色母粒技术指标

检验项目		技术指标	
外观		颜色均匀的颗粒，无机械杂质和异色颗粒	
颗粒均匀度（大粒和小粒）/（g/kg）		≤3.0	
色差ΔE		≤3.0	
分散性	色点、黑点/[个/(200mm×200mm)]	＞0.6mm	不允许存在
		0.3～0.6mm	≤1
		＜0.3mm	≤4
	分散度	无色流、色纹、色斑	
冲击强度保留率/%		≥88	
拉伸强度保留率/%		≥90	
含水率/%		≤0.5	

(6) 安全性

ABS 家电注塑制品一般需要满足欧盟电子电器产品有害物质限制指令《RoHS 指令》、美国电气设备环保设计法案（EDEE 法案，简称 H.R. 2420），以及中国《电子信息产品污染控制管理办法》《电器电子产品有害物质限制使用管理办法》的要求。

这些标准规定：电子电器产品中铅、汞、六价铬、多溴联苯（PBB）和多溴联苯醚（PBDE）的含量不得超过 1000mg/kg，镉的含量不得超过 100mg/kg，见表 4-3。

表 4-3　电子电器产品有害物质限制指令要求

元素	限量指标/(mg/kg)	元素	限量指标/(mg/kg)
铅	1000	汞	1000
铬（VI）	1000	多溴联苯（PBB）	1000
镉	100	多溴联苯醚（PBDE）	1000

4.1.2　ABS 家电色母粒配方

ABS 家电色母粒通常采用 ABS 或 AS 为载体。满足 QB/T 2894—2007 规定的 ABS 色母粒技术指标要求。ABS 家电色母粒配方见表 4-4。

表 4-4　ABS 家电色母粒配方

名　称		技术要求	含量/%
着色剂	无机颜料		0～60
	有机颜料		0～30
	溶剂染料		0～15
分散剂	共聚蜡	EVA 蜡	0～5
润滑剂		EBS	0～5
抗氧剂	复合	B900	0～0.2
填料		超细硫酸钡	0～30
载体	ABS		X
	AS		
总　计			100

ABS 色母粒配方设计需特别关注的如下。

① 色母粒配方中颜料含量是根据客户需求及加工工艺条件来决定的。根据 ABS 家电整体产品色差需求和树脂实际成型工艺条件，ABS 家电色母在满足客户要求色差的同时，还需要考虑整机配套色差控制。色母粒着色比例控制在 4∶100，以此来设计色母粒中颜料的含量。

② ABS 产品可以用溶剂染料来着色，溶剂染料着色力更高。选用溶剂染料的色母粒，母粒的添加比例也不宜太低。

③ 如果配制 ABS 透明色，需要选用透明 ABS 为载体，选用溶剂染料着色时，注意配方中不能有润湿剂共聚蜡和硬脂酸盐等产品，以免影响着色产品透明性。

④ ABS 色母粒用分散剂的化学结构至关重要。分散剂的极性越强，对颜料的分散效果越好。德国 BASF 公司生产的 EVA 蜡(乙烯-乙酸乙烯共聚蜡)是用于 ABS 色母粒的良好分散剂，美国 Honeywel 的离子型聚合物 AlCyn 295A 对有机与无机颜料均有优良的分散效果，且熔点高，热稳定性能好，以其为分散剂制得的色母粒可用于 ABS 树脂的着色。ABS 色母粒用分散

剂在 2.5% ~ 5%的添加量范围内，随着分散剂添加量的增大，ABS 色母粒中颜料的分散效果增强，且 5%的添加量比较适宜。

⑤ ABS 树脂中的双键结构容易发生热氧化降解，适当添加抗氧剂能显著提高制品的颜色稳定性。ABS 产品的抗氧剂可选择主辅抗氧剂复合使用。抗氧剂 1076 是多元受阻酚型抗氧剂，与性能优异的亚磷酸酯辅助抗氧剂 168 复配，效果更佳，复配的抗氧剂产品有 B900（1076∶168=1∶4），辅助抗氧剂比例越大，对加工性能越有利。

复合抗氧剂具有无味、低挥发度和高抗萃取的特点，可保护 ABS 材料不发生热氧化降解。B900 还可与紫外线吸收剂、光稳定剂和抗静电剂配合使用，有良好的协同效果。

对 ABS 树脂而言，抗氧剂不仅能减少热氧化作用，还能减少光氧化作用。值得注意的是，小分子受阻酚抗氧剂 BHT 会与钛白粉作用而发生黄变现象。

⑥ ABS 色母粒必须按制品对性能的要求选择专用树脂作载体。通常采用聚合度高的 ABS 树脂，也可用聚合度低的树脂，要求其熔融指数应等于或高于被着色 ABS 树脂。这样，由于流动性增加而易于分散。特别是用于工程塑料着色的 ABS 色母粒必须采用高强度的 ABS 作载体。

ABS 色母配方中可选择粉料和粒料树脂混合载体，粉料载体为主有利于色母粒加工制造。

也可用 AS 或掺和少量的 ABS 作载体，当 AS 在被着色树脂中含量低于 5%时，对被着色的 ABS 一般制品性能无不良影响，而且有利于色母粒制造过程中的破碎和造粒。

⑦ ABS 树脂具有吸水性，在仓库中吸水率通常为 0.3% ~ 0.4%，在母粒制造过程中应注意保持排气口畅通，适当的真空负压能够实现较好的颗粒外观。

⑧ ABS 着色时，应注意不同牌号的 ABS 树脂，在被着色之前，色泽存在较大差异，用同样的色母粒配方，制出的塑料制品，其颜色也可能存在较大差异。即使是同一厂家、同一牌号，不同批次间也可能存在较大差异。所以 ABS 配色一定要用客户使用的牌号。

4.1.3 ABS 色母粒配方中着色剂选择

适用于家电 ABS 色母的着色剂一般包括无机颜料、有机颜料和部分溶剂染料。直接用于 ABS 的着色剂需注意含水量尽量低，否则会引起气泡。由于 ABS 树脂呈不透明淡黄色，结构中含有橡胶成分，着色时会出现颜色不均匀的情况。光反射不一样，看到的色光也就不一样，如果色泽浓一些可以弥补这种缺点。因此，ABS 着色剂用量比较大。由于着色剂用量大，其分散性就成了技术上的难题。

4.1.3.1 ABS 色母粒配方中无机颜料选择

无机颜料通常是金属的氧化物、硫化物和硫酸盐、铬酸盐、铝酸盐等盐类以及炭黑。这一类颜料不溶于普通溶剂和树脂，它们的热稳定性和光稳定性一般比有机颜料优良。钛白粉和炭黑是应用于塑料着色的两种非常重要的无机颜料。

① ABS 白色家电色母最大宗的颜料是钛白粉（二氧化钛），一般选用金红石钛白粉作白色颜料，因其具有很强的遮盖力和着色力。同时，要优选纳米级、粒径分布窄的钛白粉。钛白粉的粒径越小、粒径分布越窄，反射率、分散性就越高，其着色的 ABS 制品光泽度、耐候性越好。

钛白粉本身存在光化学活性、晶格缺陷、较强的吸附性等缺点，因此高档的金红石型钛白粉必须经过包膜表面处理。目前金红石钛白粉的包膜剂主要有铝、硅、锆等的盐，锆包膜所形成的水合氧化锆以羟基的形式牢固地键合在 TiO_2 表面，其表面积和表面活性很大，具有很强的吸附力，能提高二氧化钛基体与包膜层之间的结合力。而且能显著地掩蔽二氧化钛晶格表面上的光活性基团，可以封闭钛白粉的光催化作用，提高二氧化钛的耐候性、光泽度和耐久性。所以 ABS 白色母应选锆包膜钛白粉。

② ABS 白色家电通常根据用户的喜好选择不同的色调，这就需要易分散、着色力略低、颜色稳定的着色剂来调节色相。高性能复合无机颜料就成为 ABS 白色相调节的理想选择。高性能复合无机颜料又称为 CICP 颜料（complex inorganic color pigment），是一种或几种金属离子掺杂在其他金属氧化物的晶格中而形成的掺杂晶体，掺杂离子导致入射光的特殊干扰，某些波长被反射而其余的则被吸收，也就是使之成为彩色颜料。

CICP 颜料有不同的晶体结构，其中包括金红石、尖晶石、反式尖晶石、赤铁矿以及不常见的柱红石和铁板钛矿型结构，见表 4-5。

表 4-5　高性能复合无机颜料品种

颜料索引号	色泽	晶型	金属元素											
			锂	铬	铝	铁	钛	锰	钴	镍	锌	铌	锑	钨
颜料黄 53	绿光黄	金红石					*		*	*				
颜料黄 119	红光黄	尖晶石				*					*			
颜料黄 161	红光黄	金红石					*		*	*		*		
颜料黄 164	绿光黄	金红石					*	*				*	*	
颜料黄 189	绿光黄	金红石					*			*		*		
颜料棕 24	红光黄	金红石		*			*						*	
颜料棕 29	棕	尖晶石				*			*					
颜料棕 48	红光黄	铁板钛矿			*	*	*							
颜料蓝 28	蓝	尖晶石			*				*					
颜料绿 50	绿	反式尖晶石					*		*	*	*			
颜料紫 47	紫	橄榄石	*						*					
颜料黑 26	黑	尖晶石				*		*						

表 4-5 摘录了一些公司产品的金属元素，不同企业同一颜料结构产品所含金属元素有差异；即使是同一公司，不同型号产品所含金属元素也会有不同，所以需注意产品样本和产品 COA 的资料，并及时与供应商联系。

CICP 颜料遮盖力好，同时具有优异的耐热性、耐光性、耐候性以及耐化学性。因着色力低，是配制浅色制品的首选品种。一方面配色时加入颜料相对多一些，尽可能多一些可减少配色误差传递，另一方面在添加量极少时也有极佳的耐热和耐候性，因此非常适于 ABS 家电塑料着色调色。

③ CICP 颜料在化学结构上把混相金属氧化物颜料看作稳定的固溶体，也就是说各种金属氧化物均匀地分布在新的化学复合物的晶格中，如同是溶液但是却呈类似于玻璃态物质的固体状态。这些金属元素失去了它们原来的化学、物理和生理性质。所以这类金红石颜料不能认为是镍、铬或锑化合物或其单纯的氧化物，这些金红石型颜料中的镍、铬、锰、锑等元素填补了二氧化钛中原来的晶体缺陷，形成更为完整的晶体结构，提高了晶体稳定性。

混相金属氧化物颜料的惰性很高，其热水渗出量在 2mg/kg 以下，人体的胃酸根本无法使其溶解，因此即使进入胃肠内，也对人体无害；人身体接触它，也是绝对安全的。按制造商就相容性、纯度和安全处理的说明，大部分此类颜料被视为无毒，并且符合接触食品的要求以及玩具的安全规则。

尽管一些 CICP 品种选用三价铬元素，但经 X 射线荧光光谱仪（XRF）检测，会出现总铬超标的情况，厂家需与客户签订合约，以证明产品并没有六价铬超标，如使用有机黄颜料代替，会出现颜色不稳定问题。XRF 无法由铬化合物中分辨出六价铬，六价铬为吞入性毒物/吸入性极毒物，皮肤接触可能导致敏感；更可能造成遗传性基因缺陷，吸入可能致癌，对环境有持久危险性。这一点在 ABS 家电色母粒配方设计和品种选择上需特别注意。

④ ABS 黑色家电母粒主要应用于电视机、摄像机等带有显示屏幕的家用电器。为了不让消费者产生视觉反差，ABS 黑色家电母粒通常要求高光泽、高黑度和高蓝相。因此常选用高色素炭黑或溶剂黑作为着色剂。推荐选择卡博特 BP900/M900、欧励隆 HIBLACK 970LB 和 XPB756。

⑤ ABS 家电注塑制品一般需要满足欧盟 RoHS 法规，镉系颜料和包膜铬系颜料因含重金属不得使用。

⑥ 金属颜料铝粉（银色）适于 ABS 着色，铜锌粉（金色）、锰紫、锰蓝、铜铬黑不适于 ABS 着色。

4.1.3.2 ABS 色母粒配方中有机颜料选择

有机颜料与无机颜料相比，具有着色力高、分散性好、色泽鲜艳、色谱齐全、相对密度小等优点，但也存在 ABS 加工过程中不稳定等问题。需要注意的是有机颜料应用于 ABS 着色时，着色浓度会影响色相和耐热性能。可用于 ABS 色母的有机颜料品种见表 4-6。

表 4-6 适用于 ABS 色母的有机颜料品种

产品名称	化学结构	色泽	耐热性/（℃/5min）	耐光性/级	耐候性/级	耐迁移性/级	翘曲
颜料黄 93	缩合偶氮	绿光黄	280	8	4	5	
颜料黄 110	异吲哚啉酮	红光黄	300	7～8	4～5	5	
颜料黄 180	苯并咪唑酮	中黄	290	7～8		5	
颜料黄 181	苯并咪唑酮	红光黄	300	8	4	5	
颜料黄 183（遮盖）	金属色淀	红光黄	300	7	3～4	5	
颜料黄 191（钙盐）	金属色淀	红光黄	300	8	3	5	
颜料橙 61	异吲哚啉酮	黄光橙	290	7～8	4～5	5	高
颜料橙 64	苯并咪唑酮	正橙	300	7～8	3～4	5	
颜料橙 68	金属络合	红光橙	300	7～8	3	5	
颜料红 48:3	偶氮色淀	中红	260	6		5	
颜料红 53:1	萘酚偶氮类	黄光红	270	4		5	
颜料红 122	喹吖啶酮	蓝光红	300	8	4～5	5	
颜料红 144	缩合偶氮	中红	300	7～8	3	5	高
颜料红 149	苝系	黄光红	300	8	3	5	高
颜料红 166	缩合偶氮	黄光红	300	7～8	3～4	5	高
颜料红 214	缩合偶氮	蓝光红	300	7-8	4～5	5	高
颜料红 254	DPP	中红	300	7	4	5	高

续表

产品名称	化学结构	色泽	耐热性/（℃/5min）	耐光性/级	耐候性/级	耐迁移性/级	翘曲
颜料红 264	DPP	蓝光红	300	8	4～5	5	N
颜料蓝 60	蒽醌酮	红光蓝	300	7～8	5	5	高
颜料红 202	喹吖啶酮	蓝光红	300	8	4～5	5	
颜料紫 19(γ)	喹吖啶酮	蓝光红	300	8	4～5	5	
颜料紫 19(β)	喹吖啶酮	红光紫	300	8	4～5	5	
颜料紫 23	二噁嗪	蓝光紫	280	8	4	4	
颜料紫 29	蓝光紫	红光紫	300	8	4	5	高
颜料蓝 15:1	酞菁	红光蓝	300	8	5	5	高
颜料蓝 15:3	酞菁	绿光蓝	280	8	4～5	5	高
颜料绿 7	酞菁	蓝光绿	300	8	5	5	高

① 有机颜料中，二噁嗪结构颜料紫 23，酞菁结构颜料蓝 15:1、颜料绿 7、颜料绿 36 以及喹吖啶酮结构颜料紫 19、颜料红 202，均十分适用于 ABS 着色。

② 表 4-6 中有两个经典偶氮颜料，颜料红 48:3 和颜料红 53:1，它们着色力高、耐热性良好，在使用时需注意耐光性、耐迁移性。

4.1.3.3 ABS 色母粒配方中溶剂染料选择

ABS 着色可选用溶剂染料，是因为 ABS 属非晶态聚合物，具有较高的玻璃化转变温度（80℃），染料溶解在非晶态聚合物中。染料分子运动受限于聚合分子链的范围，染料不会从非晶态聚合物中迁移。溶剂染料如果与无机颜料配色，可得到不透明色。ABS 色母常用溶剂染料品种见表 4-7。

溶剂染料不同于颜料，是透明的，而且着色力更高、色彩光亮而鲜艳，在 ABS 家电色母中也广泛使用，需要注意的是，由于其耐迁移性差，谨慎应用于小家电制品中。

表 4-7 ABS 色母常用溶剂染料品种

染料索引	化学结构	耐光性/级	耐热性/（℃/5min）
溶剂黄 93	吡喹啉酮	7	300
溶剂黄 114	喹啉	7～8	270
溶剂黄 145	亚甲基类	6	300
溶剂黄 160:1	香豆素类	3～4	300
溶剂黄 179	亚甲基类	7	300
溶剂橙 60	萘环酮	7～8	300
溶剂橙 107	多亚甲基类	5～6	300
还原红 41	硫靛类	3	280
溶剂红 52	蒽醌	3～4	280
溶剂红 111	蒽醌	6	280
溶剂红 135	萘环酮	7	280
溶剂红 179	氨基酮	6	300
溶剂红 195	单偶氮	6	300
溶剂红 230	蒽醌	6～7	270

续表

染料索引	化学结构	耐光性/级	耐热性/（℃/5min）
溶剂蓝 45	蒽醌	5～6	300
溶剂蓝 97	蒽醌	6	300
溶剂蓝 104	蒽醌	6	300
溶剂蓝 122	蒽醌	6～7	300
溶剂紫 13	蒽醌	6～7	300
分散紫 26	蒽醌	6～7	300
溶剂紫 36	蒽醌	6～7	300
溶剂绿 3	蒽醌	7	300
溶剂绿 28	蒽醌	7～8	300

4.1.4 ABS 家电色母粒生产中出现的问题和解决办法

ABS 家电色母粒生产过程中可能出现的问题和解决办法见表 4-8。

表 4-8 ABS 家电色母粒生产过程中可能出现的问题和解决办法

问题	原因	排除方法
连粒	喂料过快， 模头出料过快	减少喂料频率
	切粒机刀口过钝	更换切刀
	挤出温度过高	调整挤出温度
长短条	冷却时间过长	减短水槽冷却时间
	切刀气压过大	减小牵引气压
	切刀刀口过钝	更换切刀
	切刀与液轴间隙太宽	调整切刀与滚轴间隙
出料不均	挤出温度不够	调整挤出温度
	挤出机混杂其他物质	清洗挤出机
	模头温度不够	调整模头温度
	模头流槽混杂其他不相容物质	清洗模头
黑点	原料本身质量和储运过程尘埃的影响	把好原料质量关，并在原料储运中防尘
	车间、挤出机、切粒机油污	清洗挤出机,包括口模、料管等，清洗车间、切粒机
	挤出温度高	优化挤出温度
	物料滞留时间长	更换磨损的螺纹元件及螺纹套
	模口太细、杂物积存、物料滞留,都易造成死角积炭	清理口模，改善口模锥角及阻力
	滤网网眼过细	更换滤网

4.1.5 ABS 家电色母粒应用中出现的问题和解决办法

ABS 家电色母粒应用过程可能出现的问题和解决办法见表 4-9。

表 4-9 ABS 家电色母粒应用过程可能出现的问题和解决办法

序号	问题	原因	排除方法
1	缺胶	料筒及喷嘴温度偏低	提高料筒及喷嘴温度
		模温过低	提高模温
		计量过小	加大计量
		注射压力、速度过小	提高注射压力、速度

续表

序号	问题	原因	排除方法
1	缺胶	注射时间过短	加长注射时间
		模具排气不良	模具加排气
		杂物堵塞喷嘴或浇口	清理喷嘴或浇口
		浇口过小	正确设计浇注系统
2	飞边	注射压力太大或速度太快	降低注射压力、速度
		锁模力过小或单向受力	调节锁模力
		保压切换位置太小	提前保压
		料温太高	降低料温
		模具间落入杂物	擦净模具
		色母熔融指数太大或添加比例过高	调整色母熔融指数和比例
3	黑点及条纹	料温过高，造成分解	降低料温
		料筒或喷嘴接合不严	修理接合处，除去死角
		模具排气不良	模具排气
		色母分散性、稀释性差，色母不耐热	更换色母
		物料中混有深色物	将物料中深色物剔除
4	银纹	料温过高，料分解物进入模腔	迅速降低料温
		原料含水分高，成型时汽化	原料预热或干燥
		色母中含有易挥发物	更换色母中不耐热组分
5	脱皮、分层	色母载体与 ABS 不相容	更换载体
		色母分散剂含量过高	减少分散剂用量
		色母分散性、稀释性差	增大背压、回料速度
		混入异物	清除异物
6	强度下降	料温太高，塑料分解	降低料温，控制物料在料筒内滞留时间
		塑料回用次数多	控制水和料比例
		色母或 ABS 含水分	原料预热干燥
		色母中无机物含量过高	

4.2 运动场座椅色母粒配方设计

体育场的塑料座椅具有外形美观、结构结实、使用寿命长、弹性足、座靠舒适、耐冲击、耐热、高韧性、耐水性好等优点，但更需要有良好的耐光与耐候性。

我们之所以把这一产品列为一节，是因为目前有越来越多塑料制品用在户外，如大桥的钢缆护套，建筑用材、广告箱、周转箱、汽车塑料的零部件等，可以通过本节的内容，举一反三，进行户外产品的色母粒颜料选择和配方设计。

4.2.1 运动场座椅色母粒应用工艺和技术要求

运动场座椅一般是用注塑工艺，也有采用共聚聚丙烯吹塑工艺。中空吹塑座椅为双层中空结构，舒适性会更好。

运动场座椅一年四季在室外，日晒、雨淋、冰冻，因此色母粒配方设计需关注的指标有耐候性、耐热性、分散性、耐迁移性等。

(1) 耐候性

由于运动场座椅长期在户外使用，所以选择的颜料应具有非常优异的耐候性，耐紫外线照射，至少三年不会褪色。不少品种因耐候性不好，造成塑料制品褪色，客户投诉。

(2) 耐热性

注塑加工时熔体的温度都比较高，且滞留在高温料筒中的时间也比较长，这就需要所使用的着色剂要有较高的耐热性方能抵御高温对其破坏作用。PP 共聚吹塑成型温度会更高。

(3) 分散性

运动场座椅制品外观的基本要求是色彩鲜艳、光泽度高、没有色点。对于光泽度而言，除了模具本身的因素之外，制品配方中所含有的颜料等固体物质的分散程度也是一个重要的因素。注塑机螺杆短，对颜料颗粒的分散作用又十分有限，所以颜料分散十分重要。

(4) 迁移性

运动场座椅一旦发生迁移问题，会污染观众的衣服，造成的影响极坏。

4.2.2 运动场座椅色母粒配方

运动场座椅色母粒以 PE 为载体，配方见表 4-10。

表 4-10 运动场座椅色母粒配方

原料名称		技术要求	含量/%
颜料	无机颜料		0～40
	有机颜料		0～30
润湿剂	聚乙烯蜡	相对密度 0.91～0.93	0～15
抗氧剂	复配	B215、B225	0～0.1
光稳定剂	复配	783	0～0.5
润滑剂	硬脂酸锌		0～0.5
载体	LDPE	MI 20～50g/10min	X
	LLDPE	MI 20g/10min	
总 计			100

运动场座椅色母粒配方设计需特别关注的事项如下。

① 应用户外运动场座椅的颜料需耐候性优异，需满足 5000h 人工老化测试，本色及冲淡色的色差都要小于 3，而且低浓度测试性能也要好，所以可以满足要求的有机颜料品种不多，详见表 4-11。

表 4-11 满足户外运动场座椅的颜料品种和性能

序号	产品名称	化学结构	色泽	耐热性 /(℃/5min)	耐光性 /级	耐候性 /级	耐迁移性 /级
1	颜料黄 128	缩合偶氮	绿光黄	260	8	4～5	5
2	颜料黄 181	苯并咪唑酮	红光黄	300	8	4	5
3	颜料黄 109	异吲哚啉酮	绿光黄	280	7～8	5	5
4	颜料黄 110	异吲哚啉酮	红光黄	300	7～8	4～5	5
5	颜料橙 61	异吲哚啉酮	黄光橙	290	7～8	4～5	5
6	颜料红 254	二酮-吡咯-吡咯	中红	300	7	4	5

续表

序号	产品名称	化学结构	色泽	耐热性/(℃/5min)	耐光性/级	耐候性/级	耐迁移性/级
7	颜料红 264	二酮-吡咯-吡咯	蓝光红	300	8	4～5	5
8	颜料红 122	喹吖啶酮	蓝光红	300	8	4～5	5
9	颜料红 202	喹吖啶酮	蓝光红	300	8	4	5
10	颜料紫 19(γ)	喹吖啶酮	蓝光红	300	8	4～5	5
11	颜料蓝 15:1	酞菁	红光蓝	300	8	5	5
12	颜料蓝 15:3	酞菁	绿光蓝	280	8	4-5	5
13	颜料绿 7	酞菁	蓝光绿	300	8	5	5

② 除了需关心颜料化学结构外，还需关注颜料的粒径大小对耐候性的影响。颜料用于塑料着色时，以许多分子组合成的微纳米颗粒形态分散在塑料介质中。通过颜料分子颗粒对投射到这些应用介质表面的光线产生吸收、反射、透射、折射等作用实现对这些塑料的着色。因此，颜料在塑料着色上应用性能不仅与结构有关而且应用性能与颜料的晶体形态、晶格结构、比表面积、粒径大小与分布等有密切关系。

有机颜料经光照后褪色的过程，被认为是光氧化-降解的过程，反应速度与颜料表面积有关。细小的颜料粒子，有较大的比表面积，在光照射下更易发生光化学氧化与还原反应，导致颜料褪色，因此耐光牢度就比较差。着色剂经光照后，粒径较大的颜料的褪色速度与粒子直径平方成反比，而粒径较小时其褪色速度与粒子直径的一次方成反比。

不同粒径颜料黄 139 经曝晒后颜色变化见图 4-2。

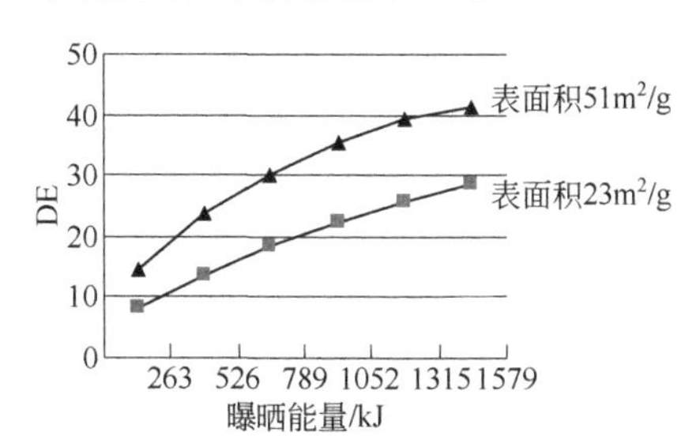

图 4-2 不同粒径颜料黄 139 经曝晒后颜色变化

从图 4-2 可以看出，表面积 23.3m²/g（相对应粒径大）的颜料黄 139 在阳光曝晒下色差变化明显比表面积 51m²/g（相对应粒径小）的颜料黄 139 要小得多，表明耐光性提高。

同一结构颜料红 254 不同粒径品种的耐候性见表 4-12。

表 4-12 同一结构颜料红 254 不同粒径品种的耐候性

项目		SR1C	SR2P	ST
比表面积/(m²/g)		12.0	29.0	106.0
粒子大小		大	中	小
耐候性	颜料含量 0.1%	5	5	5
	颜料含量 0.01%，TiO_2 含量 1%	5	4~5	4

从表 4-12 可以看出，表面积 12.0m²/g（大粒径）的颜料红 254SR1C 加钛白冲淡，在 1000h 耐候性达 5 级，而表面积 106m²/g（小粒径）的颜料红 254 耐候性只有 4 级。大粒径 DPP Red SR1C 遮盖力也比小粒径好，但着色力会降低。大粒径 DPP Red SR1C 可用于耐候性要求特

别高的产品着色，例如国外选择用在法拉利红色跑车上。

③ 颜料紫 23 分子中含有三苯二噁嗪，母体结构呈橙色，在两侧苯环上引入不同取代基和杂环，可得到鲜艳的紫色，颜料分子具有对称平面性。颜料紫 23 具有美丽、明亮、纯净的蓝光紫色调，有特别高的着色力和光泽；具有优异的耐光性，良好的耐热性、耐候性及耐溶剂性，它的性能可与酞菁颜料媲美。但它的缺点和优点一样明显，因其着色力高，所以低浓度着色时性能下降，颜料紫 23 耐光性优异，可达 8 级。但需注意冲淡至 1/25 标准深度就会急剧下降，仅为 2 级。另外二噁嗪紫加入钛白粉后性能下降更甚，需特别注意。颜料紫 37 也是同类二噁嗪母体咔唑紫结构，其性能有所提高，但不显著。

所有如需耐候性优异的紫色，可选用颜料蓝 15∶3 与颜料红 122 或颜料红 202 拼色而成。

④ 户外深色塑料制品一般选用有机颜料，为了保证其优异的耐候性，在制品中尽量少用或不用钛白粉，使颜料浓度在制品中尽可能高。可以利用无机颜料遮盖力好的优点，与有机颜料复配而成。

⑤ 户外浅色塑料制品一般都采用加大量的钛白粉和少量有机颜料配制而成，由于大多数有机颜料加入钛白粉后的耐候性、耐热性均会有不同程度的下降，无机颜料一般都有良好的耐候性，可选用无机颜料加少量钛白粉配制而成，适于浅色制品的无机颜料品种见表 4-13。

表 4-13　适于浅色制品的无机颜料的主要品种

色泽	颜料索引号	化学结构	颜料 0.5%		
			耐热性/（℃/5min）	耐光性/级	耐候性/级
黄色	颜料黄 119	氧化铁	300	8	5
黄色	颜料黄 53	金属氧化物	320	8	5
黄色	颜料棕 24	金属氧化物	320	8	5
黄色	颜料棕 184	钒酸铋	280	8	5
红色	颜料红 101	氧化铁	400	7～8	5
蓝色	颜料蓝 29	群青	400	7～8	5
蓝色	颜料绿 28	钴蓝	300	8	5
绿色	颜料棕 50	钴绿	300	8	5

如果塑料着色无重金属安全要求，可选用包膜铬黄和铬红无机颜料，见表 4-14。

前几年，在国外可看到不少垃圾桶用包膜钼铬红着色。

表 4-14　适用户外包膜的铬系无机颜料主要品种

色泽	颜料索引号	化学结构	颜料 0.1%		
			耐热性/（℃/5min）	耐光性/级	耐候性/级
黄色	颜料黄 34	铬黄	260～280	8	4～5
橙色	颜料红 104	钼铬红	260～280	8	4

⑥ 配方中分散剂、润滑剂、载体选择参阅薄膜级色母配方设计说明即可，这里就不一一叙述了。

⑦ 配制户外制品时首先要选择耐候性好的着色剂，另外需要有足量的光稳定剂和抗氧剂稳定系统以保证树脂不变色。对聚烯烃防老化体系来说，可加抗氧剂约 0.1%和光稳定剂约 0.5%来满足户外抗老化需求。

户外制品的抗氧系统可选择多元受阻酚型抗氧剂 1010，与性能优异的亚磷酸酯辅助抗氧剂 168 复配，复配比例一般是 1∶(1 ~ 2)，复配的抗氧剂产品有 B215（1010∶168=1∶2）、B225

（1010∶168=1∶1）。B215 注重加工过程的抗氧效果，B225 注重最终产品的效果，如要进一步提高性能可选用抗氧剂 1076 或抗氧剂 1790 与抗氧剂 168 的复配，其复配的抗氧剂产品为 B921（1076∶168=1∶2）。

户外产品的光稳定系统可选用高分子量的受阻胺光稳定剂 944 和与低聚、立构受阻胺光稳定剂 622 的复配产品 783（944∶622=1∶1）。该产品是一种多用途抗紫外光稳定剂，944 具有优异的相容性、耐萃取性和低挥发性，光稳定剂 622 同时也是一款抗氧剂，对聚烯烃和增黏树脂具有长效热稳定性。

复合光稳定剂 783 是新一代聚合型高分子量受阻胺光稳定剂的复配产品，复配使用的两种受阻胺光稳定剂在系统中得到极佳的互补作用，使活性基团的作用得到加强，协同效应显著。复合光稳定剂 783 通过捕获自由基，清除自由基的危害，分解氢过氧化物，猝灭激发态能量等作用机理来发挥低浓度、高效率的抗光热降解作用。光稳定效果比光稳定剂 531 要好得多。

复合光稳定剂 783 具有很好的加工热稳定性、良好的相容性和耐水抽出性、抗气熏黄变以及与颜料较少发生反应等优点。

复合光稳定剂 783 是一种多用途抗紫外光稳定剂，特别适合聚烯烃塑料。考虑到户外运动场座椅是厚制品，建议添加 0.5%左右。

由于抗氧剂和紫外线吸收剂熔点均较低，为了更好发挥其作用，可将抗氧剂和光稳定剂分别制成母粒，与色母粒一起加入效果更好。

⑧ 需注意，阻燃剂的加入可能会抑制抗氧剂、光稳定剂作用，而且加速了体系的老化。

⑨ 有时，塑料耐候性技术指标总是不能够完全满足客户的需求而会发生争论。这是因为气候反复无常，再加上全天耐光（候）试验需要很长的周期，客户不愿意等待这么长的时间。因此需在实验室中采用人工光源加速条件测定耐光（候）性。任何加速试验的基础都是要用实验装置充分模拟不同的气候条件，并且还要考虑到两个试验原理之间的相关性。如何利用快速老化测试迅速得出结果，保证产品满足客户需求，确立评价系统至关重要。

人造氙灯光源仿制全部的太阳光谱，包括紫外光、可见光和红外光，其目的是最大限度地模拟太阳光（见图 4-3）；正因为如此，人造氙灯光源不失为耐候性和耐日光照射试验的一种可靠的、最接近实际的光源。

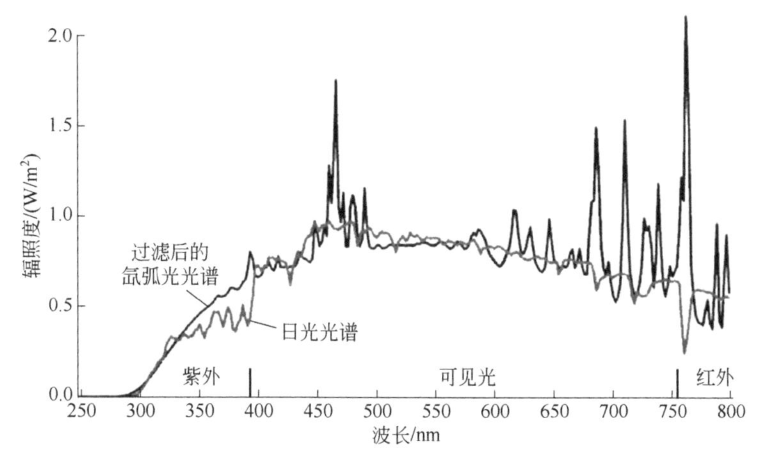

图 4-3 氙灯与自然光光谱图

应用于户外运动场座椅的颜料需满足 5000h 人工老化测试。

紫外光老化试验并不以仿制太阳光线为目的，只是模仿太阳光的破坏效果。塑料制品的光老化主要是由紫外线照射而产生的。紫外线分三个波段，UVA（320 ~ 400nm）、UVB（280 ~ 320nm）、UVC（200 ~ 280nm），见图 4-4。

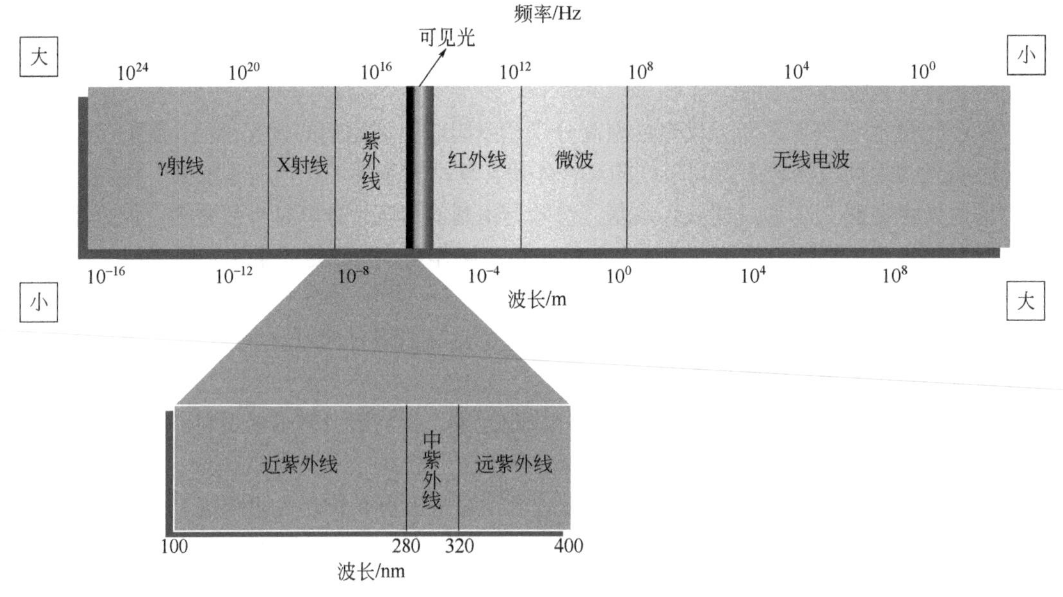

图 4-4 紫外线三个波段

其中，UVA 波段每个光子能量都有很强的穿透能力，有 98%的能穿透臭氧层到达地面。设计老化配方时可参考。

紫外线灯管 UVA-340nm 模拟阳光更好，但是所需时间比紫外线灯管 UVB-313nm 长一倍左右。紫外线灯管 UVB-313nm 可以用于快速筛选配方。做深色产品，用 UVB-313nm 光源实测（加喷淋）500h，相当于在佛罗里达使用 3 年。

讨论加速老化测试时数和户外曝晒月数之间的转换因子是没有逻辑意义的。因为这两个因素一个恒定不变、一个变化不定。寻找两者之间的转换因子会导致数据没有意义。在确定的条件下，利用已知的结果，将未知的试验进行“经验法则”因子转换是有效的，这样可大大缩短户外的试验时间，大大降低测试成本。

⑩ 尽量不要加填料，只可少量添加滑石粉。

4.3 瓶盖色母粒配方设计

近年来，塑料包装容器得到广泛使用，其中塑料瓶因为耐冲击、质量轻以及价格便宜等优点，得到了诸多消费者青睐。自 20 世纪 90 年代开始，可口可乐公司生产的 PET 瓶装饮料率先使用塑料防盗盖替代铝盖，从而将塑料防盗盖推到了饮料包装的前台。如今，既轻薄又易于开启的塑料防盗瓶盖用于饮料包装，不仅方便了消费者，同时也加快了饮料业的发展。

塑料防盗瓶盖的功能主要有以下两点:

① 密封性，对内容物起到保护作用，这是瓶盖的基本功能;

② 美观性，作为包装不可分割的一部分，小小的瓶盖起到画龙点睛的作用。

4.3.1 瓶盖色母粒应用工艺和技术要求

塑料瓶盖生产采用传统的注塑工艺，将树脂（HDPE 或 PP）和色母混合均匀，经加热、剪切至熔融状态，注射到模具型腔，在型腔内冷却定型、脱模，再经过切环、加垫制成。瓶盖生产工艺见图 4-5。

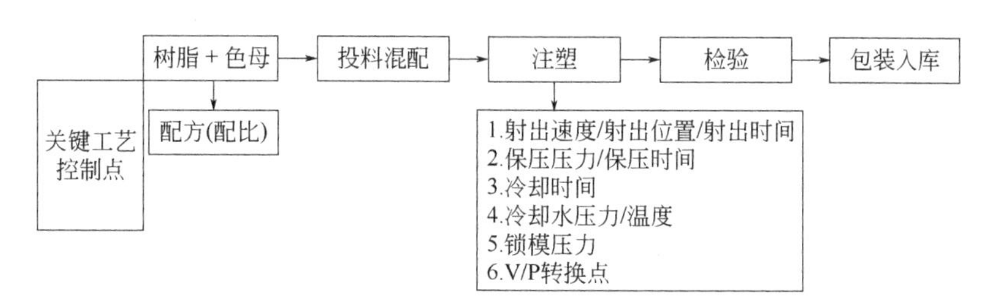

图 4-5 瓶盖生产工艺流程图

对于不同的饮料产品来说，它们对塑料瓶盖有一些共性的需求，如密封良好，保证液体不泄漏和食品饮料安全性。塑料瓶盖色母在注塑加工和应用时要关注的特性指标有耐热性、翘曲变形、分散性、耐迁移性和安全性等。

（1）耐热性

塑料瓶盖注塑加工时熔体的温度比较高，且滞留在高温料筒中的时间也比较长，采用热流道注塑工艺可缩短注塑模具成型周期，因没有主流道和次流道冷却时间的限制，成型固化后便可及时顶出，生产的薄壁产品成型周期可在 8s 内。瓶盖制件经热流道模具成型后即为成品，无需修剪浇口及回收加工冷胶道等工序。国外很多产品生产厂家均将热流道与自动化结合起来以大幅度地提高生产效率。

但采用了热流道注塑工艺，会延长颜料在高温料筒中的时间，由于传统颜料耐热性测试标准是在螺杆挤出机中停留 5min 时色差变化大于 3，所以需根据颜料的耐热指标谨慎选择颜料。

瓶盖一般较小，考虑到成本，要体现生产的高效益，一般采用一模多腔的形式，有些产品一模可出上百个制品。为了确保熔体能够充盈整个模腔，需要熔体流动性好，所以操作温度的设置会比常规设置温度高出 10℃以上。这对着色剂的耐热性提出了更高的要求。

还有一点也应该考虑，如采用热流道工艺会有注塑加工中的边角余料，这些一般都会破碎后回用，这就形成了反复多次成型的热加工过程。着色剂如果没有足够的耐热性就会产生色变的可能。

（2）翘曲变形

对于颜料能够导致翘曲变形的程度可分为翘曲、低翘曲和不翘曲三类，应该根据实际需要进行选择，以保证瓶盖不变形，确保瓶盖的密封性。

（3）分散性

塑料瓶盖制品外观的基本要求就是色彩鲜艳、光泽度高、没有色点。对于光泽度而言，除了模具本身的因素之外，制品配方中所含有的固体物质的分散程度也是一个重要的因素，这也包括颜料。注塑机本身对颜料颗粒的分散作用十分有限，如果所使用的颜料分散性较差的话，制品表面就会产生很多色点，影响制品质量。

（4）迁移性

塑料瓶盖应用涉及食品饮料接触，一旦发生迁移问题，轻则造成颜色的交叉污染，重则引发制品使用安全问题，千万不可掉以轻心。应该依据制品实际应用需要，针对敏感性产品避免使用有潜在迁移可能的颜料产品。

（5）安全性

塑料瓶盖使用的原材料包括颜料都必须符合相应的食品安全法规要求，还需符合浸泡试验要求。塑料瓶盖大量用于矿泉水和饮料，塑胶瓶盖气味较重时，会让大家感觉十分不舒服，特别是蓝色群青品种的选择。

4.3.2 瓶盖色母粒配方

塑料瓶盖色母粒是以聚烯烃为载体的色母。用于塑料瓶盖的着色要求：瓶盖密闭性好，耐热性、分散性好，塑料瓶盖色母粒配方设计见表 4-15。

⊡ 表 4-15 塑料瓶盖色母粒配方设计

原料名称		规格	含量/%
颜料	无机颜料		0～20
	有机颜料		0～20
润湿剂	聚乙烯蜡	相对密度 0.91～0.93	0～10
润滑剂		芥酸酰胺	0～0.5
载体	LDPE	MI 20～50g/10min	X
	PP	MI 20g/10min	
总 计			100

塑料瓶盖色母粒配方设计要点可参考吹塑薄膜级色母粒配方设计中的叙述。

① 塑料瓶盖需要密封性良好，所选树脂和着色剂均要求变形小。

塑料在着色时发生成型收缩的现象是因为绝大多数塑料着色成型过程中都有一个加热的过程，塑料材料都会随温度上升而膨胀，并且在冷却过程中再次收缩。通常注塑件在成型过程中，沿熔体流动方向上的分子取向大于垂直流动方向上的分子取向，圆形对称的塑料制品因翘曲变成了椭圆，非圆形对称的塑料制品也会出现非常明显的收缩。

通常情况下要求，无论使用什么着色剂，都必须保证不降低部件的尺寸稳定性。但是考虑到颜色的多样性，不可能所有着色剂都能满足以上要求，所以有时也难以尽善尽美。特别是有机颜料中的一些品种对收缩性的影响起着很大的作用。

一般来说，颜料结晶呈各向异性。有机颜料结晶呈针状、棒状，塑料成型时，长度方向容易沿树脂流动方向排列，因而产生较大的收缩；而无机颜料呈球状结晶，不存在方向排列，因而收缩小，图 4-5 和图 4-6 分别是无机颜料黄 53 和有机颜料酞菁蓝 15:3 的透射电子显微镜（TEM）照片。

易导致结晶性树脂在注塑加工时产生翘曲变形的有机颜料主要有普通型的酞菁系列颜料，部分杂环类高性能有机红/黄颜料，如异吲哚啉/异吲哚啉酮颜料黄 110、苝系颜料红 149、颜料红 179，DPP 颜料红 254 以及部分缩合类颜料，颜料红 144，颜料红 166，都会引起塑料制品收缩率加大。并非所有有机颜料品种都会导致注塑件的翘曲变形，注塑加工时产生翘曲变形小的有机颜料见表 4-16。

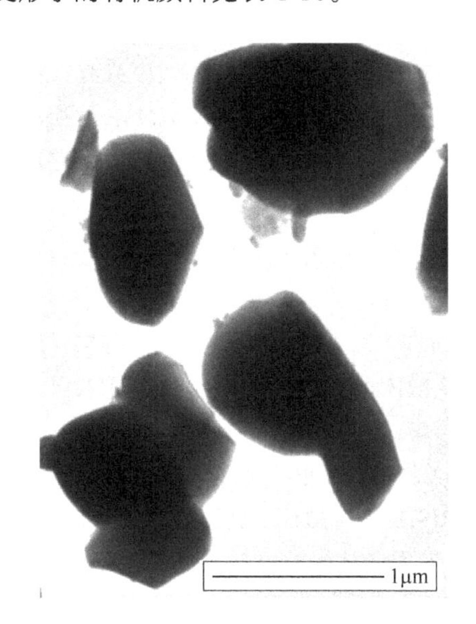

图 4-6 颜料黄 53 TEM 图片

图 4-7 颜料酞菁蓝 15:3 TEM 图片

表 4-16 注塑加工时产生翘曲变形小的有机颜料品种

颜料索引号	化学结构	颜料索引号	化学结构
颜料黄 62	偶氮色淀钙盐	颜料红 57:1	偶氮色淀
颜料黄 93	偶氮缩合	颜料红 122	喹吖啶酮
颜料黄 95	偶氮缩合	颜料红 176	苯并咪唑酮偶氮
颜料黄 120	苯并咪唑酮偶氮	颜料红 177	蒽醌
颜料黄 139	异吲哚啉	颜料红 187	偶氮 AS
颜料黄 168	偶氮色淀钙盐	颜料红 220	偶氮缩合
颜料黄 180	苯并咪唑酮偶氮	颜料红 247:1	偶氮 AS 色淀
颜料黄 181	苯并咪唑酮偶氮	颜料红 247HB	偶氮 AS 色淀
颜料黄 191	偶氮色淀钙盐	颜料红 272	二酮-吡咯-吡咯
颜料黄 214	苯并咪唑酮偶氮	颜料紫 19（β）	喹吖啶酮
颜料橙 64	苯并咪唑酮偶氮	颜料紫 19（γ）蓝光	喹吖啶酮
颜料橙 68	偶氮络合	颜料紫 23 红光	二噁嗪
颜料橙 72	苯并咪唑酮偶氮	颜料紫 37	二噁嗪
颜料红 48:2	偶氮色淀	颜料棕 25	苯并咪唑酮偶氮
颜料红 48:3	偶氮色淀		

目前也研发和生产出了不翘曲酞菁蓝/绿、不翘曲 DPP 红等特殊规格的品种。

我们可根据上述表格，再根据产品耐热要求和 GB 9685—2016 规定选择瓶盖用有机颜料。

② 无机颜料晶型结构呈球状，不存在方向排列，所以对塑料形变没有影响，而且大部分无机颜料耐热性好，可用于瓶盖的着色。因蓝色酞菁系列颜料会产生严重翘曲，同为红光蓝

色的无机颜料品种群青就很有优势。

群青蓝颜料生产是将高岭土、纯碱、硫黄在封闭窑炉中加热到约 800℃，保持高温两周以上时间后，即可形成最初的发色团。因此每生产 1t 群青会放出接近 1t 的二氧化硫，生产中生成的硫的衍生物会附着在群青蓝的表面，致使群青蓝颜料有多余的硫残留。

微量的硫残留会导致在瓶盖加工乃至包装成品过程还保留有可以辨别的硫异味。因此群青颜料生产中的后处理十分重要。另外群青粒径较细、分子量分布较均匀的产品在塑料加工过程中的气味会减少。所以塑料瓶盖选用群青需关注群青品种和供应商的选择。选择游离硫可以控制在 0.02%的群青产品。

群青的气味可以采用 SPME（固相微萃取）-GC(气相色谱)-AED(原子光谱探测)分析和感官分析来鉴定。

③ 影响塑料成型收缩的因素很多，包括塑料制品形状、厚度、嵌件、熔体温度、成型压力、成型时间、模具温度、模具进浇口形式和大小、模内冷却时间等，着色剂加入仅是其中一个因素。所以塑料成型发生收缩要从多方面因素考虑。

④ 塑料防盗瓶盖目前广泛用于矿泉水、茶水和饮料中，这些产品的安全与人们的健康息息相关，我国已制定完整食品安全标准体系，GB 5009.156—2016 规定了食品接触材料及制品迁移试验预处理方法通则，GB 31604.1—2015 规定了食品接触材料及制品迁移试验通则，而 GB 31604.2—2016 ~ GB 31604.9—2016 共 8 个标准具体规定了一系列试验方法，包括高锰酸钾消耗量（从食品接触材料迁移到浸泡液中能被高锰酸钾氧化的物质的量）、干燥失重、挥发物、提取物、灼烧残渣、脱色试验、总迁移量、食品模拟物中重金属的测定方法，塑料防盗瓶盖需满足这些测试要求，并有测试报告。奶嘴奶瓶 PP 旋盖检验报告见表 4-17。

表 4-17 奶嘴奶瓶 PP 旋盖检验报告

序号	检测项目	标准（技术）要求	检验结果	单项结论
1	感官要求	感官：色泽正常，无异臭、不洁物等	符合	符合
		浸泡液：迁移试验所得浸泡液无浑浊、沉淀、异臭等感官性的劣变	符合	符合
2	高锰酸钾消耗量/(mg/kg)（水，60℃，2h）	≤10	0.6	符合
3	重金属（以 Pb 计）含量/(mg/kg)（4%乙酸，60℃，2h）	≤1	未检出（<1）	符合
4	脱色试验	阴性	阴性	符合
5	总迁移量/(mg/kg)（50%乙醇，70℃，2h）	≤60	3	符合

⑤ 润滑剂一般选用十八碳链皂类（硬脂酸锌、硬脂酸钙等），皂类产品虽然廉价，但添加量大，效果不理想；二十二碳链酰胺类（油酸酰胺和芥酸酰胺）添加量极少，效果明显，无毒（通过 FDA 认证），允许用于食品和药品包装材料中，可显著降低树脂的静、动摩擦因数，有利脱模以及表面爽滑与光亮。

二氧化硅是一种优良的流动促进剂，主要作为润滑剂、抗黏剂、助流剂，可大大改善色母流动性。

⑥ 塑料防盗瓶盖用树脂是 HDPE 和 PP，一般来说采用 LDPE 作载体，用于 HDPE 着色是没有问题的，但用 PP 着色时，会发生流痕，这是因为 LDPE 和 PP 相容性不太好引起的。所以用于 PP 塑料防盗瓶盖的色母载体选用高熔融指数的 PP。

⑦ 塑料防盗瓶盖成型工艺还有压塑成型（continuous compression molding，缩写为

CCM）工艺，是近 10 年出现的塑料制品制造新工艺。它向具有百年传统的注塑工艺发起强有力的挑战。就能耗、物耗及环保综合成本而言，在饮料工业中，压塑制盖无疑是现在和未来制盖方式的重要发展方向。本节所述的色母粒配方设计当然也可用在压塑成型中。

4.4 汽车内饰件色母粒配方设计

自进入 2000 年后，我国汽车产业一直处于高速发展，作为汽车的重要组成部分之一，汽车内饰越来越受到 OEM 厂商的格外重视，因为消费者购车时，第一感观除了汽车外形，就是汽车内饰了，其重要性和复杂性可见一斑。

车用塑料前七位塑料品种与所占比例大致为：聚丙烯 21%、聚氨酯 19.6%、聚氯乙烯 12.2%、热固性复合材料 10.4%、ABS 8%、尼龙 7.8%、聚乙烯 6%。

4.4.1 汽车内饰件色母粒应用工艺和技术要求

常用的汽车内饰材料有塑料、皮革、纺织纤维等，各自又细分为很多品种，不同的特点适合不同的应用。常用的塑料成型工艺主要有注射成型、中空吸塑成型、挤出成型、吹塑成型、压缩成型等传统工艺，还有微发泡成型、注射压缩成型、搪塑成型、双色注塑成型、层状注塑成型等新工艺，此外还有焊接、着色/涂装/电镀等辅助工艺。本节主要介绍聚丙烯注塑成型用色母粒。

（1）耐热性

汽车内饰材料注塑加工时熔体温度比较高，且滞留在高温料筒中的时间也比较长，而且有的汽车内饰材料是大型注塑部件、复杂结构的制件以及具有热流道型腔的制件，其温度设置比一般注塑成型温度要高。而且汽车内饰材料部件要满足光亮度要求，需适当保持模具的温度，这就需要所使用的着色剂要有较高的耐热性。

（2）分散性

汽车是高档消费品，汽车内饰件更是追求个性化需求，汽车内饰材料制品外观的基本要求就是光泽度高、没有色点。对于光泽度而言，除了模具本身的因素之外，制品配方中所含的固体物质的分散度也是一个重要的因素。注塑机本身对色母颗粒的分散作用十分有限，如果色母粒分散性较差的话，制品表面就会产生很多色点，影响制品质量。

（3）迁移性

汽车内饰件与其他制品直接接触，一旦发生迁移问题，容易造成颜色的交叉污染，千万不可掉以轻心。

（4）安全性

针对汽车类废品及配件的拆装、再循环利用，必须对新汽车的制造及设计进行整合。应建立收集、处理、再利用的机制，鼓励将报废汽车的零部件重复利用。有关车辆产品报废欧盟和中国法规要求见表 4-18。

汽车内饰件因其特殊性，往往在满足上述技术要求的情况下，对 VOC 含量以及 UV(抗老化）性能有较高要求，另外对抗静电、耐刮擦、低光泽度等要求也不可忽视。

表 4-18　有关车辆产品报废欧盟和中国法规要求

国家地区	相关法规标准
欧盟	报废车辆指令（简称 ELV），2000/53/EC 汽车产品再利用和回收利用率（简称 RRR）2005/64/EC
中国	《汽车产品回收利用技术政策》 《汽车禁用物质要求》GB/T 30512—2014 《乘用车内空气质量评价指南》GB/T 27630—2011

（5）VOC 控制

VOC 即挥发性有机化合物，对人体健康有巨大影响。汽车内饰材料中的 VOC 主要来源于地毯、皮革制品（座椅）、坐垫、塑料制品（控制台、门）等。VOC 对人体的危害及控制指标见表 4-19。

表 4-19　VOC 对人体的危害及控制指标

控制物质	限值/（mg/m^3）	危害
苯	0.11	致癌；可经呼吸道、皮肤和食物多种途径进入人体；对人体的损害不可逆转
甲苯	1.10	可疑动物致癌物；对皮肤和黏膜刺激性大，对神经系统作用强
二甲苯	1.5	可疑动物致癌物
乙苯	1.5	可疑人类致癌物；呼吸吸入、食物或饮水摄入，以苯化合物中刺激性最大著称
苯乙烯	0.26	可疑人类致癌物；对眼和上呼吸道黏膜有刺激和麻醉作用
甲醛	0.1	确认人类致癌物；具有刺激性和窒息性的气体，对人的眼、鼻等有刺激作用
乙醛	0.05	可疑人类致癌物；对眼、鼻及上呼吸道有刺激作用，高浓度吸入有麻醉作用
丙烯醛	0.05	可疑动物致癌物

（6）抗老化

汽车常年处于室外环境中，风吹雨淋，阳光直照，所以抗紫外性能就变得尤为突出。汽车内外饰老化周期总成见表 4-20。

表 4-20　汽车内外饰老化周期总成（PV 1303：2001-03）

构件	周期/个	构件	周期/个
后窗台板（倾斜的后窗玻璃，阶梯车尾）	10	转向柱、开关和挡板	5
货厢盖板变化组合	8	转向盘	5
行李舱饰面		车内后视镜	5
变化组合/Avant（打开）	8	车门内衬，扶手	
短尾部（后窗台板是可拆卸的，例如 Golf）	2	直接辐射纺织物和薄膜	5
行李舱、附件		间接辐射纺织物和薄膜	3
短尾部	8	立柱内衬	
变化组合	5	直接辐射	5
仪表盘（ZSB 和薄膜）	5	间接辐射	3

注：一周期为 65h。

一般情况下，会根据聚合物本身特性以及颜色方面的要求，选择不同类型的光稳定剂复配，能达到 1+1>2 的协同效果为最佳，既能达到性能实验要求，也能将成本控制在最低。

4.4.2　汽车内饰件色母粒配方

汽车内饰件塑料色母粒是以聚丙烯为载体的色母。汽车内饰件的着色要求：光亮度好，没有同色异谱，VOC 控制。汽车内饰件色母粒配方设计见表 4-21。

表 4-21 汽车内饰件色母粒配方设计

原料名称		规格	含量/%
颜料	无机颜料		0～60
	有机颜料		0～30
润湿剂	聚乙烯蜡	相对密度 0.91～0.93	0～8
稳定剂	硬脂酸锌		0～0.5
抗氧剂	受阻酚、亚磷酸酯、硫醚		0～0.5
载体	PP	MI 20～50g/10min	X
	LLDPE	MI 1.5～50g/10min	
总　计			100

① 同色异谱。汽车内饰件塑料母粒要求避免同色异谱是最大的难题。它要求实现多种光源下不同塑胶色样和同一颜色目标的匹配，任何一个物体颜色都有它特有的光谱反射曲线，当这个物体在指定光源下反射出可见光谱给观察者就会产生光谱三刺激值。当光谱反射曲线不同的两个物体的光谱三刺激值相等时，就认为这两个物体为条件等色。一旦光源改变，由于每个光源能量分布不同，产生的光谱三刺激值就不相同，这就产生了同色异谱现象。大多汽车主机厂都会选择 D65 F11 两组光源作为判定同色异谱的依据。

为了规避同色异谱现象，应广泛收集颜料数据，建立数据库，采用计算机辅助配色技术，如采用人工配色需对汽车类颜料进行比对，进行反射光谱分析，对配色师要求较高。

② 光泽度。一般汽车颜色都是以米色、灰色、棕色、黑色等冷色调为主，不同米色、灰色、黑色以其独特色号命名，例如 Y20（灰色）、95T（米色）、82V（黑色）、9B9（黑色），我们称之为标准色板，不同色号代表一组 L、a、b 值。一般汽车内饰件颜色判定都用分光测色仪与标准色板打色差比对（D65 光源、F11 光源），不同的色号色差范围也不尽相同，具体可参阅各个主机厂的汽车内饰颜色评定规范，例如大众的 VW50190。表 4-22 为各种内饰材料光泽度要求。

表 4-22 各种内饰材料光泽度要求

原材料	黑色		灰色		米色	
	1	3	1	3	1	3
皮纹非结晶塑料（ABS、PC、PC+ABS 等）	3.4～4.4	4.4～5.4	3.4～4.4	4.4～5.4	3.4～4.4	4.4～5.4
皮纹结晶塑料（PP、PE、PBT、PET 等）	2.0±0.2		2.2±0.2		2.8±0.3	

光泽度除了与原材料本身的光泽特性密切相关外，还由色母配方中的分散剂类型、注塑工艺、模具温度、注塑模具的表面光泽度所决定。

③ 鉴于汽车内饰件色调以浅色、米黄、浅灰为主，彩色复合无机颜料是首选颜料，它是一种或几种金属离子掺杂在其他金属氧化物的晶格而形成的掺杂晶体，掺杂离子导致入射光的特殊干扰，某些波长被反射而其余的则被吸收，使之成为彩色颜料，也就是说各种金属氧化物均匀地分布在新的化学复合物的晶格中，如同溶液，但是却呈现类似于玻璃态物质的固体状态，在化学结构上可看作是稳定的固溶体。因而其具有卓越耐久性、高遮盖力，优异耐热性、耐光性、耐候性以及耐化学性和较高的红外线反射性和屏蔽部分紫外线能力，可以提高塑胶制品的耐候性、耐光性、保温性，延长产品的使用寿命。

彩色复合无机颜料的金红石晶格吸纳了氧化镍、氧化铬（Ⅲ）或氧化锰等作为发色组分。

这些金红石型颜料中的镍、铬、锰、锑等元素填补了二氧化钛中原来的晶体缺陷，形成更为完整的晶体结构，提高了晶格稳定性。这些金属元素失去了它们原来的化学、物理和生理性质。所以这类金红石颜料不能认为是镍、铬或锑化合物或其单纯的氧化物，混相金属氧化物颜料的惰性很高，其热水渗出量在 2mg/kg 以下，人体的胃酸根本无法使其溶解，因此即使进入胃肠内，也对人体无害；人接触它，也是绝对安全的，由于这个原因不把它们列入危害类物质。按制造商就相容性、纯度和安全处理的说明，大部分此类颜料被视为无毒，并且符合接触食品的要求以及玩具的安全规则。其黄色主要品种见表 4-23，棕色主要品种见表 4-24。

表 4-23 黄色混相金属氧化物钛系无机颜料品种

染料名称	化学组成	结构	CAS 登记号	颜色
颜料黄 53	$(Ti,Ni,Sb)O_2$	金红石	8007-18-9	绿相黄
颜料黄 157	$(2NiO·3BaO·17TiO_2)$	金红石	68610-24-2	黄
颜料黄 161	$(Ti,Ni,Nb)O_2$	金红石	68611-43-8	黄
颜料黄 162	$(Ti,Cr,Nb)O_2$	金红石	68611-42-7	黄棕
颜料黄 163	$(Ti,Cr,W)O_2$	金红石	68186-92-5	黄棕
颜料黄 164	$(Ti,Mn,Sb)O_2$	金红石	68412-38-4	黄棕
颜料黄 189	$(Ti,Ni,W)O_2$	金红石	69011-05-08	黄
颜料黄 216	$[(Sn,Zn)TiO_3]$	金红石		黄
颜料黄 227	$(Sn,Zn)2Nb_2(O,S)_7$	金红石	777895	亮橙
颜料橙 82		金红石		橙

表 4-24 棕色混相金属氧化物钛系无机颜料品种

染料名称	化学组成	结构	CAS 登记号	颜色
颜料棕 24	$(Ti,Cr,Sb)O_2$	金红石	68186-90-3	土黄相
颜料棕 33	$(Zn,Fe)(Fe,Cr)_2O_4$	金红石	68186-88-9	棕
颜料棕 29∶1	$(Fe,Cr)_2O_2$	赤铁矿	12737-27-8	棕
颜料棕 48	Fe_2TiO_5	尖晶石	1310-39-0	深棕

④ 对于汽车内饰件或家电类产品选用灰色或浅灰色较多，所以炭黑选择也很重要。炭黑是烃类物质在反应炉中不完全燃烧和热解而生成的一类产品，根据原料不同、生产工艺不同，分为炉黑、灯黑、气黑、乙炔黑和槽黑。

灯黑又称灯烟炭黑。灯黑呈较宽范围的粒径分布，粒径粗大。由于在燃烧盘和排气罩间隙间形成的颗粒只有小部分能与空气中的氧接触，因此这些炭黑只有少量的表面氧化物，相应的 pH 值呈中性，并且挥发成分极少，通常小于 1%。由于灯黑粒径大，所以黑度和着色力不高，见图 4-8。

从图 4-8 中可以明显看到炭黑小粒径 13nm 时，着色力高达 110%；炭黑小粒径 25nm 时，着色力达 101%；而灯黑大粒径 95nm 时，着色力只有 30%。

灰色一般用大量钛白粉加少量炭黑配制，特别对于汽车内饰件或家电类产品选用灰色或浅灰色较多，且要求色差精度较高（$\Delta E<0.5$，L、a、b 也均有限值）。由于配制灰色时添加的炭黑量少，由计量引起的误差传递，产品色差不容易控制，所以选用着色力低的炭黑能起到事半功倍的效果。例如、德国欧励隆公司 Lamp Black 101，粒径较大（95nm），表面积 $20m^2/g$，pH 值 7.5，有良好的蓝色相和分散性，是拼灰色首选调色剂。在大规模生产的时候，可以降低计量误差对颜色稳定的影响。

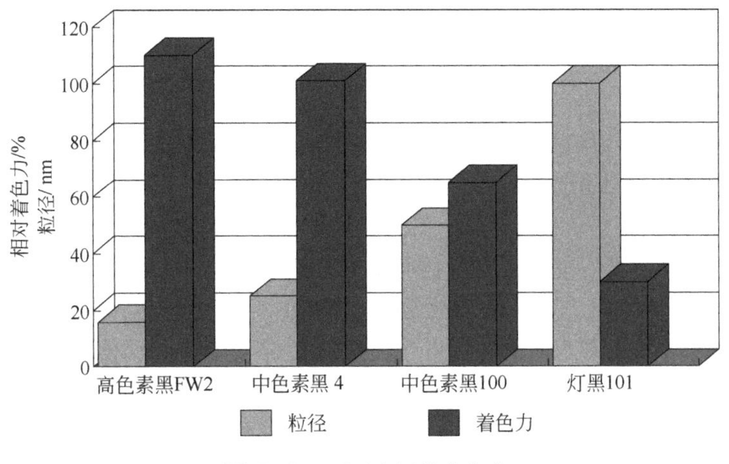

图 4-8 不同炭黑的着色力

⑤ 汽车塑料色母粒中 VOC 主要来自于功能性助剂（抗静电剂、UV 剂等）与分散性助剂。所以选择合理的助剂就变得尤为重要。目前，国内外知名的聚合物添加剂供应商都已经对其产品进行了改进，推出了一系列和聚合物相容性更佳、低 VOC、不喷霜、高温不发黏的助剂，如美国氰特公司、北京天罡 Tiantang tm T 等。

⑥ 为满足汽车各零部件性能要求，汽车内饰件塑料都会采取改性等手段来满足增强、增韧、耐磨等要求。因此，色母粒会使用在全量混合改性造粒，需注意色母粒添加比例及混合分配性，以保证混合造粒后注塑产品的色差符合要求。

4.5 聚酰胺色母粒配方设计

聚酰胺（PA，俗称尼龙）是指分子主链上交替出现酰氨基团（—NHCO—）的聚合物，是美国 DuPont 公司最先开发用于纤维的树脂，于 1939 年实现工业化。20 世纪 50 年代开始开发和生产注塑制品，以取代金属满足下游工业制品轻量化、低成本的要求。

聚酰胺可由二元胺和二元酸制取，也可以用 ω-氨基酸或环内酰胺来合成，根据二元胺和二元酸或氨基酸中含有碳原子数的不同，可制得多种不同的聚酰胺（尼龙）。目前聚酰胺（尼龙）产品多达几十种，其中以聚酰胺 6（尼龙 6）、聚酰胺 66（尼龙 66）的应用最广泛。这两种树脂是非常相似的，所以两者的物理及化学性能也基本近似。所不同的是聚酰胺 66 相邻分子间的氢键结合得更加牢固，因此它的熔点高达 260℃，比尼龙 6 要高出 40℃左右。尼龙 66 的熔点较高，耐热性能较好，弹性模量也更好，更适合制造耐热应变的产品。

聚酰胺具有良好的综合性能，包括力学性能、耐热性、耐磨损性、耐化学药品性和自润滑性，且摩擦系数低，有一定的阻燃性，易于加工，适于用玻璃纤维和其他填料填充增强改性。

4.5.1 聚酰胺色母粒应用工艺和技术要求

聚酰胺色母粒应用工艺最主要的是注塑工艺，在本章前几节已作介绍，同其他注塑产品一样需耐光性、迁移性、分散性，我们就不一一叙述了，下面对聚酰胺色母需满足的特殊要求做一介绍。

（1）耐热性

聚酰胺注塑加工时熔体温度比较高，一般聚酰胺 6 的熔体温度最低为 220℃，聚酰胺 66 为 260℃。这就需要所使用的着色剂有较高的耐热性。

（2）还原性

由于聚酰胺含酰氨基，特别是 PA 树脂熔融时显示极强的还原性，有些耐热性很好的有机颜料品种，在聚酰胺加工过程中会发生褪色和变暗，所以聚酰胺可选择的颜料品种十分少。而且绝大多数只能用在聚酰胺 6 中，而应用在聚酰胺 66 则不行，即使是聚酰胺 6，如果加玻纤增强后，绝大多数也不能用了，而实际应用中，聚酰胺 6 大多数是需要玻纤增强的。

（3）耐水煮性

常用的聚酰胺 6、聚酰胺 66，是一种结晶性热塑性材料；由于含有亲水基（酰氨基），所以容易吸水。对结晶性聚合物而言，在注塑加工时，很迅速的冷却使得材料无法自然结晶定型，从而使材料内部存在较强的内应力。没有经过“回火”处理的尼龙料，其内部在定型后，大分子仍然会趋向于自然取向、结晶的运动，会导致材料内应力进一步加剧。因此，没有经过水煮工序的尼龙件脆性非常大，在受到外力时，很容易崩掉或者断裂。

如何使已经成型的尼龙大分子自然取向、结晶，尽量消除内应力呢？那就是让尼龙注塑件在一定的水温下浸泡，让其内部的大分子尽量趋于自然取向和达到内部的结晶与解晶的平衡，从而消除其内部应力，使尼龙件的韧性大大增强，脆性基本消除。水煮工序和金属“回火”处理工序的设置有异曲同工之妙。

尼龙注塑件水煮温度 90 ~ 100℃，时间 2 ~ 3h，温度越高越容易变色，一般低温长时间处理更好。不同客户和产品水煮、熏蒸条件不一致，水煮、熏蒸条件有的 (48±2)℃，湿度 90%，时间 10 ~ 12h；有的 (80±2)℃，湿度 95%以上，时间 2 ~ 4h，所以用于尼龙的颜料也需要耐水蒸煮不褪色。

4.5.2 聚酰胺色母粒配方

聚酰胺色母粒是以聚酰胺为载体的色母，要求光亮度好、色泽稳定，其色母粒配方设计见表 4-25。

表 4-25 聚酰胺色母粒配方设计

原料名称		规格	含量/%
颜料	无机颜料		0～50
	溶剂染料		0～15
	有机颜料		0～30
润湿剂	共聚蜡	相对密度 0.91～0.93	0～5
稳定剂	硬脂酸镁		0～0.5
抗氧剂	复配	1171	0.05～1.0
载体	尼龙 6		*X*
总 计			100

① 由于聚酰胺特殊的还原性和水煮性，能用的颜料品种不多。无机颜料的耐光性、耐候

性、耐迁移性、耐化学品等性能比有机颜料优越，是用于工程塑料的主力军，但普遍存在着色力低、饱和度低等缺陷。溶剂染料有不少好用品种，但大部分不耐水煮。

② 聚酰胺色母粒可选择共聚聚乙烯蜡作分散剂，密度偏高些，以增加挤出时的剪切黏度。

③ 为了避免聚酰胺在高温加工下出现黄变、分解、易产生黑点及导致力学性能下降等现象，可选择受阻酚类抗氧剂和亚磷酸酯抗氧剂，两者复配的组分更好，如选用抗氧剂 1098 和辅抗氧剂 168 复配更好，复配产品商品名为抗氧剂 1171（1098∶168=1∶1）。聚酰胺在加工过程中使用 1171，能保持熔体初始流动指数，缓解成品变色，改善长效稳定性。

④ 聚酰胺树脂在注塑时所选择的料筒温度同树脂本身的性能、设备、制品的形状有关。过高的料温易使胶件出现色变、质脆及银丝；过低的料温使材料很硬，流动性差，易产生流痕，并可能损伤模具及螺杆。选择日本宇部 PA 6 1013b，能满足载体需求。

4.5.3 聚酰胺色母粒配方设计中着色剂选择

聚酰胺色母粒配方设计中可选择无机颜料、有机颜料和溶剂染料。

4.5.3.1 聚酰胺色母粒配方设计中无机颜料选择

无机颜料通常是金属的氧化物、硫化物和金属盐类以及炭黑。具有耐热性，分散性，耐光（候）性优异的优点，所以大量用于各类不同塑料的着色，特别适合用在成型温度高，使用条件苛刻的聚酰胺工程塑料上，见表 4-26。

表 4-26 可用于聚酰胺着色的无机颜料品种

序号	化学结构	产品名称	化学结构式	色泽	耐热性/（℃/5min）	耐光性/级	耐候性/级
1	镉黄	颜料黄 35	CdS · ZnS	黄	400	7	5
2	钛黄	颜料黄 53	$[(Ti,Ni,Sb)O_2]$	绿光黄	300	8	5
3	钛棕	颜料棕 24	$[(Ti,Cr,Sb)O_2]$	红光黄	300	8	5
4	铁黄[①]	颜料黄 119	$(Zn, Fe)Fe_2O_4$	红光黄	300	7	5
5	铋黄[①]	颜料黄 184	$BiVO_4 \cdot nBi_2MoO_6$	绿光黄	260	8	5
6	钛橙	颜料橙 82	$[(Sn，Zn,Ti)O_2]$	红光橙	300	8	5
7	硒橙	颜料橙 78	γ-$Ce_2S_3(Na)$	橙	300	8	3
8	硒红	颜料红 265	γ-Ce_2S_3	红	300	8	3
9	镉红	颜料红 108	CdS · CdSe	红	400	7	5
10	铁红	颜料红 101	Fe_2O_3	黄光红	400	8	5
11	钴蓝[①]	颜料蓝 36	$Co,Al_2O_4Co(Cr，Al)_2O_4$	红光蓝	300	8	5
12	群青	颜料蓝 29	$Na_6 Al_6 Si_6 O_{24} S_4$	红光蓝	300	8	3
13	群青紫	颜料紫 15	$Na_5 Al_4 Si_6 O_{23} S_4$	紫	280	7～8	5
14	钴绿[①]	颜料绿 50	$Co_2Cr_2O_4(Co,Ni,Zn)$	绿	300	8	5
15	钛白	颜料白 6	TiO_2	白	300	8	5
16	硫化锌	颜料白 7	ZnS	白	300	8	3
17	炭黑	颜料黑 7	C	黑	300	8	5

① 有条件的使用。

① 无机颜料的耐光性、耐候性、耐迁移性、耐化学品等性能比有机颜料优越，但颜色、

强度及亮度差得多。当要求良好色泽时，优先选用有机颜料。另外无机颜料反射指数高，常用于不透明制品。

② 聚酰胺具有良好的综合性能，适于用玻璃纤维和其他填料填充增强改性。聚酰胺用玻璃纤维增强，避免用钛白粉着色，特别是金红石型钛白粉颜料莫氏硬度为 5.5，会磨损而使纤维切断。硫化锌颜料莫氏硬度为 3，质地柔软，加工时对机器的磨损小，大大延长了加工机械的使用寿命。

硫化锌的折射率在 2.36 左右，钛白粉折射率为 2.55 ~ 2.73（折射率高，其散射光的能力强，表现出遮盖力高），硫化锌可代替钛白粉作为白色颜料。

硫化锌颜料的光谱反射曲线表明这种颜料在可见光的短波长区有明显反射。也就是说，硫化锌在近紫外光区（小于 400nm）对光吸收比钛白粉少（见图 4-9），所以色相比钛白粉要蓝，特别是与荧光增白剂共用可得到白度和亮度极佳的颜色。

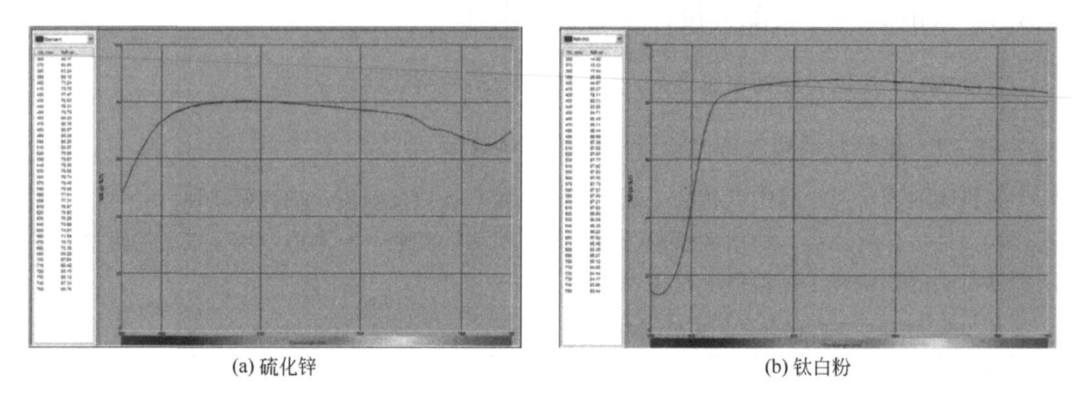

(a) 硫化锌　　(b) 钛白粉

图 4-9　硫化锌和钛白粉反射曲线

硫化锌还是一种重要的红外透过材料，在中红外和远红外区域光学性能良好。

③ 20 世纪 70 年代中期开始开发含有钒酸铋（$BiVO_4$）的颜料。1976 年美国 Du Pont 公司首先发表“鲜亮柠檬黄颜料”，也就是含单斜晶钒酸铋颜料的专利。1985 年开始在市场上出现这种鲜亮的黄色无机颜料新品种。

铋是一种稀少的金属元素，是钨矿的重要伴生元素，我国铋矿的储量占世界总储量的 70%以上。铋是全球公认的一种非常安全的无毒的金属。随着人类环保意识的增强，这种“绿色”的产品将得到越来越广泛的应用。

铅铬黄虽然在无机黄色颜料中占有难以动摇的地位，但因含铅量近年来受到国际法规限制而遭停用，而氧化铁黄的色相又不够鲜艳，性能优越的有机黄色颜料品种价格又太昂贵，人们希望开发一种色泽鲜艳、性能良好、不含铅、无毒的黄色颜料新品种。钒酸铋/钼酸铋黄就是在此背景下研制开发出来的。

颜料黄 184（钒酸铋黄颜料简称铋黄）是一种两相的颜料，其组成为钒酸铋/钼酸铋，呈鲜亮的柠檬黄色。钒酸铋属于四方晶结构，是发色组分，钼酸铋属于斜方晶结构，是调节色调的成分，控制钒酸铋和钼酸铋的比例便可改变铋黄的色调。铋黄颜料的主要物理性能参数：平均粒径 0.5 ~ 0.8μm，密度 5 ~ 6g/cm³，比表面积 12 ~ 9m²/g，吸油量 25 ~ 30g/100g。经动物实验证明，铋黄颜料对动物无害，也无生态危害。铋黄颜料较之有机黄颜料具有分散性好、遮盖力高的优点。

铋黄颜料虽然煅烧温度在 600℃左右，但是在制作聚酰胺色母或者工程塑料时经常会发生明显的颜色变化，往往是由于在较高的温度下，铋黄颜料与树脂或者其他组分发生化学反应导致颜色变化，因此包膜后的铋黄很好地解决了这个问题。颜料黄 184 是由硅包膜或其他无机金属化合物（硼、铝、锌的氧化物）结合而成，从而改善了耐热性。包膜用的原料以及包膜的致密性决定了颜料的耐热性能。在塑料着色时避免过度剪切也是非常重要的。

④ 稀土硫化物无机颜料。镉系颜料综合性能均较好，但是镉系颜料由于重金属问题现在受到很多限制。另着色力低也影响其在聚酰胺上的使用。目前市场上的稀土类硫化铈颜料可部分填补镉系颜料的应用。

铈为稀土中所含 17 种重要元素之一，1996 年硫化铈被法国罗地亚公司成功开发为颜料并广泛应用于多个着色领域。

稀土硫化物是一个庞大的材料家族，其组成、结构非常复杂。一般而言，稀土硫化物主要指由稀土元素和硫元素构成的化合物，所以稀土硫化物有二元、三元及多元之分。

在稀土硫化物的研究中，研究最多、最深入、应用最广泛的是稀土倍半硫化物。稀土倍半硫化物一般表示为 Ln_2S_3，它在可见和紫外光区有良好的吸收，近红外光区有良好的透过率，此外，它的熔点高，硬度大，对高温熔盐具有良好的稳定性等，使稀土倍半硫化物在无机颜料领域有良好应用前景。γ-Ln_2S_3 是一种带有缺陷的 Th3P4 结构，存在大量的阳离子空位，通过掺杂等方式进行阳离子补位，可以稳定 γ 相结构，降低硫化温度；并对能带进行调节，进而改变吸收、反射光，显示不同的色彩。目前稀土硫化物颜料有硫化铈、硫化镧铈和硫化钐等轻稀土硫化物，已开发出亮橘色、橘红色和红色等系列品种见表 4-27。

表 4-27　硫化铈产品品种、结构和性能

颜料索引号	化学结构	色泽	耐热性/（℃/5 min）	耐光性/级	耐候性/级
C.I.PY 208	γ-Sm_2S_3	黄色	280	8	3
C.I.PO75	γ-La_2S_3/γ-Ce_2S_3	亮橙色	300	8	3
C.I.PO78	γ-Ce_2S_3（Na）	橙色	300	8	3
C.I.PR 265	γ-Ce_2S_3（Li）	红色	300	8	4
C.I.PR 275	β-Ce_2S_3	栗色	320	8	3

稀土元素由于其在 f ~ d 电子层具有未填充满的电子，其电子跃迁具有电荷迁移带，而且每种光的波长范围很窄，所以用稀土元素制成的颜料的颜色更加柔和、纯正，颜色饱和度和明度更好。稀土硫化物颜料由于含有稀土成分，硫化铈红使用在各种材质上具有荧光艳丽的红色效果，是其他红色颜料所无法比拟的。尽管其价格比传统的铬酸铅和镉系颜料贵，但比高档有机颜料便宜。

稀土硫化物颜料相对着色力强，色泽鲜艳，具有良好的耐热性、耐光性、耐候性，优异的遮盖力，不迁移，是取代镉红等重金属无机颜料的极好替代材料，稀土材料因能被人体新陈代谢被称为环保材料，符合欧盟及相关国家卫生标准，并通过 RoHS、美国 FDA、德国 FLGB 的检测标准要求。

稀土倍半硫化物由于独特的色彩、热稳定性及抗紫外线能力，几乎可用于所有树脂和塑料着色，不对玻璃纤维造成破坏，更有利于对玻璃纤维增强塑料进行着色，特别是聚酰胺 6、聚酰胺 66 和聚酰胺玻纤增强材料。

4.5.3.2 聚酰胺色母粒配方设计中有机颜料选择

一般来讲，有机颜料与无机颜料相比，显示出高着色强度及鲜艳度。但聚酰胺树脂熔融时显示极强的还原性，使得很多塑料用有机颜料不适合用在聚酰胺中。

① 耐热性很好的偶氮红、偶氮黄颜料品种，在聚酰胺熔融加工过程中会发生褪色和变暗，不适于对聚酰胺着色。

② 苝系颜料是用于塑料着色的理想着色剂之一，因其具有很好的耐热稳定性，可用于大多数塑料的着色。但它们中大部分品种如颜料橙 43 在聚酰胺熔融物中会发生可逆的还原反应，不适合于聚酰胺的着色，只有少量品种，如颜料红 149 可用。

③ 稠环酮类（还原型）颜料具有优良的耐光牢度，良好的耐溶剂性、耐迁移性、耐热稳定性，其中的红、黄颜料品种适于聚酰胺着色，如颜料黄 147。其他的还有喹吖啶酮类，如颜料红 202 等。

④ 酞菁类颜料。酞菁分子结构的平面性、对称性，使其具有良好的稳定性及极好的耐热、耐光、耐迁移、耐酸和耐碱等性能。酞菁铜尽管结构复杂但原料成本低，因而是一种比较经济的颜料，其蓝色、绿色的颜料品种适于聚酰胺着色。

⑤ 近年发展了含有苯并咪唑基或异吲哚啉基的镍络合颜料，同样具有优异的性能，适用于聚酰胺等几乎所有塑料的着色，如颜料黄 150 和颜料橙 68。

可用于聚酰胺着色的有机颜料见表 4-28。

表 4-28 聚酰胺着色用有机颜料品种

序号	产品名称	化学结构	色泽	耐热性/(℃/5min)	耐光性/级	耐候性/级
1	颜料黄 147	稠环酮	红光黄	300	6～7	4
2	颜料黄 150	金属络合	红光黄	300	8	
3	颜料黄 192	苯并咪唑酮	红光黄	300	7～8	
4	颜料黄 215	碟啶	绿光黄	320	6～7	4
5	颜料橙 68	金属络合	红光橙	300	7～8	3
6	颜料红 149	苝系	黄光红	300	8	3
7	颜料红 122	喹吖啶酮	蓝光红	300	8	4～5
8	颜料红 177	蒽醌酮	蓝光红	260	7～8	3
9	颜料蓝 60	蒽醌酮	红光蓝	300	7～8	5
10	颜料红 202	喹吖啶酮	蓝光红	300	8	4～5
11	颜料红 264	DPP	蓝光红	300	8	4～5
12	颜料紫 23	二噁嗪	蓝光紫	280	8	4
13	颜料紫 29	蓝光紫	红光紫	300	8	4
14	颜料蓝 15:1	酞菁	红光蓝	300	8	5
15	颜料蓝 15:3	酞菁	绿光蓝	280	8	4～5
16	颜料绿 7	酞菁	蓝光绿	300	8	5

① 适于聚酰胺着色的黄橙色有机颜料品种中，有三个重要品种：颜料黄 150、颜料黄 192 和颜料橙 68，它们的热稳定性、耐光牢度、耐溶剂性和化学稳定性均很好，完全能满足尼龙加工的要求，是值得关注的。特别是颜料黄 192 具有优异的耐热与耐光性能，主要用于工程塑料，聚酰胺的原液着色纺丝，在聚酰胺纤维中不发生颜色变化。颜料橙 68 是另一只

重要的适用于聚酰胺着色的颜料品种，其化学结构中含有苯并咪唑酮结构，保证了分子间力；同时又是镍络合结构，保证了分子内的稳定性。具有高的热稳定性和耐光牢度；它的颜色虽然不是很鲜艳，但它能作为不透明组分，与颜料黄 150、颜料黄 192 混合，也能与无机颜料或溶剂橙 60、溶剂红 135 或溶剂红 179 等混合，在聚酰胺中可获得艳橙色、艳红色和紫酱色。

② 由于聚酰胺含有亲水基（酰氨基），是容易吸潮的材料，充分吸潮的聚酰胺比干燥的聚酰胺韧性增加 8 倍，一般用水煮的方法使聚酰胺注塑件充分吸潮，水煮温度较高，时间较长。水煮聚酰胺变色是个常见问题，这主要与聚酰胺本身的特性有关，在有水及高温的情况下很容易发生热氧降解，而造成颜色变黄、变深且强度下降。能用于聚酰胺着色的有机颜料品种不多，能耐水煮不变色的品种更少，表 4-29 是可用于聚酰胺水煮的有机颜料品种。

表 4-29 可用于聚酰胺水煮的有机颜料品种

颜料品种			PA6	煮水（90℃×6h）灰卡		煮水（90℃×2h）灰卡		PA66
产品名称	商品名	色泽		本色	冲淡	本色	冲淡	
颜料黄 184	Sicopal Yellow K1165FG	绿光黄色	●	●	●			●
颜料黄 215	Cromophtal yellow K1310	绿光黄色	●	●	●			○
颜料橙 82	Sicopal Orange K2430	黄光橙色	●	●	●			●
颜料红 178	Pallogen Red K3911	黄光红色	●	●	●			○
颜料红 202	Cinquasia Magenta 4535 FP	蓝光红色	●	●	●	●	●	○
颜料紫 29	Pallogen Red Violet K5411	蓝光紫色	●	○	●	●	●	○
颜料紫 23	Cromophtal Violet K5800	红光紫色	○	×	○	×	●	○
颜料蓝 15:1	Heligen Blue K 6911	红光蓝色	●	●	●	●	●	○
颜料蓝 15:3	Heligen Blue K 7096	绿光蓝色	●	●	●	●	●	●
颜料绿 7	Heligen Green K 8730	蓝光绿色	○	●	●	●	●	×

注：●表示推荐使用；○表示有条件使用；×表示不推荐使用。

4.5.3.3 聚酰胺色母粒配方设计中溶剂染料选择

目前适用于聚酰胺的有机颜料，特别是浅色品种，还有一定欠缺，所以要配制比较鲜艳的颜色只能选择溶剂染料。聚酰胺 6 的玻璃化温度在 50～65℃，溶剂染料能用在聚酰胺 6 着色上的很少，在聚酰胺 66 上可以用的更少，主要是耐水洗不过关。可用于聚酰胺着色的溶剂染料见表 4-30。

表 4-30 聚酰胺着色的溶剂染料品种和性能

产品名称	化学结构	耐热性/（℃/5min）	
		本色	冲淡
溶剂黄 21	偶氮 1:2 金属络合	320	
溶剂黄 98	氨基酮类	300	300
溶剂黄 160:1	香豆素类	300	
溶剂黄 145	甲川类	280	
溶剂橙 60	氨基酮类	300	300
溶剂橙 63	芘酮类	300	280
溶剂橙 116	单偶氮	300	
溶剂红 52	吡啶蒽酮	320	
溶剂红 135	氨基酮类	260	
溶剂红 179	氨基酮类	300	300

续表

产品名称	化学结构	耐热性/（℃/5min）	
		本色	冲淡
溶剂红 207	蒽醌	300	
溶剂红 225	偶氮 1:2 金属络合	320	
溶剂蓝 67	酞菁	300	
溶剂蓝 97	蒽醌	320	
溶剂蓝 104	蒽醌	280	280
溶剂蓝 132	蒽醌	320	
溶剂绿 3	蒽醌	300	
颜料黄 147	蒽醌	300	
颜料黄 150	金属络合	280	280
颜料黄 192	氨基酮类		
溶剂黑 7		330	

① 溶剂染料经过水煮后多数颜色不稳定，容易变色，表 4-31 是可用于聚酰胺水煮的溶剂染料品种。

表 4-31 可用于聚酰胺水煮的溶剂染料品种

颜料品种			PA6	煮水（90℃×6h）灰卡		煮水（90℃×2h）灰卡		PA66
产品名称	商品名	色泽		本色	冲淡	本色	冲淡	
溶剂绿 5	Oracet F. Yellow 084	绿光黄	●	●	○			×
溶剂黄 21	Oracet Yellow 160 FA	红光黄	●	●	○			○
溶剂橙 116	Oracet Orange 220	红光橙	●	×	×	●	●	●
溶剂红 225	Oracet Red 350 FA	黄光红	●	●	○	●	●	○
溶剂红 135	Oracet Red 344	黄光红	○	○	×	○	○	×
溶剂红 52	Oracet Magenta 460	蓝光红	●	×	×	×	×	○

注：●表示推荐使用；○表示有条件使用；×表示不推荐使用。

其他勉强能用的有溶剂黄 98、溶剂黄 104、溶剂橙 60、溶剂橙 63、荧光橙 FFG；溶剂红 179、溶剂蓝 97、溶剂蓝 132 等。

② 苯胺黑染料是最古老的染料品种之一，但目前主要的工业发达国家美国、俄罗斯、日本、西班牙、德国、英国、意大利及丹麦等国仍在大量生产、使用和开展研究工作，溶剂黑 7（又称苯胺黑）极限耐热温度可以达到 330℃，可以用于聚酰胺着色。但苯胺黑在聚酰胺中容易发生析出、迁移且放置变色的现象（颜色向变浅、蓝、绿方向变化）。

炭黑可谓是性价比最高的黑色颜料，也是着色力及遮盖力最强的颜料。溶剂黑 7 与炭黑性能比较见表 4-32。

表 4-32 溶剂黑 7 与炭黑性能比较

炭黑	溶剂黑 7	炭黑	溶剂黑 7
防老化，紫外线吸收剂	没有紫外线保护	光泽度较差	高光泽度
纯度控制不含多环芳香烃，可食品接触等级	不能用于食品包装	对聚酰胺结晶有负面影响	有助于聚酰胺再结晶
较低 VOC 排放	较高 VOC 排放	难以分散	容易分散
经济	成本较高	吸收红外	透射红外
会影响力学性能	极小影响力学性能	加玻纤增强会露纤	有助于玻纤增强着色

从表 4-32 中可以看出溶剂黑 7 在加工过程中是比较容易分散的，而且亮度比高色素炭黑要好，所以主要应用于高端的聚酰胺产品，但耐热性不及炭黑，如果需要应用于户外还需要添加炭黑来达成。

4.5.4 聚酰胺色母粒的应用

① 聚酰胺大多数为结晶性树脂，当温度超过其熔点后，其熔体黏度较小，熔体流动性极好，应防止溢边的发生。同时由于熔体冷凝速度快，应防止物料阻塞喷嘴、流道、浇口等引起制品不足的现象。模具溢边值 0.03，而且熔体黏度对温度和剪切力变化都比较敏感，但对温度更加敏感，降低熔体黏度应先从料筒温度入手。

② 聚酰胺的吸水性较大，潮湿的聚酰胺在成型过程中，表现为黏度急剧下降并混有气泡，制品表面出现银丝，所得制品机械强度下降，所以加工前材料必须干燥。聚酰胺注塑工艺水分允许含量见表 4-33。

表 4-33 聚酰胺注塑工艺允许含水量

树脂名称	允许含水量/%
聚酰胺 6、聚酰胺 66	0.1
聚酰胺 11	0.15
聚酰胺 610	0.1～0.15

③ 除透明聚酰胺外，聚酰胺大多为结晶高聚物，结晶度高，制品拉伸强度、耐磨性、硬度、润滑性等性能有所提高，热膨胀系数和吸水性趋于下降，但对透明度以及抗冲击性能有所不利。模具温度对结晶影响较大，模温高，结晶度高；模温低，结晶度低。

④ 与其他结晶塑料相似，聚酰胺存在收缩率较大的问题，一般聚酰胺的收缩同结晶关系最大，当制品结晶度大时收缩也会加大。在成型过程中降低模具温度、加大注射压力、降低料温都会减小收缩，但制品内应力加大，易变形。

⑤ 玻璃纤维（GF）可以明显提高聚酰胺 6（PA6）的拉伸性能、弯曲性能、冲击性能、耐摩擦磨损性能和耐热性，是 PA6 常用的增强材料。但纤维增强材料却易产生浮纤的问题，影响产品外观、表面的平滑性甚至后期加工的效果。尤其是黑色产品，浮纤出现的话，状况会更明显。浮纤出现的原因往往是纤维和聚酰胺树脂流动性不一致，树脂和纤维之间结合能力不强。另外，玻璃微珠因特有结构，添加后可改善玻纤增强表面性质，改善聚酰胺浮纤问题。在玻纤增强聚酰胺 66 中，加入马来酸酐接枝的聚乙烯蜡可消除表面浮纤的问题，因为马来酸酐与玻纤表面的—OH 基亲和性很好，可以增加玻纤与聚酰胺 66 的界面相容性。

纤维级色母粒配方设计

所谓纤维就是由连续或不连续的细丝组合成的物质。凡能保持长度比本身直径大100倍的均匀条状或丝状的高分子材料均称纤维。纤维本身是一种柔韧、纤细，具有相当的长度、一定的弹性，或是能吸湿的丝状物质。

在纺织纤维中，一类是天然纤维（如棉、麻、羊毛、蚕丝等）；另一类是化学纤维（由聚合物等材料制成）。

化纤原液着色是指化学纤维生产过程中于纺丝前或纺丝时添加着色剂而纺出有色纤维的一种新工艺。虽然原液着色生产出的有色纤维属于纺织工业的起始产品，但就加工工艺来说，还是属于高分子材料着色的大范畴。

5.1 化学纤维概论

与传统的织物染色技术相比，化纤原液着色具有染色均匀、色牢度高、污水排放少等优点，是一项低碳环保的生产技术，成了国家十三五规划的重点发展项目。到2020年我国化纤行业色丝将从300万吨增加到1000万吨；化学纤维用的着色剂（色母粒和色浆）将会有很大的发展，化学纤维用的色母粒的技术要求和质量水平，也体现了整个色母粒行业的水平。为此本章多花一些笔墨，从多维度来叙述以满足行业需求。

5.1.1 化学纤维的品种

化学纤维分为人造纤维与合成纤维。

人造纤维主要用自然界的纤维加工制成，以天然高分子化合物（如竹子、木材、甘蔗渣、棉籽绒）为原料，直接溶解于溶剂或制成衍生物后溶解于溶剂生成纺织溶液，之后再经纺丝加工制得。

人造纤维也称再生纤维，是利用天然聚合物或失去纺织加工价值的纤维原料经过一系列化学处理和机械加工而制得的纤维，其纤维的化学组成与原高聚物基本相同。包括再生纤维素纤维（如黏胶纤维、铜氨纤维）、再生蛋白质纤维（如大豆蛋白纤维、花生蛋白纤维）和再生有机纤维（如甲壳素纤维、海藻胶纤维），无机纤维也是人造纤维的一种，主要有玻璃纤维、硼纤维、陶瓷纤维和金属纤维等，见表 5-1。

⊡ **表 5-1　人造纤维的学名和商品名**

学名、英文名	商品名
再生纤维素纤维（viscose）	黏胶纤维
再生蛋白质纤维（regenerated protein fiber）	蛋白纤维
再生无机纤维	玻璃金属纤维
再生有机纤维	甲壳素纤维，海藻胶纤维

人造纤维可用于制作衣着用品和室内装饰用品，也可用于制作轮胎帘子线、香烟过滤嘴等。

合成纤维是以石油、煤、天然气为原料制成的，它是以小分子的有机化合物为原料，经加聚反应或缩聚反应合成的线型有机高分子化合物。常见的合成纤维有七大类品种：聚酯纤维（涤纶）、聚酰胺纤维（锦纶）、聚丙烯腈纤维（腈纶）、聚丙烯纤维（丙纶）、聚乙烯醇缩甲醛纤维（维纶），见表 5-2。

合成纤维的原料是由人工方法制得的，生产不受自然条件的限制。合成纤维除了具有化学纤维的优越性能（如强度高、质轻、易洗快干、弹性好、不怕霉蛀等）外，不同的合成纤维各具独特的性能。

⊡ **表 5-2　化学纤维主要品种**

学名、英文名		中国商品名	代号
聚酯系	聚对苯二甲酸乙二醇酯纤维（polyester）	涤纶	PET
脂肪族聚酰胺系	聚酰胺 6 纤维（nylon 6）	锦纶 6	PA6
	聚酰胺 66 纤维（nylon 66）	锦纶 66	PA66
聚丙烯腈系	聚丙烯腈纤维（acrylic）	腈纶	PAN
聚乙烯醇系	聚乙烯醇缩甲醛纤维（vinylon）	维纶	PVA
聚烯烃系	聚丙烯纤维（propylene）	丙纶	PP
	超高分子量聚乙烯纤维	乙纶	UHMWPE
含氯纤维	聚氯乙烯纤维（chlorofibre）	氯纶	PVC
聚氨酯系	聚氨基甲酸酯纤维（spandex）	氨纶	PU
芳香族聚酰胺系	聚间苯二甲酰间苯二胺（nomex）	芳纶 1313	PMIA
	聚对苯二甲酰对苯二胺（kevlar）	芳纶 1414	PPTA

根据我国有关部门规定，人造纤维的短纤维一律叫“纤”（如黏纤、富纤），合成纤维的短纤维一律叫“纶”（如锦纶、涤纶）。如果是长纤维，就在名称末尾加“丝”或“长丝”（如黏胶丝、涤纶丝、腈纶长丝）。

化学纤维的问世使纺织工业出现了突飞猛进的发展，经过 100 多年的历程，今天的化学纤维无论是产量、品种，还是性能与使用领域都已超过了天然纤维，而且化学纤维生产的新技术、新设备、新工艺、新材料、新品种、新性能不断涌现，呈现出蓬勃发展的趋势。

5.1.2 化学纤维的分类

按照化学纤维的形态结构特征，通常分成长丝和短纤维两大类。

在化学纤维制造过程中，纺丝流体（熔体或溶液）经纺丝成型和后加工后，得到的长度以千米计的纤维称为化学纤维长丝。化学纤维长丝可分为单丝、复丝、捻丝、复捻丝、帘线丝和变形丝，见表 5-3。

表 5-3 化学纤维长丝品种

品种	说明
单丝	长度很长的连续单根纤维
复丝	两根或两根以上单的单丝并和在一起组成的丝条。化纤复丝由 8～100 根以下单丝组成
捻丝	复丝加捻成为捻丝
帘线丝	由 100 多根到几百根单丝组成，用于制造轮胎帘子布的丝条
变形丝	原丝经过变形加工使之具有卷曲、螺旋、环圈等外观特性而呈蓬松性，分为弹力丝、蓬松丝和低弹丝，其中最多的是弹力丝

常规的长丝纤维的线密度为 1.4 ~ 7dtex（1dtex=10tex）；而细旦纤维的线密度约 0.55 ~ 1.3dtex，主要用于仿真丝类的轻薄型和中厚型织物；超细纤维线密度仅为 0.11 ~ 0.55dtex，主要用于高密度防水透气织物和高档人造皮革、仿桃皮绒织物等；极细纤维的线密度在 0.11dtex 以下，主要用于人造皮革和精密滤材等特殊应用领域。

化学纤维的产品被切成几厘米至十几厘米的长度，这种长度的纤维称为短纤维。根据切断强度的不同，短纤维可分为棉型、毛型、地毯型以及中长型短纤维。短纤维可以用于纯纺，也可和不同比例的天然纤维或其他纤维混纺制成纱条、织物和毡物，短纤维分类见表 5-4。

表 5-4 化学纤维短纤维分类

名称	规格		特征
	长度/mm	线密度/dtex	
棉型纤维	约 34～40	1.67	类似棉花
毛型纤维	约 70～150	3.3～7.7	类似羊毛
中长型纤维	约 51～76	2.2～3.3	介于棉型和毛型之间

5.1.3 化学纤维的制造方法

化学纤维按制造方法不同，可分为两类，即熔体纺丝纤维（熔融纺丝纤维）、溶液纺丝纤维（即干法纺丝纤维、湿法纺丝纤维）。

将成纤高聚物加工成纤维，首先要制备纺丝液。纺丝液的制备有熔体法和溶液法两种，分别对应纺丝熔体和纺丝溶液。表 5-5 列出了几种主要成纤高聚物的热分解温度和熔点，仅供参考。

表 5-5 几种主要成纤高聚物的热分解温度和熔点

聚合物	热分解温度/℃	熔点/℃	聚合物	热分解温度/℃	熔点/℃
聚乙烯	350～400	138	聚己内酰胺	300～350	215
等规聚丙烯	350～380	176	聚对苯二甲酸乙二醇酯	300～350	265
聚丙烯腈	200～250	320	纤维素	180～220	—
聚氯乙烯	150～200	170～220	乙酸纤维素	200～230	—
聚乙烯醇	200～220	225～230			

凡高聚物的熔点低于其分解温度，多采用将高聚物熔融成流动的熔体（纺丝熔体）进行纺丝（如涤纶、锦纶、丙纶等）。

凡高聚物的熔点高于其分解温度或无熔点，多采用将高聚物溶解成流动的液体（纺丝溶液）进行纺丝（如腈纶、黏胶纤维等）。表 5-6 列出了三种纺丝成型法的特征。

表 5-6 三种基本纺丝成型法的特征

特征	熔纺法	干法	湿法
纺丝液状态	熔体	溶液	溶液或乳液
纺丝液质量分数/%	100	18～45	12～16
纺丝液黏度/Pa · s	100～1000	$2\times10\sim4\times10^2$	$2\sim2\times10^2$
喷丝孔直径/mm	0.2～0.8	0.03～0.2	0.07～0.1
凝固介质	冷却空气，不回收	热空气或氮气，再生	凝固浴，回收、再生
凝固机理	冷却	溶剂挥发	脱溶剂（或伴有化学反应）

熔融纺丝是指聚合物树脂加热熔融成适于纺丝黏度的熔体，过滤经喷丝孔板挤出，经气流冷却和高倍数拉伸成丝，见图 5-1。

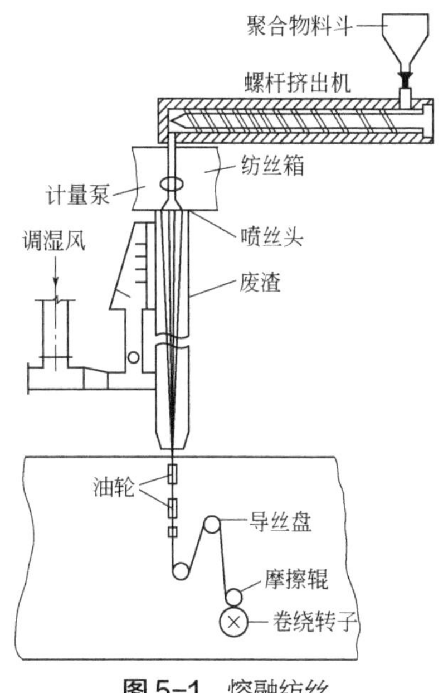

图 5-1 熔融纺丝

熔融纺丝优点是加工简单，耗能少，质量稳定。熔融纺丝工艺常用于聚酯纤维(涤纶)、聚丙烯纤维(丙纶)、聚酰胺纤维（锦纶，俗称尼龙）等，成为化学纤维原液着色的主流工艺。

溶液纺丝纤维即干法纺丝纤维、湿法纺丝纤维。

湿法纺丝是将树脂溶于溶剂中，高压通过喷丝孔，喷出的细丝流进入凝固浴槽凝结成丝。聚丙烯腈纤维(腈纶)、聚乙烯醇（维纶）和黏胶纤维等人造纤维产品均采用此工艺生产，见图 5-2。

干法纺丝有别于湿法纺丝，干法是溶于溶剂的树脂以高压经喷丝孔喷出细丝流后直接进入空气浴，由热气流固结成丝。干法工艺更适合于纺长丝制品，见图 5-3。

溶液纺丝在其开始阶段都会使用大量溶剂以便制成树脂溶液，而着色也是在这一过程中进行，且着色剂在其中有一定时间的滞留，因此，在颜料的选择上必须考虑颜料自身的耐溶剂性能和抗絮凝性能。此外，因其工艺过程中并没有明

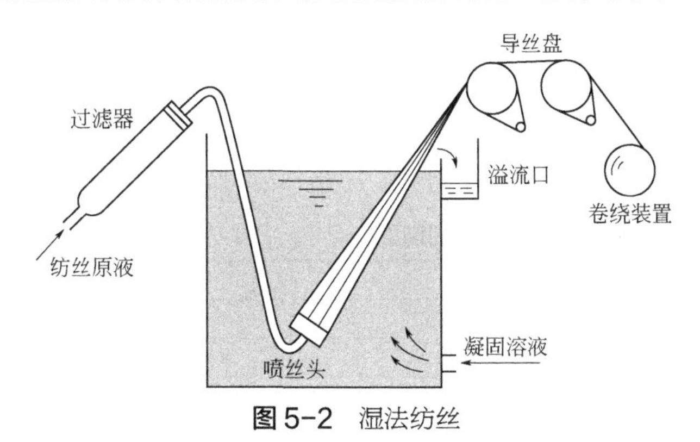

图 5-2 湿法纺丝

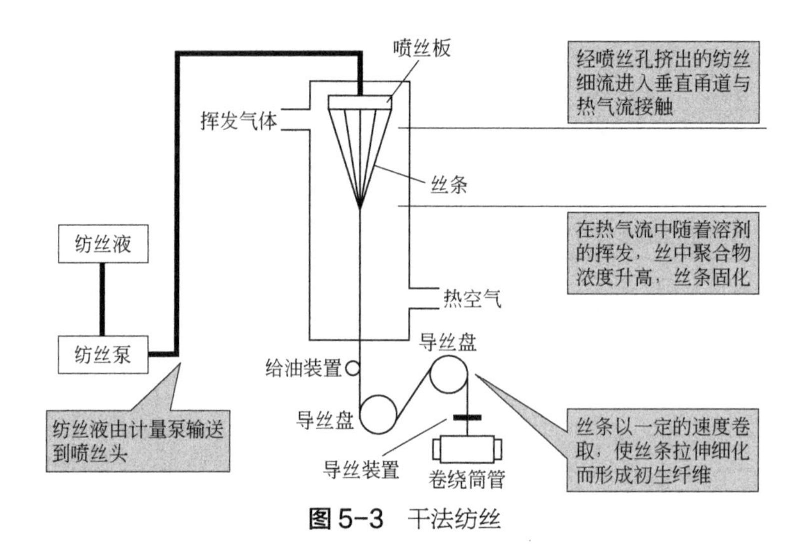

图 5-3　干法纺丝

显的可对颜料颗粒进行分散研磨的工序和相关设备，所以原液着色剂中颜料分散性十分重要。

纺丝流体从喷丝孔中喷出的刚固化的丝称为初生纤维。初生纤维虽已成丝状，但其结构还不完善，力学性能较差，如伸长率大、强度低、尺寸稳定性差，沸水收缩率很高，纤维硬而脆，没有使用价值，还不能直接用于纺织加工。为了完善纤维的结构和性能，得到性能优良的纺织用纤维，必须经过一系列的后加工，使其适应纺织加工和使用的要求。因此后加工是化学纤维制造不可分割的组成部分。

依化学纤维品种和纺丝工艺的不同，后处理工序也不相同。湿法纺丝的后处理工序较长，例如黏胶纤维后处理工序有水洗、脱硫、漂白、酸洗、上油、脱水及干燥等；醋酯纤维采取干法成型，后处理工序比较简单，只有卷绕和加捻；至于大多数以熔体纺丝成型的合成纤维，则有卷绕、拉伸、热松弛、热定型、卷绕及加捻等。如制造短纤维时还增加了切断工序。以上品种所采用的后处理设备也不尽相同，有分段处理的单元设备，也有连续处理的设备。

5.1.4　化学纤维的原液着色

传统的纺织行业中，纤维和织物的染整是最具污染的一个环节，它不仅消耗了大量的水资源，产生出众多且 COD 含量极高的有色污水，对环境造成极大的污染；同时能耗大的染整过程排放出大量的二氧化碳气体，加剧了温室效应。

化纤原液着色是指化纤原液在聚合前或聚合时着色的工艺，所以化纤原液着色有两种不同的工艺路线，其一是将颜料经分散后在化纤树脂聚合反应阶段加入进行着色（如维纶和黏胶、涤纶、锦纶），这种工艺称为聚合着色；另一种是把颜（染）料分散在熔融的聚合物载体中（色母粒），这就是聚合体着色（丙纶尼龙和涤纶）路线。常用的化学纤维原液着色工艺和着色剂剂型见表 5-7。

表 5-7　化学纤维原液着色工艺和着色剂剂型

化学纤维及纺丝工艺		着色剂形态	
品种名称	纺丝方式	液状	粒状
黏胶纤维	湿式纺丝	水分散体	
维纶（聚乙烯醇缩甲醛）纤维	湿式或干式纺丝	水分散体	
聚丙烯纤维（丙纶）	熔融纺丝		色母粒

续表

化学纤维及纺丝工艺		着色剂形态	
品种名称	纺丝方式	液状	粒状
聚丙烯腈纤维（腈纶）	湿式或干式纺丝	溶剂分散体	
聚酰胺纤维（尼龙）	熔融纺丝	水分散体	色母粒
聚酯（涤纶）	熔融纺丝	乙二醇分散体	色母粒

化纤原液着色的同时也赋予纺丝制品更加优异的性能，如耐光/候性、耐迁移性，耐水洗色牢度等。

化纤原液着色工艺的优越之处恰恰在于革除了有色废水的污染，有效地降低了生产能耗，节省了巨额治污费用。有资料报道，涤纶纺前着色与成纤染色比较，每生产100吨原液着色涤纶短纤维，可节约用水1万t，节约用气1.65万m^3，节约用电5.6万kW·h。据调查，平均染色费为4000元/t左右。而使用色母粒纺前着色，其着色费平均只有约1200元/吨，可见纺前着色不仅节约了巨额的治污费用，而且着色成本只有染色的三分之一，也就是说，染色成本要高出原液着色三倍多。

未来社会对纺织业的要求除了产品质量这个永恒不变的主题之外，必定会更强调生态平衡和环境友好。“绿色纺织品”和“绿色加工技术”已经成为21世纪纤维纺丝行业发展的关键词，化纤原液着色将日益受到关注，具有广阔的发展前景。由于纺前着色制品所具有的极好的色彩性能，它已广泛被运用于时装、军用纺织品、汽车内饰、家居装饰等领域。

化纤原液着色生产工艺也存在一定的不足之处，主要表现为：颜色调整较为困难，色谱调节不及一般染色法灵活；色泽上有一定的局限性，尤其在色彩艳度和色深度方面，要想达到染色同样的效果势必影响加工成本和制品质量；再则，短纤混纺织物中与植物纤维或毛纤维的颜色匹配问题等。因此它还不能完全取代常规染色工艺。此外在细旦丝生产中，由于设备清洗非常困难，不适宜小批量生产等因素也可能成为制约替代的原因。

5.2 黏胶、腈纶原液着色剂（浆状）配方设计

化学纤维原液着色技术于1936年首先用于黏胶、醋酯等人造纤维，黏胶、醋酯、维纶、腈纶等化学纤维均属于聚合着色，选用的是湿法或干法纺丝工艺。近年来，因国家环保治理政策严格执行和原液着色工艺的优越性，原液着色纤维有了长足的进步，这些纤维均采用液状着色剂，为此本节将黏胶、腈纶液状着色剂配方设计做一介绍。

5.2.1 黏胶原液着色剂配方

以棉为原料制成了纤维素磺酸钠溶液，由于这种溶液的黏度很大，因而命名为“黏胶”。黏胶遇酸后，纤维素又重新析出。根据这一原理，发明了一种稀硫酸和硫酸盐组成的凝固浴，实现了黏胶纤维的工业化生产。

黏胶纤维是古老的纤维品种之一。黏胶纤维具有棉和丝的品质，吸湿性符合人体皮肤的生理要求，具有光滑凉爽、透气、抗静电、防紫外线、色彩绚丽、色牢度较好等特点。其具

有棉的本质、丝的品质，是地道的植物纤维，源于天然而优于天然，广泛应用于各类内衣、纺织、服装、无纺等领域，具有优良的染色性能，但染色加工成本较高，且常规染色纤维的耐光性及干洗、水洗、耐磨牢度等方面都有局限性。采用黏胶原液着色技术，上述情况有了很大改变，所得着色纤维牢度大大提高，而成本远低于常规染色费用。采用原液着色法进行有色黏胶纤维的生产时，着色剂在纺丝原液中的分散性及稳定性是决定纺丝可纺性及有色纤维质量的关键。

5.2.1.1 黏胶原液着色剂应用工艺和技术要求

黏胶纤维是以天然纤维（木纤维、棉籽绒）为原料，经碱化、老化、磺化等工序制成可溶性纤维素黄酸酯，再溶于稀碱液经湿法纺丝而制成黏胶，见图 5-4。

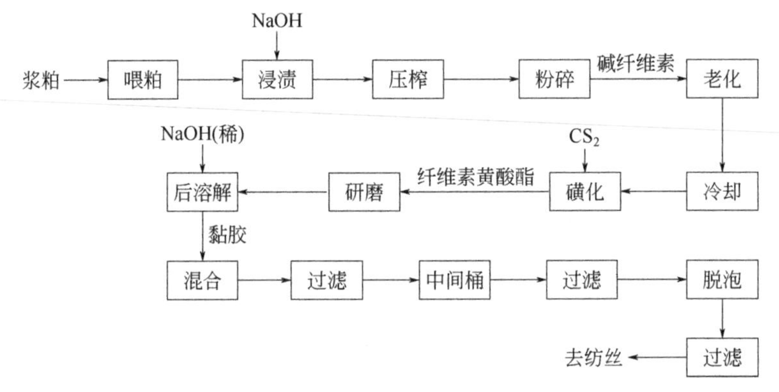

图 5-4 黏胶纤维制作和纺丝工艺流程

黏胶纤维可以采用湿法纺丝方法制得，见图 5-5。此法喷丝板孔数较多，一般为 4000 ~ 20000，最高的可达 5 万孔以上。但纺丝速度低，约为 50 ~ 100m/min。由于液体凝固剂的固化作用，虽然仍是常规圆形喷丝孔，但纤维截面大多不呈圆形，且有较明显的皮芯结构。

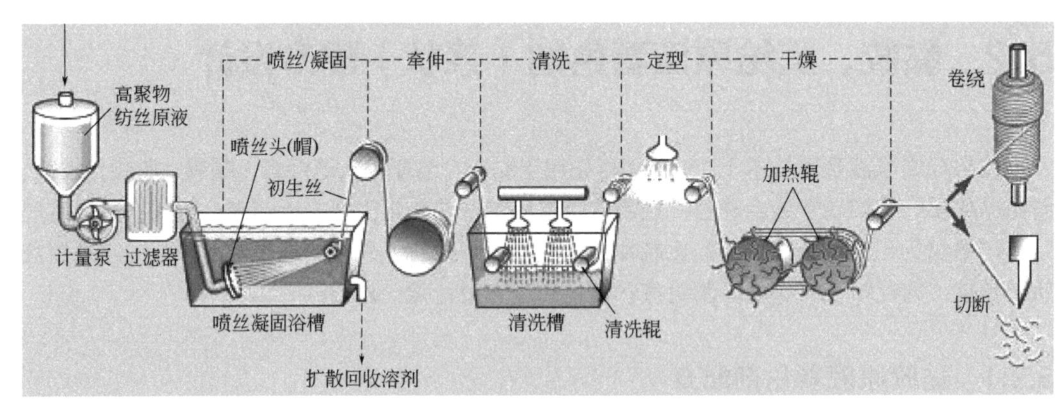

图 5-5 黏胶纤维湿法纺丝流程图

在整个黏胶制作和纺丝中，需经历强酸、强碱、强电解质等物化环境，见表 5-8。

黏胶原液着色剂以水为介质，是把颜料和去离子水加上适量的分散剂混合后经超细分散而形成的均质体色浆。将制备好的着色剂经过柱塞泵定量注入静态混合器，黏胶和着色剂在静态混合器内充分混合（混合次数超过 10 次），然后进入纺丝机进行纺丝，见图 5-6。

⊡ **表 5-8　黏胶纤维纺丝体系物化环境**

生产环节	组成及性状	体系的物化环境
纺丝原液制备（黏稠）	纤维素黄酸酯、稀 NaOH、溶剂 CS_2	强碱性水介质，20～70℃，25～35℃
纺丝、凝固（中和，凝固，水解）	硫酸、硫酸钠、硫酸锌的水溶液	强酸性水介质，140～200℃ 喷丝头：60～120μm
后处理	水洗、脱硫、酸洗、上油、干燥	酸性、碱性、中性水介质

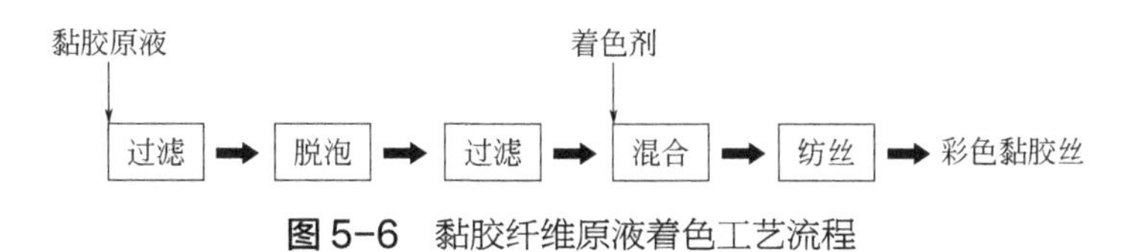

图 5-6　黏胶纤维原液着色工艺流程

对黏胶原液着色剂来说最为重要的一点是如何将颜料分散得符合工艺操作和制品质量的要求。要求着色剂中颜料含量更高，流动性更好，分散性更佳，满足黏胶纤维纺丝体系的强酸、强碱、强电解质的物化环境下不会发生二次絮凝。应用黏胶纺前原液着色剂特别关注颜料的分散及分散稳定性、耐迁移性、耐光性、耐酸性、耐碱性、起泡性、安全性和应用性能等。

（1）分散及分散稳定性

通常情况下，原液着色中颜料颗粒的大小一般控制在 0.5μm 左右，对于特殊产品，细度的要求更为严苛。假如着色剂中含有较大颗粒或因颜料已分散的微细颗粒在体系中稳定性差而产生返粗形成大颗粒，则着色剂和黏胶原液不能很好地相容混合，就会造成纺丝喷头堵塞，影响可纺性，或在牵伸处理时产生断丝、起毛、僵块等多种弊病。

黏胶着色剂中颜料经超细分散后，其分散颗粒体本质上处于不稳定的状态，总是有减少表面积、降低表面能、产生粒子间凝聚的趋势，其结果是色浆产生分层（沉降或浮色）、絮凝返粗，直接影响正常的喷丝操作和产品质量。

（2）耐化学性

黏胶纤维以天然的木纤维为原料，经过碱化、老化、磺化等工序，重塑分子可溶性纤维素黄酸酯，再溶于稀碱液经湿法纺丝得到产品。用于黏胶纤维着色的颜料要注意选择具有良好耐碱和耐酸、耐强电解质性能的品种。

（3）耐迁移性

用于黏胶纤维的着色剂不允许有颜料析出，必须确保织物在使用中不因着色剂选择不当而造成对其他织物或接触物体的沾污，甚至污染纺丝设备。

（4）起泡性

黏胶原液着色剂由颜料、表面活性剂、水等成分组成，表面活性剂影响起泡性，泡沫混入将直接影响着色后的纺丝性能。

（5）安全性

根据国际纺织品生态学研究和检测协会制定的（Oeko-Tex Standard 100《生态纺织品　通用及特别技术条件》）以及我国 GB/T 18885—2020《生态纺织品技术要求》的规定，合成纤维不能含有对人体有致癌性或对人体有害的 24 种芳香胺物质。例如：作为双偶氮颜料主要原料的 3,3-二氯联苯胺赫然在列。新版 Oeko-Tex Standard 100 标准中的检测项目更多、更严，如多环芳烃（PAK）和邻苯二甲酸二异丁酯被列为新的检测项目。

欧盟环境标签 2002 年 5 月 15 日公布染料（颜料）中重金属杂质限量铅（Pb）、六价铬（Cr^{6+}）、汞（Hg）的含量不得超过规定。

（6）应用性能

黏胶纤维原液着色纤维耐洗色牢度按照 GB/T 3921—1997 试验评级，耐汗渍色牢度按照 GB/T 3922—2013 评级。对于黏胶纤维也必须具有其他各项良好的衣着色牢度，如耐光(候)性、耐摩擦性、耐汗渍牢度等。

5.2.1.2 黏胶原液着色剂配方

黏胶纤维原液着色剂主要是水体系下的高黏度溶液。着色黏胶纤维是通过水性载体将超细分散颜料粒子混合后纺丝来得到的，黏胶纤维纺前着色工艺对着色剂的要求如下。

① 黏胶原液着色剂颜料含量不能太低，如果太低，会导致添加量过多而混入水分，使黏胶纺丝液黏度急剧降低，从而导致无法纺丝。

② 由于喷丝孔的直径以 μm 为单位计算，故黏胶原液着色剂中颜料粒子的粒径必须小于喷丝孔直径，通常控制在 0.5μm 以下。

③ 黏胶原液着色剂分散体系的均匀性至关重要。如果颜料粒子在载体内分布不均，则会导致黏胶纤维颜色的波动，从而影响产品质量。

④ 黏胶原液着色剂不能为酸性。如为酸性，则因其容易和黏胶原液反应，导致纤维素析出，pH 值一般控制在 7~9。

⑤ 水性色浆的黏度应该控制在 40mPa·s 以下，否则影响纤维纺丝成型。着色剂黏度低，与黏胶原液有很好的相容性，有良好的扩散性，用很简单的操作便能使很细的粒子稳定地分散，且不会产生空洞纤维并长期保持其色浆稳定性。

黏胶原液着色剂配方设计见表 5-9。

表 5-9 黏胶原液着色剂配方设计

<table>
<tr><th colspan="2">原料名称</th><th>规格</th><th>含量/%</th></tr>
<tr><td rowspan="2">颜料</td><td>无机颜料</td><td></td><td>0~50</td></tr>
<tr><td>有机颜料</td><td></td><td>0~25</td></tr>
<tr><td colspan="2">分散剂</td><td>阴离子</td><td>0~15</td></tr>
<tr><td rowspan="3">助剂</td><td>防沉剂</td><td rowspan="3"></td><td rowspan="3">0~2</td></tr>
<tr><td>调节剂</td></tr>
<tr><td>消泡剂</td></tr>
<tr><td>载体</td><td>水</td><td>去离子水</td><td>X</td></tr>
<tr><td colspan="3">总 计</td><td>100</td></tr>
</table>

① 着色剂中颜料含量应控制在一定范围内，因为随着颜料含量的增加，颜料粒径先减小后增加，稳定性先增加后减小。这主要是因为颜料含量高，分散过程中颜料颗粒间摩擦和碰撞的机会增大，然而，当颜料浓度超过一定的范围后，由于浓度过高，颗粒间相互靠紧，溶剂化层相互挤压而变薄，颗粒间的引力变大而很容易克服它们之间的阻力位能发生聚集，导致分散体的稳定性降低。所以，颜料含量太多和太少不仅会影响颜料的研磨分散效率，更会影响着色剂分散稳定性。

在颜料的种种物性中，颜料本身带电这一特性的重要性至今还未被人们所完全认识，实际上它是影响颜料分散稳定性的另一个重要的因素。颜料带电与其结构上的取代基密切相关，颜料结构中如带有硝基基团、卤素基团等吸电子基团，就可能带负电荷；而分子结构中带有像氨基等的供电子基团，则可能带有正电荷。颜料分子中的取代基带电性强弱存在图 5-7 所示的关系。

(带正电) ←氨基>羟基>羧基>卤基>硝基→ (带负电)

图 5-7 颜料分子中的取代基带电性

由取代基团的改变而引起颜料带电电荷变化的一个典型例子就是：颜料酞菁蓝（P.B.15）外层的—H 基被—Cl 基取代而成为颜料酞菁绿（P.G.7）后，颜料从带正电荷变为带负电荷。

② 黏胶纺前原液着色剂水性色浆的开发最主要的就是使颜料在水中分散到一定细度,并保持稳定。颜料在水中的润湿角计算式如下：

$$\cos\theta=(\gamma_{SG}-\gamma_{LS})/\gamma_{LG}$$

式中，θ 是润湿角；γ_{SG} 为固-气表面张力；γ_{LS} 为液-固表面张力；γ_{LG} 为液-气表面张力。θ 角越小，则越易润湿，γ_{SG} 主要由固体性质决定。

颜料粒子在水性介质中的润湿过程可以看作是固-气界面消失和固-液界面形成的两个过程，取决于颜料粒子表面性能和水性介质的极性差异情况。众所周知，水性介质具有一定的极性，所以黏胶着色剂选用的颜料纳米颗粒具有一定极性，这样固-液界面就很容易代替固-气界面，所以用于黏胶和维纶纤维原液着色的颜料应尽量选用亲水性比较强的，特别是有机颜料以凝聚体、聚集体等形态存在，表面极性低，在水相中很难被润湿和分散。选用亲水性较强的颜料有利于颜料在水相体系中被润湿，进而容易分散和稳定。颜料的亲水亲油可以通过测润湿角来确认，也可通过简单测吸油量方法认定。

黏胶纤维由植物纤维素经氢氧化钠和二硫化碳处理，再经湿法纺丝、脱硫处理等工艺制成。都要能经受 20℃、20%硫酸或 100℃、5%硫酸以及 5% NaOH 等的处理过程，因此具有对碱、酸、二硫化碳及脱硫过程中产生的硫化钠稳定的性能。

用于黏胶纤维着色的颜料要注意选择具有良好耐碱和耐酸性能的品种。需选择着色强度较高的颜料，只需加入少量即能得到良好的着色效果。选择透明性较好的颜料，即着色剂浓度较高，也不会影响纤维光泽。在黏胶纤维制造过程中既不褪色，也不渗色，且有色长丝及短纤对光、热、酸、碱、洗涤等，均有充分的抵抗力。因此，像偶氮色淀类颜料、群青、氧化铁黄、氧化铁黑以及铬黄等颜料品种是不适合用在这一领域的。

黏胶原液着色剂配方中颜料性能见表 5-10。

表 5-10 黏胶原液着色剂配方中颜料品种和性能

序号	产品名称	化学结构	色泽	耐热性/（℃/5min）	耐光性/级	耐候性/级	耐迁移性/级
1	颜料黄 13	双偶氮颜料	中黄	200	7～8		4～5
2	颜料黄 14	双偶氮颜料	中黄	200	7～8		4～5
3	颜料黄 83	双偶氮颜料	红光黄	200	7		5
4	颜料黄 155	缩合偶氮	绿光黄	260	7～8	3	3～4
5	颜料橙 13	双偶氮颜料	黄光橙	200	4		2
6	颜料橙 34	双偶氮颜料	黄光橙	200	6～7		4～5
7	颜料红 48∶2	偶氮色淀	蓝光红	220	7		4～5
8	颜料红 48∶3	偶氮色淀	中红	260	6		5

续表

序号	产品名称	化学结构	色泽	耐热性/（℃/5min）	耐光性/级	耐候性/级	耐迁移性/级
9	颜料红 170(F5RK)	单偶氮色酚类	蓝光红	250	8		
10	颜料红 122	喹吖啶酮	蓝光红	300	8	4～5	5
11	颜料蓝 15	酞菁	红光蓝	200	8	5	5
12	颜料蓝 15:3	酞菁	绿光蓝	280	8	4～5	5
13	颜料绿 7	酞菁	蓝光绿	300	8	5	5
14	颜料紫 23	二噁嗪	蓝光紫	280	8	4	4
15	颜料棕 25	苯并咪唑酮	棕	290	7	5	4～5

由于黏胶纺丝时，常用硫酸和硫酸钠等配成的水溶液作为凝固液，硫酸钠使黏胶凝固，硫酸使纤维素黄酸酯分解成再生纤维素，凝固浴以温水（90℃以下）为凝固介质，使纺丝胶体溶液经过喷丝头的细流凝固而成纤维，一般黏胶纺丝温度控制在 35 ~ 60℃。国外跨国公司的黏胶着色剂商品还选择一些因耐热性等原因在塑料上不常用的单偶氮颜料品种，如颜料黄 74、颜料红 2、颜料红 4、颜料红 5、颜料红 112、颜料红 146、颜料橙 22、颜料橙 40 等品种，可供国内研发黏胶着色剂企业参考。

③ 为制备性能优良的超细颜料分散体，需要加入表面活性剂帮助分散。应选择阴离子表面活性剂，其一端为亲水基团，另一端为疏水基团，如常用的萘磺酸盐甲醛缩合物。新型聚羧酸系 PCA 超分散剂，是由丙烯酸与不同分子量的聚氧化乙烯基单丙烯酸酯反应合成的，不论是加工过程还是应用性能，都起着举足轻重的作用，具有较好的应用前景。

近年来国内外纷纷推出的超分散剂是另一可选择的助剂，超分散剂因具有特殊的结构和优良的分散、稳定性能，而成为有机颜料超细分散的主要添加剂。超分散剂由两部分组成，锚固基团和溶剂化聚合链。选择强极性的聚醚链，在极性匹配的分散介质中，链与主体分散介质有着良好的相容性，能够与之融为一体。

超分散剂以各自的锚固基团为基点，通过离子键、共价键、氢键及范德华力等与颜料粒子相互吸引，紧紧地吸附在固体颜料粒子表面，溶剂化链应具有足够的碳链长度，以产生有效的空间立体屏障，阻止粒子间的相互吸引，所以超分散剂是黏胶原液着色剂的理想分散剂产品，如路博润公司的 Solsperse W100。

选用阴离子表面活性剂还有能增加粒子的电荷斥力，从而达到避免凝絮的目的。

分散剂用量会影响颜料的分散性。分散剂用量增加，颜料粒径减小，稳定性增加，这是因为部分颜料表面没有被分散剂占据，在范德华引力作用下，很容易再次结合，造成颜料分散效率低，分散体稳定性差。当分散剂用量达到一定时，颜料粒径基本不再随分散剂用量的增加而变化，这是因为颜料表面逐渐被分散剂占据，分散后的颜料颗粒获得足够大的空间位阻，颜料的分散效率增加，得到的颜料分散体粒径小、稳定性高，且当分散剂增加到一定程度后，颜料分散体稳定性反而下降。这是因为液相中多余的分散剂出现“搭桥”现象，从而引起稳定性下降，所以需要选择合适的分散剂用量。

分散剂实际上也是表面活性剂，在水相中分散，搅拌时容易卷入空气形成泡沫，不同分散剂对泡沫的稳定性不一样。考虑实际应用过程中泡沫对纺丝影响，避免着色剂添加时带入空气。应尽量选择稳泡性能低的分散剂作为黏胶纤维原液着色剂的分散剂。

④ 颜料通过润湿、微粒化和分散状态稳定化三个过程后均匀地分散在液相中。

颜料稳定悬浮于水体系中主要有静电稳定机理（双电层机理）、空间位阻稳定机理和静电空间稳定机理。其中双电层机理是指分散的颜料颗粒只有两个带正电荷的离子中央层 Stern（斯特恩），被一个更大范围的电荷扩散层所包围，两者共同形成了“双电层”（图 5-8），双电层向外发展则颜料聚集机会就减少，反之双电层如果被抑制，那么颜料细颗粒就发生凝聚而沉降。这个颜料均匀分散体保持电中性。

但是将这个分散体放在电场下，颜料粒子在电场力作用下向正极或负极泳动，通过泳动速度可以求得带电量，通常得到的带电量不是电荷量，而是表面动电位，即所谓 ζ 电位（见图 5-9 的虚线）。大量实验证明，ζ 电位越高，分散体越呈稳定状态；ζ 电位大约在 15mV 左右开始聚集，达到 0 则完全凝集。所以要达到色浆良好的分散稳定性，ζ 电位在 15mV 以上。

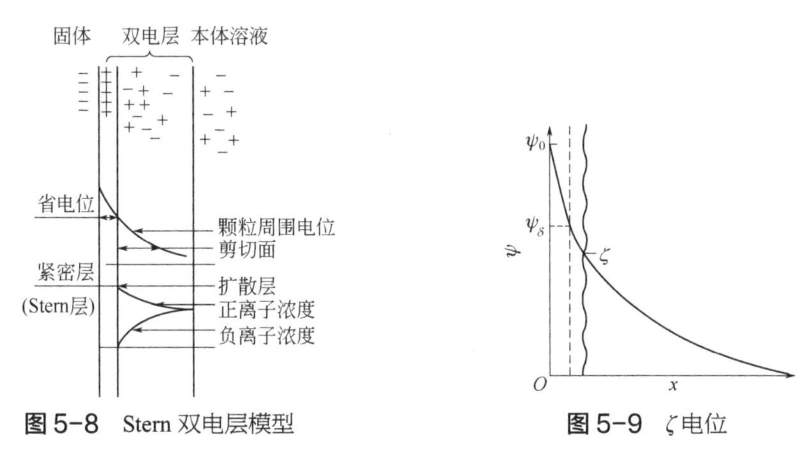

图 5-8 Stern 双电层模型

图 5-9 ζ 电位

⑤ 由颜料分散稳定的 DLVO 理论，即双电层理论可知，颜料粒子间存在范德华引力和静电斥力，它和粒子的大小以及 ζ 电位间有密切的关系。当电荷间的斥力较大，斥力和引力之和大于 15KT（K为玻尔兹曼常数，T为热力学温度）时，就能产生能量的壁障，防止粒子的凝聚，保持良好的分散稳定性。此时的着色剂在着色体系中能够体现出良好的储存稳定性，这一点在黏胶纤维着色过程中十分重要，应予以关注。着色剂 ζ 电势对其他离子十分敏感，外加电解质的变化会引起 ζ 电势的显著变化。因此，在适宜的电解质环境条件下，细微粒子能够体现稳定性；而一旦外加电解质（改变体系 pH 值，其他可溶性盐类等）变化，稳定体系失衡，从而使得双电子层被压缩而变薄，粒子间的引力大于斥力，产生凝聚。所以需要添加调节剂来使介质保持一定的 pH 值，即通过调节 pH 使得颗粒表面产生一定量的表面电荷，形成双电层。由于双电层的存在使粒子间的吸引力大大降低，从而实现了颜料的分散和分散稳定性。随着 pH 值的升高，颜料粒径逐渐减小，稳定性增加；随着 pH 值的继续升高，颜料粒径反而变大，稳定性下降。

黏胶原液着色剂中颜料颗粒稳定性可通过冷热存储法测试。热存储时将液体着色剂密封放置于 55℃的恒温条件下，放置 1 ~ 2 周，取出后恢复至室温进行粒径和相容性测试；冷存储时将液体着色剂密封放置于 −5℃条件下，持续 24h，取出后恢复至室温进行粒径和相容性测试。

⑥ 防沉剂。着色剂中的颜料在储存时会沉降，其沉降速度满足 Stokes 定律。若着色剂分散不稳定，颜料粒子就会相互吸引而发生絮凝，从而大大降低颜料的应用性能，所以需加入防沉剂，改变体系的流变性能，使其具有触变性，从而防止颜料沉降。

⑦ 消泡剂。黏胶原液着色剂要求起泡性低，仅需简单操作，便可稳定地将几种原液着色

剂混合，混合后不降低光亮度。黏胶原液着色剂由颜料、表面活性剂、水等成分组成，特别是表面活性剂影响起泡性，泡沫混入将直接影响着色后的纺丝性能，所以需要在生产时加入合适消泡剂。

判定液体着色剂的起泡性时，可对等量着色剂进行相同比例稀释震荡（或相同条件下进行鼓泡），通过测试泡沫的高度和泡沫消除的时间来判定着色剂对纺丝的影响。

⑧ 去离子水。着色黏胶纤维可以通过采用颜料色浆混合方法进行生产，而将颜料粒子携带进原液体的载体只能是水。通常情况下配制色浆应选择去离子水，去离子水是指除去了呈离子形式的杂质后的纯水，采用去离子水作为原液着色剂载体有利于提高产品质量和质量稳定性。因为水中所含的钙镁离子带正电荷，会影响分散剂的电荷分布，从而影响色浆的储存稳定性。

5.2.1.3 黏胶原液着色剂工业制造

黏胶原液着色剂制造工艺从颜料分散理论出发，先把原料加入容器中，用高速搅拌器进行预先混合、润湿，然后采用砂磨机超细分散，过滤后，经标准化成为成品，该工艺流程见图 5-10。

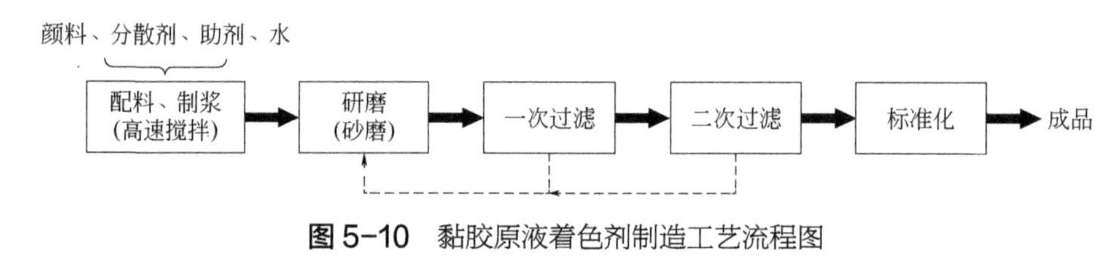

图 5-10 黏胶原液着色剂制造工艺流程图

（1）高速分散机

用高速分散机（图 5-11），转速一般在 3000r/min 以上，对物料进行搅拌。高速分散就是高效、快速、均匀地使多个相（液体、固体、气体）进入到另一互不相容的连续相（通常为液体）的过程，而在通常情况下各个相是互不相容的。当外部能量输入时，两种物料重组成为均一相。转子高速旋转所产生的高切线速度和高频机械效应带来的强劲动能，使物料在定、转子狭窄的间隙中受到强烈的机械及液力剪切、离心挤压、液层摩擦、撞击撕裂和湍流等综合作用，形成悬浮液（固/液）、乳液（液体/液体）和泡沫（气体/液体）。

转速和搅拌器的精密程度决定分散效果。颜料在高速混合过程中的预润湿在很大程度上决定了产品分散性的优劣。

一般情况下将颜料加入液体载体后在高速搅拌机上以 800 ~ 3000r/min 的转速搅拌均匀，预分散 15 ~ 60min 后得到颜料预分散体。

（2）砂磨机

砂磨机又称珠磨机，主要用于化工液体产品的湿法研磨，根据研磨筒的布置形式大体可分为卧式砂磨机、立式砂磨机等。砂磨机是通过液体介质传递剪切力而使颜料的团聚体破碎的，以天然砂作为砂磨介质，研磨腔狭窄，拨杆间隙小，研磨能量密集，使玻璃砂不断冲击颜料，而使颜料粒度降低，其粒径可小于 1μm。立式砂磨机结构示意见图 5-12，卧式砂磨机结构示意见图 5-13。立式砂磨机虽然造价便宜，但是生产效率较低；卧式砂磨机与立式砂磨机相比，价格高出很多，但是生产效率也相对较高。

将颜料预分散体经砂磨机研磨 5 ~ 10 遍后得到液体着色剂。

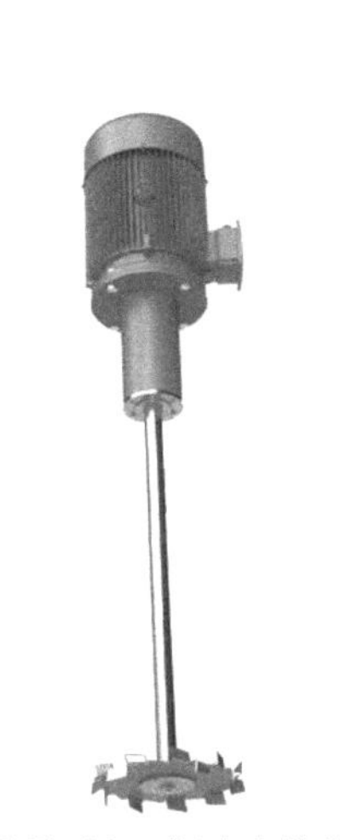

图 5-11 高速分散机

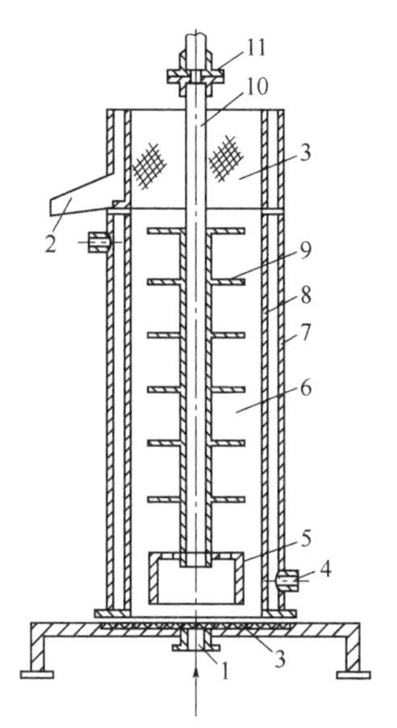

图 5-12 立式砂磨机结构示意

1—颜料进口；2—颜料出口；3—过滤网；4—冷却水进出口；
5—平衡体；6—砂磨介质；7—冷却夹套；8—砂磨筒体；
9—分散片；10—主轴；11—联轴

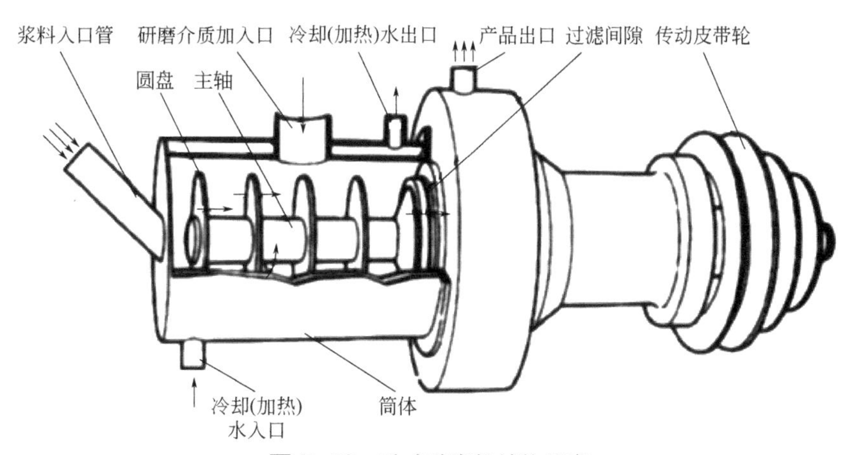

图 5-13 卧式砂磨机结构示意

（3）研磨介质

砂磨机使用的研磨介质一般分为氧化锆珠、玻璃珠、硅酸锆珠。颜料研磨初期应该选用直径较大的锆珠，因为大直径动量大，有利于打散颜料的聚合体；后道研磨工序根据生产效率要求选用粒径较小的锆珠，增加锆珠数量。剪切点越多，越有利于分散。

研磨腔的填充率对研磨效率也有影响。锆珠用量少，剪切点也会减少，研磨效率和分散效果会降低。锆珠用量过多，则研磨腔过于拥挤，导致锆珠活动量减少，从而影响研磨效率和分散效果，增加锆珠损耗。所以，色浆加入量与锆珠填充率之间的关系需要通过多次试验进行摸索探讨。

（4）控制细度

分散体系的稳定性与粒径的平方成正比，即粒子越小其分散体的稳定性越高。所以将颜料控制到一定细度，对着色剂分散稳定性也有很大的帮助。

砂磨机加工颜料细度与下列因素有关：配方中颜料浓度、物料的黏度、研磨温度、研磨时间、研磨介质的填充比例、研磨介质的直径、研磨机长径比、设备功率大小等。

(5) 过滤

在颜料研磨初期，随研磨时间的延长，粒径下降极快，经过一段时间以后，平均粒径已达 0.5μm。以后随着时间的延长，虽然平均粒径降低较缓慢，但是 1μm 以上的粒径比例却不断地下降，所以研磨时间长一些为佳。经上述条件砂磨后的颜料颗粒，平均粒径在 0.5μm 以下，但还存有少量大粒子颜料，需要通过过滤去除。过滤工序很重要，不仅是提高生产效率，而且是保证产品质量的关键步骤。

(6) 研磨后色浆的储存

研磨的色浆在一定时间内会保持体系的稳定，但因为环境温度、重力及分子的影响，色浆会逐渐分层沉淀。因此成品色浆不能长时间存放，或者在存放时配置一个带搅拌的色浆储罐，慢速搅拌有助于保持体系稳定。

5.2.1.4 黏胶原液着色剂的应用和发展前景

黏胶原液着色纺丝工艺：着色剂色浆按一定比例，用纺前静态混合注射器加入到纺丝黏胶中，通过喷丝头的孔道以一定速度喷出，有色黏胶细流在酸浴及水平玻璃管中与凝固浴发生凝固、分解、再生反应而生长为初生纤维，通过牵伸完成有色黏胶长丝的纺丝。原液着色黏胶产品的应用成功，关键在于黏胶中注入颜料是否保持微细粒子的状态，并在单丝中均匀分散。黏胶原液着色剂应用于黏胶纺丝工艺应注意如下几点。

① 由于黏胶原液为强碱性，着色剂色浆遇强碱时分散液会破坏，引发絮凝，黏胶原液着色剂接触黏胶时，一边在具有瞬间剪切性能的纺前静态混合注射器内使着色剂与黏胶原液充分混合、互相冲撞；一边搅拌、混合，抑制颜料因碱性冲撞引起的絮凝，防止颜料粒子团聚。着色剂中颜料在黏胶原液（强碱）中处于非常不稳定状态，随着时间的延长，引起再次絮凝的可能性会增大。为了缩短滞留时间，要尽可能缩短颜料加入点到纺丝管路长度。

② 着色剂加入黏胶原液中，使凝固液中纤维表面与凝固浴接触面积减少，钠离子和水分子向纤维外渗透距离增大，导致纤维凝固速度降低及并丝现象增多。可通过提高凝固浴温度和含酸量、降低黏胶熟成度等方法来改善原液着色黏胶纤维的性能。

③ 应严格控制黏胶的熟成度和黏度，保证黏胶质量稳定性和强化过滤效果，保证工艺参数在较小范围内波动，提高纤维着色的均匀性。因为加入着色剂色浆会加速黏胶的熟成，表现为体系黏度增大、过滤困难和喷丝头堵塞，使凝胶粒子尺寸增大和数量增多，从而影响着色的均匀性。所以必须尽可能稳定黏胶工艺过程。

④ 着色剂加入对纤维的断裂强度和断裂伸长率都有影响，并成反比关系。

黏胶纺前原液着色工艺是绿色环保的，应用前景十分广阔。黏胶纤维基材是天然的纤维素；黏胶原液着色剂是环保性色浆；省去后染整理程序。

随着人们环保及节能意识进一步加强，印染企业污水排放标准会越来越严，再加之染料中一些受限成分，这些都会影响纺织品出口。传统染色工艺的产品染色牢度不如纺前着色纤维，很难制成高档产品。尤其一些晚礼服（高档服装）的绣花染色牢度差，会造成绣花线褪色，而严重影响穿着效果。因此原液着色黏胶纤维的开发，必定为纺织、印染、制造业带来一次革命性的变迁。

5.2.2 腈纶原液着色剂配方

腈纶是聚丙烯腈纤维在我国的商品名，国外则称为“奥纶”“开司米纶”，美国杜邦公司称为 Orlon，是仅次于聚酯、聚丙烯和聚酰胺的合成纤维品种。腈纶是类似羊毛的短纤维，密度比羊毛小，柔软、轻盈、保暖、耐腐蚀、耐光，有“人造羊毛”之称。

5.2.2.1 腈纶原液着色

腈纶染色加工一般有成品染色法、长丝束连续染色法、凝胶染色法以及原液着色法等四种方法。原液着色和凝胶染色法因工艺简单、节约能源与化工原料、三废排放比常规纤维染色少，备受生产厂家重视。

腈纶凝胶染色是在腈纶湿法纺丝过程中，拉伸前的纤维处于凝胶状态，结构类似于海绵，在纤维中有 85%以上的染色基处于空洞的表面，这时进行染色可大大缩短染色时间，由于纤维处于凝胶状态时进行染色故称为凝胶染色。凝胶染色可选用阳离子染料。凝胶湿丝束染色虽是纺前着色，但还属于传统染色工艺，但不会像传统染整工艺中的染色和漂洗处理工序那样要产生大量有色污水，其对环境和水资源的保护有十分明显的优势。

采用阳离子染料染色具有如下一些缺点：快速、不匀速的升温造成局部迅速上染而产生色差；对上染过程中染料的浓度梯度、升温的温度梯度和上染的速度梯度要求非常严格；阳离子染料的吸尽率较低，染料消耗多，随污水排放造成环境污染严重，污水处理困难，污水处理投资费用较大；染色过程或染料中含有大量的助染剂、缓染剂、分散剂等；日晒色牢度、皂洗色牢度、摩擦色牢度较差。

腈纶纺前着色是将颜料在纺丝溶剂中研磨成分散的色浆，按一定比例与纺丝液均匀混合，制成有色原液，过滤后进行湿法纺丝。原液着色腈纶纤维具有色谱齐，牢度较好、设备简单、成本低等优点。

腈纶虽比羊毛轻 10%以上，但强度却大 2 倍多。腈纶不但不会发霉和被虫蛀，而且其对日光的抵抗性比羊毛大 1 倍，比棉花大 10 倍。棉和涤纶要求在机织物上进行后整理来提供必要的耐光和耐候色牢度，但是腈纶本身就已经具有这些性质。腈纶、涤纶和聚丙烯在人造光源照射下的耐光性见图 5-14。所以，对于腈纶织物来说，就不再需要像棉和涤纶一样进行那些能影响到织物性能和质量的后整理。

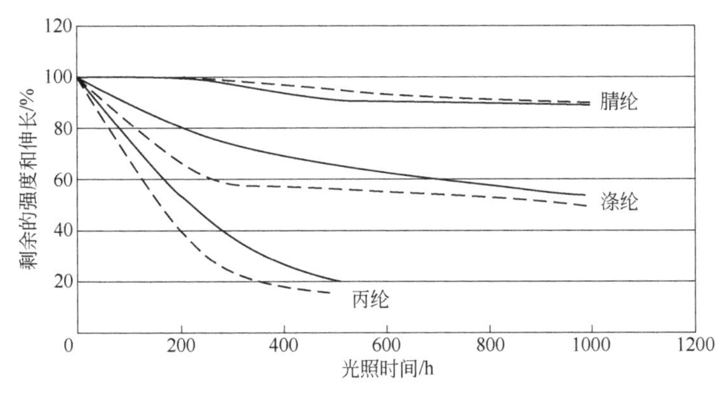

图 5-14 腈纶、涤纶和丙纶在人造光源照射下的耐光性

— 为强度；－－为伸长

由于腈纶本身具有突出的耐日晒性和耐候性，可大量用于户外装饰领域，原液着色工艺能满足苛刻的自然气候条件要求。原液着色腈纶产品具有色泽均匀、色牢度和日晒色牢度高等特点，用原液着色腈纶制造的户外织物，其技术指标要求非常严格，由原液着色腈纶制成的户外织物具有高达 5 年的耐光色牢度，使用寿命达 10 年以上。

原液着色腈纶可应用于对日晒牢度和色牢度要求特别高的产品领域，如遮阳篷布、沙滩伞等方面。

目前，国内腈纶原液着色研究主要集中在水性体系。

5.2.2.2 腈纶原液着色剂应用工艺和技术要求

原液着色腈纶的生产方法是将颜料和纺丝溶剂、表面活性剂或少量纺丝原液一起在砂磨机中研磨成色浆（着色剂），然后按一定的比例和纺丝原液均匀混合，制成有色原液，过滤后经过纺丝而制成，其生产工艺流程见图 5-15。

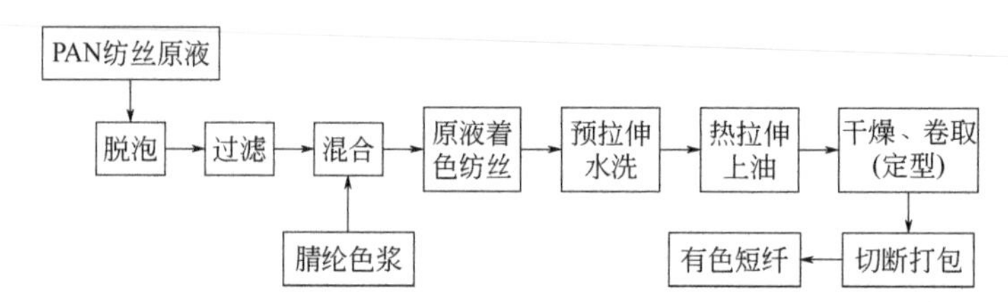

图 5-15 原液着色腈纶生产工艺流程示意图

本方法适合于腈纶的湿法、干法纺丝工艺。采用原液着色法生产有色腈纶纤维，在制备腈纶纺丝原液时，色浆可在聚合体溶胀时加入或与纺丝原液混合，这样着色比较均匀。要求着色剂在溶剂中或熔体中有良好的分散性和分散稳定性，此法既适合于生产短纤维，也适合于生产长丝。

腈纶纤维纺前着色工艺对着色剂的要求：

① 由于喷丝孔的直径以 μm 为单位计算，故腈纶纤维着色剂中颜料粒子的粒径必须小于喷丝孔直径，通常控制在 0.5μm 以下，并能均匀稳定地分散在纺丝原液或熔体中。如果颜料粒子在载体内分布不均，则会导致腈纶纤维颜色的波动，从而影响产品质量。

② 着色力高，色调鲜明，用量不超过 5%。

③ 着色剂各项性能指标满足加工和应用需求，有优异的耐光和耐湿处理牢度。

原液着色腈纶最关键的生产技术是颜料的分散、着色剂中颜料的稳定性和着色剂与原液的共混效果，且有色原液还须经脱泡、过滤后才能纺丝。原液着色的颜料要求颗粒细小，能够耐纺丝过程中的高温和化学变化。要求着色剂中的颜料含量更高，流动性更好，分散性更佳。

应用腈纶纺前原液的着色剂特别关注颜料的分散及分散稳定性、耐溶剂性、耐迁移性、耐光性、耐碱性和安全性等。

5.2.2.3 腈纶原液着色剂配方

腈纶纤维原液着色剂主要是极性溶剂体系下的高颜料含量、高黏度溶液，极性溶剂体系可以为 51%的 NaSCN 溶液、50% ~ 55%氯化锌溶液或二甲基乙酰胺，通过极性溶剂载体将超细分散颜料粒子混合后纺丝来得到腈纶纤维。二甲基甲酰胺（DMF）溶剂已经淘汰了。

腈纶原液着色剂配方设计见表 5-11。

表 5-11 腈纶原液着色剂配方设计

原料名称		规格	含量/%
颜料	无机颜料		0~50
	有机颜料		0~25
分散剂	阴离子	NNO	0~15
	超分散剂	Solsperse W210	
助剂	消泡剂		
载体	硫氰酸钠水溶液（NaSCN）		X
	二甲基乙酰胺（DMAC）		
总 计			100

腈纶原液着色剂配方设计应注意事项如下。

(1) 颜料添加量

原液着色腈纶中，颜料质量一般占纤维质量的 1% ~ 3%，颜料添加量越多，颜料粒径越细，则其遮盖力越强，纤维颜色越深。但添加量并非越多越好，较为合适的添加量为 2%，此时有色纤维强度比常规纤维高，这可能是因为颜料对纤维起到增强作用，上限是 5%。腈纶纤维原液着色剂颜料含量不能太低，增加颜料的添加量会增加着色剂的黏度，当颜料添加量为 14%时，研磨分散效果较好。

(2) 着色剂添加量与纺丝纤维纤度有关

生产线密度高的原液着色腈纶较线密度低的容易。当纤维中颜料含量一样时，线密度高的纤维颜色明显深，也即纤维颜色一样时，线密度高的纤维中颜料的含量可低些，另外，生产线密度高的纤维所采用的喷丝板，其孔径要比生产线密度低的喷丝板孔径大，使喷丝板堵塞可能性变小。如以线密度 3.33dtex 和 1.67dtex 为例，前者喷丝板喷丝孔面积是后者的 1.62 倍。

(3) 腈纶原液着色剂用颜料

原液着色用颜料要求与各种纺丝溶剂有很好的相容性，生产上要求微溶或不溶，要按最终织物的不同来选用不同耐光牢度的颜料。常用颜料见表 5-12。

由于着色剂是以水为介质，而水是极性的，所以用于黏胶和维纶纤维原液着色的颜料应选用亲水性比较强的，这样有利于颜料在水相体系中的分散和稳定。颜料的亲水亲油性可以通过测润湿角来确认，也可通过简单测吸油量方法认定。

腈纶原液着色剂用颜料见表 5-12。

表 5-12 腈纶原液着色剂用颜料

序号	适用范围	产品名称	化学结构	色泽	耐热性/（℃/5min）	耐光性/级	耐候性/级	耐迁移性/级
1	户外	颜料黄 24	蒽醌酮	红光黄	300	8	4	5
2		颜料黄 128	缩合偶氮	绿光黄	260	8	4~5	5
3		颜料黄 110	异吲哚啉酮	红光黄	300	7~8	4~5	5
4		颜料橙 43	苝系	黄光橙	300	7~8	3	5
5		颜料红 149	苝系	黄光红	300	8	3	5
6		颜料红 179	苝系	蓝光红	300	8	4	4~5

续表

序号	适用范围	产品名称	化学结构	色泽	耐热性/(℃/5min)	耐光性/级	耐候性/级	耐迁移性/级
7	户外	颜料红 144	缩合偶氮	中红	300	7～8	3	5
8		颜料红 166	缩合偶氮	黄光红	300	7～8	3～4	5
9		颜料紫 29	苝系	蓝光紫	300	8	4	5
10		颜料蓝 15:1	酞菁	红光蓝	300	8	5	5
11		颜料蓝 15:3	酞菁	绿光蓝	280	8	4～5	5
12		颜料绿 7	酞菁	蓝光绿	300	8	5	5
13		颜料棕 25	苯并咪唑酮	棕	290	7	5	4～5
14	室内	颜料黄 17	双偶氮	绿光黄	200	6～7	3	5
15		颜料黄 83	双偶氮	红光黄	200	7	5	5
16		颜料橙 34	双偶氮	黄光橙	200	6～7		2～3
17		颜料红 38	双偶氮	黄光红	200	6		3
18		颜料红 187	单偶氮色酚	蓝光红	260	8		5
19		颜料红 176	苯并咪唑酮	蓝光红	270	7		5
20		颜料红 170(F3RK 70)	单偶氮色酚	中红	270	8	3	2

(4) 腈纶原液着色剂用分散剂

由于着色剂是以水或溶剂为介质，应尽量选用亲水性比较强的颜料，特别是有机颜料，其以凝聚体、聚集体等形态存在，表面极性低，在水相中很难被润湿和分散。为了制备性能优良的超细颜料分散体，需要加入表面活性剂帮助分散。助剂的作用是降低色浆黏度及保证磨细的颜料均匀分散。腈纶原液着色剂用的水浆着色剂一般采用阴离子表面活性剂，其一端为亲水基团，另一端为疏水基团，如常用的萘磺酸盐甲醛缩合物和聚羧酸。溶剂色浆则采用非离子表面活性剂，其中分散剂是烷基聚氧乙烯醚、烷基酚聚氧乙烯醚、二甲基硬脂酰胺氯化物或十六烷基二甲胺溴化物中的一种化合物或两种以上化合物的混合物。

超分散剂因具有特殊的结构和优良的分散、稳定性能，而成为有机颜料超细分散的主要添加剂。可选用路博润公司 Solsperse W210。分散剂会影响颜料的分散性，所以要适量。

分散剂对某些有机颜料有一定的溶解性，这样就会导致在成型或水洗过程中因分散剂的析出而同时将部分溶入分散剂中的颜料带入硫氢酸钠系统，从而在纺丝过程中析出。

(5) 腈纶原液着色剂用消泡剂

腈纶原液着色剂与原液在高剪切混合机中混合后，可以直接纺丝，但工业化生产有较大难度，主要是纺前过滤器及喷丝板压力上升太快，调换频繁，且纺出的纤维线密度变化大、粉末多，纤维粗细不匀现象严重。这主要是由于着色剂储存时为防止颜料沉降而不断搅拌，因此将空气带入了着色剂，最终进入有色原液中。同时，由于着色剂温度较低，与原液共混后，易形成局部的凝胶块而堵塞过滤器和喷丝板，导致生产不正常。因此，工业化生产中应将有色原液进行脱泡处理，以脱除原液中夹带的部分空气。有色原液的脱泡在脱泡塔中进行，相比于常规原液的脱泡，有色原液中夹带的气泡更多，更不易脱除干净。因此，有色原液的脱泡最好选用面积大的栅板式脱泡塔，若采用伞面式脱泡塔，一定要保证脱泡塔安装精度，以确保有色原液能均匀地分布在伞面上。另外，在脱泡工艺控制方面，对脱泡真空度的要求更高，其目的就是尽可能脱除气泡，以确保纺丝顺利。

由于湿法纺丝的浆状着色剂中有水溶性表面活性剂，在纺丝过程中扩散到凝固浴中，对凝固浴回收有一定影响。它在腈纶原液中，具有起泡性能，所以也要加消泡剂消泡。

（6）腈纶原液着色剂用载体

作为着色剂用载体必须和纺丝原液有很好的相容性、适当的熔点和黏度，以保证二者均匀混合，原液着色剂载体应有利于提高产品质量和质量稳定性。

5.2.2.4 腈纶原液着色剂的应用

颜料经润湿、研磨分散后，需过滤除去着色剂中含有的机械杂质，可采用袋式过滤器过滤。着色剂在使用前，最好再次过滤，以保证有色原液质量，减少颜料凝胶块对过滤器及喷丝板的堵塞（喷丝板孔径一般在 0.05 ~ 0.08mm 之间）。颜料粒径在 0.2 ~ 0.4μm 之间是理想的，但在实际生产中要求粒径在 0.5μm 左右，影响纺丝的粒子主要是粒径在 10 ~ 30μm 的粒子，这些粒子影响过滤性能，使换头率增高。纺丝压力升高会使生产不稳定，此外这些大粒子存在于纤维中也影响纤维强度。

着色剂与原液的共混要解决好三个问题：着色剂中颜料的含量稳定，且着色剂与原液应保持固定配比，以避免成品纤维色差；着色剂与原液共混的效果要好，使着色剂能均匀地分散在原液中；共混过程中应尽可能避免将空气带入共混原液中导致气泡丝，影响纤维性能。

在实际工业生产中，因着色剂中流动介质为高浓度硫氢酸钠，极易结晶，且为保证着色剂中颜料浓度的稳定，除配料时应精心操作外，着色剂的保温温度不宜太高，否则会因着色剂中水分大量蒸发导致着色剂中颜料浓度的变化而使纤维存在色差。着色剂的添加量与共混原液流量间应采用固定比例的串级控制，以保证无色差。着色剂与原液的混合要采用专用设备，一般采用高剪切混合机，以保证原液和着色剂能在短时间内混合均匀。应保证高剪切混合机的剪切机内为正压，否则会因为空气进入混合原液中而不易脱除，导致气泡丝。

色浆是通过纺前注射的方式加入到原液中的，为了保证色浆加入流量的稳定，采用特殊计量装置计量注射，同时保证计量装置的供应压力和输出压力稳定。并设置多道特殊匀化混合装置以使色浆与原液能充分均匀混合，保证纤维色泽的均一稳定。

5.3 聚丙烯纤维色母粒配方设计

聚丙烯纤维（简称丙纶）相对密度为 0.91，是目前所有纤维中最轻的一种。由于它密度小，因而单位质量的丙纶纤维的覆盖面积最大。丙纶的织物体积是涤纶的 1.5 倍，是锦纶的 1.25 倍，是羊毛的 1.45 倍，是棉的 1.6 倍。丙纶不吸水，能浮在水面上。

由于丙纶纤维分子中没有可与任何染料分子相结合的极性基团和反应性基团，结晶度很高，结构紧密，内部缺乏染料扩散必需的孔隙，因此很难对其进行染色，90%以上采用原液着色。

5.3.1 聚丙烯纤维色母粒应用工艺和技术要求

聚丙烯熔点 176℃，分解温度 350 ~ 360℃，聚丙烯纤维一般采用熔体纺丝方法制得。将聚丙烯高聚物熔体用纺丝泵（或称计量泵）连续、定量而均匀地从喷丝头的喷丝孔中压出，呈液体细丝状，在周围空气中冷却、凝固成型，见图 5-16。

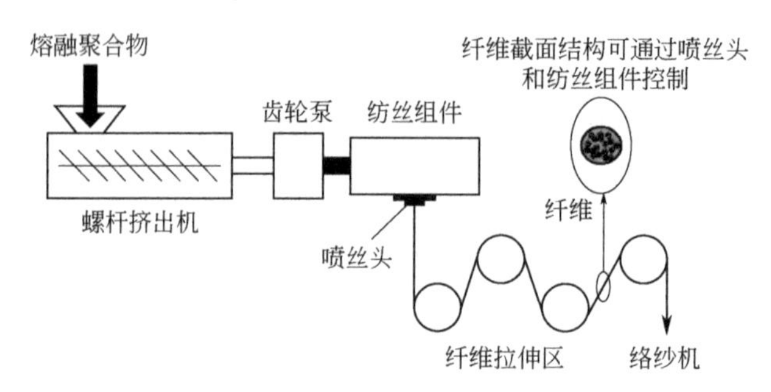

图 5-16 丙纶熔体长丝纺丝流程图

熔体纺丝流程短、纺丝速度高、纺丝速度一般为 900 ~ 1200m/min，高速纺丝可达 3200m/min 以上，成本低，但喷丝板孔数较少，长丝 1 ~ 150 孔；短纤维 300 ~ 800 孔，高的可达 1000 ~ 2600 孔，甚至更多。若用常规圆形喷丝孔，则纺得的纤维截面大多为圆形；采用异形喷丝孔，则纺得的纤维截面为异形。

丙纶纤维主要有短丝、长丝、BCF 地毯丝。丙纶纺丝用色母粒的要求符合化纤纺丝优良的耐热性，优异的分散性、耐迁移性、耐候性、耐化学性以及安全性等要求。

（1）分散性

色母粒用于聚丙烯，分散性考量有喷丝孔断丝、拉伸变形/拉伸断丝、过滤组件的更换频率和使用寿命。

从图 5-16 可以看到，丙纶长丝从喷丝板出来后到了纤维拉伸区，由于刚成型的熔纺合成纤维卷绕丝强力低，伸长大，结构极不稳定，因而还不具备纺织纤维所要求的特性，只有经过拉伸、热定型等一系列后加工工序之后，才能使之具有稳定的结构和一定的力学性能。所以纤维拉伸使化纤高聚物中的高分子链沿外作用力方向进行取向排列，从而改善高聚物结构和力学性能。纤维拉伸是化纤熔体纺丝过程中的重要工艺步骤，见图 5-17，高聚物以一定流量自喷丝板毛细孔挤出，在喷丝板和卷绕装置之间，丝条必须拉伸至需要的细度并充分冷却固化。熔体纺丝的喷丝孔径一般在 0.1 ~ 0.4mm 范围内，而单根卷绕丝的直径只不过 10 ~ 30μm。即熔体过喷孔后，丝条直径需每次变为原来的 1/10，长度需成百倍拉伸。特别是超细旦丙纶是聚丙烯纤维向仿真丝和织物薄型化发展的新品种，对颜料分散性提出的要求更高，丙纶色母粒用过滤压力值来表征色母粒分散质量（其值称为 DF 值），一般要求丙纶色母粒的 DF 值小于 1.0。

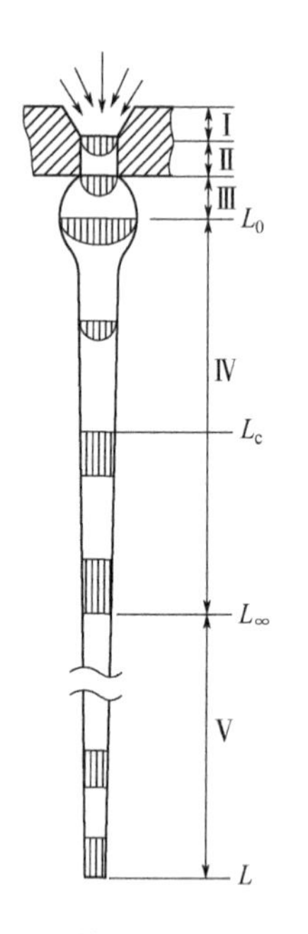

图 5-17 熔体固化成型示意图

Ⅰ—入口区；Ⅱ—孔流区；Ⅲ—膨化区；Ⅳ—形变区；Ⅴ—稳定区

（2）迁移性

丙纶地毯特别注意颜料迁移性。由于丙纶地毯纺丝温度不太高，所以大量选用价廉物美的经典有机颜料，需注意的是有些颜料因高温使某些颜料部分分解而导致的迁移问题。丙纶长丝牵伸过程中需要上油，油剂会影响部分颜料迁移析出。

（3）耐候性

丙纶大量用于遮阳布上，需要有良好耐候性。选择有良好的耐候性颜料品种时需注意选择粒径大的颜料品种，并加入适当的抗氧剂、光稳定剂等助剂。

（4）熔融指数

丙纶色母粒的熔融指数相当关键，必须做到匹配使用，色母粒熔融指数低会导致喷丝板堵塞，熔融指数高会导致滴浆，从而影响可纺性。丙纶长丝用色母粒要求熔融指数为 15 ~ 50g/10min 左右。

（5）含水量

丙纶长丝纺速为 600 ~ 800m/min 时，对于聚丙烯树脂和色母粒的含水量要求不高。高纺速（2000 ~ 3000m/min），甚至更快，色母粒含水量稍高常常引起纺丝异常。一般说来，要求色母粒含水量控制在 500mg/kg 左右。

（6）耐油性

熔融纺丝工艺过程中必不可少的一个步骤是在纺出的丝上加上纺丝油剂。这些油剂将伴随后续加工的整个过程。如果色母粒中颜料耐油性能不符合要求，那么很有可能会被油所抽提，而形成油、设备以及制品之间的沾污。

（7）耐化学性

织物在后整理过程中会接触相关的化学制剂，在使用过程中也会接触各类洗涤剂、干洗剂等。因此，必须保证所使用的着色剂不会与这些化学物质产生反应或被溶解抽出等。

（8）安全性

Oeko-Tex Standard 100《生态纺织品　通用及特别技术条件》以及我国 GB/T 18885—2020《生态纺织品技术要求》的规定，纺织品不能含有限制使用的多种重金属，因此丙纶色母粒中绝对不能使用含铅、镉的各种颜料，不符合生态纺织品要求。

5.3.2　聚丙烯纤维色母粒配方

丙纶纺丝用色母粒是以聚丙烯为载体的色母。丙纶纺丝用色母粒可纺性优异，满足纺丝喷丝板更换周期要求，颜料耐热性好，耐迁移性好，丙纶纺丝色母粒配方设计见表 5-13。

表 5-13　丙纶纺丝色母粒配方设计

原料名称		规格	含量/%
颜料	无机颜料		0～70
	有机颜料		0～40
润湿剂	聚乙烯蜡	相对密度 0.91~0.93	0～12
	聚丙烯蜡	均聚、共聚	0～10
	超分散剂		0～5
润滑剂	硬脂酸镁		0～0.5
载体	PP	MI 20～50g/10min	X
总　计			100

① 丙纶纺丝用色母粒配方中除了钛白颜料浓度能达到 70%，有机颜料含量只能达到 40%。如色母粒中浓度太高，会加工困难和影响颜料分散性能。而且选用聚丙烯为载体，造粒温度较高，所以色母粒中颜料浓度是根据客户需求及加工工艺条件来决定的。

② 色母粒中润湿剂品种一般以聚乙烯蜡为主，选用聚丙烯蜡可提高挤出黏度，有利于颜料分散，选用超分散剂更有利于颜料润湿和分散稳定性。

③ 色母粒中润湿剂用量与加工设备及工艺条件有关，例如采用高速混合双螺杆挤出工艺，添加量与密炼工艺的添加数量完全不同。而且润湿剂用量与颜料的吸油量（颜料的亲油性有关）密切相关，特别是同一化学结构的国外品种，需设计配方时加以关注。

④ 配方中硬脂酸镁是作为外润滑剂来加入的，选用硬脂酸镁是因为其耐热稳定性较高，当然选用其他硬脂酸类润滑剂也可。

⑤ 一般选用纺丝级 PP 树脂（熔融指数 20 ~ 30g/10min）为佳，PP 树脂选择粉料为佳。

5.3.3 聚丙烯纤维色母粒配方中颜料选择

丙纶纺丝色母粒用颜料的耐热性是首要考量，由于聚丙烯纤维的纺丝温度为 230 ~ 260℃，所选择的颜料必须具有优异的耐热性能；其次是分散性的考量。适用丙纶纤维纺前着色用的颜料品种见表 5-14。

表 5-14 适用丙纶纤维纺前着色用的颜料品种

序号	产品名称	化学结构	色泽	耐热性/（℃/5min）	耐光性/级	耐候性/级	耐迁移性/级
1	颜料黄 13	双偶氮	中黄	200	7～8		4～5
2	颜料黄 17	双偶氮	绿光黄	200	6～7		5
3	颜料黄 83	双偶氮	红光黄	200	7		5
4	颜料黄 93	缩合偶氮	绿光黄	280	8	4	5
5	颜料黄 110	异吲哚啉酮	红光黄	300	7～8	4～5	5
6	颜料黄 138	喹酞酮	绿光黄	260	7～8		5
7	颜料黄 180	苯并咪唑酮	中黄	290	7～8		5
8	颜料黄 181	苯并咪唑酮	红光黄	300	8	4	5
9	颜料黄 191(钙盐)	金属色淀	红光黄	300	8	3	5
10	颜料黄 183(遮盖)	金属色淀	红光黄	300	7	3～4	5
11	颜料橙 64	苯并咪唑酮	正橙	300	7～8	3～4	5
12	颜料橙 72	苯并咪唑酮	黄光橙	290	7～8	4～5	5
13	颜料红 48:2	偶氮色淀	蓝光红	220	7		4～5
14	颜料红 48:3	偶氮色淀	中红	260	6		5
15	颜料红 57:1	偶氮色淀	蓝光红	260	6～7		5
16	颜料红 122	喹吖啶酮	蓝光红	300	8	4～5	5
17	颜料红 144	缩合偶氮	中红	300	7～8	3	5
18	颜料红 149	苝系	黄光红	300	8	3	5
19	颜料红 170(F3RK 70)	单偶氮色酚	中红	270	8	3	2
20	颜料红 170(F5RK)	单偶氮色酚	蓝光红	250	8		
21	颜料红 176	苯并咪唑酮	蓝光红	270	7		5

续表

序号	产品名称	化学结构	色泽	耐热性/（℃/5min）	耐光性/级	耐候性/级	耐迁移性/级
22	颜料红 254	DPP	正红	300	8	4	5
23	颜料紫 19(γ)	喹吖啶酮	蓝光红	300	8	4～5	5
24	颜料紫 19(β)	喹吖啶酮	红光紫	300	8	4	5
25	颜料紫 23	二噁嗪	蓝光紫	280	8	4	4
26	颜料棕 25	苯并咪唑酮	棕	290	7	5	4～5
27	颜料蓝 15:1	酞菁	红光蓝	300	8	5	5
28	颜料蓝 15:3	酞菁	绿光蓝	280	8	4-～5	5
29	颜料绿 7	酞菁	蓝光绿	300	8	5	5

① 颜料黄 83 是着色力高、耐热性达 260℃、饱和度高而鲜亮的红光黄色，是丙纶化纤纺丝必选的产品。但需注意的是，当丙纶纺丝加工温度超过 200℃会发生分解，分解产物为双氯联苯胺，属于可能致癌类物质，即使这些商品的色泽在温度上升的过程中没有变化，但也有潜在的热分解，所以应注意颜料黄 83 产品用在纺织品上的安全问题。国际纺织品生态学研究和检测协会（Oeko-Tex）制定的 Oeko-Tex Standard 100《生态纺织品　通用及特别技术条件》规定了 24 种芳香胺（包含双氯联苯胺）含量≤20mg/kg。

与颜料黄 83 同类颜料品种很多，如颜料黄 13、颜料黄 17、颜料黄 81。

② 颜料黄 17 是绿光黄，因其着色力低，达到同样标准深度，用量要比其他双偶氮联苯胺系列颜料多。该颜料牢度性能相对较高，而且饱和度非常好，所以早年国外跨国公司也将它列入丙纶纺丝品种，但需注意安全性问题。

③ 颜料黄 180 是中黄，饱和度好、耐热性优异，而且在很宽的范围内与着色浓度无关，只有低于 0.005%以下耐热性会下降。颜料黄 180 属苯并咪唑酮双偶氮颜料，着色力高，属于价格不高、性能不错的产品，是丙纶化纤用性价比较高的品种。

④ 丙纶纤维是细旦产品，需选择高着色力有机颜料品种来满足要求。之所以在表 5-14 中列入颜料黄 183 和颜料黄 191，是因为尽管这两个品种着色力低，但耐热性优异，用来调色或配制浅色品种十分适宜。利用这两个品种着色力低的特点，可以多加颜料，避免称量误差传递，使配方合理，色泽稳定，色差在可控范围。

⑤ 颜料红 48:2 是经典偶氮产品，耐光性达 7 级，中等牢度性能，性价比高。适用于丙纶纤维纺前着色，当其配制深色浓度时是一个漂亮的艳红色，大量用于地毯。这里需关注的是颜料红 48:2 品种选择很重要，有些颜料红 48:2 品种在纺丝高温时会失去结晶水而变黄色，但在存放时还会吸收水分，发生反复变色的现象。

⑥ 颜料红 254 是艳丽的正红色。饱和度高，具有很高的着色强度，综合性能优异，以前很少用在丙纶纤维纺前着色是因为价格高。随着颜料红 254 价格断崖式下跌，其性价比已超越传统用的颜料红 170，且其性能与颜料红 170 相比更胜一筹。

⑦ 铜以及其他的金属离子能加速聚丙烯树脂的氧化分解，所以必须对这些金属离子的含量进行严格控制。例如：用氯化亚铜作为主要生产原料之一的铜酞菁颜料，在丙纶纺丝上对铜离子的控制是一个十分重要的指标，必要时必须对其做精制处理以去除多余的游离铜离子。

5.3.4 聚丙烯纤维色母粒配方中分散剂选择

分散剂需与树脂有良好的相容性、与颜料有较好的亲和力，能帮助颜料均匀分散并不再凝聚。

① 聚乙烯蜡。超薄薄膜颜料分散要求与化纤接近，所以丙纶化纤级色母粒配方中聚乙烯蜡选择可参考吹塑薄膜色母粒配方中一节中对分散剂选择的叙述。

② 聚丙烯蜡。聚丙烯蜡与聚丙烯树脂的相容性无论在微观还是宏观方面都比较好。对于聚丙烯纤维来说聚乙烯蜡的适用性是受到一定限制的，特别是用于细旦和 BCF 长丝时，聚丙烯蜡往往比聚乙烯蜡更可取。由于聚乙烯蜡的熔点显著比 PP 或聚丙烯蜡低，所以这两种聚合物的不同熔融特性是很难处理的。在聚丙烯初生纤维的拉伸和热定型时，纤维的结晶结构改变。在后续的热处理温度（大约在 130℃下进行）中可以清楚地发现，这个温度恰好处于聚乙烯蜡熔融温度范围内。由于聚丙烯初生纤维结晶结构变化，熔融的（从而成液体的）聚乙烯蜡从聚丙烯基质渗到纤维表面上来，不仅是纯粹的蜡，连颜料也都带到表面上。如采用聚合的聚丙烯蜡与聚合物组分都完全相容，显现出一种非常近似的熔融特性，并在大约相同的温度下熔融。

采用茂金属催化技术聚合的聚丙烯蜡有两种，一种为均聚聚丙烯蜡，熔点在 140 ~ 160℃；另一种是共聚聚丙烯蜡，熔点通常在 80 ~ 110℃。

从分散的理论来讲，在颜料润湿阶段，低黏度的蜡润湿很快发生，润湿效率更高。但在后段挤出造粒阶段，又希望蜡具有一定的黏度，在颜料和树脂熔体之间很好地传递剪切力，从而使润湿好的颜料能均匀地分布在树脂熔体中。这时候我们可以考虑将低熔点的聚丙烯蜡与高黏度的聚丙烯蜡复配使用，从而达到最佳的分散性，见图 5-18。

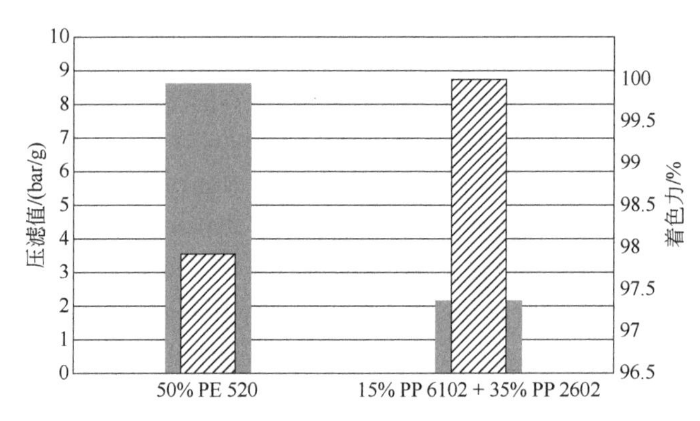

图 5-18 50%的颜料红 PR122 中普通 PE 蜡与复配蜡的过滤压力值和着色力（1bar=0.1MPa）

▨—着色力；■—过滤压力值

从图 5-18 可以看到，选用较低熔点共聚聚丙烯蜡（80 ~ 110℃）和较高熔点均聚聚丙烯蜡（140 ~ 160℃）复配，低熔点共聚聚丙烯蜡能很快在高混机中熔融，开始润湿色粉，高熔点均聚聚丙烯蜡在双螺杆挤出时提供较好剪切黏度，所以与普通聚乙烯蜡（PE520）相比着色力提高，过滤压力值下降。

③ 对于地毯纤维，采用聚丙烯蜡是绝对不行的。它和聚乙烯蜡不同，它会对纤维的回弹力起到不利的作用。

④ 过低分子量的蜡产品会提高挥发性而造成环境污染和制品异味等。

5.3.5 聚丙烯纤维色母粒配方中载体选择

化纤级色母粒配方应选择纤维级纺丝用聚丙烯为载体。采用分子量低于被着色树脂的同类聚丙烯，以保证质量。

纤维级聚丙烯需关注树脂熔融指数、等规度、分子量与分子量分布。

等规度指聚丙烯中等规聚合物所占比例，等规度越高越好。

熔融指数是一种表示材料加工时流动性的数值。丙纶化纤级色母粒配方中选择熔融指数 20 ~ 30g/10min 的载体。

分子量分布窄，即使在相同的熔融指数条件下，黏均分子量和零切变黏度也是较低的，可提高色母粒的流动性，也可提高颜料的分散性。

5.3.6 聚丙烯纤维色母粒应用中出现的问题和解决办法

丙纶色母粒在应用时难免会出现一些问题，轻的影响生产，重的导致产品收回，造成严重损失。丙纶化纤级色母粒应用中可能出现的问题和解决办法见表 5-15。

⊡ 表 5-15 丙纶化纤级色母粒应用中可能出现的问题和解决办法

问题分类	问题	原因	排除方法
色母粒制造	色母粒中有颜料色点	颜料没有最佳分散	（1）增加分散剂用量 （2）增加剪切力 （3）增加加工助剂
		润湿工艺	（1）检查颜料分散性 （2）检查润湿时间 （3）检查润湿温度
		载体	（1）控制载体熔融指数 （2）控制载体分子量分布
	黑点	颜料受热分解	（1）改变、降低挤出温度 （2）减少在螺杆停留时间
		原材料循环污染	使用干净原料
使有后客户出现问题	喷丝孔堵塞会产生僵斑和断丝	（1）颜料没有最佳分散 （2）色母粒聚乙烯蜡太多 （3）聚乙烯蜡质量不合格(是否有石蜡） （4）色母粒含水量过大 （5）纺丝温度设置偏高，熔体温度太高，熔体黏度太低 （6）飘丝 （7）纺丝组件温度设置不合理	（1）选择易分散性颜料 （2）选择聚合法聚乙烯蜡 （3）载体熔融指数偏低 或选用 PE 载体 （4）加强润湿处理 （5）提高挤出剪切力 （6）加强干燥 （7）适当调整工艺温度
	纺丝变色	颜料耐热性差引起	（1）选择耐热性好的品种 （2）添加降温母粒，降低纺丝温度
	迁移	颜料迁移性 高温纺丝引发颜料分解	（1）检查颜料迁移性 （2）添加降温母粒，降低纺丝温度

5.4 聚丙烯纤维复合非织造布（熔喷层）色母粒配方设计

传统的纤维织布流程必须经过清花、梳棉、并条、粗纱、细纱、络筒、整经、浆纱、穿筘、织造等工艺流程后方能成布。近年来，迅速发展的化纤无纺布（非织造布）工艺彻底摈弃了上述复杂的过程，简化成纺丝、铺网和成布一步完成的工艺流程。

丙纶无纺布是一种不需要纺纱织布而成的织物，只是将纺织短纤维或者长丝进行定向或随机撑列，形成纤网结构，然后采用机械、热粘或化学等方法加固而成。它不是由一根一根的纱线交织、编结在一起的，而是将纤维直接通过物理的方法黏合在一起的。非织造布突破了传统的纺织原理，并具有工艺流程短、生产速度快、产量高、成本低、用途广、原料来源多等特点。自 20 世纪诞生以来，在家装包材及医疗卫材两大终端领域，取得了迅猛发展，丙纶无纺布产量已达到丙纶纤维 70%左右。

目前，无纺布生产工艺有纺粘和熔喷等几种，特别是熔喷工艺与传统工艺不同，所以特别将丙纶无纺布色母粒的配方设计单独列为一节来叙述。

5.4.1 聚丙烯纤维复合非织造布（熔喷层）色母粒应用工艺和技术要求

丙纶无纺布生产工艺有纺粘和熔喷两种。纺粘无纺布是树脂熔融挤出后，经计量注入纺丝箱喷出成丝，再经牵伸定型后由气流分丝铺网，最后热压定型成布，流程见图 5-19。

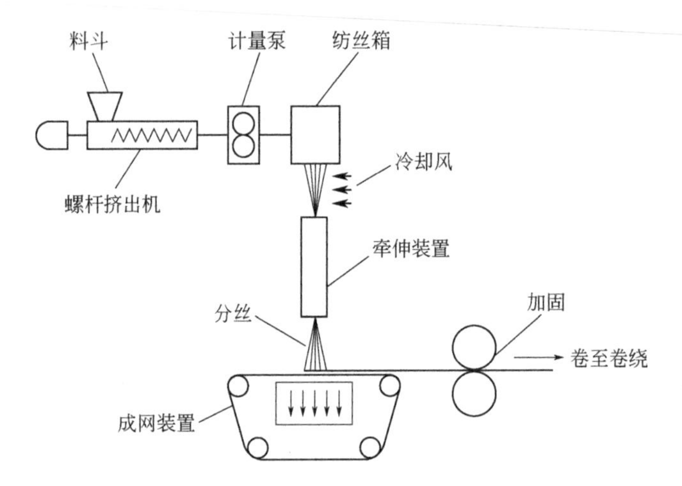

图 5-19 纺粘无纺布流程示意图

近年来发展非常迅速的熔喷（melt blowing）无纺布则从原材料性能的改变入手，以超高熔融指数的树脂熔融喷出，经喷丝口侧边喷出的高温高速气流的拉伸成非连续性的微细纤维，然后铺网热压成布，见图 5-20。目前熔喷工艺适用的树脂为聚丙烯和聚酯，所制成的微细纤维（0.2 ~ 0.4μm）组成的无纺材料具有极好的过滤特性，被制成各类过滤材料，如过滤纸、滤布、滤芯以及过滤絮棉等，广泛用于工业过滤、水处理、气体过滤、医卫用材以及隔声材料等领域。熔喷法具有工艺流程短，生产速度快、产品性能优良的特点。熔喷生产工艺流程见图 5-21。

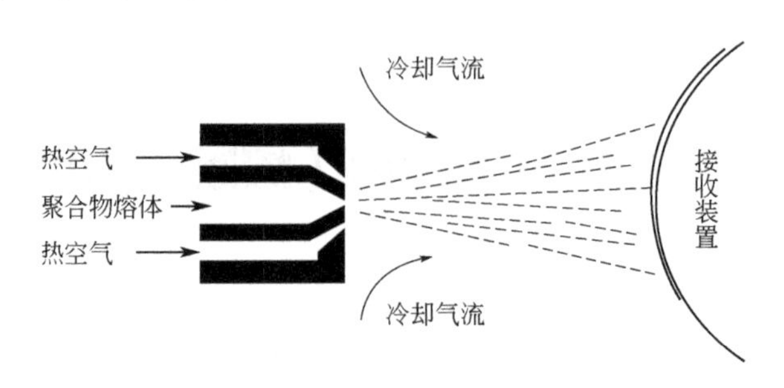

图 5-20 熔喷工艺原理图

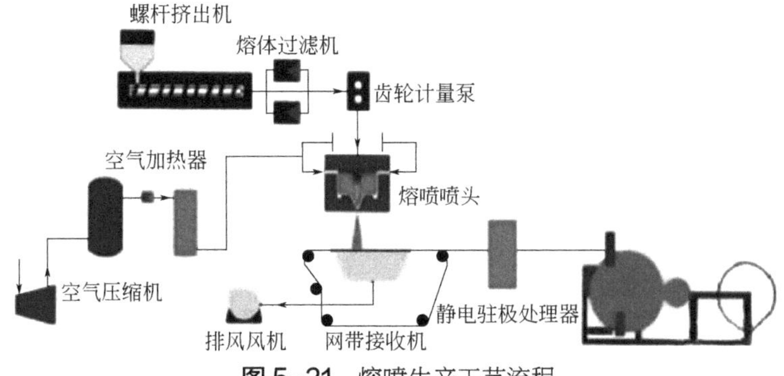

图 5-21 熔喷生产工艺流程

从应用的角度来说，采用不同工艺生产的无纺布之间的复合或与其他膜组合，可以获得性能的叠加而拓展新的应用领域。例如：以纺粘层（S）和熔喷层（M）复合制成 SMS 复合无纺布（见图 5-22），它以纺粘层作为整体的骨架以确保制品的应用强度，又体现了熔喷层所赋予的优异的过滤性能，因此，它普遍被用于口罩、手术衣等医疗卫生领域。

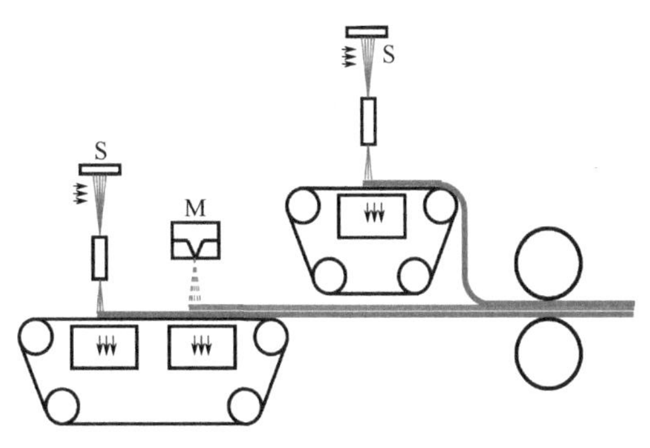

图 5-22 SMS 工艺流程图

随着社会进步、发展，中国经济不断增长。一些新兴、简单、高效材料不断地被应用于各个领域，而且都得到进一步的拓展，使之更加有效、方便、充分地应用于社会发展中。近年来，多模头在线复合技术受广泛关注，目前多层复合产品可达 7 层。多个模头在提高产量的同时，也改善了纺熔产品的质量。中国目前是世界上熔喷无纺布最大的生产国，产量在世界总产量中占 30% ~ 45%，对色母粒需求非常大。

熔喷无纺布生产工艺与传统工艺不同，对配套色母粒特别是熔喷层用色母粒提出了更高的质量要求。纺粘无纺布用色母粒配方设计基本与丙纶纺丝用色母粒相同，要求可参阅丙纶化纤级色母粒技术要求。熔喷层色母要求颜料含量更高、流动性更好、分散性更佳。应用于 SMS 熔喷层的色母应特别关注颜料的分散性、耐热性、耐迁移性、使用安全性等。

（1）分散性

SMS 复合无纺布中，纺粘层的无纺布单丝纤度约 1.5D（1D=1g/9000m，直径约 15μm），熔喷层的无纺布单丝纤度 < 0.1D（直径 < 4μm），为了保证纺丝顺利进行，纤维生产工艺要求的目标是在确保设定品质的前提下，尽可能少地更换滤网次数以获得更长时间的连续运行，生产过程中不堵塞喷丝嘴，或者不发生纤维断丝，并且不因颜料颗粒而导致产生纤维强度的问题。对于纤维生产商来说，一定要确保加入纤维加工过程的颜料达到一定的颗粒细度和粒径分布。一个经验法则是，颜料粒径不大于纤维丝直径 10%。不同规格纤维所期望的颜料粒径见表 5-16。

⊡ 表 5-16 不同规格纤维所期望的颜料粒径

应用领域	纤度/(g/9000m)	纤维直径（圆形）/μm	期望颜料粒径/μm
地毯	22	58.2	6
	20	55.8	6
	18	52.9	5
家具	16	49.9	5
	14	46.7	5
	12	43.2	4
汽车	10	39.4	4
	8	35.3	3
	6	30.5	3
	4	24.9	2
服饰	2	17.6	2
	1	12.5	1
	0.8	11.2	1.1

因此，只有保证颜料粒子均匀分散在 1μm 细度以下，并且在纺丝过程中不再发生团聚，才能保证纺丝设备组件压力正常，满足纺丝设备的运作。否则，轻则因频繁更换滤网而造成停机，降低产能；重则严重影响生产的进行；极端的结果是导致产品的质量问题和浪费。所以，颜料的分散性对于满足塑料加工性能和最终制品的应用性能至关重要。

（2）耐热性

聚合物切片通过挤压机加热加压成为熔融状态后，经熔体分配流道到达喷头前端的喷丝孔，挤压后再经两股收敛的高速、高温气流拉伸使之超细化。超细化的纤维冷却固化沉积于集网帘装置上，依靠自身黏合或其他加工方法形成极细的熔喷非织造材料。所以熔喷纺丝要在非常高的加工温度下进行。生产中，纺丝温度在 220～250℃，所选择的颜料产品也必须能够承受相应的耐热要求。

耐热性与受热温度和受热时间有关：使用温度越高，耐热时间越短，色调越容易发生变化；在同一温度下，受热时间越长，越容易变色。

（3）耐迁移性

用于医疗卫生制品的着色母粒不允许有颜料和分散剂的析出，必须确保织物在使用中不因着色剂选择不当而造成对其他织物或接触物体的沾污。

（4）安全性

用于医疗卫生制品的着色母粒不能含有刺激性气味，不能含有引起皮肤过敏的物质。对于医疗卫生用品和妇婴用品，所用的色母粒不能含有危害健康的重金属成分。颜料中重金属杂质铅（Pb）、六价铬（Cr^{6+}）、汞（Hg）的含量不得超过规定值。

随着社会对环境和安全越来越重视，相信对化学品安全的控制将持续强化，各种法规、指令的完善更新会随时颁布。因此，应根据政策及时调整，以确保自身产品符合新规。

5.4.2 聚丙烯纤维复合非织造布（熔喷层）色母粒配方

根据用途及实际的要求，复合非织造布可分为：薄型的 SMS 产品，中等厚度的 SMMS

产品，厚型 SMMS 产品。

薄型的 SMS 产品因防水透气性，特别适合于卫生市场，如作为卫生巾、卫生护垫、婴儿尿裤、成人失禁尿裤的防侧漏边及背衬等。

中等厚度的 SMMS 产品适用于医疗方面，制作外科手术服、手术包布、手术罩布、杀菌绷带、伤口贴、膏药贴等；也适用于工业上，用于制作工作服、防护服等。

厚型 SMMS 产品广泛用作各种气体和液体的高效过滤材料，同时还是优良的高效吸油材料，用在工业废水除油、海洋油污清理和工业抹布等方面。

针对医疗卫生制品的特殊性，保证 SMS 无纺布的正常生产，对着色母粒可纺性随之提出了相应的技术要求。熔喷用丙纶无纺布色母粒要求较高，其配方设计见表 5-17。

表 5-17　熔喷用丙纶无纺布色母粒配方

原料名称		规格	含量/%
颜料	无机颜料		0～70
	有机颜料		0～30
润湿剂	聚乙烯蜡	相对密度 0.91～0.93	0～15
抗氧剂	复合	B225	0～0.1
润滑剂	硬脂酸镁（钙）		0～0.3
载体	PP	MI 1200～1600g/10min	*X*
	热塑性弹性体		
总　计			100

① 熔喷用丙纶无纺布色母粒配方设计原则请参照丙纶化纤级色母粒配方设计中的叙述。这里特别提醒的是由于熔喷树脂熔融指数较高，在 1200 ~ 1500g/min 之间。所以一般选用熔喷纺丝级 PP 树脂，熔融指数在 1500g/min 为佳，PP 树脂应选择粉料或将粒料进行粉碎。

② 熔喷无纺布用色母粒为生产出来的熔喷母粒，熔融指数在 1500 ~ 1700g/min 左右，而纺粘无纺布用色母粒要求熔融指数在 40 ~ 60g/min 左右。

③ 分子量和分子量分布对色母粒质量有一定的影响，如其分子量分布太宽、低分子量成分过多时，不但会影响颜料在载体中的分散程度并削弱母粒的着色能力，还对熔体可纺性产生不良影响。

④ 熔喷用丙纶无纺布色母粒载体除了选择高熔融指数聚丙烯外，还可添加部分采用茂金属催化合成的聚烯烃热塑性弹性体，威达美丙烯基弹性体透明，密度为 0.87g/cm^3，熔融指数在 8 ~ 6000g/10min 左右，软化点为 65 ~ 85℃，熔点为 85 ~ 105℃，不含任何增塑剂，通过美国 FDA 认证。

热塑性弹性体可以 10% ~ 30%的比例作为分散相添加到 PP 载体中，以改变 PP 的性能。因为弹性体以分散相存在，与聚丙烯相容性良好，其颗粒可以亚微米级的粒度分散于聚丙烯材料中。原子显微镜研究显示，该弹性体主要在 PP 的非晶态区域中结晶，因而阻碍了等规聚丙烯结晶的长大。在这类共混物中，由于晶粒本身较小，加上弹性体的加入降低了聚丙烯总结晶度，所以弯曲模量要低。弹性体是在聚丙烯中加入同类低熔点树脂，它是通过低熔点树脂引发协同效应，使聚丙烯的熔点温度降低。弹性体不但没有破坏分子链，反而会在不同的支链之间起到连接架桥的作用，通过引发作用机理，降低聚丙烯的熔点温度，同时起到增加架构的稳定性（见图 5-23），提升物料的相对拉伸强度的作用。弹性体由于其分子链是饱和的，所含的叔碳原子相对较少，因而有优异的耐老化和抗紫外线性能。

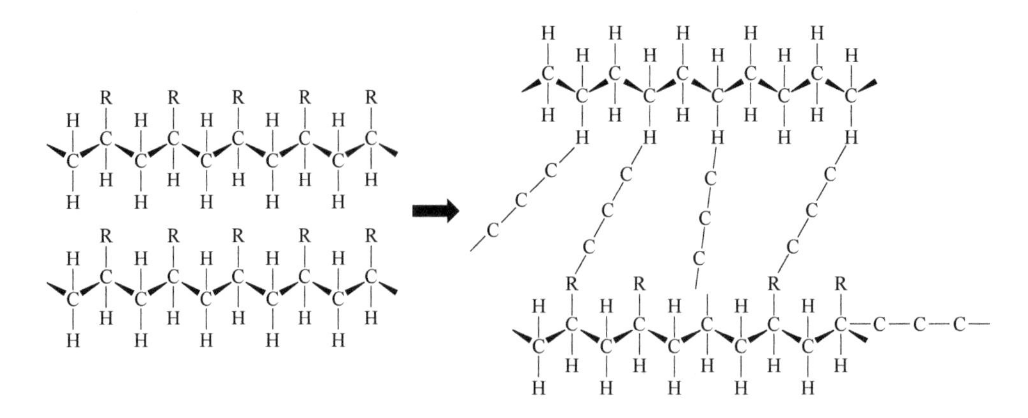

图 5-23　增加架构的稳定性

5.4.3　聚丙烯纤维复合非织造布（熔喷层）色母粒配方中颜料选择

熔喷纺丝色母粒用颜料的耐热性是首要考量，由于聚丙烯纤维的纺丝工艺不同，其纺丝温度为 230～260℃，因此，所选择的颜料必须具有优异的耐热性能。熔喷纺丝色母粒用的颜料品种见表 5-18。

表 5-18　熔喷纺丝色母粒用的颜料品种

序号	产品名称	化学结构	色泽	耐热性 /（℃/5min）	耐光性 /级	耐候性 /级	耐迁移性 /级
1	颜料黄 110	异吲哚啉酮	红光黄	300	7～8	4～5	5
2	颜料黄 180	苯并咪唑酮	中黄	290	7～8		5
3	颜料黄 181	苯并咪唑酮	红光黄	300	8	4	5
4	颜料黄 191(钙盐)	金属色淀	红光黄	300	8	3	5
5	颜料黄 183(遮盖)	金属色淀	红光黄	300	7	3～4	5
6	颜料橙 64	苯并咪唑酮	正橙	300	7～8	3～4	5
7	颜料紫 19(γ)	喹吖啶酮	蓝光红	300	8	4～5	5
8	颜料红 122	喹吖啶酮	蓝光红	300	8	4～5	5
9	颜料红 144	缩合偶氮	中红	300	7～8	3	5
10	颜料红 149	苝系	黄光红	300	8	3	5
11	颜料紫 19(γ)	喹吖啶酮	蓝光红	300	8	4～5	5
12	颜料紫 19(β)	喹吖啶酮	红光紫	300	8	4	5
13	颜料棕 25	苯并咪唑酮	棕	290	7	5	4～5
14	颜料蓝 15:1	酞菁	红光蓝	300	8	5	5
15	颜料蓝 15:3	酞菁	绿光蓝	280	8	4～5	5
16	颜料绿 7	酞菁	蓝光绿	300	8	5	5

5.4.4　聚丙烯纤维复合非织造布（熔喷层）色母粒的应用

① 母粒的添加方式。熔喷纺丝生产中，母粒的添加主要有两种：一种是直接采用母粒加

料的料斗配小型喂料螺杆添加；另一种是采用粒料搅拌机，将色母粒与树脂载体直接混合，混合好后上料的方式。两者各有利弊，无纺布生产厂家可根据实际情况自主选择。

熔喷纺丝生产中色母粒的添加比例受各种因素的影响，如生产色母粒所使用的颜料、色母粒的参数、无纺布生产线、添加方式、要求的产品质量等。当然色母粒的选择每个厂家都有自己的经验，可根据生产工艺、产品质量及功用的要求不同，选择合适的色母粒。

② 目前进入国际医疗和尿布供应链高端的产品基本都出自莱芬设备，而莱芬机设备对色母粒要求比较苛刻，主要体现为色母粒的可纺性。

由于色母粒是与切片混合后进入螺杆挤出机进行加工的，因此要求色母粒所用载体有与聚丙烯切片相同的结构，熔融指数应接近被着色的切片，只有这样才能充分保证色母粒与聚丙烯材料兼容，并具有较好的流动性，有利于着色均匀，使加工过程顺利进行。否则将会造成断丝或滴浆等，影响正常生产。

③ 生产工艺对色母粒的影响主要体现在温度设定上，因为随着温度的升高或降低，物料的流动性也会随之增加或降低。生产工艺温度在 180 ~ 210℃时，生产的色母粒的熔融指数要稍高一些；生产工艺温度在 220 ~ 240℃时，生产的色母粒的熔融指数要稍低一些。

5.4.5 聚丙烯纤维复合非织造布（熔喷层）色母粒应用中出现的问题和解决办法

熔喷色母粒在应用中可能出现的问题和解决办法见表 5-19。

表 5-19 熔喷色母粒在应用中可能出现的问题和解决办法

问题		原因	排除方法
熔喷色母出现的问题	晶点	（1）空气流速太小或熔体黏度太高，部分熔体细丝未完全牵伸 （2）熔体黏度太小，空气流速高时，喷丝孔对熔体的握持作用减弱，熔体还没有被牵伸成纤维便脱离喷丝孔	（1）根据材料的熔融指数进行升温或降温 （2）调整螺杆转速 （3）选用合适的模头和喷丝孔
	色点	（1）载体熔融指数太低 （2）颜料分散不好 （3）颜料分散没做好润湿	（1）更换熔融指数高的载体 （2）换分散性好的颜料 （3）做好润湿，选择润湿性好的蜡或共聚蜡
	飞絮	原料与相应的纺丝温度没有很好地匹配，温度较高所致	（1）若是全宽幅飞絮，可以调整螺杆纺丝温度和热风温度 （2）若是区域性飞絮，可以调整相应区位的模头温度
	布脆、硬	熔体未被喷成纤维状或者多个纤维粘成团导致熔喷布脆、硬	（1）调整热气流气压 （2）调整模头温度 （3）减少喂料量 （4）调整辊筒或帘子与喷丝孔的距离
	堵孔	色母颜料颗粒太大 熔喷料有杂质以及未加过滤网	（1）增加过滤网；换过滤压力值低、分散性好的色母 （2）选用干净的原料，及时更换过滤网
	喷丝不均	各喷丝孔的阻力或气流大小不一，导致各孔的喷丝量不一样	（1）选用各喷丝孔压力一致的精密模头和喷丝板 （2）及时更换过滤网 （3）定期清洗喷丝板 （4）减少色母粒的添加量
	气孔	（1）色母粒水分含量过高 （2）材料水分含量过高，导致在喷丝过程中水蒸气喷溅而产生气孔	（1）对色母粒进行烘干处理 （2）对材料进行烘干处理

5.5 聚酯纤维原液着色配方设计

涤纶学名聚酯纤维（PET 纤维），是由对苯二甲酸二甲酯（DMT）和乙二醇（EG）进行酯化，缩聚，经熔融纺丝和后加工而制成的合成纤维。聚酯纤维性能优异，原料易得，用途广泛。经过半个世纪的发展，已成为合成纤维中产量最大的品种。自 21 世纪以来，我国聚酯工业发展迅速，2017 年我国合成纤维产量超过 4480 万吨，占我国化纤总产量的 91%，占全球总产量的 76%，其中聚酯纤维的产量已占化纤总量的 66%，聚酯化纤已实现全价值链的高自给率，成为名副其实的第一合成纤维品种。聚酯纤维的应用范围已经涉及衣着、装饰、家用纺织品、产业用纺织品、工业工程等国计民生的各个方面，是一种深受消费者青睐的理想纤维。

5.5.1 聚酯纤维原液着色方法和发展历史

可通过熔体纺丝制得性能优良的聚酯纤维，1953 年美国首先建厂生产 PET 纤维，可以说 PET 纤维是大品种合成纤维中发展较晚的一种纤维。聚酯纤维由于其本身的分子结构中不含有亲水性基团，分子链紧密敛集，而且取向度和结晶度都高，吸湿性差，决定了其染色困难。聚酯纤维常规染色一般采用分散染料，利用溢流染色设备在高温、高压下进行染色，但这种染色方法的缺点是对设备要求高、能耗大、效率低，染色后纤维色牢度和耐候性差、染色成本高、污染严重。随着国家对绿色发展要求日益提高，印染行业面临的资源及环境压力日益突出。

聚酯纤维原液着色是把着色剂分散在聚酯纺丝原液中进行熔融纺丝，直接制得有色聚酯纤维的新工艺，是解决聚酯纤维染色难的有效途径，见图 5-24。

（1）聚酯聚合着色法

从图 5-24 可以看出，图的上半部就是聚酯聚合熔融纺丝，如果在缩聚前加入液体色浆就可以直接纺得有色纤维，所以也称聚酯熔体直纺工艺。1946 年 ICI 公司发明了以炭黑为颜料的原液着色黑色聚酯纤维，开创了聚酯纤维纺前着色的先河。由于色浆是在缩聚前加入，需经历高温、高真空、长时间聚合，所以对颜料要求高，同时对设备污染大。早在 20 世纪 70 年代，我国由上海染化一厂研发涤纶原液着色剂，在上海国棉二厂涤纶车间聚合纺丝，其中黑色和藏蓝两品种大规模实现工业化生产，生产当年全国人民喜欢的黑色和藏青“的确良”产品，风行一时。

由于聚酯聚合熔融纺丝对整个聚合设备污染还是很大的，原则上只适合黑色大宗品种。

（2）溶剂染料注射法

溶剂染料注射法是在纺丝螺杆上安装注射器，注入的溶剂染料在纺丝螺杆中与聚酯树脂混合融化就可以制得有色纤维。其污染相对于聚合着色法要小得多，而且容易改变颜色，可做到全色谱。具有灵活多变的特点，可以连续生产。

注射法聚酯纤维原液着色工艺，选用的注射器是瑞士开创（K-Tron）公司的失重式计量秤（其原理详见第 8 章 8.3 节），溶剂染料选用山道士公司的 Estfie -S 系列品种，山道士公司当年是国际上著名分散染料生产企业，后来与瑞士汽巴公司（Ciba）合并组成诺华公司（Novartis）。注射器装于 VD403 纺丝机的螺杆上面，溶剂染料由加料管输入，

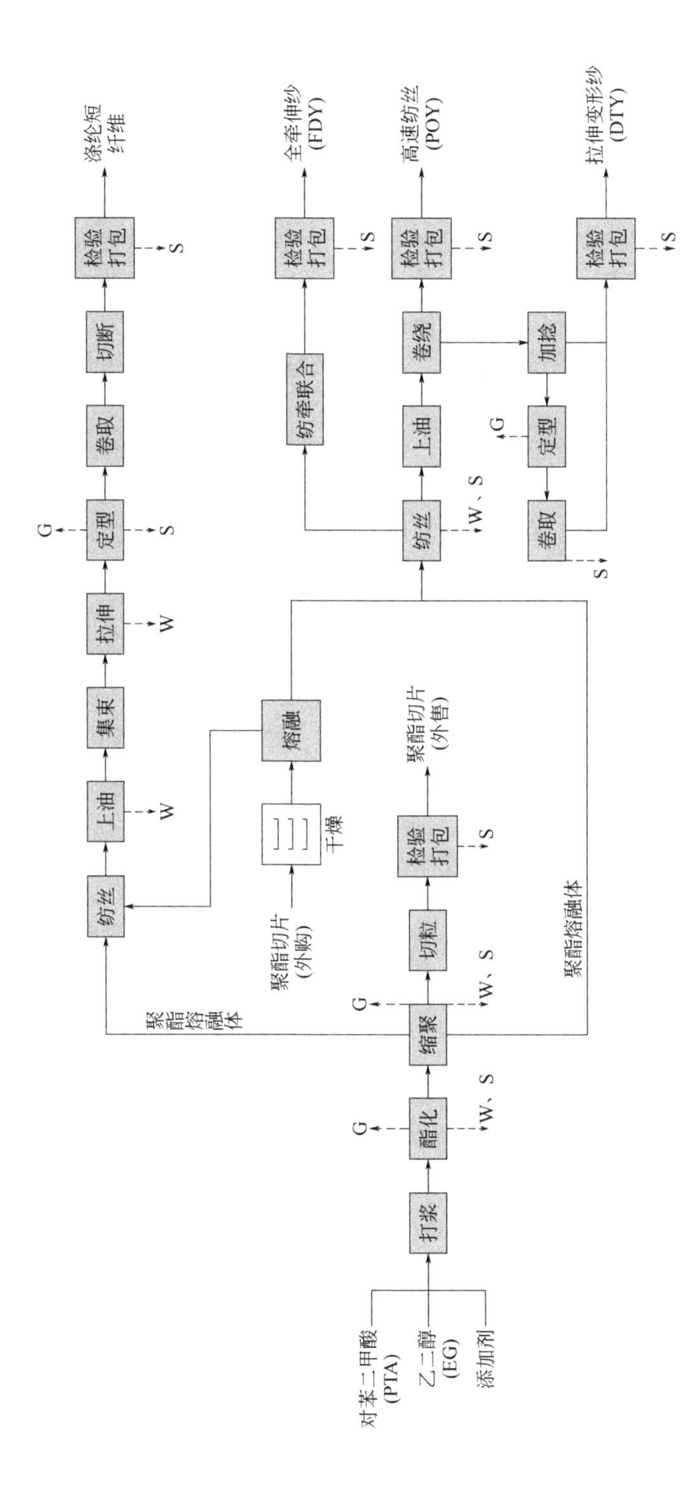

图 5-24 聚酯聚合纺丝流程图

G—废气；W—废水；S—固体废物

与连续进料的聚酯切片相混合，在螺杆中溶解，然后经熔融纺丝、卷绕和后处理工序而成。由于溶剂染料对聚酯树脂是可溶解的，而且添加量少，分散性好，所以纺织聚酯纤维色泽鲜艳，牢度高于染色纤维，而加工成本低，色丝受到客户欢迎，当时在国内风靡一时。

但溶剂染料注射法工艺的缺点和优点一样明显，直接用溶剂染料摩擦系数大，在料斗中有架桥现象，影响计量，色差明显，肉眼能明显看出。该工艺在风行一时后，无疾而终。

(3) 色母粒原液着色法

图 5-24 的下半部是聚酯树脂切片加色母粒生产长短纤维纺丝工艺。聚酯纤维色母粒纺前着色可以在生产无色聚酯纤维相同的设备上进行，仅需添置少部分设备，添置的设备性能随纤维种类不同而有所不同。

聚酯纤维色母粒纺前着色可避免浴染过程中大量污水的产生，降低染色成本，且可使染色均匀，各批产品之间没有颜色的差异。着色牢度远优于浴染，其中包括耐光牢度及耐湿牢度（洗涤、漂白、干洗）。

聚酯纤维纺前着色与成纤染色比较，每生产 100 吨原液染色聚酯短纤维，可节约用水 1 万吨，节约用气 1.65 万 m^3，节约用电 5.6 万 kW·h。据调查，平均每吨染色费为 4000 元左右，而使用色母粒纺前着色，每吨着色费用平均只有 1200 元左右，可见纺前着色不仅节约了巨额的治污费用，而且着色成本只有染色的 1/3，也就是说，成纤染色成本要高出原液着色三倍多。

“十三五”期间，我国原液着色纤维产量达到 1000 万吨，由此可见原液着色聚酯纤维有更大的发展空间。

当然，聚酯纤维纺前染色也有许多局限和不足，其生产项目缺少可变性，需要扩大库存，换色时清洗设备复杂且费时。下面将就两种不同着色工艺相对应的着色剂做一介绍。

5.5.2 聚酯纤维原液着色剂（浆状）

聚酯纤维着色剂是将颜料加在乙二醇中超细分散而成的色浆，是在聚酯的缩聚阶段添加着色剂的色浆，经历聚合反应得到有色聚酯熔体，可以直接纺丝制成有色聚酯纤维，称为聚酯纤维原液着色的聚合着色法。

5.5.2.1 聚酯纤维原液着色剂应用工艺和技术要求

聚合着色过程中，聚酯浆状着色剂在缩聚前加入可分为酯交换前加入(A)及酯交换后加入（B）两种，见图 5-25。为了便于色浆分散，同时不影响酯交换反应、缩聚的聚合物质量，色浆在预缩聚前的浮球阀处加入为宜，色浆加入量一般为 2% ~ 2.5%。

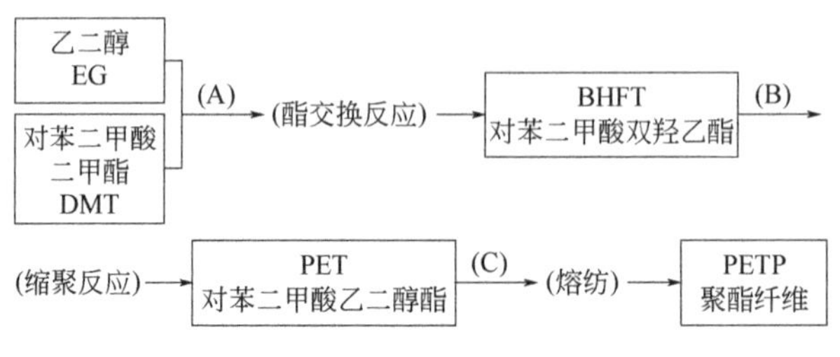

图 5-25 聚合着色法流程图

据国外报道，PolyOne 公司研制出了一种可在喷丝头前注入聚酯纤维熔体中的液体着色剂，着色剂以高压注射到挤出机末端，或熔体管道末端和旋转头之间的聚酯熔体流中，螺杆挤出机或注射前的熔体管道不会受到颜料的污染，既能够进行更快、更有效的色彩转换，同时也减少过渡废料。另外，采用该技术可添加多个注射点，实现单个挤出机上同时进行多个纺丝位、多种色彩的生产，从而使得小批量定制化有色产品的生产成为现实。这为聚酯纤维聚合原液着色开创新的前景。

对聚酯纤维原液着色剂来说，最重要的一点是如何将颜料分散到符合工艺操作和制品质量的要求。要求着色剂中的颜料含量更高、流动性更好、分散性更佳 。应用纺前原液着色剂应特别关注颜料的耐热性、分散及分散稳定性、耐迁移性、耐光性和安全性等。

聚酯纤维原液着色剂所用颜料耐热性要求特别高，需要在 133.3Pa 真空和 260 ~ 290℃高温条件下缩聚反应 4h，温度高、时间长，而且不能影响酯交换和缩聚反应，由此可知，能够满足上述反应条件的颜料（或染料）品种并不多，只有很少量颜料可供选择。

5.5.2.2 聚酯纤维原液着色剂配方

聚酯纤维原液着色是把着色剂溶解或分散在聚酯纺丝原液中进行熔融纺丝，主要是乙二醇体系下的高黏度溶液。聚酯原液着色剂配方设计见表 5-20。

表 5-20 黑色聚酯原液着色剂配方设计

原料名称		规格	含量/%
颜料	无机颜料	炭黑	0~18
	有机颜料	酞菁蓝	0~2
调节剂			0~1
载体	乙二醇		X
总 计			100

① 聚酯纤维原液着色剂需在 260 ~ 290℃高温条件下缩聚反应 4h，可用的颜料屈指可数，另外经过一次聚合着色，对整个设备污染严重，换色时清理设备较烦琐，所以没有大批量的色泽产品，在经济上是不可行的。综合上述两个因素，工业化可行的方案就是黑色这一大众喜欢的产品。

② 聚酯纤维原液着色剂中炭黑颜料选择是保证产品性能的关键。聚酯纤维原液着色的聚合着色炭黑可从以下五个维度来选择：黑度、色相（蓝相）、分散性（过滤压力值）、稳定性、流动性。德国欧励隆可用于聚合着色的炭黑品种和性能见表 5-21。

表 5-21 德国欧励隆可用于聚合着色的炭黑品种和性能

指标	AROSPERSE® 138B	PRINTEX® 138SQ	HIBLACK® SF1(XPB645)	XPB2013
吸油量/(mL/100g)	95	95	95	94
筛余物(325 目)/(mg/kg)	5	3	3	10
灰分/%	0.1	0.01	0.07	0.03
着色力/%	120	120	115	120
BET 比表面积/(m^2/g)	120	160	120	121
吸碘值/(g/kg)	132.5	180	132.5	136

③ 炭黑的表面积较大，容易吸附环境中的水分，特别是氧化后的炭黑，表面极性较强，

强烈地吸附大气中的水分。在低压下，炭黑对水分的吸附量是其总含氧量的函数，所以炭黑在储运和使用过程中的吸湿问题应当引起足够的重视。

④ 聚酯纤维原液着色剂选择小粒径炭黑，色相偏红棕相，总带有一些黄光，因此可以用颜料蓝进行调色，其含量大约为 8% ~ 10%，这样配制的黑色乌黑度大为增加。采用的一般是颜料蓝 15:3，也有在此基础上再加颜料紫 23 调色，乌黑度更佳，但成本会更高。

⑤ 聚酯纤维原液聚合着色炭黑选择槽法炭黑、气黑，这些炭黑表面形成了大量的酸性基团，着色剂色浆研磨完成加入适量调节剂，对色浆储存稳定性有帮助。

5.5.2.3 聚酯纤维原液着色剂工业制造

聚酯纤维原液着色用黑色浆生产工艺路线见图 5-26，流程见图 5-27，具体操作可参考黏胶原液着色剂工业制造。

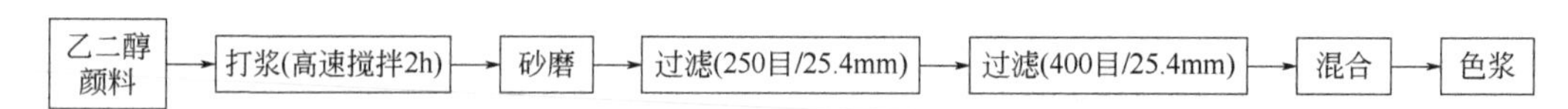

图 5-26 聚酯纤维原液着色用黑色浆生产工艺

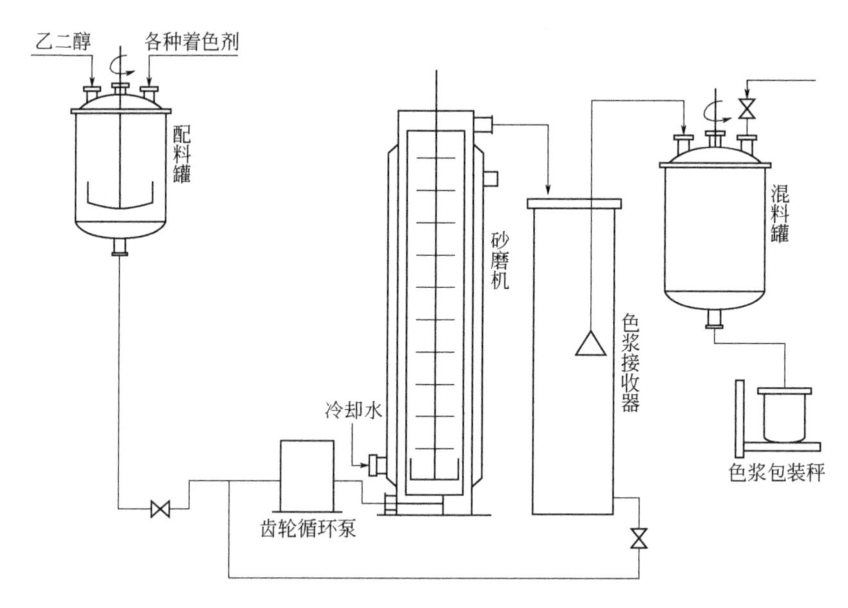

图 5-27 聚酯纤维原液着色用黑色浆生产流程图

5.5.3 聚酯纤维色母粒

聚酯纤维色母粒是将超量的颜料或染料经完全分散后均匀地分布在与聚酯纤维相容性良好的高聚物载体中。

5.5.3.1 聚酯纤维色母粒应用工艺和技术要求

聚酯纤维作为一种重要的纺织原料，纺丝分短纤维工艺（见图 5-28）和长丝工艺。随着国际纺织面料向薄型高密度、环保功能性、低纤复合型等方向发展，市场对差别化纤维的需求日益增长，20 世纪 70 年代出现了合成纤维长丝熔融纺丝的高速纺丝及其变形技术（图

5-29)，可以缩短生产工序，大幅度减少基建投资，节约能源，降低成本，具有极大的经济效益。聚酯纤维长丝高速纺及其变形技术的卷绕速度为 3000～5000m/min，纺速提高，丝条与空气摩擦力也随之增加，丝条张力也增大，因而纤维的取向度较高。近年来，化纤熔纺长丝工艺的创新层出不穷。

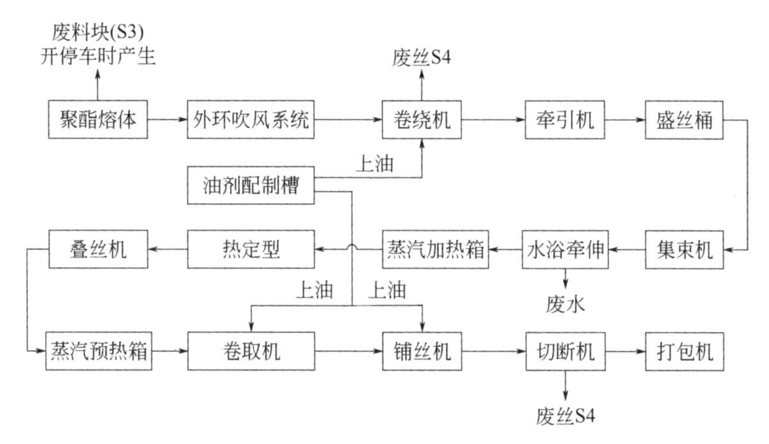

图 5-28 聚酯短纤维生产流程图

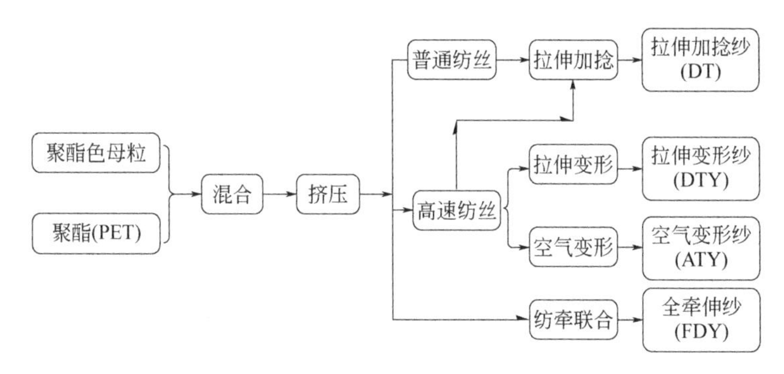

图 5-29 聚酯纤维高速纺丝变形技术

配制涤纶原液着色纺丝用色母粒要求满足化纤纺丝优良的耐热性、优异的分散性和耐迁移性；化纤后加工中耐水性、耐碱性；应用中的耐光性、耐候性。

(1) 优异分散性

色母粒用于聚酯纤维原液着色的可纺性研究所涉及的面比较广，其可能性的问题有纺丝过程中出现毛丝断丝、丝的满圈率低、过滤组件的使用周期缩短及导丝盘上出现沉积物、产能的实现等。很多问题都集中在颜料的分散性方面，尤其对于像超细纤维的生产，分散性的要求更加高。

聚酯的玻璃化温度高达 81℃，所以色母粒可选择溶剂染料。溶剂染料作为着色剂用于聚酯纤维看起来要比使用颜料来得简单，因为它似乎不需要分散的环节。然而，色母粒中染料含量较高且溶解度相对较低，造成相当部分染料未被溶解而必须经分散细化；其次，即使溶解，也可能因浓度和温度等条件的影响而重结晶成为颗粒。所以选用溶剂染料生产色母粒时对分散性要求不会降低。

(2) 优良耐热性

由于色母粒是在纺丝前就加入到聚合物熔体中的，必须经过 285～300℃高温下的熔融纺丝才能制得有色纤维，所用的着色剂无论是由颜料，还是溶剂染料所组成的，都要求能耐受 285 ~ 300℃ 下不变色的考验。

（3）耐迁移性

虽然聚酯的玻璃化温度高达 81℃，如果选用溶剂染料会在纤维添加油剂时引起迁移，需提前注意。

（4）耐碱性

为了消除聚酯纤维的极光，并增加织物交织点的空隙，使织物手感柔软、光泽柔和，改善吸湿排汗性，利用浓碱液对聚酯织物中的大分子酯键进行水解、腐蚀，促使纤维织物组织松弛，减轻织物重量，从而达到织物真丝感。所以，用于需碱减量工艺后处理，聚酯纤维色母粒选择的着色剂需耐碱性好，把部分耐温不耐碱的溶剂染料排除在外。

（5）色牢度

色母粒的加工和使用时的纺丝过程都经过加热，所使用的着色剂必须满足这些温度下的耐热色牢度在 4 级以上。另外，一些高端的产品要求有比较好的耐水洗色牢度、耐光牢度、耐摩擦色牢度等，在选定色母粒的材料配方时，必须考虑客户的要求来选择。

（6）水分

聚酯纤维色母粒生产过程中经过水槽冷却，包装前带有一定的水分，即使经过干燥或预结晶，长时间暴露在空气中很容易吸收水分，而少量的水分即可在纺丝过程中导致 PET 长链降解，严重影响可纺性。因此在使用聚酯纤维色母粒纺丝前必须进行干燥，使水分含量在 30mg/kg 以内。

（7）添加量

色母粒是一种超常量着色的塑料粒子，在聚酯纤维中一般建议添加量为 2% ~ 5%，添加量太少会使颜色分散不均匀，出现斑马丝的问题，太高会影响可纺性，容易断头，成品率低。

5.5.3.2 聚酯纤维色母粒配方

聚酯纤维色母粒是以 PET 为载体的色母，具有良好的可纺性。聚酯纤维色母粒配方设计见表 5-22。

表 5-22 聚酯纤维色母粒配方设计

原料名称		含量/%
着色剂	无机颜料	0~50
	有机颜料	0~30
	溶剂染料	0~20
载体	PET	X
	PBT	
	共聚酯载体	
总 计		100

① 聚酯纤维色母粒可选用的无机颜料有钛白（C.I.颜料白 6）和炭黑（C.I.颜料黑 7）。金红石钛白的高硬度，会引起纺丝设备套筒和螺杆的磨损，所以应选用锐钛型钛白粉。黑色母是 PET 纤维的重点品种，炭黑应选择细粒径、高结构、易分散的品种。

② 聚酯纤维色母粒应选择易润湿和易分散的有机颜料，以保证色母的可纺性。除此之外还要求颜料中的添加剂越少越好，颜料的纯度越高越好。有机颜料为了提高其分散性，往往

会加入表面活性剂，如助剂耐热性不好、热分解，会在喷丝板上析出，影响色母粒可纺性。另外颜料的机械杂质要少，这些杂质也会影响过滤性能，颜料的机械杂质可以通过测试来控制。

③ 聚酯纤维色母粒也可选用溶剂染料或溶剂染料与颜料组成，一般以溶剂染料为主，颜料为辅；也可根据客户应用要求以颜料为主，溶剂染料为辅。母粒中染料的纯度直接影响母粒的着色强度、耐迁移性和耐光性等，色母粒选择的溶剂染料的纯度越高越好，高端应用场合溶剂染料纯度要求大于 97%，溶剂染料的纯度可用高效液相色谱（HPLC）测试。

④ 聚酯纺丝需要在组件中使用滤网以过滤杂质粒子，保持良好的可纺性。色母粒中分散不好的着色剂含有大量粒径较大的粒子，会迅速堵塞滤网，致使纺丝时需要频繁更换滤网，影响生产率，生产成本增加。颜料和色母粒的分散性能均可用过滤压力升测试方法进行，但特别提醒的是过滤压力值测试会因使用品种不同而不同，使用的过滤网规格、测试一次过滤的颜料量都需要与客户产品匹配。

⑤ 聚酯纺丝色母粒中的水分。水分对聚酯纺丝是一项非常重要的指标，聚酯纤维生产企业在纺丝前应该认真细致地重新测定色母粒的含水量，要知道生产色母粒的厂家在刚刚制造好色母粒的时候，其产品内部并不含有水分，但是存放一段时间后，PET 色母粒就会吸水。水分的存在，会引起 PET 分解，因此影响了产品质量。虽然，目前国内外诸多的色母粒生产厂家已经将 PET 色母粒用真空密封包装了，这样也确实不需要再进行干燥了。但是一旦启封存放一段时间，使用时就必须进行干燥，有个别的企业嫌麻烦，而忽略了这个细小的环节，结果将造成不应该产生的质量问题。

⑥ 聚酯纺丝色母粒分散剂。涤纶纺丝色母粒用分散剂的选择首先考虑分散剂的稳定性，也就是热稳定性。可供选择的分散剂有乙烯-丙烯酸共聚物（EAA），如霍尼韦尔蜡粉 A-C 540A，丙烯酸含量为 5%；也可选择离聚物（功能性共聚物的金属盐），如霍尼韦尔 Aclyn 295，在分散上更为有效。上面所列配方中没有列入分散剂，本分散剂推荐用于聚酯纺丝色母粒分散困难的情况。

⑦ 黏度。色母粒加工过程中，载体 PET 会发生一定程度的降解，如果降解太严重，会影响纺丝时的加工性。因此，一般要求 PET 色母粒的黏度能保持在 0.5dL/g 以上。

⑧ 表 5-22 所列配方是整本书中最简单的配方，配方组成就是着色剂和载体，但是聚酯纤维色母粒应用在聚酯纺丝上，又是对分散性、耐热性等要求最高的色母粒品种，真是做到了“大道至简”最高的哲学境界。但是配方越是简单，要做好它，难度越大。这里提出两个重点供大家参考。第一，为了更好传递剪切力，粉状树脂要比粒状效果好，所以需要将 PBT 或 PET 树脂进行粉碎，这一细节需要重点关注。第二，双螺杆挤出机的螺杆排列组合设计很重要，螺杆元件的形状也很重要，只有把这些细节处理好，才能做出好的产品。有关双螺杆挤出机的螺杆排列组合设计可参考第 8 章 8.2 节中的内容，在本节不再深入叙述了。

5.5.3.3 聚酯纤维色母粒配方设计中颜料选择

由于色母粒是在纺丝前就加入到聚合物熔体中的，必须经历 285 ~ 300℃高温下的熔融纺丝才能制得有色纤维，所用的着色剂无论是颜料还是溶剂染料，都要求能耐受 285 ~ 300℃下不变色的考验，因此它们都应具有优异的耐热性。对染料来说，还要求有比较好的耐升华性和耐渗色性等。

(1) 聚酯纤维色母粒配方设计中无机颜料选择

色母粒配方设计中无机颜料主要是炭黑和和钛白，其中炭黑是最主要品种。色母粒配方设计中炭黑品种选择与原液聚合着色一样，只不过由于色母粒制造是依靠聚酯树脂熔融剪切力对颜料炭黑进行分散，所以对炭黑易分散性，也就是过滤压力值的要求更高。德国欧励隆可用于涤纶色母粒的炭黑品种和性能见表 5-23。

表 5-23 德国欧励隆可用于涤纶色母粒的炭黑品种和性能

指标	AROSPERSE® 11B	HIBLACK® SF2(XPB612)	XPB577	XPB751	XPB2012
吸油量/(mL/100g)	114	115	115	96	112
筛余物(325 目)/(mg/kg)	3	6	0	0	10
灰分/%	0.1	0.02	0.04	0.05	0.11
着色力/%	120	113	119	104	118
BET 比表面积/(m^2/g)	120	122	118	103	120
吸碘值/(g/kg)	130	135	136	—	133

炭黑的粒径大小、炭黑的比表面积决定炭黑的性能。如炭黑 XPB751 粒径较大，所以其比表面积小（103m^2/g），着色力相对低一些（104%），吸油量小（96mL/100g），过滤压力值也低。

(2) 聚酯纤维色母粒配方设计中有机颜料选择

聚酯纤维色母粒配方设计中颜料选择一定会聚焦在那些高性能品种，如稳定型酞菁蓝/绿、苝类、蒽醌类、喹吖啶酮、二噁嗪咔唑类以及一些高性能有机颜料品种等。除了颜料的耐热性能外，还必须考虑最终制品在使用中的耐光（候）性、耐其他化学品以及安全环保等性能的要求。适于聚酯纤维色母粒的有机颜料品种见表 5-24。

表 5-24 适于聚酯纤维色母粒的有机颜料品种

产品名称	色泽	化学结构	耐热性/(℃/5min)	耐光性/级	耐候性/级	耐迁移性/级
颜料黄 180	中黄	苯并咪唑酮单偶氮	290	7~8		5
颜料黄 191	红光黄	金属色淀	300	8	3	5
颜料黄 181	红光黄	苯并咪唑酮单偶氮	300	8	4	5
颜料橙 72	黄光橙	苯并咪唑酮单偶氮	290	7~8	4~5	5
颜料橙 43	黄光橙	苝类	300	7~8	3	5
颜料橙 68	红光橙	金属络合	300	7~8	3	5
颜料红 242	黄光红	缩合偶氮	300	7~8		5
颜料红 149	黄光红	苝类	300	8	3	5
颜料红 214	中红	缩合偶氮	300	7~8	4~5	5
颜料紫 19(γ)	蓝光红	喹吖啶酮	300	8	4~5	5
颜料红 122	蓝光红	喹吖啶酮	300	8	4~5	5
颜料红 202	蓝光红	喹吖啶酮	300	8	4~5	5
颜料红 264	蓝光红	DPP	300	8	4~5	5
颜料蓝 15:1	红光蓝	酞菁	300	8	5	5
颜料蓝 15:3	绿光蓝	酞菁	280	8	4~5	5
颜料绿 7	蓝光绿	酞菁	300	8	5	5

(3) 聚酯纤维色母粒配方设计中溶剂染料选择

溶剂染料结构有偶氮系、亚甲基系、酞菁系、蒽醌系、咕吨系、喹酞酮系，溶剂染料的化学结构对聚酯的黏度有影响。熔体黏度下降太多，会影响纺丝性能。适于聚酯纤维色母粒的溶剂染料品种见表 5-25。

⊡ 表 5-25 适合于涤纶纤维色母粒的溶剂染料品种

染料名称	化学结构	熔点/℃	耐热性/℃	纤维纺前着色
溶剂黄 98	氨基酮类	98	300	●
溶剂黄 114	喹啉类	264	280	●
溶剂黄 133	甲川类		310	●
颜料黄 147①	蒽醌类	300	300	●
溶剂黄 157	喹啉类	323	300	○
溶剂黄 160-1	香豆素	209	320	●
溶剂黄 163	蒽醌类	180	300	●
溶剂黄 176	喹啉类	218	280	●
溶剂黄 179	甲川类	115	300	○
溶剂橙 60	氨基酮类	230	290	○
溶剂橙 63	噻吨（硫杂蒽）	314	300	●
溶剂红 135	氨基酮类	318	280	●
溶剂红 179	氨基酮类	251	300	○
溶剂红 195	单偶氮	213	280	●
溶剂蓝 45	蒽醌		310	●
溶剂蓝 67	酞菁		300	●
溶剂蓝 97	蒽醌	200	310	●
溶剂蓝 104	蒽醌	240	320	●
溶剂蓝 122	蒽醌		290	○
溶剂紫 13	蒽醌	189	290	○
溶剂紫 31	蒽醌	291	300	○
溶剂紫 36	蒽醌	213	290	●
溶剂紫 49	甲亚胺	98	320	●
分散紫 57	蒽醌		290	●
溶剂紫 59	蒽醌	170	280	●
溶剂绿 3	蒽醌	220	300	●
溶剂绿 5	苝系		300	●
溶剂绿 28	蒽醌	245	300	●
溶剂棕 53	甲亚胺		320	●

① 颜料黄 147 用于工程塑料着色有类似染料性质。

注：●表示推荐使用；○表示有条件地使用。

5.5.3.4 聚酯纤维色母粒配方设计中载体选择

色母粒载体树脂的选择对产品的性能也具有重要的影响。载体的熔体黏度适当，与颜（染）料及聚酯相容性好，则有利于颜（染）料的均匀分散和保证良好的可纺性，同时也能确保纤维制品应有的力学性能。如果载体选择不当，上述问题就有可能层出不穷。考虑到相容性问题，一般色母粒采用聚酯系列作为载体，视着色剂组成和客户使用要求可选用不同比例的 PET 与 PBT 组合载体，因在色母粒制造过程中难将 PET 粉的水分干燥到 50mg/kg 以下，PET 对水分非常敏感，单纯用 PET 作载体的体系的特性黏度下降得非常大，一般不单独采用，在低端产品中可选择性地使用单一载体 PET。

一些特殊的共聚酯载体可应用于着色剂含量高的聚酯纤维母粒配方中，根据应用的需要可由醇、酸三元以上的不同单体聚合而成，共聚酯的种类很多，较普遍的是由乙二醇、对苯二甲酸与间苯二甲酸三元共聚，共聚酯的熔点随分子结构中对苯二甲酸和间苯二甲酸的比例不同而变化，间苯二甲酸的比例越高，共聚物的熔点就越低。共聚酯中间苯二甲酸的引入，使原本直链的高聚物成了不对称结构，不在一个平面上，克服分子间的引力需外界提供更多的能量，才能打开它。选择合适熔点的共聚酯作载体对颜料润湿性好，载体的延展性好，包覆性能强，可生产高浓度的聚酯纤维色母粒。

5.6 聚酰胺纤维原液着色配方设计

1938 年 10 月 27 日，杜邦公司宣布世界上第一种合成纤维诞生，并将聚酰胺这种合成纤维命名为尼龙（Nylon）。聚酰胺纤维在我国称锦纶。

聚酰胺纤维具有类似蛋白质的化学结构，可以用分散染料、酸性染料(中性染料)、活性染料、直接染料等进行染色或印花，但传统染色用水量大，污水处理量多等难题依然突出，聚酰胺纤维原液着色和纺丝工艺与聚酯纤维相仿。

聚酰胺的原液着色法分为聚合前及聚合后加着色剂，前者颜料分散在水或己内酰胺溶液内成为浆料着色剂，该法由于着色剂在聚合前加入，使很多设备污染，且着色剂在聚合反应的高温下要停留许多时间，在选用颜料时受到限制，且着色剂储存稳定性差。后者是着色剂与聚酰胺 6 和聚酰胺 66 相混合制成色母粒，以通常的方法纺丝。国家提倡使用色母粒进行纺前原液着色，经济合理，降低污染。

5.6.1 聚酰胺 6 纤维原液着色剂（浆状）

聚酰胺纶 6 纤维在工业上多采用水解聚合方法，纯己内酰胺不能聚合，必须加入少量的水、酸、氨或 6-氨基己酸、聚酰胺单体盐等物质才能聚合。有水参与的己内酰胺聚合过程包括下列反应：水是主要的引发剂。反应首先是己内酰胺在高温（约 260℃）下水解开环，生成 6-氨基己酸。水量的多少影响反应的快慢和最终平衡时低分子化合物的含量。添加羧酸可以加速水解开环和聚合反应。聚酰胺 6 纤维主要用于制造轮胎帘线、渔网、缆绳、降落伞等和民用织物，如衣料、袜子等。

工业上己内酰胺水解聚合方法一般采用间歇的高压釜法和连续聚合法。树脂切片通常要经过水洗，以萃取单体和低聚物，再经真空干燥后供纺丝加工。聚酰胺 6 聚合前原液着色工艺见图 5-30。

聚酰胺 6 聚合前原液着色剂的要求、制作和应用可参阅本章的黏胶原液着色剂配方设计和聚酯纤维原液着色配方设计。因为聚酰胺 6 聚合前原液着色剂是以水为载体的，这与黏胶原液着色剂非常相似，聚酰胺 6 聚合工艺与聚酯聚合相似，对着色剂的选择要求一致，所以在本节就不一一重复了。

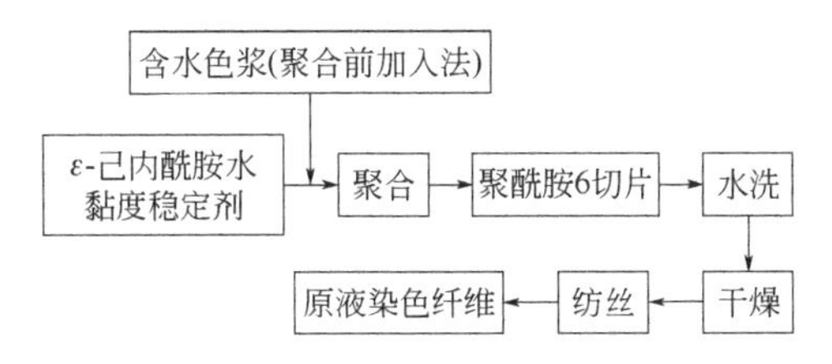

图 5-30　聚酰胺 6 聚合前原液着色工艺

5.6.2　聚酰胺纤维色母粒应用工艺和技术要求

聚酰胺纤维具有良好的亲水亲肤性、吸湿性、透气性等优异性能；聚酰胺细旦弹力丝手感平滑，舒适柔软，弹性好，透气性好，横纹少，在针织领域应用越来越广泛。

聚酰胺纺丝工艺流程如图 5-31 所示，聚酰胺纤维纺丝物化环境见表 5-26。

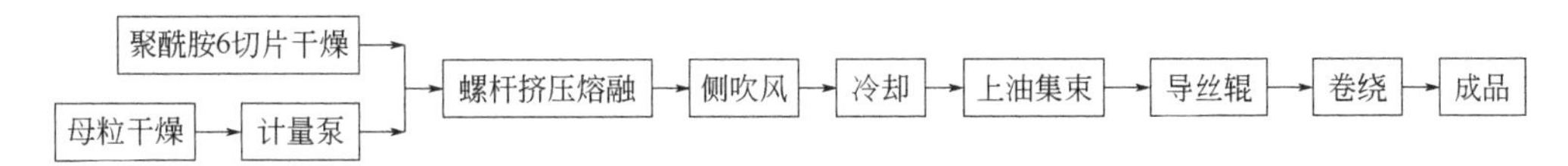

图 5-31　聚酰胺纺丝工艺流程

表 5-26　聚酰胺纤维纺丝物化环境

生产环节	组成及性状	体系的物化环境
纺丝条件	聚酰胺树脂熔体	纺丝温度：聚酰胺 6 240～260℃，聚酰胺 66 280～300℃；时间 5～10min；纺丝速度 4000～6000m/min；切片含水量< 0.08%
冷却固化条件	聚酰胺丝条	风速 0.4～0.5m/s，湿度 75%～80%，风温度 20℃
拉伸	聚酰胺集束丝	拉伸倍数 1.2～1.3 倍；UDY3.5～4 倍，高强力丝>5 倍；温度 180℃；拉伸速度 5500～6000m/min

由于聚酰胺纺丝过程与聚酯纺丝基本相同，所以配制聚酰胺原液着色纺丝用色母粒的要求与聚酯色母粒基本相近，就不一一叙述了。

唯一不同的是聚酰胺是含有酰氨基的线型热塑性树脂。有强烈的还原性，聚酰胺的还原性从结构分析，目前有三个说法：

① 聚酰胺结构上的羰基在高温下部分分解，具有还原性。

② 聚酰胺结构上羰基旁的氨基上氮有两个孤对电子，特别活泼，赋予还原性。

③ 聚酰胺结构上羰基旁的氨基上孤对电子形成路易斯（Lewis）碱。有些颜料在碱性中部分溶解变色。

总而言之，聚酰胺的还原性使着色一直成为痛点，聚酰胺加热后还会释放胺，高温下可与酯基、酰氨基反应破坏颜料结构。有机颜料可用的不多，而且绝大多数只能用在聚酰胺 6，而聚酰胺 66 纺丝温度更高，还原性更强，可用的有机颜料更少。聚酰胺着色选用溶剂染料还要求有比较好的耐升华性和耐渗色性等。

聚酰胺 6 分子结构中有大量氧键，结晶速度快，结晶度高，所以纺丝速度较高，至少在 4000m/min 以上，而且不易拉伸变形，所以要求颜料有更好的分散性。

5.6.3 聚酰胺色母粒配方

聚酰胺色母粒是以聚酰胺 6 为载体的色母，具有良好的可纺性。聚酰胺色母粒配方设计见表 5-27。

⊡ 表 5-27 聚酰胺色母粒配方设计

原料名称		规格	含量/%
着色剂	无机颜料		0～60
	有机颜料		0～30
	溶剂染料		0～20
抗氧剂	抗氧剂	IRGANOX 1098	0～0.05
分散剂	共聚蜡	聚乙烯蜡共聚物	
		离聚物蜡	
	硬脂酸类	硬脂酸镁	
载体	PA	纺丝级	*X*
总 计			100

① 由于聚酰胺树脂在高温下具有较强的还原性，因此能被用于聚酰胺纤维着色的着色剂品种少之又少。无机颜料的耐光、耐候、耐迁移、耐化学品等性能比有机颜料优越，但着色强度及亮度差得多。当要求良好色泽时，优先选用有机颜料。另外无机颜料反射指数高，常用于不透明制品。钛白、炭黑具有很高的耐热稳定性及其他牢度性能，是当仁不让的品种。彩色品种颜料黄 184（BASF Sicopal YELLOW 1160FG）、颜料橙 82（Sicopal ORANGE K2430）特别推荐用于聚酰胺纤维色母粒。

② 虽然聚酰胺 6 的熔融纺丝温度比聚酯树脂略低，但由于聚酰胺树脂普遍具有较强的还原性，因此能被用于聚酰胺纤维着色的有机颜料品种较聚酯纤维更少。聚酰胺 66 比聚酰胺 6 具有更强的还原性，因此其着色剂的选择范围更窄。可参考第 4 章聚酰胺色母粒配方设计中有机颜料品种推荐。但需注意尽管是同一结构的有机颜料，但由于纯度不同，会影响聚酰胺纺丝性能。

在适合于聚酰胺纤维色母粒的有机颜料浅色品种中，值得推荐的有三个重要品种，颜料黄 150、颜料黄 192 和颜料橙 68，它们的热稳定性、耐光牢度、耐溶剂性和化学稳定性均很好，其中颜料黄 150 呈绿光黄色，颜料黄 192 呈红光黄色，颜料橙 68 呈红光橙色，这三个品种色系覆盖了黄橙系列色谱，共同缺点是饱和度差，不够鲜艳。

③ 适于聚酰胺 6、聚酰胺 66 纤维着色的溶剂染料品种不多，需要注意的是，有些溶剂染料可用于聚酰胺 6 纤维的着色，但不适合聚酰胺 66 纤维的着色，见表 5-28。

⊡ 表 5-28 聚酰胺纺丝色母粒配方中溶剂染料品种

染料名称	化学结构	耐热性/℃		纤维	
		本色	冲淡	PA6	PA66
溶剂黄 21	偶氮 1:2 金属络合	320		○	
溶剂黄 98	氨基酮类	300	300	○	○
溶剂黄 160:1	香豆素类	300		○	
溶剂黄 145	甲川类	280		○	×
溶剂橙 60	氨基酮类	300	300	○	×
溶剂橙 63	芘酮类	300	280	●	×
溶剂橙 116	单偶氮	300		●	●

续表

染料名称	化学结构	耐热性/℃		纤维	
		本色	冲淡	PA6	PA66
溶剂红 52	吡啶蒽酮	320		●	○
溶剂红 135	氨基酮类	260		○	×
溶剂红 179	氨基酮类	300	300	●	×
溶剂红 207	蒽醌	300		○	×
溶剂红 225	偶氮 1:2 金属络合	320		●	
溶剂蓝 67	酞菁	300		○	×
溶剂蓝 97	蒽醌	320		●	
溶剂蓝 104	蒽醌	280	280	●	●
溶剂蓝 132	蒽醌	320		○	
溶剂绿 3	蒽醌	300		○	

注：●表示推荐使用；○表示有条件地使用；×表示不推荐使用。

④ 聚酰胺的纺丝母粒由于加工温度高，分散剂的选择首先考虑的就是热稳定性，这样可以避免由于分散助剂的不稳定，在颜料分散中带来分散不均和纺丝断丝的问题。

另聚酰胺树脂是极性树脂，根据相似相容原理应选择极性分散剂，如霍尼韦尔蜡粉 AC 540A，是乙烯-丙烯酸共聚物，为极性分散剂，丙烯酸含量为 5%。霍尼韦尔蜡粉 Aclyn295A 是由乙烯–丙烯酸共聚物接入离子基团而成，也是极性分散剂。特别离聚物 Aclyn295A 含有两个不同的区域一个为聚乙烯富集链段，另一个是金属阳离子——羟基盐负离子对形成的低极性微区。这一结构特征使其同许多树脂具有良好的相容性并且对许多颜料表现出良好的润湿性，因为其锚度很高，在混合设备里能提供强大的剪切力，AC 540A 系乙烯-丙烯酸共聚物，同离聚物相比因为没有经过离子交联，其锚度小了很多，这对颜料粒子的分散不利，同时其熔点较高，对颜料的润湿较慢，实验也证实了离聚物分散效果要好于共聚物。而非极性分散剂 A–C 6A 与载体的极性相差较大，不利于颜料分散。

⑤ 聚酰胺的纺丝母粒配方中也可以选择硬脂酸镁作为分散剂来提高颜料的分散性。

⑥ 聚酰胺结构上的酰氨基在高温下有强烈的还原性。可供选择的抗氧剂为 1098，其结构是 *N*,*N*′-双-(3-(3,5-二叔丁基-4-羟基苯基)丙酰基)己二胺。抗氧剂 1098 与聚酰胺有很好的相容性，还能提供优异的加工和长效热稳定性，有着铜基稳定剂所不可比拟的无色污和耐抽提性，且具有较低的挥发性。抗氧剂 1098 可防止聚合物在后加工、纺丝和精梳理过程中变色的发生。

抗氧剂 1098 如协同辅抗氧剂（亚磷酸酯）、光稳定剂等其他功能助剂。这些产品的应用效果尤为引人注目，如抗氧剂 1098 与抗氧剂 168 的二元复配物（复合抗氧剂 B1171）。

⑦ 聚酰胺色母粒载体树脂可以选择中等黏度纺丝级树脂，也可选择改性的聚酰胺或结构与聚酰胺相近似，熔点低的聚合体。

⑧ 聚酰胺分子由于酰胺基团的存在，有较大的吸水性。在一般条件下，聚酰胺 6 为 3.0%；聚酰胺 66 为 2.8%，且对潮气敏感。水分过高在纺丝过程中容易产生气泡，造成熔体细流破裂。为保证加工的顺利进行，必须对树脂和色母粒或颜料给予充分烘干处理。水分一般控制在 0.05% ~ 0.06%为好（不同于聚酯纤维，并非越低越好）。所以聚酰胺纤维色母粒水分含量是一项非常重要的指标。

⑨ 选用聚酰胺专用颜料制剂来配制聚酰胺色母粒也是不错的选择，例如 BASF Eupolen PA，颜料分散性好，各项性能优异。

其他色母粒配方设计

6.1 吹塑级色母粒配方设计

中空吹塑成型是在闭合的模具内，利用压缩空气将挤出或注射成型得到的半熔融状态的塑料型坯吹胀，然后经冷却而得到中空制件的一种工艺方法。

中空吹塑成型加工工艺简单、能耗低、生产效率高，可大批量生产，产品具有多样性。中空成型制品的主要应用是作为包装材料用于食品、饮料、日化制品、药品、化妆品、工农业生产原料及制品等的包装。

6.1.1 吹塑级色母粒应用工艺和技术要求

挤出吹塑成型工艺的主要设备配套和架构分为：挤出机、型坯挤出口模、制品模具及开合模装置等，见图 6-1。

加工成型过程可细分为六个步骤，参见图 6-2。

① 由挤出机挤出半熔融状管坯。

② 型坯挤出达到要求长度后将模具移到机头下方并闭合模具抱住管坯。

③ 切刀将管坯割断。

④ 模具移到吹塑工位，吹气杆/针进入模具并开始吹入压缩空气，使型坯逐渐胀大直至紧贴模具内壁而成型为制品。控制吹气压力在 0.2 ~ 1MPa 为宜。

⑤ 冷却降温使制品定型。

⑥ 开启模具，取出制品；修整制品。

常规的挤吹工艺中，挤出的型坯一般为两端开启的管状熔融树脂。对于挤—拉—吹加工工艺尤其是内顶式拉伸来说，在对型坯进行拉伸吹塑之前，必须将型坯（下端）预先封口；或在较小模具内先做预吹胀，然后再移至制品模具内进行拉伸吹胀至定型。拉伸吹塑的优点在于：最大限度地保持纵向和横向的拉伸程度，降低制品的应力破裂，提高制品的力学性能；还能提升容器的气密性能。

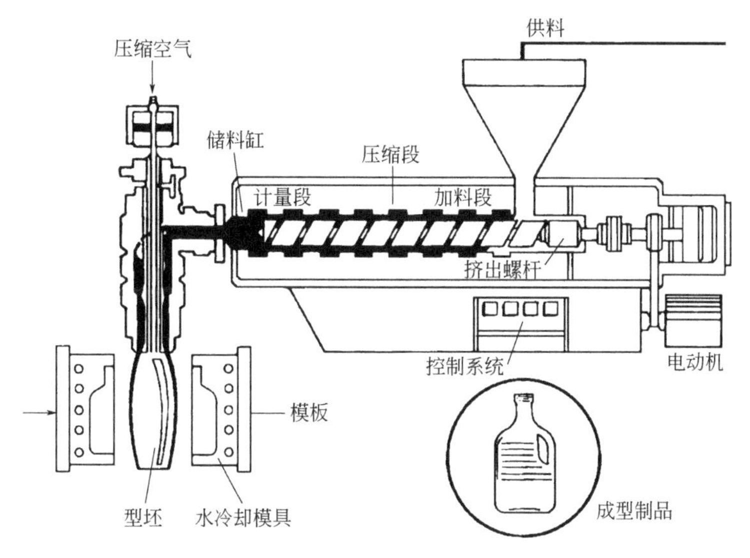

图 6-1　挤出吹塑工艺装置配套

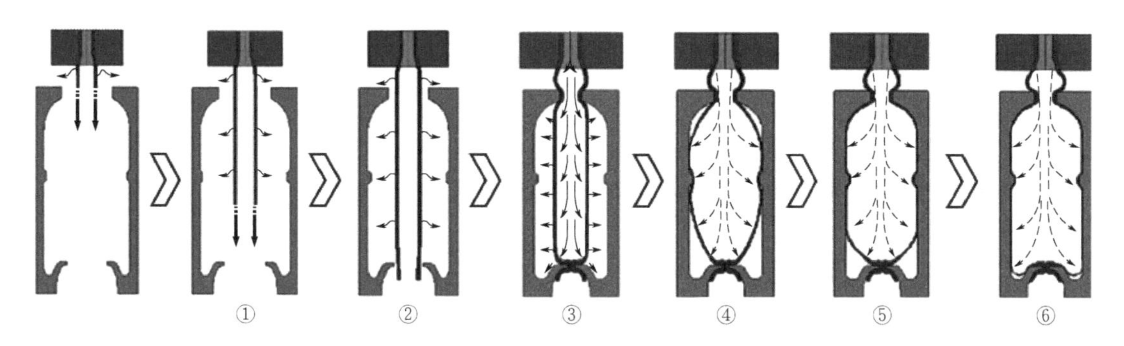

图 6-2　挤出吹塑工艺过程示意图

改变单一挤出为多层挤出型坯，就可以吹制成多层复合共挤吹的塑料容器。与单一层容器相比，共挤吹制品可以改善许多方面的性能，如阻隔（透）性、隔热性、降低与内容物的反应可能性、降低制造成本等。

几乎所有的热塑性树脂都可用于中空吹塑成型制品的制造，其中最为主要的树脂是聚乙烯、聚酯、聚氯乙烯和聚丙烯等。

塑料中空吹塑成型的工艺温度依据所用树脂材料的不同而不同，部分用于该工艺的主要树脂的挤出温度列于表 6-1。

表 6-1　中空吹塑用树脂的加工温度、制品弹性模量及用途

树脂名称	加工温度/℃	弹性模量/MPa	用途
SHDPE（超高分子）	180～230	1.0～1.6	油箱、储罐、桶、瓶
HDPE	160～220	1.0～1.6	中空容器、化妆品瓶
MDPE（中密度）	150～200	0.34	医用包装瓶
LDPE	130～180	0.23	瓶类、空气导管

续表

树脂名称	加工温度/℃	弹性模量/MPa	用途
PP	200～220	0.7～1.4	瓶类、医用包装
PVC	190～205	3.0	瓶类
PET	240～250	2.5～2.7	瓶类

色母粒应用在中空成型吹塑工艺中应注意耐化学药品性、耐光/候性、耐热性、安全性等主要性能。

(1) 耐化学药品性

凡用于工农业生产中的原材料和制品尤其是化学制剂类产品包装的塑料容器，必须确保容器本身所含有的物质不能与被包装物质有化学反应。因此，应特别针对所包装的内容关注颜料的耐受性能，如耐酸/碱性、耐溶剂性、耐水性、耐油脂性等。对装强氧化剂化学品的包装容器要求更高。

(2) 安全性

众多的塑料容器被用于食品、饮料，以及其他与人体接触的化妆品或厨房洗涤用品的包装。所有这些塑料容器生产中被使用的原材料，包括颜料都必须符合相关的化学品安全规定和使用许可。

(3) 耐热性

在不同树脂中空吹塑成型的工艺温度条件下，颜料必须能够保持颜色的稳定性和应有的使用性能。

(4) 耐光/候性

中空吹塑产品很多用于室外，所以应注意颜料的耐光性，特别是有些油品和化妆品存放在室外橱窗，为了品牌宣传效果，会有特殊的耐光要求。

(5) 耐迁移性

中空吹塑产品主要作为液体包装容器，如果其中所使用的颜料有迁移性，那么迁移出的颜色会迁移至与之相接触的液体，造成沾污。

6.1.2 PE 吹塑色母粒配方

以聚乙烯为载体的中空吹塑色母粒产品主要用于油桶、化妆品等。着色要求：产品表面光滑，分散性好，耐迁移性好，耐溶剂性好。PE 吹塑色母粒配方设计见表 6-2。

表 6-2 PE 吹塑色母粒配方设计

原料名称		规格	含量/%
颜料	无机颜料		0~70
	有机颜料		0~30
润湿剂	聚乙烯蜡	相对密度 0.91～0.93	0~8
润滑剂	硬脂酸锌		0~0.5
载体	LDPE	MI 2～7g/10min	X
	LLDPE	MI 20g/10min	
总 计			100

PE 吹塑级色母粒配方设计注意点可参考吹塑薄膜级色母粒配方设计中的叙述。下面把吹

塑制品特殊要求和品种做简单介绍。

① 吹塑制品大部分用于润滑油包装和一些清洁剂的包装，为了使内装物存放安全，要求产品的遮盖力要好，所以色母粒配方中需加入的钛白粉较多，需注意钛白粉型号选择和钛白粉加入后对有机颜料性能的影响。

② 由于有些油品包装是跨国企业品牌，为了品牌的宣传，对产品的外包装应用性能会提出严格的要求，所以颜料选择会向高性能方向倾斜，例如机油桶外包装会选择 DPP 颜料红254。

③ 许多润滑油包装选用金属铝颜料，所谓铝颜料实际上是片状铝银粉，是铝锭融化成铝水，经过高压氮气雾化成微米级球形铝粉（见图 6-3），把微米级球形铝粉研磨成片状的铝银浆。

图 6-3 微米级球形铝粉电镜图

铝颜料片径与厚度的比大约为（40:1）~（100:1），当片状铝颜料分散到载体后，它具有与底材平行的特点，众多的铝片互相连接，大小粒子相互填补，遮盖了底材，又反射了光线，体现出铝颜料特有的遮盖力，见图 6-4。

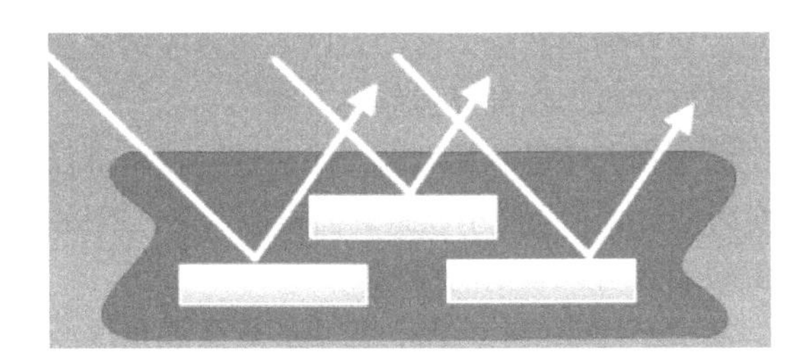

图 6-4 铝颜料特有的遮盖力

铝颜料的粒径大小对铝颜料的遮盖力也有影响。一般来说，细粒径铝颜料，具有较低的颜料表面与边的比率，较多的光散射，所以遮盖力强，具有丝绸般光泽效果；粗粒径的铝颜料，具有较高的颜料表面与边的比率，较少的光散射，所以遮盖力差，但金属感强，具有特殊的闪烁效果，见图 6-5。

所以润滑油包装选用金属铝颜料需从光亮度和遮盖力两个角度出发，选择合适的粒径来满足需求。

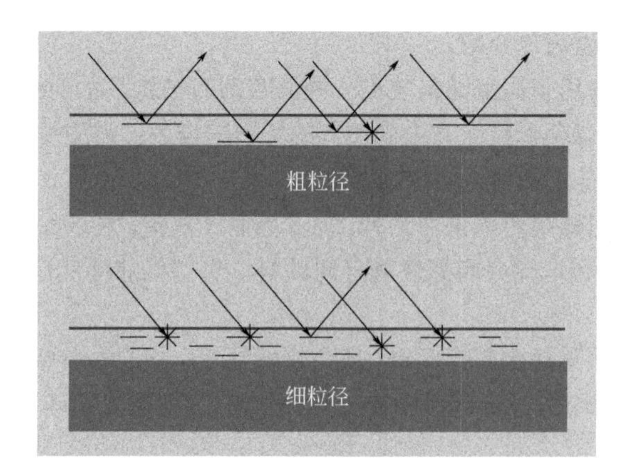

图6-5 粒径大小对铝颜料的亮度和遮盖力影响

目前市场上主要有三种类型的铝颜料，分别是溶剂型的铝银浆、铝银粉和铝颜料制备物（银条），银条载体是 PE 蜡。

铝银浆优点是价格便宜，可选择的型号种类多，效果也最好。缺点是溶剂油的味道不但在生产时有，而且在色母粒以及制成品中也或多或少存在。

铝银粉最大缺点是安全生产有隐患，投料过程中难免会有铝粉飘到空中（铝粉是一个比较强的还原性物质，空气中的氧气是比较强的氧化性物质，只要给一个合适的条件，比如温度稍高、光照较强等就会发生剧烈爆炸）。

铝颜料制备物优点是分散性好、安全、低速搅拌就可以打开，缺点是市场中可选择的供应商少，另外部分对力学性能有要求的塑料制品要慎用，使用时成本会上升。

④ 选用铝颜料与有机颜料配伍的注意事项。与铝颜料配伍，需选择透明性好的颜料，否则的话，颜料的不透明性会影响光的反射而影响金属效果。另外，铝颜料不能与钛白粉配伍，为了达到一定的遮盖力，可同时使用小粒径的铝颜料。

⑤ 如何解决铝颜料流痕和熔接线。由于铝颜料是片状结构，容易出现令人头痛的一些弊端，注塑时会在产品中出现流痕和熔接线。主要原因是：铝片在注塑过程中容易发生极性翻转，不再是平躺在塑胶里。它在随塑料熔体流动时或者在两股熔体交汇处容易发生翻转，使熔结处铝粉稀少，从而导致制件表面局部反射能力下降。

减少铝颜料用量，或者选择大粒径金属颜料，或者透明性颜料复配着色，都能够有效降低流痕。随着颜料粒径变大，流痕逐渐减小以致最后可能消失，熔接线也变得不明显。另外，加入相同量的彩色有机颜料后也可以看到同样的效果。

减少铝颜料的用量，从 2.5%减少到 0.4%，流痕和熔接线也逐渐减少，以致最后流痕和熔接线变得不明显。

⑥ 吹塑聚乙烯色母配方中聚乙烯蜡的含量不能太高，因为蜡是低分子物，添加量太多，会影响油桶的开裂性，也是吹塑桶跌落试验摔破的原因之一。

⑦ 吹塑产品大量采用中到高分子量 HDPE 树脂，使产品具有极好的抗冲击性，所以 PE 吹塑级色母粒选用 LDPE 和 LLDPE 作载体，流动性好，分散性好。需注意的是 LDPE 树脂中开口剂不能太高，会影响油桶的开裂性。如选用 HDPE 为载体，需注意的是 HDPE 树脂熔融指数偏低的话，吹塑时会有流痕出现。

6.2 EVA 发泡色母粒配方设计

泡沫塑料是一种含有大量气体微孔并均匀分散在固体塑料中形成的一类高分子材料。它具有质量轻、隔热、吸声、减震等特性，用途十分广泛。

泡沫塑料的制造工艺被称为发泡成型工艺，也叫做泡沫塑料成型。几乎各种树脂都能被制成泡沫塑料。

泡沫塑料制品种类较多，可以有不同的分类方法。模压一步法工艺：发泡倍率不高，一般在 3 ~ 15 倍；模压两步法工艺：发泡倍率为 30 倍的 PE 泡沫塑料；注射发泡工艺：运动鞋底的制作就是典型的注射发泡。

6.2.1 EVA 发泡色母粒应用工艺和技术要求

EVA 发泡塑料生产工艺是在室温下将物料混合，然后在两辊开炼机上进行混炼，控制混炼温度介于树脂熔点与交联剂及发泡剂的分解温度之间（约 110 ~ 120℃），混炼完成后按照模具大小出片，出片厚度约 1mm，片材称量裁切后放入模具，加热至 160℃以上（发泡剂分解温度），保持压力 7.12 ~ 10.78MPa 约 6 ~ 8min，确保交联反应完成。发泡剂分解完全后快速解除压力开模，使物料瞬间膨胀弹出，完成发泡。其发泡倍率一般为 5 ~ 15 倍。

EVA 发泡色母粒工艺流程如图 6-6 所示。

图 6-6 EVA 低发泡工艺流程

高发泡（图 6-7），又称二次发泡，是将经过充分混炼的物料在模具中加热加压完成交联，并由部分发泡剂分解产生部分发泡，将模具冷却到一定温度取出，在常压下进行二次加热发泡。其发泡倍率可达 30 ~ 45 倍。

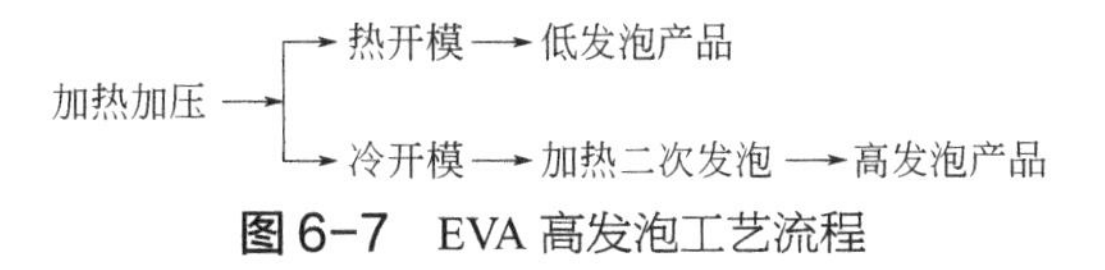

图 6-7 EVA 高发泡工艺流程

两步法工艺是在一步法开炼完成的基础上，将塑炼好的片材在模具内进行模压，控制温度在 150℃，依据片材厚度设置发泡时间，通常约为 30min，去除压力开模，完成初发泡，此时材料密度约为 0.098g/cm^3，尚有 70%的发泡剂未分解；即刻趁热将初发泡料置于 165℃的油浴中加热并保持 20min，经二次发泡后，最终制品的泡孔细密均匀，制品密度约为 0.027g/cm^3。两步法可得发泡倍率为 30 倍的 PE 泡沫塑料。

色母粒应用在 EVA 发泡塑料工艺中应注意分散性、耐热性、耐溶剂性，安全性等。

（1）分散性

发泡塑料泡孔细密均匀，尤其是闭孔泡沫制品。配方中的固体颗粒物质(包含颜料）如果分散效果不佳，有较粗大颗粒存在的话，就会产生异常大泡孔而影响制品的质量。因此，用于泡沫塑料制品的颜料需要具有良好的分散性。

(2) 耐热性

就发泡工艺的温度而言，在所有的塑料加工中并不算很高，但是，发泡环节耗时较长（高发泡需 160℃，30min），所以，颜料所需要承受的高温时间也相应比较长，没有一定的耐热性能就不能完全符合加工工艺的要求。特别是高发泡，发泡时间较长，所以一般的经典偶氮颜料不能使用。

(3) 耐溶剂性和耐迁移性

泡沫塑料被广泛用于运动地垫、护垫、运动鞋以及沙滩拖鞋等具有鲜艳色彩需求的领域，而这些制品往往都有相拼色。因此，必须保持各个颜色的界限清晰，没有窜色和相互沾污的现象。这就要求所用的颜料必须具有良好的耐迁移性能。

发泡工艺中使用许多的化学添加剂，因此，需要保证颜料与这些添加剂不具有反应的可能；有些泡沫片材需要多层黏合，黏合前需用溶剂清洁黏合面；颜料也必须能够确保不与这些化学制剂发生反应。

(4) 安全性

泡沫塑料制品中那些与人体接触的产品，如鞋、运动地垫/护垫以及玩具等，所有相关的原材料都应遵守各自相应的产品安全法规和指令。

6.2.2 EVA 发泡色母粒配方

EVA 发泡色母粒是以低密度聚乙烯和 EVA 为载体的色母。要求 EVA 发泡材料表面光滑，无明显气孔。EVA 发泡色母粒配方设计见表 6-3。

表 6-3 EVA 发泡色母粒配方设计

原料名称		规格	含量/%
颜料	无机颜料		0～70
	有机颜料		0～40
润湿剂	聚乙烯蜡	相对密度 0.91～0.93	0～10
润滑剂	硬脂酸锌		0～0.5
填料	碳酸钙	超细	0～20
载体	LDPE	MI≥7g/10min	X
	EVA		
总 计			100

EVA 发泡色母粒配方设计注意点可参考吹塑薄膜级色母粒配方设计中的叙述。下面将 EVA 发泡色母粒配方需重点注意的几点叙述如下。

① 选择着色力高的有机颜料品种。泡沫塑料由于细密气泡的存在而具有极强的消色作用，这就是泡沫塑料制品尤其是高倍率发泡制品鲜见具有鲜艳色泽的深色制品的主要原因。选择着色力高的颜料能够很好地帮助提升发泡制品的色彩性能。

② 选择分散性好的有机颜料品种。需特别注意的是，EVA 发泡过程中将颜料分散不良的缺点放大，所以对颜料的分散性要求特高。众所周知，同样配方，如选择的颜料分散性好，相同条件加工的母粒分散性也好，所以选择易分散颜料来生产 EVA 色母，能起到事半功倍的效果。选择分散性好的颜料是第一要点，选用过滤压力升法（HG/T 4768.5—2014）来测试

颜料易分散性是可行的。

③ 注意不同工艺条件下颜料的选择。根据制作 EVA 产品不同，具有不同的发泡工艺，低发泡工艺一般是 180℃、10min 成型工艺，可用的有机颜料品种见表 6-4。

表 6-4 EVA 发泡的有机颜料品种和性能

序号	产品名称	色泽	耐热性/（℃/5min）	耐光性/级	耐迁移性/级
1	颜料黄 14	绿光黄	200	6～7	2～3
2	颜料黄 12	中黄	200	7～8	4～5
3	颜料黄 83	红光黄	200	7	5
4①	颜料黄 168	绿光黄	200	6～7	2～3
5①	颜料黄 62	中黄	200	7～8	4～5
6①	颜料黄 191	红光黄	200	7	5
7	颜料红 53∶1	黄光橙	200	6～7	4～5
8	颜料红 48∶2	蓝光红	220	7	4～5
9①	颜料红 176	蓝光红	270	7	5
10①	颜料红 185	中红	250	5～6	5
11①	颜料紫 19(γ)	蓝光红	300	8	5
12①	颜料红 122	蓝光红	300	8	5
13①	颜料紫 23	蓝光紫	280	8	4
14	颜料蓝 15	红光蓝	200	8	5
15①	颜料蓝 15∶3	绿光蓝	300	8	5
16①	颜料绿 7	蓝光绿	280	8	5

① 品种可用于 EVA 高发泡 160℃、30min 成型工艺。

从表中可以看到颜料黄 12 用于 EVA 鞋材是个着色力高、饱和度高的中黄，而且不会发生迁移，所以大量用于 EVA 发泡色母粒中。

一般经典偶氮颜料经受不起 160℃、30min 如此长的高温，应选择中高性能颜料。颜料黄 62、颜料黄 191、颜料黄 168 着色力低，一般不适用于低发泡产品，但在高发泡产品上，因其耐热性优良，从成本考虑可使用，成本上看要比缩合偶氮类、异吲哚啉酮类颜料合理。

EVA 发泡粉红鞋材一般选择蓝光红品种，喹吖啶酮类颜料紫 19(γ)和颜料红 122，浅色耐热性好，色泽饱和度好；苯并咪唑酮单偶氮颜料红 176 用来配制粉红，与喹吖啶酮类颜料色相差距不大，但成本要低得多。

EVA 发泡大红色鞋材，选择颜料红 53∶1，饱和度好，属鲜亮黄光红色，但需注意其耐光性极差。

EVA 发泡鞋材中除了选择着色力高的有机颜料，也有部分无机颜料供选择，见表 6-5。

表 6-5 低发泡的无机颜料品种和性能

序号	产品名称	色泽	耐热性/（℃/5min）	耐光性/级	耐迁移性/级
1	颜料白 7	白	300	8	5
2	颜料黄 42	红光黄	160	7～8	5
3	颜料红 101	红棕	300	8	5
4	颜料蓝 29	天蓝	400	8	5
5	颜料黑 7	黑	300	8	5

氧化铁黄 42，虽然其耐热性不好，但适当用于 EVA 低温发泡，价格经济。

氧化铁红是浅咖啡色，是配制咖啡首选品种，需要注意的是氧化铁系列由于粒径不同，从黄相到蓝相不同色相氧化铁红品种如图 6-8 所示。

铁红类型	1	2	3	4	5	6	7	8
颗粒大小/μm	0.09	0.11	0.12	0.17	0.22	0.3	0.4	0.7
色调变化	黄红相——向蓝相变化——红紫相							
着色力	低 ←—— 中(0.2μm) ——→ ——→ 低							
遮盖力	小 —— 大 —— 小							
比表面积	大 —— 小							
吸油量	大 —— 小							

图 6-8 从黄相到蓝相粒径不同色相氧化铁红品种

这些氧化铁红品种经发泡后呈现不同色相的棕色，相比于红黄黑拼色，其色相也相当鲜亮，而且色泽稳定。

④ EVA 发泡鞋材有些品种需特白，可选择荧光增白剂 KSN。

⑤ EVA 发泡色母粒中可以加填料，但需选择包覆好、分散性好的填料，以降低成本。但需注意加入碳酸钙后，会降低物料的流动性，影响分散性，所以应控制在一定范围内。碳酸钙也应选择超细品种，以免影响发泡产生气孔。

⑥ EVA 发泡色母粒配方中载体选择 EVA 树脂为佳，无论在制造工艺对颜料分散还是对发泡和鞋材的性能都有利。为了降低成本，可以采用 PE 取代部分或全部 EVA，对产品质量影响不大。

6.2.3 EVA 发泡色母粒应用中可能出现的问题和解决办法

色母粒制造和应用时产生问题的原因和排除的方法见表 6-6。

表 6-6 色母粒引起 EVA 发泡产生问题的原因和排除的方法

不良表征	产生原因	解决办法	
		生产工艺	色母粒
色泽浅	颜料含量低 颜料耐热性不佳		增加色母粒颜料含量 选耐 160℃（10min）的高温色母
气孔	颜料颗粒大 原料有杂质 色母中有杂质 载体不相容	逐一检查原料 做好颜料润湿	提高颜料分散性 增加过滤网细度 换相容树脂
颜色褪色	颜料耐热性不佳		选择耐热性好色母粒
颜色沾染	颜料耐溶剂性不佳	逐一检查原料	

6.3 人造运动草坪用色母粒配方设计

人造运动草坪起源于 20 世纪 60 年代美国的一个军工项目中的发明，至今已有 40 多年历史，具有诸多天然草坪无法比拟的优点。

① 全天候性：不受气候影响，大大提高场地使用效率，并能在高寒、高温等极端气候条件下使用。

② 常绿性：外观鲜艳，无论春夏秋冬，皆可享受四季如春的美，在天然草进入休眠期后，人造草坪依然能带给你春天的感受。

③ 环保性：全场材质均符合环保要求，防腐、防晒、环保、无公害。

④ 使用性：强度高，韧性好，运动性能优异，经久耐用，不易褪色。

⑤ 经济型：造价维护费用低，养护简单。

人造运动草坪被广泛应用于足球、网球、曲棍球、橄榄球、高尔夫球以及休闲场所等。

6.3.1 人造草坪用色母粒应用工艺和技术要求

人造草坪丝是塑料熔体在压力作用下，连续通过挤出机的多孔模头而形成细丝，经冷却成为单丝。通常熔融塑料从模头挤出后，立即进行水冷，在橡胶压辊和第一辊的牵引下初步拉丝，该丝经过加热，在第一拉伸辊的牵引下再次被拉伸定型，最后收卷成单丝。整个生产流程见图 6-9。

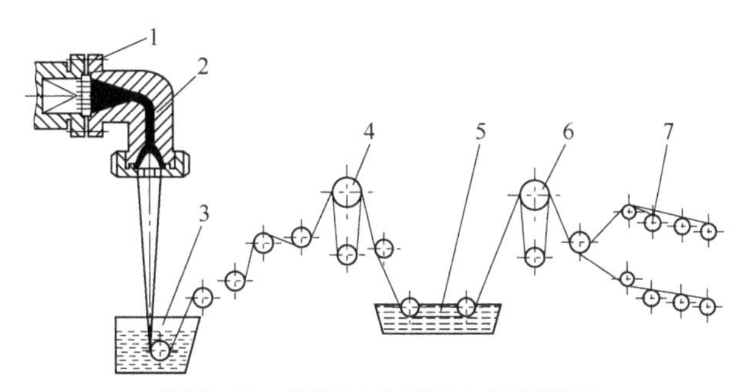

图 6-9 人造运动草坪生产流程图

1—挤出机；2—机头；3—冷却装置；4—拉伸槽；5,6 —拉伸辊；7—卷绕装置

人造运动草坪丝成型的工艺温度依据所用树脂材料的不同而不同，部分用于该工艺的主要树脂的挤出温度列于表 6-7。

表 6-7 人造运动草坪挤出单丝工艺参数

树脂材料	机筒温度/℃	冷却水温度/℃	牵伸倍数	牵伸温度/℃
HDPE	160～260	30～50	9～10	90～100
PP	150～280	20～40	8	100～130
PA	200～260	20～40	8	70～85

草坪丝横断面过去都是圆的、实心的。为了改善草坪丝物理性能，增加丝的刚性，改善丝的手感，增强丝的闪光效应，目前草坪丝横断面形状已发展为菱形、双筋、矩形、V 形、W 形、S 形、U 形切面形状，或者草丝的外形上有带筋，将模头喷丝板改为异形后来满足各种不同规格草坪丝的需求，见图 6-10。

人造运动草坪形成的第二步是用专业设备编织的方法制作草坪，其结构如图 6-11 所示。聚合物为 PE、PP、PA、PP 的草坪丝材质硬度较高，PE 的耐磨性能优于 PP、PA，这些聚合物均能够提供草坪丝所需的柔性和弹性。

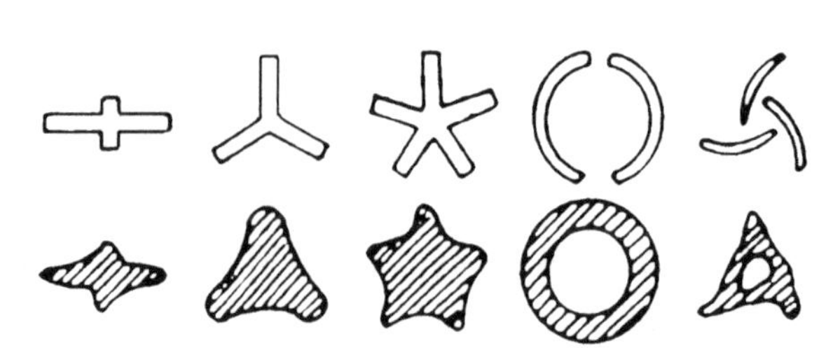

图 6-10　人造运动草坪丝异型孔和丝截面

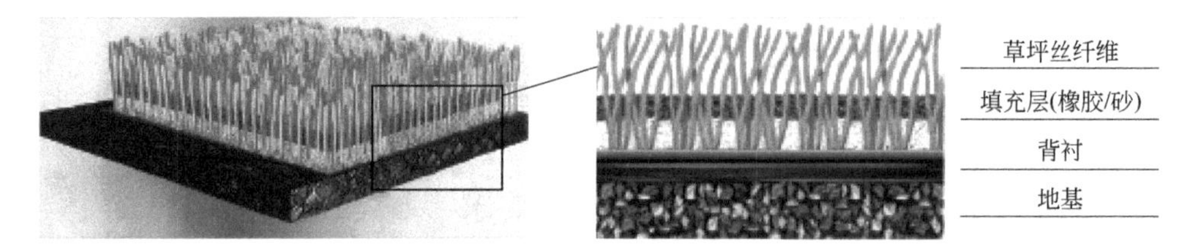

图 6-11　人造运动草坪结构图

人造运动草坪色母粒需满足耐候性、耐热性、耐迁移性、分散性和耐老化性。

(1) 耐候性

由于人造运动草坪长期在户外使用，所以选择的颜料应具有非常优异的耐候性。

(2) 耐热性

由于人造运动草坪丝采用熔融纺丝成型工艺，所以色母粒中颜料的耐热性是必须具备的重要特性指标之一，同时要求所用的颜料必须具有良好的耐迁移性能。

(3) 分散性

由于人造运动草坪丝采用熔融纺丝成型工艺，而且有不少异型丝，所以颜料应具有良好分散性，否则在拉伸时挂水，在拉伸过程中会引起毛丝、断丝，影响正常的织造生产。加入氟类功能母粒可改善可纺性。

(4) 耐老化性

要保持人造运动草坪树脂的耐候性，需要控制颜料中游离金属离子。聚合物在热、光等作用下，会发生断链，造成性能下降，所以需要加入老化稳定系统。

6.3.2　人造草坪用色母粒配方

人造草坪用色母粒要求耐候性、分散性好。色母粒配方设计见表 6-8。

表 6-8　人造草坪用色母粒配方设计

原料名称		规格	含量/%
颜料	无机颜料	氧化铁	0～30
	有机颜料	酞菁	0～10
分散剂	聚乙烯蜡		0～8
抗氧剂	复配	B215、B225	0～0.1
光稳定剂	复配	783	0～0.5
载体	PE		X
	PP		
总 计			100

① 人造草坪长期在室外使用，如要保证其在生命周期不褪色，可供选择的颜料不多。需要注意的是，有些颜料本身的耐候性不错，但加入钛白后其性能大幅度下降。所以选择有机蓝色颜料与无机黄色颜料拼色是最佳的配方选择，见表 6-9。

表 6-9　人造草坪用颜料品种

颜料种类	颜料名称	耐热性/（℃/5min）	耐光性/级	耐候性/级
酞菁蓝	颜料蓝 15:3	290	8	5
氧化铁黄	颜料黄 42（包膜）	240	8	4~5
	颜料黄 119	300	8	5

无机颜料耐候性要比有机颜料强，利用无机颜料耐候性和遮盖力好的特性而与有机颜料配合，性能满足要求，价格也低。

氧化铁黄颜料对光的作用很稳定，有良好的耐候性。其分子式为 FeOOH，加热到 150 ~ 200℃时开始脱水，会发生如下反应：$2FeOOH \longrightarrow Fe_2O_3+H_2O$。铁黄慢慢失去结晶水而变成铁红，故在高温环境下，铁黄有色相变红、变暗的趋势，在塑料上应用大大受到限制。为了改善其耐热性，将氧化铁黄用氧化硅、氧化铝混合剂进行包覆，SiO_2 和 Al_2O_3 形成的网状膜紧紧包裹在铁黄粒子团聚体的周围，见图 6-12，从而很好地起到了隔热的作用，因而其耐热性较一般铁黄有显著提高。同时也能在一定程度上提高产品的耐候性能，当然包膜铁黄的着色力要比铁黄低 10%左右，有些致密包膜的铁黄产品着色力甚至更低。致密包膜氧化铁黄颜料耐热性可达 260℃/5min 以上。

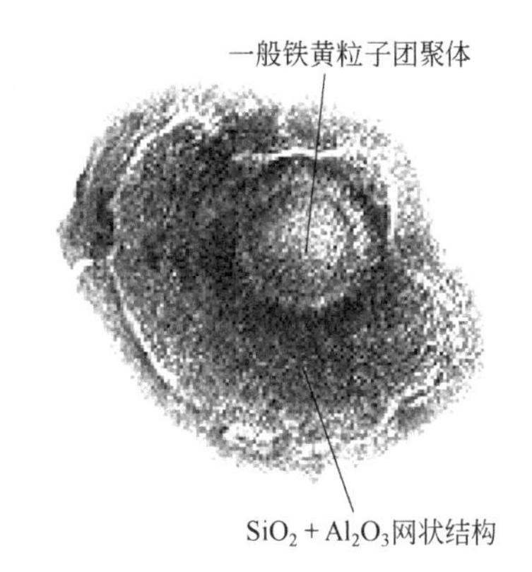

图 6-12　包膜氧化铁黄用氧化硅、氧化铝包覆结构图

颜料黄 119（锌铁黄）是一类混合金属氧化铁黄颜料，主要成分为铁酸锌（$ZnFe_2O_4$），色相呈棕黄色。锌铁黄化学性质稳定，遮盖力好而且具有极佳的耐热性，可达 300℃以上。

所以采用酞菁蓝与氧化铁黄可以配制出人造草坪各种颜色，性能满足需求，价格经济。

② 选用蓝色与黄色配制草坪绿的缺点是饱和度低，如要提高饱和度，一般可用绿色加黄色途径解决。耐候性优异的有机颜料蓝、绿、黄品种见表 6-10。

表 6-10　耐候性优异的有机颜料蓝、绿、黄品种

产品名称	化学结构	色泽	耐热性/（℃/5min）	耐光性/级	耐候性/级
颜料黄 110	异吲哚啉酮	红光黄	300	7～8	4～5
颜料黄 93	缩合偶氮	绿光黄	280	4	5
颜料黄 181	苯并咪唑酮	红光黄	300	8	4
颜料黄 183（遮盖）	金属色淀	红光黄	300	7	3～4
颜料蓝 15:3	酞菁	绿光蓝	280	8	4～5
颜料绿 7	酞菁	蓝光绿	300	8	5

③ 有机颜料透明度好，在配方中应选择耐候性优良的氯化法金红石型钛白粉，其产品杂质要比硫酸法金红石型钛白粉少，而且致密性包膜层厚，能防止钛白粉游离质子对聚合物的攻击，以保持草坪的耐候性。同时也能使钛白粉在紫外光照射下不发生黄变而保持草坪颜色稳定。

④ 在表 6-10 中没有列入颜料黄 191 的原因是，它的耐候性比颜料黄 183 低半级，纺制草坪后，在户外风吹雨打其耐水性也相对比颜料黄 183 差，颜色褪色较严重。颜料黄 183 耐候性 3 ~ 4 级，注意耐水性不好。

⑤ 人造运动草坪需有一定的耐候性，所以应控制颜料中游离金属离子，将酞菁蓝、酞菁绿的游离铜和氧化铁黄游离铁的含量控制在一定范围内。

⑥ 人造运动草坪基本上以 HDPE 丝为主；聚丙烯纤维易老化，所占市场份额越来越少。

⑦ 聚合物在热、光等作用下，会发生断链，造成性能下降，所以需要加入老化稳定系统，应选择受阻酚类抗氧剂（白色除外）来有效抑制或降低塑料热氧化反应速度，延长塑料制品使用寿命。

户外产品的抗氧剂系统可选择复合抗氧剂 B215 或抗氧剂 B225，B215 注重加工过程的抗氧效果，B225 注重最终产品的效果。如要进一步提高性能可选用复配的抗氧剂产品 B921。户外产品的光稳定系统可选用复配产品 783，对聚烯烃和增黏树脂具长效热稳定性。具体可参考第 4 章 4.2 节。

需要特别注意的是，人造草坪塑料体系中可能会加入阻燃体系以保证使用安全，因加入卤素的阻燃体系呈酸性，应避免与具有强碱性官能团的受阻胺类光稳定剂（如 944 和 622）配伍。

⑧ 为了避免人造运动草坪色差，配方设计中色母添加量不宜太低，建议添加量在 4% ~ 8%为宜。

6.4 PLA 塑料色母粒配方设计

生物可降解高分子材料一般是指降解温度不超过 50℃，可在几个月到几年时间内完全降解的材料。PLA 是可生物降解聚乳酸，主要是以植物淀粉为原料经过聚合得到的可塑性聚合物。生物淀粉原料来源充分而且可以再生，不需以石油为原料且制备成本较低，聚乳酸制品废弃物在堆肥条件下可以通过微生物作用完全降解，其降解产物是无害的乳酸、CO_2 和 H_2O，实现在自然界中的循环。PLA 是生物降解高分子材料中第一个商业化的，被认为最有前途、最具竞争力的材料。

PLA 的热稳定性良好，改性后可用多种方式进行加工，如挤出、纺丝、双轴拉伸、注塑、吹塑等。制成品除可以生物降解外，外表光泽、透明、手感柔滑，产品的耐热性也很优良，同时还具有一定的耐菌性、阻燃性和抗紫外线性，因此用途十分广泛，可用作一次性包装材料、纤维、容器和非织造物等。

近年来，国家和地方出了一系列限制一次性塑料产品的政策，降解塑料越来越热门，所以用一节来介绍 PLA 及其色母粒，让读者对这一新材料有更多的了解。

6.4.1 PLA 塑料色母粒应用工艺和配方设计

PLA 的热稳定性好，加工温度为 170 ~ 230℃，可用多种方式进行加工。PLA 塑料色母粒应用工艺的要求可参考其他章节介绍，不在这里重复了。

PLA 塑料色母粒是以 PLA 为载体的色母，要求耐热性、分散性好。PLA 塑料色母粒配方设计见表 6-11。

⊡ 表 6-11 PLA 塑料色母粒配方设计

原料名称		规格	含量/%
颜料	无机颜料		0～40
	有机颜料		0～20
润湿剂	聚乙烯蜡	相对密度 0.91～0.93	0～8
润滑剂	硬脂酸锌		0～0.5
载体	PLA		*X*
总 计			100

PLA 结构上有酯基、羟基、羧基，应选用相对亲水性的颜料，有利于分散。PLA 成型温度为 170 ~ 230℃，大多采用偶氮颜料或酞菁颜料，因此类颜料容易上色，价格也低，基本能够满足其性能要求。

由于聚乳酸属于降解材料，生产此类母粒时不能添加高分子材料或者高分子助剂，否则影响生物降解。聚乳酸母粒加工时一定要注意采用低温加工，否则易产生黄变及降解。

聚乳酸的特性黏度和分子量的关系与聚乳酸的种类（左旋、外消旋）有关系。PLA 的性能和它的分子量有很大关系，薄膜的话，一般保持分子量在 5 万 ~ 10 万左右，低分子量可以做胶黏剂，高分子量可以做纺织纤维。分子量分布的宽窄对加工性能也有很大影响，所以应根据用途选择合适分子量的聚乳酸。

同 PET 一样，由于 PLA 分子链中主要为羟基和羧基脱水缩合形成的酯键，化学活化能低，在高温下易发生化学键断裂反应，使分子量降低。特别是在有水分子存在的情况下，易发生水解反应，使 PLA 降解速度加快，有实验显示 PLA 在干燥条件下起始失重温度为 285℃，但未经干燥的 PLA 的起始失重温度降低至 260℃。因此在生产过程中，水分对 PLA 的影响不可忽视，原料是否干燥成为影响 PLA 性能的关键因素。

6.4.2 PLA 塑料色母粒应用

PLA 是一种较稳定的热塑性结晶高分子，但加工条件苛刻。PLA 的熔体黏度比 PP 有更高的温度依赖性，在剪切范围低时对剪切速率依赖性小。PLA 在高温下极不稳定，特别是当加工温度高于熔融温度时，PLA 的分子量降低更加明显。由于 PLA 熔体温度敏感，因此注塑成型的加工温度范围很窄，且由于 PLA 是结晶性聚合物，产品成型后收缩较大，这也加大了 PLA 的加工难度。PLA 塑料色母粒主要应用在 3D 打印、薄膜、纺丝和注塑产品上。

6.4.2.1 3D 打印

PLA 应用于 3D 打印，FDM 工艺中彩色材料再次吸引人们的眼球。PLA 具有良好的拉伸强度及延展度，可加工性强，适用于各种加工方式。在 3D 打印的实际应用中，其良好的流变性能和可加工性，保证了对 FDM 工艺的适应性，并具备优良的抑菌及抗霉特性，因此在 3D 打印制备生物医用材料中具有广阔的市场前景。

PLA 3D 打印模型更易塑形，表面光泽，色彩艳丽。PLA 在 3D 打印过程中不会像 ABS 塑料线材那样释放出刺鼻气味，同时它的变形率小，仅是 ABS 耗材的 1/10 ~ 1/5。

PLA 3D 打印材料对人体绝对无害和可完全生物降解的特性使得其在一次性餐具、食品包装材料等一次性用品领域具有独特优势。但同时 PLA 原料加工的一次性餐具存在不耐温、不耐油，无法微波加热缺陷。此外，PLA 3D 打印材料在汽车工业和电子领域的应用已经逐渐被用户所接受。

6.4.2.2 生物薄膜

聚乳酸（PLA）具有良好的拉伸强度及延展度，与目前所广泛使用的聚合物有类似的成型条件。采用普通加工方式吹膜，具有与传统薄膜相同的印刷性能；薄膜具有良好的透气性、透氧性及透 CO_2 性能；拥有良好的光泽性和透明度，与聚苯乙烯所制的薄膜相当；具有隔离气味的特性，病毒及霉菌不轻易依附在生物可降解塑料的表面。聚乳酸是唯一一种具有优良抑菌及抗霉特性的生物可降解塑料。

PLA 薄膜最大的特点是有优越的生物可降解性，被废弃后可在自然界中分解为乳酸，最终分解为二氧化碳和水。通过植物的光合作用，二氧化碳和水又可变成淀粉，这样在自然界中循环，形成生态平衡。用聚乳酸替代普通塑料可解决当今困扰全世界的白色污染问题，尤其是在农膜应用领域。而普通塑料的处理方法大多是焚烧火化，不仅严重污染环境，还会造成大量温室气体排入空气中。所以，PLA 色母用于彩色农用薄膜有很大发展前景。

6.4.2.3 PLA 纺织纤维

合成纤维在纺织纤维中所占比重较高，现已广泛应用于服饰、家居等领域，但由于其原料大多取自石油、煤炭等不可再生资源，且使用后难降解，易造成污染，因此，可降解、再生的“绿色环保”纤维材料成为今后合成纤维研究的方向。近年来，随着聚乳酸（PLA）纤维聚合工艺的局部成熟，它被认为是最具发展前景的“绿色环保”纤维之一，它具有良好的生物降解性和循环再生性，同时又具有导湿性、良好的抗紫外线性和耐菌性、优良的阻燃性、出色的回弹性及悬垂性。

聚乳酸作为可降解的纤维，可以采用多种方式进行加工，加工过程的分子定向会大大增加力学性能，可以和通常的聚酯纤维一样制成短丝、单丝、长丝和非织造布等多种制品。聚乳酸属于脂肪族聚酯，耐碱性较弱，有较好的手感，并具有优异的悬垂性、滑爽性和光泽度等特点，制成的服装外形挺括，穿着舒服。

聚乳酸纤维和聚酯纤维在物理、化学特性方面有诸多相似之处，见表 6-12。聚乳酸纤维可采用分散染料高温、高压染色的工艺条件，但技术远不如聚酯纤维染色那样成熟，而且还会产生大量污水。

表 6-12 PLA 纤维与聚酯纤维、聚酰胺纤维的性能比较

物理性能	PLA 纤维	聚酯长丝	聚酰胺长丝
密度/(g/cm^3)	1.27	1.38	1.14
折射率	4	1.58	1.57
熔点/℃	175	265	215
玻璃化转变温度 T_g/℃	57	70	40
吸湿率/%	0.6	0.4	0.5
比能/(kJ/g)	18.8	23	30.9
拉伸强度/(cN/dtex)	4.0～5.0	4.0～5.0	4.5～5.3
延伸度/%	25～35	30～40	40
模量/GPa	32.9～85.8	11.76	2.94
结晶度/%	＞70	50～60	35

聚乳酸纤维加工条件及设备与聚酯纤维相同。采用 PLA 色母粒熔融纺丝，而且纺丝温度较低，对环境没有污染，属环保型产品，有很大的发展前景。

6.5 荧光颜料母粒配方设计

荧光颜料往往被应用于那些需要格外惹人注目的场合。国外对儿童及成人的有关研究表明，使用了荧光颜色的产品相对于使用传统颜色的同类产品能更早吸引他们的注意力，并且把持住这种注意力的时间更长。因此商家们为促进其产品的销售，使出浑身解数，千方百计地将荧光颜色以各种方式应用到他们的产品中去。

荧光颜料最初主要用于商业装饰、广告、安全标识等。随着生活水平的提高，荧光颜料的用途已经扩展到儿童玩具、包装、纺织、塑胶着色、涂料、油墨，印染等领域。

6.5.1 荧光颜料母粒应用工艺和技术要求

荧光颜料母粒应用在塑胶行业的吹塑、注塑、压延、纺丝等成型工艺中。使用荧光颜料的塑胶产品多见于玩具、洗涤剂瓶、交通锥以及安全设备、用具等。目前，荧光颜料在纤维方面的应用也多见，公共场所交警和环卫工人都穿着醒目、亮眼的荧光色彩的衣服。

(1) 分散性

荧光颜料一般由荧光染料、载体树脂和助剂三部分组成，导致荧光颜料着色力偏低。为了达到鲜艳的荧光色要求，在纺丝产品中荧光颜料的添加量是很高的，因此对其分散性提出了要求。特别是荧光颜料中树脂为极性树脂，塑料绝大部分为非极性，所以需关注树脂对分散性的影响。

(2) 耐热性

荧光颜料大量应用于聚氯乙烯压延薄膜上，压延成型将接近黏流温度的物料通过一系列相向旋转着的平行辊筒的间隙，使其受到挤压和延展作用，成为具有一定厚度和宽度的薄片状制品。所以一般的操作温度都会在 160℃左右，使用的着色剂必须能够在此温度下经过数分钟的操作时间。在考虑颜料耐高温的同时，还需要考虑其受热时间。当然还需要考虑的是荧光颜料树脂本身的热稳定性。

(3) 耐光（候）性

荧光颜料是染料，一般染料的牢度特别是耐光性没有颜料好，此外荧光颜料吸收可见光和紫外光后，能把原来人眼感觉不到的紫外光转变为一定颜色的可见光，对颜料性能也有影响，所以不少荧光颜料品种的耐光性不好，按经验做法会加入相近色的、耐光性好的颜料。

(4) 耐迁移性

荧光颜料母粒无论用在化纤织物上，还是压延 PVC 塑料薄膜上，迁移性必须满足要求。

(5) 安全性

作为儿童玩具，必须符合美国 CPSIA H.R.4040 消费品安全改进法案，欧盟玩具指令 88/378/EEC、玩具协调标准 EN71-3 以及欧盟新玩具安全指令 2009/48/EC，中国国家标准 GB/T 6675—2014 规定的安全要求。

6.5.2 荧光母粒配方

荧光母粒以荧光颜料为主，所有产品的要求是具有强烈的荧光效果。当然在配方中也会加入其他着色剂来满足人们对色彩的追求，以及弥补某些产品技术指标缺陷。荧光母粒配方设计见表 6-13。

表 6-13 荧光母粒配方设计

原料名称		含量/%
颜料	荧光颜料	30
	有机颜料	0～10
分散剂	聚乙烯蜡	0～5
光稳定剂	二苯甲酮 苯并三唑类	0～0.2
润滑剂	气相二氧化硅	0～0.5
	白油	0～2
载体	PE	X
	K 树脂	
	PS	
合　计		100

① 荧光现象是一个光致发光的过程。在这个过程中，紫外光或可见光波段内的短波电磁波被吸收之后，以长波电磁波的形式释放出来，见图 6-13，后者通常落在可见光范围内，与常规反射的光叠加，其总的反射光强度比一般颜料高，形成非常鲜艳的色彩。如荧光橙的反射光强度是普通橙颜料反射光强度的数倍，十分引人注目，见图 6-14。

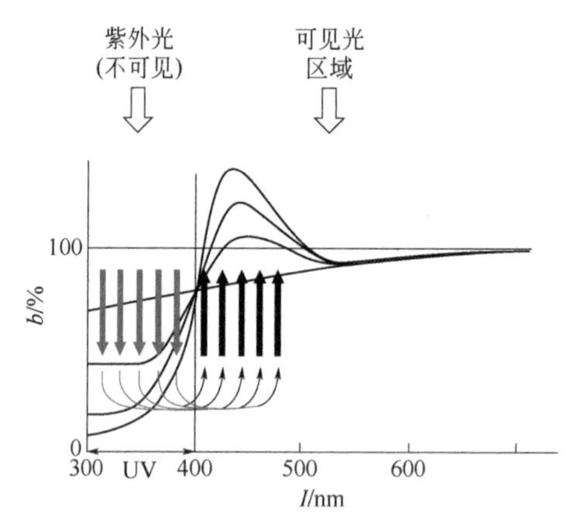

图 6-13 光致发光的过程

② 塑料用荧光颜料绝大多数为荧光染料均匀分布于载体树脂并经粉碎处理成粉末而成，通常荧光颜料为荧光染料在载体树脂中的固溶体，这就是通常荧光颜料着色力低的原因。

③ 荧光染料是一些具有特殊结构的化合物，其结构特征主要有分子内含有发射荧光的基团，如羰基，碳碳双键、碳氮双键等；分子内含有助色基团，助色基团使光谱红移并增大荧光效率，如伯氨基、仲氨基、羟基、醚键、酰氨基等；分子内含有刚性平面结构的共轭 π 键。分子内共轭体系越大、平面性越强，其荧光强度越高。一些能提高共轭度的因素能提高荧光效率，并使荧光波长向长波方向移动。常用的荧光染料如表 6-14 所示。

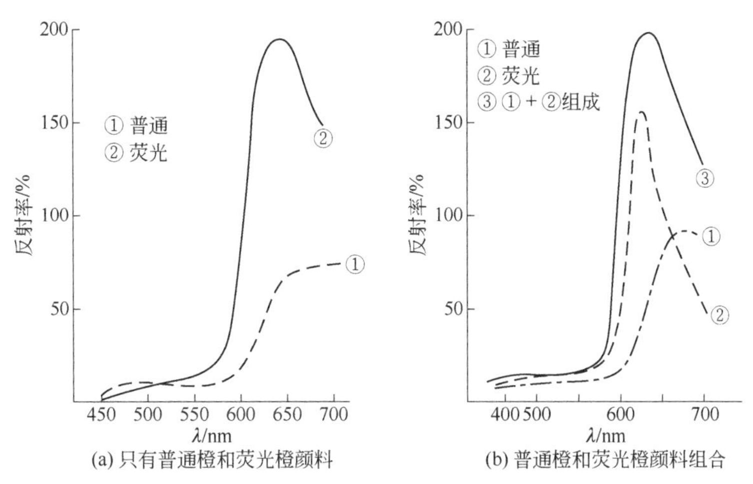

(a) 只有普通橙和荧光橙颜料　　(b) 普通橙和荧光橙颜料组合

图 6-14　荧光橙和普通橙颜料反射光强度对比

表 6-14　常用的荧光染料

名称	结构式	日光下的颜色	荧光色
若丹明 B	$(C_2H_5)_2N$, O, $N(C_2H_5)_2Cl^-$, COOH	粉红	橙～红
若丹明 6G	$(C_2H_5)_2N$, O, $N(C_2H_5)_2Cl^-$, H_3C, CH_3, $COOC_2H_5$	红	橙～红
酸性曙红	Br, Br, HO, O, O, Br, Br, COONa	红	黄～橙
荧光黄	HO, O, O, COOH	黄	绿～黄绿
碱性黄 HG	HCl^-, H_2N, N, NH_2, H_3C, CH_3, CH_3	黄	黄～黄

续表

名称	结构式	日光下的颜色	荧光色
硫代黄素	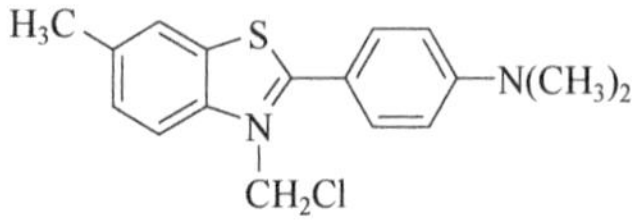 H_3C S N $N(CH_3)_2$ CH_2Cl	黄	绿～黄绿
FF 吖黄素	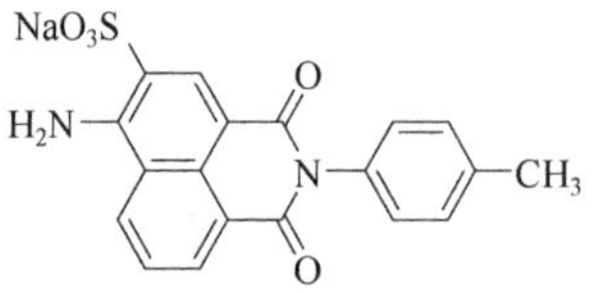 NaO_3S H_2N O N CH_3 O	黄	绿～黄绿

从表 6-14 可以看出，荧光染料红色品种为传统碱性染料，耐光牢度低；荧光染料黄色品种为苝系，相对耐光性好一些。但荧光染料直接用在聚烯烃会发生迁移。

④ 荧光颜料载体树脂就是荧光染料的附着物，除可作为染料分子的固定剂外，还能提供一种更强的荧光和抗褪色能力。通常载体树脂是强极性树脂，一方面有助色作用，增大荧光效率；另一方面与荧光染料有很好的相容性，有助于染料的均匀分散。荧光染料常用的载体树脂有对甲苯磺酰胺-甲醛-三聚氰胺树脂、苯代三聚氰胺-甲醛树脂、聚丙烯酸酯树脂、聚酰胺树脂、聚酯树脂、聚氨酯树脂等。

对甲苯磺酰胺-甲醛-三聚氰胺树脂体系是传统的荧光颜料载体树脂，具有易粉碎、与染料的相容性好、颜色鲜艳，着色力强等优点。但耐热性差，130℃以上开始变色，到 180℃时就极不稳定；耐光牢度差（2 级左右）；对环境不友好，生产和使用过程中均有甲醛释放；成型后有较大的渗色现象。聚丙烯酸酯树脂制备的荧光颜料有较好的耐光性，这源于聚丙烯酸酯树脂本身的耐候性，而且可以通过乳液聚合的方法得到微米级或纳米级微粒。

荧光颜料载体树脂种类，决定了其在不同树脂体系里的相容性和耐热性。有些是热固性树脂载体，一般适合 PVC，有些是热塑性树脂载体，用于聚烯烃和工程塑料。聚酰胺树脂、聚酯树脂具有出色的耐高温、抗渗色性能，能用于高温注塑，而且不含甲醛。选用聚酰胺树脂不易产生黑点。

⑤ 荧光颜料在塑料中应用时，载体树脂选择很重要。首先需关注荧光颜料载体树脂的分解点。分解点可以反映产品的热稳定性。选用热塑性树脂型荧光颜料，需密切关注产品软化点指标，如软化点过低，产品易结块；软化点过高，注塑温度就要提高，否则颜料难以熔融，分散不开。

⑥ 荧光颜料在着色浓度较低时，荧光强度与着色浓度成正比。但到了一定浓度以后，就不再存在这种正比关系。荧光颜料浓度过大时，常常发生猝灭现象。这样反而荧光强度大大低于接近饱和时的强度。

⑦ 荧光色母粒配方中应避免加入过多的钛白粉，钛白粉具有消光作用，会影响产品的荧光强度。

⑧ 荧光颜料对紫外线敏感，所以耐光性较差，在配方中应该选择加入相同色调、饱和度好、耐候性优异的有机颜料品种。塑料制品在使用时，如荧光颜料褪色，尽管制品光亮度下降，但色调不至于发生很大变化。从而有助于提高着色产品的耐光性和耐候性。

⑨ 荧光颜料对光的稳定性很低。日光中的紫外光是有害的。所以需加二苯甲酮或苯并三唑类紫外线吸收剂对其加以保护。由于高亮度的荧光颜料是将紫外光转化为可见光的结果。所以着色配方中过量添加紫外吸收剂可能引起荧光亮度的降低。

⑩ 在配方中可适量加入白油，有利于荧光颜料润湿，但不宜加得太多，太多会使高温成型中产生的气体太多，不利于环境保护。

⑪ 值得注意的是，荧光颜料大多不符合 FDA 要求，符合食品接触的品种也不多。当制品需要与食品直接接触时慎重使用荧光颜料。

⑫ 有 UV 紫外校正功能的分光光度计可通过对其光源中 UV 部分的控制，从颜色数据差异中判断样品中的荧光成分的有无和强度。

⑬ 荧光颜料是由均匀分布于载体树脂的荧光染料组成，分散性尚可，所以在配方中可不加和少加分散剂聚乙烯蜡。荧光色母粒尽量一次造粒成功，以保持荧光色彩亮丽。

⑭ 用于聚烯烃树脂的荧光色母粒载体选用 PE。但用于 PS 树脂的荧光颜料母粒载体应选用 PS。可在 PS 载体混合添加 3%~5%丁苯透明抗冲树脂（简称 K 树脂）。

⑮ 有些荧光颜料载体树脂会粘螺杆，所以在配方中加花王 EBS 并加部分硅油解决。

⑯ 荧光颜料色母粒挤出造粒后，不管是否需要调色，都应尽快清洗螺杆。

6.5.3 荧光母粒制造和应用过程中出现的问题和解决办法

6.5.3.1 荧光母粒制造过程中可能出现的问题和解决办法

① 荧光颜料和树脂混合仅需低速混合搅拌，不需高速混合，以防对荧光颜料包覆的树脂造成损伤，影响荧光效果。荧光颜料分散性好，用单螺杆挤出造粒更佳。

② 有些荧光颜料树脂会粘螺杆，在配方中加花王 EBS 并加部分硅油解决，粘连严重时加少量 PPA，可帮助进料和造粒。加料口的温度不宜太高，荧光颜料挤出造粒要低温、低剪切。如需要双螺杆，挤出加工温度要尽可能低，同时停留时间要短。色母的浓度不宜太高，在 25%~30%就可以了。

③ 荧光色母造粒时，如粘螺杆严重，一定要停止生产，需冷却后重新升温（降低温度后，再加树脂，启动冲洗机筒)。此外，采用定制套筒和螺杆，镀上硬铬，多加些外润滑剂也是解决粘螺杆的良策，同样对黑点也有一定的抑制作用。

④ 由于荧光色母的特殊性，每批色差不一，需每次生产时都微量调整配方。

6.5.3.2 荧光母粒应用过程中可能出现的问题和解决办法

① 在注射成型中通常有注塑料头反复使用的习惯，且注塑工艺使用的热流道也十分普遍。因此需特别注意，因为每次加热都会引起荧光颜料热损伤的增加。

② 荧光颜料着色力低，建议荧光颜料最终在成品中的浓度为 1%~2%。

③ 使用荧光颜料时，一个最常见的工艺问题是粘辊的发生。一般认为，粘辊的发生是树脂中的低聚物组分和荧光染料一类的小分子量有机物质受热分解，并从聚合物中析出沾污螺杆和其他金属部件所致。着色剂加工厂商从着色剂的分子量着手，一方面试图改变分子量的分布，另一方面则试图减少低分子量组分，从而减少分解和析出的机会。色母加工厂商和添加剂供应商则试图共同开发旨在降低粘辊现象的添加剂。

6.6 橡胶着色剂（色饼）配方设计

随着国民经济的不断发展，改革开放的进一步深入和人民生活水平的提高，人们的消费观念、审美观念都发生了巨大的变化，橡胶制品也从色泽的单一性向多彩性演变，从深色、黑色制品向鲜艳的多色谱发展。

特别是胶鞋行业，许多厂家的彩色雨靴、童靴、雪地靴等产品大量进入国际市场。因而橡胶制品的着色面临着更新、更高的要求。原来的颜料干粉着色已难以满足产品高质量的要求，如对电性能有特殊要求的橡胶电缆，用颜料干粉会造成其电性能的降低。如果选用的颜料品种不当或颜料粒子过硬过粗，还会造成色点、条纹等质量问题。

橡胶着色剂（色饼）的诞生，改善了橡胶着色的性能，提高了彩胶制品的质量，橡胶着色剂国外早在二十世纪六七十年代就着手研究，并开发成功了以生胶为载体，填充大量着色剂而得的着色剂母胶，形成了工业化生产，如德国的 BASF（巴斯夫）、Hoechst（赫斯特）、BAYER（拜耳），日本的大油墨公司以及中国台湾色真、清丰等著名厂商都有这类定型商品上市供应。目前发达国家 80% 以上的彩胶制品都用它来着色。

橡胶着色剂在国内外已有很多剂型，有母粒状，也有浆状。橡胶着色剂（色饼）顾名思义就是着色剂和橡胶混合后以饼状高浓形态出现，是目前国内外用的比较成熟的产品剂型。所以它也是广义概念上色母的表达方式。

6.6.1 橡胶着色剂（色饼）应用工艺和技术要求

橡胶制品种类繁多，但生产工艺过程却基本相同。以一般固体橡胶（生胶）为原料的橡胶制品的基本工艺过程包括塑炼、混炼、压延、压出、成型、硫化等工序，见图 6-15。橡胶的加工工艺过程主要是解决塑性和弹性性能这个矛盾的过程，通过各种工艺手段，使得弹性的橡胶变成具有塑性的塑炼胶，再加入各种配合剂制成半成品，然后通过硫化使具有塑性的半成品又变成弹性高、力学性能好的橡胶制品。

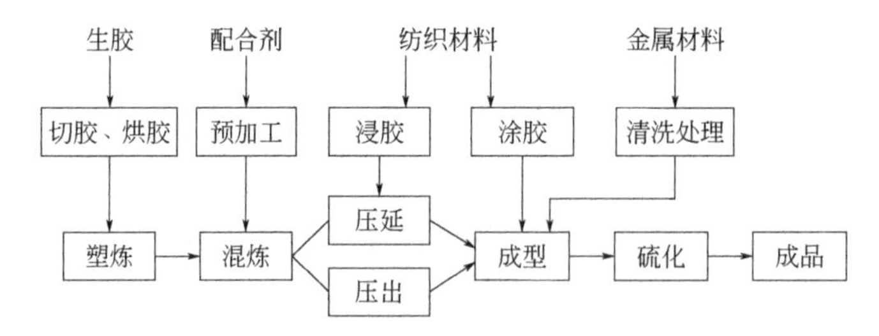

图 6-15 橡胶加工的基本工艺

由于密炼机密炼室有上下顶栓、下出口，密炼机的混炼室不能打开，所以清洗十分困难，导致换品种困难，如果是彩色产品，因清洗不干净会发生色差问题。如图 6-15 所示，生胶在密炼机腔内受高温和强机械作用，获得理想可塑度后放入开炼机上与其他添加剂混合。按照生胶 ⟶ 小料 ⟶ 着色剂 ⟶ 油 ⟶ 硫化剂的顺序进行混炼。如果加入颜料干粉，首先会出现严重的环境污染问题，因为颜料的颗粒细、表观密度小，炼胶时容易飞扬，使车间、厂区乃至周边环境都遭到污染。如果颜料不经过密炼剪切还会产生分散问题，颜料因分散问题，更容易出现色泽分布不均或因结聚而导致分散不均及出现色斑，影响产品的外观合格率。

橡胶色饼由于颜料已进行预分散，分散性良好，而且已经标准化，饼状形态计量方便，橡胶色饼可在第二步混炼阶段加入（见图 6-15），满足彩色橡胶生产需求，也满足环境保护要求。

橡胶色饼必须色光鲜艳、色谱广泛，有较高的着色力、耐热性、分散性、耐光性、耐迁移性、耐化学品性、耐水性和安全性。

（1）耐热性

着色剂应在橡胶制品加热成型过程中保持颜色不改。橡胶在硫化过程中要经受较高温度（各厂工艺条件不同，硫化温度不同）。在此温度下，色变大的颜料不能采用，必须选用具有较高耐热性的颜料。

（2）分散性

在橡胶介质中具有良好的分散性、高着色力与遮盖力、优异的易分散性，使制品具有鲜艳的色光，高着色强度，缩短橡胶混炼时间，降低能耗。

（3）耐光性

阳光中的紫外线具有较高能量，它能破坏颜料的化学键，使其褪色。颜料分子结构中的化学键性质和基团不同，其色牢度、耐光性、耐候性程度就不同。尤其是户外使用的建筑用橡胶制品。

（4）耐迁移性

彩胶制品在加工或高温等其他特定条件下，颜料有时从橡胶内部迁移到表面或迁移到相邻不同颜色的橡胶上，造成喷霜或颜色污染，这种情况是颜料的迁移性造成。所以，用于橡胶着色的颜料必须具有较高的耐迁移性，从而避免上述现象。在着色时不因其软化(增塑)剂、润滑剂的存在而产生颜色的迁移。

（5）耐酸、耐碱、耐化学品性

橡胶着色中，颜料耐化学品性质主要是指耐硫化性能。如果某种颜料在硫化过程中会与硫发生反应，造成色变，这类颜料就不宜采用。橡胶硫化温度最高可达 150℃，着色剂是在硫化以前加入到配料混合物中，橡胶手套、围腰等制品常用于酸、碱接触的环境，橡胶加工中的各种添加剂，如催化剂二苯胍能改变橡胶的色泽，硫在硫化过程中也能使橡胶的颜色变暗。在橡胶着色剂及制品加工过程中，常遇到汽油、苯等有机溶剂，所使用的着色剂如果没有耐溶剂性就不能使用。故选用的着色剂要求耐酸、耐碱、耐化学品性好。

（6）耐水性及耐溶剂性

橡胶制品在生产过程中的硫化阶段会接触到水蒸气，而在使用过程中也难免与水分接触。因此要求着色剂能抗水渗，以保持色牢度。橡胶制品中有浸泡水中或需要与水蒸气经常接触的产品，若想使着色剂不会与水接触而褪色，所选着色剂在水和湿润环境中的牢度要好。

（7）安全性

橡塑制品用途广泛，国外 FDA 法规和国内 GB 9685—2016 中列举了用在生产、制造、包扎、加工、制备、处理、包装、运输或者盛放食品的塑料产品或者塑料材料中的着色剂物质，并且规定了它们的使用条件、使用限量，还有符合性条件等。

6.6.2 橡胶着色剂（色饼）配方

橡胶色饼配方设计见表 6-15。

⊡ 表 6-15 橡胶色饼配方设计

原料名称		含量/%
颜料	无机颜料	0～70
	有机颜料	0～50
加工助剂	偶联剂	0～2
	硬脂酸、硬脂酸盐	0～2
载体	天然橡胶	X
	丁苯橡胶（SBR）	
	顺丁橡胶（BR）	
总 计		100

① 橡胶着色剂有机颜料选择。由于橡胶成型温度较低，所以可用的颜料品种较多，有机颜料中很多经典颜料都可选用。国外跨国公司推荐用于橡胶色饼的颜料品种和性能见表 6-16。

⊡ 表 6-16 国外跨国公司推荐用于橡胶色饼的颜料品种和性能

颜料品种和性能	黄	橙	大红	宝红	蓝	蓝	绿
颜料索引号	PY13	PO13	PR48：1	PR57：1	PB60	PB15：3	PG 7
色饼颜料含量/%	55	55	60	60	70	65	60
耐光性/级	6	6	5	5	8	8	8
耐水性/级	5	5	5	5	5	5	5
耐 1%肥皂液/级	5	5	4	4	5	5	5
耐 1%纯碱液/级	5	5	5	4	5	5	5
耐 5%乙酸/级	5	5	5	4	5	5	5
耐 50%乙醇/级	5	5	5	4	5	5	5
耐溶剂、汽油/级	5	3	5	5	5	5	5
耐甲苯/级	3	2	5	5	4	5	5
耐脂肪/级	4	3	5	5	5	5	5
耐棕榈油/级	4	3	5	5	5	5	5
耐 1%盐酸/级	5	5	5	3	5	5	5
耐 SO_2/级	5	5	5	3	5	5	5

需注意的是：色淀类颜料不宜用于乳胶制品着色，不溶性单偶氮类颜料不宜用于需溶剂苯之类处理的橡胶制品着色，游离铜含量>50×10^{-6}的颜料不宜用于以酚醛树脂作为硫化剂的乳胶制品着色。中低档颜料不宜用于橡胶电线电缆着色，某些金属盐（如 Cu、Mn），可加速橡胶老化，降低机械强度。

由于橡胶色饼中有机颜料含量高达 50%以上，所以需注意有机颜料的粒径大小和粒径分布对载体橡胶门尼黏度的影响。粒径大小（表面积）和粒径分布不稳定会造成橡胶色饼批次不稳定，有机颜料粒径大小可以选用马尔文纳米粒度测试仪测试，也可用简易的有机颜料吸油值测试结果来控制。

② 橡胶着色剂无机颜料选择。黑色、白色是典型的无机颜料，也是橡胶制品常选的着色剂。但重金属无机颜料不宜用于橡胶制品着色，颜料黄 34、颜料红 104 均是含铅颜料，与

硫反应会生成 PbS 而变黑，颜料蓝 29 群青不宜用于氯丁橡胶，因为群青不耐酸。

③ 载体的选择。载体的作用是将经表面处理好的颜料与载体混合成型，就很容易输送到被着色物中去。这就要求载体具有高填充性能和良好的加工性能，其对最终产品性能影响较小。要求与被着色物具有良好的相混性和亲和力，并且不影响被着色物的各项物理化学性能，另外载体决定了相容性和储存性。

所选用的载体必须适合工艺的加工条件，还必须考虑载体与大多数橡胶（天然橡胶、顺丁胶、丁苯胶、丁腈胶等）的相容性。

天然乳胶是由橡胶树割胶流出，呈乳白色，固含量为 30%～40%，橡胶粒径平均为 1.06μm。为防止天然胶乳因微生物、酶的作用而凝固，常加入氨和其他稳定剂。为便于运输及加工，天然胶乳采用离心或蒸发等方法浓缩至固含量 60%以上，称为浓缩胶乳。

丁苯橡胶（SBR）是以丁二烯和苯乙烯为单体，采用自由基引发的乳液聚合或阴离子溶液聚合工艺制得的目前世界上产量最高、消费量最大的通用合成橡胶品种，其物理性能、加工性能和制品的使用性能接近于天然橡胶（NR），但耐磨性、耐热性、耐老化性优于天然橡胶，是最大的通用合成橡胶品种，也是最早实现工业化生产的橡胶品种之一。SBR 一般选择浅色环保充油的型号。

顺丁橡胶（BR）是顺式 1,4-聚丁二烯橡胶的简称。顺丁橡胶是由丁二烯聚合而成的结构规整的合成橡胶，其顺式结构含量在 95%以上。顺丁橡胶是仅次于丁苯橡胶的第二大合成橡胶。与天然橡胶和丁苯橡胶相比，硫化后其耐寒性、耐磨性和弹性特别优异。它具有弹性好、耐磨性强和耐低温性能好、生热低、滞后损失小、耐屈挠性、抗龟裂性及动态性能好等优点，但也有拉伸强度较低、撕裂强度差、抗湿滑性不好、加工性能差、生胶的冷流倾向大的缺点。这些缺点可以通过和其他橡胶并用等办法来弥补。BR 一般选择门尼黏度低的产品。它一般不是作为载体的主要部分，而是为了提高相容性而添加的。

在三种橡胶载体中，优选丁苯橡胶（SBR），其密炼时对颜料剪切力大，而且橡胶色饼外观柔软度最佳。除了上述载体外三元乙丙橡胶（EPDM）也是理想载体，EPDM 是乙烯、丙烯和少量的非共轭二烯烃的共聚物，是乙丙橡胶的一种，其主链由化学稳定的饱和烃组成，只在侧链中含有不饱和双键，如与高熔融指数的 EVA 作为共混载体的效果更佳。

④ 加工助剂主要为了增加橡胶与着色剂和填料之间的亲和性，加速两相分散均匀，还可以添加少量表面活性剂，起到分散和润湿作用。橡胶色饼配方中可选用钛酸酯类偶联剂等。

内润滑剂是为了在橡胶混炼时减少橡胶高分子链间的内摩擦力，内润滑剂对橡胶相容性好，可以均匀分散在橡胶分子链之间，从而减少分子链内摩擦，提高橡胶的流动性，改进色饼表面的光洁度。

外润滑剂是为了降低成型加工过程中与成型机械表面的界面摩擦，所以外润滑剂与橡胶相容性很小，在加工过程中其很容易从聚合物内部转移到表面，在界面处形成一个润滑分子层。

这是理论上对内外润滑剂概念上的划分，有时候一种加工助剂同时兼有外润滑和内润滑作用，只是相对于配方体系主要侧重点不同而被称为内润滑剂和外润滑剂。有时候过量的内润滑剂即为外润滑剂，但过量的外润滑剂仍为外润滑剂。

橡胶色饼配方中润滑剂主要有硬脂酸、硬脂酸盐、石蜡。硬脂酸和石蜡也兼具有分散剂作用。

⑤ 有些厂商在生产色饼的配方中加入液体软化油类增塑剂来作为颜料润湿剂，其润湿能力越高，相同量包覆率越高，降低门尼黏度效果也越明显。需注意该类油剂不能加太多，加

入后，产品在储存中会析出油，选择门尼黏度高的会降低色饼表面析出的可能。软化油一般使用的是环烷油，也可选用石蜡油或环氧大豆油等，但需注意与载体的相容性。

6.6.3 橡胶着色剂（色饼）工业制造

橡胶着色剂（色饼）制备工艺有很多，一般按如下三个步骤进行。

① 着色剂与表面活性剂润湿后充分混合分散。

② 将上述着色剂混合物与塑炼胶按 1:1 的质量比进行混炼，薄通后得到母胶。

③ 将母胶压延、切片，得到片状料，或通过挤出、造粒而形成颗粒状。混炼、薄通后得到母胶。

国内着色剂母胶工艺采用的设备是捏合机，这种工艺路线比较简便，采用乳胶为载体时质量稳定，成品为 25cm×30cm×0.6cm 的片状，颜料含量达 50%。同时使用也极为方便，无粉尘飞扬，不污染环境，色泽鲜艳、发色均匀、无色差。

产品缺点是比较硬，储存期不长。

不少台资企业在橡胶着色剂母胶中有很大的优势，它们以 SBR 为载体，选用剪切力较强的捏炼机加工，而且产品很软。橡胶色饼的捏炼过程决定了其分散性和均匀性，但需要考虑内外润滑对捏炼剪切力的影响，在捏炼过程中外润滑过多，机械力不能有效转化为剪切力，会导致分散不良，内润滑剂也不宜过多，过多会析出在橡胶和粉体表面，从而降低了与机械表面摩擦力，反而起了外润滑作用。当排除设备和操作因素引起的分散不良之外，需考虑内外润滑哪一部分影响颜料分散问题。

6.6.4 橡胶着色剂（色饼）工业应用

橡胶着色剂（色饼）是采用天然或合成橡胶添加适量的色粉及若干助剂调配成所需颜色并经过数道加工程序制造而成的片状颜料，所以分散性很好，在二辊混炼机几次薄通后色泽展现很完全，可用于鞋底、自行车胎、球类、玩具、电缆橡胶护套等的着色或调色。 上述产品和色粉比较有如下优点。

① 色彩齐全鲜艳，可依客户需求调配成所需的颜色。因为着色剂先后经过两次分散（第一次是母胶制备，第二次是母胶与其他组分一起进行混炼），所以胶料中着色剂的最终分散均匀程度远远超过传统加工所得结果。

过去，橡胶在使用几种彩色胶料前，先要用几种着色剂按不同比例进行大量的配色试验。即使摸索到了最佳配比，在大生产中还得放大比例配料。在此过程中，着色剂来源稍有变动、称量稍有疏忽，或炼胶机清洗不够彻底，都会导致色差的出现，并由此带来产品不合格问题。所以色差问题历来被生产彩色制品的橡胶厂（胶鞋厂更是其中的典型）视为畏途。而随着着色剂母胶的推广使用，迄今已有 30 多种不同色泽的着色剂商品可供挑选。即使没有对口的品种，也可提出要求，委托色饼生产企业定制提供。

② 有利于做到着色剂的精确称量，取料、称料较方便，分散性良好，能与天然胶和多种合成胶相容，对色彩稳定性控制容易，减少色差使产品附加值提高。在操作时不飞散，减少损耗，不污染厂房且不易产生色差。很大程度上解决了大量使用颜料干粉对环境的污染问题。

③ 两种不同色泽胶料接连生产时，中间无需对炼胶机进行清洗，省去了因清洗占用的时

间和人力，因而大大提高了彩色胶料的混炼、出料能力和炼胶机利用率。不仅解决了炼胶工序中的“瓶颈”，也相应减少了不必要的人力浪费。

④ 耐硫化、耐移色，硫化前后色差小，且制成成品后各种颜色间不会相互污染。

⑤ 橡胶着色剂（色饼）色浓度高，故用量较低，用橡胶着色剂后，从表面上看成本似有增加，但杜绝了颜料粉尘飞扬的浪费，减少了工时，节约用电，同时提高了产品的质量，改善了工厂的环境。所以综合各方面来看，使用橡胶着色剂有广阔的前途，将受到广大用户的欢迎。

功能母粒配方设计

本章主要介绍能赋予塑料（纤维）某些特殊效果、提高性能的助剂。这些助剂有的是为了增加塑料制品的特殊效果，有的是为了改善塑料的特有缺陷，更多的是增加塑料新的功能——延长使用寿命、阻燃、抗静电、吸湿、除臭、导电、抗菌及远红外。除此之外，还有的是为了降低塑料制品成本。

功能母粒是指各种塑料助剂的浓缩物，有的因熔点太低，直接添加助剂不易分散，使用效率不高，影响使用效果因而常以母粒的形式添加。功能母粒与黑色母粒、白色母粒、彩色母粒一样成为母粒行业的重要组成部分，见图 7-1。

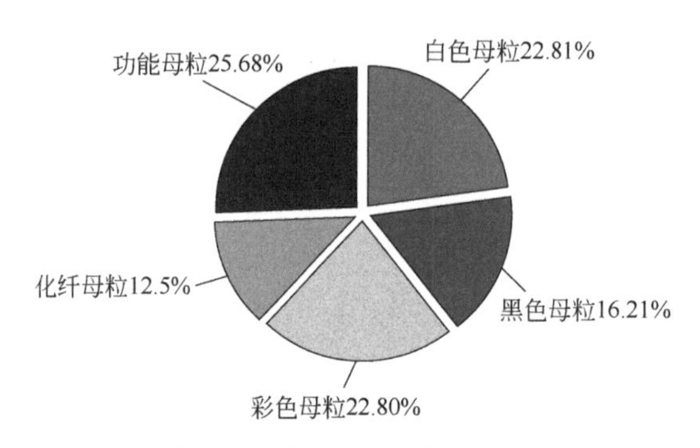

图 7-1 世界各类母粒组成分布

云母-钛珠光颜料和金属颜料能赋予塑料特殊效果光彩，所以也把它们一并列入功能母粒一章中。

7.1 珠光母粒配方设计

云母-钛珠光颜料是一种高折射率、高光泽度的片状结构、无机颜料。以云母为基材，表面涂覆一层或多层高折射率的金属氧化物透明薄膜。通过光的干涉作用，使之具有天然珍珠的柔和光泽或金属的闪光效果。同时珠光颜料具有耐光、耐高温（800℃）、耐酸碱、不导电、易分散、不褪色、不迁移的特性，加之完全无毒，被广泛应用于塑料工业中。

7.1.1 珠光母粒应用工艺和技术要求

随着现代科技的发展，云母-钛珠光颜料已从色彩单调的几个品种，急剧增加到目前的近十个系列、数百个品种，而且还在不断增加。珠光母粒大量应用在注塑成型、吹塑成型和挤管（软管）工艺上，用于美化产品的外观，提高产品的档次，增加产品的附加值。

珠光母粒应用时要关注的主要特性指标有分散性、耐光性、安全性等。

（1）分散性

为达到最佳闪烁效果，需尽可能地分散好珠光颜料，达到良好的珠光效果。

（2）耐光性

化妆品包装容器一般放在卫生间里，但化妆品是高利润产品，往往会在公开场合展示，为了维护品牌的形象，所以希望产品有良好耐光性。

（3）安全性

珠光母粒大量用在化妆品上，所以必须符合各项卫生标准。

7.1.2 珠光母粒配方

珠光母粒用于产品，要求具有强烈的珠光效果，也需符合各自产品的要求。当然也会加入着色剂来满足人们对色彩的追求。珠光母粒配方设计见表 7-1。

表 7-1 珠光母粒配方设计

<table>
<tr><th colspan="2">原料名称</th><th>规格</th><th>含量/%</th></tr>
<tr><td colspan="2" rowspan="4">珠光颜料</td><td>银白系列</td><td rowspan="4">0～30</td></tr>
<tr><td>幻彩系列</td></tr>
<tr><td>金色系列</td></tr>
<tr><td>金属系列</td></tr>
<tr><td rowspan="2">颜料</td><td>有机颜料</td><td></td><td>0～5</td></tr>
<tr><td>溶剂染料</td><td></td><td>0～5</td></tr>
<tr><td rowspan="2">分散剂</td><td>均聚聚乙烯蜡</td><td>聚乙烯蜡</td><td rowspan="2">3～8</td></tr>
<tr><td>共聚聚乙烯蜡</td><td>EVA 蜡</td></tr>
<tr><td rowspan="2">润滑剂</td><td>金属皂类</td><td>硬脂酸锌</td><td>0～0.5</td></tr>
<tr><td>白油</td><td>26 号</td><td>0～0.1</td></tr>
<tr><td rowspan="4">载体</td><td>聚烯烃</td><td>LDPE、LLDPE、PP</td><td rowspan="4">X</td></tr>
<tr><td rowspan="2">苯乙烯树脂</td><td>K 树脂</td></tr>
<tr><td>GPPS</td></tr>
<tr><td colspan="2">其他</td></tr>
<tr><td colspan="3">总 计</td><td>100</td></tr>
</table>

① 云母-钛珠光颜料是由透明性的云母薄片表面包覆一层或交替包覆多层二氧化钛及其他金属氧化物所构成的“夹心体”。金属氧化物涂覆的云母片十分光滑，因此具有良好的光反射性能，而且具有透明性，这意味着只有一部分光线被反射，透射部分的光线穿过云母片到

达另一层，可以继续被反射，结果形成了许多层面的多次反射，见图 7-2。眼睛很难在某一层上聚焦，并由此而建立起光反射的深度。所以可以看到一种奇妙的、有深度的闪亮光泽，我们称之为“珠光”。

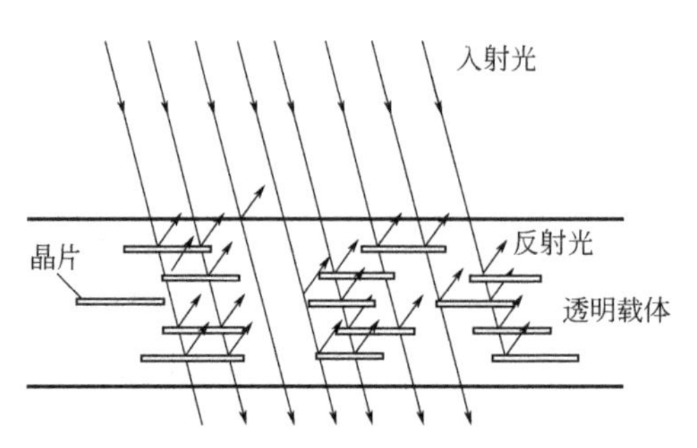

图 7-2 云母-钛珠光颜料多层次反射效果

② 从图 7-2 可以看出，珠光母粒配方中应避免加入过多的钛白粉，钛白粉是消色颜料，表现出无选择光散射造成的光学效应。钛白粉和珠光颜料在一起，由于钛白粉的高遮盖力把光全反射了，导致珠光感损失较多。同理也包含硫化锌、立德粉颜料等。

如果想要达到较好的遮盖力，可使用小粒径的珠光颜料。珠光颜料颗粒大小不同，在使用中表现出不同的效果（图 7-3）。总的来说，颗粒越大，光泽度越高，而对底色的遮盖力越弱；颗粒越小，对底色的遮盖力越强，而光泽度降低。少量加入金属铝颜料可以提高遮盖力，通常用量是珠光颜料的 5% ~ 10%。调配深颜色时，少量的炭黑可以提供很好的遮盖力，加入黑色还可以提高珠光的反射色。

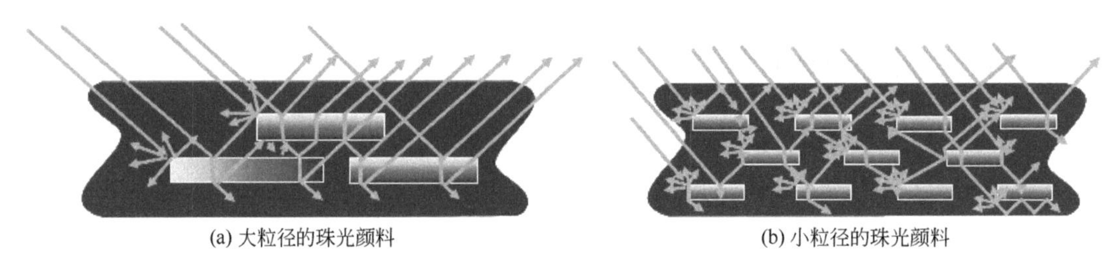

图 7-3 珠光颜料颗粒大小在使用中表现出不同的效果

③ 从图 7-2 可以看出，珠光母粒配方中应该选择透明性好的颜料。颜料的不透明性会影响光的反射，从而影响珠光效果。在配方中若是硬胶塑料，尽量选择透明性好、着色力强的溶剂染料与珠光颜料复配，其珠光效果较好。

④ 珠光母粒的浓度不宜太高，特别是 PS 珠光母粒，以保证母粒的分散性。

⑤ 在配方中加入白油的目的是为了增加珠光粉与树脂的黏合，因为珠光粉的密度比较小，另外珠光母粒一般选用单螺杆挤出机成型，也有利于物料的进料。白油又称液体石蜡，无色透明液体，也是烃类润滑剂，相对密度 0.89，热稳定性及润滑性均良好。白油作为内润滑剂，与树脂相容性差。添加量一般为 0.3% ~ 0.5%，过多时，反而使加工性能变差。

⑥ 珠光母粒需加入润湿分散剂，聚烯烃珠光母粒选用聚乙烯蜡，苯乙烯等硬胶珠光母粒选用带极性的 EVA 蜡。由于单螺杆挤出成型，所以蜡的量相对偏多一些为佳。另外母粒中蜡的用量增多，会增加珠光母粒的流动性，有利于减少珠光母粒注塑时出现的流痕。

⑦ 珠光母粒大量应用在聚烯烃注塑、吹塑和挤管上，所以聚烯烃色母配方载体选用 LLDPE 为佳。PS 用珠光母粒应选择 GPPS 为载体，GPPS 塑料是有光泽的、透明的，流动性好，易于加工，再辅以丁苯透明抗冲树脂（K 树脂）作为复合载体，更有利于单螺杆挤出成型。其他树脂珠光母粒（PMMA、PC、PA）可选用相对应的树脂为载体。

⑧ 珠光母粒应用在户外塑料制品上时，需要考虑所选择珠光颜料的耐候性。银白珠光颜料在有些塑料产品中会泛黄，推荐使用抗黄变系列珠光颜料产品。同时需预防客户在着色时会添加防老化母粒，可以向客户解释清楚酚类抗氧剂使银白珠光制品变黄的原因。

⑨ 由于金色、金属系列是在云母上涂覆氧化铁，因此在使用中需注意高剪切力对其的破坏作用。同时，如果体系中含有氯离子，会导致氯化铁生成，使体系颜色发黑。

⑩ 选用 PP 为载体，如需要可加入复合抗氧剂。

7.1.3 珠光母粒制造和应用过程注意事项

云母-钛珠光颜料由于光的多重反射和折射，产生了光的干涉现象，使之具有天然珍珠的柔和光泽或金属的闪光效果，所以母粒制造和应用过程希望珠光颜料均匀地分散于树脂中，而且平行于物质表面形成多层分布。在制造时为达到最佳闪烁效果，需尽可能地分散好珠光颜料。由于珠光颜料以片状存在，为了使珠光颜料分散更容易，需对颜料预先润湿，切忌采用高剪切力设备，可采用低剪切力混合机。由于珠光颜料的片晶状态以及相应的脆性，只准许在分散时用相当小的剪切力，建议采用较大的长径比单螺杆挤出成型和适当细度的过滤网以增加机头的压力，尽可能减少加工过程中剪切力对珠光颜料的破坏。在塑料加工过程中，由于剪切力的影响，珠光颜料的粒径会变小，会带来色彩变化，珠光效果会降低。

另外，珠光母粒应用于塑料加工成型工艺，应注意以下几点。

① 所选择加工的树脂透明性越好，采用珠光母粒着色后珠光效果也越好。

② 采用注塑工艺时需提高背压，以提高螺杆的混炼性，从而提高珠光母粒的分散性。注塑温度一般选在树脂推荐使用的温度范围的上限处，在成型的过程中，熔体的流动带动了珠光颜料的片晶的自动定向，这样能保证珠光粉的分散性，取得良好的珠光效果。

③ 注塑工艺模具表面的光洁度是非常重要的。模具越光洁，越能得到均一方向排列和光滑均匀的珠光色泽。

④ 注塑工艺的模具浇口的设计也是非常重要的选择，单一浇口比多个浇口可以减少模口流出线，浇口的位置通常应选择在远离流动障碍的厚实处，浇口末端与流道系统之间距离应尽可能小，以减少由于流体阻力的差异而引起的珠光颜料分布不均匀和杂乱无章的排列现象。

⑤ 在 PMMA、PC、PA 体系中使用珠光母粒，必须事先进行干燥处理。

7.2 金属颜料母粒配方设计

越来越多的塑料正取代金属充当结构性材料，如汽车零部件、家用电器、电子产品、各种型材和片材。为了使塑料产品具有类似金属部件的金属光泽来满足人们的感官需要，可通过金属母粒着色来达到。典型的金属效果颜料分别是金属银色（C.I.金属颜料 1，纯铝）和金属金色（C.I.金属颜料 2，铜及铜锌合金）。其中银色铝颜料用得最多，本节以铝颜料为主，介绍金属母粒的配方设计。

7.2.1　金属颜料母粒应用工艺和技术要求

金属母粒应用在塑胶行业的吹膜、吹塑、挤塑、注塑等成型工艺中。产品可用于聚乙烯吹膜，比如快递包装、农地膜；可用于聚乙烯（HDPE）吹塑机油桶、化妆品瓶盖、包装容器；可用于 PP 注塑汽车保险杠、底护板、内外饰件；可用于 ABS 注塑家电外壳；可用于 PA 注塑汽车门把手；可用于 PC 注塑箱包等。金属母粒应用在塑胶行业需注意分散性、安全性。

（1）分散性

金属母粒大量用于快递包装、农地膜，铝颜料的分散性是一个重要的因素。

（2）安全性

金属母粒大量用在小家电产品上，一般需要满足 RoHS 指令要求。另外，如需食品接触认证产品需满足标准要求。特别是金属母粒的气味。

除了产品的化学安全性外，还要注意金属颜料产品特殊的物理安全性，金属颜料铝银粉最大缺点是安全生产有隐患，投料过程中难免会有铝粉飘到空气中，而且很难去除掉，容易引起粉尘爆炸。

7.2.2　金属颜料母粒配方

金属母粒应用于各种塑料成型工艺，其母粒以金属颜料为主，所有产品的要求是具有强烈的金属效果，当然也需符合各自产品的要求。当然在配方中也会加入着色剂来满足人们对色彩的追求。金属颜料色母粒配方设计见表 7-2。

表 7-2　金属颜料母粒配方设计

原料名称		规格	含量/%
铝颜料		铝银粉	10～30
		铝银浆	15～45
		铝条	12～40
颜料	有机颜料		0～10
	溶剂染料		0～5
分散剂	聚乙烯蜡		0～8
润滑剂	硬脂酸锌		0～0.5
载体	PE		X
	ABS		
	其他载体		
总　计			100

① 铝粉颜料“湿法”生产工艺是：铝锭融化成铝水，经过高压氮气雾化成微米级球形铝粉，然后把不同粒径的微米级球形铝粉筛分成不同规格的铝粉，每一个球形铝粉在溶剂油中采用不同工艺，研磨成多个不规则形状的铝片，就成了市场上见到的各种规格型号的铝银浆了。

对铝银浆的铝片先进行包覆处理，再去掉溶剂油，就变成了铝银粉。

为了塑胶免喷涂着色使用方便，专门研发了塑胶专用铝颜料。铝银浆去除多余的溶剂，再加入载体和助剂，挤压成一个个直径 1.8mm、长度 8 ~ 10mm 的柱状体，就是塑胶专用的铝银条。为了方便配色，也会根据客户的要求，把铝银条加工成铝银沙。

铝颜料商品剂型目前市场上主要有三种：膏状的铝银浆、粉状的铝银粉和条状的塑胶专用铝银条（载体是 PE 蜡）。

② 根据客户产品需求，从价格、质量、安全以及环保性进行铝颜料的选择。

毫无疑问，使用铝银浆价格最经济，可选择的型号种类多；缺点是载体是溶剂，含油量大，气味重，生产的过程中会产生大量难闻的气体，而且在色母粒成品中也存在残留的溶剂，很多客户反感溶剂油的气味。吹膜用铝银浆要选择高沸点、窄馏程的溶剂油，免得吹膜时出现气孔现象。另外如需食品接触认证产品要选择环保的溶剂来加工铝银浆。

铝银浆混合比较麻烦，生产设备较难清理。铝银浆储存时间不宜超过一年，一旦拆开包装使用，应尽快用完，如无法一次性使用完，应立即将其完全密封。

铝银粉的优点是无溶剂、低气味，颜料有效成分高；缺点是投料、搅拌的时候会有粉尘飘到空气中，而且很难去除掉，容易引起粉尘爆炸，导致安全隐患，且很难清除隐患。

铝银条优点是与塑料相容性强、分散性好，低速搅拌就可以均匀分散，不会有粉尘污染，低气味，使用设备容易清理，生产和储存安全性高，属于非危化品。缺点是使用铝银条成本高。

如果需要低气味的银灰母粒，可考虑使用铝银条和铝银粉。如果需要强遮盖力的无气味银灰母粒，由于安全因素，市面上基本找不到粒径特别细的铝银粉，这个时候只能选择细粒径的铝银条。

铝银条优点很多，缺点除了成本高之外，因普通铝条载体是聚乙烯蜡，如注塑件对冲击性能有要求的话，可选用特殊的树脂，比如 PA、PVC 等材料为载体。

③ 在高温下很细的铝颜料对氧气很敏感，会在表面氧化形成一层氧化铝薄膜，这样铝就失去了亮丽光泽，而变得粗糙无光，呈灰白色。因此对铝颜料表面包覆一薄层高性能 SiO_2 或 SiO_2 与丙烯酸树脂双层包覆，经过包覆处理的金属颜料在耐候性、耐化学性、耐热性、耐刮擦等性能方面较常规产品有很好的提升。

④ 与珠光颜料同样道理，根据铝颜料的光干涉原理，在塑料加工过程中使用铝颜料一般需要注意：在加入着色剂时应避免加入过多的钛白粉，钛白粉具有消光的作用，钛白粉和金属颜料在一起，由于钛白粉的高遮盖性导致金属感损失较多，如果想要达到较好的遮盖力，可使用小粒径的铝颜料；如果想要达到较好的白度，可适当加一些银白细珠光进行复配，但珠光不要加太多，否则会导致铝粉返粗和失去金属感，严重会影响铝颜料的分散，在制品表面可能会看到很多铝颜料堆积在一起，形成麻点。

⑤ 根据铝颜料的光干涉原理，在配方中应该选择透明性好的颜料。颜料的不透明性会影响光的反射，从而影响金属效果。在配方中若是硬胶塑料，尽量选择透明性好、着色力强的溶剂染料与铝颜料复配，其金属效果较好。

⑥ 因为铝颜料最终呈现的效果和光反射以及物理形状的保持度、排列平整度等有关。为了产生良好金属效果要注意金属颜料加工条件，在加工混合时，搅拌速度要慢，挤出时螺杆剪切尽量偏弱些，减少破坏铝颜料结构。色母的成型冷却时间要短。

铝颜料特有的遮盖力还与加工性有关，如铝颜料分散性不好，其遮盖能力差，铝颜料最怕高速剪切，因为铝片的径厚比较大，如在高剪切力的作用下铝粉发生径向断裂，缩小径厚比，铝颜料的遮盖力也受到影响。

⑦ 金属母粒要实现理想的金属效果，首先需要选用高光泽、高透明的树脂作为载体。客户在应用时也要选择高光泽、高透明的树脂。此外，还要求载体和材料的流动性较高，以便可以更好地复制模具表面、降低剪切及改善熔接线；母粒及其载体的热稳定性要好、挥发分要低，这样不易产生气纹并可减少产品表面白雾的产生。对同一种载体树脂熔体流动速率越大，分子量分布越窄，其相应制品的光泽度越大。对 PP 而言，光泽度排序为无规共聚聚丙烯（PP-R）>均聚聚丙烯（PPH）>嵌段共聚聚丙烯；对于 ABS 树脂而言，橡胶相含量越小，光泽度越大。

⑧ 用传统分光仪测色是测反射率，选用 d8（在法线 8°角看颜色）优点是颜色重复性好。但在高光泽、深色样板，特别对于金属颜料测试有困难，因为铝颜料有随角异射现象，铝颜料测色可选用多角度，有 3°角、5°角、6°角。

⑨ 铝颜料产品对环境安全性的影响：铝粉无急性毒性。如以铝银浆形式使用应考虑溶剂的毒性。铝银浆可能含有溶剂及危害掺和物。吸入后可导致毒性作用。

粉状铝颜料是易燃固体，需注意安全。因为铝粉与水接触，就发生化学反应产生氢气，所以要在干燥环境下储存。铝粉着火后最为安全迅速的方法是盖干沙灭火。投料过程中必须避免引起铝尘，它能导致闪爆。工作环境绝对禁止吸烟，必须严禁火种和静电火花。

7.2.3 金属颜料母粒的铝颜料选择

铝颜料是片状颜料，每个面像微小的镜子，光被反射到四面八方，显“点点闪光”效果。铝颜料的片径与厚度比大约为（40∶1）~（100∶1），铝片分散到载体后具有与底材平行的特点，当光照过时，反射了光线，可产生很亮的蓝-白镜面反射光，使塑料制品表面具有人们喜欢的金属光泽，见图 7-4。

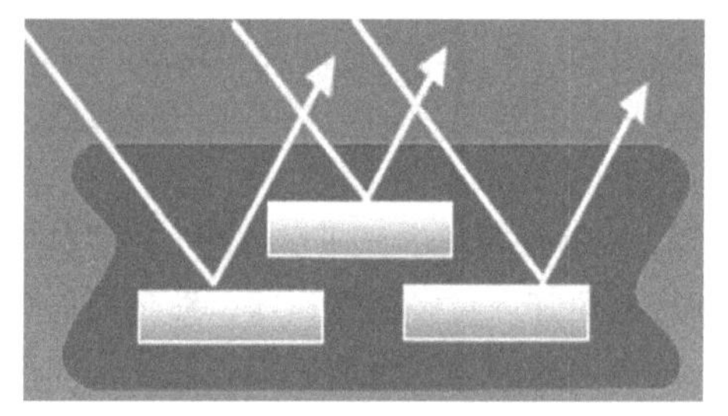

图 7-4 铝颜料光干涉原理图

金属母粒配方中铝颜料选择可从铝片的形状和粒径大小考虑。

（1）从铝片的形状选择

铝颜料研磨过程中，使得铝片具有完全不同的形状和粒径，铝片形状有玉米片形、银元形和超银元形（见图 7-5），同等粒径银元形的铝颜料比玉米片形的亮度更好，因为银元形颜料颗粒的表面积和边缘数的比例较高，边缘更加光滑，光散射中心较少，更多镜面反射，又白又亮，金属光泽会更强。而同等粒径银元型铝颜料，银元度越高，白亮度会越高，因其加工工艺复杂，产出率也低，成本也会高；银元度低，白亮度也低，价格也会低一点。

(a) 玉米片形

(b) 银元形

(c) 超银元形

图 7-5　铝颜料形状

所以用户可最终根据产品要求、价格、加工要求等诸多因素进行铝颜料形态选择。

(2) 从铝片的粒径选择

铝颜料粒径从粗到细，其着色力从低到高，外观从白、闪亮到较灰白、细腻。铝颜料特有的遮盖力是铝颜料分散到载体后众多的铝颜料互相连接，大小粒子相互填补，既遮盖了底材，又反射了光线。细粒径银粉具有较低的颜料表面与边的比率，较多的光散射，会形成一个具有感觉如同绸缎的光泽和非常高的遮盖力，而粗粒径铝颜料较高的颜料表面与边的比率，较少的光散射，具有极强特粗闪烁金属感效果，详见图 7-6。铝颜料粒径与性能关系见表 7-3。

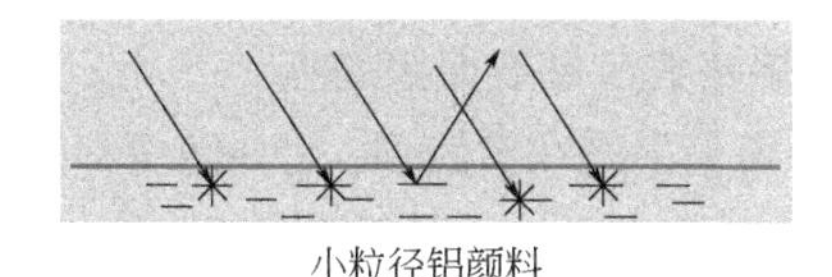

小粒径铝颜料

大粒径铝颜料

图 7-6　铝颜料粒径大小与光泽关系

表 7-3　铝颜料粒径与性能关系

性能	性能指标
粒径	细 ——→ 粗
亮度	低 ——→ 高
光泽	小 ——→ 大
色彩饱和度	小 ——→ 大
遮盖力	大 ——→ 小

7.2.4　金属颜料母粒的制造

由于金属颜料是片状结构，在母粒加工过程中，会有不同程度的破坏，导致颜色和金属效果产生差异。为此，在制造时需注意以下几点。

① 要保持生产机台、螺杆组合和生产工艺的一致性。对于双螺杆而言，不同规格的捏合元件主要以三个参数区分，即捏合片的错列角、捏合片数量、捏合片厚度，其中捏合片的错列角是影响捏合元件剪切力强弱的首要参数，捏合片的错列角一般有 30°、45°、60°、90°之分，错列角越大，剪切力越强。实验表明，加工金属颜料时，金属效果在捏合元件错列角为 45°时最佳，错列角再增大，金属效果反而变差。

② 要使母粒获得最佳的表面效果，首先金属颜料在经过双螺杆剪切后需保持适当的粒径

大小，其次需要金属颜料在母粒中具有良好的分散及分布。强剪切虽然可以使金属颜料获得好的分散及分布，但同时也会把金属颜料剪切得太碎，金属效果变差。结合表面金属效果和流痕程度两个因素，选择捏合元件角度为45°时母粒的综合表面效果较好。

③ 捏合元件的数量也直接影响母粒的金属效果。实验表明母粒金属效果首先随着捏合元件数量增加逐渐变好，之后随着数量增加反而变差。其原因和上述类似，太弱的剪切金属颜料分散及分布不均，表面金属效果差，而过强的剪切金属效果很差。结合表面金属效果和流痕程度两个因素，选择6~7组捏合元件时综合表面效果较好。

④ 加工温度和螺杆转速也影响母粒的金属效果。要获得良好的金属效果，母粒加工过程中，需要一个适当的熔体黏度，太高的熔体黏度不利于金属颜料的运动，影响分散。太低的熔体黏度，剪切性能较弱，颜料的分散和分布也会变差。

对于熔体黏度对剪切力敏感的载体，调节螺杆转速更容易实现较好的金属效果。对于熔体黏度对温度敏感的载体，调节温度是一个不错的选择。

7.2.5 金属颜料母粒应用中出现的问题和解决办法

金属颜料母粒着色尽可能选择透明性好的树脂，透明性好的材料对铝颜料的反射光影响小，铝颜料着色后金属效果也更好。

由于铝颜料是片状结构，跟其他染料和球形无机颜料不同，在注塑时，容易出现令人头痛的一些弊端，即注塑时会在产品中出现流痕和熔接线，主要原因如下：

① 由于铝片在注塑过程中容易发生翻转，不再是平躺在塑胶里。它在随塑料熔体流动时或者在两股熔体交汇处容易发生翻转，熔接处铝粉稀少，从而导致制件表面局部反射能力下降。

② 铝薄片比较脆弱，容易发生弯曲甚至发生断裂而失去应有的金属光泽。

③ 薄片型铝粉分散性欠佳，容易团聚引起表观不良。

总而言之，熔接处金属颜料少以及熔接线处的金属颜料排列不规整容易引起上述现象。如果要解决或者减少金属颜料母粒在注塑产品出现流痕和熔接线，可通过模具和注塑工艺来改进，就是通过工业设计和产品设计技术（CMF）共同逐步交互完成。

① 产品形状的设计，尽量化繁为简，最好在产品开发阶段介入，这样对产品的设计自由度会高很多，结构改变也比较方便。

② 可以将流痕调节到产品背面或不明显处，尽量减少或者弱化流痕。

③ 浇口的设计也是有讲究的，目前比较成熟的方式是搭接式进胶和冷料井，减少注塑机机头冷料对产品的影响。单一浇口与多个浇口比可以减少材料表面的熔接线，浇口的位置通常应选择在远离流动障碍的厚实处，浇口末端与流道系统之间距离应尽可能小，以减少由于流体阻力的差异而引起的铝颜料分布不均匀和杂乱无章的排列现象。

④ 模具表面根据不同的产品要求来选择，如果是小制件或光面，尽量选择高光模具，制件表面的光泽度会大幅度提高；如果是大制件或者不要求光面，表面拉丝处理也是一个不错的选择，拉丝处理可以掩盖流痕和分散的缺陷；如果产品的表面避免不了熔接痕，不妨在熔接痕的地方增加一些设计元素，让瑕疵也变成一种装饰。

⑤ 注塑时提高注入速度和背压，以提高螺杆的混炼性，从而提高铝颜料的分散性，注塑时的加工温度一般选在树脂推荐的使用温度范围的上限处，这样能保证材料良好的流动性，

熔体的流动带动了铝颜料片体的自动定向，取得了良好的金属效果。

⑥ 可以通过减少金属颜料母粒用量，或者选择大粒径金属颜料母粒，或者透明性颜料复配着色，都能够有效降低流痕。减少金属颜料母粒用量，随着铝颜料添加量的减少，流痕和熔接线也逐渐减少，以致最后流痕和熔接线变得不明显。选择大粒径金属颜料母粒，随着铝颜料粒径变大，流痕逐渐减小以致最后可能消失，熔接线也变得不明显。添加深色染料，可掩盖流痕线。

7.3 免喷涂塑料

我们曾经习惯通过喷漆来实现产品更好的外观，以及对制件的保护。而喷漆制品从生产，到回收过程都存在着种种的缺陷。近年来免喷涂塑料成为市场新宠。免喷涂塑料由于制件一次注塑成型，满足了“绿色环保”“美观炫彩”的市场需求，同时也给下游节省了成本。目前一些公司已经把免喷涂产品作为高附加值产品在大力推广，也成了近期市场热点。为此特列一节以飨读者。

7.3.1 免喷涂材料概述

以往的塑料制品往往通过表面喷漆来实现更好的外观以及对制品的保护，但是喷漆制品在生产过程中存在种种缺陷。对喷漆工人的身体健康造成不好的影响，同时也污染了环境。

① 喷漆过程会带来工业三废，还会产生包括多种致癌物的挥发性有机化合物（volatile organic compounds，简称 VOC），对喷漆工人的身体健康造成不好的影响。

② 塑料制件在喷漆过程中会产生无法轻易剥离的涂层，而热固性涂层不可回收，进而对塑料产品的回收造成障碍，如果产品直接丢弃、焚烧又会导致环境污染。

③ 喷漆工艺复杂，需要增加预处理、涂装、运输等基本环节，成本较高。

免喷涂材料是在特定树脂中加入特殊的珠光粉、金属颜料或颜料等，通过特殊的相容技术改性而成，是通过直接注塑，实现特殊珠光、金属光泽、闪耀、炫丽的外观，不需表面修饰，做到仿金属外观和类似喷涂的效果，既做到了好的视觉外观，又实现了产品的轻量化，也减少了环境的污染。

免喷涂塑料的优点是显而易见的:

① 一次成型：无需后处理、零周转、高效率及高成品合格率，不仅降低了成型厂运到喷涂厂过程中物料损耗，也降低了库存周转的成本。

② 低碳环保：无传统工业三废，可 100%回收利用，减少了废料的产生。

③ 产品创新：差异化的设计理念，自由度较高，完美解决产品使用过程中的掉漆问题。

④ 成本优势：综合降低成本 30%以上。

目前，免喷涂材料主要有免喷涂复合 PP、免喷涂 PC、免喷涂 ABS、免喷涂 PC/ABS 合金等。现在已成功地应用在汽车、家电、3C 电子产品上，如汽车底护板、汽车仪表盘周边、汽车门把手、汽车踏板、手套箱、遮阳板、立柱饰板等内外饰件，以及吸尘器外壳、童车外壳、箱包、咖啡机、插座、打印机部件、扫地机器人、化妆品瓶盖、吸尘器机身、吸尘器手柄、吸尘器外壳、电饭煲、压力锅、电热水壶、豆浆机、洗衣机、空调等日用品及家电。免喷涂材料还可顺应市场的需求和发展趋势而开发出不同的产品效果。

7.3.2 免喷涂塑料母粒品种选择

免喷涂塑料注重的是金属铝颜料在塑料中有更强的金属感和白亮度，因此对颜色效果要求较高，需要达到塑胶漆的外观效果，客户在配色过程中一般应选择使用铝银条。

① 如果做纯银色效果，选择的是 6 ~ 30μm 范围内的产品，该粒径范围的银元形铝片有着更强的金属感和白亮度。

② 如果做彩色金属效果，选择 30 ~ 100μm 的产品，该粒径在制件表面起着星星点点的点缀效果。

③ 汽车外饰件注重的是金属外观和大件流痕、麻点的控制，对整体效果要求较高，客户一般选择使用 40μm 及以上的铝银条，虽然细腻度没有细粒径那么好，但对流痕控制得比较好。

④ 随着国家政策法规的规范，以及和国际市场的接轨，要求材料符合 RoHS、FDA 和 AP(89)-1，也要符合加州 65、PAHs 和 REACH（目前是 197 种高关注物质 SVHC），也就意味着作为免喷涂塑料选用母粒也要满足这些环保要求。

由于铝颜料和珠光颜料都是片状颜料，所以在加工的过程中有很多需注意的地方。铝颜料加工的过程要避免高剪切，过度的剪切会让铝片剪碎或折叠，导致银色效果降低和发黑等现象，那么在加工的过程中尽量选择合适的剪切力，银条是已经预分散的产品，如果是主喂料，在保证银条可以分散均匀的情况下，剪切力越低越好，如果选择侧喂料，由于分散的距离变短，需要适当提高一下剪切力，否则会出现一些麻点和未分散的缺陷。

7.3.3 免喷涂塑料用树脂选择

免喷涂塑料用树脂的选择很重要，越透明的树脂做出来的产品银色效果越好，比如同样的银色添加，透明 ABS 比 PP 做出来的效果更加鲜艳，免喷涂塑料用树脂材料特点及适用范围见表 7-4。

表 7-4 免喷涂塑料树脂材料特点及适用范围

牌号	材料特点及适用范围
PP	成本低、加工性好、耐候性好，适用于小家电（均聚 PP）和汽车零部件（共聚 PP）
高光 ABS	成本低、加工性好、光泽好，适用于要求硬度低、耐候的部件
PMMA	表面硬度高、光泽高，适用于高光泽效果的透明和半透明制件
PMMA/ABS	表面硬度高、光泽高、冲击性好，适用于要求光泽和效果高的室内部件
PMMA/ASA	表面硬度高、光泽高、耐候性好，适用于对耐候性、光泽要求高的部件
PC	冲击性高、耐热性高、光泽好，适用于要求高耐热、高强度、高韧性、透明度好的部件
PC/ABS	冲击性高、耐热性高、光泽好，适用于要求高耐热、高强度、高韧性的部件

树脂流动性选择也很重要，尽量选择流动性好的树脂，这样在加工过程中可减少缺陷的存在。

7.3.4 免喷涂塑料应用中出现的问题和解决办法

免喷涂材料在应用时应注意的问题如下。

① 模具设计：需优先考虑零件的壁厚及进胶口的位置。

② 母粒品种的选择：选用大颗粒的片状颜料母粒和增大母粒用量。

③ 浇口设计：采用大口径进胶口和高流速树脂，可在模头上形成涡流形态，避免层流态。

④ 树脂选择：采用高黏度树脂，使片状颜料的排列取向性降低到最低。

⑤ 加工工艺：选用阶式进料口，可改善长流程大零件的光学外观。

免喷涂材料能受到生产商家的青睐，注塑工艺是个不可忽视的环节。免喷涂塑料注塑工艺条件如下。

(1) 干燥控制

免喷涂材料与大多数材料一样，会吸收空气中的水蒸气。在成型加工前必须进行干燥。否则可能导致制品表面银丝和水花以及影响制品表面光泽。通常要求干燥后免喷涂材料含水量控制在 0.05%以下。例如，对于 ABS 基材的免喷涂材料，干燥温度通常为 70 ~ 85℃，干燥 3 ~ 4h。温度过高容易引起材料性能降低，温度过低、干燥时间不够，树脂含水量过高，制品表面容易产生气痕。

(2) 注塑温度

由于免喷涂材料中添加了珠光和金属母粒，尽量使用中低温度注塑，以防止材料降解。例如，以 ABS 为基材的免喷涂材料加工温度 210 ~ 230℃，温度过高，材料发生降解，制品表面产生气痕。

(3) 注塑速度

在使用免喷涂材料注塑时，选择注塑速度主要考虑制品的外观：模具的排气以及注塑机型腔内树脂流动的阻力。较快的注塑速度一般会使熔胶流程加长，适合充填薄壁产品，并形成好的表面光洁度和表面效果。但过快的注塑速度容易使熔胶遭受强剪切，导致珠光颜料形状和粒径发生破坏而降低制品的特殊色彩效果。另外浇口附近容易出现喷射痕和排气不良等问题。因此，在保证产品表面效果和质量的前提下，建议选用中速的分段阶梯式速度控制，以确保充填顺畅和制品外观。

(4) 注射压力

注射压力是为了克服熔体在流动中阻力，给予熔体一定的充填速度及对熔体进行压实、补缩，以保证充填过程顺利进行。实际注塑压力跟许多变量有关。如熔体温度、模具温度、制件几何形状、壁厚流动长度以及其他模具和设备情况。

通常，最好选用能满足性能、外观和注塑循环的较低压力。同时要关注实际注塑峰值压力与设定值的差异。一般情况下，合适的保压压力为注射压力的 60% ~ 80%。

(5) 模具温度

温度直接影响最终产品的表面光亮度、熔接线及其强度等。使用高的模具温度可以增加材料流动性，获得较高的结合线强度，并且能降低成型制品内应力。使其耐热性和耐化学品性更好，同时提高熔胶对模具表面的复制性，提高制品光泽度和特殊色彩效果。为了达到理想的表面质量效果，在使用免喷涂材料时，应尽量采用较高模温。对于以 ABS 作为基材的免喷涂材料，模温通常为 70 ~ 90℃。

总之，合理模具设计、适当的干燥温度、注塑温度、注塑速度、合理的模温是免喷涂材料制成外观靓丽制品的必不可少的条件。

免喷涂材料制造和应用中可能出现的问题和解决办法见表 7-5。

表 7-5 免喷涂材料制造和应用中出现的问题和解决办法

问题	问题挑战	改善方案
流痕	难以消除，达不到喷漆的完美状态	增加材料及配方流动性，挑选高等级的效果颜料，改进模具
熔接痕	难以消除，达不到喷漆的遮蔽能力	增加流动性，改进模具
光泽	光泽不够高，显影性不如涂料	降低熔融指数，提高模具抛光
效果	金属质感和白亮度不如喷涂漆膜	挑选金属效果和白亮度更好的颜料，增加效果颜料的定向
物性	耐刮擦等略差	改性
颜色	没有涂料的颜色鲜亮	挑选高性能颜料，改进效果颜料和其他颜料的搭配

7.4 双防母粒配方设计

聚乙烯棚膜的老化是一种不可逆的化学反应过程，已老化的棚膜只能废弃，难于回收利用。因此，提高聚乙烯棚膜的防老化性能，不仅延长了棚膜的使用时间，还降低了农业种植成本。而且使用过的未老化棚膜可回收利用，复制成其他塑料制品；可减少老化棚膜碎片对土壤的破坏，对防止污染、保护环境具有重要意义。虽然，聚乙烯棚膜的老化不是影响其使用寿命的唯一原因。但是，经保护处理的棚膜，确实能延长棚膜的使用寿命，这种棚膜称为防老化棚膜（或长寿棚膜）。

7.4.1 聚乙烯棚膜的老化机理

覆盖于落地或温室（大棚）上的聚乙烯农膜，在使用一段时间后，可观察到农膜随时间推移所发生的变化。

① 力学性能下降。拉伸强度及断裂伸长率明显下降。

② 棚膜失去部分透明性，透光率明显下降。

③ 变色。棚膜变成灰色或土黄色。

④ 聚合物分子量下降。

⑤ 脆化。棚膜稍微用力一捏就碎裂。

聚乙烯和其他聚合物一样，在成型过程中就经受高热、机械剪切力和氧的作用，开始了聚合物的降解过程。在使用过程中，又经受太阳光、氧、自然灾害及农药的作用，更加速其老化速率。不作任何保护处理的聚乙烯棚膜在阳光充足的季节只能使用 3 ~ 6 个月。特别是随着设施农业的发展，要求棚膜能连续使用 2 ~ 3 个收获季节，甚至 3 ~ 5 年以上。因此，多年来聚乙烯农膜的老化成为许多企业和研究单位的重要研究课题。

7.4.1.1 聚乙烯棚膜的热氧化

在聚乙烯树脂合成过程中、棚膜的成型加工过程中、棚膜的使用过程中，聚乙烯受热和氧的作用，其碳碳键、碳氢键容易断裂或直接攻击大分子链，生成过氧化物和另一个烷基自由基；烷基自由基还可与氧结合生成更多的自由基，并不断重复这种循环。自由基的连锁反应，使聚乙烯链断裂而降解，分子量下降，熔融指数增大。在这一反应中，形成的过氧化物裂解，产生一个烷氧基自由基及一个羟基，这两者均能依次使连锁反应增长。

我们注意到，假如在隔绝氧的情况下，对聚乙烯进行加热（加热到 290℃），聚乙烯的性能还能保持稳定；相反，聚乙烯在氧气存在的条件下，在温度超过 100℃时，并经短时间的诱导期后，热氧老化速度才会加快。因此，可以认为，热和氧的同时存在，是聚乙烯产生热氧老化的重要条件。因分子结构不同，各类型的高分子化合物都有独特的降解方式。

7.4.1.2 聚乙烯棚膜的光降解

聚乙烯棚膜覆盖于温室（大棚）棚架，在太阳光照射下，存在着两个过程：即光物理过程和光化学反应过程（光降解）。聚乙烯不同于聚氯乙烯，其高聚物本身不含氯原子，不会产生促进降解的氯化氢。聚乙烯的消光系数很小，几乎不吸收紫外线，但是，聚乙烯长期在紫外光作用下，仍会发生光降解。聚乙烯棚膜在太阳光照射下，能吸收和反射太阳光能，使聚乙烯中分子由原来相对稳定的基态变为激发态；而处于激发态的分子是极不稳定的，它又会将所吸收的能量转移并放射出去，并回到原来的基态，这就是聚乙烯的光物理过程。光物理过程的存在，使太阳光中的紫外光、可见光、红外光进入温室，产生热效应，使植物能够进行光合作用等；此外，光物理过程的进行使得高聚物的光化学反应过程减慢，对材料起到一定的保护作用。

能导致光化学反应的太阳光是可被材料有效吸收的那部分光。它使聚乙烯产生激发态分子，聚乙烯吸收光能后被激发的三线态氧可通过能量传递给处于基态下的氧，生成单线态氧，由于单线态氧极为活泼，它与聚乙烯的自由基反应生成过氧化自由基，并进而夺氢，生成过氧化氢和新的聚合物自由基，其连锁反应导致聚乙烯的降解。其实，聚乙烯的光化学反应（降解）的发生，主要基于下述两个方面。

① 存在紫外光吸收基团，其来源于聚乙烯化学结构中存在的羰基、在聚乙烯制造过程中形成的不饱和键、残余催化剂中的过渡金属离子、与氧接触生成的过氧化氢和羰基化合物；在聚乙烯棚膜使用过程中，因环境污染或空气中氧形成的多核芳香化合物、过氧化氢化合物等。

② 存在紫外光能源，其来源于太阳光辐射。到达地球表面的太阳光包括紫外光、可见光、红外光。其波长越大能量越小；波长越短能量越大。紫外光只占太阳能的 5%，但其波长短，能量高，对高聚物破坏性最大，不同波长的紫外光能量见表 7-6。紫外光的波长范围为 290 ~ 400nm，其光子能量为 428 ~ 300kJ/mol，足以破坏聚乙烯的化学键（化学键的强度）。此外，不同波长的紫外光能量不同，对高聚物作用效果也不同；同样，每种高聚物，对紫外区域的最敏感波长也不同，见表 7-7。

表 7-6 紫外光能量与聚合物化学键强度

波长/nm	能量/(kJ/mol)	化学键	化学键强度/(kJ/mol)	波长/nm	能量/(kJ/mol)	化学键	化学键强度/(kJ/mol)
280	428	C=C	607	400	300	C—O	364
300	400	O—H	460			C—C	347
320	375	C—H（伯）	444			C—Cl	327
340	353	C—H（仲）	398			C—N	285
360	333	C—H（叔）	381			O—O	268
380	316	N—H	389				

⊡ 表 7-7 不同聚合物的敏感波长

聚合物	敏感波长/nm	聚合物	敏感波长/nm
聚酰胺（PA）	280～315	聚丙烯（PP）	290～300,370
聚苯乙烯（PS）	310～325	聚氯乙烯均聚物	320
聚乙烯（PE）	300～310,340	聚氯乙烯共聚物	330,370

7.4.2 聚乙烯棚膜防老化对策

从上节内容可以看到，缩短聚乙烯棚膜使用寿命的主要因素是聚乙烯的老化；而致使聚乙烯老化的主要原因是聚乙烯的热氧化和光降解。这样就可提出防止或延缓聚乙烯棚膜老化的对策。

7.4.2.1 阻缓聚乙烯在成型加工后使用过程的热氧化

在聚合物中加入抗氧剂，可以阻止或延缓聚合物氧化过程。它对聚烯烃有更为突出的效果。聚合物在加入抗氧剂后，其吸氧过程减慢，并随抗氧剂浓度的增加，聚合物氧化前的诱导期加长，从而延缓聚合物的氧化进程。

抗氧剂包括主抗氧剂、辅抗氧剂、金属钝化剂等。它们可以破坏羰基、过氧基、氢过氧化物及催化剂中的杂质对聚合物的影响，阻止自由基的降解效应，提高聚合物在合成加工及使用过程的热稳定性。

① 主抗氧剂也称为自由基消除剂或链终止剂，主要包括受阻酚类、胺类抗氧剂。它们加入聚合物中以后，能消除聚合物在降解过程中生成的过氧化物自由基，并还原为烷基或羟基，分解过氧化物，从而终止聚合物自行氧化连锁反应的进行，可以给出一个氢原子，使自由基失去活力，不再起破坏作用。

② 辅抗氧剂也称为氢过氧化物分解剂。主要包括亚磷酸酯、硫醚类抗氧剂。它们能分解聚合物氧化所产生的氢过氧化物，成为不活泼产物。防止氢过氧化物在聚合物的降解过程中，起自动催化作用，不能继续引发新的自由基，并使聚合物氧化降解急剧下降。

③ 金属钝化物起“束缚”或络合金属离子，减少树脂中催化剂残留的微量金属离子形成自由基的作用，从而限制自由基反应链的增长。在实际使用中，可降低金属“背板”（温室的金属构架）与棚膜接触处的加速老化现象。它主要包括肼衍生物类、脎类、环酰类化合物等。不过，金属钝化物现在已很少采用。因为上述抗氧剂已能够稳定过渡金属的催化作用。

在聚合物稳定体系中，主抗氧剂与辅抗氧剂，或抗氧剂与光稳定剂经常组合使用，可产生很好的稳定效果。

7.4.2.2 控制聚乙烯在使用过程中的光降解

在聚乙烯棚膜的生产过程中，添加一定量的光稳定剂，可控制聚乙烯棚膜在使用过程中的光降解速度。这些光稳定剂包括紫外线吸收剂、猝灭剂、自由基捕获剂、光屏蔽剂等。

（1）紫外线吸收剂（UVA）

能强烈地吸收紫外光能量，并将其转变成热能和长波长光线，这些热能无害地耗散于整个棚膜。如二苯甲酮类、苯并三唑类、羟基苯三嗪类的紫外线吸收剂，能吸收引起聚合物光降解波长范围的紫外光，或者对紫外光起屏蔽作用。防止紫外光能量的透射及引起棚膜变色。使用紫外线吸收剂（UVA）时，应注意其固有的光稳定性和持久性，而且在对聚合物敏感的光波长范围内，必须有相当的吸光系数；紫外线吸收剂只有在浓度高、棚厚度大（棚膜厚度应大于 0.8mm）时，才会充分吸收紫外线并有效地阻止棚膜光降解。由于紫外线吸收剂与聚合物相容性较差，最大加入量为 0.5%～0.6%，它常与其他光稳定剂复配使用。

（2）紫外线猝灭剂

猝灭剂本身不强烈吸收紫外光，但它能通过分子间的能量传递，迅速“猝灭”处于激发态的分子，使激发态的聚合物分子，从激发态回复到基态，从而保护聚合物不受到破坏。猝灭剂一般为苯酚镍的盐类、镍钴等金属的有机化合物。它们对防止聚合物在合成加工时的热氧化及黏度变化特别有效。

（3）自由基捕获剂

自由基捕获剂能捕获聚合物不同的自由基，防止或延缓光降解过程，同时也通过分解过氧化物及转移激发态能量等方式，制止自由基的链增长，使聚合物趋于稳定。目前，最有效的自由基捕获剂，是具有受阻胺结构的哌啶、咪唑烷酮等衍生物，称为受阻胺光稳定剂（HALS）。

（4）光屏蔽剂

光屏剂能屏蔽紫外线，使紫外线在照射到聚合物之前就被阻止，对聚合物起光稳定作用。如无机颜料（钛白粉、镉红）、有机颜料（酞菁蓝、酞菁绿）、炭黑、氧化锌及无机填充剂。这类稳定剂来源广泛、价格低廉，但会使棚膜的透光率降低、雾度提高、强制着色，只能在用户能接受的产品上使用（例如，在聚乙烯中加入极少的炭黑，制成淡黑色棚膜，适宜于茄子的栽培）。而在黑色地膜中却不同，炭黑无疑是效果最好的光屏蔽剂，还能起到清除杂草的作用。如果考虑着色的话，应注意到颜色与棚膜光稳定性的关系（见表 7-8）。

表 7-8　颜色与光稳定性的关系

颜色	耐紫外线的程度
黑色	最好的保护作用
红色（无机颜料）	↓
黄色（无机颜料）	↓
绿色	↓
红色，黄色　（有机颜料）	↓
本色（不添加着色剂）	差的保护作用

7.4.3　双防母粒配方设计要点和步骤

一般情况下，如能选用优良的聚乙烯树脂和光热稳定剂，聚乙烯棚膜就能保持稳定的耐老化性能，使有效使用寿命加长，故防老化棚膜常称为长寿膜。防老化膜的使用寿命一般为 1～2 个收获季节。从制造技术来说，聚乙烯耐老化棚膜的使用寿命可达到 4～5 年，甚至更长。但是，棚膜在使用过程中，因长期聚集灰尘，棚膜外观逐渐变差，其透光率逐年下降，从而影响农作物的收获量；此外，农业专家也建议，连续覆盖三年棚膜的温室，必须拆除棚膜后进行土壤日光消毒和土质调理。

聚乙烯棚膜的稳定体系是在大量试验数据基础上建立起来的。它根据聚合物性能、添加剂性能、温室（大棚）地理环境、农田应用效应、老化试验、棚膜的力学性能等技术参数，最终确定稳定剂的品种、型号和添加量。严格地说，建立一个性价比高、使用安全的棚膜稳定体系，最少需要 1～2 年的时间。

聚乙烯棚膜稳定体系(配方)设计，可按如下步骤进行。

① 收集最终用户所在区域的气象环境资料，如历年气温、日照时数等，如表 7-9、表 7-10 为上海地区部分气象资料摘录。可看出上海地区的年平均气温在上升，对棚膜防老化要求也在提高。

表 7-9　上海地区 1951～1964 年历年平均气温

月份	平均	最高	最低	月份	平均	最高	最低
1	3.3	19.8	−9.4	7	28.1	38.3	19.4
2	4.6	23.6	−7.9	8	27.7	38.9	19.2
3	8.4	27.6	−5.4	9	23.9	37.3	12.5
4	14.0	31.7	0.0	10	17.9	30.2	1.7
5	18.7	35.5	6.9	11	12.5	28.0	−3.8
6	23.3	36.9	12.5	12	6.5	23.3	−6.2

注：上述数据摘录于上海气象档案馆。

表 7-10　上海地区 1989～1998 年历年平均气温

月份	平均气温/℃	日照时间/h	月份	平均气温/℃	日照时间/h
1	4.8	108.5	7	28.3	213.7
2	6.3	119.9	8	28.1	194.4
3	9.5	120.1	9	24.4	164
4	15.0	147.7	10	19.2	166.1
5	20.4	167.5	11	13.7	140.1
6	24.4	139.1	12	7.6	130.1

注：上述数据摘录于上海气象档案馆。

此外，还要了解最终用户所在地区的太阳光辐射量。因为太阳光辐射量越大的地区，聚乙烯棚膜防老化的要求越高。对于同样使用寿命的棚膜，它需要添加更多的光稳定剂、抗氧剂。比如，中国大部分地区的年平均太阳光辐射量为 100 ~ 120kLy。上海地区约为 100 ~ 110kLy，新疆、云南、西藏地区约为 160 ~ 180kLy。显然，若要求聚乙烯棚膜有同样的使用寿命，上海地区使用的光稳定剂、抗氧剂添加量少于新疆、云南、西藏地区。表 7-11 提供了各地区年平均太阳光辐射量数据。

表 7-11　各地区平均光辐射能量

地区名称	年平均光辐射能量/kLy	地区名称	年平均光辐射能量/kLy
中国哈尔滨	80	希腊雅典	140
中国北京	100	意大利罗马	140
中国上海	110	威尼斯	110
日本	80～100	西班牙阿尔梅里亚	154
韩国	80～100	西班牙巴塞罗那	130
法国巴黎	100		

注：$1kLy = 41.48MJ/m^2$。

近年来，许多技术文献都介绍了塑料自然气候老化与人工气候加速老化相关性的实验研究结果，并注意到塑料的光氧化降解反应，主要是由太阳光中的紫外光所引起的。可以用紫外光辐照能作为参数，确定两种气候老化试验的相关性。

在目前还没有自然与人工气候老化相关性的公认方法和标准之前，用各地区年平均太阳光辐射能数据，以及棚膜人工气候加速老化试验结果，去推断或预测棚膜自然气候老化试验结果，并以此作为防老化棚膜配方设计的依据，在实际应用中是可行的。

② 选择抗氧剂、稳定剂：从最终客户的环境资料，提出了棚膜耐老化要求，并依此进行抗氧剂、稳定剂选择。此时，必须注意阅读供应商提供的抗氧剂、光稳定剂技术文件，确定在使用条件下的添加浓度。虽然，供应商提供的图表和技术参数不能替代稳定体系的设计和认证试验，却能大大地减少设计者的试验次数，从而加快稳定体系的建立。

③ 制备样品：将选择的稳定剂按配方制成功能母粒，将母粒与基础树脂混合，制成棚膜样本。为积累数据，试验的棚膜样品，应与生产棚膜使用的树脂型号相同，并制造不同型号稳定剂的棚膜、不同稳定剂浓度的棚膜、不同厚度的棚膜。

④ 检查项目：检测棚膜样品的原始外观和力学性能。

⑤ 试验项目：棚膜样品通过加速老化试验、户外老化试验、农田应用试验，对所设计的棚膜稳定体系进行多方验证。一般情况下，氙灯老化试验可提供最好的相关数据，因为它有与太阳能的 UV 部分相对应的光谱，见表 7-12。碳弧和荧光太阳灯老化试验，有较强的加速作用，但相关性差。户外曝晒自然老化试验，虽然要花费较长的试验时间，但试验数据可用于建立棚膜稳定体系，还可预测加速老化试验的时间或太阳光辐射能量，相当于自然条件下棚膜防老化时间（以棚膜断裂伸长率损失 50%为判断老化依据）。户外农田应用试验的周期虽然较长，但能综合地显示棚膜的性能和效果，并进一步验证上述试验的结果。

表 7-12　模拟一年太阳光辐射量的氙灯曝晒时间

地点	每天平均日照时间/h	日均太阳辐射量/Ly	相当于一年日照的氙灯曝晒时间/h
波多黎各 圣胡安	7.9	512	2387
佛罗里达 迈阿密	8.0	447	2084
加拿大 大瀑布	7.9	356	1660
内华达 拉斯维加斯	10.5	504	2349
亚利桑那 凤凰城	10.5	503	2345
华盛顿地区	7.3	350	1632
华盛顿 西雅图	5.5	302	1408
得克萨斯 伏特沃斯	8.0	435	2028
俄勒冈州 阿斯陶利亚	N.A	302	1408
北达科他 俾斯麦	7.4	366	1706
阿拉斯加 费尔班克斯	5.8	228	1663

注：数据来自 NBS Technical Note#的图 6 和表 6。

⑥ 性能的确定。通过对试验前后棚膜样本的外观和力学性能对比，选择和认定最好的棚膜稳定体系。确定棚膜的厚度和稳定剂浓度与使用寿命的关系。表 7-13 表示棚膜厚度与防老化程度的关系。同一稳定体系的棚膜，其防老化性能随棚膜厚度的减少而降低；相对而言，若要保持棚膜原有的有效使用寿命，当棚膜厚度减少时，必须增加稳定剂用量。当然，棚膜的厚度减少，也不能无限制进行。一般情况下，棚膜有效使用寿命为 12 个月时，其最薄厚度为 0.06 ~ 0.8mm；棚膜有效使用寿命为 18 个月时，其最薄厚度为 0.08 ~ 0.10mm；有效

表 7-13　棚膜厚度对棚膜耐老化的影响

稳定剂配方	至 50%残留伸长率时的所吸收的能量/kLy		
	0.05mm	0.1mm	0.2mm
0.15% Chmass 或 B944LD 0.03%Irganox 1076	195	260	450

使用寿命在 24 个月以上或连栋大棚使用的棚膜，其厚度必须在 0.12 ~ 0.15mm 以上。

图 7-7 表示不同厚度的棚膜，在预期使用寿命期内，光稳定剂的参考用量（除西藏、云南、新疆地区以外）。

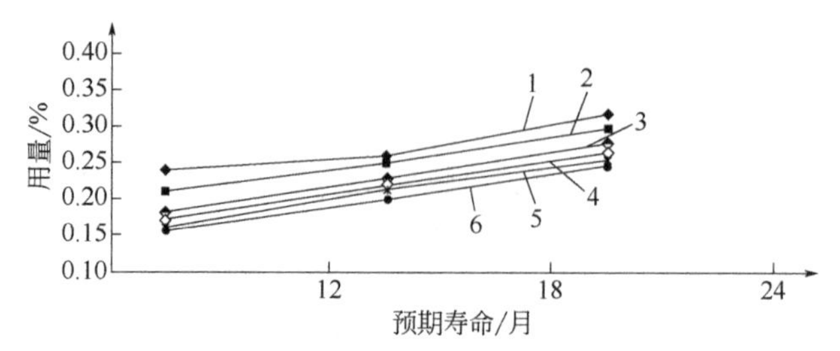

图 7-7 棚膜的厚度、预期使用寿命、光稳定剂用量的关系

1—0.05mm；2—0.06mm；3—0.07mm；4—0.08mm；5—0.09mm；6—0.10mm

7.4.4 双防母粒配方

防老化母粒主要由载体(PE)及稳定剂组成。母粒中的稳定剂浓度一般为 10% ~ 15%，为使稳定剂在棚膜中均匀地分布，母粒中还需添加定量的分散剂、润滑剂。

双防母粒的配方设计见表 7-14。

表 7-14 双防母粒配方

原料	规格	含量/%
抗氧剂		10
光稳定剂	受阻胺 HALS	10～15
	UVA	
加工助剂	硬脂酸钙	0～0.5
	聚乙烯蜡	0～1.5
载体树脂	LDPE	*X*
	LLDPE	
总计		100

① 本配方适合于厚度为 0.08mm 的 LLDPE 棚膜，预期使用寿命 16 ~ 18 个月。棚膜应用地区年平均太阳辐射量为 110kLy。

② 抗氧剂 1010 为多元受阻酚型抗氧剂，与性能优异的亚磷酸酯辅助抗氧剂 168 复配。

③ 由于 LLDPE 产品本身是粉料，符合色母加工工艺要求，考虑到抗氧剂的熔点较低，一般选用熔融指数 50g/10min 为佳，当然适当加入粒状 PE 或 LLDPE，有利于进料，有利于产品加工。

④ 防老化（长寿）母粒的制造：

光稳定剂
抗氧剂、加工助剂 → 高速混合 → 挤出塑化 → 切粒 → 母粒
载体树脂

要求防老化母粒达到良好的分散性。

⑤ 提高母粒中抗氧剂和稳定剂浓度，减少母粒的添加量，来降低棚膜的生产成本。

7.4.5 双防母粒的应用注意事项

① 聚乙烯防老化农膜的生产。防老化聚乙烯农膜包括防老化（长寿）棚膜、长寿无滴棚膜以及多功能棚膜，其成型工艺包括挤出吹膜（单层）、多层共挤复合吹膜等。主要用作管棚、温室（大棚）、禽类养殖棚等的覆盖薄膜。

单层防老化棚膜的制造工艺流程：

（LDPE、LLDPE、EVA、防老化母粒）→ 混合 → 挤出管坯 → 吹胀膜泡 → 牵引 → 收卷 → 薄膜成型

② 稳定剂在多层棚膜的层间分布，对于单层聚乙烯棚膜来说，必须按配方设计添加量加入稳定剂。对于多层共挤聚乙烯棚膜，稳定剂添加量可按层次进行分配，不仅能收到更好的稳定效果，而且可减少防老化母粒的总添加量。例如，三层共挤聚乙烯防老化棚膜，若外层、中层、内层厚度为 1∶2∶1 时，稳定剂添加采用外层浓度高、内层次之、中层最少的方式分布，要比三层均匀分布稳定剂，有更好的防老化效果。

③ 聚乙烯树脂的选择使用。聚乙烯树脂的力学性能直接影响到棚膜的耐老化性能。聚乙烯防老化棚膜除加入必要的稳定剂外，还必须选择力学性能高、熔体流动速率低（相对分子量高）的聚乙烯树脂，才能保证其具有稳定的防老化性能，一般宽度在 6m 以下的防老化棚膜，聚乙烯的熔体流动速率应在 0.8 ~ 2g/10min 范围；宽度 6m 以上的防老化棚膜，聚乙烯的熔体流动速率应在 0.3 ~ 1g/10min 范围。

为保证棚膜具有优良的力学性能。在生产聚乙烯棚膜时，常将 LDPE、EVA、LLDPE 共混改性方法。LDPE 与 LLDPE，可选择任意比例共混生产棚膜，但不能选择 1∶1 的共混比例。有试验数据提示，即使采用同一稳定体系，使用同一浓度的稳定剂，LLDPE 与 LDPE 以 1∶1 比例共混生产的棚膜，其所能承受的太阳光辐射能最低，也就是说防老化性能最差。

7.5 防雾滴母粒配方设计

塑料薄膜在冬春季使用时，棚膜表面会产生滴水现象，从而对农作物产生危害。我国的聚乙烯无滴棚膜在 20 世纪 80 年代已进行工业化生产，并逐渐被农户接受。随着我国塑料薄膜成型技术的提高和添加剂工业的发展，塑料棚膜的防滴水技术已趋于成熟。20 世纪 90 年代，相继研制棚膜的流滴技术和防老化、保温等技术的组合，棚膜的成型技术，从单层挤出吹膜到双层共挤复合吹膜及三层共挤、多层共挤复合吹膜。这些技术的结合，使体现流滴功能的农膜产品，从单层无滴棚膜扩展为双层共挤无滴棚膜、三层共挤和多层共挤无滴棚膜、两层多功能棚膜共挤多功能棚膜以及无滴地膜等。棚膜流滴功能的初期效果和持久性技术，已接近或达到国际先进水平。

聚乙烯无滴棚膜分为管棚膜和大棚膜，聚乙烯无滴棚膜主要应用于多重棚膜覆盖的温室（大棚）内的管棚。现在，许多栽培蔬菜、瓜果的温室为提高冬季的保温效果，在温室内搭建第二或第三个管棚（规格依次缩小），它们对棚膜的耐老化要求不高，常使用单一功能的无滴管棚膜。

7.5.1 防雾滴剂的工作原理

聚乙烯是结晶型塑料，它的表面张力比水小（见表 7-15），容易吸附空气中的水分和灰尘。

⊡ 表 7-15 聚乙烯、聚氯乙烯及水的临界表面张力

类别	临界表面张力/（mN/m）
PE	31
PVC	39
水	72

在冬春季节，当温室（大棚）与室外露天环境呈现较大的温度差异时，在普通棚膜覆盖的温室（大棚）内，会观察到棚膜表面凝聚着大量水珠，并且不断地滴水，这种滴水和水珠密集的现象，对农作物栽培是不利的。将对农作物的栽培产生不同程度的危害。

（1）影响温室（大棚）内的农作物对太阳光能的利用

在棚膜表面布满水珠的温室（大棚），其可见光透过率明显下降，温室 （大棚）内弱光、低温时间增加，从而直接影响温室（大棚）内农作物的光合作用，农作物的长势及产量下降。

（2）滴水使温室（大棚）内农作物的病虫害发生率上升

棚膜滴水，使温室（大棚）内的湿度增大，细菌就容易繁殖，农作物的病虫害发生率也会因而上升。

（3）农膜滴落的水珠使农作物生长减缓

凝结在温室（大棚）棚膜内表面的水珠，当其自重超过水与棚表面张力时，就会垂直滴下。水珠温度又往往低于温室（大棚）内的温度，它会使不同生长阶段的农作物出现烂苗、僵果、花谢现象，使农作物生长减缓，成熟期延迟，果实变小。

（4）温室（大棚）内的作业环境变差

在不断滴水的温室（大棚）内作业，劳动效率将明显地降低。

若改变棚膜表面张力及水的表面张力，缩小两者之间的张力差，使水珠与棚膜表面的接触角趋于 0。这时，水珠可以在棚膜表面展开，均匀地润湿棚膜表面，形成一层易流动的、极薄的水膜，易流动水膜会沿拱形温室棚膜内表面流入土壤，从而消除温室（大棚）滴水的现象。在制造无滴棚膜时，需要在聚乙烯塑料中添加的非离子型表面活性剂，常称为流滴剂。流滴剂的分子结构中存在两种基团。

① 亲水基团：如羧基（—COOH）、羟基（—OH）、醚键[$(—CH_2—CH_2—O)_n$]、氨基（$—NH_2$）。

② 亲油基团：如非极性烃基（疏水）（C_nH_{2n+1}）。

在聚乙烯与流滴剂混合制成的无滴棚膜中，流滴剂与聚乙烯既有一定程度的相容性，又有一定程度的不相容性，并同时均匀地分布在棚膜断面，逐渐地迁移到棚膜的表面。无滴棚膜的流滴剂亲水基团，总是朝外排列在棚膜的表面，它与空气接触并溶于水，使棚膜的表面润湿张力增加，使水与棚膜界面张力减小。这样，当棚膜凝集水珠时，水珠与棚膜表面的接触角减小，使水珠能够在棚膜表面展开成均一的水膜，这层水膜可沿拱形棚膜表面流淌并连续地导入土壤，从而消除棚膜的滴水现象，使棚膜的透光率提高，雾度降低。

在棚膜扣棚进行农作物栽培时，一方面棚膜表面的流滴剂溶于水后会随水膜逐渐流失；另一方面，棚膜内的聚乙烯与流滴剂呈两相结构，根据相互平衡原理，随着时间的推移，流滴剂又不断地析出于棚膜表面（不同的流滴剂有不同的迁移速度）。使棚膜能在一定的"有效期"内，持续地保持较好的流滴功能。

7.5.2 流滴剂品种组成和特性

表面活性剂（surfactant）分子结构具有两性：一端为亲水基团（极性基团），另一端为疏水基团（非极性烃链）。一般有四种类型：阴离子型、阳离子型、两性型及非离子型。

根据有关实验提供的数据表明：阳离子型和两性型表面活性剂，可供棚膜流滴剂选择的品种少，价格较高，热稳定性差，易受热分解，与塑料相容性差，实用价值低；阴离子表面活性剂，有较好的亲水性，能很快析出塑料薄膜表面，但与塑料相容性差，难以与塑料混合使用；非离子型表面活性剂，热稳定性好，在塑料成型温度下不分解，与其他添加剂混用无负面效应，有较好的亲水性和亲油性，价格适中，可供选择的品种多，最适合用于流滴剂的非离子型表面活性剂，主要是以下几类。

① 多元醇脂肪酸酯类。山梨糖醇脂肪酸酯、蔗糖酯、丙三醇酯，季戊四醇脂肪酸（C_8 ~ C_{20}）酯，山梨醇脂肪酸酯。

② 含聚氧乙烯的化合物。高级醇（C_{12} ~ C_{22}）、环氧乙烷加成物、烷基酚环氧乙烷加成物，多元醇脂肪酸酯的聚氧乙烯化合物、长链或中链脂肪环氧乙烷加成物。

③ 多元醇与高碳脂肪酸之间的酯化反应，制得混合酯。混合酯是如下三种成分的混合物：单酯类、双酯类、三酯类。在这三种成分中，单酯类化合物亲水性最好，双酯类化合物的流滴持久性最好。总的来说，混合酯属于非离子型表面活性剂。

若将多元醇高碳脂肪酸混合酯再与氧化乙烯类化合物（如氧化乙烯）进行醚化反应，可生成多元醇脂肪酸酯多聚氧化乙醚化合物，该化合物有较好亲水性。其流滴初期效果显著，但流滴的持久性不如混合酯。该类化合物属亲水性非离子型表面活性剂。作为棚膜的流滴剂，为满足农作物栽培要求，它应能使棚膜在扣棚初期，有明显的流滴效果，并在农作物栽培期间，继续保持流滴效果，这个持续的栽培时间，一般为 3 ~ 6 个月（视农作物的品种决定）。

④ 棚膜流滴剂应同时具备良好的初期效果及持久性。因此，仅选择上述的一种流滴剂难于满足棚膜的性能要求，市售的各种型号的流滴剂是多种表面活性剂的复配物。例如，高碳脂肪酸混合酯、多元醇脂肪酸酯、多聚氧化乙醚、含氨基聚氧乙烯化合物，以及同一化合物的不同分子量产物的混合物。

⑤ 硼酸钡化合物、有机硼半极性非离子型表面活性剂、有机氟类化合物、有机硅类（硅氧烷类）化合物，也可以作为棚膜的防雾剂及流滴剂。

7.5.3 流滴剂产品的选择要点

一个好的流滴剂应该是其流滴持久性越长越好。但是，它的前提是棚膜有明显的流滴初期效果。目前，对聚乙烯流滴功能的评价显然已提出多种试验方法。但是，流滴剂与无滴棚膜的最终评定，往往是农田应用试验的结果。

在选流滴剂时，应注意流滴剂的亲水性与亲油性平衡值（HLB）：

HLB=亲水基的亲水性/亲油基的亲油性

HLB 值称亲水疏水平衡值。表面活性剂的亲油或亲水程度可以用 HLB 值的大小判别，HLB 值越大代表亲水性越强，HLB 值越小代表亲油性越强，一般而言 HLB 值在 1 ~ 40 之间。亲水亲油转折点 HLB 为 10，HLB 小于 10 为亲油性，大于 10 为亲水性。

流滴剂的亲水基团及亲油基团，直接影响棚膜的流滴性。在比较两种流滴剂时，若亲油基部分相同，亲水基部分不同，流滴剂的亲水性可用其分子量或羟基数表示。分子量大，羟基数多，流滴剂的亲水性好。亲水性好的流滴剂容易迁移到棚膜表面，棚膜的初期无滴效果明显，但溶于水的流滴剂会很快流失，使棚膜在较短的时间里，丧失流滴功能，即持久性差（流滴有效期短）。若流滴剂亲水基部分相同，亲油性好的流滴剂迁移到棚膜表面就比较困难或者迁移量少，棚膜难于在扣棚初期形成亲水表面，其初期流滴功能差或棚膜与水珠的接触角增大。

因此，流滴剂的亲水性和亲油性必须平衡，并符合棚膜的使用要求。聚乙烯棚膜使用的流滴剂，其 HLB 值范围约 4 ~ 10。

7.5.4 防雾滴母粒配方

防雾滴母粒的配方设计见表 7-16。

表 7-16 防雾滴母粒配方设计

原料	规格	含量/%
流滴剂		0～15
防滑剂		0～12
加工助剂		0～2
载体树脂	LDPE	X
	EVA	
	LLDPE	
总计		100

（1）流滴剂浓度

一般防雾滴母粒的流滴剂推荐用量为 10%。如母粒中流滴剂浓度提高，制造棚膜时的母粒的加入量可相对减少，有利于棚膜生产。但母粒中流滴剂的最大加入量受制造设备、载体树脂种类、制造技术等因素限制。

（2）流滴剂品种选择

在不同的地理环境下流滴剂的环境适应性不同，应选择不同品种的流滴剂。在寒冷地区，要求流滴剂比温暖地区有更好的亲水性。温暖地区的流滴剂可选择多元醇长碳链脂肪酸类，如山梨糖醇酐酸酯/甘油脂肪酸酯等；寒冷地区的流滴剂可选择中等碳链脂肪酸酯的环氧乙烷加成物，如聚环氧乙烷单月桂酸酯。

不同的温室（大棚）构架，对流滴剂的持久性要求也不同，连栋大棚要求棚膜有更好的持久性，而管棚（小拱棚）对棚膜初期流滴效果特别敏感。

（3）流滴剂的熔点

低熔点流滴剂，容易析出棚膜表面，有较好的流滴功能，适宜在寒冷地区使用。但是，低熔点流滴剂在用于功能母粒制造或棚膜成型加工时，不仅流滴剂的挥发损耗大，而且它与塑料混合物会在挤出机内打滑，降低挤出量，因而限制了母粒中的流滴剂最大添加量。流滴剂的熔点范围一般选择为 50 ~ 60℃。

(4) 流滴剂的安全性

由于流滴剂的亲水基部分溶于水，在塑料温室（大棚）内，溶于水的流滴剂会沿拱形棚膜壁流入土壤。虽然，国内市场销售的流滴剂都宣称无毒害性，但在选择流滴剂时，对每种使用的流滴剂的环境安全性还是应该给予注意和确认。

(5) 加入防滑剂

流滴剂的熔点较低，油性状很滑，挤出时螺杆打滑没法加工。所以需要加表面积大的粉料防滑剂以吸附流滴剂。

(6) 载体的选择

由于防雾滴母粒主要用于聚烯烃挤出成型，所以 LLDPE 与 LDPE，EVA 作为载体树脂比较好，而且其熔点和熔融黏度必须低于加工树脂，有利于母粒的快速均匀分散；但不能太低，因为其需要足够的熔融黏度，以便助剂、添加剂在母粒中的分散。

(7) 母粒的制作

防雾滴母粒生产工流程如下:

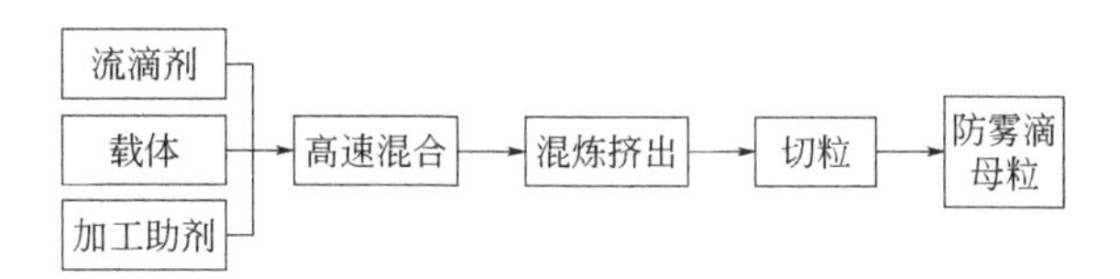

尽管防雾滴母粒含量不高，但考虑到防雾滴剂的润滑效果和防雾滴母粒添加量少，所以要求有良好分散性，防雾滴母粒制造应选择双螺杆挤出机。母粒用水下拉条切粒时，须经过水槽冷却。为了减少流滴剂吸收水分的机会，省去母粒干燥工艺，一般尽量采用模面热切粒为好。

7.5.5 防雾滴母粒的应用

聚乙烯无滴棚膜，可以采用普通聚乙烯棚膜的生产工艺，用单层（或多层）挤出吹膜机组生产，并注意以下的生产要点。

单层聚乙烯无滴棚膜的生产工艺流程见图 7-8。

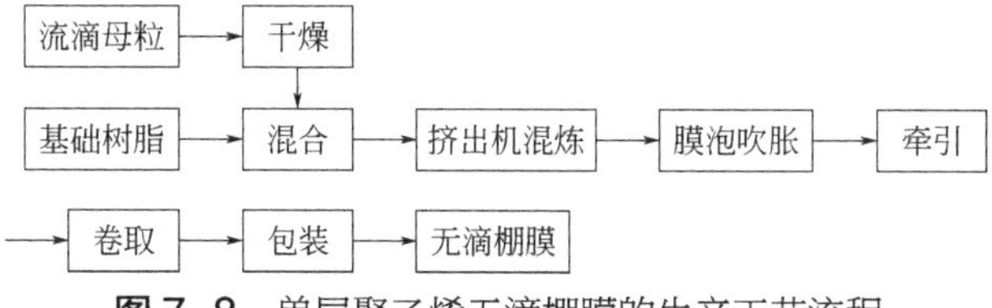

图 7-8 单层聚乙烯无滴棚膜的生产工艺流程

单层聚乙烯无滴棚膜的生产工艺条件：单层无滴棚膜，以 2200mm×0.08mm 聚乙烯无滴棚膜为例的生产工艺条件见表 7-17。

① 单层聚乙烯无滴棚膜必须保证膜中的流滴剂含量，控制母粒添加量在 1% ~ 1.5%的范围内，主要考虑如下因素。

□ 表 7-17　单层聚乙烯无滴棚膜的生产工艺条件

项目指标		工艺参数
SJ-65 塑料挤吹膜机组		大连橡塑机械厂制造
挤出机螺杆直径/mm		65
挤出机螺杆长径比		1:30
挤出机螺杆转速/(r/min)		160～200
模头的模口直径/mm		250
模头的模口间隙/mm		1.2
棚膜吹胀比		2.6
挤出机电加热温度/℃	加料段	140～150
	塑化段	150～180
	模头	160～170
熔融指数/(g/10min)	LDPE	0.3～1.0
	LLDPE	1～2
	EVA	0.7～1
无滴母粒的干燥温度/℃①		80～90

① 由于母粒会吸收空气中的水分，致使生产棚膜时出现水泡或银斑，因此生产前必须进行干燥处理。

棚膜的厚度：棚膜厚度减薄，母粒用量相应增加；

棚膜使用地区：寒冷地区可适当增加母粒用量，并选用或混配熔点低的流滴剂母粒；

棚膜的外观：母粒添加量过大，棚膜表面容易起霜，影响棚膜的外观。

② 棚膜中加入适量 EVA 树脂，提高无滴棚膜的流滴持久性。

③ 棚膜的流滴效果与流滴剂的分子结构、棚膜表面的结晶状态、棚膜添加流滴剂的方式，以及无滴棚膜使用时的环境温度、空气湿度、农作物种类、大棚的结构形式等条件相关。

④ 在棚膜生产过程中，若因其他原因停产，已混合流滴母粒的物料储存时间较长时，混合料必须重新进行干燥处理后，才能进行挤出吹膜成型。

三层共挤多功能复合棚生产膜的生产工艺流程见图 7-9。

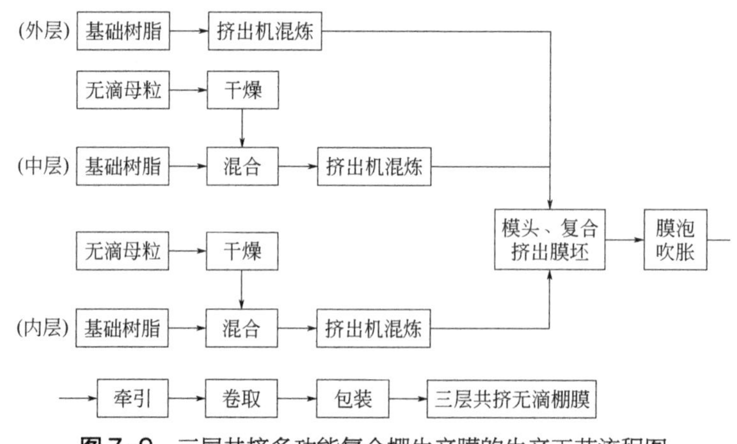

图 7-9　三层共挤多功能复合棚生产膜的生产工艺流程图

聚乙烯无滴棚膜的流滴剂用量，可参阅表 7-18 经试验确定，从表 7-18 可以看出，生产多层无滴棚膜比单层无滴棚膜使用的流滴剂量少，有更好的性价比。使用无滴母粒生产无滴棚膜时，应根据母粒中的流滴剂浓度进行换算。

⊡ 表 7-18　聚乙烯无滴棚膜的流滴剂用量

流滴剂用量	单层棚膜	双层共挤棚膜		三层共挤棚膜		
		外层	内层	外层	中层	内层
添加量/%	1.2～1.5	0.8～1.2	1.2～1.5	可不添加	0.8～1.2	1.2～1.5

聚乙烯无滴棚膜外观，一般有乳白色和浅蓝色透明两种。浅蓝色无滴棚膜吹膜时可加入适量蓝色母。浅蓝色的棚膜有利于西瓜、甜瓜等作物生长。

7.5.6　防雾滴消雾母粒

聚乙烯无滴棚膜往往与其他功能相结合而作为多功能棚膜，如长寿无滴棚膜、长寿保温棚膜、无滴消雾棚膜、耐候光转换无滴棚膜，它除具有流滴功能外，还有防老化、保温、光转换多种功能，可用于管棚、温室（大棚）覆盖，但售价相对高一些。下面简单介绍双功能防雾滴消雾母粒。

无滴棚膜消除了大棚内的滴水现象，提高了温室的透光率。但是仔细观察温室大棚时，会发现在晚秋、寒冬、早春季节的早晨和傍晚，温室（大棚）内弥漫雾气，棚内透光率下降，能见度低。这种现象，在寒冷地区比温暖地区严重，流滴效果好的棚膜比流滴效果差的棚膜严重。在雾气较重的温室（大棚）内，近地面的光照度，比无雾气时降低约 10% ~ 15%。温室（大棚）内浓雾的存在，不仅使大棚内能见度降低，农田作业环境变差。而且不利于植物的生长，有利于霉菌、害虫的繁殖，使植物病虫害发生率增高。因此，设施农业及园艺界提出了“流滴必减雾”的要求。

要在温室（大棚）内减少雾气，有以下几种方法。

（1）开棚通气

在南方，在出现较浓雾气的时段（如近中午气温较高时段），短时间地打开大棚门，让空气流通，降低室内的水蒸气量和相对湿度，可减少或消除雾气。

（2）喷涂消雾剂

在棚膜表面喷涂能减雾的混合溶液。这种混合溶液与棚膜有黏附力。表面喷涂消雾剂方法，简单方便，可在现场操作，但有效期较短，涂层不牢，易被清洗或擦掉，仅适用于聚乙烯、聚氯乙烯普通棚膜，或流滴棚膜需要增加减雾性能时使用。

（3）选择添加合适消雾剂

选择含氟、硅、硼、磷的非金属元素有机化合物作为消雾剂，这些特殊类型表面活性剂因种类不同而有不同的减雾特点。从减雾效果来说，含氟类消雾剂的添加量最少，含硅类消雾剂次之，而含硼及含磷类消雾剂添加量较多，几乎是它们的 1 ~ 2 倍。含氟类及含硅类表面活性剂是目前最常使用的消雾剂。

7.5.6.1　塑料温室减雾机理

塑料覆盖的温室（大棚），其室（棚）内的温度和相对湿度，都高于露地。在冬季温室（大棚）内外出现较大温差，棚膜内表面温度降低到室内空气和水蒸气混合物的露点以下时，室（棚）内的水蒸气接触棚膜表面，形成雾滴，再聚结成水珠，聚结的水珠又因自重而滴落，使棚膜出现清水现象。若使用的棚膜添加了流滴剂，流滴棚膜因其良好的亲水性，使聚结的水珠汇成水膜，展布在棚膜的内表面，然后沿一定弧度的棚膜流入土壤。同时，相应提高了室（棚）内的相对湿度。室（棚）内雾滴不断产生，凝结的水仍会滞留在棚膜的表面。这样，又减慢了空气中饱和水蒸气在棚表面的凝结速度，使剩余的饱和水蒸气悬浮在室（棚）内空气中，形成雾气。在冬季，室（棚）内外温差越大，室（棚）内的雾气就越重。这就是塑料温室（大棚）产生雾气的原因。

7.5.6.2 消雾剂机理和品种

消雾剂（减雾剂）是一类高表面活性、低界面张力的特殊类型的表面活性剂，它能有效防止棚膜表面产生雾滴，又能消减雾气。在制造棚膜时，添加流滴剂和消雾剂，能加快室（棚）内的水蒸气在表面凝结、铺展、流走，并明显地降低室（棚）内空气中的蒸气压和相对湿度，减弱了雾气产生的条件，从而使棚膜“流滴减雾”。

常用的消雾剂有下列品种。

(1) 氟类表面活性剂

是指普通表面活性剂的碳氯键（亲油基）上的氯，完全被氟原子取代，并接上聚醚（聚氧乙烯、聚氧丙烯）基团的高效表面活性剂。这类消雾剂由于碳氟键分子的存在，具有极好的疏水性。与 PE、EVA、PVC 等有良好的相容性；既亲水又疏水，又有很高的表面活性，能使水的表面张力降低到很低的程度（约 15mN/m），但不能降低界面张力。因此，即使添加量很少，也能使棚膜表面的水膜变得很薄，能快速地沿棚膜表面壁流入土壤。

氟类消雾剂还具有高耐热性、高化学惰性、耐酸、耐碱、耐氧化等特点。它与烃类表面活性剂复配使用，有很好的协同效应。

日本理研株式会社制造的 AF-18 表面活性剂，是一种典型的含氟类消雾剂。其在聚乙烯单层棚膜中的添加量约为 0.10%；在多层共挤聚乙烯棚中，主要添加在棚膜内层，用量约为 0.10% ~ 0.20%；在聚氯乙烯压延膜中的添加量约为 0.1%。

(2) 硅类表面活性剂

是指在聚硅氧烷的侧链，接上聚醚（聚氧乙烯、聚氧丙烯）基团而生成的共聚物。如导入聚氧乙（丙）烯基和环氧基的聚硅氧烷表面活性剂、多聚氧乙（丙）烯类嵌段共聚表面活性剂等。它具有适度的亲水性，又具有疏水性，与 PE、EVA 等有良好的相容性。其表面活性虽低于氟类表面活性剂，但要高于烃类表面活性剂，能使水的表面张力降低到 20mN/m。它还能降低水、油界面张力，具有较好的润湿张力。因此，它既有较好的减雾能力，又具有一定的流滴效果，它与烃类流滴剂复配使用，兼具流滴和减雾性能，但其添加量多于氟类消雾剂。

日本东邦化学公司制造的 AF-7000 表面活性剂，一种典型的含硅类消雾剂。其在聚乙烯单层棚膜中的添加量约为 0.3%；在多层共挤聚乙烯棚膜中，主要添加在的内层，添加量约为 0.3% ~ 0.6%。常用的消雾剂见表 7-19。

表 7-19 常用的消雾剂

品名	AF-18	AF-1500	AF-8000	AF-7000
类型	氟类表面活性剂	氟类表面活性剂	氟类表面活性剂	硅类表面活性剂
制造商	日本理研株式会社	日本东邦化学公司	日本东邦化学公司	日本东邦化学公司
外观	黄褐色糊状	褐色糊状	淡黄褐色糊状	透明均一液体
添加量（质量分数）	PE（单层）0.1%	PE（单层）0.05%～0.1%	PE 0.10%～0.20%	PE（单层）0.3%
	PE（多层）0.1%～0.2%	EVA 0.1%		PE（多层）0.30%～0.6%
	PVC 0.10%～0.12%	PE（多层）0.10%～0.12%		EVA 0.3%

7.5.6.3 防雾滴消雾母粒配方设计

为使棚膜具有稳定的减雾效果，消雾剂必须与流滴剂复配使用。并且注意不同流滴剂品种与消雾剂复配使用的协同效应，选择合适的复配比例，才能收到较好的流滴减雾效果。在生产聚乙烯棚膜时，为使消雾剂能在膜中均匀分布，最好是将消雾剂和流滴剂一起制成母粒后加入。

防雾滴消雾母粒配方设计可参阅流滴剂母粒配方设计，在这里就不重复了。

而在聚氯乙烯棚膜生产时，消雾剂和其他添加剂直接与树脂混合，制成混配料后压延成薄膜。即使添加最佳的流滴剂和消雾剂，在北方冬季的温室，要完全消除室内的雾气，仍是很困难的。

此外，要使塑料温室(大棚)具有较好的流滴减雾效果，要求棚膜具有优良的流滴性和消雾性是不够的，还必须与优良的棚架设计、铺展平整的棚膜、温室(大棚)内的相对湿度的控制相配合。

7.6 保温(棚膜)母粒的配方设计

在温室（大棚）作物栽培中，温度、湿度、光照等是其重要影响因素，温度（包括设施内气温和作物地下部分土温）是其中最重要的因素。因为植物的光合作用、呼吸作用以及对水分、养分的吸收作用都会受温度变化的影响。

温室（大棚）由于具有“温室效应”，温室（大棚）内的温度一般都高于露地温度，特别是在露地温度较低时，温室（大棚）内与露地温度差异更大。

在一定范围内，植物的光合作用随温室（大棚）内的温度升高而加强。不过，若温室内的温度到达一定值时（因农作物种类不同而异），农作物的光合作用会自然停滞。在严寒冬季，塑料温室（大棚）光照减少，当温度和光照失去平衡时，即使在温室内使用增温设施（如管道加热、热风加热等），提高室内温度，农作物的光合作用也难旺盛地进行，甚至会造成植株徒长，农作物提前老化。因此，在提高温室棚膜的保温性能时，应同时考虑棚膜的透光条件与保温性的平衡。在塑料温室大棚内栽培的蔬菜、瓜果、花卉等农作物，多数是在自然条件下，高温生活的物种，它们祖先的长期生长条件使这些农作物对温度的变化非常敏感。因此研究棚膜的保温性能，提高温室大棚的光照量和温度，减少温室（大棚）的地温辐射损失对提高设施内栽培作物的产量和质量非常重要。

7.6.1 影响温室（大棚）内温度变化的因素

塑料温室（大棚）内的温度及变化受多种因素的影响。

（1）地理环境

各种植物区域的地理纬度与海拔高度，直接影响到该地区温室（大棚）内的温度。一般情况下，地理纬度每增加一度，环境气温下降 1℃；同一纬度时，海拔升高 100m，环境气温大约降低 0.6℃。因此，在考虑新用户地区使用棚膜的保温性能时，可根据使用棚膜的基准地区纬度和标高，推算新用户地区的环境气温，从而提出保温功能的对策和评价，提供适应该地区使用的棚膜。

(2) 温室覆盖面积

温室（大棚）的保温效果与温室床土面积及棚膜覆盖面积相关。它们之间的关系可用下式表示：

保温比=床土面积/棚膜表面积

管棚与温室（大棚）相比，管棚的床土面积小，棚膜表面积相对大于床土面积，长波长的热能辐射损失率大，保温比小，棚内昼夜温度变化大；温室（大棚），特别是连栋大棚，其棚膜表面积接近或小于床土面积，保温比大，温室热能辐射损失少，室内昼夜温度变化较小。在使用同一种类棚膜的条件下，管棚的保温性比温室（大棚）、连栋大棚差。

(3) 温室的覆盖材料

温室（大棚）可使用不同的透明材料覆盖，如玻璃、聚氯乙烯（PVC）棚膜、乙烯-乙酸乙烯共聚物（EVA）棚膜、PE/EVA复合棚膜等，这些覆盖材料的不同光学性能（透光率、散射率、远红外线透过率等）会使温室具有不同的增温和保温效果。

覆盖材料的透光率高，进入温室的太阳光辐射能增加，温室内的气温和地温也会随着增加，从表7-20可看出棚膜的透光率对温室内温度的影响。

表7-20 棚膜的透光率对温室内温度的影响

实验室棚膜检测		覆盖越冬日光温室时的观察	
透光率/%	雾度/%	最高温度/℃	最低温度/℃
90.0	27.2	32.9	11.7
88.6	39.8	30.9	10.8

注：数据摘录自鞍山园艺研究所的试验数据。

在塑料棚膜覆盖材料中，PVC棚膜有较好的透光率和低的远红外光透过率，保温性能较好，但其耐候性差，材料密度大，废弃棚膜处理较困难，其应用量有逐步减少的趋势；PE棚膜有较好的透光率，但其远红外光透过率较高，保温性较差，需通过技术措施提高其保温性能；EVA棚膜有较好的透光率和耐低温性能，其远红外光透过率在PVC棚膜和PE棚膜之间，由于材料价格较高，常与PE共混使用，生产保温性能较高的棚膜。常用温室覆盖材料的光学性能及透射光谱见图7-10及表7-21。

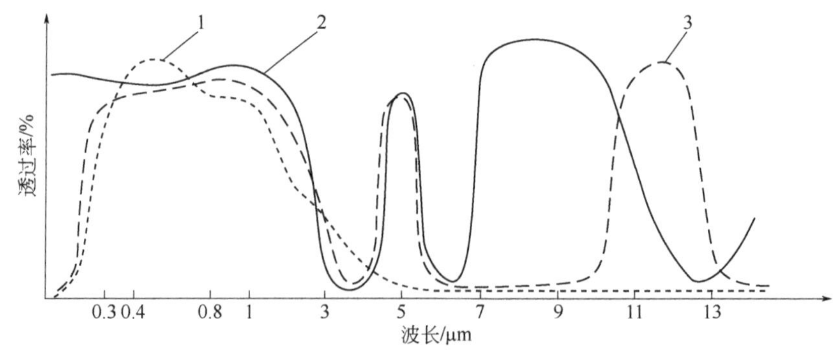

图7-10 玻璃及PVC膜和PE膜透射光谱图

1—玻璃；2—LDPE；3—PVC

(4) 温室设施

在温室内设置通风装置、加热或保温装置等设施，可提高温室（大棚）的保温性能。比如，温室内设置遮阳幕帘，夏天可防止室内温度过高，冬天又可用于保温。在温室内设置加热保温系统（热风加热系统或热水管道加热系统），可以控制温室内温度，以满足农作物栽培需要；在栽培农作物的土壤内，铺置专用电加热线，提高土壤地温；在大棚顶部，铺盖可移动的稻草、苔草、草帘，提高温室内的保温效果。

表 7-21 常用温室覆盖材料的光学性能比较

材料	膜的厚度/mm	透光率/%	雾度/%	远红外线（7~11μm）透过率/%
玻璃				<10
PVC 膜	0.1	90～94	8～11	15～20
PE 膜	0.1	85～92	10～15	80
EVA 膜	0.1	90～92	8～9	20～50

温室覆盖塑料棚膜有多种方式，有固定覆盖一层棚膜；固定覆盖带夹层（夹层内通入空气）的棚膜；固定覆盖两层棚膜（温室内再安装固定大棚或多个大棚）：在温室内增加一层或两层活动幕帘（幕帘可采用普通聚乙烯农膜、聚氯乙烯农膜、无纺布、铝/聚乙烯复合薄膜等）。各种实施方式的选择，应适合所栽培的农作物对温度的要求。

7.6.2 提高聚乙烯棚膜的保温性技术要点

7.6.2.1 聚乙烯棚膜保温性能特点

聚乙烯棚膜与其他种类的棚膜相比，在保温性能方面有如下特点。

① 聚乙烯棚膜的保温性比聚氯乙烯棚膜差，长波长的远红外线被称为热线，它与温度和辐射热量有密切关系，见表 7-22。

表 7-22 光波长与温度关系

波长/μm	温度/℃	波长/μm	温度/℃
10.76	−5	9.84	20
10.56	0	9.68	25
10.37	5	9.52	30
10.19	10	9.36	35
10.01	15	9.21	40

② 许多物体都会向周围环境辐射远红外线，并带出热量。太阳光最强时的辐射热量约为 5.41J/(cm²·min)，人体表面的辐射热量约为 2.7J/(cm²·min)。即使在 0℃时，物体表面也能辐射约 1.9J/(cm²·min)热量。在温室内，农作物、水、地面等表面都会在不同温度下，辐射不同的热量（表 7-23）。

表 7-23 不同温度表面的辐射热量

温度/℃	热量/[J/(cm²·min)]	温度/℃	热量/[J/(cm²·min)]
−10	1.4	20	2.5
0	1.9	30	2.9
10	2.2	40	3.3

物体热量辐射是通过长波长的远红外线进行传输的。当温室覆盖材料的远红外线透过率低时，透过棚膜而损失的辐射热量也低。几种塑料棚膜远红外线透过率的大小顺序，依次为

PE>PE/EVA>EVA>PVC。在白天，聚乙烯棚膜透入太阳辐射能，使温室呈现增温效果。而在夜间，因辐射能的损耗，温室内温度逐渐降低。

聚乙烯是结晶塑料，其透光率低于聚氯乙烯塑料（特别是厚的薄膜）。PE 膜的透光率约为 85% ~ 92%，EVA 膜的透光率约为 90% ~ 92%，而 PVC 膜的透光率可达 90% ~ 94%（通过工艺条件的改善，最高可达 96%）。透光率低，进入温室的太阳辐射热量也相对少，增温效果也相对低。

③ 聚乙烯无滴棚膜的保温性比普通聚乙烯棚膜差，聚乙烯无滴棚膜及聚乙烯无滴减雾棚膜都有较好的流滴性能，可减少或消除凝结在棚膜表面的水珠或水膜，从而提高温室光照量和透光率，使温室有较好的增温效果。其在白天的气温和地温会明显高于普通聚乙烯棚膜覆盖的温室。

棚膜表面存在的水膜，会对不同光波长的透过率产生影响（图 7-11）。水珠几乎可以遮蔽全部大于 11μm 波长的远红外线，遮蔽 75%的 7 ~ 10μm 波长的远红外线，也就是说，棚膜表面上水珠的存在，有利于阻隔远红外线的透过，有利于提高棚膜的保温性能。

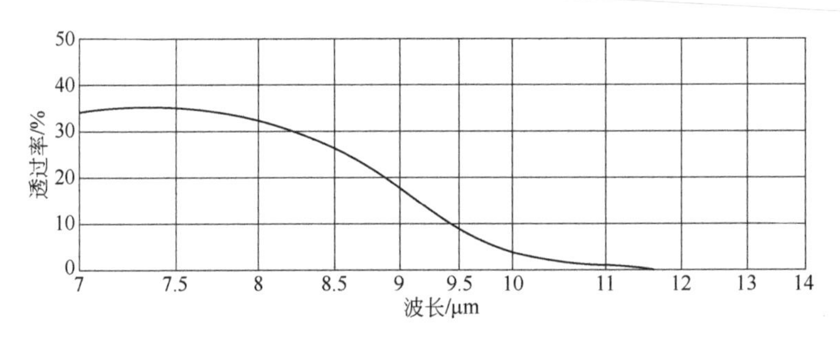

图 7-11 棚膜上的水膜对不同光波长透过率的影响

因此，没有水珠存在的无滴棚膜，其保温性能反而降低，特别是聚乙烯无滴棚膜的增温效果，不足以平衡其远红外线透过引起的辐射能量损失时，在夜间使用聚乙烯无滴棚膜的温室地温会低于使用普通聚乙烯棚膜温室。据资料介绍，在韩国就有使用普通棚膜，利用棚膜上的水珠进行保温的报道。

④ 棚膜厚度影响聚乙烯棚膜的保温性，聚乙烯的导热性能低，温室内通过棚膜热传导而损失的热量也较小。因此，通过改变棚膜的厚度，来减少温室的热传导所损失的热量，可以忽略不计。

不过，在其他条件相同的情况下，改变棚膜的厚度，棚膜的远红外线透过率会随之变化。图 7-12 为不同厚度的多层共挤聚乙烯薄膜红外线吸收光谱图。从光谱图中可看到，在远红外线波段（7 ~ 25μm 波长）范围内，厚度 0.15mm 棚膜的透过率明显低于厚度 0.10mm 棚膜。厚的棚膜有利于提高聚乙烯棚膜的保温性。

⑤ 共混改性可提高聚乙烯棚膜的保温性。从上述分析可看出，聚乙烯棚膜由于远红外线透过率高，而导致其保温性差。聚乙烯树脂与某些远红外线透过率低的树脂及添加剂有较好的相容性。因此，通过在聚乙烯中添加保温剂的共混改性方法，在一定范围内，可降低聚乙烯棚膜的远红外线透过率，从而提高其保温性能。

7.6.2.2 提高聚乙烯棚膜保温性的原理

综上所述，在温室的白天，太阳光通过直射和散射方式，透过棚膜进入温室，其 98%的光辐射能在 0.3 ~ 3.0μm 波长范围内。除 0.4 ~ 0.7μm 波长的可见光，主要用于农作物的光合作用，其余波长的辐射能被温室内空气、土壤、框架材料等物体吸收，并转化为热能，从而使温室内的气温、地温升高。因此，棚膜的透光率提高，进入温室内的光辐射能量增大，温室呈现明显的增温效果。

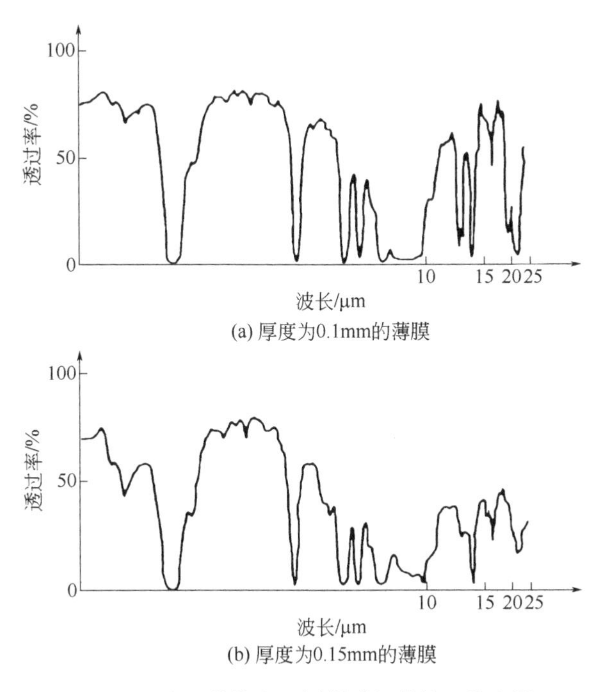

(a) 厚度为0.1mm的薄膜

(b) 厚度为0.15mm的薄膜

图 7-12 多层共挤聚乙烯薄膜红外线吸收光谱图

到了夜晚，地面和植物体向外辐射波长范围为 7 ~ 25μm（辐射强度最大的波长为 7 ~ 11μm）的远红外线。它可透过棚膜向露天辐射，使温室内热量大量损失，使温室内的温度下降（越接近地面，温度越低）。如果能使棚膜的远红外线透过率降低，则温室内损失热量减少，棚膜的保温性提高。

在评价聚乙烯棚膜的保温性时，应同时考虑透过棚膜而被温室所接受的光辐射能的量，以及从温室内部向外辐射散失的远红外线热能的量。若它们之间的能量之差，表现为增温或接受光辐射能量的百分比增加时，表明棚膜的保温性得到提高。

这样，提高聚乙烯棚膜保温性的对策就很明确了，一是增温（提高棚膜的透光率）；二是保温（降低聚乙烯棚膜的远红外线透过率）。

降低聚乙烯棚膜远红外线透过率，最有效的方法就是在聚乙烯中添加被称为“保温剂”的材料。这些“保温剂”的远红外线透过率都低于聚乙烯，并有很好的性价比。它们一般为有机化合物和高分子树脂、无机矿物质。

7.6.2.3 保温（团膜）母粒的配方设计

保温（团膜）母粒主要由载体（PE）及保温剂组成。母粒中的保温剂质量分数一般为 70%，为使保温剂在棚膜中均匀地分布，母粒中还需添加定量的分散剂、润滑剂。

保温（团膜）母粒的配方设计见表 7-24。

⊡ 表 7-24　保温（团膜）母粒的配方设计

原料	规格	含量/%
保温剂		0～70
加工助剂		0～5
分散剂	聚乙烯蜡	0～3
载体树脂	LDPE	*X*
	LLDPE	
总　计		100

① 在棚膜中使用的无机保温剂是一类无机矿物质，也称为远红外线阻隔剂或远红外线屏蔽剂。这些无机矿物具有独特的晶体结构，它既可以屏蔽和反射远红外线，降低棚膜远红外线透过率，又可以透过可见光，不会使棚膜的透光率明显降低，具有较好的增温及保温效果。

无机矿物质的价格，一般都低于基础树脂，其他塑料制品也常用来作为填充剂使用，降低塑料制品的制造成本，故无机矿物质又称为无机填充剂。

在棚膜中使用的无机矿物质包括高岭土、滑石粉、云母粉、绢云母/高岭土复合矿、碳酸钙、白炭黑、叶蜡石、硅灰石、氢氧化铝、硅酸镁、玻璃微珠等。这些材料的远红外线透过率一般为 6%～30%，折射率为 1.5～1.65，含硅类无机矿物质比不含硅的无机矿物质，有更低的远红外线透过率。

② 无机保温剂具有如下特点：较好的远红外线屏蔽功能，无机保温剂一般为远红外线透过率较低的无机矿物质，表 7-25 列出了几种无机矿物质的远红外线透过率；图 7-13 为玻璃微珠的红外光谱图；图 7-14 为二氧化硅及碳酸钙的红外光谱图。

⊡ 表 7-25　几种无机矿物质的远红外线透过率

材料名称	远外线透过率/%	材料名称	远外线透过率/%
绢云母	6.8	硅灰石	26
叶蜡石	7.5	碳酸钙	18.5
绢云母-高岭土	10.0		

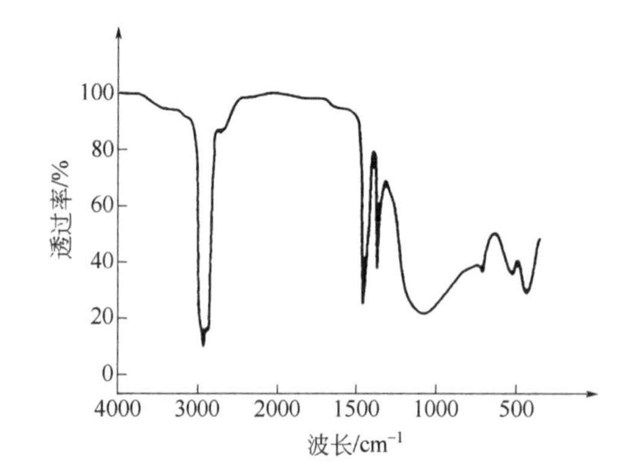

图 7-13　玻璃微珠的红外光谱图

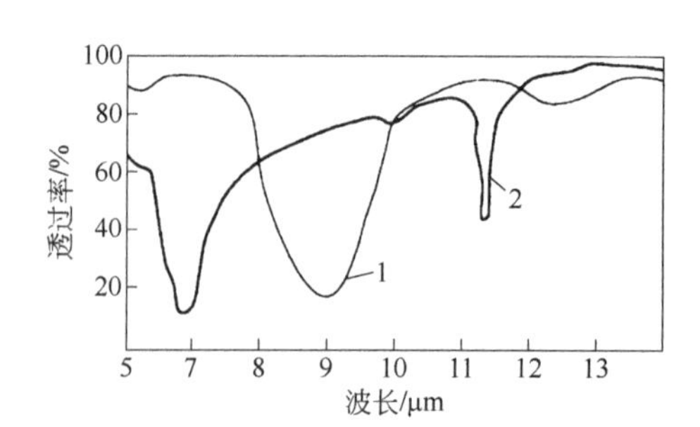

图 7-14　二氧化硅及碳酸钙的红外光谱图

1—SiO_2；2—$CaCO_3$

从图表数据可看出，这些物质在 7～25μm 波长范围内的远红外线透过率低，有强烈的吸收峰。性能较好的无机保温剂粉末，其主要成分为 SiO_2，其次为硅酸盐类化合物。

③ 所添加的无机矿物质，能使棚膜维持较好的透光率，并使棚膜的雾度不会有明显下降，

棚膜的雾度与添加剂的光折射率有关。光折射率是一种内在的特性，它用光在真空中的传播速度与在介质中的传播速度之比表示。例如，光在真空中的传播速度是 30 万 km/s，若光在某种添加剂或聚合物中的传播速度为 20 万 km/s，则该添加剂或聚合物的折射率为 1.5。常见聚合物与矿物质的折射率见表 7-26。

⊡ **表 7-26　常见聚合物与矿物质的折射率**

材料	折射率	材料	折射率
低密度聚乙烯	1.51～1.54	重晶石	1.64
聚丙烯	1.50	方英石	1.48
聚氯乙烯	1.54	滑石	1.59
聚苯乙烯	1.59	二氧化钛（金红石型）	2.76
聚酰胺	1.53	石英	1.55
聚乙酸乙烯酯	1.67	云母	1.55～1.62
聚甲基丙烯酸甲酯	1.49	白云石	1.62
聚丙烯酸甲酯	1.48	熔融的二氧化硅	1.46
纤维素	1.54	空气	1.0

当聚合物与矿物质组成的混合物，完全润湿并无气泡时，它们的折射能充分反映混合物的雾度。当这些材料的折射率差异很大时，膜的雾度上升、透明度下降，光透过棚膜进入温室的方式发生变化：直射光减少，散射光增加，棚膜的漫反射率增加。虽然，温室内散射光增加，有利于农作物栽培，但棚膜的雾度必须控制在一定范围。

④ 粒径。无机矿物质粉末必须有较细的粒径，并经表面活性处理，这样无机矿物质粉末才能在棚膜均匀分散，不影响棚膜的成型加工，不会明显降低棚膜的力学性能。为防止无机矿物质粉末出现结块现象，它们应放置于干燥场所，并避免阳光直接照射。

无机矿物质粉末的粒径要求在 7 ~ 12μm 以下（或 1250 ~ 2000 目以下）。粉末粒径与筛网网目数的换算，可参见表 7-27。

⊡ **表 7-27　粉末粒径与筛网网目数的换算**

粒径/μm	网目数	粒径/μm	网目数
1	12700	35	400
1.3	10000	44	325
1.6	8000	46	300
2.6	5000	53	270
6.5	2000	61	250
10	1340	63	240
13	1000	65	230
18	800	74	200
23	600	104	150
28	500	140	100

⑤ 相容性和化学稳定性。无机保温剂必须与树脂有较好的相容性，有较好的化学稳定性，与棚膜中的其他添加剂无不良反应。

⑥ 在选择无机保温剂时，应充分考虑材料的性能和价格。由于各地矿产资源不同，同一种矿物质在不同矿区，有不同的性能，因此，供应资源也是选择的重要因素。

⑦ 制造母粒时，应先将无机保温剂与偶联剂、润滑剂混合，进行表面活性处理，然后将处理好的无机保温剂粉末，按一定配比（一般无机保温剂为 70% ~ 80%，载体树脂为 15% ~ 25%）进行高速混合；经混合均匀的混合料，加入双螺杆挤出机混炼塑化，最后挤出切粒成无机保温母粒。由于无机保温剂易于吸湿，可采用膜面热切的方法，若棚膜还需兼具其他功能（如防老化、流滴）时，可将无机保温剂与功能添加剂混合制成母粒，有利于降低母粒制造成本。若母粒中添加流滴剂，无机矿物质粉末无需进行偶联处理。

7.6.2.4　保温（团膜）母粒的应用

（1）无机保温剂的添加量

增加聚乙烯棚膜的无机保温剂添加量，虽可提高棚膜的保温性，使温室内形成漫反射光照环境，但也会使棚膜其他性能下降。故聚乙烯棚膜中的无机保温剂总含量一般控制在 1% ~ 2.5%左右。

在聚乙烯中添加无机保温剂，可提高棚膜的保温性，而且随着无机保温剂在棚膜中的添加量增加，聚乙烯膜的力学性能、光学性能也会随着发生变化；棚膜的拉伸强度、断裂伸长率下降；棚膜的成型加工性能变差；棚膜的散射率增加，在温室内形成漫反射光；棚膜的雾度提高（透明性下降），棚膜外观接近磨砂玻璃状；棚膜的透光率有细微下降；无滴棚膜的流滴剂表面迁移速度减缓，棚膜的流滴有效期延长。因此，为了保证保温膜有较好的综合性能，必须控制无机保温剂在膜中的添加量。

在三层共挤聚乙烯棚膜中，无机保温剂在各层次的分布不同。棚膜的外层，为避免无机保温剂对膜防老化的不良影响，一般不加入无机保温剂；而将无机保温剂集中添加于中层，其添加量可达 2% ~ 3%；棚膜的内层少加或不加。使棚膜中的无机保温剂总量保持在上述控制范围内。

（2）高分子树脂保温剂的添加量

可以作为保温剂使用的有机化合物和高分子树脂，包括有机磷化合物、聚氨酯、含有部分氧化乙烯的聚甲醛、乙烯-乙酸乙烯共聚物（EVA）等。这些材料与聚乙烯树脂共混后，都能使其远红外线透过率降低。若从材料的性能、薄膜成型加工的容易性、材料价格等方面考虑，最常用的材料是 EVA 树脂。

EVA 树脂本身是制造棚膜的基础树脂，它有较高的透光率，其远红外线透过率在 PVC 与 PE 之间。它与 PE 有很好的相容性，与 PE 共混后制得的棚膜可使其远红外线透过率降低。在制造单层或多层棚膜时，EVA 与 PE 共混改性有多种方式：可以是 LDPE+LLDPE+EVA 共混后制成单层棚膜；也可以是 LDPE+ LLDPE/EVA/LDPE+EVA 共挤出复合后制成三层棚膜；还可以是 LDPE+ LLDPE/LLDPE+EVA/ LLDPE+LDPE 共挤出复合后制成三层共挤棚膜。

在聚乙烯棚膜中，掺和使用的 EVA 树脂，其熔融指数为 0.5 ~ 2g/10min，VA 含量为 5% ~ 20%。在聚乙烯棚膜中，随 EVA 树脂添加量（准确地说是棚膜中的 VA 含量）的增加，棚膜的远红外线透过率降低，棚膜的透光率提高。在聚乙烯棚膜中，VA 总含量一般为 1% ~ 5%，若 EVA 加入量过少，对提高棚膜保温性的作用甚微。棚膜中 VA 总含量超过 4%时，可称为 EVA 棚膜。

棚膜使用的高分子树脂保温剂，一般都采用 EVA 树脂。它采用与 LDPE 和 LLDPE 共混方式添加。对于三层共挤生产棚膜时，EVA 树脂一般添加于中层，也可以添加于中层及内层。棚膜中 EVA 树脂的 VA 总量为 1% ~ 5%，一般为 4%。

7.7 抗菌母粒配方设计

抗菌塑料是近年发展起来的一种具有特殊功能的新型环保材料，是指在原料中添加抗菌剂，使塑料制品本身具有抗菌性，在一定时间内将其表面的微生物杀死或抑制其生长繁殖。抗菌塑料的开发和应用为保护人类健康树起了一道绿色屏障，对于改善人类生存环境，减少疾病，保护消费者身体健康具有十分重要的意义。

7.7.1 抗菌剂的作用机理

抗菌的含义是指抑制和杀灭细菌等微生物的作用。抗菌作用包括杀菌、抑菌、灭菌、消毒、防霉、防藻、防腐等作用。

微生物按细胞结构特点可分为三种类型：以细菌为代表的原核细胞型微生物，以真菌为代表的真核细胞型微生物，以病毒为代表的非细胞型微生物。微生物是个体小、繁殖快、易于变异、在生命活动中构造最简单的一群低等生物的总称，包括病毒、类病毒、立克次氏体、细菌、酵母菌、放线菌、真菌、小型藻类和原生动物。

细菌致病的机制是病原菌突破宿主皮肤、黏膜等生理屏障，进入机体定植、繁殖和扩散。细菌定植在入侵部位，能在局部繁殖、蓄积毒素，引起疾病。细菌的毒素是含有损害宿主组织、器官并引起生理功能紊乱的大分子成分。细菌的数量一般与致病力成正比，但不同病原体能引起感染发生的最低数量差别很大，如沙门氏菌需十万个菌体，而志贺氏菌属仅需十个菌体。

此外，霉菌、藻类的生长过程也是腐蚀各种材料的过程，带来严重的财产损失。

广义抗菌概念所包含的内涵如下。

杀菌：指杀死微生物；

抑菌：指抑制微生物的活性，使其繁殖能力降低；

灭菌：指完全除去待处理体系中的所有微生物或使之完全丧失活性；

消毒：指除去待处理体系中的致病和条件致病的微生物或使之丧失活性；

防霉：指抑制霉菌的活性或使之丧失活性，减轻霉菌的繁殖程度；

防藻：指抑制藻类的附着和生长；

防腐：指采取一定措施防止物品性能的下降。

抗菌剂的类型有无机银系、锌系、铜系、光催化、负离子。抗菌剂的抗菌作用包括杀菌和抑菌作用。杀菌作用是把细菌杀死，抑菌作用是将微生物的生命活动中的某一过程进行阻止而抑制其生长繁殖。浓度和作用时间对抗菌作用有很大影响，浓度越大，作用时间越长，抗菌作用越显著。银、铜、汞等金属离子及强氧化剂主要表现杀菌作用，有机抗菌剂主要起抑菌作用。同一抗菌剂往往在高浓度时是杀菌的，低浓度时表现抑菌作用。

① 无机抗菌剂的抗菌机理是银、铜、锌等离子作用在细菌细胞膜上，高浓度时，金属离

子穿透细胞膜，与细胞质中的蛋白质的活性中心结合，使细胞死亡或丧失分裂增殖能力。低浓度和极低浓度时，金属离子吸附在细胞膜上，阻碍细菌对氨基酸、尿嘧啶等生长必需的营养物质的吸收，从而抑制细菌的生长。

金属离子抗菌剂、季铵盐的正电荷还吸引细菌细胞膜表面的负电荷，阻止细菌的移动，使其失去营养而死亡，或细胞变形破裂因内容物渗出而死亡。

② 光催化抗菌剂、银系无机抗菌剂能吸收紫外光、可见光等外界能量，通过激发电子跃迁，激活抗菌剂周围的氧气和水分子，成为活性氧和氢氧自由基。它们能氧化或使细菌细胞中的蛋白质、不饱和脂肪酸、糖苷等发生反应，破坏其正常结构，从而使细菌死亡或丧失增殖能力。

③ 有机抗菌剂分子大多与细胞膜和脂质相容性好，与细胞膜融合，使细胞内容物、酶、蛋白质、核酸损坏，如对细胞器的作用、对蛋白质和核酸等结构物质的作用、对酶体系的作用（酶形成、酶活性）、对呼吸作用的影响（糖酵解、电子传递系统、氧化磷酸化等过程）、对有丝分裂的影响。

对抗菌塑料而言，当细菌接触抗菌塑料时，存在于塑料表面的抗菌剂与细菌间发生上述相互作用，使细菌在抗菌塑料表面无法生存和繁殖。而且，抗菌剂会从塑料中不断向表面扩散迁移，补充和保持在塑料制品表面，所以，抗菌塑料具有长效抗菌性。

7.7.2 抗菌母粒应用工艺和技术要求

抗菌母粒通过吹膜、淋膜、注塑、纺丝等成型工艺应用在所有需抗菌的塑料制品上，所以抗菌母粒需应特别关注抗菌剂的耐热性、耐水性、分散性和安全性等。

（1）耐热性

即使在有机高分子材料经历 200℃以上、高剪切的加工过程中，抗菌添加剂也会发生抗菌活性降低的变化，导致其抗菌作用大幅度下降，因此有必要采用稳定剂来提高抗菌配方与基础树脂的配伍性，以确保材料和制品的抗菌性。

（2）耐水性

抗菌制品的使用环境与抗菌持久性有着密切关系。日常生活中，有些物品经常与水接触（如洗衣机、洗碗机、饮水机的涉水部件、给水管），最容易受微生物污染，同时水的长期作用也会加快抗菌部件中抗菌成分的流失和抗菌性能的下降，所以使用的抗菌材料必须具备耐水性。

（3）分散性

抗菌剂粉体的缺点是分散均匀性较差，导致塑料制品的外观不佳。而且由于抗菌剂团聚，抗菌效率降低。

（4）安全性

正因为抗菌塑料制品是应用在与人们生活环境有关，或是与人极为贴近的衣食住行用品中，所以抗菌材料在生产和使用时必须具备高度的安全性。无毒安全是抗菌材料应用的前提。作为食品的包装材料必须符合一些公认的国际或国内的食品接触安全规定和指令，例如美国 FDA、欧盟 AP-89-1 和中国国家标准 GB 9685 等，这已经成为一个普遍的共识。用于塑料抗菌剂同样必须遵守这个规范。

7.7.3 抗菌母粒配方

抗菌母粒中抗菌剂含量较高（10%～50%）。抗菌母粒使抗菌剂分散效果得到大幅度提高，只需在塑料中加入 1%～10%的抗菌母粒，即可加工制品，原有工艺不变，使用便利，性能可靠。抗菌母粒配方设计见表 7-28。

⊡ 表 7-28 抗菌母粒配方设计

原料名称		规格	含量/%
抗菌剂	无机抗菌剂		10～50
	光催化抗菌剂		
	有机抗菌剂		
润湿剂	均聚聚乙烯蜡	相对密度 0.91～0.93	0～5
	共聚聚乙烯蜡		
润滑剂	硬脂酸锌（镁）		0～0.5
载体	LDPE	MI 20～50g/10min	*X*
	LLDPE	MI 1.5～50g/10min	
	ABS、PS		
总　计			100

① 抗菌母粒的关键是抗菌剂的选择。最需要关心的问题是，采用何种抗菌剂与材料结合或赋予材料这种抗菌功能组分，从而可获得既不损害材料既有性能、又赋予其抗菌功能的新材料。

抗菌剂有无机抗菌剂、有机抗菌剂、天然抗菌剂以及某些特定的抗菌材料，其热稳定性有很大差异，这使它们的应用范围有很大不同。

抗菌剂的抗菌性（抗菌广谱性及其以最低抑菌浓度 MIC 值为代表的性能指标）、毒性（以毒理试验结果为代表）、与材料的相容性（以分散性为特征）、制成的抗菌材料的抗菌长效性等都是选择抗菌剂时需要认真考虑的内容。

北京崇高纳米科技有限公司开发出了一系列抗菌剂产品，以使其综合性能和使用性能不断优化，形成了安迪美™牌抗菌剂产品，见表 7-29。

⊡ 表 7-29 安迪美™牌抗菌剂产品

牌号	组成	用途
AM1	银锌复合通用抗菌剂	适用于环氧粉末涂料
AM2	银锌复合通用抗菌剂	较好的耐水性，适用于 PVC 给水管
AMK	银系抗菌剂	各种塑料一般用途，抗菌性、长效性兼优
AMS	银系抗菌剂	高性能，适用于透明塑料，抗菌性、长效性兼优
EC		用于 PE、PVC 薄膜

② 无机抗菌剂与有机类、天然类抗菌剂相比，具有安全性高、长效性好等优点，而且具有优异的耐热性（可经受 600～1000℃高温），使其成为在塑料、化纤，甚至陶瓷等材料中使用的首选抗菌剂。无机抗菌剂含有的银、锌、铜等金属离子成分负载在某些无机载体（如沸石、磷酸盐、羟基磷灰石、可溶性玻璃等）的结构中或表面层间，具有缓释抗菌金属离子的作用，所以有优异的抗菌长效性。

无机抗菌剂的关键成分是银和锌。微量银的存在就可抑制细菌的繁殖，银的最低抑菌浓度为 5mg/kg。无机抗菌剂是利用现代技术将银的杀菌抑菌特性加以发挥，用微量的银制造大量的抗菌产品。锌是人类的必需元素。锌在儿童发育、生殖中都不可或缺。当然，有益元素如果过量摄取，也会带来副作用，甚至导致中毒。

抗菌剂对人和其他生物体的毒害作用均有一个剂量与效应关系，在一定的剂量范围内使用可以处于良好的安全性。无机抗菌剂的主要有效成分为银、铜、锌金属离子，它们的使用安全性有科学评价的结论，已获得美国 FDA 和 EPA 的准许，同时也为人类长期实践所检验。

③ 无机粉体与高分子材料相容性差，加工过程中团聚会进一步增加，大颗粒的无机粉体对塑料制品会造成不良影响。例如对塑料薄膜的透气性能、透明度、强度、蒸发残渣量、热封性能等有不良影响，更重要的是也会发生抗菌活性降低的变化，导致其抗菌作用大幅度下降，因此有必要采用分散剂来提高抗菌配方与基础树脂的配伍性，以确保材料和制品的抗菌性。根据应用对象不同，聚烯烃用抗菌母粒选用均聚聚乙烯蜡，苯乙烯树脂用抗菌母粒选用共聚聚乙烯蜡。载体选择也是同样的原则。

7.7.4 抗菌母粒的市场和应用

抗菌塑料的应用日益广泛，已应用于工业、农业、建筑、交通、通信、医疗、环保及日常生活等领域。在欧美一些国家，人们早已在公共场所使用抗菌塑料，如门把手、电话机听筒、电脑键盘、公交车扶手等，这可以大大地避免因使用这些制品而发生的交叉感染；而在农田水利建设方面，也开始采用抗菌塑料制造灌溉用的管道，防止土壤中因细菌作用引起的堵塞喷孔现象；在食品、医药、化妆品包装材料方面，也使用了抗菌塑料，降低污染概率，提高保质期。目前，抗菌塑料已开始用于潜水用品、光学仪器的零件、大型家电、儿童玩具，汽车行业等方面。因此，抗菌塑料的应用前景是十分广阔的。

抗菌母粒还可应用于 BOPP 多层膜的表面层，PE 流延薄膜（如保鲜膜、卫生巾用打孔膜），透明 PP 注塑制品或压延片，特殊 ABS 高性能冰箱板材，高性能 ABS 制件，透明 PS 制品，高光 HIPS 冰箱板材，透明和一般 PC 制品，POM、PBT、PA、PET 等工程塑料制品，PP-R 给水管专用，给水 PE 管、铝塑管专用。

抗菌母粒还可应用于丙纶纤维、熔喷无纺布、乙纶、ES 纤维、尼龙牙刷、聚酯纤维（长丝、短纤）等。

7.8 PPA 母粒配方设计

在聚烯烃挤出加工工艺中，不论是有缺陷的外观还是低的挤出速率和频繁的停机清除模头结焦都是让人难以接受的。为了消除“鲨鱼皮”现象或熔体破裂、模头结焦等表面缺陷和达到较高的挤出速率，含氟聚合物加工助剂（polymer processing aids，简称 PPA）被应用于改善产品的品质和提高收益。不同牌号的 PPA 产品，适应多种聚烯烃树脂的不同应用，如 LLDPE、HMW-HDPE、ULDPE、LDPE、HDPE、MDPE、XHDPE、XLLDPE、mLLDPE、PP 等。不同牌号的 PPA 产品还适用于聚烯烃类的各类成型加工，如吹塑薄膜、淋膜、流延膜、线缆包覆的挤出、吹塑、片材挤出、拉丝等加工，不同牌号的 PPA 产品还可适用于母粒制造。

目前已广泛应用于石化厂、色母粒制造及加工厂、功能性聚烯烃改性聚合物加工厂及薄膜、电线电缆护套加工厂。

7.8.1 含氟聚合物 PPA 的工作原理、组成特性和应用性能

含氟聚合物 PPA 产品在添加 LLDPE、PP、HDPE、MDPE 等聚烯烃之后，会向熔体外层移动并有在金属表面上附着的趋势，在挤出机内部的腔体、模具表面与聚合物熔体间形成一层润滑层，减小在模具内的剪切速率及黏滞拖拽，延迟熔体破裂的发生，从而提高挤出机产能，改善产品的表面外观。在连续挤出过程中，这一涂层是处于动态平衡的，当动态平衡稳定后挤出过程和产品质量就会达到稳定（图 7-15、图 7-16）。

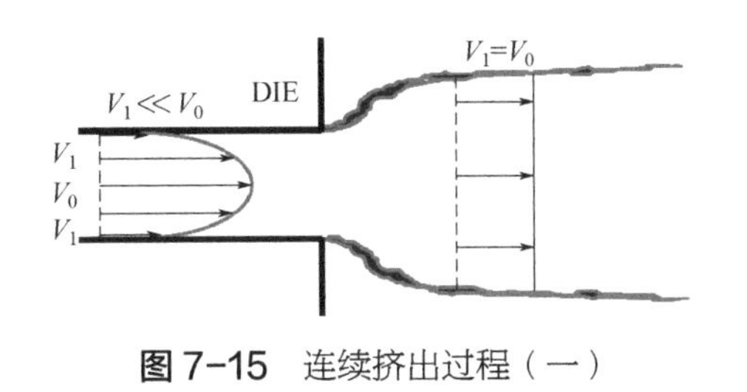

图 7-15 连续挤出过程（一）

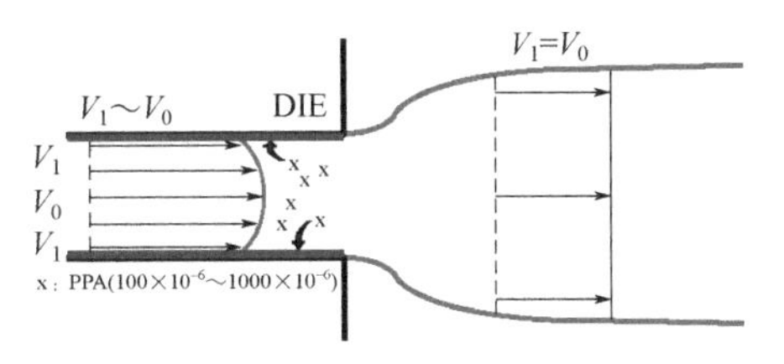

图 7-16 连续挤出过程（二）

法国阿科玛公司含氟聚合物 PPA 系列产品主要组成是偏二氟乙烯类（VDF/HFP、VDF/HFP/TFE）的二元或三元共聚物，见图 7-17。

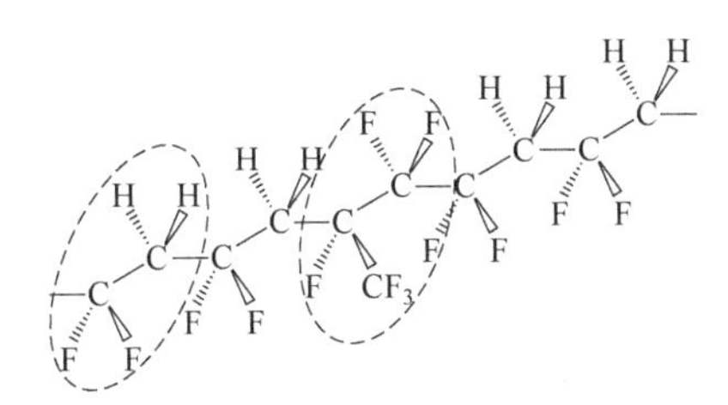

图 7-17 PPA 主要组成

法国阿科玛公司偏二氟乙烯类含氟聚合物 PPA 由于其自身的独特性能，加工应用中具有多方面的特性。

① 在 370℃以内含氟聚合物具有良好的化学和热稳定性。

② 宽阔的熔点范围，介于 115～175℃，满足热塑性塑料的可加工性。

③ 与聚烯烃不相容，容易释放，有非常低的表面张力。

④ 纯净度高，可完全用于食品和药品行业，满足美国 FDA 177.2600 和美国药典 USP Ⅳ级的要求。

⑤ 是性价比占优的含氟聚合物之一，含氟聚合物在塑料加工中具有良好的应用性能：

a. 减少表面缺陷，如常见的熔体破裂和鲨鱼皮现象，使挤出表面光滑均匀。

b. 减少或消除模头积胶现象。

c. 提高透明度和强度。

d. 降低挤出压力，减少能耗，提高挤出速度和产量。

e. 允许挤出温度敏感型树脂或需低温挤出的树脂，允许较低的加工温度。

f. 允许模具有细小裂缝。

g. 不会影响塑料本身的特性、指标和卫生许可条件。

7.8.2 PPA 母粒配方

PPA 母粒配方设计见表 7-30。

表 7-30 PPA 母粒配方设计

原料	规格	含量/%
PPA	含氟聚合物	1～5
分散剂	PEG（聚乙二醇）	0～5
其他添加剂	抗氧剂、阻聚剂、润滑剂、颜料等	0～2
载体	PE，LLDPE 或 PP	X
总计		100

① 含氟聚合物 PPA 是一种添加量 ppm（mg/kg）级的产品，可根据产品需要达到的 ppm 数来设计 PPA 母粒浓度。可以制作成的 PPA 浓度为 3%～5%，如按照在树脂中浓度，如要达到 600 mg/kg 添加量，必须添加 1.2%～2%母粒，见表 7-31。

表 7-31 按照需达到 ppm 不同浓度添加母粒比例对照表

需达到的 ppm	母粒浓度（PPA 3%）/%	母粒浓度（PPA 4%）/%	母粒浓度（PPA 5%）/%
200	0.67	0.5	0.4
400	1.33	1	0.8
600	2	1.5	1.2
800	2.67	2	1.6
1000	3.33	2.5	2

② 不同牌号的 PPA 产品，适应多种聚烯烃树脂的不同应用和成型加工工艺。

当生产高强度膜，选用熔融黏度较高的 HDPE 牌号时，可以选用熔融黏度高、耐高温的 PPA，例如阿科玛 PPA 760/761（尾数 0 为颗粒，1 为粉末，以下同此）。这是一款基于 PVDF 均聚物的传统加工助剂，在减少模口结焦方面有很长的应用历史，由于其熔点高，耐热性好，需要较高的加工温度。其熔融黏度 25kP，熔点 172℃。

当生产纺丝和高填充薄膜时，可以选用低熔融黏度，高流动性的 PPA，例如阿科玛 705。其熔融流动性极佳，对于高填料膜材，可减少模口结焦。705 熔融黏度 0.3kP，熔点 168℃。

当纺丝或高填充薄膜加工温度较低时，可以选用熔点更低的 PPA 牌号，阿科玛 PPA 2500/2501，是 PVDF 共聚物的加工助剂，其熔点较低，适合于低温加工生产线，可消除和减少模头结焦。其熔融黏度 15kP，熔点 122℃。

而一般通用的吹膜、挤管、护套、吹塑等可以用中等熔融黏度和熔融温度的 PPA，例如阿科玛 PPA 2820/2821，具有较好的熔融流动性和中等的熔点，是含氟聚合物 PPA 的通用牌号，适合于消除熔体破裂，制备各类母粒。PPA 2820/2821 熔融黏度 15kP，熔点 142℃。

PPA 2800/ 2801、PPA 3120/3121 性能和 PPA 2820/2821 接近。PPA 2800/2801 熔融黏度 25kP，熔点 142℃；PPA 3120/3121 熔融黏度 23kP，熔点 166℃。

当加工温度低于 240℃时，需要更快的起效时间，可以选用和分散助剂复配的 PPA，例如阿科玛 PPA 5300/5301、PPA 8600/8601 是与含氟聚合物和分散助剂复配的加工助剂。

③ 载体的选择。由于 PPA 母粒主要用在聚烯烃挤出加工工艺中，所以选用 LLDPE、LDPE、

HDPE、PP 等和加工树脂相容性好的树脂较好，而且其熔点和熔融黏度必须低于加工树脂以有利于母粒的快速均匀分散。但不能太低因为其需要足够的熔融黏度，以便助剂、添加剂在母粒中的分散。

④ 添加助剂及其添加物的影响。为了加速起效，一般 PPA 配方中，需加入分散剂聚乙二醇（PEG），选择 PEG 要控制原料的耐高温黄变性能，也可适当加入抗氧化剂提高耐热黄变性能。如果加入了 PEG，建议加工温度低于 240℃。如果母粒配方体系中存在润滑剂、白颜料、阻聚剂时，需要适当增加 PPA 的用量。

⑤ 母粒的制作。尽管 PPA 母粒含量不高，但考虑到 PPA 的润滑效果和 PPA 母粒添加量少，所以要求有良好分散性，PPA 母粒制造应选择密炼机或双螺杆挤出机。

7.8.3 PPA 母粒的应用

含氟聚合物 PPA 是一种添加量很小的产品，其使用效果既依赖于正确牌号的选择，也依赖于助剂在树脂中的均匀分散。我们建议使用者在加工过程中选择已经加入预先制备的母粒或专用料。

在挤出加工开始时，15 ~ 60min 必须提高添加浓度至 1%左右，待加工稳定后可降至 100 ~ 1500mg/kg。

塑料加工中添加了含氟聚合物 PPA 开始挤出后，涂层过程随之开始，当涂层稳定后，就能发挥稳定的功效，称之为工况稳定时间（涂覆层稳定时间/润滑层稳定时间）。这个时间的长短取决于主体聚合物、添加量、设备和工艺等实际情况。

（1）高速挤出电线电缆护套和管道

在电线电缆料或管道料中加入含氟聚合物 PPA，可以提高产品的流动性，对于产品的加工性能有很好的改善，可以使电缆护套表面光滑且颜色均匀，同心度更均匀，成缆挂线速度更快，提高生产效率。尤其适合高速挤出 HDPE、LLDPE 线缆和管线挤出。含氟聚合物 PPA 由于添加量少，效率高，对线缆耐应力开裂、印刷等性能没有负面影响。

电线电缆和管道应用有时也需要添加各种补强和识别颜料的添加剂。在制备母粒和配制混合专用料时，也可以添加 PPA 加工助剂。可以改善物料的流动性，提高挤出速度，更好地控制厚度，并保持表面平滑，降低挤出压力。

（2）薄膜和纺丝产品

无论是农膜、包装膜、功能膜和纺丝产品都希望使用强度和耐受力更好的树脂原料，因为可以通过减薄，极大减少使用量和透明度。这样的树脂原料一般熔融指数很低，根本无法加工。如果添加熔融指数较高的产品或 PE 蜡、油酸酰胺等助剂时，由于加入量大，不仅成本高，还会直接对其耐候、印刷、卫生等产生一系列不良副作用。所以添加 PPA 是目前最佳的选择方案。在膜材母粒中使用含氟聚合物 PPA 能自动加快吹膜或压延生产速度，提高设备产能，降低单位产量及与之相关的管理成本。PPA 能大幅度减少由吹膜或压延加工过程中所产生的晶点，因此大幅度减少精细印刷时由晶点所造成的“白点”；消除由模头或设备传动部件对膜材所造成的纵痕；降低模头温度，提高膜材的厚度均匀性及厚度稳定性。

（3）高填充的母粒

一些高填充的母粒，可以极大降低成本和提高膜的生物降解。例如，食品包装衬膜、一次性易降解的卫生产品膜。在母粒中使用含氟 PPA，既有利于产品的加工，又使产品具有更好的加工性能，从而提升产品价值并达到更好的客户满意度；消除或减少模头结焦的问题，提高生产效率。

（4）吹塑产品

在吹塑工艺中使用含氟聚合物 PPA，可以缩短模塑周期、提高表面光泽度、有效控制口型膨胀和产品重量、使颜料分散更均匀。采用加工助剂可以降低挤出温度设置，这是由于 PPA 有效地降低了树脂的表观黏度，阻止了表面缺陷如熔体破裂的产生，降低挤出温度后，吹塑周期可以相应缩短，从而提高生产效率。

7.9 消泡母粒配方设计

随着石油资源的日渐紧缺以及人们对环保重视程度的提高，塑料回收利用也越来越普及。但是塑料回收料在清洗后水分含量高，且塑料原材料中含有的微量水分对塑料制品的生产有着非常严重的影响。由于水分引起的气泡、云纹、裂纹、斑点等问题，严重影响制品的外观和品质。为了消除塑料原料中的水分，一般多采用干燥机来烘干，这对于能源和人力都是极大的浪费，还存在着延长加工时间，并导致生产成本上升的问题。

塑料原料价格的居高不下，成了塑料制品行业的生存难题，在节约使用塑料的同时，应该积极开发可再生资源及资源的回收利用。特别是对塑料回收利用已不限于过去的生产中塑料边角料的回收利用，而是重点转向在消费后塑料回收利用。消费后塑料回收利用不仅是一个十分复杂的技术问题，更是一个复杂的社会经济问题，解决的难度很大，解决的途径也很多。

针对众多中小企业在生产购物袋、手提袋、垃圾袋时每天都需要回收上千吨 PE、PP 料，在生产中添加，需要烘干才能吹膜，耗能、耗时又耗工，还需增添相应产量的烘干装置。吸湿性消泡专用多功能母粒是可以去除回收塑料中所含的水分及不明低分子物的汽化物，从而使塑料薄膜无气泡、不发皱，保证制品的质量同时减去烘干设备的投入与能源消耗，省时又省钱。并且还能降低吹膜的加热温度和热封温度，改善膜片的光学性能，提高薄膜的弹性模量，明显改善制品外观和力学性能，提高塑料材料的耐热性、刚性和硬度等。开发吸湿性消泡母粒可以大大降低吹膜制品的成本，解决了回收料使用存在的技术难题，对资源的回收利用及环境保护作贡献。

7.9.1 氧化钙吸水原理及其品种和选择

吸湿性消泡母粒是以金属氧化物为主要原料，生石灰的主要成分是氧化钙（CaO）白色固体。将 CaO 含量高的石灰岩在通风的石灰窑中煅烧至 900℃以上即得。CaO 与水放在一起的时候发生化合反应，生成氢氧化钙沉淀，所以具有吸水能力，常用作干燥剂，其反应的化学方程式是 $CaO+H_2O=Ca(OH)_2$。氢氧化钙呈碱性，在空气中吸收二氧化碳而成碳酸钙沉淀。

原始的石灰生产工艺是将石灰石与燃料（木材）分层铺放，引火煅烧一周即得。现代则采用机械化、半机械化立窑以及回转窑、沸腾炉等设备进行生产。煅烧时间也相应地缩短，用回转窑生产生石灰仅需 2 ~ 4h，相比用立窑生产可提高生产效率 5 倍以上。近年来，又出现了横流式、双斜坡式及烧油环行立窑和带预热器的短回转窑等节能效果显著的工艺和设备，燃料也扩大为煤、焦炭、重油或液化气等。由于生产原料中常含有碳酸镁（$MgCO_3$），因此生石灰中还含有次要成分氧化镁（MgO），根据氧化镁含量的多少，生石灰分为钙质石灰（MgO≤5%）和镁质石灰（MgO>5%）。

7.9.2 消泡母粒配方

消泡母粒的配方设计见表 7-32。

表 7-32 消泡母粒配方设计

<table>
<tr><th>原料</th><th>规格</th><th>含量/%</th></tr>
<tr><td>氧化钙</td><td>10～15μm</td><td>0～80</td></tr>
<tr><td>偶联剂</td><td></td><td>0～1</td></tr>
<tr><td>分散剂</td><td>聚乙烯蜡</td><td>0～6</td></tr>
<tr><td>稳定剂</td><td>硬脂酸锌</td><td>0～0.5</td></tr>
<tr><td rowspan="3">载体树脂</td><td>LDPE（高熔融指数）</td><td rowspan="3">X</td></tr>
<tr><td>LLDPE</td></tr>
<tr><td>EVA</td></tr>
<tr><td colspan="2">总计</td><td>100</td></tr>
</table>

① 氧化钙粉粒径细度对于生产高品质消泡母粒非常关键，一般供应商往往提供该产品目数，而目数只是相对的，必须查看其粒径分布，看其最大粒径和平均粒径以及粒径分布宽窄度。粒径分布越窄越好，一般平均粒径最好≤2.2μm。

② 氧化钙是亲水性的，与无极性的聚烯烃树脂相容性不好，所以需选择钛酸酯偶联剂或者硅烷偶联剂及分子量高的反应型加工助剂对氧化钙表面进行活化，使添加的金属氧化物表面形成能与塑料产生很强亲和力的新界面。

③ 消泡母粒必须用多层阻隔薄膜真空包装，真空包装必须袋与袋之间设置气泡膜阻隔层，防止袋子摩擦破损而漏气。

7.9.3 消泡母粒的应用

吸湿性消泡母粒为膜、片生产企业度身定制，它仅以 1% ~ 5%的添加量加入未经烘干的回收料中，无需更换机器设备、无需变更生产工艺，在加工成型过程中能充分吸收水蒸气，广泛适用于各类使用 PE、PP 再生塑料进行制品生产的企业，广泛用于注塑、拉丝、吹膜、挤管等塑料制品的生产过程中。吸湿性消泡母粒能吸收消泡母粒本身质量 25%的水分，对制品力学性能无不良影响，省时省电，提高生产效率，降低成本。该母粒无毒、无异味、无腐蚀性，对人体无害。

用于吹塑生产中，添加比例为 1.0% ~ 2.0%；用于片材及注塑生产中，添加比例为 2% ~ 5%；具体添加比例，应根据塑料受潮情况，由用户酌定。

消泡母粒使用前避免受潮吸湿；使用时以即配料即使用为佳，不得与受潮塑料共同加热烘干，以免造成加工中品质不良。

消泡母粒配混后最好半天内用完，否则配混料容易吸收空气中的水分造成母粒膨胀堵网而失效。

消泡母粒使用前应检查包装是否完好，使用后应将未用完的母粒尽快热封包装。

消泡母粒应在整洁通风、干燥、阴凉、干净场所保存。不允许母粒包装破损及敞口储存，避免阳光曝晒、雨淋。

7.10 填充母粒配方设计

中国塑料工业随着我国经济持续稳定高速增长的形势，发展潜力很大，对于目前市场的激烈竞争，客户竞相压价，唯一办法也就是想方设法压低成本，而添加填充料是目前比较有效的一种应对方式。填充母粒的加入除了降低成本，还有利于塑料制品的降解，并可减少石油能源的用量。

7.10.1 碳酸钙的品种和选择

塑料填料是为了降低成本或改善性能等在塑料中所加入的惰性物质。其在塑料中的主要功能为填充。填充剂是一类以增加塑料体积、降低制品成本为主要目的的填料，常称为增量剂。廉价的填充剂不但降低了塑料制品的生产成本，提高了树脂的利用率，同时也扩大了树脂的应用范围。碳酸钙是最为廉价易得的填料，所以现在所说的填充母粒就是指碳酸钙填充母粒。

填充母粒最初用于编织袋拉丝时能提高一点挺度，后来发现添加一定量的填料还能提高产量，最后慢慢延伸到塑料的各行各业。随着技术进步和市场产品竞争激烈，填充母粒也慢慢用在质量要求高的流延膜和无纺布产品上，很大程度地降低产品的成本。

碳酸钙一般分为方解石和大理石两种，他们的应用性能差异较大，所以应该根据客户需求选择碳酸钙来作不同规格的填充母粒。

① 大方解石粉纯度高，可以用于食品级的各个领域，如牙膏、食品添加剂、食用钙片、饲料添加剂等，还可用于婴幼儿纸尿裤、卫生巾、透气专用料等原料。

② 小方解石粉成型加工较易，适合做吹膜拉丝、复合薄膜、流延涂覆、无纺布填充等。

③ 大理石粉适合做注塑级改性料和塑钢门窗料等。

7.10.2 填充母粒配方

填充母粒的配方设计见表 7-33。

表 7-33 填充母粒配方设计

原料	规格	含量/%
碳酸钙	2000 目	0～80
偶联剂		0～1
分散剂	聚乙烯蜡	0～5
	超分散剂	0～1
稳定剂	硬脂酸锌	0～0.5

续表

原料	规格	含量/%
抗氧剂	复合抗氧剂	0～0.1
载体树脂	LDPE（高熔融指数）	X
	LLDPE（高熔融指数）	
	茂金属聚乙烯（丙烯基弹性体）	
总计		100

① 碳酸钙是一种无机矿物质，在我国贮藏很丰富，生产碳酸钙的厂家也很多，但是生产的质量参差不齐，所以选择钙粉是有很大的讲究的。对其细度、白度、纯度等具体要求：一般平均粒径 < 2.2μm，白度≥95%，碳酸钙含量 > 96%；吸油量较低。白度虽然是外观指标，但与产品内在质量密切相关，如果白度低于 95%，说明碳酸钙纯度不够，内含杂质较多，这些杂质还会影响塑料制品的性能。

② 碳酸钙粉粒径对于生产高品质母粒更加关键，粒径分布越窄越好，方解石钙粉是可选品种。

碳酸钙粉带有极性基团，需选择钛酸酯或者硅烷偶联剂及分子量高的反应型加工助剂对碳酸钙表面进行活化。如采用铝酸酯偶联剂、白油、硬脂酸、石蜡等低分子物作为分散剂，由于填充母粒应用产品要求高，加工温度高，填充量大，有时甚至添加 60%以上，而低分子物在高添加量、高温条件下极易形成挥发而析出，造成薄膜网破洞，黏合不牢，外观污渍等弊端。

选用聚乙烯蜡、氧化聚乙烯蜡、共聚蜡等既解决了析出问题，还能增加填充料强度，提高粉体与树脂黏度，助剂添加量还少，可以一举多得。特别是超分散剂在填充母粒中的应用，对提高产品质量起到很大作用。

③ 由于目前的高档流延薄膜生产线速度快，每分钟有时达到二百多米，而且薄膜超薄，所以对载体的流动性和拉伸强度有较高的要求，一般要求载体最低熔融指数在 15g/10min 以上。而高熔融指数载体一般拉伸强度又不够，而且流延过程中又容易形成严重缩边，所以最好采用多种树脂载体复配，这样既照顾到高的流动性，又照顾了强度，还考虑到了缩边问题。

④ 稳定剂在填充料中加量很少，但是起的作用很大，因为流延膜生产温度一般都很高，而高温极易引发材质变色、降解、沾染模头、强度下降。稳定剂能有效地防止这些问题的发生。稳定剂一般选择硬脂酸盐类产品，如硬脂酸锌、硬脂酸镁、硬脂酸钙等无毒产品。同时必须加入适量的抗氧剂，抗氧剂能有效抵抗高温氧化。抗氧剂加入时必须考虑到短期加工抗氧和长期抗氧，最好选择多种抗氧剂复合。

7.10.3 填充母粒在新材料上的应用

填充母粒最初用于编织袋拉丝，后发展为以降低制品成本为主要目的的填料。随着填充母粒质量不断提高，已用在透气膜、无纺布、低克数超薄流延膜、环保垃圾袋等。

7.10.3.1 填充母粒在 PE 透气膜上应用

PE 透气膜是在 LDPE/LLDPE 聚乙烯树脂载体中，添加碳酸钙填充母粒（在膜中含约 50%碳酸钙）进行混合后制得挤出专用料，经挤出成膜（吹塑或流延）后定向拉伸一定倍率而成。由于聚乙烯树脂为热塑性材料，可在一定条件下进行拉伸和结晶，拉伸时聚合物与碳酸钙颗粒之间发生界面剥离，碳酸钙颗粒周围就形成了相互连通的蜿蜒曲折的孔隙或通道，正是这些孔隙和通道赋予了薄膜透气（湿）功能，从而沟通了薄膜两面的环境，见图 7-18。

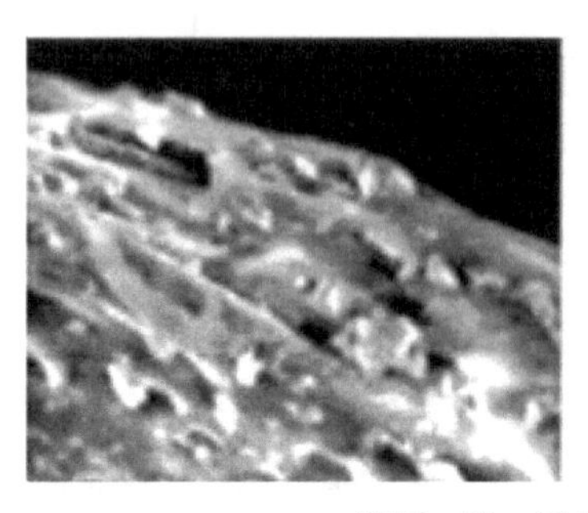
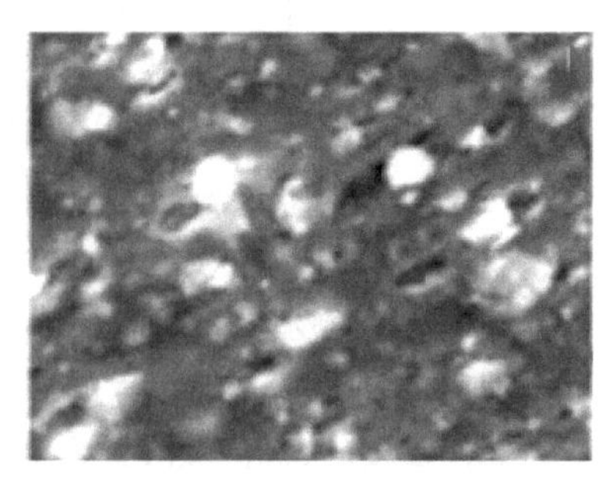

图 7-18 透气薄膜的有效孔径

为了增加 PE 透气膜柔软性和伸长率，可在配方中添加少量热塑性弹性体或茂金属聚乙烯。

透气膜无纺布防护服是最高级医用防护服，里层是 40g/m^2 的高档长丝无纺布，外层覆有一层 20g/m^2 的单向透气 PE 膜。它的特点是人体的汗气可以向外散发，而外面的有害气体和水分却不能侵入，具有隔菌、防水、微透气、质地柔软等特点。

由于碳酸钙填充母粒的造粒方式（拉条或水环切粒）与存储时间等原因，一般含水量在 400mg/kg 以上，远大于拉伸膜需要的 200mg/kg 含水量要求，容易形成透气膜水分针孔（见图 7-19），造成透气膜透气防水功能的破坏，减少成品率，增加损耗。而实际生产中可能需要更低的含水量（100mg/kg 左右）以增加透气膜品质。

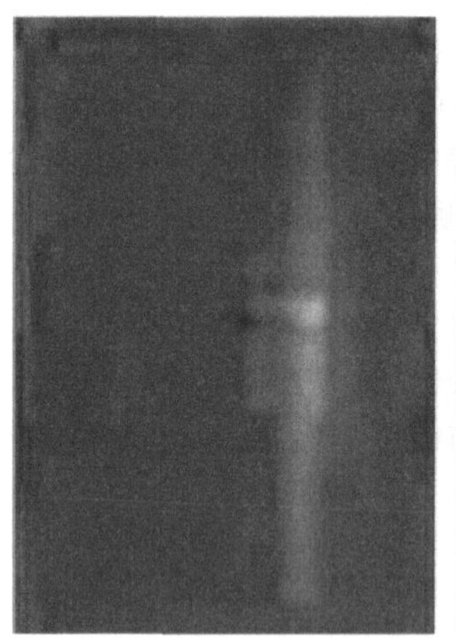
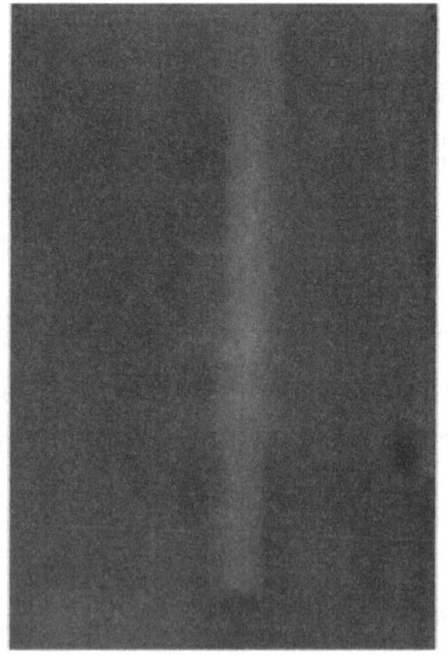
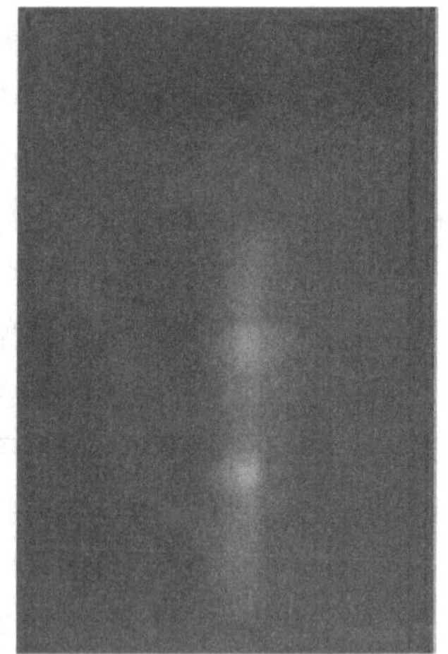

图 7-19 透气膜水分针孔放大照片

所以在生产透气膜前最重要的一步就是进行透气原料的充分干燥除湿。有的生产透气膜厂商，为了干燥除湿添加消泡母粒（见上一节），但需注意添加量不能太多，需注意控制透气膜 pH 值小于 9；也有的生产透气膜厂商直接用碳酸钙和 LDPE 制造专用料，需增添设备，控制质量。

7.10.3.2 填充母粒在无纺布上应用

在无纺布中填充母粒的添加比例受各种因素的影响，与填充母粒的参数、无纺布生产线、添加方式、要求的无纺布产品质量有关。可根据无纺布产品的应用确定填充母粒的添加比例以及指导母粒生产厂家选择合适的填充剂。

① 防水材料和沙发材料的无纺布中，填充母粒可以大量添加。

② 包装材料、手提袋、防护用品的无纺布中，可适量添加。

③ 卫生材料和医保用品以及功能性的无纺布中，要少量添加或不加。

无纺布生产中，填充母粒的添加主要有两种：当填充母粒的加入量在 8%～30%时，一般直接采用母粒加料料斗配小型喂料螺杆添加；用户根据自己的产品质量要求，可以加大填充母粒的用量，在高于 30%时，一般采用粒料搅拌机，将填充母粒与树脂载体直接混合后上料的方式。两者各有利弊，无纺布生产厂家可根据实际情况自主选择。

7.10.3.3 填充母粒在低克数超薄流延膜上应用

填充母粒可用于超薄流延薄膜，满足薄膜的表观要求，不过度影响薄膜的拉伸强度，满足薄膜的各项卫生指标。添加量在 50%以上，在生产时能达到所期望的效果，流延速度均能达到 120m/min 以上。最低克重能达到 13g/m^2。其拉伸强度、抗穿刺强度、弹性模量和表面观感均能满足客户需求。超薄流延薄膜用填充母粒需选择小方解石粉，复合载体、高分子超分散助剂、活性剂、稳定剂缺一不可。而其中茂金属聚乙烯、超分散剂以及抗氧剂起了相当大的作用。

7.10.3.4 填充母粒在出口环保袋上应用

在国外，普通塑料的处理方法大多是焚烧火化，聚乙烯焚烧热值高达 46.63GJ/kg，不仅严重污染环境，还会造成大量温室气体排入空气中。所以国外收集的垃圾环保袋，需要添加大量碳酸钙填充母粒吹塑成型，其拉伸强度满足产品需求。

色母粒工业制造

我国色母粒的自主研发始于二十世纪七十年代中期，由于燕山石化和辽阳石化聚丙烯生产装置开工，我国聚丙烯纤维有了飞速的发展。由于聚丙烯纤维没有一个染料可以染色，所以采用色母粒纺前原液着色是唯一途径。自 1977 年起，上海、北京等地相继开始了色母粒研究，迈开我国色母粒发展的第一步；进入八十年代，广东新会、辽宁辽阳、北京燕山等地相继引进国外技术和设备，生产纤维级色母粒，并以此为基础，发展形成初具规模和较为完善的色母粒国内生产体系。我国色母粒工业制造技术是在自主研发结合技术引进基础上逐步完善、发展起来的。我国色母粒工业制造技术核心是从颜料分散理论基点出发的。

8.1 颜料分散理论在色母粒制造上的应用

色母粒行业在国内外兴起，来源于行业专业人员需系统解决塑料着色的配色和分散两大难点，如第 1 章所述，塑料着色是个系统工程，除了满足色彩需求外，还需满足塑料加工和应用的需求。在配色问题解决之后，色母粒工业制造就是解决颜料分散难题，制造的目的就是把已满足客户需求的色泽配方，通过加工达到满足用户细度需求的过程。所以解决分散是首要的也是最重要的目的。

颜料作为色母粒的重要组成部分，其与聚合物所形成的最终融合效果在很大程度上体现最终产品质量的好坏。而如何将颜料理想地分散到聚合物之中便是我们所追求的目标。无论同向平行啮合式双螺杆挤出工艺，还是连续双转子密炼工艺都是完成该目标的制造工艺。

在颜料生产过程中，首先形成晶核，晶核成长之始是单晶，但很快便发育成为有着镶嵌结构的多晶体。当然，它的颗粒仍然是相当微细的，粒子的线性大小约为 0.1 ~ 0.5μm，一般称为一次粒子或初级粒子。初级粒子容易发生聚集，聚集以后的颗粒称为二次粒子。不同的颜料颗粒结构和特征如图 8-1 所示。

根据颜料的形态、种类，需要配合不同的生产工艺达到最好的颜料分散效果。母粒的生产目标是将颜料、添加剂、填充物等加入到聚合物中并通过加工达到理想的分散效果。

完整的颜料分散过程通常包含三个必不可少的阶段。

① 润湿：颜料与空气或水的分界面变为颜料与载色体界面；

② 分散：颜料颗粒在外力作用下破碎粒子附聚体与聚集体；

③ 稳定：稳定已经被分散在介质中的颜料颗粒，并有效防止再次聚结。

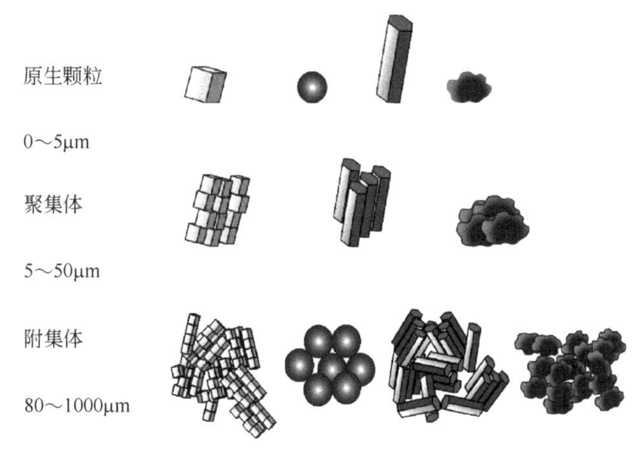

图 8-1 颜料颗粒结构特征（DIN 53206）

颜料润湿的目的也就是使颜料颗粒之间的凝聚力减小，如果在颜料表面不能完全被载色体（也包含润湿剂）润湿，那么分散设备通过熔融体介质所产生的剪切应力对颜料附聚体就起不到什么作用。

通过剪切能量分散颜料团聚体，将母粒配方中各组分（颜料、聚合物、添加剂）混合，然后稳定分离单个团体以防止其再次结块，如图 8-2 所示。

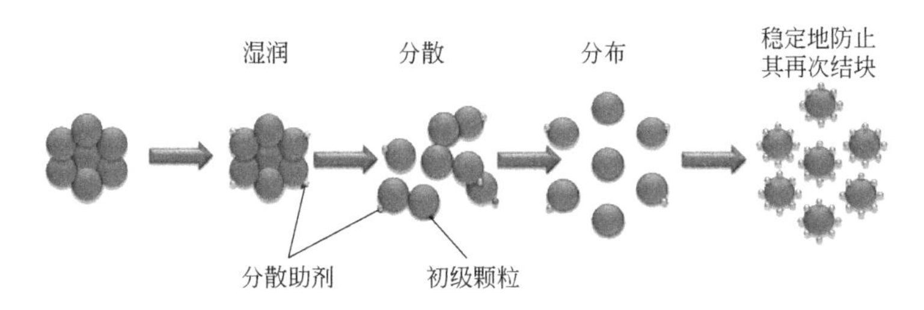

图 8-2 颜料润湿分散稳定示意图

在加工过程中可能因为种种因素而导致团聚结块的发生，不仅影响产品的色度、美学感观，同时也会影响最终产品的物理性能，甚至导致下游产品的品质受到明显的负面影响，如图 8-3 所示。在有明显团块［如图 8-3（b）粉红色光亮块］发生时，其熔体的过滤压力值明显升高。

颜料分散理论的精髓：一种简单的方法，就能使颜料润湿。人们对初始润湿的重要意义往往不注意，其实初始润湿不仅重要，而且决定分散的质量。

如何做好颜料的润湿，如何做好颜料的分散，如何做好颜料的分散稳定性是门大学问。笔者已在《塑料着色剂——品种·性能·应用》一书第七章中，整整花了一个章节做了详细的叙述，在本书中就不一一重复了。

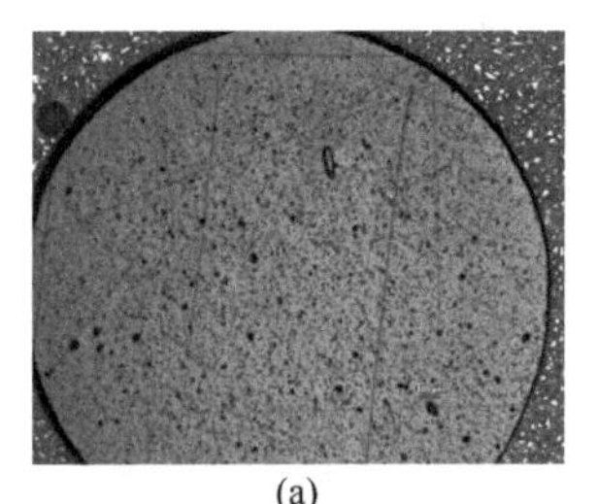

(a)
压滤值：0.12MPa/g
放大倍数：1∶50

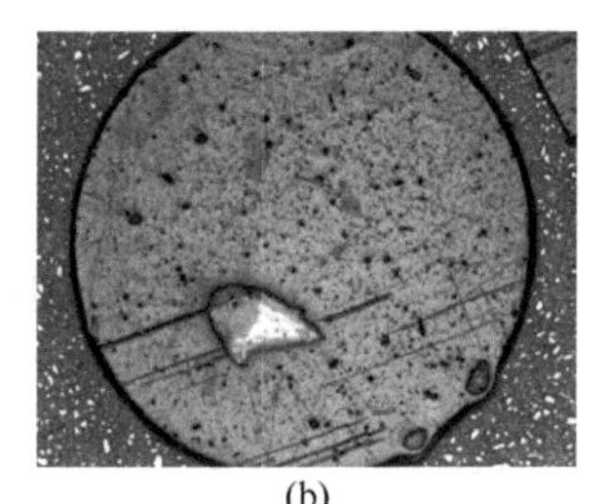

(b)
压滤值：0.26MPa/g
放大倍数：1∶50

图 8-3 颜料在纤维中分散状况图

8.2 预混双螺杆制造色母粒工艺

预混双螺杆制造色母粒生产工艺顾名思义就是先把原料进行预先混合，然后采用双螺杆挤出机挤出成型色母粒工艺，该工艺流程见图 8-4。

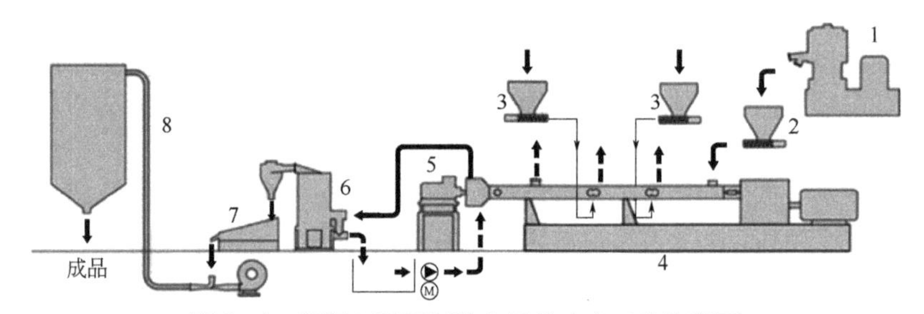

图 8-4 预混双螺杆制造色母粒生产工艺流程图

1—高混机；2—主喂料机；3—侧喂料机；4—双螺杆主机；5—水环热切机；6—离心脱水机；7—振动筛；8—成品料仓

预混双螺杆制造色母粒生产工艺最初是 20 世纪由欧洲颜料制造商与双螺杆设备制造商合作共同开发的，现已成为世界色母粒生产的主流工艺。我国自 21 世纪 80 年代中期后，辽宁辽阳、广东新会、福建厦门、广东佛山、辽宁鞍山相继或全套引进国外生产技术，或引进国外设备，采用上述工艺生产色母粒，奠定了我国色母粒生产基本格局。

8.2.1 高速混合机的特性和选择

高速混合机是使用极为广泛的塑料混合设备，高速混合机由混合室（又称混合锅）、叶轮、折流板、回转盖、排料装置及传动装置等组成，如图 8-5 所示。

当高速混合机工作时，高速旋转的叶轮借助表面与物料的摩擦力和侧面对物料的推力使物料沿叶轮切向运动。同时，由于离心力的作用，物料被抛向混合室内壁，并且沿壁面上升，当升到一定高度后，由于重力作用，又落回到叶轮中心，接着又被抛起。这种上升运动与切向运动的结合，使物料实际上处于连续的螺旋状上、下运动状态。由于叶轮转速很快，物料运动速度也很快，快速运动着的粒子间相互碰撞、摩擦，使得物料温度升高，同时迅速地进行交叉混合，这些作用促进了颜料组分被润湿剂或高熔融指数树脂所润湿。混合室内的折流板进一步搅乱了物料流态，使物料形成无规运动，并在折流板附近造成很强的涡旋。对于高位安装的叶轮，物料在叶轮上、下都形成了连续交叉流动，因而润湿混合更快。混合时，夹套内通加热介质，混合后的物料在叶轮作用下由排料口排出。

颜料的润湿需要能量，提高分散体系的温度有利于颜料颗粒的润湿和渗透；因此高速混合机的搅拌器形状和结构很重要，国外的高混机的搅拌器见图 8-6。

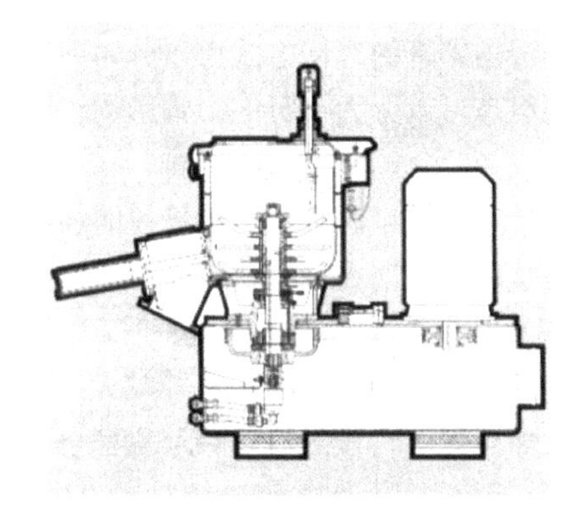

图 8-5 高速混合机及其工作原理

图 8-6 国外的高混机的搅拌器

之所以强调高速混合机的搅拌器很重要，是因为目前国内的部分高速混合机售价很低，其设计的搅拌器过于简单，功率低，整个配置也低，常用于制造低端白色母和填充母粒，因为钛白粉和碳酸钙比较容易分散。如遇比较难分散的有机颜料，达不到分散的要求，这是因为物料在高混机中不仅要达到配方中物料搅拌均匀的目的，还要进行颜料的润湿，所以再三强调润湿是需要能量的。

通过高速运转和阻流挡板的共同作用对颜料颗粒进行预润湿，颜料颗粒表面空气和水分被相对低熔点的聚乙烯蜡所取代，同时均匀地粘在因高速搅拌、摩擦升温而产生表面塑化的树脂粉料颗粒上，完成上述过程后再经由低速低温的混合机冷却，以解除混合料颗粒间的相互粘连。

图 8-7 是国外色母粒制造工厂车间现场图，从图中可以明显看出与国内预混仅有一台可加热的高速高混机不同，国外色母粒预混是一个系统，系统中含有两套设备，一套是可加热的高速高混机，另一套是可冷却的低速低混机。物料在高混机高速混合后，树脂开始软化，树脂达到玻璃化转变温度时，由粉状变为团状。达到这个温度段的时间极短，其表征是搅拌电流迅速上升，这时就需将物料迅速放入低速搅拌机。团状物料迅速放入低速搅拌机后通过低速冷却搅拌形成无尘微小颗粒。

可加热高速混合机还提供了优化的、整体的冷却系统设计，包括驱动轴的冷却、桨叶的冷却以及锅壁的冷却，防止了粉体的结团以及在桨叶和锅壁上的粘贴。

国外色母粒制造预混系统，可以使润湿时温度达到最高，也就是润湿时获得的能量最大，对颜料润湿效果最好，因此其通过双螺杆挤出成型的母粒的分散效果也最佳。目前国内仅有少量母粒企业选用上述设备，生产的母粒均用于分散要求较高的化

图 8-7 国外色母粒制造工厂车间现场图

纤纺丝色母，也足以佐证颜料润湿重要性的结论。

8.2.2 双螺杆挤出机的特点

螺杆挤出机在塑料加工领域作为不得不提的核心工艺设备，其有多种形式及选择。根据螺杆的数量可以分为单螺杆、双螺杆、多螺杆等；根据螺杆的运动方式可以分为前进式的、往复式的，同向的、异向的等；根据螺杆的形状和组态可以分为平行的、锥形的、啮合的、非啮合的等。

由于同向平行啮合式双螺杆挤出机高效高产的特点，被广泛应用于色母粒的加工领域。在本章后面所叙述内容中所提及的双螺杆挤出机均默认为同向平行啮合式。

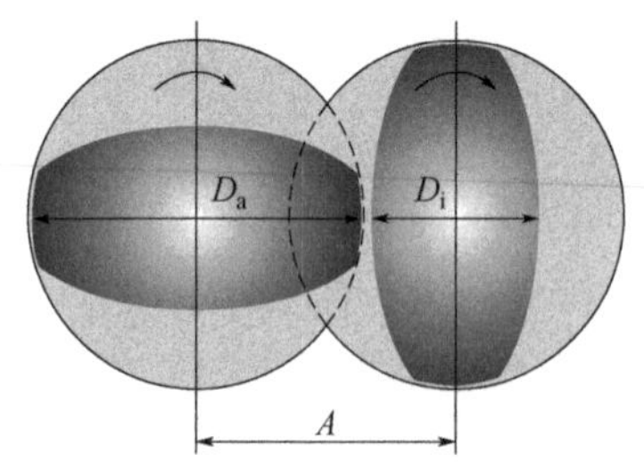

图8-8 螺杆的外内径比值示意图

双螺杆挤出机内每根螺杆的外径尺寸即为其型号标的。简单来说，同一品牌下双螺杆的尺寸越大的双螺杆挤出机产量越大。而衡量一台或对比多台双螺杆挤出机性能优劣的直观参数标准可以考虑为：螺杆的外内径比值（D_a/D_i）、比扭矩（单根螺杆扭矩/双螺杆中心距的立方 $N·m/cm^3$）及螺杆最大转速，如图 8-8 所示。

在同一外径下，如果 D_a/D_i 增大，意味着螺纹“变瘦”，螺杆内的芯轴也相应变细，其承载的扭矩会因此而减少，从而导致比扭矩降低，因此 D_a/D_i 与比扭矩之间是此消彼长的反比关系，如图 8-9 所示。

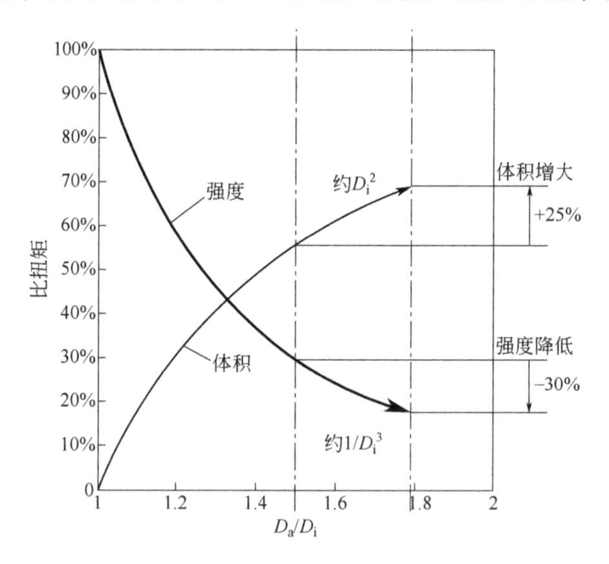

图8-9 D_a/D_i 与比扭矩之间的关系

随着双螺杆挤出技术的发展，世界上双螺杆挤出机的制造商在共同追求将外内径比发展的同时，提升比扭矩以带来更大的加工工艺窗口，更加容易地控制物料的最低熔融温度。

除此之外的螺杆转速受限于主马达及齿轮箱的性能，更高的螺杆转速也可以为物料加工带来更宽泛的工艺窗口。因此高比扭矩、高外内径比、高转速可以为物料加工提供更宽泛的窗口和工艺路线的选择。由于选择“高比扭矩、高外内径比、高转速”的双螺杆挤出机，会带来设备成本的增加，因此需要根据所使用的物料配方及工艺选择最合适的双螺杆挤出机。

8.2.3 双螺杆挤出机螺杆排列组合特性

所谓颜料分散就是在外力作用下破碎颜料颗粒附聚体与聚集体，颜料在塑料中的分散方法主要是熔体剪切法。所谓熔体剪切法，就是颜料被树脂熔融体包裹润湿并通过熔融体运动时传递的剪切应力分散，见图8-10。

双螺杆挤出机中，颜料颗粒在树脂熔融体中被分散稳定的过程：首先是颜料颗粒和树脂熔融体在分散设备的帮助下通过剪切区，在剪切力达到一定程度时，分散相发生断裂而被撕碎，颗粒尺寸变小，当树脂经过熔融、塑化，黏度逐渐降低至黏流态时，较小颗粒渗入到聚合物内，在流场剪切应力的作用下，进一步减小粒径，直到颜料颗粒的团聚体被破碎并接近至初级粒子的状态，得以均匀分散在聚合物中。最终颜料微细颗粒在流场的持续作用下被高度均匀地混合分布。熔体剪切应力传递到颜料粒子上的有效性，取决于颜料颗粒被树脂熔融体润湿的效果和设备所具有的剪切能力。

双螺杆挤出机螺杆排列组合设计很重要，不同颜料有不同的性能。如经典偶氮颜料，容易分散，但耐热性不好，如长时间剪切会导致颜料变色；而酞菁颜料、喹酞酮类颜料需强化剪切来满足颜料分散的需求。

8.2.3.1 双螺杆挤出机螺杆排列组合的目的

选用双螺杆挤出机生产母粒的目的是将颜料、添加剂、填充物等加入到聚合物当中并达到理想的分散和分布混合效果，见图8-11。

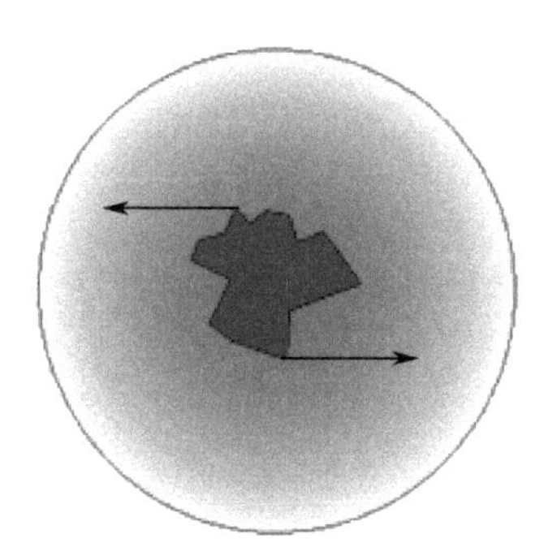

图8-10 塑料熔体剪切法

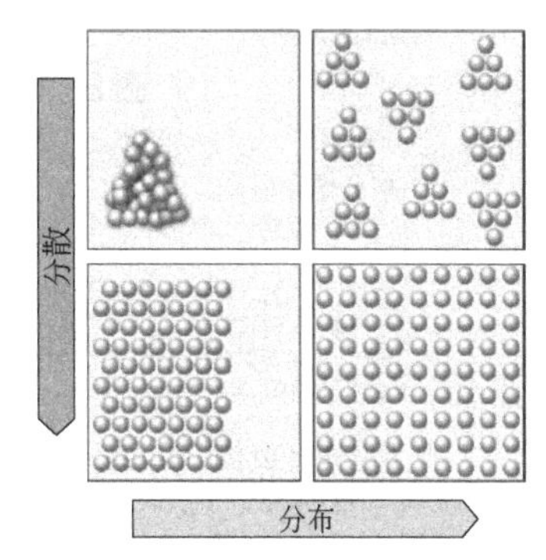

图8-11 理想的分散和分布混合效果图

(1) 分散混合

使组分破碎成微粒或使不相容的两组分分散相尺寸达到要求范围，主要靠剪切压力和拉伸应力实现。同向双螺杆是在转速较高并且在啮合区不同位置处有较接近的相对运动速度，所以可以产生强烈的、均匀的剪切力。

(2) 分布混合

使熔体分割与重组，使各组分空间分布均匀，主要通过分离、拉伸（压缩与膨胀交替产生）、扭曲、流体活动重新取向等而实现。同向双螺杆几何形状决定了同向双螺杆纵向流道必定开放，使两螺杆之间产生物料交换。交换时，原处于一根螺杆螺槽底部的物料将运动到另一根螺杆螺槽的顶部。纵向流道开放还使横向流道开放成为可能，来实现同一螺杆相邻螺槽间物料的交换，这使同向双螺杆挤出机具有较好的分布混合能力。

8.2.3.2　双螺杆挤出机螺杆组合螺纹块形状和功能

双螺杆挤出机作为塑料加工的核心工艺设备，其核心在于螺杆的螺纹排列组合。不同的螺纹种类和组合方式会带来不同的甚至千差万别的效果(产品质量)。从螺纹的作用效果来说，有输送螺纹、啮合螺纹、混合螺纹等不同种类，在设计时更有不同的形状和功能，见图 8-12 ~ 图 8-14。

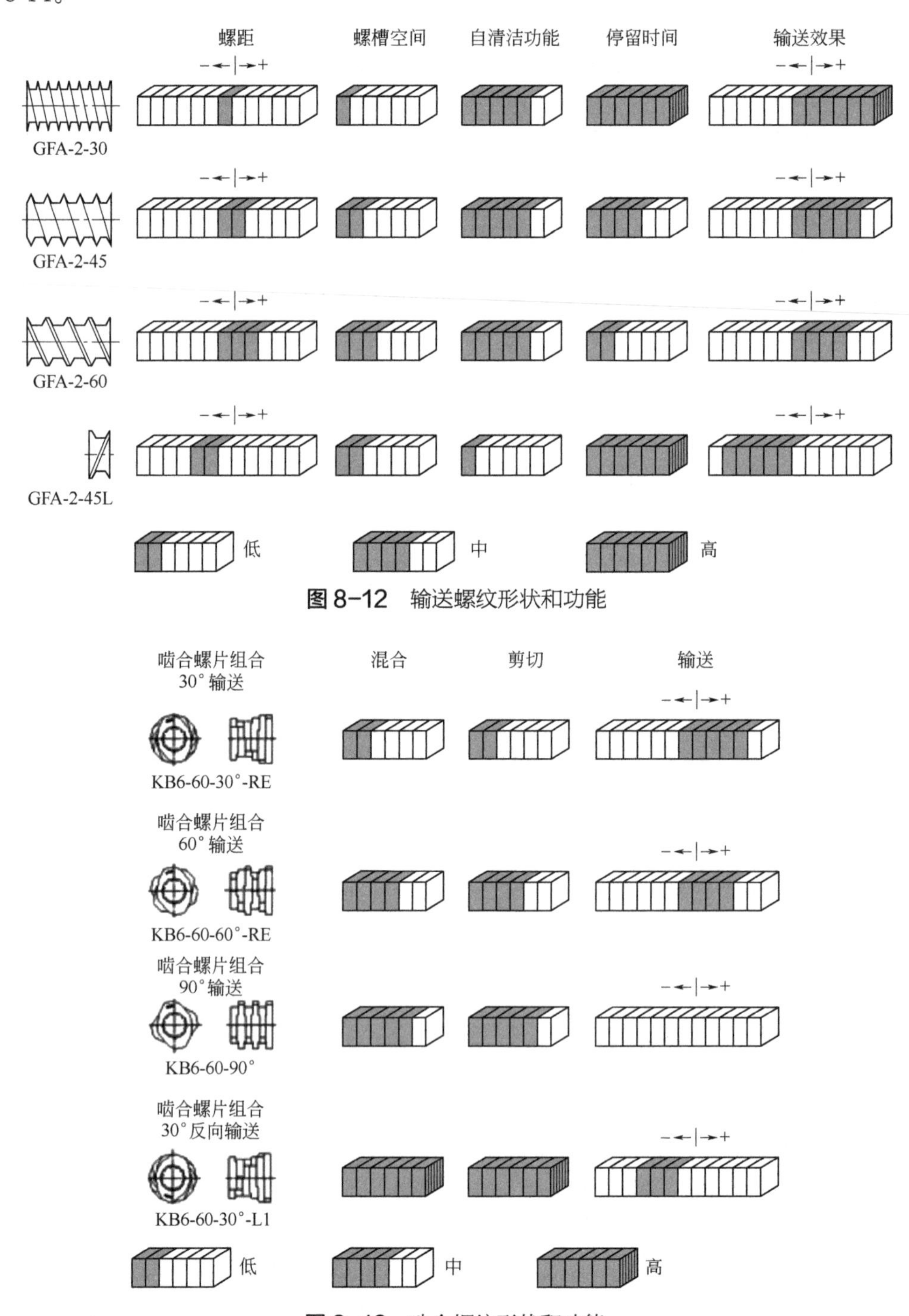

图 8-12　输送螺纹形状和功能

图 8-13　啮合螺纹形状和功能

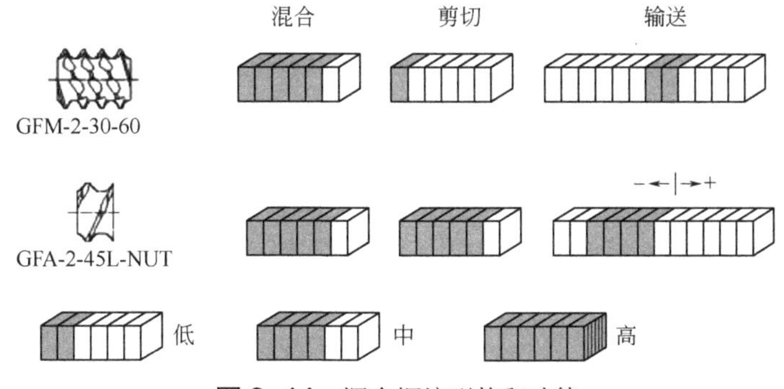

图 8-14 混合螺纹形状和功能

图 8-15（b）的典型啮合块螺纹上，可以分为螺纹螺距相对比较宽［图 8-15（a)］和比较窄［图 8-15（c)］的形式。螺距比较宽的啮合块由于较少漏流，可以对物料产生较强烈的分散剪切。螺距比较窄的螺纹在对物料进行碾压时，物料更容易从侧边溢出从而实现比较好的分布状态。

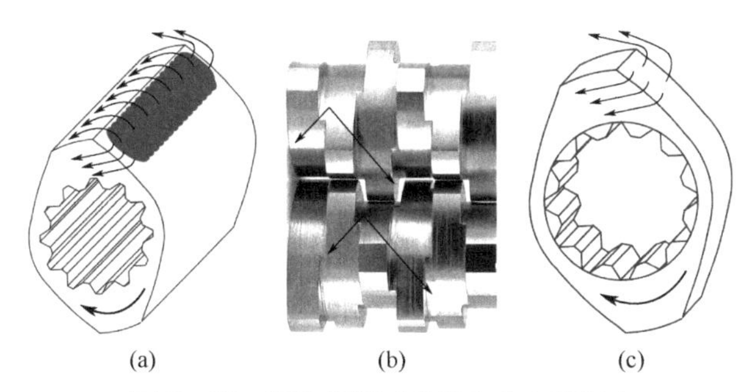

图 8-15 螺纹螺距对分散和分布的影响

双螺杆挤出机螺杆的排列组合段一般分为：输送段、熔融段、混炼段、排气段、均化段 5 个段。不同的功能段需要不同的局部螺杆构型与它适应，以完成不同的功能。其功能如下。

① 输送段。输送物料，防止溢料。

② 熔融段。此段通过热传递和摩擦剪切，使物料充分熔融和均化。

③ 混炼段。使物料组分尺寸进一步细化与均匀，形成理想的结构，具分布性与分散性混合功能。

④ 排气段。排出水蒸气、低分子量物质等杂质。

⑤ 均化（计量）段。输送和增压，建立一定压力，使口模处物料有一定的致密度，同时进一步混合，最终达到顺利挤出造粒的目的。

8.2.3.3 双螺杆挤出机螺杆排列组合的原则

螺杆组合主要考虑物料的性能、加料顺序与位置、排气口位置等。螺杆排列组合的原则如下。

① 加料段。一般选用大导程螺纹，以输送为主，利于提高产量，缩短停留时间，减少降解。

② 熔融段。可选用反向螺纹元件或正向捏合块加反向螺纹元件等。

③ 捏合分散段。减少螺棱间隙及增大螺纹头数都可以提高平均剪切速率，可增强单块捏

合块的混炼能力，捏合块间的错列角是决定捏合段工作性能的一个关键参数。

④ 均化（计量）段。选用小导程螺纹，一般是组合上逐渐减小，用于输送段和均化计量段，起到增压、提高熔融、提高挤出稳定性作用。

图 8-16 中，分别列举了 5 组螺杆组合进行对比。

第一组：以此组合作为基础，其螺杆的 D_a/D_i 为 1.5。

第二组：在第一组相同组合形式基础上，将螺杆的 D_a/D_i 改为 1.66。

第三组：在第二组的螺杆配置上，使用了更苛刻的捏合块单元。

第四组：在第二组的螺杆配置上，使用了混合螺纹。

第五组：在第二组的螺杆配置上，使用了反向传输螺纹。

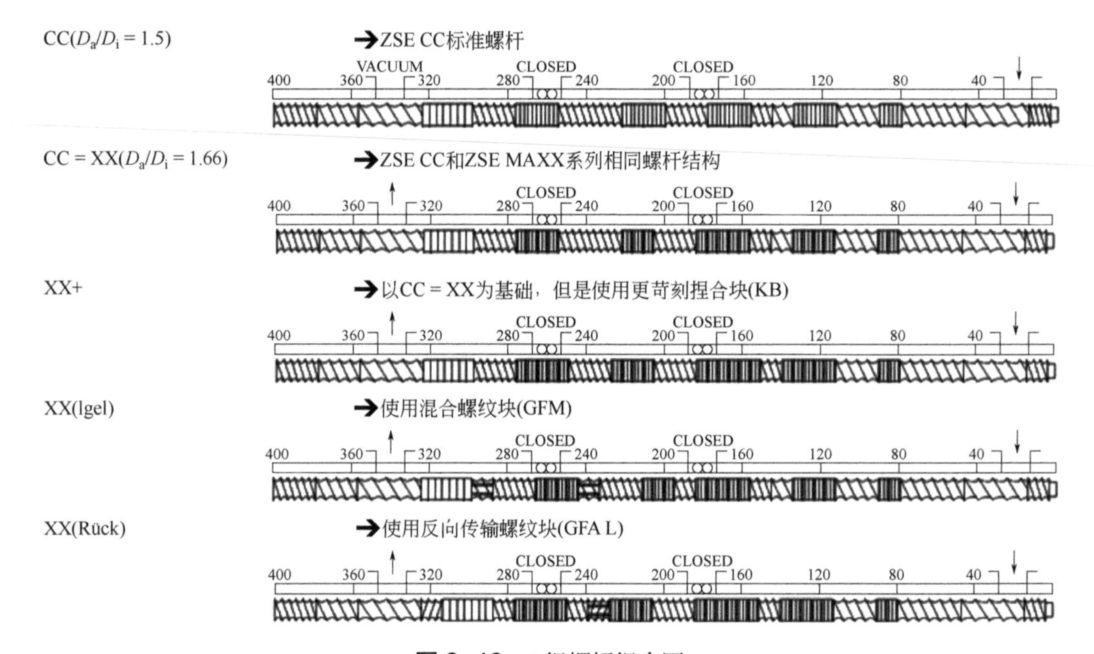

图 8-16 5 组螺杆组合图

在这 5 组螺纹组合上，分别可以达到不同的使用效果和目的。我们通过停留时间分布来分析出其效果及特点，见图 8-17。

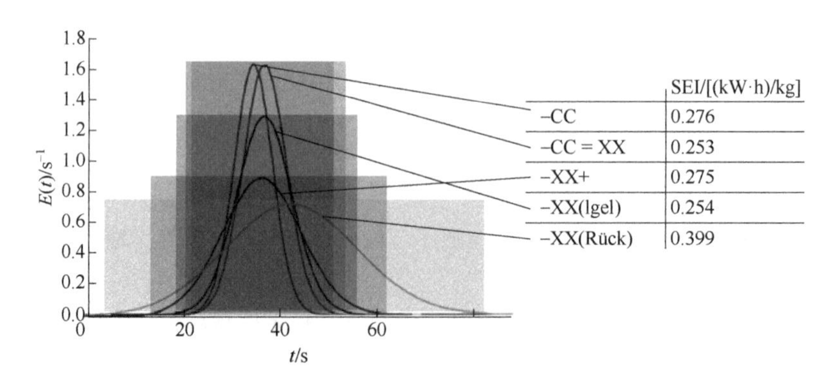

图 8-17 5 组螺纹组合不同的使用效果

由图 8-17 可以看出，纵坐标为停留时间分布的坐标，横坐标为不同螺杆组合下对应的停留时间分布曲线及比能耗输入。因此我们不仅对比了坐标中停留时间分布的曲线，同时对比了不同的螺杆组合（不同的外内径比）所带来的比能耗的差异。在第一组和第二组的对比中，停留时间分布基本重合，分散效果很一致，但是第二组的螺杆配置更加节能。而在第三组增强捏合（剪切）及外内径比是 1.66 的情况下，比能耗输入数值可以与第一组的比能耗相似。

在此坐标中，我们可以看出 1.66 的外内径比值的螺杆由于可以在停留时间分布一致的情况下（分散效果一致）实现更低的比能耗输入，因此其加工的工艺窗口更加宽泛。在可以达到目标效果的前提下，比能耗输入越低越好，同时可以实现的工艺窗口越宽泛，加工的灵活性越大，反过来也给质量提升带来了空间。

螺杆的排列组合对色母粒制造工艺和产品质量影响很大。需要通过长期经验和生产实践来积累。仅以色母中量最大的白色母为例，根据高浓度白色母粒和填充母粒的物性，在螺杆直径 ϕ50mm，长径比 1∶48，选择图 8-18 所示排列组合时，生产的白色母分散性好，生产稳定。

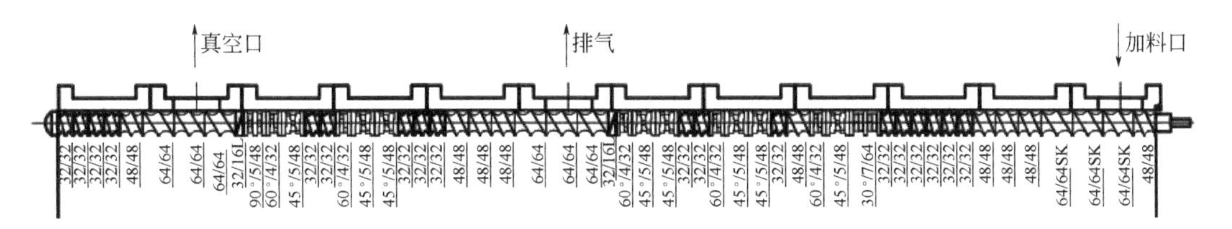

图 8-18 高浓度白色母粒和填充母粒螺杆的排列组合图

8.2.4 成型辅助设备的特性和选择

不同的物料配方结合不同的挤出工艺，同时选择合适的配套辅助设备。比如双螺杆挤出机上游的物料输送及喂料系统，挤出工艺过程中的真空系统及控制系统，下游的冷却系统、切粒系统、包装系统等。将从下列几个主要辅助设备的角度大致进行介绍和选择。

8.2.4.1 切粒系统的选择

色母粒切粒系统有多种，可按产品需求选择。

(1) 水下拉条切粒

作为色母粒生产中使用最普遍、成本相对最低、易维护的切粒系统广泛适用于拉条易成型、牵引的工艺。额外的一个特点是其对色母粒生产比较适用：可以在拉条过程中感知挤出工艺过程中的分散效果。造粒过程中带来的碎屑可以作为直观可见的分散效果参考指标。

(2) 水下切粒

作为当前技术阶段的高端切粒形式，在一般色母粒的生产中所用不多，因为在换色过程中清机相对复杂，易串色。但颗粒均匀、无粉尘是其典型优势。

(3) 模面热切

与水环切粒有共同之处，适用于高浓度 PP 添加滑石粉等工艺，但对物料配方具有局限性。

(4) 水环切粒

相对于水下切粒较简单，与模面热切类似，但具有水冷的特点。

（5）色母粒切粒冷却系统

冷却系统目前主要分为风冷与水冷两种形式。对于目前特定的少部分物料来说，为了避免水冷带来的急速降温而导致的应力脆裂，可以采用风冷的形式。其他主要采用水冷的形式，包括但不限于水槽、水下切粒的水冷系统、水环系统等，这些主要取决于上述的切粒系统形式。

8.2.4.2 真空系统的选择

真空系统目前主要采用水环（液环）式系统、干式系统等。

① 水环式系统作为色母粒生产中主要使用的真空形式，其特点为成本低、维护简单，但会带来水污染等。

② 干式真空系统可以实现更高的真空度、更环保的目标，相信干式真空会逐渐成为以后的主流。

除了系统的选择之外，仍需要根据挤出机的大小、物料的组分来计算所需要的真空压力。

8.2.4.3 PLC生产控制系统的选择

目前PLC生产控制系统主要使用Siemens、Gefran等，控制系统的更新迭代速度很快，但目前将上下游设备集成到挤出机的控制系统成为集中控制的智能化系统，成为发展方向及主流。生产色母工艺控制中往往存在误区，认为只要能够生产产品，造出色母粒就可以了。甚至对物料的工艺系统不是很看重，明知工艺温度存在高低20℃的差异，但由于设备的硬件原因，所以对此差异无能为力。温控不仅对正常生产有关，还对产品质量起着重要的影响。

温控的重要性和方式：由于机筒内部冷却流道及控水电磁阀和加热方式的不同，我们经常会看到加热—冷却—加热—冷却处于一个波动很大的交替中，而很难达到一个稳定的温度值。注意，这里的温度值是指机筒温度设定值。经常有人会说，只有熔体温度带有代表性，而机筒温度只能是参考而已，并不能反映真实的温度情况。其实，我们所需要的就是一个“稳定性”，因为机筒温度、工艺稳定了之后，熔体温度也就是稳定的。

① 如果温控不稳定，螺杆所需要的剪切能也是不稳定的，对挤出机主机的马达和齿轮箱都是不利的因素。

② 如果温控不稳定，剪切不稳定，物料的加工性能不稳定，最终产品质量也很难稳定。

③ 如果温控不稳定，物料容易产生过热的情况，尤其对较为敏感的物料会产生碳化等情况。

④ 如果温控不稳定，剪切不稳定也会带来分布分散的效果很差。

因此，我们需要一个可以稳定控制的PLC系统及PID控制原理以及特定的加热冷却系统。

8.2.5 预混双螺杆制造色母粒工艺

预混双螺杆色母粒生产工艺就是先把原料进行预先混合，然后采用双螺杆挤出机挤出成型色母粒工艺，该工艺流程见图8-19。

该工艺是按配方计量后，将颜料和助剂、聚乙烯蜡、粉状树脂按顺序加入高速混合机，通过高速运转对物料进行搅拌，通过高速运转和阻流挡板的共同作用对颜料颗粒进行预润湿，颜料颗粒表面空气和水分被相对低熔点的聚乙烯蜡所取代，同时均匀地粘黏在因高速搅拌摩擦升温而产生表面塑化的树脂粉料颗粒上，完成上述过程后再经由低速低温的混合机冷却，以解除混合料颗粒间的相互粘连。将混合料加入同向平行双螺杆机挤出机，经过熔融塑化（此步骤包含对颜料颗粒的进一步润湿作用)、混炼、剪切，然后经模头挤出、切粒成为色母粒制品。实践经验证明，颜料在高速混合过程中的预润湿在很大程度上决定了色母粒产品最终分散性的优劣。

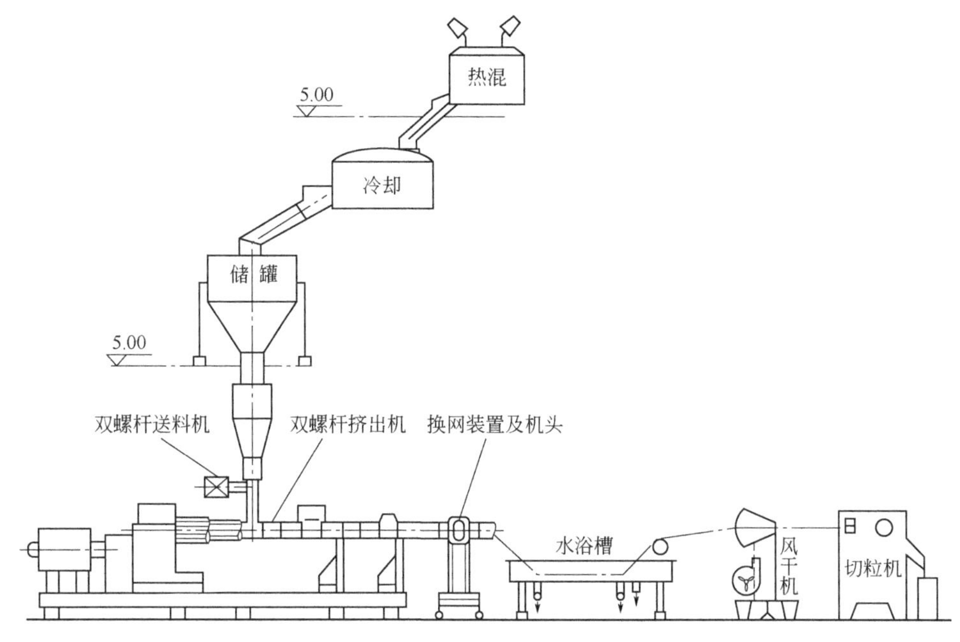

图 8-19 预混双螺杆色母粒生产工艺流程图

很多的实践经验和结果统计表明，载体采用粉状树脂进行生产而获得最终分散性能的结果要比使用粒状树脂好些。一个明显的区别在于：粉状树脂（比表面积大，承受更多颜料的包覆）因粒度小而能在设备中快速完成熔融过程，也就是说颜料颗粒能够比较早地被浸润而进入润湿分散的过程。同时粉体间相互的混合均匀性也极高，这也有效地提高了润湿的速度；反观粒状树脂，因其颗粒度很大，熔融过程由表及里需要一定的时间，由此可知它对于颜料的润湿速度远不如粉体树脂。这一问题看似无足轻重实则直接对分散结果影响明显，应当加以重视。然而，市场上并非所有树脂产品都有粉状料供应，因此，有不少色母粒生产厂家自备磨粉设备，在必要时将所用树脂部分或全部经过磨粉后再用于色母粒的生产，以此来提升和保证产品的质量。

8.2.5.1 高混工艺

按照设计好的配方，把颜料、分散剂、载体等放进高速混合机内进行高速混合（下简称高混)，是色母粒生产中极其重要的第一个生产环节。实践证明：颜料的初始润湿过程，对于颜料分散的结果有着无可替代的重要意义。初始润湿做不好，颜料颗粒的良好分散无从谈起。通过高混，载体树脂分散剂必须在颜料颗粒聚集体中的微隙间做充分的毛细渗透，降低颜料之间的凝聚力，并在高速搅拌中初步润湿细化。根据颜料分散理论，结合高速混合实践，针对不同物料品种、不同要求、不同用途，经过不断摸索、积累经验，才能逐步完善高混工艺，同时通过高混实践又可以帮助完善配方。

（1）高混工艺承载物料数量与转速

高混承载量与高混物料的堆积体积有关。承载量过多或过少都会影响高混的正常进行，也难于实现良好的高混质量。高混转速一般分为两档：低速启动，减轻动力负荷；高速搅拌、湿润及放料，特殊结构例外。

（2）高混工艺温度与时间

高混工艺如没有一定温度仅仅起到常温混合作用，无法实现颜料的初始润湿，也就失去了高混处理的关键作用。高混工艺热源有两个途径：一种是通过高混机夹套油加热传递温度，需要设置温控；还有一种是通过物料高速搅拌摩擦发热传递温度，但是第一锅高混的时间比较长才能积聚温度。由于高混机夹套具有保温作用，后面连续的单次高混所需时间就比较有规律。高混机温度的控制与分散润湿剂的分子量及数量有关。我们可以通过温控系统对最终物料的理想高混结果，进行实际了解。由于绝大多数润湿分散剂有个软化熔融润湿过程，它是随着温度的升高逐步熔化润湿颜料，并同时包覆到载体上，直到物料“搅熟”放出来，分散润湿剂实际上大多数难以百分之百熔化，所以分散润湿剂的理论熔点并不与高混温度完全吻合。高混所需时间，就是物料“熟化”——分散润湿剂熔化包覆到载体所需的时间。它与温度传递方式有关，跟物料组成有关，也跟天气有关。大多数分散润湿剂的分子量比较小，分散润湿剂越多，高混完成时间越短。一般考虑控制在 15 ~ 30min。时间过长或过短时的异常，可以启发我们完善配方，最终达到高混质量标准所需时间。

（3）高混过程观察与自动控制

高混过程需要仔细观察，有两种观察方式。一种是设有透明观察口，随时观察物料变化状态，但是透明窗口容易被污染而影响观察效果。还有一种方式是通过电流变化间接判断。高混开始，由于惯性作用，阻力很大，动力设备高负荷启动，引起电流瞬间蹿高。进入正常匀速运转后，由于物料呈松散状态匀速运动，动力设备的负荷很轻，电流随之降低。随着温度升高，分散润湿剂开始逐步熔化，物料间的粘连状态越来越严重，引起电机负荷增大，此时电流指针逐渐呈波浪式抖动上升。最后电流停止波动，渐渐增大，物料板结于桶底。高混过程中电流的变化，一定程度上传递了高混机内密闭状态物料变化的信息。终止高混的最佳时机，理论上应该是分散润湿剂充分熔融包覆到载体后。由经验可知，这个时机大致就是电流缓慢持续上升致“烂锅”前的短暂区间。

如果考虑设计自动控制，那么，凭电流变化设计自动控制的难度较大，而根据温度变化设计自动控制比较可行。

（4）高混质量判断

物料经过高混处理后，如果基本处于原始松散状态，存在大量干粉飞扬，一般都判断为不合格，需要返工继续高混。如果形成较大结块，甚至板结于桶底，俗称“烂锅”，或者放料的时候比较松散，存放数小时后又结成大块时，则不得不再次搅拌破碎。一般认为最理想的状态是基本没有粉尘，整体看大致成为颗粒状，颜料都被润湿后沾到载体上，即使最大颗粒也能够顺利进入螺杆造粒，这是最理想的高混质量。另外需特别关注的是高混过程是个对颜料润湿的过程，润湿剂取代颜料表面空气和水分，所以应考虑水分的去除以保证质量。

（5）高混的环保要求

高混倒料、搅拌和放料，都会产生一定的粉尘和气体，这是环保控制的重点，有关部门常常以测试粉尘和气味的含量多少为标准，对企业监控抽查。目前大多数企业在高混设备上方，安装倒置漏斗形的吸尘设备，通过抽吸将绝大部分的粉尘和气体吸入管道，并传送过滤后对气体进行处理释放，将固体废物收集处置。

8.2.5.2 双螺杆挤出工艺

经过高混工艺处理并适当冷却后的物料，需要加入同向平行双螺杆机挤出机挤出造粒，成为色母粒产品。

将经预混后物料喂入双螺杆挤出机内。在双螺杆挤出机内首先对物料进行挤压并伴随微弱的剪切，然后进行强剪切，致使聚合物表面开始润湿并逐渐产生压力，一部分物料带入了挤出机内的空气或水蒸气，因此被强制挤压进行反向流动。在螺纹设置合适的情况下，可以引导气流正向流动，从自然排气口及真空口排出。因此在双螺杆挤出机内主要分为输送、挤压、排气、润湿、熔融、脱挥、建压、排料等过程。

双螺杆挤出机是最早最常见色母粒的熔体剪切造粒设备，它的工艺技术是维持正常生产和确保母粒质量合格的关键，双螺杆工艺的核心是温度控制。由于设备的型号、结构、螺杆组合的复杂性及不断地更新，加上母粒产品众多，分类繁杂，只能经过平日精心实验调试，长期观察记录，仔细分析总结，才能逐步建立最佳操作工艺。下面将双螺杆工艺操作中几个关键要素做一简单介绍。

① 挤出工艺温度设计需要考虑的因素很多。首先是依据物料组成部分中最高的熔点。例如，聚丙烯母粒成分中的聚丙烯载体熔点最高，它的熔点是 170℃，各区工艺温度在 170℃上下。当然根据加热方式不同也有区别，电阻加热与电磁感应加热的工艺温度不同，后者较低。其次工艺温度与设备大小、生产速度有关，产量大，需要提供物料软化熔化的热量多，工艺温度当然需要提高。根据输送与剪切需要分段设计，温度高，物料黏度低，剪切力低；反之，剪切力大。工艺温度的调整还应考虑物料黏度等其他物理性能。

② 进料口温度设定的关键是避免物料粘螺杆，影响正常喂料输入。为了使物料尽早熔化以便剪切分散，在不粘螺杆的前提下进料口温度尽可能接近载体熔点。有些物料配方中低熔点助剂在整个物料中很少，即使熔化了也并不影响整体物料输送，所以它对于工艺温度影响不大。有些物料配方中含有很多低分子物料，稍有高温，其他加热区螺杆的传递温度就足够让它熔化，引起进料口物料粘连，喂料输送停滞。所以开机前设置加热，必须控制进料区处于低温状态，必要时打开冷却装置维持低温，否则开机后出现螺杆打滑，无法进料。为了避免开机发生异常，往往先按常规设温，开机后再降温处理较好。

③ 排气孔温度一般需要适当降低，理论上为了避免熔体易于流出冒料，需要同时调整它的前区和后区温度。让物料通过的时候，很容易往前输送而难于往上从排气孔溢出。不过，在持续迅速流动状态下，生产正常、分散较好而熔体压力较低情况下，也无需对排气孔的工艺温度做特殊调整。所以不少操作者对此并不太在意。

④ 混炼段的温度。混炼段是双螺杆色母粒生产的关键区域，它的温度控制与剪切力需求有关。它的关键作用是对颜料剪切分散，剪切力大小与温度密切相关：温度过高，熔体黏度低，剪切力差。温度适当低些，黏度大，剪切分散效果较好。剪切力大小往往又会直接影响主机电流大小。所以有经验的操作，会通过主机电流大小来调整该区域工艺温度。

⑤ 机头温度设计。熔体进入机头，即将输出料筒切粒，无论磨面水环切粒还是水下拉条切粒，一般需要适当降低温度。可以通过测试了解出条温度，关注它与料筒内熔体温度的差异。此外如果附有不停机换网装置，换网过程的时间长短与成败，往往与黏度、熔体流动速率有关，需要通过机头温度调整来解决。

⑥ 喂料转速控制直接影响产量。生产正常时挤出量等于喂料量，通过改变喂料转速改变

产量，同时又影响生产工艺。提高喂料转速，进入螺杆的物料增加了，就是间接降低工艺温度；同理，降低喂料转速等于间接提高工艺温度。喂料转速变化会影响产品分散质量。所以喂料转速的调整，需要从稳定母粒生产过程与确保母粒最终质量的全局考虑。

⑦ 主机转速就是螺杆转速。喂料速度不变，主机转速发生变化仅仅瞬间影响挤出量，慢慢就会回复常态。螺杆转速的关键作用在于剪切分散，这是控制产品质量的又一关键问题，需要通过温度与剪切速率配合解决。有的产品需要高剪切，就要提高转速。有的产品需要低剪切，就要降低转速，当然低剪切还需要通过工艺温度解决。一种设备都有最高转速，必须控制转速极限，注意留有余量。

⑧ 熔体压力一般低于 1MPa。它与过滤网规格、颜料分散效果、熔体温度和黏度有关。过滤网孔径小、颜料分散差、熔体黏度低，压力高；反之压力低。它是多个因素的综合反映，切忌简单盲目判断。但是，毕竟可以作为调整工艺和监控产品分散状态的参考数据。

⑨ 过滤网的设置与更换。过滤网具有过滤和回流熔体增加剪切等作用。需要根据具体产品和质量要求合理配置更换。

⑩ 双螺杆挤出机的环保重点：一是进料口粉尘；二是排气孔和机头的气体；三是冷却水处置。同样需要尽可能全部吸收、过滤、收集处置。

8.3 分段喂料双螺杆制造色母粒工艺

分段喂料双螺杆色母粒生产工艺就是采用数台失重式计量机分别同时在主进料口加入树脂，多个侧进料口加入着色剂和助剂后挤出成型色母粒工艺，见图 8-20。

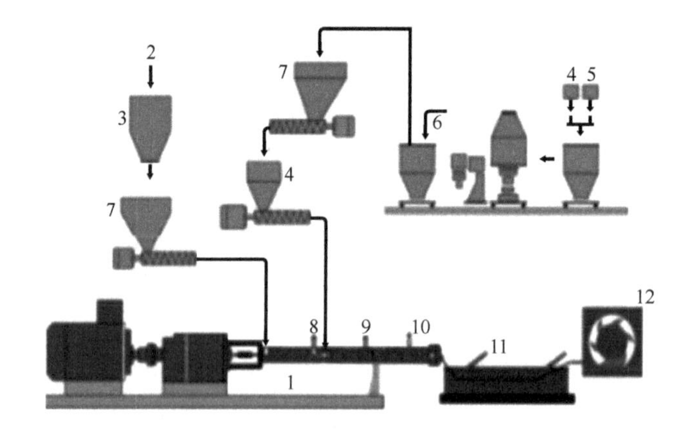

序号	名称
1	双螺杆挤出机
2	粒状树脂
3	料仓
4	聚乙烯蜡
5	颜料
6	混合机
7	失重计量秤
8	双螺杆喂料机
9	排气口
10	真空泵
11	水槽
12	切粒机

图 8-20 分段喂料双螺杆挤出生产色母粒工艺流程

分段喂料双螺杆法色母粒生产工艺是在主加料口加入树脂，进入混炼段树脂熔化，而后对多个侧加料口加入的颜料或其他组分进行润湿后再进行分散，稳定化处理的工艺路线。相对于预混双螺杆色母粒生产工艺，它是大批量的连续化生产。预混双螺杆制造色母粒工艺特点是分段式进行，先采用预混工艺，需求一个独立的、很大程度上需要手动操作的预混站。而且预混过程中会产生粉尘及噪声等环保问题。而且批次预混喂料稳定性存在差异。

色母粒的生产目标是将着色剂和助剂分散在聚合物载体中以达到理想的分散效果，具有20%~70%质量分数色母粒是较为适合的，而这一百分比取决于进料设置。因此，对于分段喂料法制备色母粒，选择可以进行精确配比的失重式计量机是必要的，毫无疑问分段喂料法计量系统是更加复杂的，失重喂料机必须被仔细安装及控制。分段喂料色母粒生产设备初期投资较高，但是由于其高度自动化可以减少人力成本，而且可以克服预混双螺杆色母粒生产工艺中预混批次存在的质量稳定性差异，以及预混过程中会产生粉尘及噪声等环保问题，在人员成本大幅度上升及三废环保要求越来越严情况下，分段喂料色母粒生产工艺会越来越体现其优越性，具有很大发展空间。

8.3.1 失重式计量机的原理和种类

称重计量设备诞生之日起就被越来越多的需要喂料设备的生产厂家所关注和吸引。当制造商在生产中需要自动定量喂料时，往往会因为配方的不稳定而烦恼。有些用户还不知道在生产中需要配置喂料机，那么为什么在生产中要使用喂料机呢？使用喂料机的目的是为下一道生产工序设定一个精确持续的物料输出值，控制物料在生产过程中的停留时间，更无需将固体颗粒和粉体物料预混合和分离。精确稳定的供料系统是保证产品质量的关键，也是保证流水线正常连续生产的关键。

8.3.1.1 失重式计量的原理

失重式计量机的失重并非我们物理课本所学的失去引力而产生的失重。其原理是在喂料称料斗的下方具有一台精密的电子天平，失重机的喂料螺杆在转动时会自然地将物料推出，因此会使料斗内的物料总重量减少，即失去了重量，意为失重。电子天平会在每秒内计算数次失去的物料重量，会快速计算出单位时间内的失重量，即为产量。如设置量为 10kg/h，当失重秤计算出的当前产量为 9kg/h 时，会加快喂料螺杆的转速；当失重秤计算出的当前产量为 11kg/h 时，会降低喂料螺杆的转速，直到产量稳定在 10kg/h，而精度在正负 0.5%以内为准。因此，失重式计量机是精密的电子设备，需要远离可能产生外界振动、摇晃等区域。

失重式喂料机具有几种不同的喂料形式，广泛应用的是螺杆式，较少应用的是皮带式、振动式等。在选择时需要根据物料的特性，比如物料的状态、流动性、堆积密度等来选择合适的喂料机。流动性很好的颗粒料选择最为简单的单螺杆喂料机即可，而有黏滞性的粉体料需要选择带有搅拌装置的双螺杆喂料机，而在某些物料形状不规则的情况下，比如絮片，可以选择皮带式喂料机。另外需要根据产量的大小选择合适的型号。

（1）喂料方式

失重式计量机常规的喂料设备分为体积式喂料和失重式喂料，体积式喂料就是将固体物料从料斗里在单位时间内以恒定的体积量喂出，实际的喂料量可由校准算出。体积式喂料会根据设定值和实际流量的变化来调整马达的转速（不是恒定转速），从而可以在一定程度上控制物料的喂料精度。体积式喂料精度可以达到 1.5%~1%范围（视不同的物料而定），见图 8-21。

失重式是最常用的喂料方式，当物料由喂料机喂出时，称重和控制系统可测出单位时间内重量的减少，两者之间的差异可通过改变喂料机喂料转速进行调整，见图 8-22。

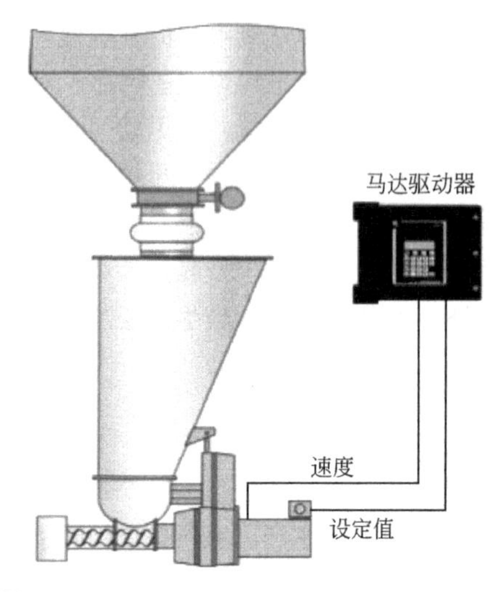

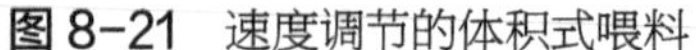
图 8-21 速度调节的体积式喂料

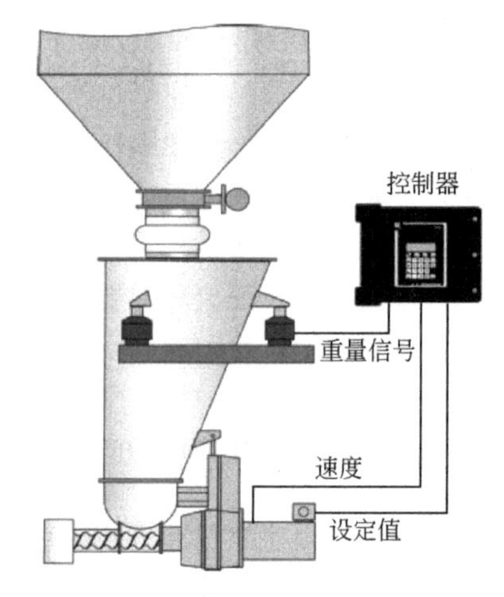

图 8-22 重量调节的失重式喂料

皮带式喂料主要用于平稳。大流量和流量范围宽广以及受场地空间限制，用螺杆方式无法满足计量的领域。由于皮带秤的结构，称重传感器装在计量段的皮带下方，当物料经过重量传感器的计量段时会将通过传感器接收到的重量信号传递到控制器，由控制器发出指令来调整皮带喂料机马达的转速，所以皮带式喂料原理与螺杆失重式不同。

流量计的喂料是另一种喂料模式，它采用挡板冲撞式的方式进行喂料计量。这个型号的设备有两个重量传感器，一个是装在斜面上，另一个呈 90°安装在垂直面上。当物料通过上游的旋转阀下料时，物料先撞到流量计中第一个斜面传感器，由斜面传感器测量和计算出所经过传感器的重量，然后由第二个传感器测出和计算出物料的速度，经过两个传感器测量和计算出的重量和速度值反馈到控制系统，再由控制器来控制和调整上游旋转阀的转速，从而达到控制精度的目的。由于流量太大，最小 2t/h 的流量，所以流量计主要用于石化下游 PP 和 PE 装置的主喂料计量。

(2) 喂料模式

失重式计量机喂料模式分为连续式喂料和批量式喂料，而批量式喂料又分为失重式喂料和增重式喂料。其中失重式批量喂料方式的优点是：具有相同的批量配料时间，混料时间短，如有多种成分可同时运行各自的，则配料时间短。失重式批量喂料模式如图 8-23 所示。

增重式批量喂料模式的优点是：只需要体积式喂料机，性价比高，适用于大批量，可以组合 LWB 系统，增重式批量喂料模式如图 8-24 所示。

(3) 喂料原理

体积式喂料可以达到一定的喂料精度，是因为体积式喂料技术有速度反馈设计。现在在喂料设备上再加上高精度的重量传感器，形成双回路控制，这就是喂料原理。

失重式喂料原理可简单地认为，当物料在喂料时，控制器同时在接收马达的转速信号和料斗内物料的失重信号，将这两种信号叠加，然后发出指令不断调整马达的转速，使之接近设定值，从而控制喂料精度。所以双回路的控制结构，再加上高精度的重量传感器和快速灵敏的控制软件是喂料精度的保证。失重式喂料控制原理如图 8-25 所示。

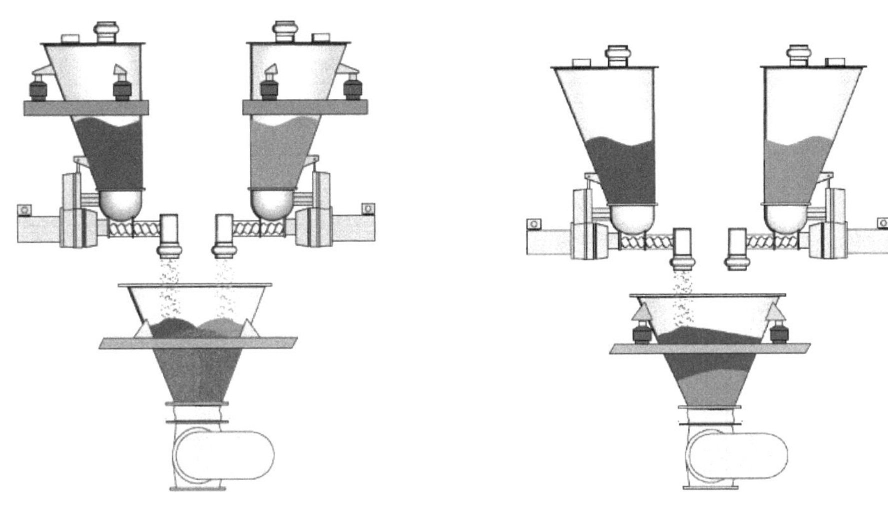

图 8-23　失重式批量喂料模式

图 8-24　增重式批量喂料模式

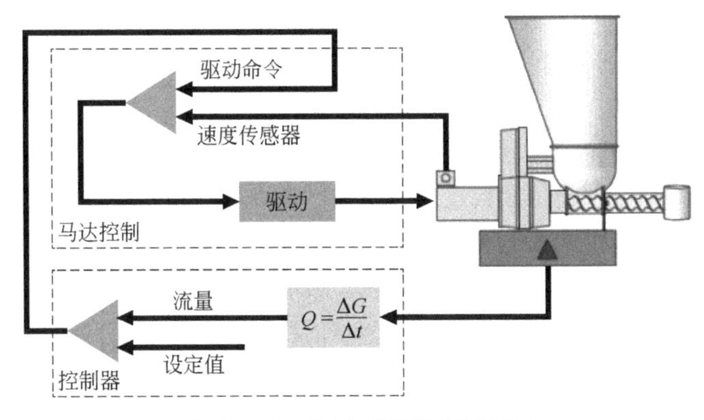

图 8-25　失重式喂料控制原理

8.3.1.2　失重式计量机种类

失重式计量机核心设备是喂料机，根据不同应用场合有很多种喂料机产品种类：瑞士 K-Tron 喂料机产品种类见表 8-1，喂料机型号和对应的喂料量范围见表 8-2。

表 8-1　K-Tron 喂料机产品种类

KML	失重式喂料机	KMV	体积式喂料机	KSF	智能质量流量计
K4G	组合式喂料机	KV	振动式喂料机	BSP	固体容积喂料机
SWB	皮带式喂料机	LWB	失重式皮带秤	GIW	增重式喂料机
KPL	液体喂料机	KMT	微量喂料机	BFS	批量喂料系统

表 8-2　瑞士 K-Tron 喂料机型号和对应的喂料量范围

喂料机类型	喂料量范围	喂料量/（kg/h）	设备型号
单螺杆喂料机	最小喂料量	0.2	K-CL-SFS-KQX4
	最大喂料量	18000	K-ML-S500
双螺杆喂料机	最小喂料量	0.2	K-PH-CL-SFS-KT20
	最大喂料量	15000	K-ML-T80
微量喂料机	最小喂料量	0.05	K-CL-SFS-MT12

续表

喂料机类型	喂料量范围	喂料量/（kg/h）	设备型号
振动式喂料机	最小喂料量	0.2	K-CL-SFS-KV1
	最大喂料量	2500	K-ML-KV3
皮带式喂料机	最小喂料量	100	SWB300
	最大喂料量	60000	SWB1000
失重式皮带喂料机	最小喂料量	2	
	最大喂料量	600	K-ML-D5-FB130
圆盘转动式喂料机（固体容积泵）	最小喂料量	1	K-CL-SFS-BSP100
	最大喂料量	3350	K-ML-BSP150
K4G 失重式混料机	最小喂料量	0.1	
	最大喂料量	2000	
智能流量计	最小喂料量	2000	K-SFM-275
	最大喂料量	1.2×10^5	K-SFM350
液体喂料机	最小喂料量	0.1	K-CL-SFS-P
	最大喂料量	1000	K-ML-P

物料输送系统是集喂料设备和补料设备为一体的设备，喂料控制和补料控制也是一体化的设计。

物料输送系统的设备包括物料输送系统，负压、正压持续供料系统，称重系统，喂料设备的补料系统。在用户工厂使用喂料设备时，通常有人工补料和自动补料两种方式。如果要提高自动化程度，避免由于人工倒料而造成的物料浪费和环境污染，真空上料机自动补料是一个不错的选择。真空上料机系统粗分为颗粒、玻璃纤维和粉体输送结构，其中输送玻纤的设计会增加管道的耐磨层。粉体尤其是炭黑、钛白粉等都是输送非常困难的物料，在真空罐有粉体反吹设计，能有效保护真空泵和过滤袋不被粉尘堵塞。

8.3.1.3 失重式计量机的核心技术

为了保证计量的正确性，在选择计量秤时需关注以下核心技术。

（1）重量传感器

重量传感器是喂料机中的核心部件，重量传感器直接影响喂料设备的喂料精度。重量传感器适用于螺杆喂料、皮带式喂料、组合型喂料、微型设备喂料、流量计喂料的重量传感器。独特的振动弦称重技术是基于重量传感器受力时，振动弦张紧的变化产生不同的谐振频率，力的大小通过机械装置传至振动弦，经测量谐振频率获知。智能传感器 SFT 可通过配置在传感器内的微处理器将信号直接转换为数字式重量信号，也就是说传感器内部的微处理器会把频率振荡信号转换成重量信号。数字式重量信号经抗噪声干扰的 RS485 协议传至控制器，是通过 RS485 数字式信号直接输出，而不需要像模拟传感器那样把信号放大然后再输出模拟信号，或者把模拟信号转换成数字信号。

先进的称重技术使得重量传感器有如下特点：

① 分辨率高，可达一百万分之一，第三代重量传感器分辨率可达四百万分之一，因此取样速度快，每秒可收集 112 个样品；

② 具有抗震性，可以自动识别并剔除振动引起的虚假重量信号；

③ 具有温度补偿功能，克服环境温度对喂料量产生的影响；

④ 重量信号能传达到很远的距离而不受干扰；

⑤ 只需一次校准的工作。

(2) 智能流量计

高精度的传感器结合独特的设计使 K-tron 智能流量计成为准确测量物体流量的最佳工具。物料在重力的影响下畅通无阻地进入流量计上面的测量通道，这个斜置的测量通道里装有一个 SFT 称重传感器，测量对斜置通道的垂直力 F_R。因此，排除了所有摩擦力。随后物料进入下面的垂直通道，垂直通道内装有第二个 SFT 称重传感器，测量并计量物料产生的力 F_P（代表物流速度）。通过这两个传感器的信号来确定单位时间内的物料流量值（kg/h 或 t/h）计算公式见图 8-26。

设计中流量计泻槽没有任何狭窄路段和转动部件，即使流量计的任何部件发生事故，物料的流动也不会受到妨碍。

旁通管道（双通道设计）是 K-tron 智能流量计的独特之处。物料转向流入旁通管道被用来进行流量计的在线零点自动校准和清洗维护。在流量计的使用过程中，当一些物料黏附在测量通道上或物料温度明显变化时，需要使用这一校准功能，弥补了传统计量方式需停下整条生产线而影响生产的不足。引导物料进入旁通管道气动阀门的操作时间间隔由电子控制器调节控制。

流量计的保养工作非常简单，主体门容易开启，使得清洗工作非常方便，基本上，流量计不需要维修，见图 8-27。

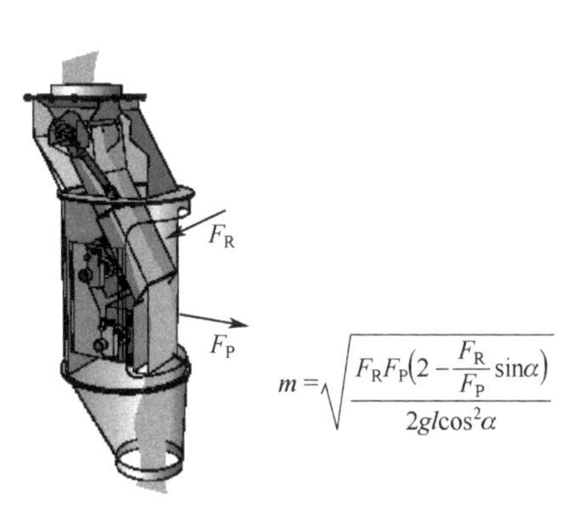

图 8-26 智能流量计独特的设计

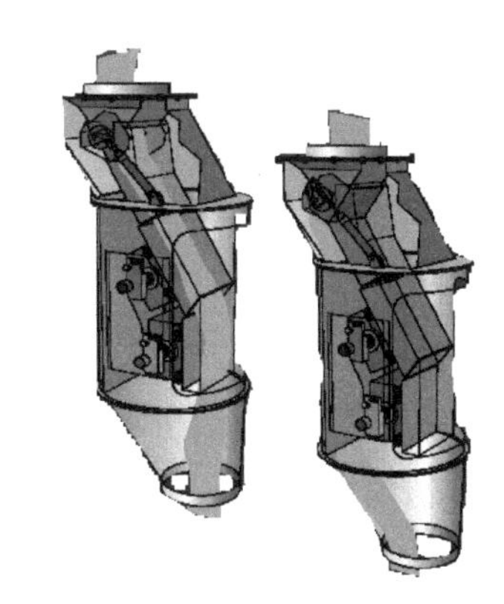

图 8-27 流量计的保养工作非常简单

8.3.2 分段喂料双螺杆制造色母粒工艺原理

分段喂料双螺杆法制色母粒生产原理：载体树脂在主加料口加入，混炼塑化后成为熔融体，消耗的能量小。通过特殊双螺杆排列组合，载体树脂熔融体对侧向加入的颜料进行润湿、分散、稳定化处理。在润湿颜料再分散时，由于高剪切，会产生热量。为了防止剪切热引起螺杆内温度上升，此时需要保持一定的物料黏度来保证一定剪切，不影响颜料分散性，所以套筒外需要冷却，此时需能量较大，所以配制的马达功率要比预混双螺杆制造色母粒生产工艺的大。由于树脂熔化后变为黏稠型熔体，流动性更好，对颜料的润湿效果更好，相对于预混时固体对固体润湿，分散效果更好。

分段喂料双螺杆制造色母粒生产工艺中，多种失重式喂料机安装在挤出机上方，可以连续地以高精度喂不同的原材料到挤出机进口。沿着工艺段可以分段通过主喂料口和侧向喂料口将原材料喂入挤出机不同区段内。因此，此类设备需要较长的长径比。通过一个较长的长径比的挤出机也可以承担预混功能，甚至可以达到更好的结果。因为一些添加剂可以喂到不同的区段，喂料工艺更加的灵活，可以在最好的区段喂入最精确的物料。还可以延展工艺窗口并因此提高产品质量。所以，分段喂料色母粒生产工艺螺杆的长径比要比预混双螺杆制造色母粒生产工艺长得多，一般要达到 1∶60。

由于色母粒侧向喂料通常发生在聚合物熔融之后，此时聚合物对螺杆已经可以产生足够的润滑作用，因此对颜料的剪切会相当柔和。所以侧向喂料色母粒生产工艺特别适用于需低剪切的片状颜料（如效果颜料、珠光颜料等）的分散混合。由于效果颜料中的有效成分经过长时间的双螺杆剪切混合会发生片状结构断裂，从而导致最终产品的效能丧失。因此对于效果颜料的混合，侧向（分段）进料比预混料更柔和。可以看得出，侧向分段喂料在保留珠光的完整性能上具有更好的作用，生产珠光母粒的颗粒越大，意味着质量就更好，珠光效果更亮，如图 8-28 所示。

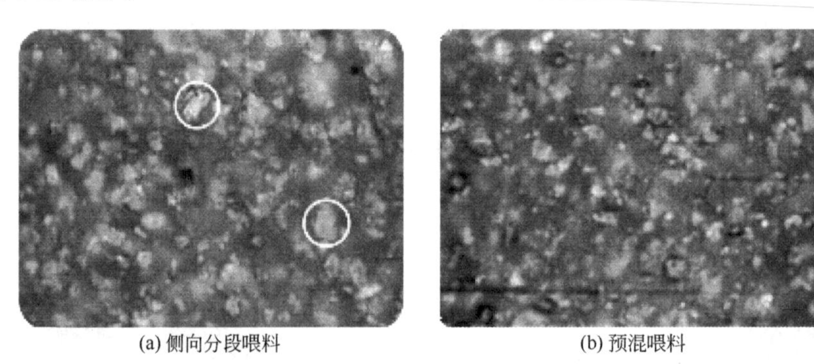

(a) 侧向分段喂料　　(b) 预混喂料

图 8-28　两种工艺生产珠光母粒对比图

侧向喂料色母粒生产工艺在功能母粒上发挥更大的作用，特别对于一些低熔点或液体功能助剂母粒，这种细微的粉末状物料通过预混后进料通常会结块，因此很难处理。

8.3.3　分段喂料双螺杆制造色母粒工艺

分段喂料制造色母粒生产工艺通常要求更高的楼层空间（或者 3 层）用于喂入原材料到料斗或者定量给料的料斗内，见图 8-29。通常来说一个完整的物料处理、输送和喂料系统是必需的。三楼是储料仓，用于主料（树脂）和着色剂、助剂等辅料，二楼放置失重式计量机，底层是双螺杆挤出机。其自动从中央区域输送原材料到挤出机内，最小限度地引入“手工”因素，相比预混工艺可以更大程度实现智能化控制。此概念可以从小尺寸到大尺寸挤出机应用放大并达到最好的经济规模。

（1）计量系统

色母的生产目标是将着色剂（功能助剂）分散在聚合物载体中以达到理想的分散效果。毫无疑问分段喂料是更加复杂的，失重喂料秤必须被仔细安装及控制。初期投资较高但是由于其高度自动化可以减少人力成本，为较大产量工厂带来了连续的质量提升。根据色母配方中辅料数量，一般配置十个以上计量秤，常规配置 16 个。这些计量秤中最好配置几个可液体计量的计量秤。

图 8-29 用于黑色、白色母粒的 ZSK 92 Mc Plus

在分段喂料工艺中，首先要注意的是：失重式喂料机通常需要多台并且协同作业，一旦其中的一台发生喂料不精确或者故障将会导致整条生产线的故障，甚至影响最终的产品质量。因此需要首先选择合适的喂料系统。其次，经常在分段喂料的工艺中发现高比例粉体难以喂入的情况，此问题多数发生于前端空气排气不畅导致的空气与粉体对冲，影响喂料，此时需要重新检查螺杆设计及上游的排气情况。

(2) 螺杆螺纹组合排列

分段喂料法双螺杆挤出机螺杆螺纹的选择与预混式螺杆螺纹的选择原则几近相同，所不同之处主要在于分段喂料的位置及相应的排气装置。一般来说，除了主加料口以加入树脂、分散剂、助剂为主，还配三个分段喂料口。离主喂料口最近的分段喂料口，与主喂料口相接的一段螺杆一般不加热，防止物料熔化，影响进料；离主喂料口最远的分段喂料口一般不用，除非做特高浓度母粒，需要在第三加料口加入着色剂，来提高色母粒浓度；中间的分段喂料口以加着色剂或效果颜料、功能助剂为主。本工艺因为没有颜料预混对颜料润湿，所以其螺杆螺纹排列组合比预混工艺更复杂，而且要求更高。

着色剂分段喂料通常发生在聚合物熔融之后，此时聚合物对螺杆已经可以产生足够的润滑作用，因此对着色剂的剪切会相当柔和。如在侧向喂料喂入的是粉体，则需要特别注意粉体喂入前需将熔体工艺段的空气尽可能排出。

螺纹的排列组合形式对色母粒中颜料的分散效果也会产生很大的影响，如图 8-30 所示，使用两种不同的螺杆组合，在同一配方下不同转速时的过滤压力值差异显著。

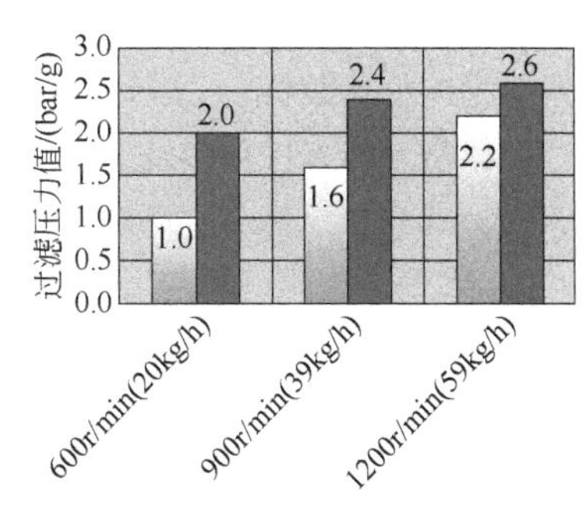

图 8-30 同一配方下不同转速时的过滤压力值

挤出机：ZSE 27 MAXX

配方：40% PP 粉末；40%颜料蓝 15∶1；20%蜡

由于分段喂料的工艺减少颜料预混过程，同时也没有预混工艺对颜料润湿处理，对颜料的润湿处理和剪切分散较少，如果后段螺纹设置不合理可能会导致颜料分散不足，或者聚合物发生降解，因此此时仍需检查螺杆组合，进行重新排列以满足颜料分散要求。

在双螺杆挤出机选型时希望可以分享一直以来几乎从配方及工艺角度都特别受用的一句话“足够的大，尽可能地小”，或者可以说“足够的长，尽可能地短”“足够的高，尽可能地矮”。

8.4 挤水转相制造色母粒工艺

挤水转相是指在水相中沉淀的颜料直接转移到油相（聚乙烯蜡），颜料不经中间干燥，制成的色母粒分散性优异。也可选用颜料厂生产的半成品颜料滤饼，选用捏合机采用挤水转相法生产颜料制剂后和树脂混合生产色母粒。

8.4.1 颜料转相原理

与常规的颜料分散过程不同，挤水转相是指在水相中沉淀的颜料直接转移到油相中而不经中间干燥、粉碎步骤直接转至非水溶剂相的过程，可表示为：颜料/水（S/W）+油（L）⟶颜料/油（挤水转相）+水，见图 8-31。

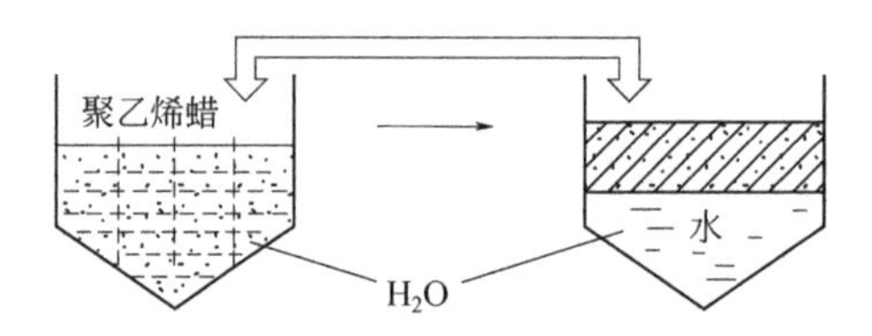

图 8-31 颜料挤水转相示意图

在简易的装置中，将含水颜料同油相介质进行混合和搅拌。当含水颜料和油相介质混合，油相介质开始乳化，形成大的表面积，颜料相邻的表面优先润湿，并转变成油相。随着过程的进行，油相的粒子开始聚集，如果颜料的表面对油相介质具有较大的亲和性，吸附的水将从颜料的表面挤出，并被油相介质所代替，颜料缓慢地由水相转移到油相介质中。经过水分的分离和转移，剩下的颜料直接分散在油相介质中。

挤水转相工艺最早是由 S.R.Bradley 发表专利，将无机颜料铅白与油脂进行混合，直接分离出清水层，获得挤水转相的颜料膏状产物。后来，由 R.Hochsttetter 采用真空下干燥制得挤水转相的粉状颜料。

颜料挤水转相过程涉及三个组分，即两种不互溶的液体（L、W）与颜料固体粒子（S）。

W：代表水，具有更高表面张力的液体；

L：代表连结料（溶剂、油及树脂），具有较低表面张力的液体；

S：代表颜料，固体组分。

各自的表面张力分别表示为 γ_W，γ_L 以及 γ_S。

设一颜料粒子润湿于水与溶剂相之间，当处于平衡状态时，各接触面积存在如图 8-32 所示关系。

颜料粒子与介质之间接触角（θ）可表示为：

$$\cos\theta=[(\gamma_W-\gamma_S)-(\gamma_S-\gamma_L)]/(\gamma_W-\gamma_S)$$

当颜料粒子表面张力 γ_S 值接近于水的表面张力 γ_W 时，$\cos\theta$ 趋近于−1.0，接触角为 180°，表明颜料将处于水相中。

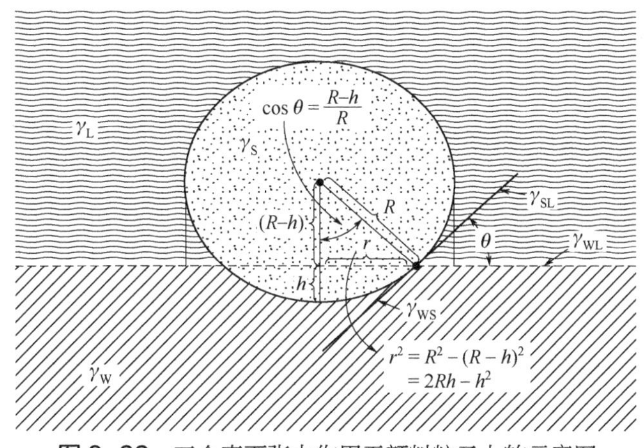

图 8-32 三个表面张力作用于颜料粒子上的示意图

当颜料粒子表面张力 γ_S 值接近于连结料的表面张力 γ_L 时，$\cos\theta$ 趋近于 1.0，接触角为 0°，颜料粒子基本在溶剂相中。

当颜料粒子表面张力 γ_S 值更高时，将导致颜料粒子停留在水相中；当颜料粒子表面张力 γ_S 值更低时，趋向于迁移或停留在表面张力较低的溶剂相中，见图 8-33。

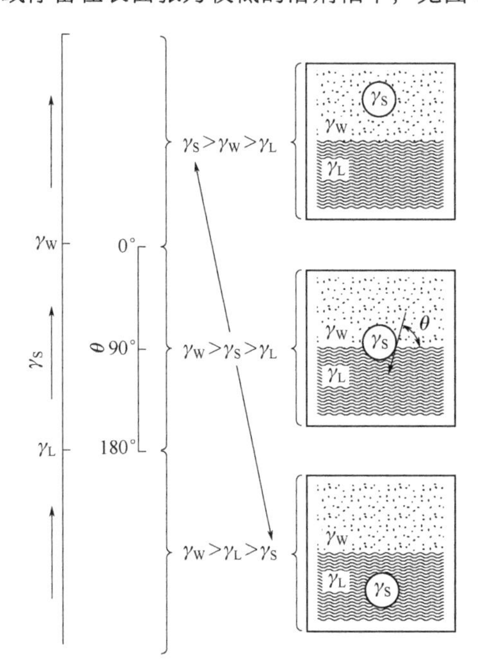

图 8-33 具有不同表面张力的颜料粒子转相示意图

因此实施颜料挤水转相，降低颜料粒子表面张力，添加表面活性剂有助于颜料粒子从水相转至有机溶剂相中，只有颜料粒子表面张力 γ_S 比该溶剂相表面张力 γ_L 低时才能发生转相过程。

颜料挤水转相工艺有如下优点：

① 挤水转相颜料可以基本保持原有的细微结构，比干粉产品具有更纯净的色光、更优异的鲜艳度与透明度、高的着色力。显示出更好的分散性能，可达到常规方法难以获得的分散程度。

② 与常规的干燥、粉碎工艺相比，挤水转相方法完全不存在污染周围环境的粉尘飞扬，可以节省大量的用于研磨、分散及润湿过程的动力消耗；产品中很少含有水溶性杂质（如盐类）。

8.4.2 颜料砂磨挤水转相制造色母粒工艺

颜料砂磨转相色母粒生产工艺是二十世纪九十年代引进的国外技术，用于生产纤维级色母粒。从技术上看，可分为颜料经水相研磨、转相、水洗、干燥、造粒等。

8.4.2.1 颜料砂磨转相制造色母粒工艺流程和特点

颜料砂磨转相色母粒生产工艺是在水相中把颜料粒子研磨到适当粒径，又通过高聚物的润湿作用包覆在粒子周围，防止再形成大粒子，同时使分散好的颜料粒子均匀地分布到高聚物之中。砂磨挤水转相工艺流程见图 8-34。

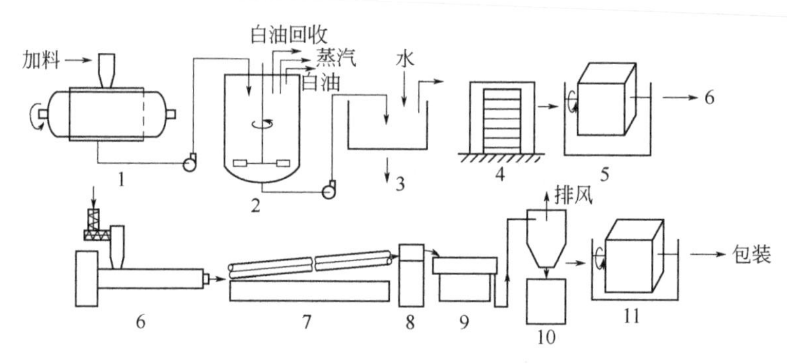

图 8-34 砂磨挤水转相工艺流程图

1—球磨机；2—转相槽；3—水洗槽；4—烘箱；5—掺混；6—单螺杆挤出机；7—运输冷却器；8—气刀和切粒机；9—振动筛；10—真空上料器；11—混合

挤水转相工艺流程如下:

① 将颜料、聚乙烯蜡、水和阴离子表面活性剂等，按一定比例及加料顺序，加入到特殊设计的球磨机中。在 10℃水夹套冷却情况下，物料研磨温度控制在 45℃以下。按颜料分散难易程度，分别研磨 20 ~ 65h 使颜料粒径分散到 1μm 左右。

② 研磨好的浆液放入转相槽中，按一定比例加入白油、表面活性剂等，按一定程序调节转速、温度和 pH 值，使分散好的颜料粒子从水相进入油相，并被聚乙烯蜡包覆形成 0.1 ~ 3mm 的颗粒，制成颜料聚乙烯蜡分散体。

③ 在水洗槽中，洗去调节 pH 值生成的盐和颜料分散体表面的白油。在干燥箱中，颜料分散体被干燥至水分<0.8%，以利于挤出造粒。

④ 颜料分散体和载体聚丙烯树脂粉料等按一定比例在混合器中混合均匀。

⑤ 在单螺杆挤出机中挤出造粒。

⑥ 选用振动筛筛分，成品色母粒经真空上料器，再经混合器混合均化，至计量包装。

颜料砂磨转相制造色母粒生产工艺特点如下。

① 两性表面活性剂在适当的温度下和适当的 pH（酸性）下起作用，使颜料被水充分润湿，使研磨分散变得很容易。依靠砂磨珠的摩擦和撞击，可以保证颜料分散到所需要的粒径。在较低的温度下，可以根据需要延长研磨时间，保证有充足的研磨分散时间。

② 润湿充分。颜料在球磨机中被水充分润湿后，颜料在转相槽油相中，两性表面活性剂在适当的温度下和适当的 pH（碱性）下起作用，在低于 95℃的情况下，白油的汽化使溶解在白油中的聚乙烯蜡充分包覆在颜料粒子周围，从而保证了分散的稳定性。显然比熔融高聚物直接润湿要充分。

所以采用颜料砂磨挤水转相生产的丙纶化纤用色母粒的分散性是上乘的。

8.4.2.2 颜料砂磨转相制造色母粒工艺条件探讨

（1）研磨

研磨过程中砂磨珠绕轴运动，砂磨珠间的摩擦和撞击，把较大的颜料粒子磨细。砂磨珠在球磨机内的运动有三种方式。第一种是砂磨珠与转鼓同步旋转，此时没有研磨效果；第二种是呈抛射运动状态，研磨效果也不佳：第三种是当砂磨珠在球磨机中作珠梯流动（见图8-35）时，可获得最佳研磨效果。

其转速由下式决定。

$$n = (29-4.2D)/\sqrt{D}$$

式中，n 为球磨机转速，r/min；D 为球磨机直径，m。

对于特定球磨机，D 是固定的。只要转速符合公式的要求，研磨效果就可以保证。常更换不同容积的球磨机转鼓，要特别注意及时调整转速。

（2）装填率

合理的装填率如图 8-36 所示，砂磨珠占 30%体积，料液占 50%体积，气相空间占 10% ~ 20%体积。

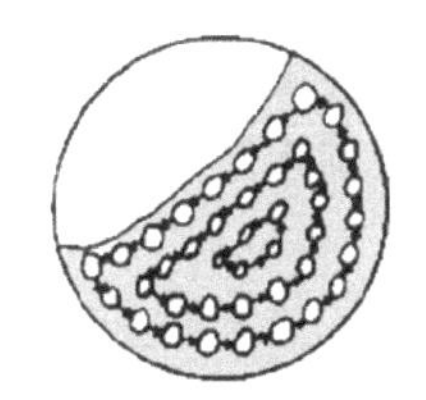

图 8-35 砂磨珠作珠梯流动

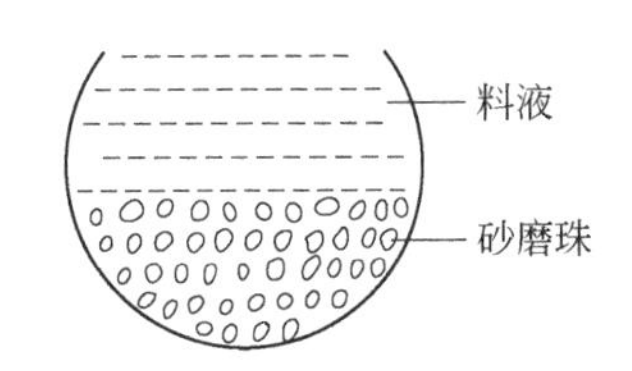

图 8-36 合理的装填率示意图

装填过高，气相空间变小，摩擦撞击生成的热使机内压力升高，操作很危险。由于机内压力高，发生浆液喷出现象。装填过少，则转动所需功率增加很大，见图 8-37。

从图 8-37 看出装填率在 30%至 80%之间所需功率最大。球磨卸料后要进行三次水洗。但实践证明球磨机主电机由于装填率较小、启动功率过大而启动不起来。如改为每次水量增加，由于装填率比较合适，启动就正常了。

（3）研磨时间

颜料粒径与研磨时间的关系如图 8-38 所示。一般达到所需粒径的时间为 20 ~ 60h，超过 60h，延长研磨时间对粒径影响不大。颜料研磨时间与颜料结构有关。

（4）冷却

球磨机内正常操作温度为 40 ~ 42℃，如果温度过低，对颜料的润湿不利，如果温度过高则使加入的聚乙烯蜡发生黏结现象，影响砂磨珠的研磨和撞击，颜料研磨效果不好，影响分散质量。

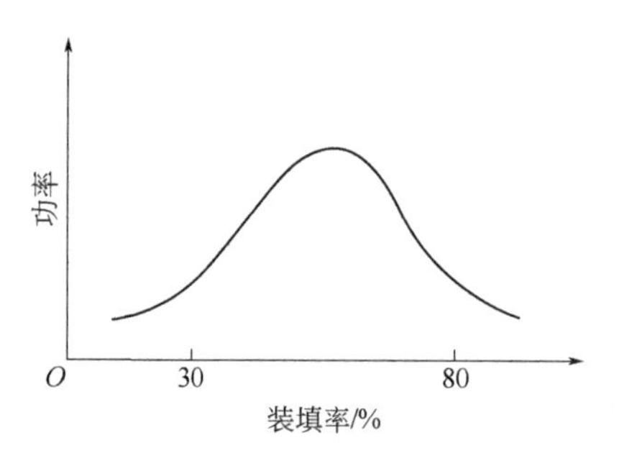

图 8-37 装填率与功率关系

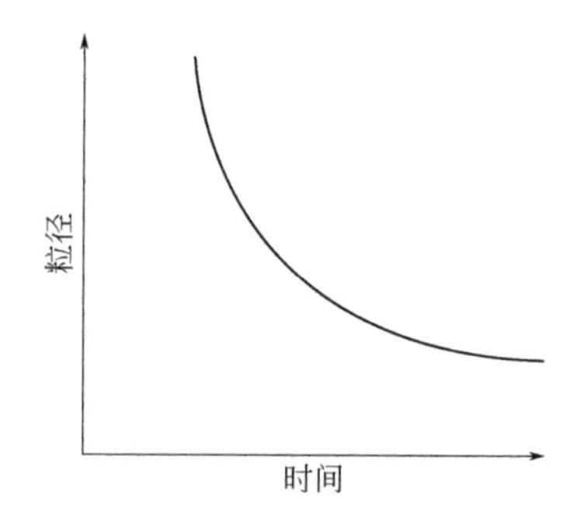

图 8-38 粒径与研磨时间的关系

为了保证球磨机不超温，加入球磨机的水温应严格按工艺规定，保持在 10℃。夹套冷却水按工艺要求也保持 10℃。由于不同化学结构颜料选用研磨配方不同，研磨时间各有差异，因此影响球磨机内温度因素较多。

（5）卸料

卸料的关键是卸净。卸料不净，会使得转相过程加入白油量难于掌握，因而分散体粒化过程受到影响，可能发生颜料粒子絮凝，进而影响水洗、干燥和造粒过程，影响产品质量。

（6）挤水转相

挤水转相工艺本质是水相中表面活性剂由于不同工艺条件（pH）变化，从亲水转变为亲油，因此颜料粒子从水包裹转变为油包裹，所以也称为转相。

挤水转相工艺中加入的是烷基咪唑啉衍生物一类的两性表面活性剂，正确的 pH 值是获得充分转相的关键。pH 值一般采用乙酸和 NaOH 调节。

由于颜料在球磨过程中其乙酸衍生物呈阴离子表面活性剂性质，颜料在水相中充分润湿。在转相槽中调节 pH 值为碱性后，呈阳离子的表面活性剂形成疏水亲油物，因此便于颜料粒子从水相进入油相中。

有机颜料转相 pH 值一般为 8～9，对于某些色淀颜料，pH 值太高会生成可溶性物质，使水相带色，转相不充分，因此要降低 pH 值。

总之，如果 pH 值选择不当，则转相不充分，既浪费颜料、污染水环境，又增加了成本。同时由于调节 pH 值时间过长，在加热条件下颜料可能絮凝成较大粒子，也影响了产品质量。

（7）颜料分散体粒子大小主要由白油量决定

由于白油中溶有聚乙烯蜡，当白油汽化后，油相中颜料粒子就被聚乙烯蜡所包覆，成为团粒状物，可以有效地防止在以后的加工和使用过程中颜料粒子再絮凝成大粒子。如聚乙烯蜡过量，需溶解白油量越大，白油蒸发后，包裹在颜料的聚乙烯蜡也越多，挤水转相的颜料分散体团粒状物也越大。

（8）升温速度

挤水转相槽内温度在 80℃之前，主要完成颜料粒子从水相到油相转相，同时聚乙烯蜡溶于白油中，此阶段升温速度控制在约 1℃/1.5min。

从 80℃到 95℃左右是聚乙烯蜡包覆颜料粒子的过程，加热速率一般要慢，控制在 1℃/5min。加热速度过快，可能发生白油蒸发迅速，有些颜料粒子来不及被聚乙烯蜡包覆而絮凝成大粒子，从而影响颜料分散。如加热速度过慢，可能包覆致密，生成粒子过硬，对挤出造粒分布过程不利。一般到 95℃左右恒温 1h，使粒化完全，并达到一定硬度，以利于排料，同时使白油回收。

(9) 排料温度

挤水转相槽排料温度要控制在 60℃以下，这点非常重要。如果排料温度高，则颜料分散体变黏，容易堵排料泵和排料管，无法操作，即使勉强排下，也会由于冷却不及时而结块，烘干后不利于出盘，也不利于挤出造粒。增加了劳动强度，影响了产品质量。

因此，必须用 10℃水或者更低温度的水把转相后的料液降至 60℃以下。如果时间允许也可在搅拌情况下自然降温。水洗时先开冷却水再放料，效果也是可以的。

(10) 水洗和干燥

水洗的目的是洗去颜料分散体表面的盐类和白油。为了达到最佳效果，各个过滤槽中的料层厚度要均匀一致，并严格按程序进行洗涤。

干燥的目的主要是把颜料分散体的水含量干燥到<0.8%，以利于挤出和造粒。为了保证干燥安全，挤水转相后期应尽量使白油蒸发干净，水洗时尽量洗净表面残余白油。由于聚乙烯蜡变黏会使粒子间发生聚结，结块，影响挤出造粒，所以干燥温度要严格控制在 70℃以下。

(11) 挤出造粒

颜料分散体在熔融聚合物中达到均匀分布的时间长短，取决于二者的黏度比。当二者黏度比在 0.01 ~ 1 之间时，达到均匀分布时间最小。

颜料分散体的黏度与纺丝级聚丙烯的黏度比约为 0.01。因此用颜料分散体直接为丙纶着色，可能由于均匀分布时间不够而产生色差。因此要把颜料分散体先稀释成色母粒，再用色母粒进行丙纶纺丝着色，二者黏度比可达最佳值，纺丝就不易出现色差。

8.4.2.3 颜料砂磨转相制造色母粒工艺优缺点

颜料砂磨转相制造色母粒生产工艺是从国外跨国公司引进的色母粒生产装置和工艺。颜料经水相研磨、转相、水洗、干燥、造粒等，一般将该工艺称为湿法工艺。

湿法工艺将颜料在水相中磨细后挤水转相，其颜料在水相中，在阴离子表面活性剂作用下，可以很容易地研磨成理想的细度，在较高温度挤水转相过程中，聚乙烯蜡用白油溶解后，可迅速在颜料中进行毛细渗透，对颜料进行充分润湿，所以色母粒产品分散性极佳。用单螺杆挤出机生产的色母粒用于化纤纺丝时，尽可能少地更换滤网次数以获得更长时间的连续运行，生产过程中不堵塞喷丝板，不发生纤维断丝，并且不因颜料颗粒而导致产生纤维强度的问题。

湿法工艺对选用的颜料易分散性要求相对低一些，产品质量容易控制，相对产品质量高一些，可用于对颜料分散要求极高的领域。

湿法工艺生产的半成品是品质优良的颜料预制剂，规模化生产，克服了有机颜料分散性差的缺陷，由此将有机颜料通过此窗口，走向国外塑料着色高端市场。

湿法工艺选用聚乙烯蜡和白油作转相连结料，产品组成中聚乙烯蜡含量太高，对有些有印刷要求和封口要求的产品的应用有限制。

湿法工艺不足之处在于流程较长，因此能源消耗较高。由于白油易燃易爆，所以转相、水洗和干燥岗位尤其要注意安全生产。

湿法工艺生产色母时相比干法工艺会产生较多的三废污染，需要增添三废环保处理装置，会提高生产成本。

综合上述优缺点，由于卧式球磨机体积大，效率低，如采用立式或卧式砂磨机，可以大大缩短研磨时间，提高生产效率。如果采用颜料滤饼砂磨，更能取得事半功倍的效果。

综合上述优缺点，可取长补短，如果充分发挥挤水转相优点，将聚乙烯蜡做成乳液，利用其水包油的特殊结构加入颜料生产过程中的后段反应液中，挤水转相，可以将聚乙烯蜡均匀地包覆在颜料表面，从而得到一款良好的预分散颜料制剂，也许能开辟出新的天地。

8.4.3 颜料滤饼挤水转相制造色母粒工艺

颜料滤饼挤水转相法是选用颜料生产过程中的颜料滤饼在捏合机中加入聚乙烯蜡实现转相脱水。颜料滤饼挤水转相法在产品性能、节能环保、简化生产流程等方面，都有极大的优势。

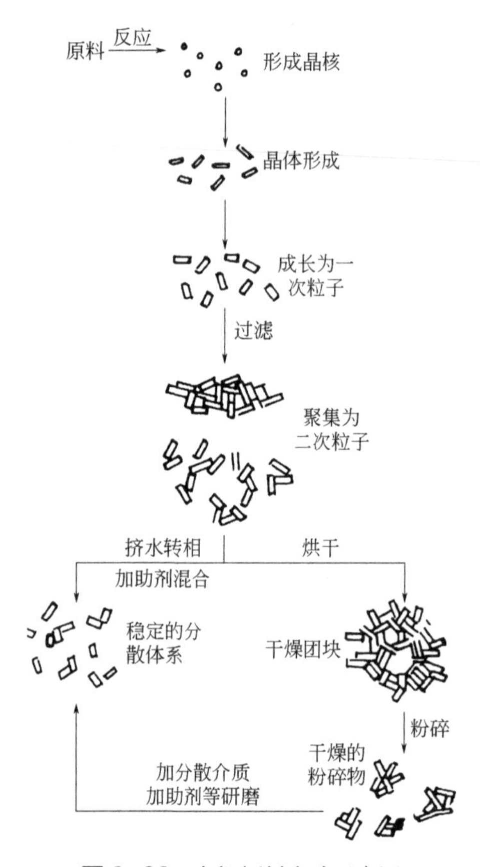

图 8-39 有机颜料合成示意图

8.4.3.1 颜料滤饼转相原理

在颜料生产过程中，首先是形成晶核，晶核成长之始是单晶，但很快便发育成为有着镶嵌结构的多晶体。当然，它的颗粒仍然是相当微细的，粒子大小约为 0.1 ~ 0.5μm，一般称为一次粒子或初级粒子。初级粒子容易发生聚集，聚集以后的颗粒称为二次粒子，颜料经压滤，烘干后为颜料成品，见图 8-39 右边所列。一般商品颜料颗粒是比二次粒子大得多的粒子，粒径通常为 250μm 左右。

如图 8-39 左边所示，如果将颜料滤饼加助剂混合，在一定温度和一定剪切力下，水相合成的颜料滤饼在捏合机里与有机介质搅拌混合，通过界面助剂的作用，实现水-油转相，在倾排水后，用适量去离子水洗涤油性料块，至检测不出可溶性盐，再真空脱除物料中及槽中残余水分，再加入其余原料，捏合分散，就得到单分散“巅峰”状态的颜料制剂。然后与树脂混合生产色母粒。

有机颜料表面比较亲油，挤水转相比无机颜料容易得多，但这并不意味着水-油转相问题能够轻易实现，其中助剂的选择上，与其说是科学，不如说是艺术，要求室温下转相助剂能够迅速迁移并攻击颗粒表面，取代颗粒表面不管是化学吸附还是物理吸附的水分子。

8.4.3.2 颜料滤饼转相用捏合机的特性和选择

具有良好的挤水转相效果的捏合机，其主体是带有密封顶盖的料槽，附有按钮控制器及油压启闭顶盖装置；料槽内安有机械密封搅拌轴，轴上具有双臂叶片式搅刀，作剪切式相向旋转；为了防止两个搅刀在旋转时总在一个部位相遇，以增加捏合效率，应以不同的转数转动，通常选择 2:3 或 1:2 的转数比例。为了便于冷却与加热，整个捏合机外装有夹套；其双臂搅刀亦可做成空心式的。搅刀的形状多为Σ型和 Z 型，见图 8-40。

(a) 示意图

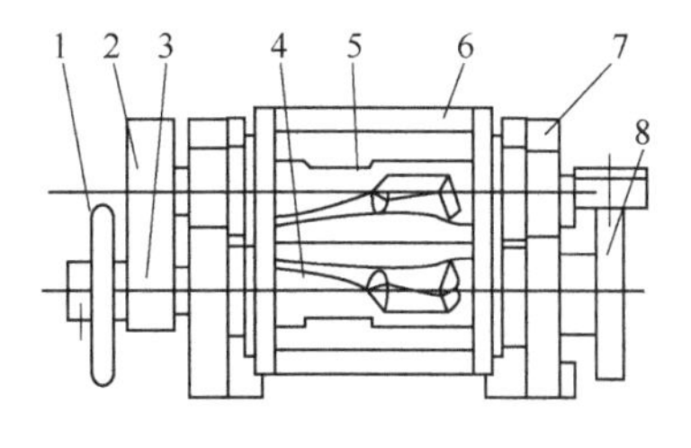

(b) 捏合头结构简图

图 8-40 挤水转相效果的捏合机示意图

1—链轮；2—大齿轮；3—小齿轮；4—从动轴；5—主动轴；6—料斗；7—支座；8——翻转蜗轮

捏合机内有一对速度比为 1:2 的特殊形状的曲轴在载运物料的腔体内相对转动，由于两曲轴之间、曲轴与腔体内壁之间存在速度梯度，同时物料的体积和形状在曲轴与内腔的间隙内不断变化，对物料进行均匀混合和捏合，以提高物料的均匀性及挤水速度。

捏合机可通过导热油或蒸汽加热，也能用水冷却；捏合桨的转速可选用变频调速器调速，捏合机可通过抽真空减压排气、抽取挥发物及脱水；捏合机出料方式为翻缸出料。

曲轴是捏合机的关键零件，曲轴的曲拐部分的截面几何形状为两个棱的椭圆形，在旋转方向的一面为外凸形，而背面则为内凹形，从而增大与物料的接触面积，提高搅拌效果。曲拐与料斗内壁形成连续变化的间隙，使物料表面在其间不断受到挤压和搅拌，同时也使团状物料压碎。另外，由于曲拐表面各点与轴线距离不同，随着曲拐的转动形成一个速度梯度，使物料受到强烈的剪切，主、从动轴采用较大的定比传动，使两曲轴存在一个转速差，再加上曲拐表面各点因与轴线距离不等所形成的两曲拐表面的线速度之比不断变化，使两曲轴产生的挤压、剪切和翻捣作用更明显，更有利于把物料均匀捏合。为了减轻曲轴的重量，曲拐部分采用空心结构，两端轴头（轴）与曲拐部分（孔）采用过盈配合，并用销钉紧入焊平，然后与曲拐焊牢。这样制成一条使用“复合材料”、符合工艺要求的曲轴，见图 8-41。

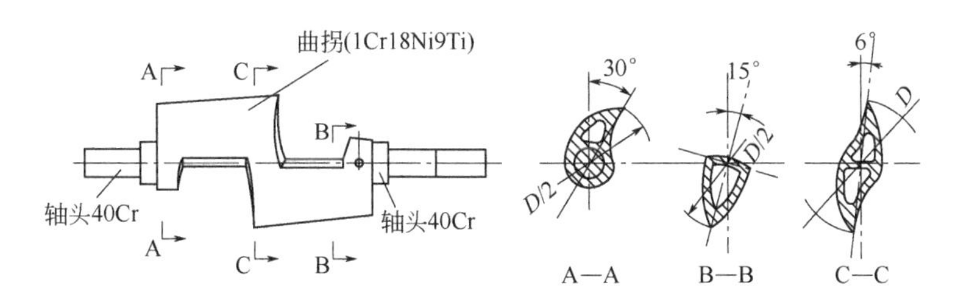

图 8-41 曲轴结构示意图

8.4.3.3 颜料滤饼转相制造色母粒步骤、生产流程和主要操作

颜料滤饼的挤水转相过程包括一连串的步骤。

① 挤水转相：颜料粒子从水相逐渐转入非水油相之中；

② 水分离：逐渐增加聚集非水油相至连续相，同时分离出水相；

③ 脱水：非水相中水分的合并、脱水；

④ 分散：借助于内部剪切力实现粒子的润湿与减少粒子的大小；

⑤ 标准化：加入适量的添加剂或其他着色剂以调整色光或着色力，并达到规定的颜色

标准。

完成上述各步骤，通常是相互关联的又互相影响的，必须依据被处理的颜料结构特性，选择恰当的工艺条件及助剂（表面活性剂），使每一步骤都获得较满意的效果。

颜料滤饼转相制造色母粒生产工艺大致如下：

① 捏合机上开启加热，预热 5min。启动机器并添加聚乙烯蜡，当蜡熔化时，逐渐加入颜料滤饼（这必须以一个有效的速度进行迅速加入，但防止泡沫溢出）。

② 将颜料滤饼加到热聚乙烯蜡上且水开始闪烁时，然后随着冷却从更多的添加继续更少闪烁和更多的水会形成汤汁状的浆液。

③ 捏合搅拌 1h 后，通过倾斜机器，将水倒出。

④ 当大部分的水都被倒出以后，温度就会开始上升（100～110℃），在 105～110℃保持 30min。

⑤ 提高温度和真空度，将剩余水分去除。

⑥ 颜料制剂标准化后与载体树脂（粉料）混合均匀，挤出成型造粒。

8.4.3.4 颜料滤饼转相过程主要影响因素

“颜料-水”体系的转相过程既包括热力学过程也存在着动力学过程，受多种因素的影响，可概括为如下几方面：颜料粒子的极性、颜料表面性能、助剂的影响和油性介质（聚乙烯蜡）的影响。

为了获得满意的挤水转相产品，必须恰当地选择表面活性剂及其最佳用量；很少有两个颜料完全按照同一个配方进行表面处理。因此，颜料的挤水转相、配方具有明显的专一性。

（1）颜料粒子的极性

颜料粒子的极性不仅与分子结构、取代基种类有直接关系，而且颜料晶体结构排列方式（平面、立方或棒状等）、不同的晶面亦将产生不同的极性。颜料颗粒极性大小决定了它们与水相、溶剂相之间的分配特性。

通常，当颜料粒子极性较小时，疏水性强的比较容易分配到油相中，实现挤水转相，例如酞菁蓝、酞菁绿颜料在少量或没有表面活性剂存在下进行挤水转相操作。反之，极性较强的色淀类有机颜料及无机颜料，如铁蓝、铬黄等对水比对油有更大的亲和力，则较难发生从水相转入油相，只有借助于表面活性剂改进颜料粒子的润湿性，才能获得较好的挤水转相效果。将若干类有机颜料品种，按高疏水性（容易实施挤水转相）到最亲水（最难实施挤水转相）的顺序排列：双氯联苯胺系双偶氮颜料，酞菁颜料，红色偶氮类色淀类，三芳甲烷类色淀。由此可见联苯胺黄 C.I.颜料黄 12、C.I.颜料橙 13、C.I.颜料蓝 15、C.I.颜料绿 7 极性较低，比较容易进行挤水转相；色淀类颜料，如金属色淀类颜料 C.I.颜料红 57:1、颜料红 53:1、颜料红 48:2、颜料红 48:3 具有较高的极性，比较难进行挤水转相；以三芳甲烷磺酸内盐型的有机颜料（Alkali Blue，C.I.颜料蓝 19）为例，极性更高，不易完成挤水转相过程。

（2）颜料表面性能

除了颜料的化学结构影响颜料极性从而影响颜料的挤水转相效果外，颜料颗粒的表面特性还与其分子堆积、排列方式有关，不同的粒子排列显示不同表面状态。在颜料生产时，由于生成的初级粒子具有高表面能，会引起它们之间的强烈吸引作用，分子迅速加大，并成长为晶体。假如晶体各个方向亲和力相同，则可以取得如氯化钠一样的正立方体，但通常分子排列晶体并不对称，在不同方向成长速度的差异导致形成片状、针状、长方形等不同晶体。因此在生产颜料时，为了得到所期望的颗粒表面性能，应设法尽可能控制颜料颗粒结晶按所希望的方向成长，得到特定晶格产物。

以红色偶氮颜料 C.I.PR 48:2 为例，如图 8-42 所示。其分子中含有不同极性的基团。如—SO_3、—COO—，—Ca^{2+}、—Cl、—N═N—等基团，在生成色淀时，分子通常趋平面性，比较紧密地排列在一起，构成晶体沉淀。色淀化时生成的初级粒子具有高的表面能，引起它们彼此之间的强烈吸引作用，进而形成晶体颗粒。

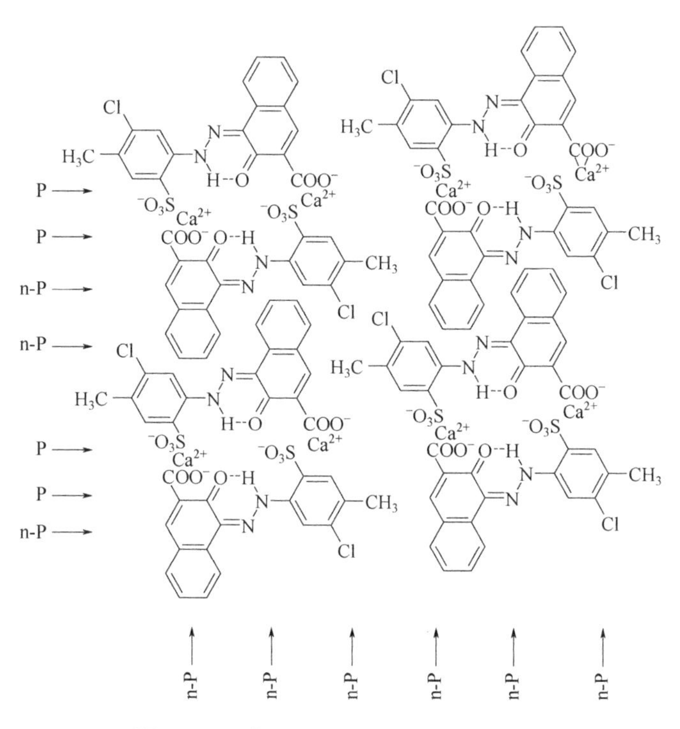

图 8-42 色淀颜料红 48：2 结构平面图

在不同工艺条件下颜料粒子晶体可以呈现立方体、片状、针状或棒状模型（A、B、C）排列，从而形成不同颜料晶体表面特性。

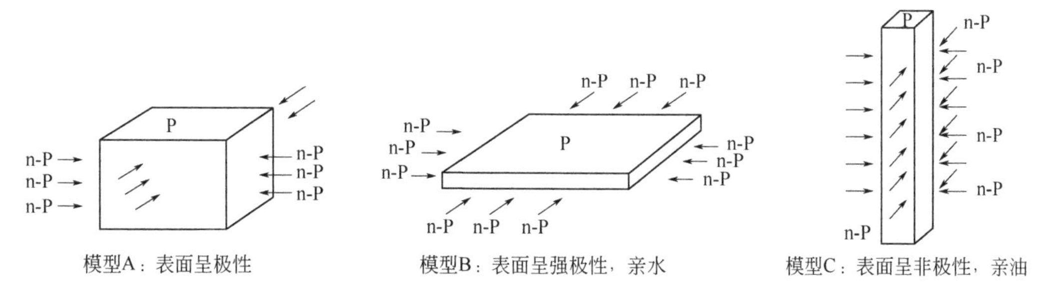

图 8-43 颜料颗粒不同排列表面特征

模型 A 说明其上、下顶面具有较多的极性基团，显示较强的极性作用，以 P 表示；而侧面主要呈非极性，以 n-P 表示，只是在个别部位具有一定的极性，因此，非极性部分面积远超过其极性部分，导致晶体具有较强的亲油性；反之，片状的颜料晶体，极性部分大于非极性的面积，粒子总体呈较强的亲水性；而棒状的颜料晶体颗粒因其非极性部分大于极性部分的面积，故而颜料颗粒呈较强的亲油性。颜料红 48∶2 粒子不同排列表面特征见图 8-43，所以需要选择针状排列结构颜料，其亲油性好，适用于挤水转相工艺。

(3) 颜料分子的亲水性测定

颜料分子的亲水性是决定颜料滤饼转相的主要因素，所以如何选择是关键。

颜料粒子相对亲水可以通过下列方法简单鉴别；取少量试验颜料在装有一半水的试管中分散后，向其中加入等体积的烃类溶剂（150 ~ 200℃溶剂油）或干性亚麻油，振动试管观察颜料粒子是保留在水中、聚集在界面处还是转移至非水溶剂相；该操作还可以先将颜料粒子分散在非水相中，再加入水摇动。依据全部颜料偏向的那一相做出相对亲水性或亲油性评价。

判断颜料亲水亲油还可通过测试颜料润湿角来得到。把颜料粉末压制成一个光滑表面，水平放置，在颜料表面上轻轻地滴上一个水滴，观察和测量水珠在颜料平面上铺展的最终平衡形态，这一形态完全取决于颜料本身所具有的表面特性。测量水滴与平面相接触点切线之夹角 θ（水滴内切角）即可判断水对该颜料的润湿性能。

$\theta = 180^\circ$：水珠完全不能铺展，在平面上呈完全球形，表明该颜料不能被水润湿；表明颜料非常亲油。

$180^\circ > \theta > 90^\circ$：水珠有限度铺展，在平面上呈现扁球形，表明该颜料很难被水润湿。夹角越大则润湿越困难；表明颜料亲油。

$90^\circ > \theta > 0^\circ$：水珠有效铺展，在平面上呈弧形，表明该颜料能被水润湿。夹角越小则润湿程度越好；表明颜料亲水。

$\theta = 0^\circ$：水珠完全铺展，在平面上呈现层极薄的水膜，甚至水分渗透入颜料中，表明该颜料能完全被水润湿；表明颜料非常亲水。

德国生产的 EasyDrop 测量系统，被广泛用于接触角的测量。EasyDrop 采用计算机数字处理技术、光学系统和 CCD 摄像手段相结合，把测试液滴的影像清晰地显示在计算机屏幕上，瞬间存储图像，并通过系统所有的水滴触发成像分析系统进行快速精确的测量和分析；所具有的 6 倍放大变焦透镜，保证了全屏幕显示的最佳清晰度，因此测量颜料接触角快速而又简单易行，见图 8-44 和图 8-45。

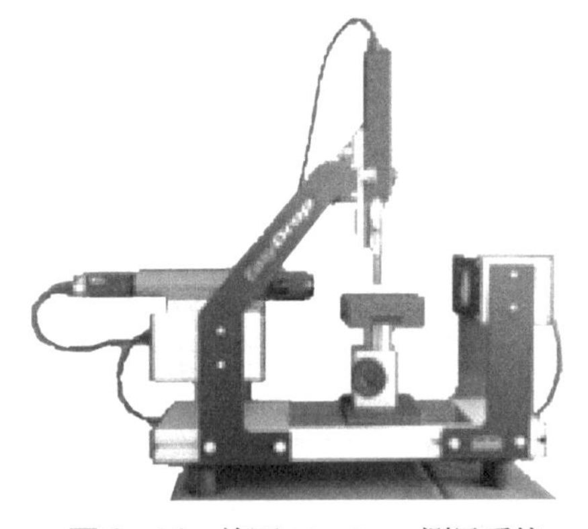

图 8-44　德国 EasyDrop 测量系统

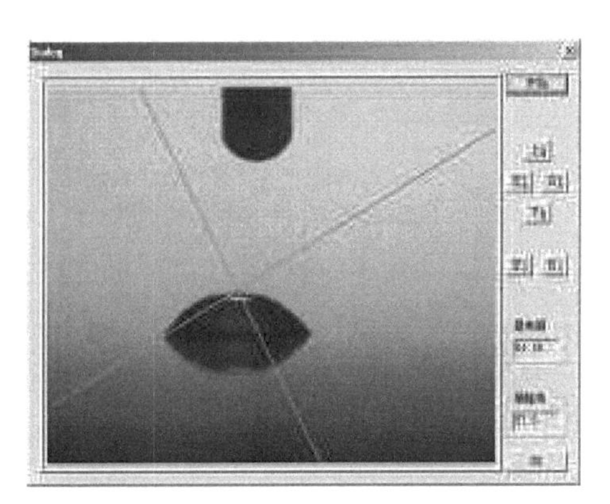

图 8-45　水滴触发成像分析系统

（4）聚乙烯蜡的选择

由于未经干燥的水性滤饼具有复杂的微观结构，当颜料粒子被油性载体包围时，接触角<90°。可以发生润湿作用时，毛细管作用总的趋势是有助于颜料分子向油相转移的，只要颜料粒子有一定的亲油性，在搅拌作用下油相会自发地在聚集粒子表面上润湿，并使其在油相中逐渐解体，最终使油进入颜料粒子内部，并将水排出。

所以聚乙烯蜡的密度和黏度将起关键作用，选择低密度、低分子量、低黏度聚乙烯蜡具有较理想的挤水转相效果。

（5）助剂的选择

如果不易完成挤水转相过程，添加特定的表面活性剂，可增加颜料对油性介质的亲和力，破坏由于颜料粒子表面极性较高而形成的乳化体，有助于水分子的排出。作为挤水转相助剂可选择超分散剂。

（6）温度的影响

温度对捏合挤水转相的最终效果有一定的影响，如果提高挤水工艺的温度，不仅可以直接影响物料体系的各组分表面张力大小以及其润湿作用，而且也引起表面活性剂在颜料粒子表面的吸附。此外，温度的提高有利于降低挤水体系的含水量，一般在 25 ~ 60℃进行。

（7）乳化现象的影响

在颜料挤水转相过程中或多或少总要伴随着水在油相中的乳化作用，因而在一定程度上影响挤水转相的正常进行，不易将水分彻底地分离出来。产生此现象的原因之一，可以认为是部分润湿的颜料起到乳化液的稳定作用，形成油包水（W/O）型乳液。

为减少挤水过程的乳化现象，可以设法在挤水之前尽可能地减少颜料滤饼中的水含量或者在捏合一开始时加入大部分聚乙烯蜡，捏合一段时间后立即分离出一部分水，再依次加入第二批颜料滤饼，分离出水后加第三批滤饼。

挤水转相过程中尽管伴随一定量的水在油相中乳化或者颜料粒子没有被油所完全润湿，但是对水有足够的润湿性，颜料粒子至少能润湿，可以形成紧密的团状物，并且选用间隙式分离出水的捏合设备。

（8）残留在粒子内部少量水分

颜料粒子内部的毛细管孔径与毛细管压力差有关，毛细管越细，要求溶剂的浸透力越大。但由于毛细管不均匀，规则性差，油相在各个不同区域浸透速率不同，以致在水被油完全取代之前已被油包围住，造成少量的水不能完全被取代而残留在粒子内部。对于残留在粒子内部的少量水分，也可以通过真空下加热而加以分离。

8.4.3.5　颜料滤饼挤水转相制造色母粒工艺优缺点

有机颜料作为着色剂用于塑料，为获得期望的应用性能，必须充分均匀地分散在塑料介质中，而颜料的分散状态直接影响各种应用特性，诸如着色强度、色光或色相、透明度、光泽度、耐溶剂性、易分散性、吸油量等。

为使颜料产品获得满意的应用性能，颜料的挤水转相工艺占有重要地位。选用颜料滤饼，在捏合机中加入聚乙烯蜡转相脱水用以防止因干燥而使合成阶段的微细粒子（粒径 0.01 ~ 0.5μm，比表面积 10 ~ 100m²/g）发生聚集现象（粒径增大至 40 ~ 100μm），导致着色力降低，色光变暗。颜料滤饼挤水转相生产的颜料制剂尤其适合于配制各种类型聚烯烃色母粒。

颜料滤饼挤水转相技术具有如下特点：

① 挤水转相颜料可以保持原有的细微颗粒，比干粉产品具有优异的鲜艳度、透明度及较高着色力；更佳的分散性能，纯净色光、高光泽度。

② 挤水转相不污染周围环境，节省用于研磨、分散及润湿过程的动力消耗；比干燥、粉碎的常规工艺节省工时约 30%～40%；产品中很少含有水溶性杂质（如盐类），产品电导率大大减少，特别适宜于对电性能要求高的产品。

③ 挤水转相制得的颜料基料，只要加入一些树脂载体，混合后，挤出造粒，得到分散性优异的色母粒。

颜料滤饼挤水转相技术具有如下缺陷：

① 采用聚乙烯蜡挤水的颜料原则上只能适用于聚烯烃色母粒，通用性较差。

② 采用聚乙烯蜡挤水的颜料限制用于印刷薄膜色母粒以防止引起油墨黏结牢度不好。

③ 由于选用的颜料滤饼是半成品，在质量控制上（色光、着色力、含水量）波动较大，从而也影响挤水产品的质量稳定性。

8.5 密炼制造色母粒工艺

密炼机是密变式混炼机的简称，最早用于橡胶工业。因其强大的混炼能力，通过转子改变也可用于塑料加工，并大量用于黑白色母粒的制造。密炼机存在着清洗困难的缺陷，在此基础发展的连续转子混炼机和捏炼机的诞生，为色母粒制造工艺开拓了新的前景。

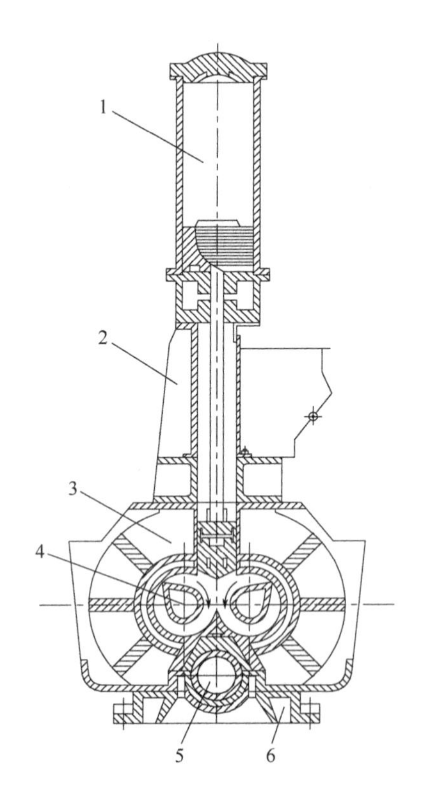

图 8-46 密炼机的基本结构

1—上顶栓；2—加料斗；3—混炼室；4—转子；5—下顶栓；6—卸料门

8.5.1 密炼机制造色母粒工艺

密炼机（Banbury）工艺就是采用熔体剪切法对颜料分散，其两个转子呈羽翼形，当两个转子相向转动时，可使物料上下和左右翻滚进行混炼，并对物料产生大的摩擦剪切力。由于混炼时，上顶栓落下，密闭加压，从而使物料混炼加强，剪切力使颜料凝聚体被切割、拉开和分散，后经单螺杆挤出机成型造粒。在中国，密炼机生产色母工艺基本上已退出舞台，但历史上密炼机工艺在生产黑白色母中曾经扮演了重要的角色，绝对值得花一节来写。

8.5.1.1 密炼机的基本结构

密炼机主要由转子、混炼室、加料及压料装置、卸料装置、传动装置、密封装置、润滑装置、气动与液压系统、加热冷却系统及电器控制系统组成，如图 8-46 所示。

密炼机的混炼室是一个断面为∞形的密闭空腔，内装一对转子，转子两端有密封装置，用来防止物料从转子转轴处漏出。因此，密炼机有一系列优异的特征，如混炼时间短、容量大、生产效率高；可以克服粉尘飞扬，减少添加剂的损失，改善产品质量与工作环境；并且操作更加安全便利，减轻劳动强度；有益于实现自动化操作等。

8.5.1.2 密炼机的转子类型

转子是密炼机中最重要的部件，转子结构和类型直接影响密炼机的混炼效果。在密炼机混炼过程中，通过转子与密炼室内壁和转子间的相互作用对物料施加强烈的剪切和混合作用，从而使不同组分的物料分散均匀，提高产品的质量。

1916 年 Banbury 发明的两棱椭圆形转子密炼机，开创了密炼机发展的新纪元，此后，出现了各种不同类型的转子结构。密炼机转子种类繁多，按转子的断面形状大致可分为三种，即椭圆形（切向型）、圆筒形（啮合型）和三角形。椭圆形转子目前主要有椭圆形两棱（传统）和椭圆形四棱（现在的高速密炼机多采用）之分。

椭圆形转子的主要代表是美国的 Farrel 公司的 F 系列转子和联邦德国 WP 公司的 GK 型转子。这类转子在任一断面均成椭圆形，转子表面有两条或四条螺旋突棱，突棱长短不同，螺旋角也不相同。转子中心可设计为空腔，通入加热或冷却介质。如图 8-47 所示为几种切向型转子结构示意图。切向型转子密炼机对物料的混炼作用主要发生在密炼室内壁与转子表面之间，依靠转子对物料的剪切、拉伸和折叠作用来实现混炼。

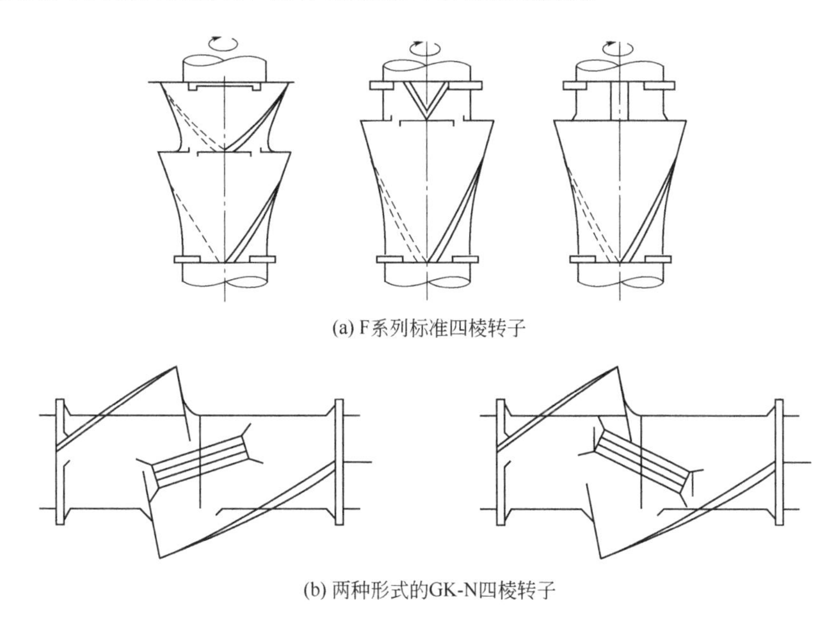

(a) F系列标准四棱转子

(b) 两种形式的GK-N四棱转子

图 8-47 几种切向型转子示意图

随着密炼机的不断发展进步，转子的构型也在不断发展，ShawCo.研制的 K 系列和德国 WP Co.的 GK-E 系列密炼机是主要代表。这类密炼机吸取了开炼机良好的分散性以及剪切型密炼机高效混炼的特点，混炼作用主要通过两个啮合的圆筒形转子来实现。图 8-48 所示为啮合型转子，可见，转子呈现圆筒状，各有一条长螺棱和两条短螺棱，且左右两个转子的凸棱形状不同。

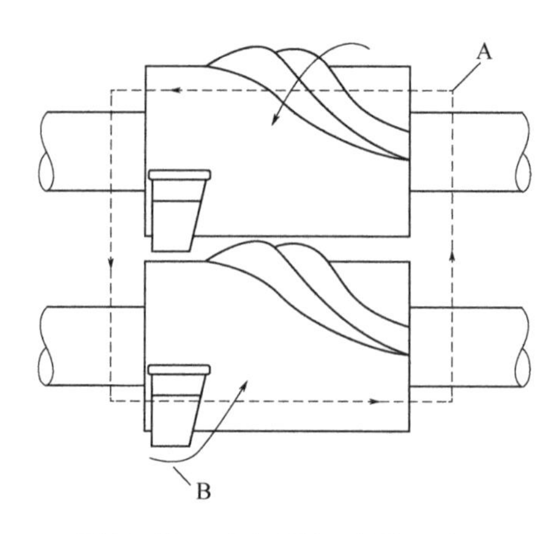

图 8-48　啮合型转子结构示意图

目前橡胶用密炼机主要是椭圆状切向型密炼机和圆筒状啮合型密炼机，此外还有三棱形转子密炼机和连续混炼机等。三棱转子密炼机以坎普特开发的三角形转子密炼机为代表，主要用于塑料混合。

8.5.1.3　FC 密炼机的工作原理

图 8-49 所示的密炼机主要由密炼室、转子、上顶栓（压料装置）、下顶栓（卸料装置）、加热冷却装置以及传动系统等组成。

密炼机的工作过程大致如下：物料由加料斗进入密炼室，在两个相对回转的转子间隙、转子与密炼室壁的间隙，以及转子与上下顶栓的间隙中，受到不断变化的剪切、撕拉、捏炼与摩擦作用，使塑料发热，并被混炼、塑化。转子与密炼室是密炼机的主要工作部分。现以椭圆形转子密炼机为例来说明达到混炼塑化的几种作用，物料在密炼室内的运动情况如图 8-49 所示。

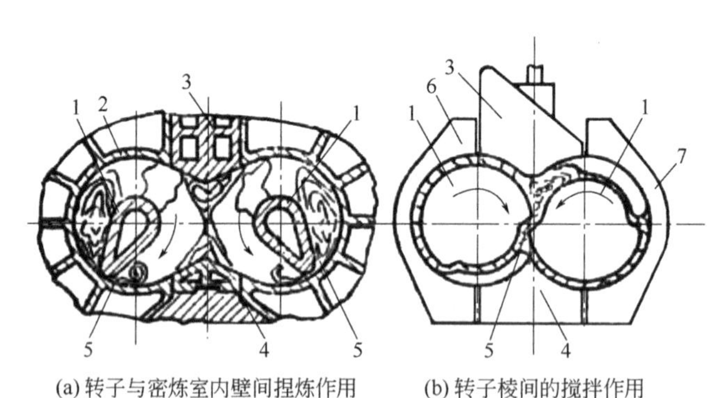

(a) 转子与密炼室内壁间捏炼作用　(b) 转子棱间的搅拌作用

图 8-49　转子与密炼室内壁间的捏炼作用

1—转子；2—密炼室筒体；3—上顶栓；4—下顶栓（卸料门）；5—加工物料处；6，7—密炼室前后壁

(1) 转子与密炼室内壁间捏炼作用

椭圆形转子外表面与密炼室内壁表面的间隙是随着转子的转动而变化的；最小间隙在转子棱峰与密炼室内表面。物料通过此最小间隙时，受到最强烈的摩擦与剪切作用，如图 8-50 中的 A 部放大图所示。

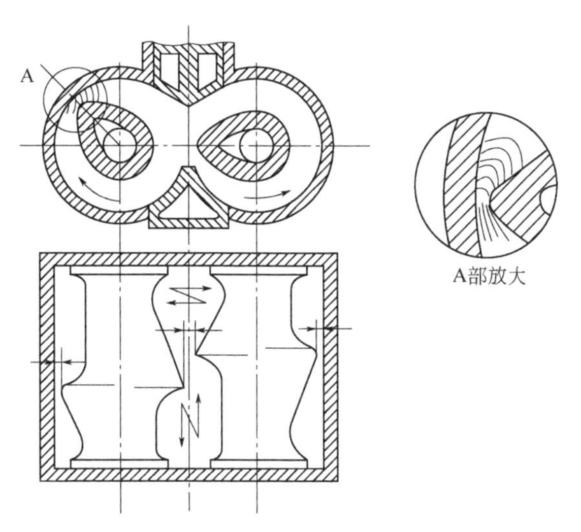

图 8-50 物料在转子与混炼室壁间隙中受剪切情况

(2) 转子棱间的搅拌作用

物料从加料口进入，首先落到两个相对回转的转子上部，而后进入两个转子间隙中，由于两个转子具有一定速度比［一般为 (1∶1) ~ (1∶1.8)］，物料受到一定的剪切作用，然后又由下顶栓将物料分开，物料进入转子与密炼室内的间隙中，在此处经上述的剪切捏炼作用后，被分成两股物料又相会于两个转子的上部，然后再进入两个转子间隙中，如此重复，直至达到预定的混炼和塑化要求。

由于密炼室内两个转子的转速不同，因此两个转子棱峰的相对位置也时刻在变化，物料在两个转子之间的容积也在变化，结果使物料相对位置也发生变化，物料受到较好的搅拌作用。

(3) 两转子间的折卷作用

这种作用指一侧转子前面的部分物料被挤压到对面的密炼室内，经与另一侧转子前面的物料同时捏炼之后，其中一部分物料又被推回，这恰似用两台相邻的开炼机连续倒替、混炼时的情况。

(4) 转子轴向的往返切割作用

物料不仅围绕转子运动，而且由于转子上的螺旋棱对物料产生轴向作用，而使物料沿着转子轴向移动。这种作用类似于用开炼机混炼时，操作者将物料从辊筒的一端割下，反卷放到辊筒的另一端上。在这种作用下，物料顺着转子螺旋棱连续地在密炼室内往返运动。

在密炼机工作过程中，随着转子的旋转，转子与密炼室内壁的空间不断变化，塑料在发生物理混合分散的同时，其自身集体塑化熔融后也会导致体系的黏度增大。共混物在受到连续、较强和恒定的剪切力作用时，表面产生形变，被拉伸、撕裂成细小的颗粒。随着剪切速率的增大，物料粒子进一步变形，这一方面有利于提高共混物的物理性能，但另一方面，剪切速率太大，会影响增韧效果。因此，密炼机混炼效果的好坏，主要取决于混炼温度、转子转速、转子的类型、装料容量、混炼时间和上顶拴压力等因素。

8.5.1.4 FC 密炼机的主要性能参数

密炼机的主要性能参数是总容量、转子转速、转子最大回转直径、转子工作部分长度、顶栓对物料压力和传动功率等。

(1) 总容量

密炼机的总容量是密炼室的容积减去两个转子的工作部分在密炼室内所占的体积，用升表示。它是表示生产能力和所需功率大小的主要数据，总容量是进行色母粒配方设计与制造的主要依据。密炼机的主要参数见表 8-3。

表 8-3　密炼机主要参数

密炼机总容量/L	密炼机工作容量/L	转子转速/(r/min)	主传动电动机功率/kW
4 25	2 15	50～150 30～90	10～30 41.7～125
50	30	35/70	76/150 110/220
75	50	35/70	110/220 160/320
150	90	20 40	200 400

一次装料量亦称密炼机的工作容量（额定容量）。工作容量是密炼机的总容量乘以填充系数。填充系数根据树脂的品种、工艺配方、机器结构、操作方法和运转条件等来选取，一般为 0.55 ~ 0.75。

生产色母粒的填充系数的选择必须达到下列性能的最佳组合：颜料分散性；生产率；最低的能耗。还与生产的配方中添加的助剂有关。

一般用于白母粒因钛白粉相对密度大，所以填充系数可达 0.75 左右，用于黑母粒因炭黑比表面积大，所以填充系数可达 0.55 左右。

(2) 转子转速与速比

转子转速有一个适宜的范围，在标准中也有规定，通常制造厂按标准规定制造成单速、双速或变速密炼机。密炼机的两个转子的转速不相同，具有一定速比，一般是后转子转速高，前转子转速低，速比为(1∶1) ~ (1∶1.8)，最常用的为(1∶1.15) ~ (1∶1.19)，通常所说的密炼机的转速是指高速转子的转速。转速明显影响混炼与塑化的效率。

密炼机转子转速在向高速发展，但转速太高会引起物料焦烧与分解等。

(3) 主传动电机功率

密炼机在一个工作周期中功率变化是很大的。物料投入，上顶栓压下产生强荷，塑料在发生物理混合分散的同时，其自身塑炼后也会导致体系的黏度增大，随着温度的升高，塑料剪切熔融后，黏度下降，密炼机在一个工作周期典型功率曲线如图 8-51 所示。

密炼机在一个工作周期中功率变化也预示了颜料的分散程度，见图 8-52。

从图 8-53 可以看到，色母粒配方物料加入密炼室后，上顶栓压下，物料塑炼，黏度增大，温度上升，物料熔化，功率下降。一个功率变化周期颜料就已彻底分散，所以选用单螺杆挤出机成型就行了，密炼机一个功率变化周期不长，一般在 6 ~ 8min 左右就完成了。所以密炼机是分散效果极好，生产效率极高的设备。

主传动功率与密炼机容量、转子转速、转子几何尺寸与形状、工艺条件等有关。图 8-53 是不同颜料品种流变曲线。

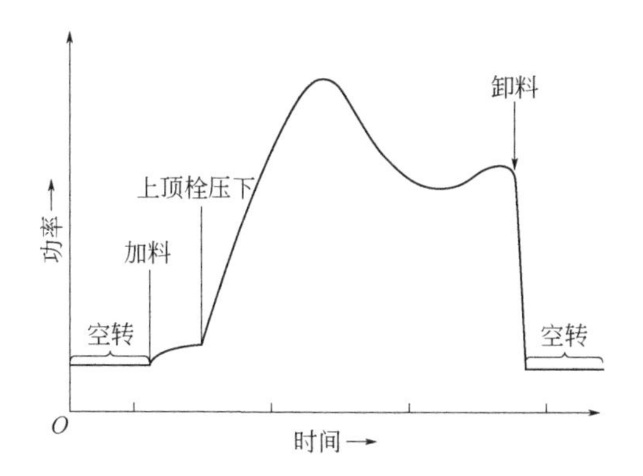

图 8-51 密炼机一个工作周期典型功率曲线

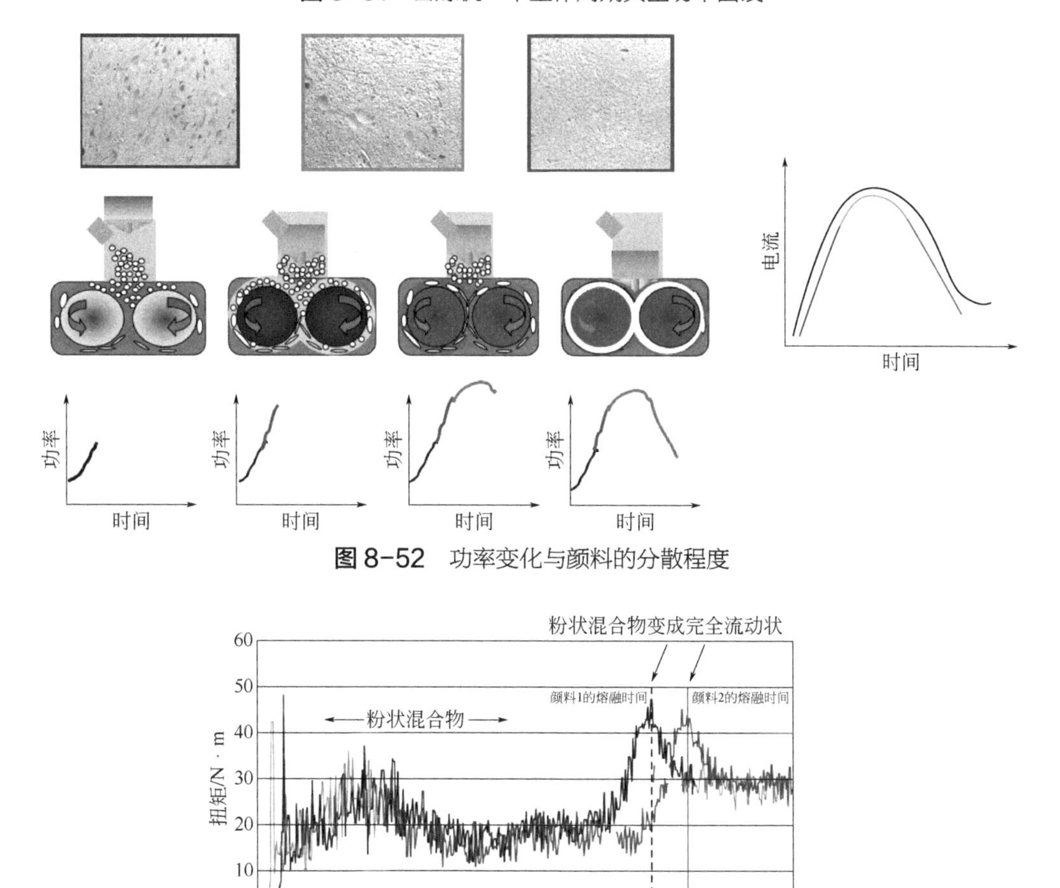

图 8-52 功率变化与颜料的分散程度

图 8-53 不同颜料品种在密炼机混炼流变曲线

(4) 上顶栓对物料的压力

增加上顶栓对物料的压力，可以加速塑炼作用，缩短工作周期，增加生产能力。但实践证明，每一种物料，都有一个最适宜的压力范围，若超过此范围，并不会缩短塑炼周期。因此，在密炼机上顶栓的气压或液压动力控制系统中，最好装上压力调节阀，以适应不同物料加工的要求。一般密炼机上顶栓对物料的压力为 0.2 ~ 0.4MPa。

8.5.1.5　FC 密炼机生产色母粒的工艺流程

FC 密炼机在生产色母粒中的投料量应为熔体黏度及分散设备所允许的最高量，选择适宜炭黑粒径和结构以利于最佳分散并满足最终用途的要求。炭黑母粒质量分数可高达 40%～50%，白色母粒质量分数可高达 70%～80%。

FC 密炼机生产黑色母粒步骤。

① 密闭式混炼机箱温度开始不得超过 37℃。

② 投入一半树脂，再加全部炭黑，最后加剩余树脂，形成夹心，尽可能减少尘埃。

③ 开转子至低转速（77r/min），上顶栓下降，压力调至 0.2758MPa。

④ 运转 30s，提高活塞，开转子至中转速（115r/min），运转 45s。

⑤ 开转子至高转速（230r/min），运转 105s 或至分散完成。

⑥ 当温度达到 121℃时，转子通过循环冷却水。

⑦ 上顶栓提升，将物料送至料斗。

⑧ 将料投入二辊机，调整二辊机辊筒间缝隙，对炭黑料塑炼成片。对 LDPE，前辊温度 200℃，后辊 180℃，但对其他树脂则有变化，见表 8-4。

⑨ 成粒。

表 8-4　FC 密炼机生产母粒操作工艺条件

树脂	密炼机温度/℃	二辊机温度/℃	
		前辊	后辊
LDPE	不加热	200	180
HDPE	200	250	230
PP	200	250	230
ABS	150	290	280
PC	250	360	340

8.5.2　捏炼双螺杆制造色母粒工艺

捏炼机是由一对互相配合和旋转的叶片（通常呈 Z 形）产生强烈剪切作用的设备，配合双螺杆挤出机成型，我国有不少企业采用该工艺生产色母粒，用以解决色母粒颜料分散困难的技术难题。

8.5.2.1　密炼机与捏炼机区别

捏炼机和密炼机仅一字之差，在国内往往密捏不分，当作一回事，在国外这两个机器名称英文表达方式完全不同，密炼机英文为 Banbury，是密闭式炼胶机简称，而捏炼机英文为 Kneading machine。在中国台湾地区常把捏炼机称为万马力或利拿与密炼机区分。所以捏炼机和密炼机在本质上还是有较大的区别的。

① 首先捏炼机卸料方式是侧翻式，见图 8-54，清洗方便，而密炼机是下顶栓卸料。

由于密炼机清洗十分困难，导致换品种困难，而捏炼机侧翻式出料，可彻底对设备进行清洗，所以换品种较容易。

② 转子结构不同导致剪切力不同，密炼机转子有椭圆形（两个棱和四个棱）、圆筒型、三角形，两转子是啮合的，像一对齿轮相对旋转；捏炼机是由一对互相配合和旋转的叶片（通常呈 Z 形）产生强烈剪切作用的设备，捏炼机转子不接触，靠旋转进行剪切，所以两设备电

机功率不同。

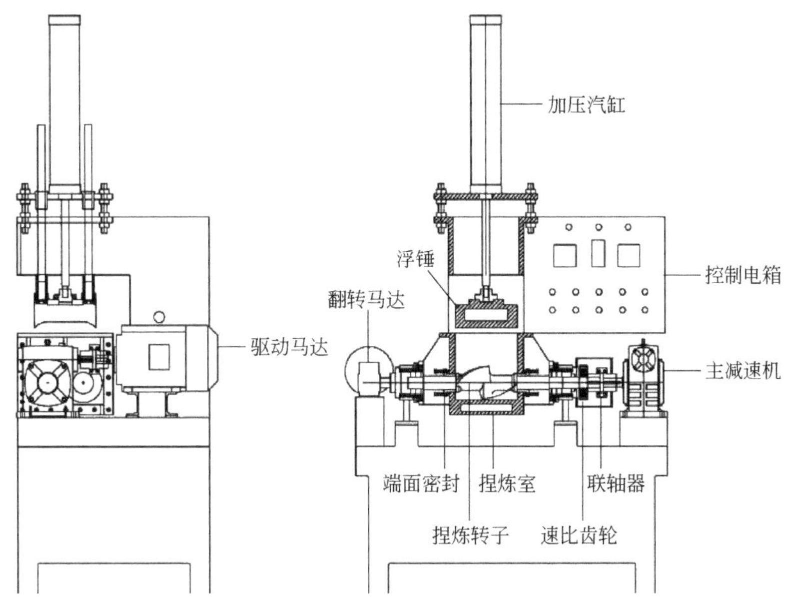

图 8-54 捏炼机结构简图

③ 转子转速：相同容积，一般捏炼机是 20r/min，所以混炼时间长；密炼机为 30 ~ 50r/min，所以混炼时间短。

④ 混炼效果：捏炼机一般只有加压，无下顶栓。密炼机一般有上下顶栓，混炼强度高。

⑤ 价格：一台密炼机价格相当于几台同种容量的捏炼机的价格。

综合上述密炼机效率高，但能耗和成本均高，而且厂房设备空间要求大，而捏炼机生产效率相对密炼机要低，能耗低，厂房占地面积小，生产灵活，比较适合多色泽、多品种色母粒生产需求。

8.5.2.2 捏炼双螺杆生产工艺

捏炼机主要由捏炼室、转子、转子密封装置、加料压料装置、卸料装置、传动装置及机座等部分组成，捏炼双螺杆生产工艺是物料加入捏炼室，落下上顶栓混炼，出料后通过双锥喂料机，加入双螺杆料斗后挤出成型造粒，见图 8-55。

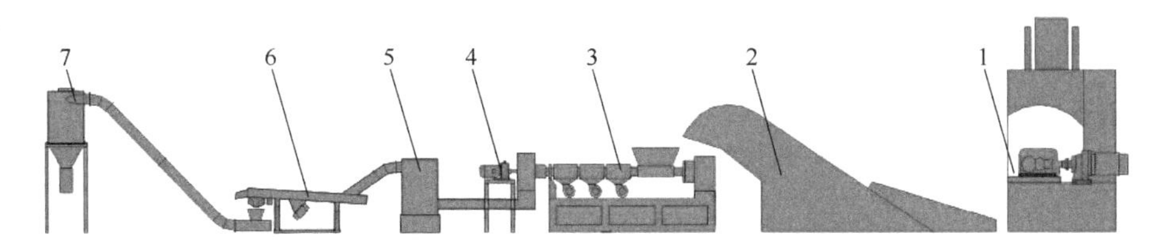

图 8-55 捏炼机双螺杆生产工艺

1—捏炼机；2—双锥喂料机；3—双螺杆挤出机；4—磨面切粒；5—切粒辅机；6—筛粒机；7—成品

捏炼机双螺杆生产工艺如下。

① 按照密炼机密炼室的容量和合适的填充系数（0.6 ~ 0.7），计算一次投料量和实际配方；由于颜料密度、吸油量和加入助剂不同，其填充系数不同。

② 根据实际配方，准确称量配方中各种原材料，密炼机预热好后，稳定一段时间按顺序投料，落下上顶栓进行混炼，可根据电流表来判断物料混炼时间，电流下降，混炼基本完成，然后开启冷却水，再继续混炼 1 ~ 2min。

③ 提起上顶栓，出料投入双锥喂料机（双锥喂料机预先加热并设定温度）。

④ 双锥喂料机物料加入双螺杆料斗，双螺杆挤出成型工艺参见 8.2.4 节预混双螺杆色母粒生产工艺。

8.5.2.3 捏炼双螺杆生产工艺注意事项

尽管捏炼机工艺达不到密炼机的混炼效果，但是与预混双螺杆制造色母粒工艺相比，对颜料剪切分散效果还是强多了。由于预混生产工艺，对选择的颜料易分散性要求较高，如果对预混的操作理论不十分理解，则预混工艺生产的色母粒产品在颜料分散上会存在一些问题，再加上捏炼机售价不高，占地面积不大，所以有不少企业用于生产纤维母粒来解决颜料分散性，也有的选用高浓度高质量黑白色母。选择捏炼双螺杆生产工艺应注意以下几点事项。

① 有些捏炼机制造商为了追求密炼机效果，将捏炼机转子轴加粗，将马达功率增大，以此增加混炼效果。但还是需要注意的是转子和筒体的间隙，如果间隙太大，会降低混炼效果，影响颜料的分散性。

② 捏炼机生产是单批次生产，在生产过程中需对捏炼机盖子积水进行清洗，因为物料在捏炼机内进行颜料润湿。颜料的润湿是载体取代颜料表面空气和水分，每次在捏炼机机盖上有大量水珠，如果不将盖子上水分去除，其会掉落在物料中，不利于颜料润湿。

③ 捏炼机在一个工作周期中功率变化也预示了颜料的分散程度。众所周知，在树脂接近于熔点温度，熔体的剪切力应力最强，所以捏炼机的温度设计和控制很重要。物料混炼功率下降预示颜料已分散，所以当功率下降后，应注意将设备的加热停止，并开启冷却系统，使物料捏炼保持一定黏度，可继续对颜料进行分散。一般操作工不愿意如此反复降温和加热过程，因为这会大大降低生产效率。

8.5.3 连续混炼机制造色母粒工艺

双转子连续混炼机是 20 世纪 60 年代由美国著名的密炼机生产企业 FARREL 公司在密炼机基础上发展起来的一种连续混炼设备。该设备既保持了密炼机优异的混炼特性，又可以连续工作，是一种非常优异的连续混炼设备，被广泛应用于色母粒和高填充共混改性等场合。

8.5.3.1 连续混炼机的结构

双转子连续混炼机的外形与双螺杆挤出机类似，而加料与出料方式则并不相同，其结构如图 8-56 所示。该设备主要由料筒、转子、卸料装置等部分组成。料筒上的混炼腔为两个相互贯通的、横截面为圆形的孔。物料在混炼腔中受到转子的剪切、粉碎、捏合、混合作用。料筒上还开有冷却水孔，并备有电加热器，可以根据工艺的需要，对物料进行加热和冷却。

双转子连续混炼机的转子由加料段、混炼段和出料段组成，如图 8-57 所示。转子的喂料段如同两根非啮合的双螺杆，由加料口加入的物料，在转子进料段螺纹的推动下，到达混炼段；转子的混炼段则更像一对密炼机转子，其表面有两对旋转方向相反、螺旋角各不相等的螺纹，物料在此受到挤压、粉碎，从而被捏合、熔融、混合、塑化；出料段通常为圆柱体，或为螺纹段。卸料装置由卸料门和调节装置所组成，通过卸料调节装置，可以控制卸料门的开启度，达到控制物料在混炼腔中停留时间的目的。该机器对物料的混合作用主要表现在两个方面，即转子混炼段螺棱交汇区的分布混合作用与转子螺棱顶部的高速剪切分散混合作用。

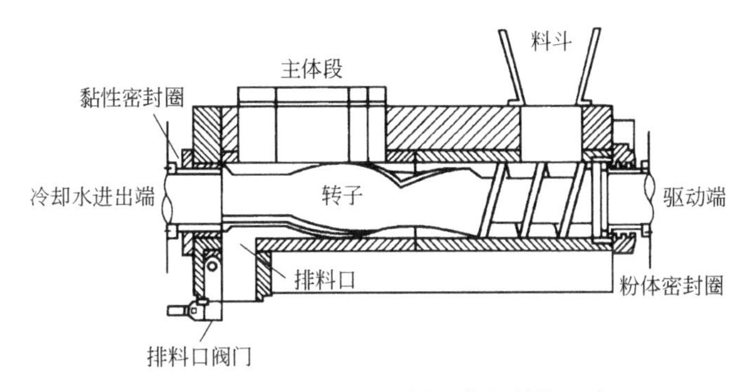

图 8-56 FCM 双转子连续混炼机结构示意图

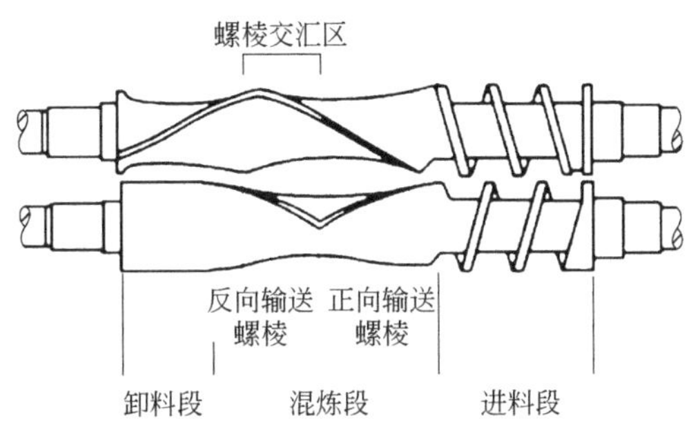

图 8-57 双转子连续混炼机转子结构示意图

目前，常见的双转子连续混炼机有单混炼段（FCM）和双混炼段（LCM），其结构如图 8-58 所示。

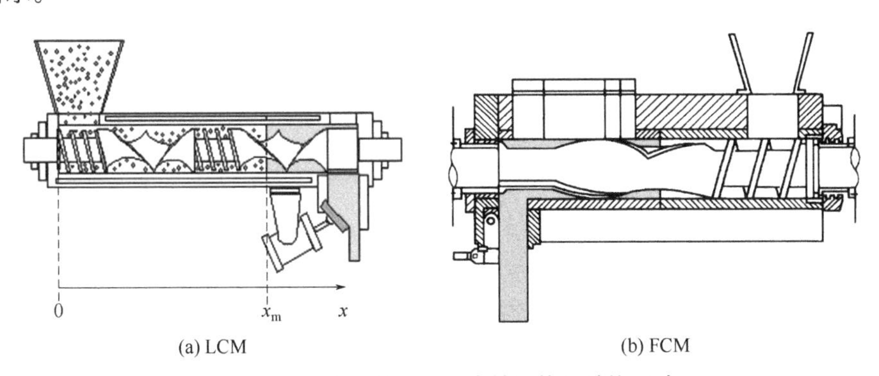

图 8-58 常见的双转子连续混炼机结构形式

与单混炼段转子相比，拥有双混炼段转子的双转子连续混炼机赋予了物料较长的混炼停留时间。由于双混炼段的两根转子在混炼段上的八根螺棱的长度、螺旋角和旋向都各不相同，物料在此将依次受到来自八根螺棱的大小与方向都各不相同的推力作用。因此，在一个循环流动过程中，熔体的运动速度和方向至少会发生 8 次变化。通常物料在混炼过程中，在一个混炼段，其流动的速度与方向将改变约 5000 次。这种变化进一步加剧了物料混炼界面的更新和流动的紊乱程度，促进了分散相的破碎、分散，以及新的相界面的形成，对物料的分散混炼和低熔点挥发物的排出极为有利，使得该机器具有良好的分散混炼特性和脱排气性能。

双转子连续混炼造粒机组是将双转子连续混炼机与热喂料单螺杆挤出机组合在一个机架上构成一台集连续混炼与挤出造粒于一体的双阶式连续混炼造粒设备，如图 8-59 所示。图 8-60 为运用华东理工大学机械与动力工程学院提供技术制造的 ECM 系列的双转子连续混炼机组的实物照片。

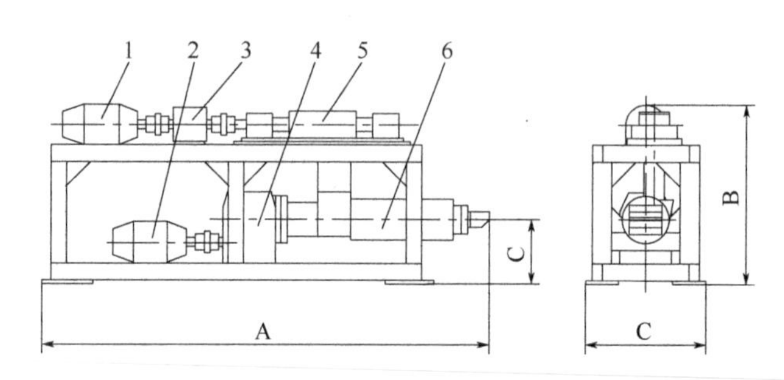

图 8-59 双转子连续混炼造粒机组结构示意图

1—混炼机电机；2—挤出机电机；3—分配齿轮箱；4—挤出机齿轮箱；5—混炼机；6—热喂料挤出机

图 8-60 ECM 系列双转子连续混炼机组（图片来自上海南安机械制造有限公司）

由于该混炼和挤出两个工序由两台不同的设备来完成，因此，除了具有优异的混合特性以外，还具有以下特点。

① 合理的结构设计：采用计算机全新设计的转子混炼段，构型独特，剪切速率高，分散填充混合效果好，生产能力大，可以免去预混高搅工序，具有产品质量稳定、能耗低、自动化程度高的特点。

② 多种转子结构构型组合，可以满足不同物料的各种混合工艺要求；剖分样式料筒，清料方便快捷；双阶式布置，将机器的混炼功能与挤出功能分开，工艺适应性更广，填充分散混合能力更强；优异的分散混合与分布混合能力，使加料系统的应用更为合理；填充分散混合能力更强。

③ 独特的分段控温系统：独特设计的电加热与闭路循环恒温软水冷却系统，使得各段的温度控制更加灵活有效，可以对混炼机转子和挤出机螺杆芯部进行通水冷却。

④ 可控变量多，工艺适应性强：在混炼机工作过程中，通过调整加料速度、转子转速、背压、温度、卸料口开启度等参数，就可以对混炼过程进行调整和控制。

⑤ 没有复杂的推力轴承系统，操作、维护简单方便；能耗、操作费用低。

⑥ 料筒、转子均采用高耐磨的工具钢制造，经久耐用；特殊要求可以采用高耐磨硬质合金制造。

⑦ 根据工艺要求，可以配置各种造粒辅机。

8.5.3.2 连续混炼机的混炼特性与工作原理

双转子连续混炼机工作过程中，各种颜料、助剂和树脂等配方材料通过定量加料机加入连续混炼机中，被转子进料段螺纹送到混炼段。在转子混炼段，物料首先受到与加料段螺纹相连的那部分螺棱的向前推动作用，而与卸料段相连的那部分螺棱则迫使物料向相反的方向运动。这样，物料便在此堆积，并被剪切、辊压、粉碎、熔融和混合。在后加入的物料的推挤作用下，熔融塑化后的物料到达卸料段，并经过卸料口排出。

（1）双转子连续混炼机的轴向混炼作用

在混炼段的螺棱交汇区，沿转子轴线方向，存在着促进物料分散混炼的熔体循环流动（图8-61）。正是这种循环流动，导致了物料的返混与交换，促进了轴向混炼与分散的进行。试验表明，物料循环流动速度越快，其在混炼段所经历的循环次数越多，转子对物料的混炼作用越强烈。随着混炼段螺棱交汇区长度的减小，混炼所消耗的功率与卸料口熔体的温度将增加，说明随物料在混炼段所经历的混炼循环次数增加，其混炼作用也愈强烈；同样伴随着转子螺棱线速度的增加，混炼功率与出料口处熔体的温度也将增加，表明转子螺棱顶部线速度的增加，导致混炼循环次数增加，混炼作用也就更强烈。同时，随着卸料门开启度的增加，物料的填充率下降，混炼循环作用减缓，因此，混炼所消耗的功率和卸料温度也都有不同程度的降低。但是，如果转子混炼段螺棱交汇区长度太小，物料在混炼过程中常常被堆砌在一起，并不利于共混物相界面的更新与新的相界面的形成，不同部分的物料相互之间的返混与交换也将受到影响，因此，并不利于混炼的进行。

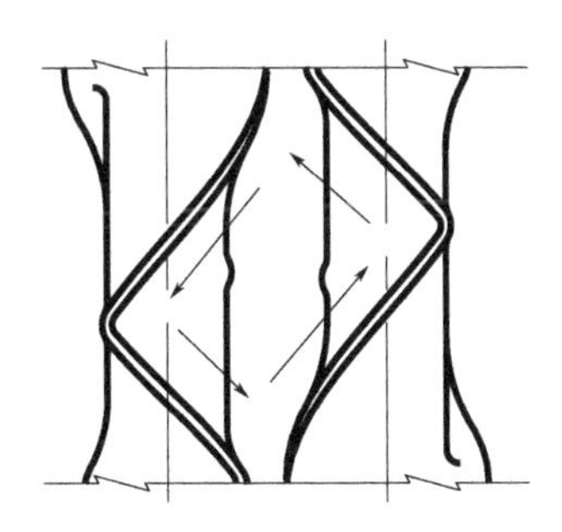

图 8-61 熔体在混炼段的轴向循环流动示意图

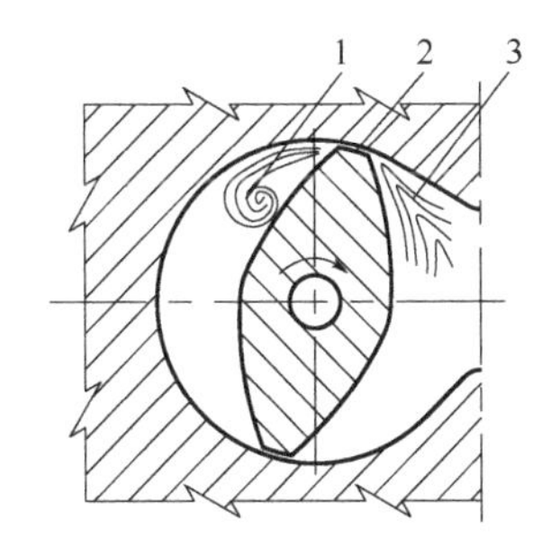

图 8-62 转子横向断面混炼示意图

（2）双转子连续混炼机的径向混炼作用

双转子连续混炼机的转子混炼段的形状像一对密炼机的转子。工作时，在混炼腔内，转子相对逆向转动。沿着转子螺棱的推进面，熔体的流道逐步缩小（如图 8-62 区域 3 所示），在旋转的转子的作用下，该处的物料被压缩，在熔体中形成了一个局部高压区，共混物的分散相在此区域的熔体剪应力的作用下被伸展、拉长，团块被碾碎，变成细条状；在转子的顶部与料筒内壁的间歇处（如图 8-62 区域 2 所示），为高剪切区，该区域熔体的流道最窄，共混物通过该区时，所承受的剪应力最大，可达 1.6MPa。因此，已经被充分伸展、拉长，变成细长条状的分散相在高剪切的作用下被剪断、粉碎，成为相畴较小的分散相，高聚物的部分长链在该区域也被剪断，达到塑化的效果，如图 8-62 所示；在转子的背面，为一低压区（如图 8-62 区域 1 所示），经过高压区与高剪切区的物料在此区域形成了涡旋紊乱流动，被剪断、粉碎和碾碎的相畴较小的分散相，在紊流流动的作用下，得到了重新分布与分散，这样强化了分散相在连续相中的分散，防止其重新积聚、结团，促进了共混物分散混炼与分布混炼的进行，转子楔形顶部视图见图 8-63。

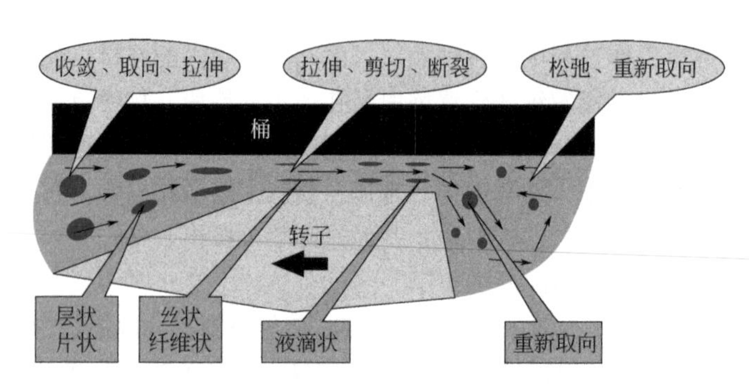

图 8-63 混炼转子楔形顶部视图

由于两根转子上的混炼螺棱的螺旋角各不相同且转子相对旋转，因此，在同一横截面处，两转子混炼段的螺棱槽内熔体的压力不同。常常出现一个混炼腔内的转子的高压区正对着另一混炼腔内的另一根转子的低压区的情况。在这种压差的作用下，两转子之间存在物料的横向交叉流动（如图 8-64 所示）。这种物料横向交叉互换流动，一方面，导致一个混炼腔内的熔体进入另一混炼腔后，扰乱了该混炼腔内熔体原有的流动，使得熔体的流动更加无序、杂乱，促进了分散混炼的进行；另一方面，该流动导致物料在左右两个混炼室之间的交叉流动和卷折变形，如同在开炼机辊筒上打三角包一样，促进了物料的径向混炼和轴向混炼，防止分散相的重新积聚，提高了混炼的均匀性。

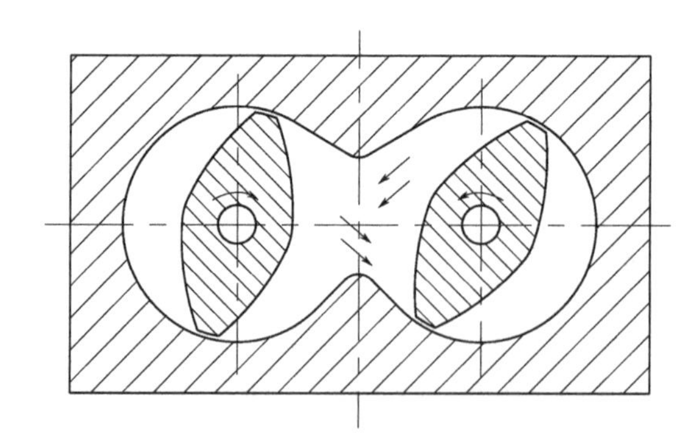

图 8-64 横截面上两个混炼腔内物料的交叉流动

（3）工艺参数对双转子连续混炼机中物料停留时间的影响

如图 8-65 和图 8-66 所示为试验测定的保持一定卸料门开启度下，转子转速和加料量对物料在混炼机内停留时间的影响曲线（实验采用由上海南安机械制造有限公司生产的双转子连续混炼机，转子直径 50mm，双混炼段结构）。

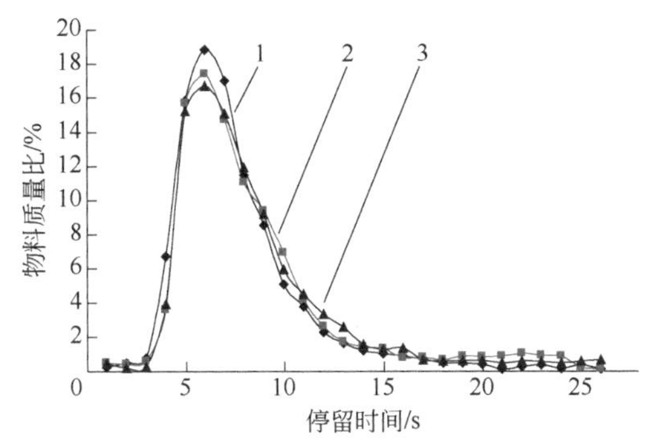

图 8-65 转子转速对物料停留时间分布的影响

1—转子转速 400r/min；2—转子转速 500r/min；
3—转子转速 600r/min
实验条件：加料量 12.5kg/h，料筒温度 190℃，
卸料门开启度 25%

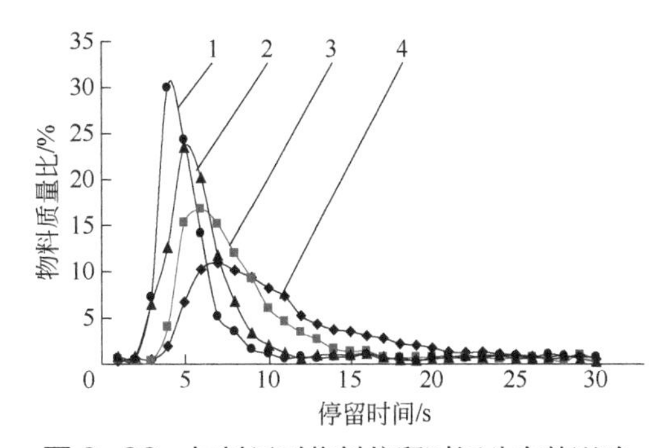

图 8-66 加料量对物料停留时间分布的影响

1—加料量 25.2kg/h；2—加料量 20.4kg/h；
3—加料量 12.5kg/h；4—加料量 6.9kg/h
实验条件：转子转速 600r/min，
料筒温度 190℃，卸料门开启度 25%

由图 8-65 可得，转子转速对停留时间分布曲线的形态和曲线的位置影响不大。只是随着转子转速的提高，曲线的峰值有所下降，曲线略显平坦。因此，转子的转速对物料在双转子连续混炼机混炼腔体内停留时间影响不大。随着转子转速的提高，物料在混炼腔体内的轴向混合效果略有提高。但是，物料在混炼腔中所经历的混炼过程却与转子的转速密切相关。因此，调整转子转速是提高混炼效果的一条非常有效的途径，而不必顾忌其对物料停留时间的影响。

由图 8-66 可得，双转子连续混炼机加料量的改变将影响停留时间的分布曲线形状、位置和峰值的大小，即物料停留时间的分布与加料量有着密切的联系。对于不同的加料量，物料在混炼腔体中的平均停留时间不同。随着加料量的增加，物料的平均停留时间减少，峰值提高，曲线变陡，分布变窄；同样，随着加料量的减少，物料的平均停留时间增加，峰值减少，停留时间的分布变宽，曲线变平坦。这表明，加料量越少，物料在双转子连续混炼机中所经历的轴向混炼效果越明显，轴向分散效果越好，抵御加料波动的能力越强，混炼质量越稳定。但是，与此同时，设备的自洁能力也越差。

(4) 工艺参数对双转子连续混炼机混炼功率的影响

双转子连续混炼机可调工作参数有加料速度、转子转速、背压、温度、卸料口开启度等。实验表明，卸料温度随着转子转速的增加而增加，随着卸料门开启度的增加而降低；输入功率随着产量（加料速率）、转子转速的增加而增加，随着卸料门开启度、料筒温度的增加而减小。

如图 8-67 ~ 图 8-69 所示为不同工艺条件对混炼功率的影响曲线。

不同的卸料门开启度下，加料量对混炼功率的影响如图 8-67 所示。由该图可知，双转子连续混炼机的混炼功率随着加料量的增加而增加，随着双转子连续混炼机卸料门开启度的增大而减小。由于双转子连续混炼机在工作时通常处于饥饿喂料状态，即其混炼室并没有被物料所完全充满。随着混炼及加料量的增加，混炼室内物料的填充率增加，混炼室内混炼物料时的激烈程度将提高，混炼时所消耗的功率也增加。随着双转子连续混炼机卸料门开启度的增加，物料通过卸料门时阻力降低，混炼室内物料的填充率降低，混炼室内的混炼激烈程度也将下降，双转子连续混炼机混炼物料所消耗的混炼功率也将降低。因此，物料在双转子连续混炼机腔体中的填充率，是直接影响双转子连续混炼机混炼功率的一个主

要因素。

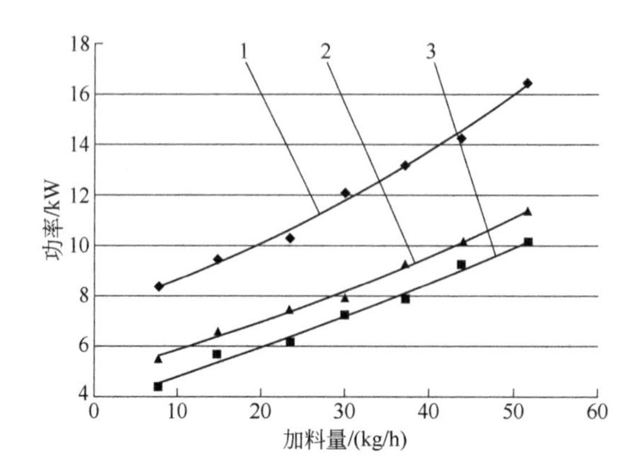

图 8-67 加料量与混炼功率的关系

1—卸料门开启度 20%；2—卸料门开启度 60%；3—卸料门开启度 80%
料筒温度 150℃，转子转速 500r/min

不同加料量下，转子转速对双转子连续混炼机混炼功率的影响如图 8-68 所示，随着转子螺棱顶部线速度的增加，物料在混炼段的混合循环次数也增加，轴向混合作用更加强烈。与此同时，转子对熔体的剪切作用也成倍增加，其剪切混合作用也将增加，所消耗的功率也将增加。随着加料量的增加，物料在混炼腔中的填充率将增加，混炼所消耗的功率也将增加，因此混炼功率也随着加料量的提高而增大。

不同卸料门开启度下，转子转速对双转子连续混炼机混炼功率的影响如图 8-69 所示，随着卸料门开启度的增加，物料通过卸料门的阻力变小，物料的填充率下降，其轴向混合循环作用减缓，与卸料门开启度较小时相比，物料在混炼段的混合循环次数减少，其混炼的激烈程度与物料产生的黏性耗散热相应降低，其混合作用相对较弱，双转子连续混炼机混炼时所消耗的功率下降。

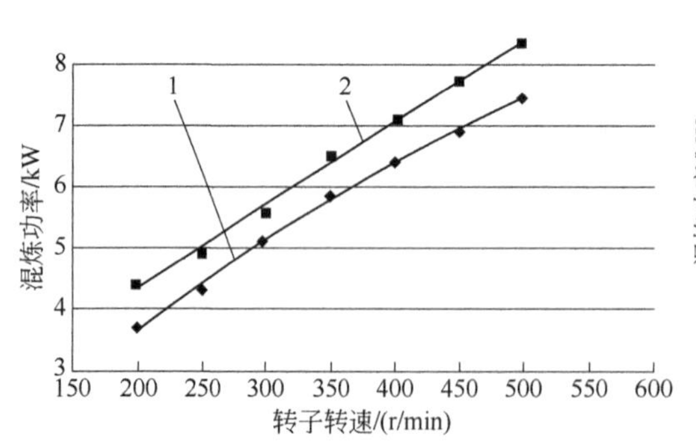

图 8-68 转子转速对混炼功率的影响

1—加料量 15kg/h；2—加料量 23.4kg/h
料筒温度 150℃；卸料门开启度 20%

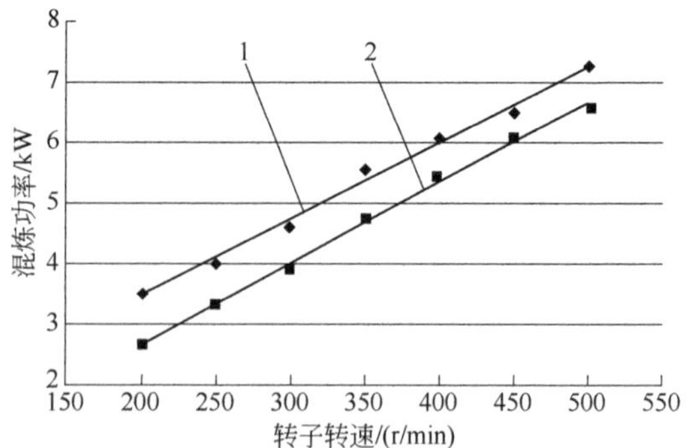

图 8-69 卸料门开启度对混炼功率的影响

1—卸料门开启度 20%；2—卸料门开启度 60%
加料量 7.6kg/h；料筒温度 145℃

8.5.3.3 连续混炼机制造色母粒生产工艺

连续混炼机用于色母粒、填充母粒的混合与造粒，具有分散均匀、填充量大、工艺过程简单、生产能力高、节省能源等特点。可以承担目前双螺杆配混料挤出机所无法完成的混合操作，如高填充黑母粒（炭黑填充量在 50%）、无卤阻燃电缆母粒（填充量在 70%以上）、各种高档色母粒（填充量可达 40%）、无润滑剂高分散高填充母粒等目前我国市场所急需的高质量的橡塑共混、改性材料。

华东理工大学机械与动力工程学院提供技术并由上海南安机械制造有限公司制造的双转子连续混炼机的高浓炭黑色母粒生产成套设备布置见图 8-70。该套设备具有节能、高效、低排放的特点，可以用于生产高浓缩炭黑母粒、填充母粒、多孔膜专用料等多种高填充材料。

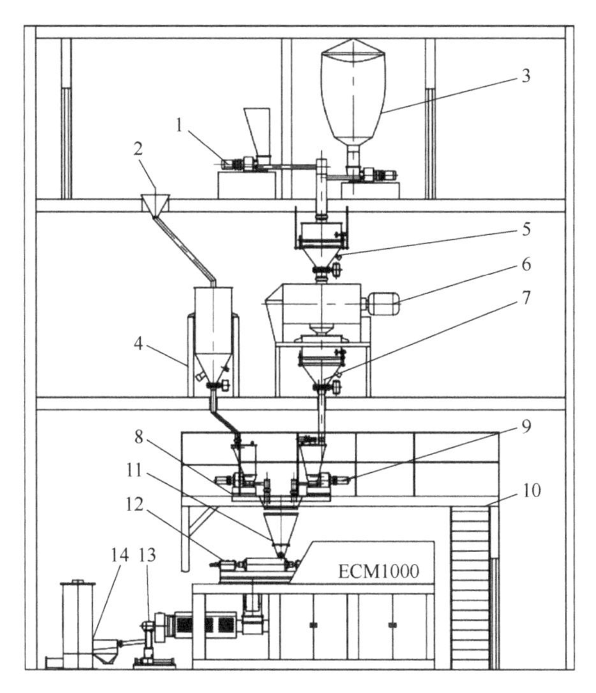

图 8-70 典型 LCM 色母粒生产工艺流程图

1—添加剂喂料机；2—树脂投料口；3—炭黑吨包投料站；4—树脂颗粒中间料仓；5—称重料斗；6—低速混合器；7—炭黑中间料仓；8—树脂计量秤；9—炭黑计量秤；10—计量秤钢平台；11—集料斗；12—双转子连续混炼机；13—切粒机；14—离心脱水机

如图 8-70 所示，设备布置分为三层。最上层为投料系统，主要设备有添加剂喂料机、树脂投料口、炭黑（粉体）吨包投料站等；中间层为物料预混合中间存储系统，主要设备有树脂颗粒中间料仓、称重料斗、低速混合器、炭黑（粉体）中间料仓；底层为计量喂料和混合造粒系统，主要设备有树脂计量秤、炭黑计量秤、计量秤钢平台、集料斗、双转子连续混炼机、切粒机、离心脱水机。

物料由最上层投料系统自动投入。其中，树脂颗粒由树脂投料口直接投入，通过管道在重力的作用下进入二楼的树脂颗粒中间料仓存储备用；按照设定的比例要求，炭黑（粉体）借助于吨包投料站、助剂由添加剂喂料机，依次顺序通过称重料斗加入低速混合器内混合均匀，然后进入炭黑（粉体）中间料仓存储备用；借助于失重式计量秤将上述各中间料仓内的各种物料按照配方比例以设定的流速连续加入双转子连续混炼机中进行熔融混炼，物料在双转子连续混炼机的转子螺棱的作用下，发生熔融、挤压、捏合、塑化、解聚和分散，混炼好的物料在后续物料的推动下通过出料口均匀流出，进入到单螺杆挤出机加料槽中，并在单螺杆螺棱的作用下建立足够的压力，从单螺杆模头的模孔中挤出成型，由造粒机刀片切成所需要的颗粒，并经过离心脱水机脱水干燥，得到所需要的成品。

该工艺用于填充母粒、色母粒等物料的生产主要有下列优点。

① 连续性生产，精准计量与喂料，保证物料优越混合性能的同时，可以提高产量并有效降低单位能耗 30% ~ 50%；

② 最新密封除尘技术，集中投料和粉尘排放收集系统，粉尘排放量较常规方法减少 98% 以上；

③ PLC 集中控制，操作简单方便，同时可以远程终端控制；

④ 自动化程度高，减少人为因素对质量的影响，降低工人劳动强度和人工成本。

整套工艺中密炼机和失重式计量喂料机分别有工业控制计算机系统，整套 PLC 操作只需要在计算机设置参数后，根据设置配方自动化操作，一条年产 2000t 色母生产线，每班操作人员只需 3 人，所以整个生产系统人力资源很节省。而且整个系统可采集、记录、追溯操作数据，可建立数据库及进行数据管理。

整套工艺设计环保安全，炭黑投料采用吨包装。在密闭空间，整个车间整洁，粉尘飞扬可控，达到清洁文明生产。

8.5.3.4 连续混炼机制造色母粒生产工艺可能出现的问题和解决办法

连续混炼机制造色母粒生产工艺可能出现的问题和解决办法见表 8-5。

表 8-5 常见问题与故障及其解决方法

问题	可能的原因	推荐采取的措施
颜料分散不好之一（物料混合不好）	1.转子转速不够 2.料筒温度太低 3.加料量过大 4.卸料门开启度太大 5.卸料门开启速度过快 6.加料量提高过快 7.料筒温度波动过大	1.提高转子转速 2.提高料筒设定温度 3.减小加料机的螺杆转速 4.降低卸料门开启度 5.关闭卸料门，重新缓慢打开 6.降低加料速度 7.减小料筒冷却水流量，降低料筒温度的波动
颜料分散不好之二（物料熔体温度过高）	1.混炼机料筒设定温度过高 2.转子芯部冷却效果不好 3.混炼机转子转速过高 4.卸料门开启度太小	1.降低混炼机料筒相应混炼段的温度 2.加大混炼机料筒相应混炼段的冷却水流量 3.检查转子芯部冷却管道，加大其冷却水流量 4.适当降低混炼机转子的转速 5.适当提高卸料门的开启度 6.检查冷却系统管道的水压是否高于 0.3MPa 7.检查冷却水箱的温度是否低于 25℃ 8.检查冷却水系统的水泵是否工作 9.降低卸料门的加热温度 10.检查所有冷却管道是否通畅，清理所有冷却管道
颜料分散不好之三（物料熔体温度过低）	1.混炼机料筒设定温度过低 2.转子芯部冷却效果不好 3.混炼机转子转速过低 4.卸料门开启度太大	1.检查混炼机料筒相应的混炼段电加热器工作是否正常 2.检查电控柜中的温度控制系统工作是否正常 3.提高混炼机料筒所设定的温度 4.减小混炼机料筒冷却水流量 5.减小混炼机芯部冷却水的流量 6.适当提高混炼机转子的转速 7.适当减小卸料门的开启度 8.减小混炼机进料段的冷却水量 9.检查卸料门电加热器工作是否正常

续表

问题	可能的原因	推荐采取的措施
混炼机电机电流过大	1.混炼机料筒温度过低 2.卸料门开启度过小 3.转子转速过大	1.提高混炼机料筒的温度 2.延长混炼机的预热时间 3.减小混炼机转子的芯部冷却水流量 4.加大卸料门开启度 5.降低转子的转速
混炼机不出料	1.进料口堵塞 2.加料机不工作 3.混炼机排气不良 4.混炼机加料料斗中没有物料	1.打开料筒、清理混炼机进料段的物料 2.加大混炼机进料段的冷却水流量 3.检查加料机工作是否正常 4.检查加料机料斗中物料是否有架桥的现象 5.检查混炼机卸料门处是否有堵料现象 6.提高卸料门加热温度 7.检查物料的含水量，如果过高，应该先对物料进行预干燥 8.检查混炼机料斗中的物料料位
混炼机电流不稳定	1.加料不稳 2.排气不畅 3.加料斗有架桥现象	1.检查加料机工作是否正常，确保加料机按工艺要求的组分比例加料 2.打开排气阀 3.检查各排气通道是否顺畅 4.检查物料的含水率是否过高，降低物料的含水率 5.适当加大卸料门开启度，降低第一混炼段温度，提高第二混炼段温度，减少进料量
混炼机非正常停机	1.电机故障 2.物料堵料 3.料筒温度过低 4.加料量过大 5.有异物进入混炼机混炼腔体 6.减速机故障 7.混炼机轴承损坏 8.挤出系统故障 9.切粒系统故障	1.检查电控柜电机控制系统工作是否正常 2.检查混料机加料口是否有堵料现象，清除加料口处的堵料 3.检查卸料口处是否堵料，清除堵料 4.提高料筒加热温度 5.降低混炼机的加料量 6.清除混炼机筒体中的异物 7.检查减速机工作是否正常，减速机的轴承、齿轮是否完好 8.检查混炼轴承温升是否过高，更换混炼机轴承 9.排除挤出系统故障（如有连锁） 10.排除切粒系统故障（如有连锁）
料筒温度波动过大	料筒加热、冷却系统故障	1.检查相应的混炼段电加热器工作是否正常 2.检查电控柜中的温度控制系统工作是否正常 3.调整冷却管道上的针阀开启度 4.检查冷却管道是否畅通，清理所有冷却管道 5.检查冷却系统管道的水压是否大于0.3MPa 6.检查冷却水箱水温是否在25℃以下 7.检查冷却系统水泵工作是否正常
单螺杆挤出机进料口积料或螺杆抱死	1.挤出机转速太低 2.混炼机下来的熔体物料温度过高 3.单螺杆进料口温度过高 4.单螺杆芯部冷却不够 5.挤出机第一段设置温度过高	1.检查单螺杆挤出机转速是否合适 2.测量是否混炼机下来的物料温度过高，计量降低物料温度 3.调节单螺杆进料口的冷却介质流量或温度 4.调节单螺杆芯部冷却介质的流量或温度 5.调低单螺杆第一区的温度

8.6 布斯连续往复式挤出机制造色母粒工艺

布斯连续往复式单螺杆挤出机（Buss Kneader），简称布斯混炼机或布斯机，是瑞士布斯公司的产品，第一台用于塑料混配的布斯机在 1950 年推向市场， 迄今已有 70 年的历史。布斯机有的文献上称作 Ko-Kneader，它的原始创意是 1940 年由 Heinz List 提出的，其第一个专利于 1945 年 8 月在瑞士申请，1947 年批准。1950 年获得美国专利。

布斯机尤其适用于热敏性和剪敏性物料的混炼，在电缆和色母粒行业得到广泛的应用。

8.6.1 布斯机结构特点和机型

布斯机在设计理念、结构设计、工作原理和混炼性能方面的诸多特点赋予它如下的特性。

① 螺杆加工长径比较短的情况下，实现出色的分散和分布混合。除径向混合外，还有出色的轴向混合。混合效率高，混合效果好。

② 剪切受控均匀，无温度和压力峰值，熔体温度较低，工艺窗口宽泛，物料不易过热分解，螺杆内部可调温，销钉内置热电偶，直接深入机筒内部，控温准确。尤其适用于热敏性和剪敏性物料的混炼。

③ 销钉内置单向针阀，液体注入点选择灵活，液体直接注入熔体内，与熔体混合效率高。在机筒内壁无附着，无损耗；比能耗较低，节省运行成本。

④ 机筒内加工元件自洁性好。混炼段与建压出料段分开，工艺单独优化控制。比能耗较低，节省运行成本。

⑤ 机筒可沿轴向打开，清理维护简便快捷。

⑥ 高填充的加工能力，填充量可达 85%；设备特别适用于含高比例颜料的色母粒。

布斯机属连续配混设备，虽然从结构上讲，布斯机是单螺杆机构，见图 8-71，但它的混炼塑化机理与单螺杆挤出机有本质的区别，与同向旋转双螺杆挤出机相比，也有其独特之处。

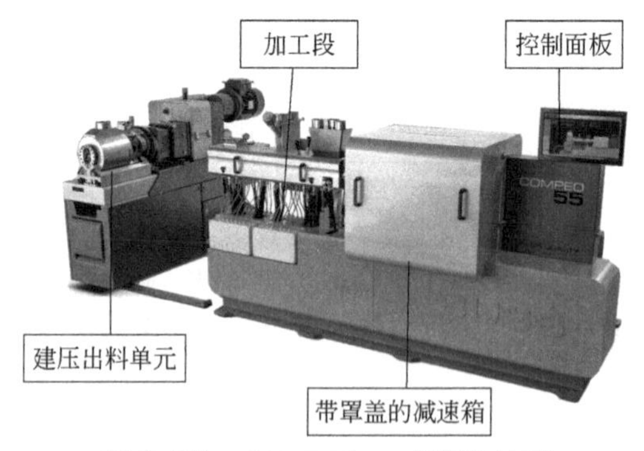

图 8-71 COMPEO 55 布斯机外形

8.6.1.1 机筒

机筒是剖分式，由两半机筒组成。机筒内壁上装有三排、四排或六排销钉，从加料口一直排到出料口。每一排销钉在圆周方向相隔 120°、90°、60°。这些销钉是固定的，但可以调节和更换。有的销钉是中空的，以便安装（温度、压力）传感器，用以监测物料温度和压力（图 8-72），也可以内置单向针阀，经由单向针阀向混炼加工段内注入液体组分（图 8-73）。

工作时，两半机筒闭合夹紧，清理或更换销钉或改变螺杆组合时，两半机筒打开。最大打开角度可达 120°，两半机筒的打开和闭合由液压系统完成，也可用手动机构完成，通过气动旋钮工具用螺栓夹紧（图 8-74）。

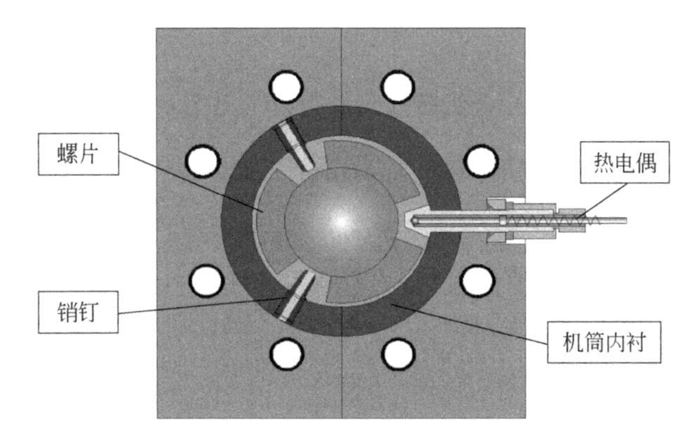

图 8-72 销钉内置热电偶监测熔体温度示意

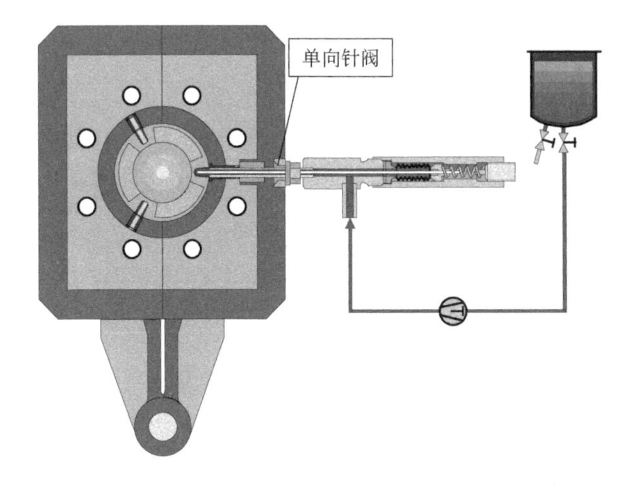

图 8-73 销钉内置单向针阀注入液体组分示意

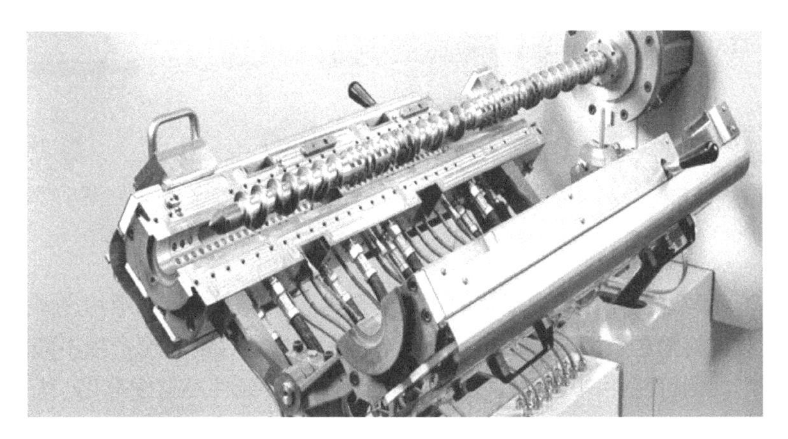

图 8-74 布斯机机筒打开示意

每一半机筒筒体也是组合的，在长度方向由几节组成，每一节筒体半圆形内壁上装有可以更换的衬套（内衬）。销钉按一定的规则穿过内衬固定在筒体上。按不同系列的机型，筒体内由下而上插装电加热棒，靠近筒体内壁有均匀排列的液体流道，实现对机筒的电加热水冷却，或液体加热冷却调温。

8.6.1.2 螺杆

螺杆也是组合式的，由芯轴和各类螺纹元件组成，见图 8-75。

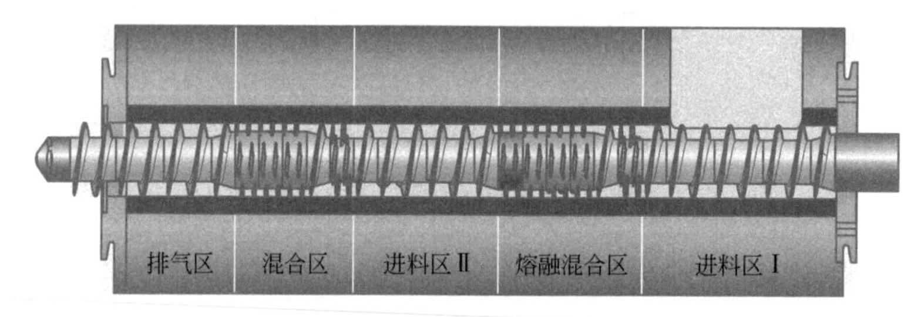

图 8-75 布斯机螺杆外形图

芯轴是中空的，可以通水进行加热和冷却，见图 8-76。

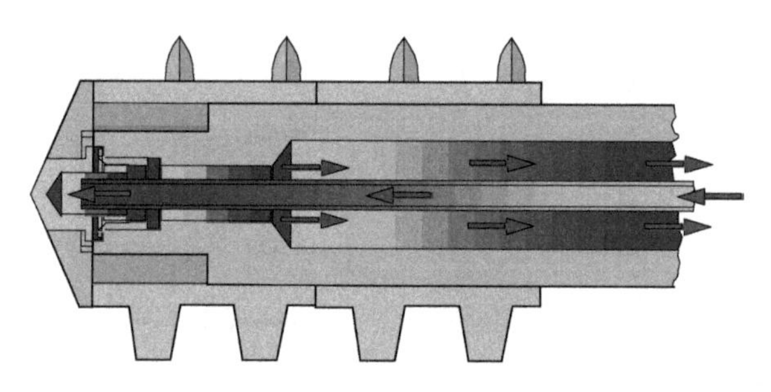

图 8-76 芯轴内部调温示意

螺线不是连续的，每一圈螺线被切断成几段，形成 2 个、3 个、4 个或 6 个螺片（图 8-77）。螺纹元件有许多种。按功能分为进料螺纹元件、输送螺纹元件和混炼螺纹元件三大类。

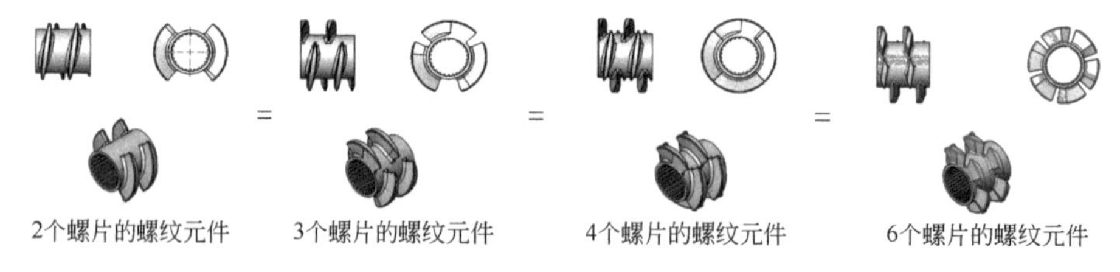

图 8-77 布斯机螺纹元件

每一大类下各种螺纹元件上的螺片的数量、厚薄和长度、螺距、螺片之间是否有轴向通道等几何设计对物料输送效率高低、捏合剪切分散和分布混合的强度产生不同的影响，为工艺调节提供了广泛的可能性。COMPEO 系列布斯机的螺纹元件高度标准化，所有的螺纹元件外径和长径比相同，槽深比（D_o/D_i）达到 1.7。

COMPEO 系列布斯机的螺杆长径比根据产品工艺要求而定，为 11*L*/*D*、13*L*/*D*、18*L*/*D*、20*L*/*D* 和 25*L*/*D*。螺杆每转动一圈，同时作轴向往复运动一次。

布斯机螺纹元件和机筒内衬见图 8-78，布斯机销钉见图 8-79。

图 8-78 布斯机螺纹元件和机筒内衬

图 8-79 布斯机销钉

8.6.1.3 传动系统

传动系统的作用是给螺杆提供动力，使螺杆能进行速度可调的旋转运动和轴向往复运动。其中螺杆的旋转运动是电机经由减速箱再传给螺杆的。而螺杆的往复运动是由螺杆旋转时通过布斯机特有的摆动齿轮箱实现的。布斯机的传动系统由两部分组成，减速部分和摆动部分（图 8-80）。

图 8-80 布斯机摆动箱

8.6.1.4 建压出料单元

当物料在布斯机加工段混炼完毕后，要造成粒子，需要后接造粒装置。要造粒，必须在混好的料中建立恰当的压力，再进入造粒机头。布斯机螺杆因为往复运动，在混炼加工段末端熔体有脉冲，需要配置建压单元。COMPEO 系列布斯机采用上下排列的锥形异向旋转双螺杆作为建压出料单元（图 8-81），建压温升少，建压效率更高，适用性更广。机筒可以沿着滑道移开，螺杆外露，便于清洁。

根据物料特性，熔体泵可作为建压出料单元选项。

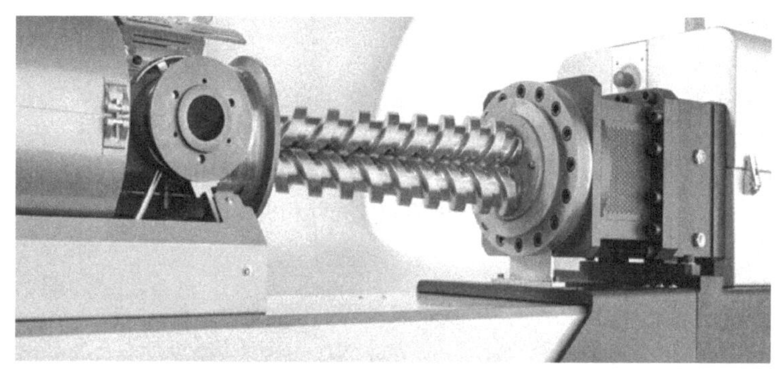

图 8-81　布斯机 COMPEO 建压出料单元

8.6.1.5　加料装置

布斯机的固体物料加料方式有上方主加料和水平侧喂料，均为饥饿加料。通常，固体物料由上方加料方式加入，而有的情况下，粉料、纤维则用侧向喂料机加入。

上方主加料斗上有多个进料口，斗壁陡峭，内有夹套。当固体物料中有较大比例的粉料或全是粉料时，夹带进料斗的空气将经由单独的夹套空间逃逸出，避免与下落的物料逆向接触影响下料顺畅和稳定性。主加料口尺寸加大（图 8-82 和图 8-83），以容纳更多的物料加入。

图 8-82　布斯机 COMPEO 主加料斗

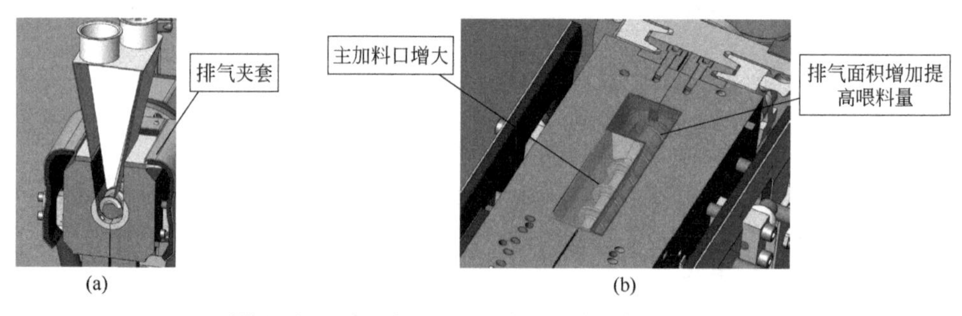

图 8-83　布斯机 COMPEO 主料斗夹套和加料口

可移动式侧向喂料机（图 8-84）采用啮合型双螺杆送料器，料斗内装有料位计，一旦料位增高至检测点将触发报警，提醒操作人员检查调节工艺条件。料斗内也有夹套，夹带进料斗的空气将经由单独的夹套空间逃逸出，避免与下落的物料逆向接触影响下料顺畅和稳定性。

喂料机与机筒侧向加料口通过可通冷却水冷却的适配法兰快速连接或脱离。在侧向喂料口附近靠齿轮箱一侧有排气口。

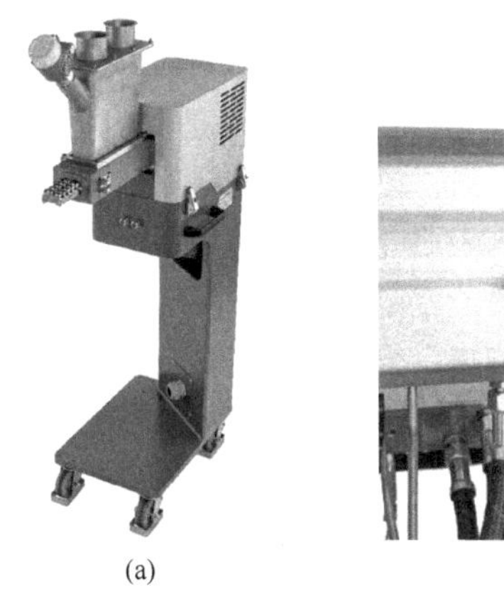

(a)

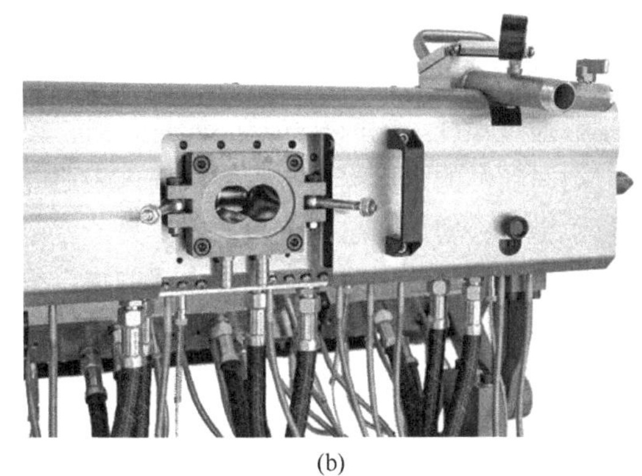

(b)

图 8-84　侧向喂料机

液体添加剂可通过空心销钉内置单向针阀注入。当加料停止时，针阀自动关闭（图 8-84）。这种加入方式使液体添加剂在最佳的位置注入，不但注入点不受限，而且经销钉加入可将液体加到螺槽底部，在机筒内壁金属表面无附着，无挥发损耗，在混合段内分散开的路径短。

8.6.1.6　布斯机 COMPEO 系列技术参数

布斯机 COMPEO 系列技术参数见表 8-6。

表 8-6　布斯机 COMPEO 系列技术参数

布斯机	布斯混炼机				建压出料单元	
	螺杆直径/mm	加工长度（L/D）	螺杆转速/（r/min）	最大驱动功率/kW	螺杆直径/mm（取决于应用要求）	加工长度（L/D）
COMPEO 55	55	11...25	600	55	40/2 或	6
COMPEO 88	88	11...25	600	200	40/2 或 70/2	6
COMPEO 110	110	11...25	600	400	70/2 或 100/2	6
COMPEO 137	137	11...25	600	800	100/2 或 140/2	6
COMPEO 176	176	11...25	600	1650	140/2 或 175/2	6

8.6.1.7　布斯机产量

COMPEO 系列布斯机产量见表 8-7。

表 8-7　布斯机炭黑母粒典型产量　　单位：kg/h

产品	COMPEO 55	COMPEO 88	COMPEO 110	COMPEO 137	COMPEO 176
炭黑母粒	150～250	600～850	1200～1700	2400～3500	4800～7000

8.6.2　布斯机工作原理

（1）加料和输送

物料加入到螺杆后（加料口通水冷却）被逐步压实。螺纹是间断的，这很有助于物料压实时其夹带的空气回到加料口，由加料斗夹套区排出。随着物料的向前输送，被压实的物料在机筒的外加热器传来的热量和它与销钉及机筒壁面摩擦而产生的摩擦热作用下，温度逐步提高。

（2）熔融

在熔融区，机筒内表面处达到熔点的固体物料开始熔融（此时熔体的黏度很高）。因为布斯机螺杆的旋转和往复同步运动，已开始的熔融过程不会像发生在常规单螺杆挤出机中的情况那样形成固体床和熔池，即发生所谓拖曳下熔体移走的熔融，而是发生耗散-混合-熔融的复合过程。当销钉通过螺杆上的间断螺纹（螺片）时，已熔融的物料离开机筒表面而被拉到未熔的物料中，同时新鲜的未熔物料被带到机筒内表面处，受热达到熔点。这样，就使已熔和未熔物料进行了掺混，增加了总的传热面积。另一方面，螺杆的旋转和往复运动所产生的与销钉之间的相对运动使被带入螺棱与销钉之间的物料得到剪切，发生塑性变形，产生塑性能耗散热，也促进了熔融。物料已软化但尚未达到完全熔融时，其黏度很高，产生黏性耗散，能很快吸收机械能，促进熔融。这两种热作用的结果，使全部物料在较短的轴向距离内和较短的时间内实现了熔融，遍及整个螺槽固相和液相，掺混得很均匀，这不仅改进了物料自身的熔融速率，也使熔体的温度比较均匀、比较低，有短但多的受热史。布斯机中物料在很短时间内熔融所需的热量主要是由螺杆输入的机械能转化而来，只有不超过30%的熔融热来自机筒加热器的传导热。

（3）捏合与混合

布斯机与常规单螺杆挤出机的最大不同是螺杆连续旋转的同时，还按一定的规律作轴向往复运动，这就使螺杆上的螺纹必须断开，以使机筒内壁上的销钉通过。螺杆每旋转一周，同时进行一次轴向往复运动，螺片在静止的销钉之间作旋转和往复叠加的同步运动，或者说销钉在相邻的螺片形成的开放式螺槽中作相对运动，销钉持续扫过相邻的螺片螺棱，如将螺杆与机筒展开，销钉与螺棱的相对运动轨迹似正弦曲线（图 8-85）。在此过程中，因为螺杆

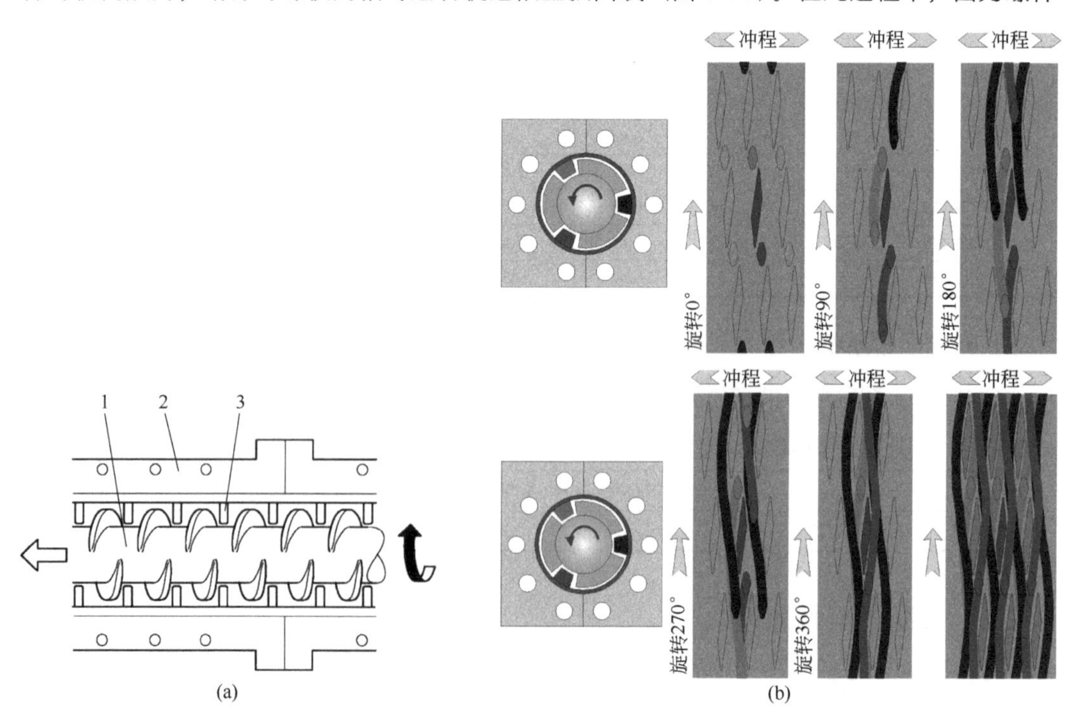

图 8-85 销钉和螺片之间的相对运动

1—螺杆；2—机筒；3—销钉

的往复运动，物料有一种向后逆流运动趋势，这就给径向混合加上了非常有用的轴向作用。所有的物料在螺片螺棱和销钉之间被不断剪切，而不是只有一薄层受到剪切。布斯机所提供的分布混合机理，结合了静态混合器和两辊开炼机的“切割和再折叠”作用。物料熔体表面不断翻新、分割和重新取向，所有这些过程不但发生在径向，而且发生在轴向，以此达到杰出的径向和轴向复合的分散和分布混合效果（图 8-86）。同时，因为销钉持续扫过螺棱，螺棱和销钉之间也相互进行了清理， 实现了高度自洁性。

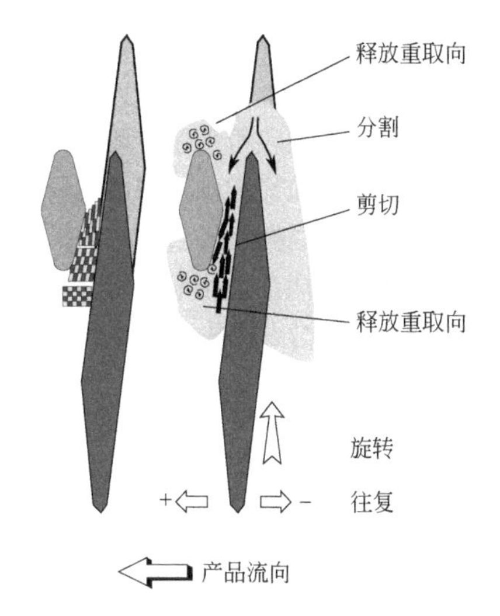

图 8-86 物料在销钉与螺片之间的流动

以三螺片机型为例（一圈螺线切断成三个螺片，机筒内衬上有三排销钉），在 4 个 L/D 内的条纹密度为 2.8×10^{14}，由此可知布斯机能够在非常短的螺杆长径比内实现物料的有效混合的原因。

8.6.3 布斯机制造色母粒工艺

（1）预混工艺

所有的配方原材料组分与粉状或经粉碎的粉状聚合物预混后通过主加料口加入。颜料和添加剂经过聚合物熔融区。在熔融阶段，聚合物初始的很高的熔体黏度产生黏性耗散，非常有利于混合和分散。预混料应是无团块混合均匀的粉体，同时，熔融区的工艺优化对避免颜料在熔融区产生预压缩是很重要的。在混合区，物料进一步分散和均匀混合以完成混合过程，确保颜料的超细分散和均匀混合，见图 8-87。

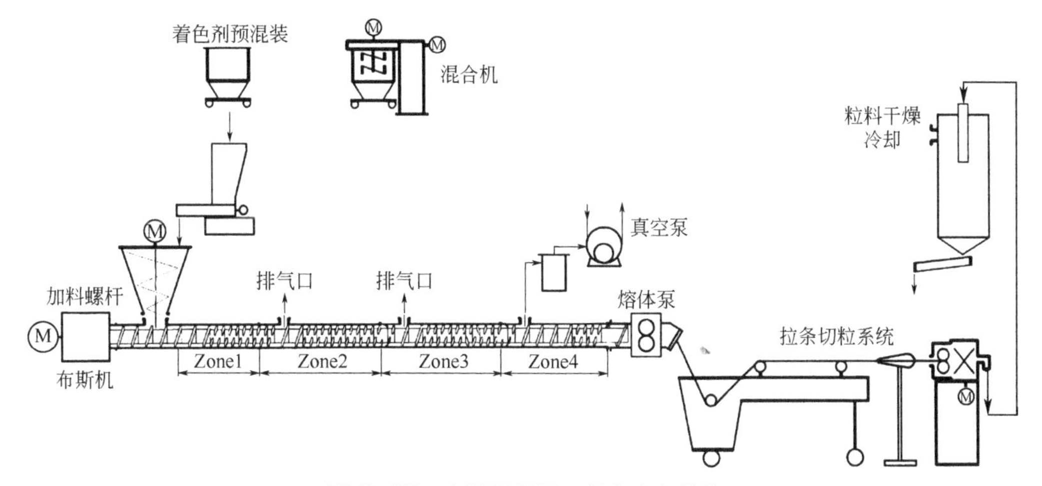

图 8-87 布斯机预混工艺生产色母粒

在原材料中会有一些不受欢迎的物质，如空气、湿气和残留单体。这些挥发分会对加工工艺、产品质量和/或下游加工步骤产生不良影响。在加工段适当的位置上有气体自然排出口，在最后一个工艺区有真空强制排气口，挥发分能被有效抽出。

布斯机总是需要一个适当的出料单元用于造粒所需的熔体压力。采用一个独立的建压出料单元，有利于单独优化工艺过程。根据不同物料特性，有两种建压出料单元、熔体泵和异向旋转锥形双螺杆。

配混料的造粒可采用拉条切粒。产品色母粒被风送到粒料干燥冷却单元。也可采用水下造粒，产品颗粒经脱水冷却后进行包装。

(2) 侧向喂料工艺

聚合物、添加剂和配方组分经失重计量精确称量后加入主加料口或侧向喂料机，对剪切比较敏感的组分（如珠光颜料或铝粉等特效颜料）可通过侧向喂料加入布斯机，以减少剪切，提高产品质量。

目前国内外有不少企业已经成功实施了侧向喂料工艺，也就是载体树脂加入主加料口，颜料从侧向喂料口加入。该工艺与预混工艺相比，消除了预混阶段人工称量的批次误差，改善了生产环境，减少了操作人员，实现了生产线自动化。

布斯机分点加料工艺生产色母粒见图 8-88。

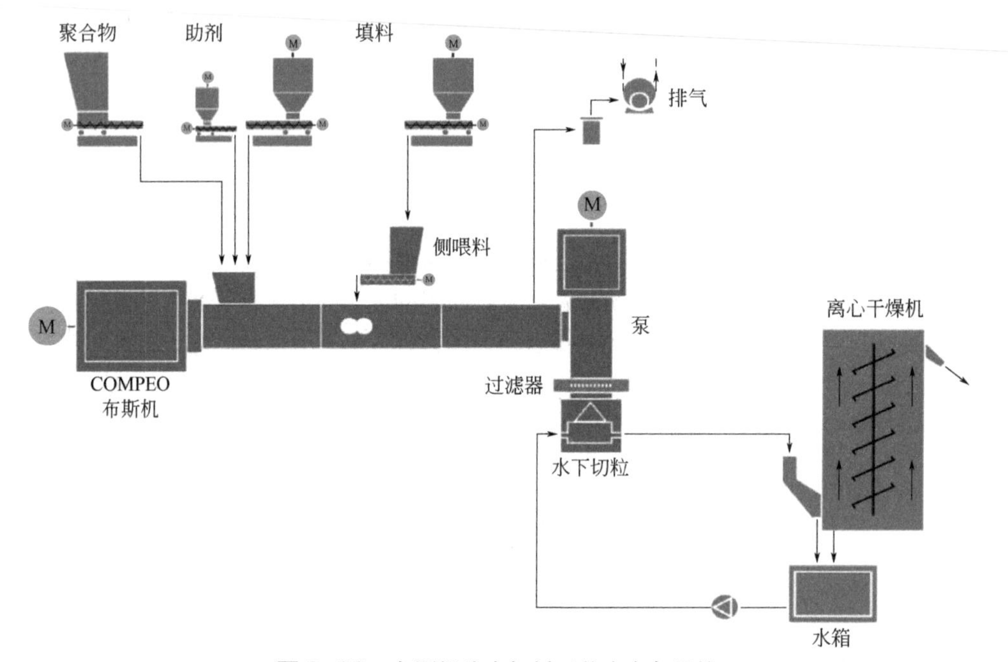

图 8-88 布斯机分点加料工艺生产色母粒

(3) 工艺参数调节

生产中有诸多的因素对复杂的混炼工艺产生影响，而这些影响是非直接的。如图 8-89 所示，工艺参数之间是互相影响的。

调节混炼机运行转速和产量，更容易对混炼工艺产生直接的影响，而外部的加热或冷却对工艺有一定程度的影响。如果这些调节还不足以满足生产的要求，螺杆结构就必须调整。这个因素对混炼工艺的影响极大，但调整螺杆结构意味着生产的中断。

变量因素之间对工艺是互相影响的。为实现设备在最佳工艺条件下运行，每一个参数如螺杆结构、转速、产量和温度都需要优化以达到最佳组合。

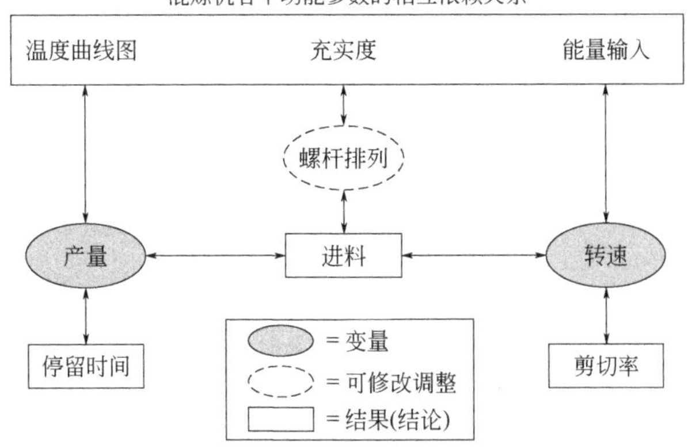

图 8-89 混炼机各个功能参数的相互依赖关系

8.6.4 布斯机制造工艺可能出现的问题、原因及解决方法

为解决生产中出现的问题，需要调整一个或多个参数，而这些调节可能会产生新的问题。因此在调节每一个参数时，需要考虑对工艺整体上的影响，而每次应只调整一个参数。

8.6.4.1 布斯机混炼加工段

(1) 熔体温度太高

熔体温度太高的原因及解决办法见表 8-8。

表 8-8 熔体温度太高的原因及解决办法

序号	可能引起的原因	解决方法
1	混炼机转速太高	降低转速 注： ① 不能影响混炼机进料性能或超过驱动扭矩上限 ② 可能有必要在降低转速的同时降低产量
2	产量太低	增加产量 注： ① 在螺杆转速不变时，增加产量有助于大幅度降低物料温度， 但会缩短物料的停留时间，减少热应力 ② 不能超过驱动扭矩上限
3	加热温度太高	降低设定温度 注： ① 除熔融区外，螺杆和混合区冷却或降低加热设定温度以带走多余的热能 ② 这项措施的有效性受制于驱动功率消耗上限，或高的物料黏性（产生摩擦热， 物料黏度不易大幅降低） ③ 必须保证对填料适当地润湿和均化分散
4	螺杆结构太“硬”	螺杆结构改成“软”结构 注： ① 采用直径较大的限流环 ② 采用加料螺块取代混炼块，缩短混炼区 ③ 用相同根径的螺纹块取代根径增粗的螺纹块 ④ 用混炼/低剪切螺块组合取代混炼-混合复合功能的螺块
5	对混炼机的背压太高	提高建压出料单元（螺杆或熔体泵）转速

(2) 聚合物塑化不均匀

聚合物塑化不均匀的原因及解决办法见表 8-9。

⊡ 表 8-9 聚合物塑化不均匀的原因及解决办法

序号	可能引起的原因	解决方法
1	产量/混炼机转速比率不正确	优化产量/转速比率 注：通常高的充实度最有利于塑化。对高熔点聚合物，一般需要高转速。在产量和速度之间找到最佳的极端匹配
2	加热温度太低	提高设定温度 注： ①在塑化不均的情况下，在熔融区及螺杆芯轴需要更多的加热以补偿消耗的熔融能量 ②如果通过下游喂料口加入的填料未混合均匀，应提高塑化区温度。混合和均化区以及螺杆芯轴可能也需要更多的加热
3	原料分点喂料比例不恰当	调整加料口及加料量配比 注： ①在第 1 个加料口与聚合物一起，喂入过多的填料或黏性添加剂、润滑剂、增塑剂等会影响均匀的塑化 ②在这种情况下，减少在第 1 个口喂入的添加剂，在下游口增加喂入量。液体添加剂（增塑剂）可以在任何适当的下游位置注入布斯混炼机内
4	螺杆结构太“软”	螺杆结构变“硬” 注： ①通常，在熔融区使用较小的压力环来增加背压的方法实现 ②在混合和均化区，喂料螺块可以用混炼螺块取代。根径增粗螺块，反向螺块，或较小的限流环有助于提高背压。使用混炼-混合复合功能的螺块替代混炼/低剪切螺块对提高充实度、增加剪切效果会有些帮助

(3) 喂料口积料

喂粒口积料原因及解决办法见表 8-10。

⊡ 表 8-10 喂粒口积料原因及解决办法

序号	可能引起的原因	解决方法
1	混炼机转速太低	提高螺杆转速 注：可能转速相对给定的产量来说太低了
2	进料量太高	减少进料量 注：只有在调节所有工艺参数后，物料仍然在喂料口积聚时才采用
3	排气除尘不够	改善排气除尘 注：对轻质易飞扬的添加剂（如炭黑），在喂料斗上配以有效的吸尘是必不可少的。带入喂料口的空气必须被排除。水汽也必须被抽除，以避免它们在料斗凝结，一段时间后引起阻塞，所以需要吸尘系统。单靠料斗上的过滤袋是不够的。后自然排气口也需要与真空吸尘系统相连
4	温度控制不正确	改善温度控制 注： ①进料段需适当冷却 ②降低螺杆加热温度。螺杆温度过高会使聚合物和添加剂在螺杆上熔融并黏附在螺杆上，因此削弱了喂料能力 ③熔融区温度过低，造成在进料区建立起压力 ④相关解决方案是为了降低螺杆的加热温度而增加熔融区的温度
7	螺杆结构不合适	最佳的螺杆组合 注： ①使用直径更大的限流环避免在进料区形成背压 ②在进料区需使用恰当的喂料螺块。选用更合适的螺杆块可以把在均化区产生的背压降至最低

(4) 物料从排气口冒出

物料从排气口冒出的原因及解决办法见表 8-11。

□ 表 8-11　物料从排气口冒出的原因及解决办法

序号	可能引起的原因	解决方法
1	混炼机转速太低	提高螺杆转速 注：这是最简单的方法
2	背压太高	降低背压 注： ①法兰连接的出料单元转速太低导致对布斯混炼机的背压。如必要，提高出料单元转速 ②造粒模板上的孔数或孔径不恰当或过滤网堵塞 ③如果在换配方时（从高熔点聚合物换到低熔点聚合物），没有适当地清洗螺杆机筒，残留在螺杆端部未熔融的物料也会产生背压
3	产量太高	降低产量 注：如在优化所有其他参数后问题仍然存在，那就要降低产量
4	真空度太高	减少真空度 注：真空过高可能会将低黏度熔体和在第 2 个喂料口加入的高填充粉料吸出。降低真空可以解决这两个问题
5	螺杆结构不合适	调整螺杆结构 注：排气口上游需要一些背压及随后的扩张。使用根径增粗螺块、回流块或限流环可以产生背压。对高黏度和“干”熔体，恰当种类的喂料螺块可在排气口使用（如 PVC 或高填充弹性体）。对低黏度熔体（如 PE 或 EVA），排气口使用低剪切或标准混炼螺块会更好
6	粉料被吸出	减速加装相应螺块 注：为避免在排气过程中粉料被吸出，通过降低混炼机螺杆转速（同时监控扭矩和进料情形）可以提高混炼机筒内排气口上游的充实度。如果这样还不能解决问题，应在排气口上游使用限流环或根径增粗螺块，以压缩熔体避免粉料经熔体内空穴被吸出

8.6.4.2　布斯机出料单元

(1) 法兰连接的出料螺杆——料喂不进

法兰连接的出料螺杆喂料不进的原因及解决办法见表 8-12。

□ 表 8-12　法兰连接的出料螺杆喂料不进的原因及解决办法

序号	可能引起的原因	解决方法
1	螺杆转速太低	提高螺杆转速 注： ①这是最简便的解决方法，但重要的是找到问题的原因 ②一方面提高螺杆转速，一定程度上降低了背压，另一方面由于过高剪切可能会对热敏性产品造成过热
2	进料口温度控制不正确	改善温度控制 注：一般方法是冷却进料段。对容易固化的产品，冷却水水量要适度以确保物料不会在筒壁上固化
3	螺杆和机筒的加热温度不正确	调节温度设定 注：一般螺杆温度必须比物料理论熔点低很多，否则产品会粘连在螺杆上
4	背压太高	检查并作相应调整 注： ①太高背压的原因通常是模板不对，或滤网上有残留物料 ②如果未分散填料进入了出料螺杆并堵塞了模板孔，取下并清理模板；冲洗出料螺杆 ③由于产品在螺杆上塑化，或者未被加热的模板，在开车过程中背压往往会增加。在模板被加热以及在生产中断后已彻底地冲洗出料螺杆的情况下，开车期间提高螺杆转速可以解决这个问题
5	出料螺杆结构不合适	调整螺杆结构 注：螺杆结构是根据要排出的产品而设计的。对其他黏度和流动性非常不一样的产品，要么降低产量，要么采用适当的螺杆结构

（2）熔体泵——开车期间熔体泵阻塞

开车期间熔体泵阻塞的原因及解决办法见表 8-13。

⊡ 表 8-13 开车期间熔体泵阻塞的原因及解决办法

序号	可能引起的原因	解决方法
1	产品固化	开车前充分地加热熔体泵 注：加热温度应高于产品理论熔点约 40℃。确保熔体泵完全被加热
2	产品未塑化	来自未熔融的粒料会阻塞熔体泵 更仔细地启动混炼机，从一开始就确保均匀熔融，或者启动混炼机时移开熔体泵
3	填料未分散	在开车期间，未分散的填料进入熔体泵会阻塞熔体泵，在这种情况下，必须移开熔体泵，把填料清理干净。熔体泵受扭矩限制开关或剪切销联轴器（取决于泵的尺寸和制造商的安全规则）保护，不会因阻塞而受损
4	产品裂解	如果已加热的充满产品的熔体泵在高温下停机太长时间，在轴承和密封处的聚合物会裂解 警告：绝不能让充满聚合物的熔体泵停机太长时间（即数小时）而不将加热温度降下来
5	出料螺杆结构不合适	调整螺杆结构 注：螺杆结构是根据要排出的产品而设计的。对其他黏度和流动性非常不一样的产品，要么降低产量，要么采用适当的螺杆结构

（3）熔体泵——料条断裂

熔体泵是正位移工作原理，因此在运行中必须保持充满料。布斯混炼机在 0.2 ~ 1.5MPa 的压力下将产品挤压送入熔体泵。熔体泵如果没有完全充满就会有空穴。在泵的输出端小空穴气泡就会在压力下发出爆裂声响。在拉条切粒时，会发生料条的断裂。降低泵的转速可以解决这个问题，但降低转速不能造成布斯混炼机背压过高（如前所述）。

8.7 高效分散混合器（HIDM）制造色母粒工艺

高效分散混合器（简称 HIDM）尤其适用于热敏性和剪敏性物料的混炼，在色母粒和电缆行业得到广泛的应用。

HIDM 机制造色母粒生产技术是加拿大 Colortech Corporation 发明创立的，Colortech Corporation 创建于 1981 年，是加拿大生产聚烯烃色母粒和添加剂母粒的主要工厂之一。其工艺技术已在美国和世界上其他 12 个以上的国家中获得了专利。

8.7.1 HIDM 机结构和工艺特点

高效分散混合器（HIDM）见图 8-90。

HIDM 机不加热的混合室中有一根中心驱动的旋转轴，轴上有一系列以不同角度交错排列的叶片，见图 8-91。该轴以 2000 ~ 4000r/min 的速度旋转，叶片尖端的线速度可高达 40 ~ 50m/s。物料在混合室中经叶片、混合室壁和物料间的剧烈碰撞得以充分混合。在最初几秒钟内，强烈的分散力有效地打碎了各组分的结块。在加工阶段，HIDM 的作用类似于通常的德国亨肖尔高速混合机。

图 8-90　高效分散混合器（HIDM）

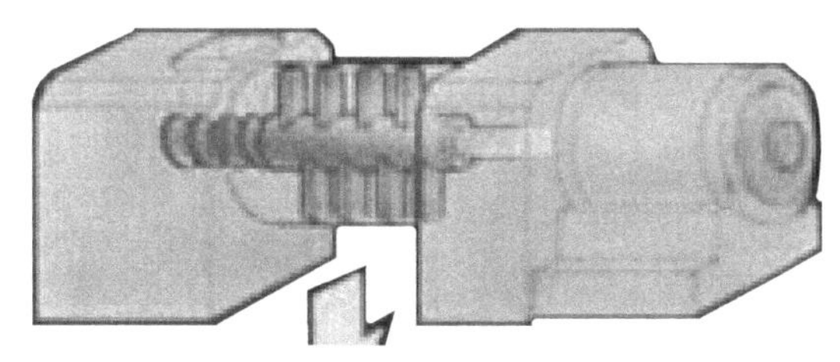

图 8-91　高效分散混合器旋转轴

与传统的混合器比较，高效分散混合器混合作用是在叶片尖端以极高的速度进行。混合室中的树脂和颜料颗粒获得大量的动能，形成“流动床”，温度迅速上升。

当固体物料的温度开始上升时，低分子量添加剂组分首先熔化，覆盖在树脂和颜料颗粒表面。物料中的高分子量组分在进入混合室 6 ~ 10s 后开始熔化成为一个整体，再经过 2 ~ 4s，熔化的物料达到适当的出料温度（聚乙烯的出料温度大约是 150℃），见图 8-92，即可以从混合室底部的出料口出料。

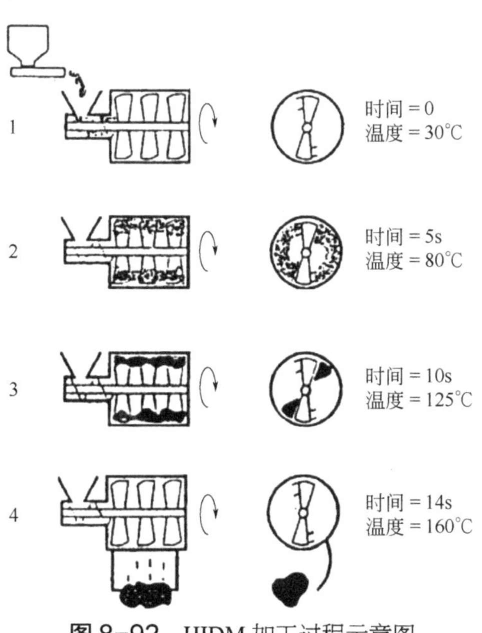

图 8-92　HIDM 加工过程示意图

在传统的混合技术中热能是由剪切作用产生的，在HIDM技术中，热能是通过复杂的分散摩擦流动机理产生，因而物料受热均匀，没有高温热点和高剪切的作用区。这可减少聚合物降解，降低抗氧剂消耗量以及减少某些颜料和填料的变色。对于HIDM技术，可以调整的参数很多，例如，轴的转数、叶片的数目、叶片和轴之间的角度、进料量以及出料温度等。通过精心地选择和搭配这些参数，可使加工过程在较低的熔化温度和短暂的停留时间下达到最佳的分散混合效果。采用HIDM技术，聚乙烯母粒所需的加工时间仅为10~15s。

8.7.2 HIDM机制造色母粒生产工艺

HIDM机制造色母粒生产分为三个工艺过程，见图8-93。

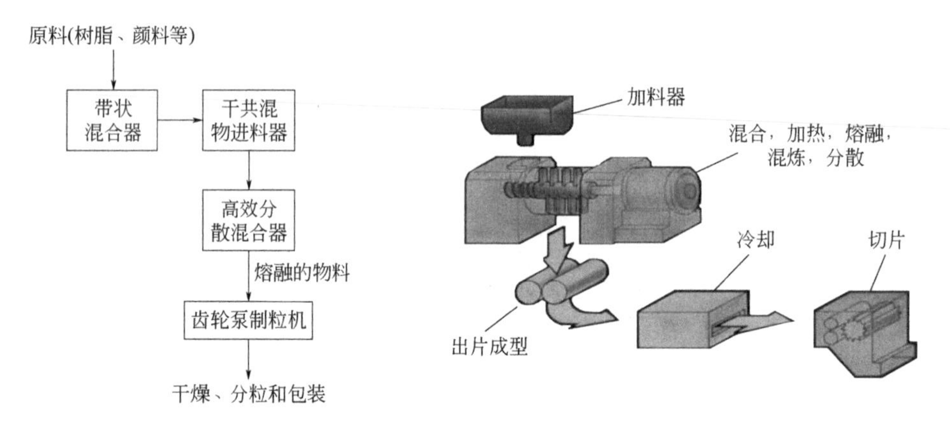

图8-93 HIDM机制造色母粒工艺

(1) 各组分的混合过程

各组分预混合从而得到均匀的混合物料，这一步操作必须十分仔细，否则会发生结块及各组分分散不均匀现象。在彻底检查干混后添加剂和颜料均匀性之后，将混合物料送入分料仓，并经称重后送入HIDM的进料口。

(2) 颜料凝聚体和团聚体的分散混合过程

物料通过进料口送入进料螺杆，并迅速输送物料至水平混合室中，物料在叶片尖端以极高的速度进行。混合室中的树脂和颜料颗粒获得大量的动能，形成“流动床”。温度迅速上升，达到润湿，分散。

(3) 熔体加压造粒过程

熔融物料自混合室出料后，进入一个专门设计的齿轮泵组合系统。齿轮泵压送熔融物料通过二辊冷却，辊压片后进行平板切粒。熔融物料除了在齿轮泵短暂停留外，整个加工过程中只受到很小的剪切作用。由于聚乙烯各色母粒流变性能不同，其熔化温度为170~190℃，在齿轮泵造粒组合件中的停留时间很少超过15s。

也可通过水下切粒机得到母粒，再经过干燥，母粒成品直接包装。

8.7.3 HIDM机制造色母粒生产品种和优势

HIDM 机制造色母粒生产品种可分为四大类：白色、黑色、彩色、添加剂母粒（抗氧剂、抗静电剂、紫外线吸收剂等)。

HIDM 机制造色母粒有下列优势。

① 加工技术能使有机或无机颜料颗粒非常均匀地分散在色母粒中,这些色母粒已被广泛地用于高密度聚乙烯超薄薄膜（10 ~ 15μm）中。

② 注塑母粒和吹塑母粒在成型的应用中不易出现晶点（凝胶），消耗的抗氧剂也少。

③ 使用 HIDM 系统可以生产热敏性母粒，并且分解温度在 150 ~ 210℃的化学发泡剂可均匀地混入聚乙烯母粒中而无过早分解的现象。这就再一次证明了 HIDM 技术特有的剪切力小、停留时间短等优点，而使色母粒产品获得了优良的性能。

④ 使用 HIDM 系统可以生产二氧化钛/线型低密度聚乙烯母粒，其优异的热稳定性，氧化诱导时间的测定表明用 HIDM 制备的母粒具有较高的热稳定性，这是由于树脂及颜料在加工过程中所受的热时间短。

8.8 颜料预制剂制造色母粒工艺

用颜料预制剂来制造聚烯烃色母在国外，特别北美很流性，简单易行，质量保证，相对成本会增高，但随着国产颜料预制剂研发越来越火热，颜料预制剂产品和剂型越来越多，用颜料预制剂制造母粒生产工艺也会越来越多。

8.8.1 颜料预制剂概述

颜料预制剂（简称 SPC）是一种单一颜料的高浓度预分散制剂。依据不同颜料所具有的特性，一般的颜料预制剂含有 40% ~ 60%的颜料；它是由特殊的制造工艺经特定设备加工而成；有效的分散手段和严苛的品质控制使得其中所含的颜料以最细微的粒子形态呈现，达到最佳的色彩性能的体现。其产品外观可以是约 0.2 ~ 0.3mm 的微粉粒，也能制成如普通色母粒般大小的粒状。正因为颜料预制剂有着如此明显的特点，被越来越多地运用于色母粒的制造。

颜料预制剂在塑料着色上具有下列优点。

① 由于颜料被完全地分散，因此具有较高着色力。与直接使用粉体颜料相比，一般可提高 5% ~ 15%的着色力。

颜料预制剂与树脂均相过程只需极小的剪切混合力就能达到理想的分散效果。比如用简单设备（如单螺杆挤出机）就能制成高品质的色母粒产品。颜料预制剂适应各种挤出设备，品质稳定，生产调度灵活；确保最终塑料制品具有极佳的色彩鲜艳度、光泽度和透明性。能体现塑料制品完美的色彩性能。

② 颜料预制剂为微细颗粒，在使用过程中不会产生粉尘飞扬，可最大限度地减少色母粒生产环境的粉尘污染，改善操作条件；同时颜料预制剂微颗粒物料对生产设备的沾污极其轻微。因而，采用颜料预制剂生产色母粒，换色清洗简便省时。

③ 由于颜料预制剂具有可自由流动的特性，外观均匀，无相互粘连，适用于各种喂料机机型；输送过程不架桥、不堵塞。

④ 颜料预制剂中颜料已被完全分散，使用其生产色母粒，无须再费工费时地对颜料进行分散，因此在确保质量的前提下，可大大缩短加工时间，降低生产能耗。由于制剂中颜料分散均匀，颗粒细微，可延长过滤网使用时间，减少滤网更换次数，从而提高了劳动生产率。

⑤ 颜料预制剂能与其他着色剂配合使用，适用性强；可以帮助使用者最大限度地降低色粉库存品种和库存量。

⑥ 颜料预制剂很好的混配性能，能适合不同的聚烯烃载体树脂形态，相混性能良好。

总之，使用颜料预制剂方便简单、性价比高。与传统生产流程相比，其先进性不言而喻，可缩短生产时间，提高生产效率；缩短交货期，提高服务质量，提高市场竞争力。

8.8.2 颜料预制剂的生产工艺

颜料预制剂的研究、开发、工业化生产，目前正在中国升温，可谓百花齐放，颜料预制剂的制造工艺与色母粒制造工艺大同小异，读者可以参见本章前几节叙述，所以不在本节中重复。也建议读者参阅笔者写的《塑料着色剂——品种·性能·应用》一书中的第 7 章颜料在塑料中分散。

颜料预制剂的制造工艺目前主要遵循两条途径。

① 在有机颜料生产过程中颜料细微粒子尚未产生聚集前，采用相转换的方式，直接把原有的液/固相转换成所需载体与颜料的相界面，从而得到颜料预制剂。如在 8.4 节所描述的无论是颜料砂磨后挤水转相或颜料滤饼挤水转相后得到的半成品，标准化后都是颜料预制剂。

最近有国内文献报道，有人在颜料生产中选用颜料生产过程偶合液进行直接挤水转相，也有文献报道，将聚乙烯蜡乳化具有亲水性后，与偶合液进行直接挤水转相，如能工业化，其竞争优势更大。

② 采用少量具有良好相容性的载体以及必要的润湿分散剂，对颜料粉末实施完全分散，最终获得颜料预制剂。侧向喂料法制色母粒生产工艺和捏炼双螺杆生产工艺可以生产颜料预制剂，只不过，其制剂的剂型是母粒型的。当然必要的话可以将其粉碎，就变成粉状制剂。

8.8.3 颜料预制剂色母粒的生产工艺

目前采用聚乙烯蜡或聚乙烯为载体的颜料预制剂可用于聚乙烯、聚丙烯、EVA、聚苯乙烯等色母粒制造，也可适用于聚甲醛、PET、聚酰胺等塑料着色。

① 颜料预制剂因其所含颜料已被完全分散，因而被广用于纤维、薄膜、电缆，淋膜和注塑用色母的制造。颜料预制剂在使用时只需将树脂（粉状树脂更佳）与颜料预制剂混合均匀后经挤出机造粒即可制得理想效果的色母粒。

② 颜料预制剂使用中不需再单独加入分散剂，可视设备情况酌情加入润滑剂等助剂（如硬脂酸锌或硬脂酸镁）。

③ 颜料预制剂与树脂若用高速混合器混合，应尽量缩短共混时间，采用较低的混合速度，不升温，以避免物料混合过程中受热结块，影响其混合效果。

④ 颜料预制剂所含的颜料已彻底被分散，只需用很小剪切力，就能得到分散优良的色母粒。可采用单螺杆挤出机成型造粒，长径比需大于 1:25，并有排气装置。造粒温度不要太高，特别是一区需通冷却水，以防颜料预制剂在加料口环结，影响分散。

⑤ 颜料预制剂在用双螺杆挤出机挤出造粒过程中，进料口夹层通有冷却水，加料口温度控制在60℃以下，避免物料在进料口受热结团，以确保顺利进料。颜料预制剂由于所含的颜料已彻底被分散，而且颜料预制剂具有可自由流动的特性，外观均匀，无相互粘黏，适用于各种喂料机机型；输送过程不架桥、不堵塞，所以双螺杆挤出可以提高加料量、产量、生产效率。

⑥ 颜料预制剂在运输存放过程中应避免受潮，受潮后可烘干（70℃以下通风干燥）再使用，对产品质量没有影响。已开包的产品建议一次用完，否则请及时将包装袋密闭好，避免灰尘、杂质落入。

8.8.4 颜料预制剂制造色母粒工艺的缺陷

颜料预制剂在国际上早已实现商品化，对于欧美和其他发达地区的色母粒制造商来说，运用颜料预制剂已经不是什么新鲜事。然而在国内，这还是个开展得为时并不久远的领域，因此，颜料预制剂在国内的发展还是非常值得期待的。

虽然与直接用粉体颜料相比较，采用颜料预制剂的成本是要高出一截的，但是，从最终制成品特性的比较来看，这样的投入还是物超所值的，尤其对于那些高端品质要求的超细、超薄制品来说，采用一般的分散手段是不能企及的。就市场和行业分工日益明晰的当今社会而言，这样的专业化加工行业的出现和发展也是一股不可遏制的潮流。

颜料预制剂制造色母粒生产工艺的缺陷。

① 使用颜料预制剂制造色母粒，由于国外含50%颜料的制剂要比100%颜料干粉贵，所以采用该工艺会增加些成本。

② 由于经过二次加热成型过程，需注意某些热敏颜料的稳定性。

③ 以聚乙烯蜡为原料的颜料预制剂，仅适合量大面广的聚烯烃类色母粒，适用性有一定的局限性。

母粒质量控制和剖析

色母粒和功能母粒产品质量永远是第一的。色母粒检验以色彩及其各项性能为主，功能母粒以功能性质为主。

色母粒产品的检验包含着色力、耐热性、分散性、迁移性、耐光（候）性、耐化学性等，笔者已在《塑料着色剂——品种·性能·应用》《塑料配色——理论与实践》两书中做了详细的叙述，在本书中就不一一重复了。

色母粒制造过程中，色差是一项十分重要的质量控制指标，它是所有着色剂产业链的关联者包括生产商、销售商、使用者等对同一产品质量及应用性能进行评判的共同语言，贯穿整个产业链从原材料分析、生产环节质量控制、成品品质检验到应用特性评判等各个环节，为此需用一节来介绍。

功能母粒制造过程中，功能是十分重要的一项质量控制标准。为此我们也用一节来介绍。

色母粒剖析也许是对色母粒配方设计的一个有益补充。

9.1 色母粒色差的控制

色差从字义上来说是指观察者能够看得到的颜色差别。当客户订购的塑料制品产生色差时，肯定会投诉并要求索赔。保证每批产品具有恒定的颜色，在经济上是行不通的。因此允许色差极限在生产和经济上具有可行性，是一个配方设计、生产制造、品管检验和客户应用的综合体系。在品牌意识越来越高的今天，色差控制必须提升为色母粒生产的头等大事。

9.1.1 配方设计系统对色差的控制

配方设计系统对色差的控制需从着色剂、助剂、载体系统选择着手。

9.1.1.1 着色剂选择对色差的控制

色母粒配方设计中对着色剂品种选择是控制色差的第一步。

① 配方设计中选用着色剂品种越少越好，简而言之，如果能用二拼色解决就不采用三拼色，因为选择品种过多不仅配色麻烦，而且容易带入补色使颜色灰暗。另外选用的品种越多，这些品种因分散性、着色力等因素给试样和生产中带来的色差也越大。

② 在设计深色品种时，应选择着色力高的品种，例如有机颜料品种，因为在达到深度时颜料添加量少，着色成本相对较低。在设计浅色品种时，应选择着色力低的品种，例如无机颜料品种，因为浅色色谱添加量相对少时，可以多加颜料，例如灰色是大量钛白粉加少量炭黑配制而成，选用特殊工艺生产大粒径灯黑，着色力低，同样色泽可多加颜料量，可避免因计量时的误差传递而引起颜色的色差不稳定。

③ 配方设计应注意选用色光相近的品种，否则会有补色引入，特别在配制灰色时注意钛白粒径大小和炭黑粒径大小对色光的影响。配方设计应注意选用耐热性相近的品种，耐热性差异太大，在加工过程中会因温度变化而引起色差。

④ 配方设计中应注意选用分散性相近的品种。分散性差异太大，如采用难分散有机颜料和易分散无机颜料配色，在加工过程会因生产设备的剪切力变化而引起色泽变化。

⑤ 配方设计中应注意所选用着色剂的配伍性。

群青颜料是一种具有独特红光的蓝色颜料，比有机颜料酞菁蓝红得多，而且色调非常鲜明，透明性较好，群青蓝耐热性非常好可达 400℃并且具有卓越的耐光性。

群青颜料是无机颜料，群青蓝分子式是 $Na_6Al_6Si_6S_4O_{20}$。在其分子结构中实质上是一个具有截留钠离子和离子化硫基团的三维空间铝硅酸盐的晶格，见图 9-1。

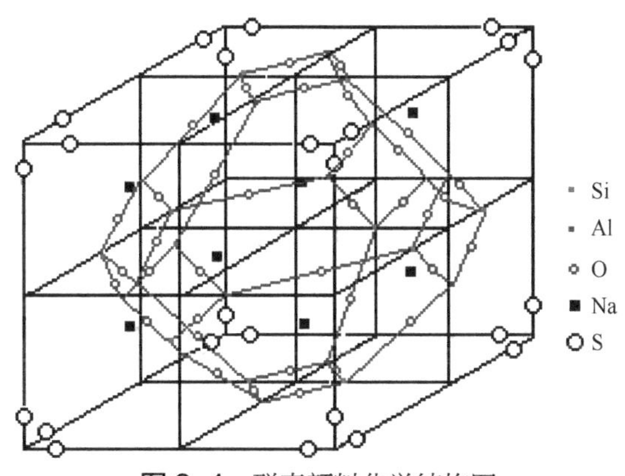

图 9-1 群青颜料化学结构图

钠离子和硫离子位于硅酸铝钠的β笼状空隙中。硫离子易受游离氢离子的影响而导致硫离子数减少，进而影响颜料的色彩。所以群青颜料不耐酸，遇强酸完全分解，失去颜色，在塑料加工中的酸性体系中褪色生成 H_2S（恶臭），如在 PVC 体系和含铅或含锡的稳定剂反应生成 PbS（黑色）、SnS_2（黄色）。所以在配方中有酸性物质，包含一定的硫化物，选用群青便会产生反应变色，造成色差。

9.1.1.2 助剂系统选择对色差的控制

塑料在阳光、热、臭氧等大气环境中会发生自催化降解反应，尤其是 400nm 以下的紫外线辐射，所产生的光氧化学作用和生物学效应十分显著，从而使材料褪色、变黄、硬化、龟裂、丧失光泽。实际上塑料在加工制造、储存、使用的整个过程的各个环节，随时都会发生光氧化反应，只是各自敏感的程度不同而已。所以在一些特殊应用场合的色母粒配方中，采用添加抗氧化剂是最简便有效的方法，但需注意老化助剂系统选择对色差的控制。尤其对光、氧稳定化的着色塑料制品，塑料着色剂若与抗氧剂、光稳定剂配合不当，既可导致着色塑料制品过早褪色或变色，又可加快着色塑料制品的光、氧老化速度。

① 聚丙烯分子链中含有叔碳原子，极易受氧引发而分解，在加工、储存和应用过程中使用抗氧剂进行防老化保护。在着色聚丙烯中，某些着色剂会与低分子受阻酚类抗氧剂发生化学反应，而削弱抗氧剂的作用，影响严重的有槽法炭黑、喹吖啶酮红、酞菁蓝、氧化铁黄等。

铬黄是铬酸铅或碱式铬酸铅同硫酸铅组成的含铅化合物，与含硫抗氧剂 DLTP、DSTP、1035、300 等共用，在塑料加工的高温条件下会发生化学反应，生成黑色硫化铅，导致色差。也大幅度削弱了抗氧剂的防热抗氧老化作用。

抗氧剂 BHT 由于 2,6 位上有 2 个强的推电子基团，在抗氧化过程中既可以作为氢的给予体也可以作为自由基俘获剂，抗氧剂 BHT 能够与自动氧化中的链增长自由基反应，消灭自由基，从而使链式反应中断，因此具有很强的抗氧化效果。但抗氧剂 BHT 与钛白粉和珠光粉配伍时，会发生变黄，形成色差。这是因为钛白粉中钛元素是过渡金属元素，有空价轨道并有很强的配位能力，由环绕（负）电子的质子组成。钛白粉质子容易跑出，攻击 BHT 抗氧剂，引起 BHT 自动氧化，变成醌式结构而造成钛白粉着色塑料变色。

在低压聚乙烯中，抗氧剂 BHT 与炭黑配伍使 BHT 几乎完全失去效能，同时炭黑自身的光稳定作用也大幅度减弱。添加 1% 槽法炭黑、0.1%BHT 的低压聚乙烯薄片的户外暴露寿命，仅为单一添加 1%槽法炭黑的低压聚乙烯薄片的 40%左右，不但会降低抗氧剂的效能，也会降低塑料制品的户外光稳定性能，进而影响树脂变色，导致色差。

② 着色剂中含铜、锰、镍等重金属元素或杂质，具有光活性、光敏性，催化并加快塑料材料的光老化速度。含有游离铜和杂质的酞菁蓝会促使聚丙烯光老化；氧化铁红可使聚丙烯中苯并三唑、二苯甲酮、有机镍盐光稳定剂的效能下降 20%以上；某些分子结构的着色剂可与光稳定剂发生作用，直接削弱光稳定剂的效能。酸性着色剂可使受阻胺光稳定剂失效；在聚丙烯中颜料黄 93、颜料红 144 可使受阻胺光稳定剂作用分别下降 50%和 25%左右，而引发色差。

另需注意高岭土填充于塑料中，可起到一定程度的转光和保温作用。高岭土与光稳定剂共用时，高岭土强烈地削弱光稳定剂的作用，主要原因是高岭土中存在过渡重金属元素，可急剧加速塑料材料的老化。

9.1.1.3 载体系统选择对色差的控制

同一系列树脂因聚合工艺、分子结构等方面的不同，分为若干支系列，如聚乙烯（PE）系列中就有高密度聚乙烯（HDPE）、低密度聚乙烯（LDPE）、线型低密度聚乙烯（LLDPE），配方设计中各种树脂材料的黏度要接近，以保证加工流动性。

同一品种塑料也具有不同的流动性，主要原因是分子量、分子量分布的不同，所以同一种塑料分为不同的牌号。ABS 树脂生产方法有共混法、共聚法和乳液接枝法三大类。通过调节三种单体的配比，可制备性能不同、牌号各异的树脂，如超高抗冲击型、高抗冲击型、通用型和特殊型等。如果载体树脂选择不佳，会引起分散等问题，会影响产品色差。

载体树脂有粒料和粉料，毫无疑问，粉料是最佳选择。粒料除了不利于润湿之外，粒料树脂上下还会分层，并在挤出机喂料下料时不均匀，会造成色差。

载体树脂聚合时，重金属催化剂中残存量过高，将在制品的加工和使用过程中催化树脂材料降解，与抗氧剂、光稳定剂产生对抗作用，可直接或间接地削弱或抑制抗氧剂、光稳定剂的作用功能和效果，导致色差。

9.1.2 生产系统过程对色差的控制

生产系统过程对色差的控制是指原材料的控制，制造过程的控制，生产中间的控制，全面质量管理的控制。

9.1.2.1 原材料的控制

原材料的控制是保证色差的关键。因此生产中同一产品尽可能采用同一厂家，在可能条件下一次性采购的量尽量大一些为好。

必须严格控制生产用原料，原则上生产使用的原料必须与小试验用的原料一致。这样才能保证生产产品的色泽一致性。

如果是新采购的原料，加强原材料入库的检验；在批量生产前要进行抽检，颜色色差必须控制在一定的范围内。必须按标准方法进行检验，检验项目有着色力、色光、分散性以及含水量等指标，由此决定该原材料是否采用，以保证生产的稳定性。

这里需特别注意的是每批颜料的分散性不同会发生色调和饱和度的不同，特别是有机颜料比无机颜料更会引起色差的变化。

选用标准的检验方法和标准检验设备，以保证检验数据的正确性，以便与供应商顺利沟通。

9.1.2.2 制造过程对色差的控制

颜色偏差是在某一生产工序中或各道生产工序均会引起颜色变化的一个综合术语。要想达到良好的质量，必须严格控制各种因素，并了解诸因素间的相互作用。

（1）生产计量系统

计量工作是企业实现现代管理的基础工作之一，也是色差控制的基础工作之一。

计量设备在使用前，使用人员要进行一次检查，确认计量设备技术状态完好、设备检定合格印证齐全、检定周期未超过规定日期、工作环境符合要求，方可使用。在用的计量设备必须认真执行周期检定计划，及时进行检定。

新购入和修理后的测量设备，必须经过检定合格方可投入使用。

称量少量着色剂时，需查看计量工具的精度是否能满足称量误差控制的需求。例如天平精度是 1g，如果称重着色剂质量在 1 ~ 9g 之间，则可能会产生的误差在 50% ~ 10%之间；如果称重着色剂质量在 10 ~ 99g 之间，则可能产生的误差在 10% ~ 1%之间；如果称重着色剂质量在 100 ~ 999g 之间时产生的误差在 1% ~ 0.1%之间，所以在称量少量着色剂时，为了保证色差控制，可采用稀释着色剂浓度，再计量以减少误差的做法。

（2）混合工程

严格控制混料工艺，混料工艺是决定产品质量的重要因素，混料过程中对颜料的润湿程度决定颜料最终达到分散的水平。需注意不同型号高混机的搅拌形式不同、搅拌功率不同，以及搅拌时间、温度变化均对混料最终结果影响颇大，从而影响产品色泽。

在混料配方中最好选择粉料载体，有利于颜料分散。如果载体树脂全为颗粒状，色母粒中颜料质量分数又较高，粒状树脂对颜料的润湿效果不佳，会引起分散不良，而且粒状树脂上下有分层，并在挤出机喂料下料时不均匀，造成色差。

(3) 挤出工程

严格控制挤出工艺条件：加料速度、挤出温度、保持剪切力稳定、工艺稳定，否则会造成色差。一些难分散的颜料在塑料加工过程中会随剪切力变化而变化，而引起色泽的偏差，最好的方法是采用预分散颜料或控制工艺条件不变。

严格控制挤出机机头温度，以防止有些颜料受高温的影响而变色，因此要减少在高温下的停留时间。有时浅色品种往往因树脂受高温易变色或变暗而引起色差，因此可通过降低加工温度或加入抗氧剂来防止树脂变色。

如着色剂耐热性能不高，制造色母粒时，应当尽量保持低温，不可以让物料在螺杆挤出机停留时间太长。耐热性不高的颜料应注意二次造粒对色差的影响。在生产期间尽量减少停车现象，防止出现变色现象。

严格控制螺杆剪切力对珠光效果或金属效果的影响，应该改进加工条件以避免珠光或金属颜料在加工过程中受过多的剪切力而影响色差，更有甚者影响金属和珠光效果，最终只能报废。

由于无机颜料均属过渡金属元素的氧化物和金属盐，所以在结构上与钛白粉同样存在缺陷，因此可对颜料表面进行处理来改善和提高它的性能。

① 铬黄、钼铬红采用包膜提高它的耐热性、耐光性、耐候性。

② 群青采用包膜提高它的耐酸性。

③ 铋黄采用包膜提高它的耐热性。

④ 氧化铁黄采用包膜提高它的耐热性。

所以对于这些包膜的无机颜料，需注意剪切力对颜料包膜稳定性的影响，从而影响整个产品色差。

9.1.2.3 生产中间对色差的控制

当客户对提供的小样经打样试验确认后，企业完成客户订单很重要，这是企业生存、获得利润的手段。

生产中间对色母粒成品的色差控制十分重要。按照 1976 年国际照明委员会提出的色差公式，在标样的周围分别对 ΔL^*，Δa^*，Δb^*设定相应的界限，形成一个长方体的“盒子”。区域内的试样被认为合格，区域外为不合格，见图 9-2。

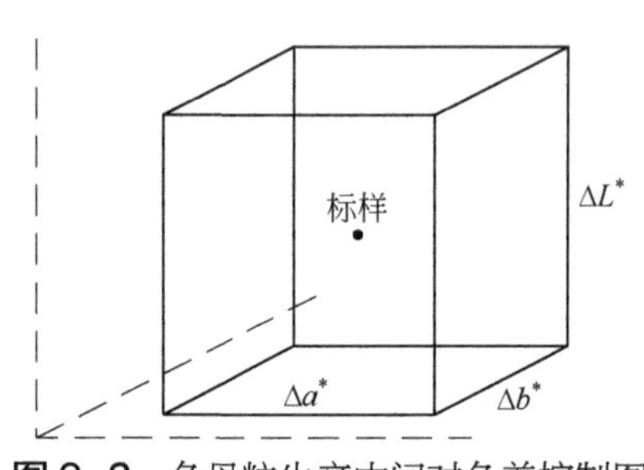

图 9-2 色母粒生产中间对色差控制图

生产中间控制可采用分色差的数值来控制颜色产品质量。通过分色差数值可以了解色样的深浅、艳暗、色调在总色差中的比重。

① 采用 ΔC^*和 ΔH^*组合或 Δa^*和 Δb^*组合来评价产品的色光特性（艳度，色相）。

② ΔC^*和 ΔH^*组合较适合产品饱和度较高（色相角 h 可作为特征值）的样品颜色的判定。

③ Δa^*和 Δb^*组合较适合饱和度较低的样品的

色光评定，如黑色、灰色、棕色等，这些颜色难以将色相角 h 作为特征值。

人眼对三个分色差的敏感程度不同，其中色相变化最敏感，其次是饱和度，最后才是明度。根据人眼对三个分色差不同的敏感程度和所能感受的变化量，三个参数的分类等级界限值通常控制为：ΔL=0.8，ΔC=0.4，ΔH=0.2。

用户提供一些用于判断不同批次间的偏差是否在允许范围内的必要的信息，有助于分析生产工艺是否处于正常状态。

9.1.2.4　全面质量管理对色差的控制

① 建立严格管理制度，加强中间控制，防止人为差错。批量生产时每道工序严格把关。人为差错可能有称量、投料品种不对、加工工艺没按要求、机器未清洗干净、产品受污染、计算出错等原因。

② 建立良好生产环境。由于着色剂大多数为粉料，空气中飘浮的粉尘除了易对环境造成污染外，还会影响产品质量。生产线之间的隔离和及时清理，十分必要，不可忽略。

色母粒生产中色差产生的原因有颜料、树脂、管理，见表 9-1。

表 9-1　色母粒生产过程中色差产生的原因

序号	产生原因	解决办法
1	颜料批次色差引起的	加强检验，把不合格产品退回 寻找能稳定提供合格产品的供应商
2	不同牌号、不同厂家树脂底色的偏差不同引起的	经常与塑料制品生产厂商沟通 尽量采用客户提供的树脂配色
3	色母粒中添加润滑剂、抗氧剂、抗老化剂、抗静电剂等辅助物料的影响	应事先试验加入的助剂对最终制品颜色的影响程度，留档以备日后查验时参考对照
4	计量不准或者失误	计量工具定时校正 保证微量的染、颜料计量的准确性，防止误差传递
5	色母粒生产工艺的不稳定引起批次之间的色差	严格工艺规程，稳定润湿和工艺参数，保证色母粒的着色力和分散性稳定
6	设备之间串色	设备要求经常保持清洁，特别在不同色彩母粒更换时，一定要把前一批次的残留物清除干净，必须要有专职检查

9.1.3　品管系统对色差的控制

品管系统对色差的控制有色差的评定和分析。

9.1.3.1　品管系统色差的评定方法

品管系统对色差的评定有目测检查法、仪器检查法和仪器与目测互补检查法等几种方法。实施仪器测试工作可以分析出样品存在的差异性，并且定量呈现，但因色度学上的局限性，仪器和肉眼还存在局限性，不能完全一致。如果单纯地使用仪器进行测试，难免会影响结果的准确性，所以必须两者结合使用。

（1）目测检查法

直接用眼睛对两个着色制品的颜色差别作评判，用灰卡法评价色差。这种五级九档灰色标准是国际标准化组织于 1974 年颁布的。如果色差相对较小时，这种方法还是比较简洁、实用、正确的，但色差太大时就无法采用了。

(2) 仪器检查法

测色仪（色差计或分光光度计）用标定色板与试样色板测出三刺激值，计算总色差ΔE^*，目前已广泛应用。

(3) 仪器与目测互补检查法

因色度学上的局限性，有的情况虽然仪器测试表示合格，不过目测却不符合要求。这是因为仪器在色度学上做不到具有均匀色空间，而目测经常受到相关因素的限制，无法有效地将差异化情况用数据清晰地呈现出来。

对于有的颜色来讲，无法采用仪器展开测量，只可以使用目测的方式。但是在具体操作过程中，大家都承认仪器测色是个理想的手段，快速稳定，但由于人眼判断颜色受自然光的影响很大，所以任何色差公式均不能达到与人眼一致，而塑料制品的颜色是给人看的，不是给仪器看的，人眼判断应该是最后标准。

仪器测定的数据为参考，目测为最后标准。仪器测试能迅速找出色差存在的根源，然后针对色差计测得数据，决定调整明、暗度或蓝、黄相还是绿、红相。最后以人眼判断为标准。所以色差的测试仪器与目测互补检查法为最佳。

9.1.3.2 色差评定步骤

从试样与参照样在 CIE 1976（$L^*a^*b^*$）色度空间（见 GB 11186.1—1989）中色坐标的计算可得到两者在颜色、明度、彩度及色调上的差异。

按 GB 11186.2—1989《漆膜颜色的测量方法 第二部分：颜色测量》方法，选用测量条件，测定试样色坐标（$L^*_T a^*_T b^*_T$）和参照样色坐标（$L^*_R a^*_R b^*_R$），采用 CIE LAB 色差公式计算总色差，两颜色间的总色差ΔE^*是它们在 CIE 1976（$L^*a^*b^*$）色度空间中两位置的几何距离，并按以下公式计算:

$$\Delta E^* = [(\Delta L^*)^2 + (\Delta a^*)^2 + (\Delta b^*)^2]^{1/2}$$

式中，$\Delta L^* = L^*_T - L^*_R$；$\Delta a^* = a^*_T - a^*_R$；$\Delta b^* = b^*_T - b^*_R$。

目前，随着检测设备的发展与普及，以上数据均可采用专业的测色仪器和设备测试而直接获得，无需经过繁复的计算。

部分着色剂经热加工操作后会导致在一定时间段内的颜色不稳定。因此，试样色片应确保在室温条件下避光保存至少 16h 后再作色差评判。

9.1.3.3 色差评定结果分析

用分光光度计（又称色差计）进行色差的评估无疑是较为科学和客观的方法，一般情况下色差数据与目视评估结果是比较吻合的，即：色差值较小时，眼睛看不出色差；色差值较大时，目视差异很大。但有时我们会碰到不一致的情况，色差很小了，但我们目视无法接受；色差值很大，但眼睛看上去样品色差不大，可以接受。造成不一致的原因有很多，可从下列几个问题分析。

(1) 从仪器选择和设置方面分析

分光光度计是在整个生产过程中用于指定和交流色彩并监控准确性的色彩测量设备。分光光度计可测量几乎任何东西。几乎所有行业的品牌所有者、设计师、实验室技术员和质量控制专业人员都依靠这些设备来确保色彩从具体指定到最终质量检查始终保持一致。

然而，目前市场上的分光光度计有许多种型号和尺寸。有便利、实用的便携式分光光度计，小到足以放在手掌上，在实验室中巡视，进行现场质量检查；还有较大的台式设备，随时处于备用状态，可按照最精准的规格和容差测量最准确的颜色。

色差计常用的有三种几何结构，包括 0°/45°，*d*/8°和多角度，见图 9-3，还有包含镜面反射状态（specular component included，简写：SCI，SPIN，包含）和排除镜面反射状态（specular component excluded，简写：SCE，SPEX，排除）。同一个样品使用不同的几何结构的分光光度计测量得到的结果是不同的。为了达到与目测结果一致，建议按照如下原则选择仪器和设置：

对于普通颜色样品，0°/45°和 SCE 的测量结果与目视评估结果最为接近；

对于诸如金色、银色等高镜面反射的样品，SCI 的测量结果与目视结果更为接近；

对于特殊效果颜色，多角度分光光度计测量结果与目视结果匹配最佳。

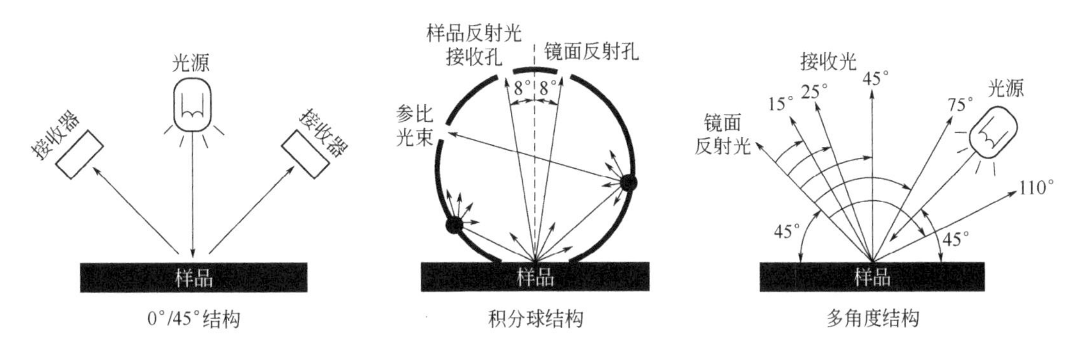

图 9-3 色差仪常用的三种几何结构

（2）从光源类型选择分析

CIE 规定了若干种标准照明体，来模拟不同应用场景下的光源，同一个样品在不同的照明体下计算得出的颜色数据是不同的。选择一种与目视评估使用光源类型一致的标准照明体，才会得到一致的结果。比如目视是在户外或者灯箱 D65 照明下，仪器中就要选择对应的 D65 标准照明体。

（3）从光源分析

仪器测量获得的数据是以 CIE 规定的标准照明体进行计算的，那么我们在目视评估时所用的光源也应该使用对应的光源，两者的结果才能达到一致。而现实中大家使用的照明光源参差不齐，很难一致。

这实际上是一种光的同色异谱现象，看上去都是白光，但其内部不同色光的能量不同，那么看到不同的结果就不足为奇了。为了获得与仪器数据一致的结果，选择一台高等级的灯箱是很有必要的。

（4）从视角选择分析

视角是指 CIE 制定标准时样品在观察者眼睛中投影的夹角，有两个标准，一个是 2°，另外一个是 10°（图 9-4）。2°对应于小样品或远观样品，10°对应于大样品或近观样品。如果评估产品面积很大，而仪器中选择了 2°视角，就容易出现不匹配的情况。

（5）从色差公式选择分析

CIE 分别在 1976 年、1995 年、2001 年发布了不同的总色差公式 DE、DE94、DE2000；其他有关组织也发布了一些不同的色差公式，比如英国染料协会的 DEcmc、德国标准局的

DEp 等。发布不同的色差计算方法正是因为总色差数据计算总是有局限性，不尽完美，与人眼评估的结果无法 100%吻合，所以需要不断地进行修正，发布更新的计算标准。

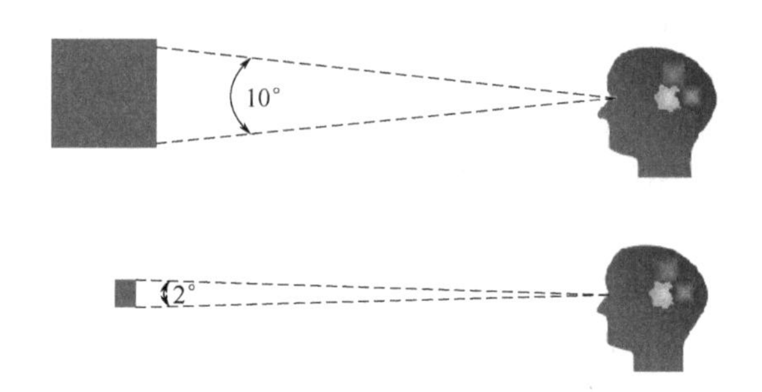

图 9-4 样品在观察者眼睛中投影的夹角

根据统计研究，D（$L^*a^*b^*$）容差与人眼的吻合率只有 75%，而 DE94 和 DEcmc 可达 95%，而 DE2000 则更高。选用更新的色差公式将减少数据与目视的偏差。

对于浅灰色，DE=0.5 目视都感觉很明显；但对于大红色，DE=3.0 目视都可以接受。相同的色样，用 DE2000 计算两个结果都在 1.0 左右，这样与目视就更加接近了。

（6）从环境符合分析

人眼对产品颜色进行对比分析时，很容易受到产品周围环境的影响，比如周围环境太亮，附近有其他颜色。根据研究，在中性灰的背景和环境中评估颜色是最准确的，所以现在大多数的灯箱内部涂布的是孟塞尔 N7 亚光灰色，其 L^*值在 70 左右，a^*b^*接近于 0。实际上我们能看到的东西都可以视为一个光源，比如我们穿的衣服，它们对于颜色的评估是有或多或少的影响的。

（7）从眼睛最佳状态分析

世界上没有两片相同的树叶，也没有相同的两双眼睛。眼睛作为颜色的接受者，与大脑一起工作形成颜色感受，这个过程是相当复杂的。最后的感知除了受物体本身的光学特性影响外，还与眼睛的结构状态、身体和心理状态、人的文化背景等有关系。最基本的，我们要排除评估者的视觉有任何生理缺陷，比如色盲或者弱视。有很多颜色识别工具可以对个体的颜色敏感性进行测试和分析，避免不合适的人员参与到颜色评估工作中来。

9.1.4 客服系统对色差的控制

当塑料制品产生色差时，客户肯定会向供应商提出投诉，客服系统对色差的控制要求是供货商和客户永远绕不过的问题。

9.1.4.1 制定公允色差

制定公允色差（批次之间颜色的精确性）的标准是供货商和客户需要解决的问题。色差并不一定是加工过程中的问题所引起的，每个产品不同批次之间，性能都会有一些变化，因此，一定的色差是可允许的。

供货商和客户应在允许色差上达成一致。一方面允许色差极限在生产和经济上具有可行性，另一方面要保证每批产品具有恒定的颜色。这些相反的要求可能会引起利益冲突，因此供求双方进行直接全面对话可以避免这样的利益冲突。

通常供货商和客户有不同的颜色测量仪器。在这种情况下，通常用双方测色仪测量同一个样品。通过数据比较，就能分别确定每台仪器的公差。结果有两个公差，一个是对同一个着色样品每台测色仪的色差，供需双方必须认可对方测色仪产生的色差。这个程序不会引起问题，因为基本上是对同一个样品用两种不同的测色仪进行测量。即使双方拥有相同的测色仪，也推荐采用上述程序。测色仪是一种有色差的工业产品，尽管制造商做出了所有努力希望尽可能地将这种色差减小。

9.1.4.2 确立标准检验方法

标准的检验方法，对企业内部来说是控制产品质量的眼睛，对外是产品质量交流的共同语言。改革开放后整个世界就是一个地球工厂，所以尽量采用国际标准，有利于企业的技术进步和国际接轨。

9.1.4.3 客服系统对色差的控制

客服是供应商与客户沟通的桥梁，客服充分了解自己产品的性能，充分了解客户应用工艺、应用条件、应用设备，根据自行产品的特性，给予客户合理化建议，解决色差问题。我们以注塑产品为例来强调客服系统对色差的控制。

色差是注塑中常见的缺陷，因配套件颜色差别造成注塑件成批报废的情况并不少见。色差影响因素众多，涉及原料树脂、色母、色母同树脂原料的混合、注塑工艺、注塑机、模具等，正因为牵涉面广泛，色差控制技术成为注塑中公认较难掌握的技术之一。在实际的生产过程中一般从以下四个方面来进行色差的控制。

① 消除注塑机及模具因素的影响。要选择与注塑产品容量相当的注塑机，如果注塑机存在物料角等问题，最好更换设备。对于模具浇注系统、排气槽等造成色差的，可通过相应部分模具的维修来解决。必须首先解决好注塑机及模具问题才可以组织生产，以削减问题的复杂性。

② 塑料同色母混合不好也会使产品颜色变化无常。将塑料及色母机械混合均匀后，通过下吸料送入料斗时，因静电作用，色母同塑料分离，吸附于料斗壁，这势必造成注塑周期中色母量的改变，从而产生色差。对此种情况可采取原料吸入料斗后再加以人工搅拌的方法解决。现在有很多公司采用喂料机来加入色母，这样节省了大量人力，并且为色差控制提供了很大的帮助，但不少公司因使用不当，结果往往难以令人满意。固定转速下喂料机加入色母的量取决于塑化时间，而塑化时间本身是波动的，有时波动还比较大，因此要保证恒定的加料量，需将喂料机加料时间加以固定，且设定时间小于最小塑化时间。在使用喂料机时需注意，因喂料机出口较小，使用一段时间后，可能会因为喂料机螺杆中积存的原料粉粒造成下料不准，甚至造成喂料机停转，因此需定期清理。

③ 减少料筒温度对色差的影响。生产中常常会遇到因某个加热圈损坏失效或是加热控制部分失控长烧造成料筒温度剧烈变化从而产生色差。这类原因产生的色差很容易判定，一般加热圈损坏失效产生色差的同时会伴随着塑化不均现象，而加热控制部分失控长烧常伴随着产品气斑、严重变色甚至焦化现象。因此生产中需经常检查加热部分，发现加热部分损坏或失控时及时更换维修，以减少这类色差产生的概率。

④ 减少注塑工艺参数调整时的影响。非色差原因需调整注塑工艺参数时，尽可能不改变注塑温度、背压、注塑周期及色母加入量，调整时还需观察工艺参数改变对色泽的影响，如发现色差应及时调整。尽可能避免使用高注射速度、高背压等引起强剪切作用的注塑工艺，

防止因局部过热或热分解等因素造成的色差。严格控制料筒各加热段温度，特别是喷嘴和紧靠喷嘴的加热部分。

9.2 母粒的功能性控制测试

塑料树脂添加助剂后会增添很多功能，拓展塑料很多用途，对于这些功能的性能测试就显得很重要了。

9.2.1 聚乙烯棚膜防老化性能

影响聚乙烯棚膜防老化性能的因素较多，目前还不能使用简易检测手段检验棚膜的耐老化性或准确地判断膜的有效使用寿命。但是依据聚乙烯棚膜热氧化、光降解机理所建立的稳定体系，可用多种方法进行验证，并预测其使用寿命。

① 用氙灯加速老化试验、人工老化试验结果判断棚膜的防老化时间。

② 稳定剂的远红外（IR）透过率分析法。

9.2.1.1 氙灯加速老化试验、人工老化试验

在进行棚膜防老化性能验证时，下面的塑料防老化性检测标准可作为试验依据：

GB 3681—2011《塑料　自然日光气候老化、玻璃过滤后日光气候老化和菲涅耳镜日光气候老化的暴露试验方法》

GB 16422.2—2014《塑料　实验室光源暴露试验方法　第 2 部分：氙弧灯》

GB 15596—2009《塑料在玻璃下日光、自然气候或实验室光源暴露后颜色和性能变化的测定》

GB/T 16422.1—2019《塑料　实验室光源暴露试验方法 第 1 部分：总则》

GB/T 16422.3—2014《塑料　实验室光源暴露试验方法 第 3 部分：荧光紫外灯》

GB/T 16422.4—2014《塑料　实验室光源暴露试验方法 第 4 部分：开放式碳弧灯》

（1）自然气候暴露试验

试验按 GB 3681 规定进行。将试样置于自然气候环境下暴露，使其经受日光、温度、氧等气候因素的综合作用，并在暴露一定时间后，测定样膜的性能，通过样膜的性能变化来评价农膜的防老化（耐候性）性能。

（2）氙灯加速老化试验

该试验按 GB 16422.2 规定进行。它是以氙灯为光源，模拟和强化自然气候中主要因素的一种人工气候加速老化试验方法。在试验中，聚乙烯棚膜试样将按人工方法，强化和模拟在自然气候中受到的光、热、氧、湿气、降雨为主要老化破坏因素的作用，以加速试样的老化，从而获得以试样为代表的棚膜在近似于自然气候的耐老化性。这种方法可用于配方研究，并以较短时间建立稳定体系；也可用于与已知棚膜的防老化数据相比较，对未知老化性能的棚膜进行评价。

试验条件常以氙灯光波长范围、辐射强度、黑板温度、相对湿度、喷水周期、喷淋水的

pH 值等表示。棚膜的氙灯加速老化试验结果见图 9-5。

厚度为 0.15mm 的聚乙烯长寿无滴棚膜，采用的稳定体系为：光稳定剂（HALS）0.22%，抗氧剂 0.075%，设计有效使用寿命为两年。试验结果表明棚膜 3500h 氙灯暴露试验后的断裂伸长率保留率为 82%，若以暴露 1500h 为一年使用寿命推算，该棚膜（稳定体系）足以满足有效使用寿命两年的要求。

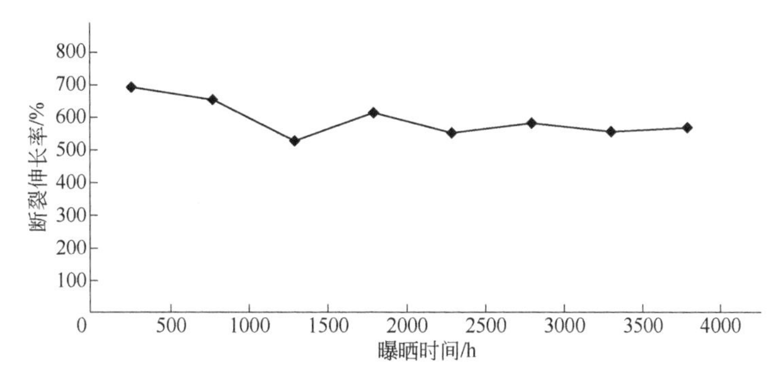

图 9-5 厚度 0.15mm 棚膜的氙灯加速老化试验结果

厚度为 0.20mm 的聚乙烯长寿无滴棚膜，采用的稳定体系为：光稳定剂（HALS）0.3%，抗氧剂 0.1%，设计有效使用寿命为 3 年以上，其氙灯加速老化试验结果如图 9-6 所示。试验结果表明棚膜经 5500h 氙灯暴露试验后的断裂伸长率保留率为 50%，若以氙灯暴露 1500h 为使用寿命一年推算，该棚膜有效使用寿命为 3 ~ 4 年。

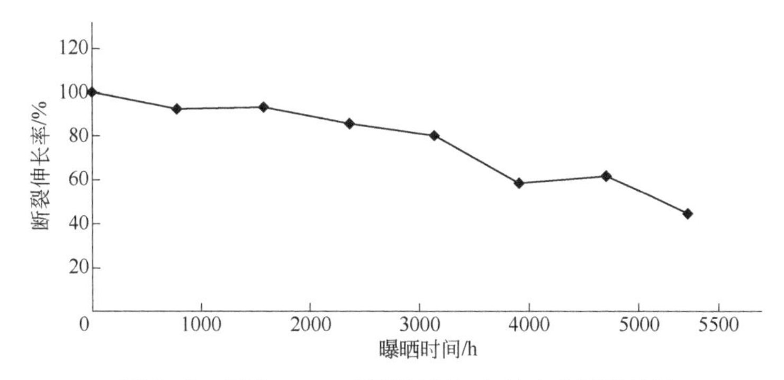

图 9-6 厚度 0.2mm 棚膜的氙灯加速老化试验结果

无论是自然气候暴露老化试验还是人工老化试验，在实验结束时，必须对塑料防老化性能指标进行评价，研究力学性能的变化，如拉伸强度、断裂伸长率保留率等。

棚膜防老化性能的判断有两种方式：一种是取断裂伸长率保留率为 50%，当断裂伸长率保留率低于 50%时，视该棚膜已老化；另一种是固定试验条件，以农膜性能降低至某一规定值进行判断。

9.2.1.2 棚膜中受阻胺含量的光谱分析

红外光的波长介于可见光和微波波长之间，即 0.75 ~ 1000μm。当分子没有受到光照射时，处于最低能级，即基态。当分子受一定波长的红外光照射时，产生振动能级的跃迁，在振动时伴有偶极矩改变的分子就会吸收红外光子，形成红外吸收光谱。

红外吸收光谱技术可以用来对有机物进行定性和定量分析。这种技术被广泛地应用于生产企业中。

为了制定出最佳的防老化农膜配方，并及时有效地对生产情况跟踪定位，可利用傅里叶变换红外光谱仪来检测农膜中 HALS 的含量。

HALS 红外光谱特性：分析 HALS 红外吸收光谱并进而计算该 HALS 在样膜中的添加量前，我们首先要对该 HALS 红外光谱特性进行了解。HALS 生产厂商会提供他们产品的有关信息，我们也可以通过查阅相关的工具书得到各种 HALS 的红外光谱谱图（图 9-7）。例如 *The Aldrich Library ot Infrared Spectra* 就收有受阻胺光稳定剂的红外光谱图。此外，目前常用的红外光谱图库还有 Sadtler Spec-finder 数据库，Sigma 生物化学谱库，NicoIct 蒸气相谱、多伦多法庭谱岸，扩展的 Hummel 高聚物谱库和 Aldrich 蒸气相谱库等。如果在标准谱图集中仍查不到有关谱图，还可以查阅红外光谱的索引书，查找刊有光谱图的期刊或专著。例如，可以通过化学文摘 CA（*Chemical Abstracts Index*）查找，商品 HALS 光稳定剂一般为复配物，其特征波长见表 9-2。

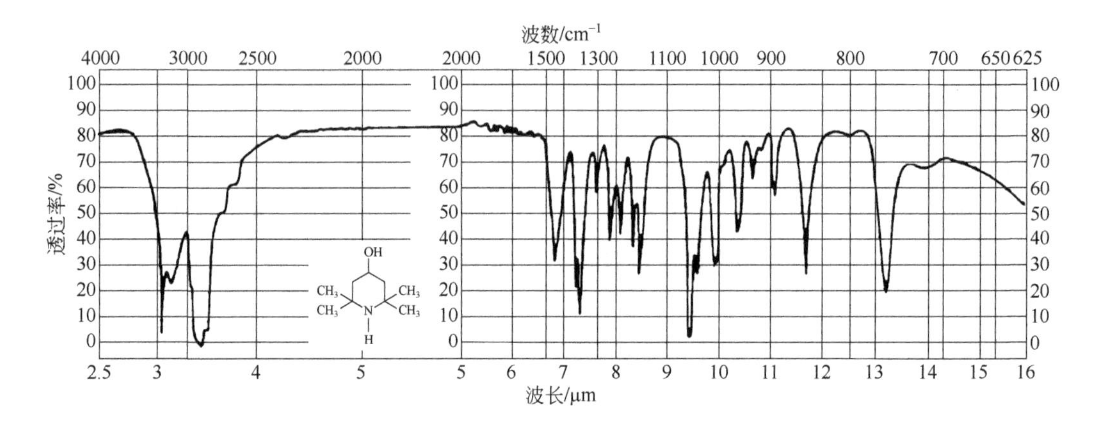

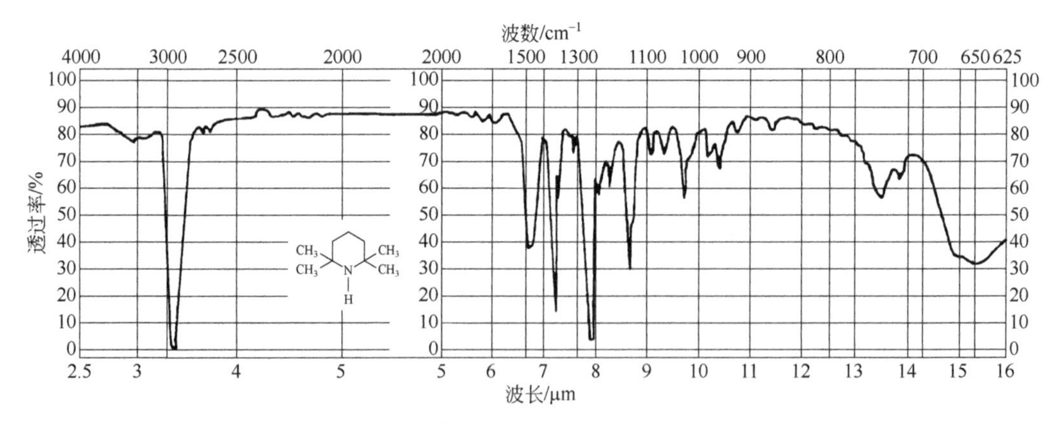

图 9-7　受阻胺光稳定剂的红外光谱图

表 9-2　受阻胺商品的特征波长

波长/μm	光稳定剂种类
1529.7	受阻胺：C944（瑞士汽巴），Ha88（意大利 3V）
1538	受阻胺：UV 3346（美国氰特）
1738	UVA：Tinuvin 770（瑞士汽巴）

光稳定剂的液相色谱分析法，可测定棚膜中的光稳定剂浓度，也是推断棚膜防老化时间的有效工具，由于比较复杂就不在这里叙述了。

9.2.2 聚乙烯农膜的流滴功能检测

流滴是聚乙烯无滴棚膜、聚乙烯无滴地膜、聚乙烯多功能棚膜等农膜的主要功能。在这些产品的研究、生产、质量缺陷处理及评价等过程中，都必须进行农膜流滴性检测。虽然许多流滴棚膜的检测结论往往通过农田应用试验，才给予最终确认，但是在自然条件下进行棚膜流滴性检测，需要花费很长的试验时间。而且自然环境（季节、温度和地理位置等）的变化和差异，也会使农田应用试验结果出现偏差。为此，根据农膜流滴原理及农田应用的特点和要求，加快检测农膜流滴性的方法有测定无滴农膜表面润湿张力和应用薄膜流滴试验仪。

9.2.2.1 测定无滴农膜表面润湿张力

聚乙烯农膜在添加流滴剂后，其表面润湿张力有明显改善。添加流滴剂品种及数量不同，其表面润湿张力也不同；表面润湿张力高，水珠与农膜接触角小，流滴性能也好。因此，测定无滴农膜的表面润湿张力，可反映出农膜是否具有流滴功能，以及流滴性的差异。

本试验方法是依据 GB/T 14216—2008《塑料薄膜和片润湿张力的测定》提出的。用已配制成一定润湿张力的试验混合液，涂到农膜表面，若该混合液能被农膜表面润湿，则该混合液的润湿张力，视为农膜的润湿张力。

检测时，按表 9-3，用乙二醇单乙醚、甲酰胺溶液，配制好某一表面润湿张力值的试验混合液；用棉花蘸浸试验混合液，在干净的农膜试样表面涂刷；观察试验混合液是否能使农膜表面润湿，观察时间约为 5 ~ 10s；若涂刷的试验混合液层出现不连续的孤岛状液面，则该试验混合液不能被农膜表面润湿；反之，则认为该试验混合液的润湿张力值为农膜的表面润湿张力值。检测结论，可按下述方式表述：

① 确定一个农膜表面润湿张力的目标值，检测结果用合格或不合格表述。

② 连续对农膜表面进行检测，检测结果用“表面润湿张力值”表述。

表 9-3 薄膜表面润湿张力试验混合液

润湿张力 /（mN/m）	乙二醇单乙醚（体积分数）/%	甲酰胺（体积分数）/%	润湿张力 /（mN/m）	乙二醇单乙醚（体积分数）/%	甲酰胺（体积分数）/%
36	57.5	42.5	44	22.0	78.0
37	51.5	48.5	45	19.7	80.3
38	46.0	54.0	46	17.0	83.0
39	41.0	59.0	48	13.0	87.0
40	36.5	63.5	50	9.3	90.7
41	32.5	67.5	52	6.3	93.7
42	28.5	71.5	54	3.5	96.5
43	25.3	74.7	56	1.0	99.0

由于表面润湿张力的测试方法简单易行，可用于农膜生产过程的检验。例如对无滴棚膜进行多次表面润湿张力的测试，其表面润湿张力值在 38 ~ 46mN/m 范围。在这一表面张力的无滴棚膜具有较稳定的流滴功能。为此，确定无滴棚膜出厂时的表面润湿张力合格值为 38mN/m。在棚膜生产过程进行润湿张力值的检测时，只有润湿张力≥38mN/m 的棚膜，才能

认为产品合格。但是，薄膜表面润湿张力的测定值，会受流滴剂的种类、添加量、流滴剂在薄膜中分布的均匀性、检测时的环境温度和相对湿度的影响而出现偏差；有时产品需放置 4 ~ 24h，才会反映合格的表面润湿张力值。因此，该方法只能反映检测时农膜的润湿状况，不能正确地反映农膜流滴性的持久性和初期效果。

9.2.2.2 应用薄膜流滴试验仪，检测农膜初期流滴及流滴持效期

棚膜流滴试验仪（图 9-8）是基于棚膜流滴原理设计的。它适用于软 PVC、PE 无滴大棚膜的流滴功能测试。添加流滴剂的棚膜，在使用过程中，流滴剂缓慢析出棚膜表面，使棚膜具有流滴功能；同时，流滴剂也逐渐被水抽提而流失，导致棚膜流滴功能失效。棚膜因添加的流滴剂品种和添加量不同，在扣棚初期会显示不同的流滴效果，称为初期流滴性能，流滴剂流失过程的持续时间，称为持效期。试验以凝结有白色雾滴或不流动的透明水珠面积，作为流滴失效面积：当流滴失效面积大于试样面积 30%时，可认为棚膜的流滴功能失效。棚膜在流滴试验中的持续时间为棚膜持效期。

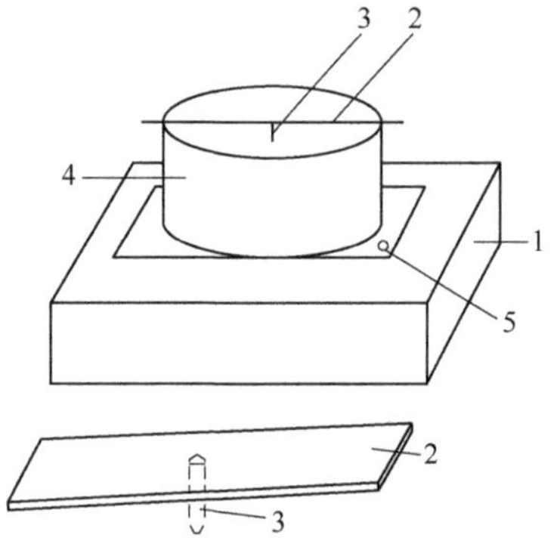

图 9-8 流滴试验仪

1—水浴槽；2—压板（支架）；3—压锤；4—圆形试样罩；5—温度计插孔

流滴试验仪结构简单，操作方便，能较好地反映无滴棚膜实际使用情况，通过试验数据的积累，可以用数据反映无滴棚膜的流滴功能。

试验步骤：

① 裁取尺寸为 450mm×450mm 的棚膜试样，拉平紧扣在圆形试样罩上端，并使其封闭；

② 注入不低于水槽深度 2/3 的水，并加热使水槽温度保持在 60℃±2℃（试样为 PE 膜时）；

③ 将试样罩置于水上，在样膜外置压板及压锤，压紧样膜使膜倾斜 15°；

④ 观察试样膜内表面水珠凝聚状况，并记录水珠初次滴落时间（min）；

⑤ 继续观察样膜在水槽试验中，水珠凝聚情况，记录样膜流滴失效所需的时间（d）。

⑥ 整理试验数据，提出试验膜的初滴时间及流滴失效时间，判断棚膜的流滴性。

一般样膜的初滴时间短（约小于 5 ~ 7min），表明该棚膜流滴初期性能好；样膜流滴失效时间越长（大于 6 ~ 8d），表明该棚膜无滴有效期越长。

9.2.3 塑料抗菌性能检测

抗菌塑料材料是一类具有抑菌和杀菌功能的新型材料，用抗菌塑料材料制成的各种制品，具有卫生自洁功能，有长效、经济、方便等特点。与普通制品相比，抗菌塑料制品可免去许多清洗保洁等繁杂劳动，能有效地避免细菌传播，减少交叉感染、疾病传播。随着人们对生活质量要求的提高，其应用日益广泛。抗菌塑料产品的抑菌和杀菌性能可以定量测定。

9.2.3.1 抗菌性能检测标准

为了保证国内抗菌塑料制品的质量，抗菌塑料的评价提供统一的技术依据，抗菌塑料测试标准就非常重要。

ISO 22196—2011《在塑料和其它无孔表面抗菌活性的测定》是在日本、中国等国际标准化组织成员国的推动下建立的国际标准。通过该标准规范了塑料表面抗细菌性能检测过程的细节，有效提高了检测的准确性，使检测过程更加标准、简单和有效。该国际标准的发布，可以很好地解决此前因各国抗菌标准的不同而导致的国际贸易不平衡的状况。这项标准的出台标志着抗菌行业开始进入全球标准化时代。

该标准规定了抗菌处理塑料制品（包括中间制品）的抗菌活性的评价方法，也适用于其他材料的抗菌性能检测。该标准与日本国家工业标准 JIS Z 2801—2000《抗菌产品——抗菌行为及抗菌效果试验方法》、中国国家标准 GB/T 31402—2015《塑料　塑料表面抗菌性能试验方法》，GB 15979—2002《一次性使用卫生用品卫生标准》等标准的思想是一致的。美国 ASTMG 21—1996，中国 GB 21551.1—2008 是选用抑菌环法测试高分子材料抗菌性，产品抑菌和杀菌定量测定国内外标准见表 9-4。

表 9-4　产品抑菌和杀菌定量测定国内外标准

标准代号	标准名称	适用范围	试验方法	定性或定量	国家
ISO 22196—2011	在塑料和其它无孔表面抗菌活性的测定	表面平整的试样	贴膜法	定量	国际标准化组织
JIS Z 2801—2010	抗菌加工制品——抗菌性试验和抗菌效果		贴膜法	定量	日本标准
GB/T 31402—2015	塑料　塑料表面抗菌性能试验方法		贴膜法	定量	中国标准
QB/T 2591①	抗菌塑料——抗菌性能试验方法和抗菌效果		贴膜法	定量	中国标准
JC/T 939—2004	建筑用抗细菌塑料管抗细菌性能	将管剪成表面平整的试样	贴膜法	定量	中国标准
ASTM G21—2015	合成高分子材料耐真菌的测定		抑菌环法	定性	美国标准
GB21551.1—2008	家用和类似用途电器的抗菌、除菌、净化功能通则	片状试样	抑菌环法	定性	中国标准

① QB/T 2591 已于 2017 年 5 月 12 日废止。

贴膜法（接触测试法）是抗菌塑料抗菌性能的最先进的测试方法，产品抑菌和杀菌性能可以定量测定。国际标准没有抗菌率指标规定。但日本标准规定抗菌塑料的抗菌指数值应大于 2，中国标准则大于 99%（较强抗菌性）和大于 90%（有抗菌性）。

抗菌性是塑料材料和制品的特殊功能，要求高效、广谱、长效，在相关环境中适用。抗菌性能的检测属微生物试验范围，所以，需要建立独立的实验室。

9.2.3.2　贴膜法（GB/T 31402—2015）

标准中选择的测试菌为金黄色葡萄球菌（革兰氏阳性菌代表菌种）和大肠埃希菌（革兰氏阴性菌代表菌种）。

实验原理：菌液与抗菌塑料、空白样品接触一定时间后，进行活菌数培养计数，通过比较空白样品与抗菌样品的菌数来计算出抗菌率。本测试方法适合表面平整的塑料，不适合表面凹凸不平或软质的泡沫制品或添加光催化剂类抗菌剂的抗菌塑料。

实验步骤如下。

（1）试样的制备

每种经过抗菌处理的材料至少准备 3 片试样，未经抗菌处理的材料至少准备 6 片试样。

3 片未经抗菌处理的试样用于接种后立即测量活细菌数，另 3 片用于测量接种后 24h 的活细菌数。

注：使用 3 个以上的经过抗菌处理的试样有助于减少误差，尤其对于抗菌效果较差的材料。

试样尺寸为（50 ± 2)mm×(50 ± 2)mm，试样厚度不超过 10mm。如果不能切割成这样大小的样片，只要样品能够被面积为 400 ~ 1600mm² 薄膜覆盖即可。优先考虑从制品上制备试样。如果不能从制品上制备上述大小的试样，则利用相同原料和工艺单独制备试样。如果试样尺寸不同于 50mm×50mm，则应在试验报告中写明实际的试样尺寸。

（2）接种液的制备

使用无菌的接种环，转移一环预培养好的细菌到少量的 1/500 NB 中，确保细菌分散均匀，并采用显微镜观测及计数板或利用其他合适的方法（如分光光度计法）测定细菌数量。用 1/500 NB 稀释菌悬液，使细菌的浓度在 $2.5×10^5$ ~ $10×10^5$CFU/mL 之间，最佳浓度为 $6.0×10^5$CFU/mL，用作接种液。如果接种液不立即使用，将其放置于冰块上（0℃）并在 2h 内使用。

（3）试样接种

制品的外表面作为测试表面，制品的横切面不需要测试。将试样分别放入无菌的培养皿中，测试面朝上。用移液管吸取 0.4mL 接种液，滴到每个试样表面。并将制备好的 40mm×40mm 薄膜盖于接种好的菌液上，并向下轻轻按压薄膜使菌液向四周扩散，确保菌液不要从薄膜边缘溢出。在试样接种完并盖上薄膜后，盖上培养皿盖（图 9-9）。

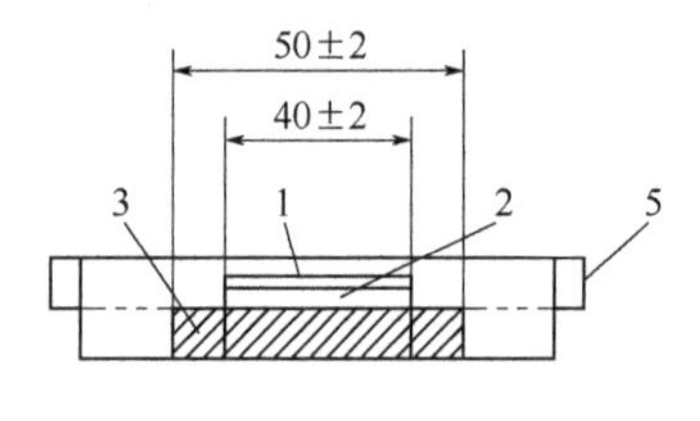

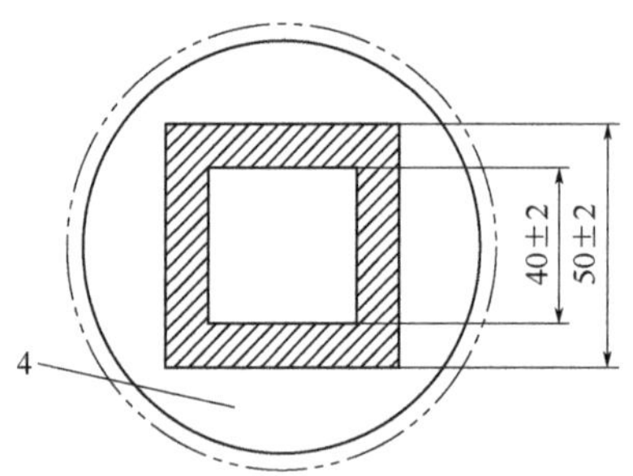

图 9-9 试样接种与覆盖膜放置（单位：mm）

1—覆盖膜；2—接种液（0.4mL）；3—试样；4—培养皿；5 —培养皿盖

（4）接种试样的培养

含有接种试样（包括 3 片未经抗菌处理制品的接种试样）的培养皿，在（35 ±1）℃、相对湿度不小于 90%的条件下培养（24±1）h。

（5）菌种回收

接种后，立即对已接种的 3 片未做抗菌处理的试样进行菌种回收，在各培养皿中加入 10mL SCDLP 培养液或其他适宜而有效的中和剂。以此种方法得到试样上细菌的回收率。应对试样进行充分冲洗，即用移液管吸取和释放 SCDLP 培养液，冲洗试样 4 次以上。然后立即对试样上的活菌进行计数。

（6）培养后洗脱

培养后的试样片按以上的方法洗脱，计算活菌数。

（7）抗菌性能的计算

在试验被认为有效的情况下，用下式计算抗菌性能值，结果保留到小数点后 1 位。

$$R=(U_t-U_0)-(A_t-U_0)=U_t-A_t$$

式中　R——抗菌性能值；

U_0——未经抗菌处理试样接种后即时菌数的对数平均值，CFU/cm²；

U_t——未经抗菌处理试样接种后 24h 的菌数的对数平均值，CFU/cm²；

A_t——经抗菌处理试样接种后 24h 的菌数的对数平均值，CFU/cm²。

抗菌性能值可以用于描述抗菌效果。

9.2.3.3 抑菌环法 琼脂平皿扩散法（ASTM G21—2015）

在不提供霉菌生长所需碳源的情况下，材料中合成高分子部分通常能够抵御真菌，不能用作真菌生长碳源，但材料中其他成分如增塑剂、纤维素、润滑剂、稳定剂和着色剂往往是造成真菌侵蚀的主要原因。

该试验方法涵盖了用合成高分子材料模塑和编织成型的管、棒、片材和薄膜等制品的抗真菌性能的测定。

实验原理：在易腐蚀（即温度 2～38℃）和相对湿度 60%～100%的条件下评价材料耐微生物腐蚀性。

实验步骤如下。

（1）接种

倒足够的营养盐琼脂到无菌盘，凝固的琼脂层深为 3～6mm。琼脂凝固后，将试样放在琼脂上。接种表面，包括检测试样表面，整个表面用喷雾器以 110kPa 压力喷撒孢子悬液。

（2）持续保温

覆盖接种检测试样环境，28～30°C，相对湿度不小于 85%。

检测的标准保温时间为 28 天，但检测也许不到 28 天就结束，因为样品增长率已达到 2 或更多。

最终报告必须详细记录保温的实际持续时间。

（3）观察效果见表 9-5。

表 9-5 试样增长效果

观察试样增长	级别	观察试样增长	级别
无	0	中量增长（30%～60%）	3
有增长痕迹（小于 10%）	1	大量增长（60%到完全范围）	4
小量增长（10%～30%）	2		

增长痕迹可能定义为分散的、稀疏的真菌繁殖，比如可能是原接种物大规模增长的孢子，或者外部污染物（手指印、虫屎等）。

由于真菌在材料表面生长可能存在局部加速或抑制，材料腐蚀过程变化因素很多，因此材料腐蚀的重现性较差。为避免评价过于乐观，应报告样品观察到的最大腐蚀程度。

9.2.3.4 抑菌环法（GB 21551.1—2008）

抑菌环试验是定性评价抗菌性能的方法。抑菌环的大小代表被测试物质抗菌力的强弱，但只是适用于溶出性抗菌塑料抗菌性能的评价。对于非溶出性的抗菌塑料，没有抑菌环并不能判断该样品不具有抗菌效果，要观察塑料与培养基结合的表面是否长菌，如果没有菌落生长，则具有抗菌性能，如果长满了菌落，则没有抗菌性能。此方法存在一定的缺陷，既不能定量得出抗菌率，也无法单凭是否有抑菌环来判定样品是否有抗菌效果，需要根据抗菌塑料中抗菌剂的溶出性来判断。另外，根据抑菌环的大小，还可以评估抗菌塑料的稳定性或安全性。

实验原理：利用抗菌剂不断溶解经琼脂扩散形成的不同浓度梯度，显示抗菌性能。以抑菌圈大小来判断是否符合本标准的安全性要求。

实验步骤：

① 把试样制成直径为 5mm，厚度不超过 4mm，适合检测的待检样品。对照样品为直径

5mm 的无菌干燥滤纸，每片滴加无菌蒸馏水 20μL，干燥。

② 将菌液浓度制备为（5.0 ~ 10.0）$\times 10^{15}$ CFU/mL，作为试验用菌液。

③ 物品灭菌：试验前试验样品、对照样品均用 70%乙醇浸泡。1min 后用无菌水冲洗，自然干燥，如不适于用消毒剂处理的样品，可直接用无菌水冲洗，对试验所用到的其他器具可采用高温湿热或干热方法灭菌。

④ 取 0.3mL 上述菌液，在培养基上涂抹均匀，盖好平皿，置室温静置 5min。

⑤ 抗菌样品放置，每次试验贴放 3 个染菌平板，每个平板贴放 2 片试验样品和 2 片对照样品。用无菌镊子取试样贴放在平板表面，各样品中心相距不小于 25mm，与平板边缘相距不小于 15mm，贴放好后，用无菌镊子轻压样品，使其紧贴于平板表面，盖好平皿，在 (37±1) ℃、相对湿度大于 90%的条件下培养 16 ~ 18h。

抑菌圈宽度计算公式：

$$W=(T-D)/2$$

式中，W为抑菌圈宽度，mm；T为抑菌圈最短直径，mm；D为试样的直径，mm。

9.2.4 塑料可降解性能的检测

塑料可降解性是指在自然界如土壤、沙土、淡水环境、海水环境、特定条件（如堆肥化条件或厌氧消化条件）中，由自然界存在的微生物作用引起塑料降解，并最终完全降解变成二氧化碳（CO_2）或甲烷（CH_4）、水（H_2O）及其所含元素的矿化无机盐以及新生物质（如微生物死体等）。

9.2.4.1 可降解塑料制品的分类与标识

2020 年以来全国多地已正式开始实施限塑政策，催生了对可降解塑料的大量需求。随着国内限塑热度不断升温，2020 年 9 月 13 日，中国轻工业联合会制定并发布了《可降解塑料制品的分类与标识规范指南》（以下简称《指南》）。《指南》进一步明确了可降解塑料的概念和定义，从范围、产品定义和分类、降解性能检测方法、标识及要求、标识样式和规范等五个方面对可降解塑料标识提出具体要求。同时，《指南》要求有关产品生产企业、销售企业、零售超市与餐饮企业等使用单位及相关单位，认真贯彻落实国家治理塑料污染的各项政策和措施，积极按照《指南》进行产品标识、采购，加强标识管理。

可降解塑料目前有淡水环境降解塑料，可堆肥化降解（包括传统堆肥与可庭院堆肥）塑料，可土壤降解塑料，海洋环境降解塑料，污泥厌氧消化降解塑料（图 9-10）。

图 9-10 可降解塑料标识

目前，全球每年生产塑料两亿多吨，塑料制品市场持续扩大，利用生物技术降解将是发展趋势。测定这些材料在自然环境中生物分解能力的指标很重要。下面将以上五种降解塑料国内外标准、测试原理、适用范围作简单叙述，满足色母粒行业适应降解塑料行业发展之需求。

9.2.4.2 淡水环境降解塑料

微塑料是尺寸小于 5.0mm 的不同形态塑料的统称，微塑料组成成分大部分是聚丙烯（PP）、聚乙烯（PE）、聚氯乙烯（PVC）、聚对苯二甲酸乙二醇酯（PET）和聚苯乙烯（PS）这几类。水环境中的微塑料具有体积小、比表面积大和吸附能力强等特点，会吸附一些疏水性污染物和重金属，如果这些吸附过污染物的微塑料被生物摄取，可能会产生联合毒性，并且会在食物链中传递。近年来，微塑料已成为淡水环境中一种备受关注的新型污染物。

（1）水性培养液中材料最终需氧生物分解能力的测定

① GB/T 19276.1—2003《水性培养液中最终需氧生物分解能力的测定　采用测定密闭呼吸计中需氧量的方法》。

② GB/T 19276.2—2003《水性培养液中最终需氧生物分解能力的测定　采用测定释放的二氧化碳的方法》。

测试原理：在水性系统中利用微生物来测定材料的生物分解率。试验混合物包含一种无机培养基、有机碳浓度介于 100 ~ 2000mg/L 的试验材料（碳和能量的唯一来源），以及活性污泥或堆肥或活性土壤的悬浮液制成的培养液。此混合物在呼吸计内的密封烧瓶中被搅拌培养一定时间，试验周期不能超过 6 个月。在烧瓶的上方用适当的吸收器吸收释放出的二氧化碳，测量生化需氧量（BOD），通过生化需氧量（BOD）和理论需氧量（ThOD）的比来求得，用百分率表示。微生物分解程度还可用释放的二氧化碳量（CO_2）和二氧化碳理论释放量（$ThCO_2$）的比来求得，以百分率表示。微生物分解材料时释放出的二氧化碳可用合适的方法来测定。

降解周期：180 天。

适用范围：天然和（或）合成聚合物、共聚物或它们的混合物；含有如增塑剂、颜料或其他化合物等添加剂的塑料材料；水溶性聚合物。

（2）GB/T 32106—2015《塑料　在水性培养液中最终厌氧生物分解能力的测定 通过测量生物气体产物的方法》

测试原理：本标准是在水性培养液中、无氧条件下测定塑料的生物分解能力。首先将消化污泥使用前进行洗涤，使其含有极少量无机碳（IC），并稀释至总干固体浓度为 1 ~ 3g/L。将有机碳（OC）浓度为 20 ~ 200mg/L 的试验材料与消化污泥在温度为 35℃±2℃的密闭容器、厌氧条件下培养一段时间（通常不超过 60 天）。在此条件下，试验材料会生物分解为二氧化碳（CO_2）和甲烷（CH_4），CO_2 和 CH_4 的产生会导致试验容器顶部压力或体积增加，所以可以根据测定压力或体积的增加量来获得所释放的生物气体量。以上转化成生物气体和无机碳的总碳量，和试验材料本身所含的碳总量（可通过测量或分子式计算得到）的百分比，即为试验材料的生物分解百分率。

降解周期：60 天。

适用范围：天然和（或）合成聚合物、共聚物或它们的混合物；含有如增塑剂、颜料或其他化合物等添加剂的塑料材料；水溶性聚合物。

9.2.4.3　可堆肥化降解塑料

可堆肥塑料是指在堆肥化条件下可以分解成二氧化碳和水的一类塑料，并要求在堆肥周期内塑料能变成小于 2cm 大小的小块，并要求堆肥产生的重金属含量满足各国的标准要求，同时与传统堆肥比较不会对植物的生长产生不良影响。

可堆肥塑料技术要求（GB/T 28206—2011 等同于 ISO 17088—2008）第一节规定了鉴

别与标识塑料及制品具有需氧堆肥性能的程序与要求。

本标准技术要求包含以下四个方面内容：生物分解性能；崩解性能；对堆肥过程和设备的负面影响；所得堆肥的品质，包括受控金属的含量和其他有害成分。

可堆肥塑料的堆肥处理过程应当在运行良好的堆肥设施中进行，要求适合的温度、含水量、有氧条件、碳/氮和处理方法等。商业和市政堆肥设备通常可以满足这些条件。在此条件下，可堆肥塑料将会发生崩解和生物分解，其分解率与庭院废弃物、牛皮纸袋和食物碎屑相当。

普通家庭堆肥环境下可以提供一定量的真菌和细菌，但温度并不能达到工业堆肥的条件，会大大降低生物可降解塑料的降解性能。所以，只有部分经过家庭堆肥认证的可堆肥塑料，才能在家里堆肥降解。

(1) 受控堆肥条件下材料最终需氧生物分解能力的测定

① GB/T 19277.1—2011《受控堆肥条件下材料最终需氧生物分解能力的测定　采用测定释放的二氧化碳的方法第 1 部分：通用方法》。

测试原理：本测定方法在模拟的强烈需氧堆肥条件下，测定试验材料最终需氧生物分解能力和崩解程度。使用的接种物来自于稳定的、腐熟的堆肥，如可能，从城市固体废物有机物的堆肥中获取。试验材料与接种物混合，导入静态堆肥容器。在该容器中，混合物在规定的温度、氧浓度和湿度下进行强烈的需氧堆肥。试验周期不超过 6 个月。在试验材料的需氧生物分解过程中，二氧化碳、水、矿化无机盐及新生物质都是最终生物分解的产物。

在试验中连续监测、定期测量试验容器和空白容器产生的二氧化碳、累计产生的二氧化碳量。试验材料在试验中实际产生的二氧化碳量与该材料可以产生的二氧化碳的理论量之比为生物分解百分率。

降解周期：180 天。

适用范围：塑料等有机高分子材料。

② GB/T 19277.2—2011《受控堆肥条件下材料最终需氧生物分解能力的测定　采用测定释放的二氧化碳的方法 第 2 部分：用重量分析法测定实验室条件下二氧化碳的释放量》。

测试原理：同 GB/T 19277.1 一样，通过称量装有钠石灰和钠滑石的吸收装置来测定二氧化碳的释放量，比较二氧化碳释放量与理论二氧化碳释放量（$ThCO_2$）得到材料的生物分解率（以百分率表示）。当生物分解达到平稳阶段时结束试验。终止的标准时间为 45 天，但试验也可持续达 180 天。

降解周期：45 天；最长可以 180 天。

适用范围：天然和/或合成聚合物，共聚物及它们的混合物；含有如增塑剂、颜料等添加物的塑料，水溶性聚合物；在实验条件下，不会抑制接种物中微生物活性的材料。

(2) GB/T 19811—2005《在定义堆肥化中试条件下塑料材料崩解程度的测定》

测试原理：本标准用于测定在定义的中试条件下需氧堆肥试验中塑料材料的崩解程度。本标准规定的试验方法可用于测定在堆肥化过程中试验材料所受的影响及获得堆肥的质量，但不能用于测定试验材料需氧生物分解能力。试验材料与新鲜的生物质废弃物以精确的比例混合后，置入已定义的堆肥化环境中。自然界中普遍存在的微生物种群自然地引发堆肥化过程，一般情况下，约在 12 周以后。试验材料的崩解性通过 2mm 试验筛筛上物的试验材料碎片的量与总干固体量的比值来评价。

降解周期：12 周；或堆肥实际周期。

适用范围：塑料等有机高分子材料。

9.2.4.4 可土壤降解塑料

由于在自然界的土壤里，温度、水分、微生物等条件不可控，相比可堆肥化过程中条件受控的情况，其条件相对不可控。目前从生物降解地膜应用及其实验室和野外降解实验结果看，多数的生物降解塑料在野外土壤条件下是可以生物降解的。

GB/T 22047—2008《土壤中塑料材料最终需氧生物分解能力的测定　采用测定密闭呼吸计中需氧量或测定释放的二氧化碳的方法》。

测试原理：本标准规定了通过测定密闭呼吸计中需氧量或测定释放的二氧化碳量的方法，测定土壤中塑料材料最终需氧生物分解能力。生物分解率通过生化需氧量（BOD）和理论需氧量（ThOD）的比或用释放的二氧化碳量和二氧化碳理论释放量（$ThCO_2$）的比来求得，结果用百分率表示。

降解周期：180 天。

适用范围：天然和/或合成聚合物，共聚物及它们的混合物，含有如增塑剂、颜料等添加物的塑料；水溶性聚合物。如果试验材料对土壤中的微生物的活性有抑制作用时，可采用较低浓度的试验材料、其他接种物或已预曝置的土壤。

9.2.4.5 海洋环境降解塑料

塑料制品被直接丢弃或随淡水流入远洋区（自由水域），而后，受材料密度、潮汐、洋流和海洋褶皱影响可能下沉到亚海岸并到达海底表面。许多生物降解塑料密度大于 1 趋于沉入海底。从表面（与海水的界面）至深层，沉积物状态从有氧到缺氧再到厌氧，呈现出急剧变化的氧梯度。

（1）ISO 18830—2016《塑料　海水沉沙界面非漂浮塑料材料最终需氧生物分解能力的测定　通过测定密闭呼吸计内耗氧量的方法》

测试原理：本标准规定了一种通过测量密闭呼吸计中需氧量来确定塑料材料在海水与海底交界的海水沉沙界面处的需氧生物降解程度和速率的测试方法。需氧生物分解的测定也可以通过测量二氧化碳的释放量来实现。本方法是在实验室条件下对海洋中不同海水沉沙区域栖息环境的模拟，如在海洋科学中被称为亚滨海区的阳光可照射到的底栖带（光区）。生物分解水平通过生化需氧量（BOD）与理论需氧量（ThOD）之比求得，以百分率表示。

降解周期：2 年。

适用范围：非漂浮塑料材料。

（2）ISO 19679—2016《塑料　海水沉沙界面非漂浮塑料材料最终需氧生物分解能力的测定　通过测定释放二氧化碳的方法》

测试原理：本标准规定了一种测定二氧化碳释放量来确定塑料材料在海水与海底交界的海洋沙质沉积物上沉积海水沉沙界面时的需氧生物降解的程度和速率的测试方法。该方法同样适用于其他固体材料。采用合适的分析方法测定微生物降解过程中释放的二氧化碳。通过二氧化碳释放量与二氧化碳理论释放量（$ThCO_2$）之比得到材料的生物分解率（以百分率表示）。

降解周期：2 年。

适用范围：非漂浮塑料材料。

(3) ISO 22404—2019《塑料　暴露于海洋沉积物中非漂浮材料最终需氧生物分解能力的测定　通过分析释放的二氧化碳的方法》

测试原理：一种用于确定塑料材料有氧生物降解程度和速率的实验室测试法。通过测量塑料材料在接触取自沙质潮汐带海洋沉积物时的 CO_2 逸出量，来确定生物降解率。用适当分析方法测量微生物降解过程中逸出的二氧化碳。生物降解率用二氧化碳逸出量和理论量（$ThCO_2$）之比确定，以百分率表示。

降解周期：2 年。

适用范围：非漂浮塑料材料。

9.2.4.6　污泥厌氧消化降解塑料

污泥厌氧消化是指污泥在无氧条件下，由兼性菌和厌氧细菌将污泥中的可生物降解的有机物分解为 CH_4、CO_2、H_2O 和 H_2S 的消化技术。它可以去除废物中 30% ~ 50%的有机物并使之稳定化，是污泥减量化、稳定化的常用手段之一。

(1) GB/T 38737—2020《塑料　受控污泥消化系统中材料最终厌氧生物分解率测定　采用测量释放生物气体的方法》

测试原理:规定了一种评估塑料在受控污泥厌氧消化系统中的厌氧生物分解能力的办法，该体系的固含量不大于 15%。该体系在污泥污水、牲畜粪便或垃圾的处理场中较常见。该方法旨在测定材料中的有机碳转化为二氧化碳（CO_2）和甲烷（CH_4）等生物气体的转化率。

降解周期：试验周期一般为 60 天。试验周期可以缩短或延长，直至达到分解平稳阶段，但是不超过 90 天。

适用范围：天然和/或合成聚合物，共聚物及它们的混合物；含有如增塑剂、颜料等添加物的塑料；水溶性聚合物；在实验条件下，不会抑制接种物中微生物活性的材料。

(2) GB/T 33797—2017《塑料　在高固体分堆肥条件下最终厌氧生物分解能力的测定　采用分析测定释放生物气体的方法》

测试原理：规定了一种在高固体分厌氧消化条件下通过测定沼气释放量来评价塑料厌氧条件下生物分解能力的方法。该方法以城市有机固体废物模拟典型的厌氧消化条件。试验材料被暴露在试验室内经过厌氧消化处理的家庭垃圾的接种物中。厌氧分解发生在高固体含量（总干固体含量大于 20%）环境中，并且静置于未被混合的条件下。该试验方法用于测定试验材料中碳含量及其转化成二氧化碳和甲烷的百分率。

降解周期：15 天，如果 15 天时生物分解现象依然明显，可将培养期延长至试验材料的生物分解达到平稳期。

适用范围：塑料等有机高分子材料。

9.3　母粒的安全性控制测试

食品包装材料有很多，相比较其他包装材料和形式，如玻璃和金属等，塑料包装更加环保、节省原材料和运输成本，从而在现代包装工业中得到广泛应用。但是近几年残留在包装材料中的有毒有害物质迁移到食品中，对人体健康造成极大威胁，从而受到人们越来越强烈的关注。

中国已成为全球汽车销量的强劲增长国，2016 年，产销增长突破 10%。伴随着我国汽车工业的飞速发展，人们对车内空气质量日益关注。汽车内饰材料（包括塑料、橡胶、合成纤维、皮革等）和油漆中产生的苯、甲苯、甲醛、乙醛、碳氢化合物和卤代烃等有害物质是车内 VOC 的主要来源，对人体的伤害也最大，部分污染物如苯、甲醛等甚至具有致癌突变性。

本节以与人们生活密切相关的食品接触塑料的安全检测和汽车塑料的 VOC 测试为重点介绍，安全人命关天，万万马虎不得。

9.3.1 食品接触用塑料母粒安全性能测试

食品用塑料包装材料的有害物质来自塑料包装材料本身的有毒残留物迁移，包括有毒单体残留、有毒添加剂残留、聚合物中的低聚物残留、老化产生的有毒物等；来自食品包装材料生产过程中添加的助剂，例如着色剂、润滑剂等，这些添加剂可能具有一定毒性，人们在使用过程中，会因为塑料包装袋上的毒性迁移造成食物污染，而此时人们并没有对此有所察觉，食用食物后就会对身体造成一定伤害，然而这种伤害并不是立竿见影的，毒素长期积累影响人类健康水平，这也是近几年疾病种类增多和发病率升高的原因之一。

9.3.1.1 感官

感官鉴别是评价食品接触用塑料材料及制品质量的有效方法，方法直观，手段简便，可以及时发现产品有无异常，便于早期发现问题，主要依据人的感官对产品进行评价，GB 4806.7—2016 中 4.2 的感官要求见表 9-6，指标包括感官和浸泡液 2 部分。

表 9-6 食品接触用塑料材料感官要求

项目	要求
感官	色泽正常，无异臭、不洁物等
浸泡液	迁移试验所得的浸泡液无浑浊、沉淀、异臭等感官性的劣变

承装非干性食品的食品接触材料及制品要观察的浸泡液包括总迁移量、特定单体迁移量、高锰酸钾消耗量和重金属（以 Pb 计）做迁移试验使用到的所有浸泡液；承装干性食品的食品接触材料及制品要观察的浸泡液只有高锰酸钾消耗量和重金属（以 Pb 计）做迁移试验使用到的两种浸泡液。

9.3.1.2 总迁移量

总迁移量是指在特定的浸泡条件下，选用合适的食品模拟物，从食品接触材料及制品中迁移到与之接触的食品模拟物中的所有非挥发性物质的总量，以每千克食品模拟物中非挥发性迁移物的毫克数（mg/kg），或每平方分米接触面积迁出的非挥发性迁移物的毫克数（mg/dm^2）表示。对婴幼儿专用食品接触材料及制品，以 mg/kg 表示。总迁移限量（OML）指从食品接触材料及制品中迁移到与之接触的食品模拟物中的所有非挥发性物质的最大允许量。

测试原理：试样用食品模拟物浸泡，将浸泡液蒸发并干燥后，得到试样向浸泡液迁移的不挥发物质的总量。

测试过程如下：

① 根据 GB 31604.1—2015《食品安全国家标准 食品接触材料及制品 迁移试验通则》

4.1 表 1 的试样总迁移量的测定规定，选择食品模拟物（表 9-7）。

按 GB 5009.156—2016《食品安全国家标准 食品接触材料及制品 迁移试验预处理方法通则》4.2.4 进行食品模拟物溶液的配制。

② 采样方法：按 GB 5009.156—2016 中 6 的规定操作。所采样品应具有代表性，样品应完整，无变形，规格一致。

⊡ 表 9-7 食品类别与食品模拟物

食品类别	食品模拟物
水性食品，乙醇含量≤10%（体积分数） 非酸性食品（pH≥5）[①] 酸性食品（pH<5）	10%（体积分数）乙醇或水 4%（体积分数）乙酸
含酒精饮料，乙醇含量>10%（体积分数） 乙醇含量≤20%（体积分数）[②] 20%（体积分数）<乙醇含量<50%（体积分数）[③] 乙醇含量>50%（体积分数）	20%（体积分数）乙醇 50%（体积分数）乙醇 实际浓度或 95%（体积分数）乙醇
油脂及表面含油脂食品	植物油[④]

① 对于乙醇含量≤10%（体积分数）的食品和不含乙醇的非酸性食品应首选 10%（体积分数）乙醇，如食品接触材料及制品与乙醇发生酯交换反应或其他理化改变时，应选择水为模拟物，水的质量应符合相关标准规定。

② 也适用于富含有机成分且使食品的脂溶性增加的食品。

③ 也适用于水包油乳化食品（如部分乳及乳制品）。

④ 植物油为精制玉米油，橄榄油，其质量要求应符合 GB 5009.156—2016 的规定。

③ 按 GB 5009.156—2016 用自来水洗净后，用蒸馏水或去离子水冲 2 ~ 3 次，自然晾干。并对其面积进行计算。

④ 试样的迁移试验条件按 GB 31604.1—2015《食品安全国家标准 食品接触材料及制品 迁移试验通则》5.1 的规定选择特定迁移实验条件——时间、温度、特定迁移升温加速试验条件。

⑤ 结果计算

试样中总迁移量按下式计算：

$$X_1 = \frac{(m_1 - m_2) \times V}{V_1 \times S}$$

式中 X_1——试样的总迁移量，mg/dm^2；

m_1——试样测定用浸泡液残渣质量，mg；

m_2——空白浸泡液的残渣质量，mg；

V——试样浸泡液总体积，mL；

V_1——测定用浸泡液体积，mL；

S——试样与浸泡液接触的面积，dm^2。

9.3.1.3 高锰酸钾消耗量

高锰酸钾消耗量的定义是指试样经浸泡液浸泡后，迁移到浸泡液中能被高锰酸钾氧化的全部物质的总量，用以表示试样可溶出有机低分子物质的量。

测试原理：是用蒸馏水浸泡所测样品，所有容易溶出的有机小分子物质会溶解在水里，形成混合液。该混合液用强氧化性高锰酸钾溶液进行滴定，有机小分子物质会全部被氧化，而水则不会参与化学反应，通过消耗的高锰酸钾消耗量，表示溶出有机物质的含量。

测试：迁移试验条件是标准中固定的，模拟物为水，迁移试验条件为 60℃，2h，依据 GB 31604.2—2016《食品安全国家标准　食品接触材料及制品　高锰酸钾消耗量的测定》进行。

9.3.1.4　重金属（以 Pb 计）

食品接触塑料材料的缺点是这些材料在生产过程中添加的稳定剂、增塑剂、着色剂等添加剂及在合成过程中使用的无机金属类催化剂或引发剂，导致了塑料中重金属离子在日常使用过程中迁移到所盛装的食品中，给人体健康带来隐患。在食品接触塑料材料中，有害重金属包括铅、镉、锡和汞等。众所周知，人体内含有大量的铅不仅会影响婴幼儿的正常发育，还会导致成人铅中毒；锡的毒性较强，在国际上被广泛认为是不可降解的有毒物质，主要影响人体的呼吸系统和激素的合成过程；镉主要对人的肾脏造成影响，是一种累积性物质，累积至一定程度后将会对人体或动物造成致命性伤害；汞主要影响人的神经系统，且会将相关病症遗传给后代。

GB 4806.7—2016 中对塑料材质重金属（以 Pb 计）的限量为≤1mg/kg。重金属（以 Pb 计）的迁移试验条件在 GB 4806.7—2016 中有规定：食品模拟物为 4% 乙酸，迁移试验条件为 60℃，2h。重金属（以 Pb 计）测试依据 GB 31604.9—2016《食品安全国家标准　食品接触材料及制品　食品模拟物中重金属的测定》进行。

9.3.1.5　脱色试验

该项目仅适用于加入着色剂的食品接触材料，本色样品不做该项试验。按迁移试验通则获得浸泡液后，依据 GB 31604.7—2016《食品安全国家标准　食品接触材料及制品　脱色试验》从 2 个方面来判定结果，一个是观察浸泡液的颜色，无颜色时表述为阴性。这里所说的浸泡液和感官中提到的浸泡液是一致的。另一方面，用脱脂棉分别蘸上植物油和无水乙醇或乙醇溶液在试样上擦拭，若脱脂棉上未染有颜色，则结果表述为阴性，阴性即符合产品要求。

9.3.1.6　特定单体迁移量

特定单体迁移量，根据生产食品接触材料或制品的原料牌号的不同，要具体确认有无特定单体试验要求，如有特定单体检验项目的要求，再进一步确认具体进行哪种或哪几种特定单体的迁移试验。如 GB 4806.6—2016 附录 A 中表 A.1 的 74 号均聚聚丙烯 PP 和 91 号均聚聚乙烯 PE 均无特定单体要求，79 号聚对苯二甲酸乙二醇酯（PET）的特定单体需要检验锑、对苯二甲酸和乙二醇。这三种特定单体用选定的食品模拟物和迁移试验条件分别依据 GB 31604.41—2016《食品安全国家标准　食品接触材料及制品　锑迁移量的测定》、GB 31604.21—2016《食品安全国家标准　食品接触材料及制品　对苯二甲酸迁移量的测定》和 GB 31604.44—2016《食品安全国家标准　食品接触材料及制品　乙二醇和二甘醇迁移量的测定》测定。

9.3.2　汽车内饰塑料材料 VOCs 测试

汽车的发展趋势是轻量化，也就意味着金属材料应用逐渐减少和非金属材料应用比例上升，选用塑料将越来越多，进而导致车内空气污染的关注度持续升温。

汽车内的VOCs有很多种，经实验研究表明，汽车内部大约有162种VOCs。汽车塑料内饰件产生VOCs的原因是塑料原料中残留单体或生产过程中的溶剂；聚合物老化降解所产生的短的碳链，被氧化后会产生醛酮类的易挥发性物质。

9.3.2.1 VOCs定义和危害

VOCs是挥发性有机化合物（volatile organic compounds）的英文缩写，是指在常温状态下容易挥发的有机化合物。目前世界上有多样化的VOCs定义，见表9-8。VOCs的主要成分及危害见表9-9。

表9-8 世界对VOCs定义

组织	定义
世界卫生组织 WHO	除农药外的，所有沸点在50～260℃之间的有机化合物
美国国家环保局 ASTM D3960-98	参与大气光化学反应的所有含碳化合物
欧盟	20℃下，蒸气压大于0.01kPa的所有有机化合物
国家环保标准	标准状态下初沸点小于或等于250℃的有机化合物

表9-9 VOCs的主要成分和危害

VOCs的主要成分	烃类、卤代烃、氧烃和氮烃，它包括：苯系物、有机氯化物、氟利昂系列、有机酮、胺、醇、醚、酯、酸和石油烃化合物等
VOCs对人体健康有巨大影响	短时间内人们会感到头痛、恶心、呕吐、乏力等，严重时会出现抽搐、昏迷，并会伤害到人的肝脏、肾脏、大脑、造血系统和神经系统，造成记忆力减退等严重后果，危害严重的会导致白血病，胎儿畸形等

注：1.塑料原料中残留单体。
2.塑料原料生产过程中的溶剂。
3.塑料降解副产物。
4.助剂、相容剂、润滑剂及脱模剂。
5.塑料着色剂在颜料化过程中溶剂未处理干净以及添加改变颜料性能的表面活性助剂。

鉴于VOCs对人体可能引发的各种不同程度的危害，将总挥发性有机化合物（TVOCs）的浓度分成4个等级，如表9-10所示。

表9-10 TVOCs的浓度对健康的影响

浓度	对健康的影响
$<0.20mg/m^3$	没有任何烦躁或不舒适的症状
$0.20\sim3.0mg/m^3$	有可能产生烦躁或不舒适的症状
$3.0\sim25.0mg/m^3$	有可能产生咳嗽、皮肤瘙痒、喉咙不适、头痛或感冒等症状
$>25.0mg/m^3$	有可能产生毒害神经的作用或恶性肿瘤、癌症等疾病

9.3.2.2 汽车塑料内饰件的原材料质量检验

为了保证整车的VOCs符合要求，必须对汽车塑料内饰件的原材料进行质量检验，这将有助于从源头上控制车内空气污染。主要进行气味、雾度/冷凝组分、甲醛、总碳易挥发物质的测试。

（1）气味

参考标准：德国VDA270和大众的PV3900等气味测试方法。

测试方法：在经过一定的温度和时效处理后，从烘箱中取出称量瓶冷却至65℃后，迅速打开瓶盖进行嗅辨，用单项打分的算术平均值来表示嗅辨法的等级评定。

评定：六级制

1 级 感觉不到；

2 级 感觉得到，无干扰性；

3 级 明显感觉到，但无干扰性；

4 级 干扰性气味；

5 级 强烈干扰性气味；

6 级 难以忍受。

（2）雾度/冷凝组分

参考标准：DIN 75201A、DIN 75201B、SAE J1756、大众 PV3015。

测试方法：把试样装到烧杯底部，用一块铝箔盖住烧杯，把烧杯放到试验温度为（100±0.3）℃的液槽恒温箱中 16h。通过对进行雾化试验前后的铝箔称重从而得到雾化-冷凝结物的质量。

（3）甲醛含量

参考标准：VDA 275、大众 PV3925。

测试方法：取一定尺寸和质量的样品，悬挂于 1L 的瓶盖带钩的聚乙烯瓶内，加入 50mL 蒸馏水，旋紧瓶盖，放入一定温度的恒温箱里保温一定的时间，然后取出放置在室温下冷却 1h。取出样品加入乙酰丙酮显色剂，摇匀，在恒温水槽中保温一定的时间，然后取出放置在室温下避光冷却 1h。用紫外分光光度计在 412nm 波长下测定试管中溶液的吸光度，计算出甲醛含量。同时并列做空白试验。

（4）总碳易挥发物质测试方法

总碳易挥发物质测试方法详见表 9-11。

表 9-11 总碳易挥发物质测试方法

测试仪器	参考标准	方法
气相色谱	VDA-277	称取样品 2g 于 20mL 顶空瓶内（每个样品至少 3 瓶）。具体称样量以保证顶空瓶上层所剩空间为 5mL 为准。测试条件为 120℃下保持 5h。然后通过质谱仪对气体分子进行量化分析
气相色谱质谱法	VDA-278	将样品裁剪成 2mm×2mm 大小方块，放入到热脱附试样管中。对每个样本在规定温度 90℃下加热 30min 后，以气相色谱-质谱联用仪方法分析其中挥发物质含量

9.4 色母粒剖析的一般性方法和步骤

色母粒是由高比例的颜料或添加剂与热塑性树脂，经良好分散而成的塑料着色剂。在色母粒中除聚合物载体树脂外，还含有颜料、分散剂、抗氧剂和填料等各种小分子的有机和无机添加剂。因此，色母粒是组成复杂的一种体系，其剖析工作涉及高分子化合物、小分子有机物、无机物等三个方面的分离、纯化、鉴定。

色母粒剖析，可以了解国内外同类产品的最新进展，可以关注到同行业的产品的技术动向。对于一个未知色母粒的成分分析，通常遵循初步鉴定、组分之间的分离和纯化、定性鉴定、定量分析四个步骤。

9.4.1 初步鉴定

初步鉴定包括了解样品的外观特性、来源和用途，利用载体树脂物理性质的差异（如软化点、熔点、溶解性、密度或折射率等）、元素组成等以弄清色母粒载体树脂的主要类型，为选择组分之间的分离提纯以及定性定量测定提供依据。

9.4.1.1 色母粒的外观特性

拿到一个色母样品，首先接触到的就是它的外观特征，通过外观可以知道：它的颜色，以及其载体是软胶还是硬胶。其次，要了解它使用在何处，有什么技术要求等。在了解该样品的固有特性、使用特性、用途及可能含有的组分结构的基础上，通过查阅资料获得更多信息，缩小分析的范围。

9.4.1.2 色母粒的燃烧试验

这是一种最简单的初步试验，但需要做大量已知聚合物的燃烧试验来累积经验。燃烧试验能提供待测物载体树脂类型等有用线索。将所要观察的一小块载体树脂放在不锈钢小勺中，在酒精灯上加热燃烧，并间断地从火焰中移去，观察其外形变化、燃烧的难易、燃烧时颜色的变化及释放出气体的颜色和酸碱性等。对初步判断高聚物样品的组分很有帮助。含碳、氢、硫的高分子材料易燃烧；含氯、氮的样品难燃烧，离开火焰后熄灭；含氟、硅的高分子材料不燃烧；含苯环的聚合物燃烧时冒出浓烟及生成烟炱。燃烧试验鉴定色母粒有一定的局限性，因样品中含有的颜料或某种无机填料会影响燃烧特性。燃烧试验属于破坏性试验，样品少时不宜采用。

聚合物在燃烧时释放出的分解气体有不同的特征气味，很容易被人的嗅觉所辨别。如聚氯乙烯、聚偏二氯乙烯、聚三氟氯乙烯、氯化橡胶等热解时产生氯化氢刺激味。聚甲基丙烯酸甲酯及其共聚物、聚苯乙烯、聚对苯二甲酸乙二醇酯热解时产生甜味。PCL 等纤维素热解时产生焚纸的气味。聚酰胺及其共聚物热解时有燃烧植物的气味。聚乙烯、聚丙烯热解时分别有石蜡和石油气味。天然橡胶和合成橡胶热解时有烧橡皮的气味，详见表 9-12。

9.4.1.3 色母粒的溶解性试验

色母粒的溶解速度很慢，一般先溶胀再溶解，整个溶解过程常历时数小时到数天，甚至更长时间，色母粒的溶解性不仅与化学组成有关，还与载体树脂的分子量、规整度、结晶度有关。分子量越大，溶解度越小；结晶度越大，越难溶解。色母粒的溶解性还受温度和加工助剂的影响。当初步判断样品是几种有限高聚物中的一种时，可用溶解性试验进一步判断。试验时样品应尽量粉碎，加大与溶剂的接触面，以利于溶解。通过溶解性试验可对高聚物类别进行初步归类。

表 9-12 聚合物燃烧特性表

序号	聚合物	易燃度	自动熄灭能力	气味	火焰性质	物料反应
1	聚甲醛（赛钢）（POM）	中等	无	甲醛	清晰蓝色火焰、无烟	熔化，有熔液，熔液可燃烧
2	聚甲基丙烯酸甲酯（PMMA）	颇易	无	味如生果	蓝色火焰，黄顶，火焰喷出	软化，通常没有熔液，少许烧焦迹象

续表

序号	聚合物	易燃度	自动熄灭能力	气味	火焰性质	物料反应
3	苯乙烯-丙烯腈-丁二烯三元嵌段共聚物（ABS）	颇易	无	独特	黄色火焰，黑烟	软化，有熔液，烧焦
4	乙酸纤维素（CA）	颇易	无	乙酸烧焦糖	深黄色火焰，浓黑乌烟	熔化、有熔液、熔液继续燃烧
5	乙酸丁酸纤维素（CAB）	中等	无	腐臭牛油	深黄色火焰，边蓝，少许黑烟	熔化、有熔液、熔液继续燃烧
6	聚酰胺（PA）	中等	有	烧焦羊毛	蓝色火焰、黄顶	熔化、有熔液、起泡沫
7	聚碳酸酯（PC）	困难	有	清新碳味	黄色火焰，浓密黑烟，空气中有碳	软化、喷出火焰、烧焦、分解
8	聚酯（PET）	中等	无	燃燃煤	黄色火焰，黑烟，稳定地燃烧	软化、没有熔液、继续燃烧
9	聚乙烯（PE）	颇易	无	燃烧石蜡	蓝色火焰，黄顶	熔化、有熔液、熔液会燃烧、涨大
10	聚苯醚（PPO）	中等	无	清新石蜡	橙黄色火焰，浓密黑烟，空气中有碳	软化、喷出火焰、烧焦、分解
11	聚丙烯（PP）	颇易	无	燃烧石蜡	蓝色火焰，黄顶，少许白烟	熔化，胀大、有熔液
12	聚苯乙烯（PS）	颇易	无	味如照明燃气	橙黄色火焰，浓密黑烟，空气中有碳	软化、有气泡
13	聚砜（PSU）	颇易	无	刺鼻的硫黄	橙黄色火焰，黑烟发光，空气中有碳	软化、烧焦、分解
14	聚氨酯（PU）	颇易	无	微弱苹果味	喷出浅黄火焰，少许黑烟	熔化、有溶液、熔液燃烧
15	聚氯乙烯（PVC）	困难	有	盐酸、氯	黄色火焰，绿边，喷出黄绿白烟	软化
16	丙烯腈-苯乙烯共聚物（SAN）	颇易	无	味如照明燃气及丙烯腈	黄色火焰，浓烈黑烟，空气中有碳	熔化、有气泡、烧焦程度较苯乙烯大

9.4.2 组分之间的分离和纯化

对于组成比较简单，主要组分的含量又特别高的色母粒，有时不经分离即可进行鉴定，但对于组成比较复杂，则必须进行各组分之间的分离和纯化，解决一个复杂的色母粒分析问题，无疑需要多种分离方法。在着手分离以前，可以首先测定一下它的红外光谱，以弄清所测材料的主要成分，至少也可以确定其主要成分的类型。色母粒载体树脂与添加剂、着色剂之间的分离最常用的有萃取法、溶解沉淀法、凝胶色谱法和减压蒸馏法等。各种添加剂之间的分离大多采用色谱方法。

9.4.2.1 溶解沉淀法

溶解沉淀法用于分离色母粒中的颜料填料、载体树脂和添加剂。可以找到一种适当的溶剂将色母粒载体树脂完全溶解。先过滤或离心除去不溶解的无机填料、颜料等。然后加入过量（5 ~ 10 倍）的沉淀剂使载体树脂沉淀，滤沉淀，用沉淀剂洗涤沉淀物数次或重复沉淀。以得到较纯的载体树脂。色母中可溶性添加剂留在滤液中，将滤液蒸干，待分析鉴定。表 9-13 列出了不同聚合物在不同溶剂中的溶解性能。此表在聚合物材料的分析和鉴定中有极为重要的作用。

表 9-13 聚合物在不同溶剂中的溶解性能

聚合物	溶剂	沉淀剂
聚乙烯	高温时：十氢萘、四氢萘、对二甲苯、甲苯	丙酮、乙醚
聚丙烯	高温时：十氢萘、四氢萘、二甲苯、α-氯代苯	—
聚苯乙烯	苯、甲苯、三氯甲烷、环己酮、乙酸丁酯、二硫化碳	低级醇、乙醚（溶胀）
聚氯乙烯	环己酮、二甲基甲酰胺、甲乙酮、丙酮/二硫化碳	甲醇、丙酮、庚烷
双酚 A 型聚碳酸酯	二氯甲烷、氯仿、二氧六环、吡啶、二甲基酰胺	—
聚对苯二甲酸乙二醇酯	苯酚、硝基苯、甲苯、三氯乙酸	甲醇、丙酮
聚乙酸乙烯酯	乙酸丁酯、含水乙醇、甲醇、甲乙酮、丙酮	乙醚、石油醚、丁醇
聚甲基丙烯酸酯	甲苯、乙酸丁酯	甲醇、乙醚、石油醚
聚甲醛	高温时：二甲基亚砜、酚、甲酰胺、二甲基甲酰胺	甲醇、乙醚

9.4.2.2 萃取法

萃取主要有两种方法，一种是回流萃取，另一种是用索式萃取器连续萃取。根据载体树脂和添加剂溶解度的差异，选择合适的溶剂体系，使载体树脂与可溶性助剂得到初步分离。如果聚合物中的可溶性添加剂含量较少，用回流萃取法较为方便，有时可以不用加热回流，只需将样品切碎后与溶剂混合静置并经常摇动。添加剂含量较多时，不能用此法萃取，因为溶解会达到饱和而终止，应用脂肪萃取器萃取，效果较好。萃取选用的溶剂，应避免与试样中的组分发生反应，还应避免溶剂将样品与添加剂一同溶解，萃取所用样品的比表面积要大。得到的混合物应用薄层色谱等方法进行分离，得到各个组分的纯品。在实际工作中，需要经过多次摸索和试探，才能确定最合适的分离和纯化方法，有时两种方法需要反复交替使用。

9.4.2.3 薄层色谱

薄层色谱是一种微量快速、简单的分离技术，特别适合色母中添加剂的分离。其分离的过程是流动相（展开剂）流经玻璃板、铝板或塑料板载体上附着的吸附剂（固定相），借助于吸附剂（如 Al_2O_3、硅胶 G）的毛细管作用，展开剂沿着薄层上升，试剂溶解后随着展开剂逐渐上升，混合物各组分由于对固定相、流动相的相对吸附能力不同而得到分离（图 9-11，表 9-14）。其薄层色谱既可用于分离离子型极性化合物，也可用于分离非极性化合物，还可用于定性、定量分析以及制备一定数量纯样品。

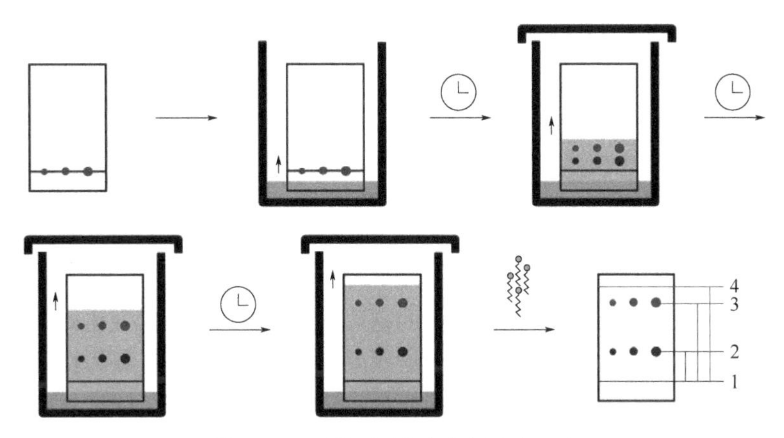

图 9-11　薄层色谱法分离试验示意

表 9-14　采用 Merck TLC 硅胶 60 F_{254} 塑料板测得近似 R_f 值

添加剂	R_f值				显色方法			
	88 己烷 12 丙酮	95 己烷 5 乙醇	93 己烷 5 CH_2Cl_2 2 乙醇	65 己烷 20 丙酮 15 乙酸乙酯	UV_{254}	DCQCl①	碘	DCQCl+碘
PS-2	0.89		0.59		+	W	+	
PS-6	0.77/0.85 /0.88		0.24/0.27		+	W	+	
PS-10	0.88		0.37		+	+	+	
PS-9	0.85		0.19		++	W	+	
UVA-4	0.83		0.33		++	–	W	
UVA-3	0.80		0.32		++	–	W	
UVA-5	0.78		0.27		++	–	W	
UVA-7	0.75		0.23		++	–	W	
AO-3	0.70	0.48	0.17		+	+	+	
PS-2 磷酸酯	0.69	0.39			+	–	–	
AO-23	0.62	0.62			++	+	+	
TS-1	0.58	0.33			–	–	+	
UVA-19	0.56	0.47			||	—→W	|	
TS-2	0.52	0.31			—	—	+	
Tripelargonin②	0.51	0.32			–	–	VW	
Ref-5	0.50	0.31			++	–	W	
PS-1 磷酸酯	0.49	0.28			+	–	–	
4,6-二叔丁基-*o*-甲酚	0.48	0.38			|	+	+	
Ref-2	0.47	0.47			++	+	+	
AO-13	0.47	0.54			+	+	+	
Ref-6	0.46	0.36			+	+	+	
UVA-23	0.36	0.36			++	–	–	
2,4-二叔丁基苯酚	0.35	0.20			+	+	+	
AO-16	0.30	0.31			+	—→VW	+	
AO-25	0.25	0.26			+	+	+	
AO-18	0.21	0.26		0.70	+	+	+	
MD-1	0.01			0.39	+	+	+	
AO-9	0.00			0.00	+	+	+	red

① 2,6-二氯苯醌-4-氯酰亚胺。
② GC 分析的内部标准。
注：1. W：几个小时后显色弱（W）或者非常弱（VW）。
2. HPLC 分析的内部标准。

9.4.3 定性鉴定

色母粒组分分离后，应选择合适的鉴定方法确定各分离组分的化学结构。如红外吸收光谱法、热解气相色谱法、核磁共振法、紫外吸收光谱法、质谱法及化学法等。其中，红外光谱法在色母粒鉴定中是最有力的手段。

9.4.3.1 热分析方法

热分析是在程序控制温度下，测量样品的物理性质随温度或时间变化的一组技术。这里所说的温度程序可包括一系列的程序段，在这些程序段中可对样品进行线性速率的加热、冷却或在某一温度下进行恒温。它包括差示扫描量热法、热重分析法、静态热机械分析法、动态热机械分析法。其中差示扫描量热法可以根据聚合物或添加剂的熔点、聚合物的玻璃化转变温度等进行定性判定，还可以根据热焓，对他们的含量进行半定量计算。常见色母粒载体树脂的熔融曲线和玻璃化转变曲线见图 9-12，图 9-13。

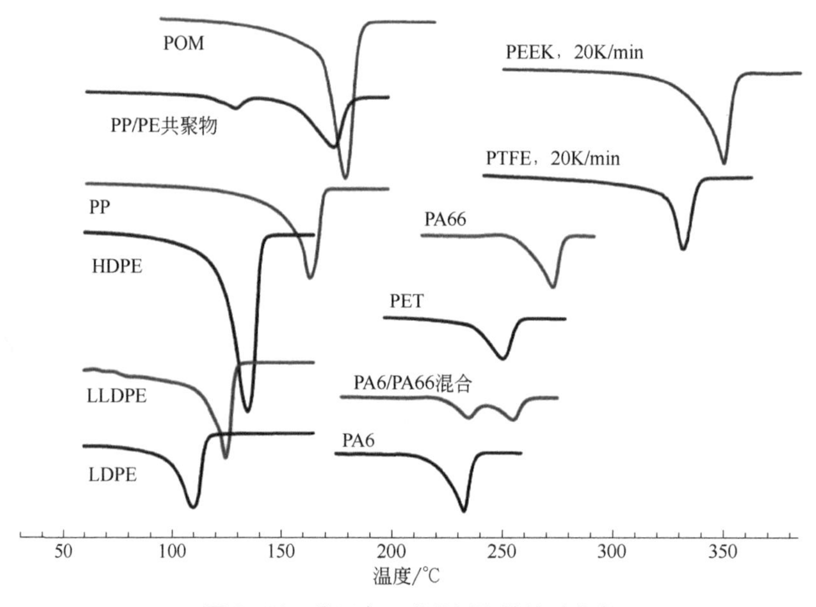

图 9-12 常见色母载体树脂的熔融曲线

9.4.3.2 红外光谱法

红外光谱法主要是通过被测物质的特征基团对于光波的吸收（中红外区域，400 ~ 4000 cm^{-1}），根据红外光谱上吸收带的位置、强度和形状，来对被测物质进行定性分析的方法。它是鉴定色母粒的最常用方法，也是一种不可缺少的工具。在对色母粒分离前，可用热压法或 ATR 等法制样，绘制红外谱图。虽未分出添加剂，所得原样谱图比较复杂，但凭经验及一般基础知识，亦可大致判断出色母粒的主要成分，至少也可确定出载体树脂的类别。初步判断载体树脂类别后，用萃取法除去小分子助剂或用溶解沉淀法纯化载体树脂后，再做红外光谱，进一步判断载体树脂的类别。用红外光谱法进行定性的最简单方法是将样品谱图直接与标准谱图对照，目前已出版了大量标准化合物和商品的红外光谱，其中包括单体和聚合物，填料、颜料、增塑剂、聚合物的裂解产物等的红外光谱图集及专著。部分常用无机物酸根的红外光谱数据见表 9-15。

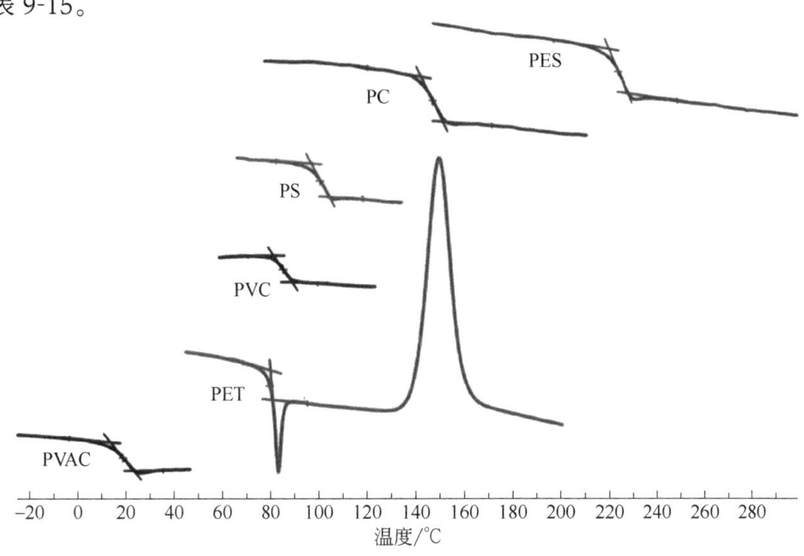

图 9-13 常见色母载体树脂的玻璃化转变曲线

表 9-15 部分常用无机物酸根的红外光谱数据

基团	谱带	基团	谱带
CO_3^{2-}	1450～1410(vs)，880～860(w)	NO_3^-	1400～1350(vs)，840～815(m)
HCO_3^-	2600～2410(w)，1000(m)	NH_4^+	3300～3030(vs)，1430～1390(s)
ClO_4^-	1100～1025(s)，650～600(s)	PO_4^{3-}	1100～980(vs)
NO_2^-	1380～1325(w)，1250～1230(vs)，840～800(w)	SO_4^{2-}	1150～1050(s)，650～575(s)

注：vs 为很强，s 为强，m 为中，w 为弱，vw 为很弱。

9.4.3.3 核磁共振法

核磁共振法是根据化合物链结构上 H、C 等原子的化学环境不同和形成的信号强弱表征化合物结构和组成。根据未知化合物的 NMR 谱图（如 1H NMR 与 13C NMR 结合分析）中特征峰的值与参考标准比对，判定归属后再根据积分面积换算化合物的实际组成比。核磁共振法主要用于对色母中聚合物和添加剂的分析。图 9-14 给出了色母粒载体树脂常见基团的化学位移。

9.4.3.4 质谱分析法

质谱分析法主要是通过将样品转化为运动的带电气态离子碎片，在磁场中按质核比大小分离并记录。由于是以激光击碎分子后再通过质谱检测器获得离子碎片整体分布图，所以还可以分析出聚合物的结构单元的质量数。质谱分析法主要用于对色母中聚合物和添加剂的分析。

9.4.3.5 裂解气相色谱法

裂解气相色谱法是在一定条件下，将高聚物裂解成易挥发的小分子，而后将裂解产物做气相色谱分析。因在固定条件下某高聚物总是按某种方式裂解，裂解产物不仅反映原高聚物结构特点，在量上也保持对应关系。通过分析裂解产物做到对原高聚物的定性鉴定，也可将裂解色谱技术与红外、核磁、质谱等仪器联用，以对裂解产物进行准确的定性鉴定。

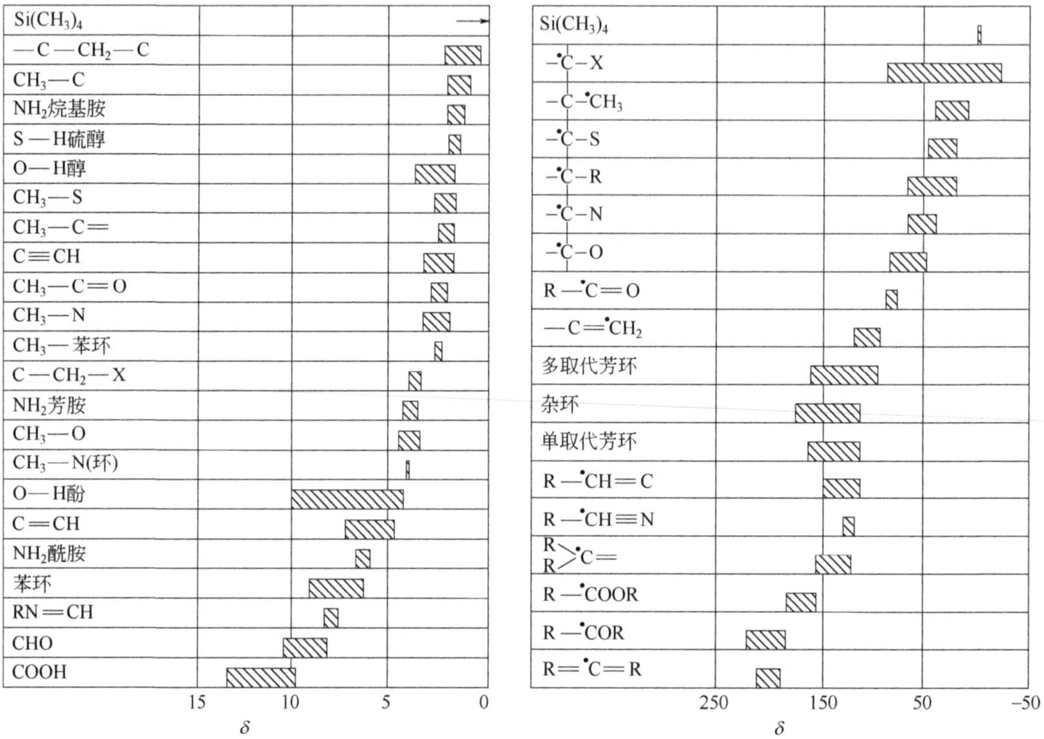

$Si(CH_3)_4$
—C—CH_2—C
CH_3—C
NH_2烷基胺
S—H硫醇
O—H醇
CH_3—S
CH_3—C=
C≡CH
CH_3—C=O
CH_3—N
CH_3—苯环
C—CH_2—X
NH_2芳胺
CH_3—O
CH_3—N(环)
O—H酚
C=CH
NH_2酰胺
苯环
RN=CH
CHO
COOH
15 10 5 0
δ

$Si(CH_3)_4$
–Ċ–X
–C–ĊH_3
–Ċ–S
–Ċ–R
–Ċ–N
–Ċ–O
R—Ċ=O
—C=ĊH_2
多取代芳环
杂环
单取代芳环
R—ĊH=C
R—ĊH≡N
R>Ċ=
R—ĊOOR
R—ĊOR
R=Ċ=R
250 150 50 –50
δ

图 9-14　色母粒载体树脂常见基团的化学位移

9.4.3.6　X 射线衍射

X 射线衍射是借助于已知波长的 X 射线在晶格中的衍射，进行晶体晶格参数的测定，是分析色母粒中颜料、填料最有力的工具之一。有机颜料的 X 射线衍射数据可查阅周春隆编写的《有机颜料索引卡》。

9.4.4　定量分析

色母粒中各组分的定量一般是依据分离过程中分离出的物质用重量法定量。对于无机颜料和填料可以通过燃烧灰分判断其在色母中的含量，再通过元素分析或 X 射线衍射光谱测定其比例。对于添加剂部分可以通过萃取从色母中分离再通过紫外光谱进行定量。载体树脂可以通过溶解沉淀法进行分离定量。

9.4.5　白色薄膜色母综合分析

通过客户了解，该母粒用于三层共挤薄膜制品的中间层，添加量 30 份［表示对每 100 份（以质量计）橡胶（或树脂）添加的份数］，吹膜树脂为 LLDPE，熔融指数为 2g/10min。根据客户提供信息可知该色母以聚乙烯和钛白粉为主要成分。

① 对色母进行燃烧实验，色母燃烧火焰尖端黄色、底部蓝色；散发石蜡燃烧时的气味（说

明载体树脂为聚乙烯)。燃烧灰分高温时呈白艳黄颜色,冷却呈白色(说明白色颜料为钛白粉)。灰分含量 79.80%。

② 将色母压片采用 ATR 法测试红外光谱,如图 9-15 所示。从图中可见亚甲基特征峰(2913cm^{-1},2846cm^{-1}),碳酸根特征峰(1423cm^{-1},875cm^{-1})和钛白粉特征峰(664cm^{-1},605cm^{-1})。说明色母中含有碳酸盐、钛白粉、聚乙烯。

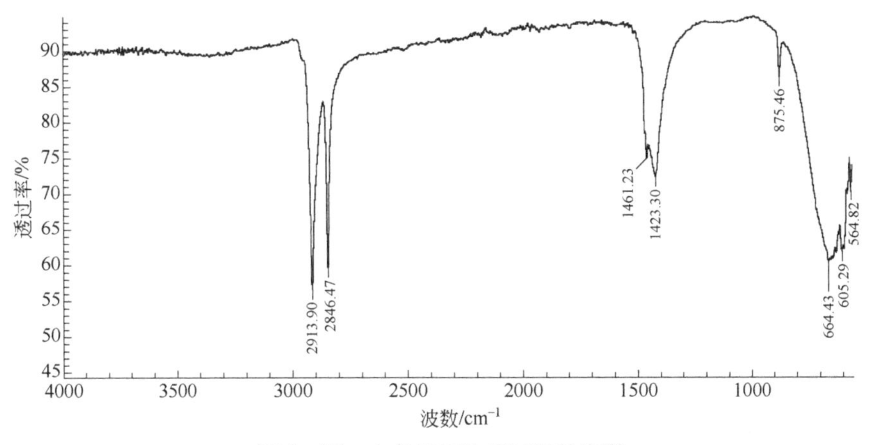

图 9-15 白色母压片测试红外光谱

③ 将第一步的灰分加入稀盐酸,有较多气泡产生。过滤、干燥得滤渣,滤渣占灰分的比例为 87.09%。滤渣做 X 射线衍射光谱见图 9-16,谱图显示为金红石型钛白粉,滤液经 X 荧光光谱测试有钙离子、锌离子。通过以上实验可以判断色母中含有碳酸钙、金红石型钛白粉(色母中占比为 69.50%)和聚乙烯。

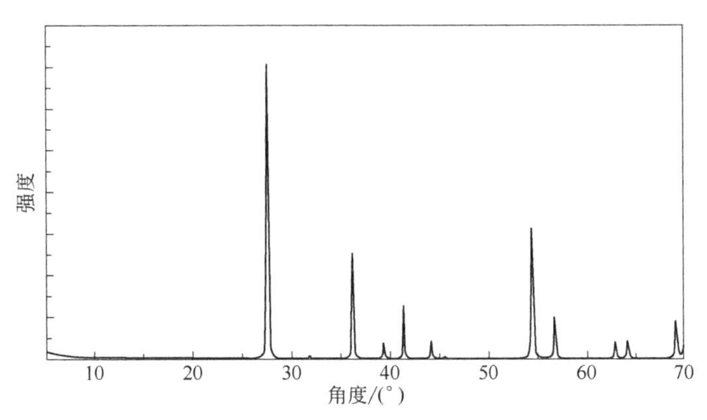

图 9-16 滤渣 X 射线衍射光谱

④ 将色母用二甲苯热萃取,萃取物用丙酮沉淀,沉淀物过滤、干燥、称重,经计算沉淀物在色母粒中的比例为 19.78%,沉淀物做 DSC,熔点为 125℃,说明沉淀物为 LLDPE,滤液浓缩后,占色母中的比例为 0.41%,做红外光谱显示为硬脂酸锌,见图 9-17。

综合判断该色母主要颜料为钛白粉(70%左右),分散剂为硬脂酸锌(0.4%左右),载体为 LLDPE(19.5%左右),填料为碳酸钙(10%左右)。

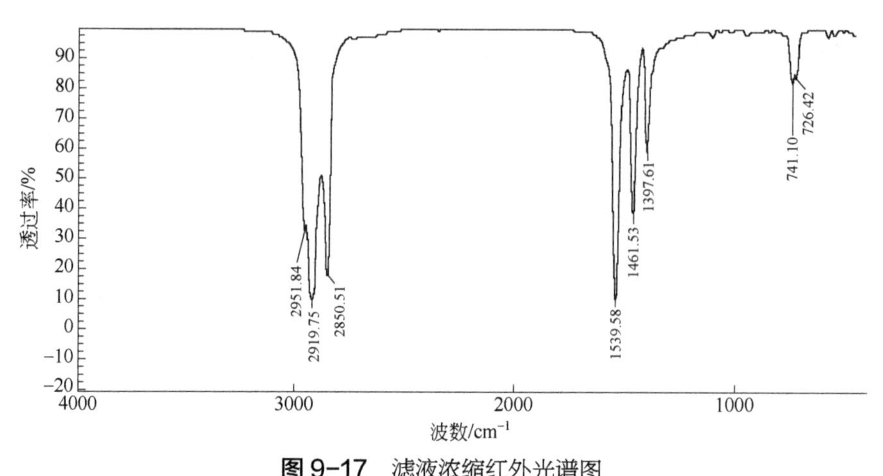

图 9-17 滤液浓缩红外光谱图

中国色母粒工业发展趋势展望

据德国咨询公司 Ceresana 的市场研究报告显示：2016 年全球塑料母粒的消费量为 400 多万吨，其中，亚太地区色母粒市场占比约 40%；另外，全球色母粒市场 1/3 的收入来自亚太地区，北美占 24%，西欧地区约 19%。同时该报告还预计：自 2016 年至 2024 年，全球色母粒市场仍将以每年 3.7%的增幅保持高速度增长。由此可以认为：色母粒行业继续发展的空间巨大，后续强劲。对中国色母从业者来说，机遇与挑战并存：如何有效提升自身的规模效应以期合理应对市场竞争乃至分享全球市场发展的红利？如何适应和正确面对集约化程度日益提高的特定终端应用市场之需求？如何能够快速领会、融合及运用层出不穷的新工艺、新技术、新材料、新应用的精髓，抢占市场制高点？如何融入可持续发展洪流，使企业始终立于不败之地？本章将以格局、行业、进步、趋势、可持续发展以及挑战发表浅见。

10.1　格局篇：大者恒大，强者愈强，规模产生效应

诚如本书开篇所述：中国色母工业自起步伊始就紧随全球色母发展的步伐，期间的差距相较于其他行业与世界先进水平之差距而言是非常小的。经历几十年的发展，国内色母行业在技术研发、工艺布局、生产管理、设施配套等诸多方面取得了长足的进步；改革开放使得行业能够比较容易地获得世界一流的成套生产设备、优质颜料和加工助剂，因而也能够制造出符合世界一流水平的色母产品以满足部分终端应用。然而，仔细对比一下中国色母粒与欧美发达国家色母工业的发展模式和实际运营结果就能明显感觉到两者之间的巨大差异，从而看到我们的不足。

纵观世界色母，现今的生产、经营集中度非常之高，其绝大部分都由为数不多的几家“航母级”跨国公司（集团）所掌控，这些公司所具有的明显特征是：体量巨大、品种齐全、技术先进、分布合理和紧贴市场，从而通过规模效应、高适应性、技术特长和快速反应等优势牢牢掌控着全球市场。这样的发展模式还在继续强化，当下普立万和科莱恩的并购案就是最

好的佐证。

反观中国色母行业的发展轨迹和现状，可以明显地看出不同：行业发展之初正逢经济转型和改革开放，这一时期，在巨大的市场需求和激励政策的催生下，应运而生的色母生产厂商恰如雨后春笋层出不穷，据不完全统计，活跃于中国市场上大大小小的色母生产厂商可能超过400家。大面积的一拥而上势必造成行业布局分散，缺乏“龙头型”中坚力量来引领行业发展；再者，就一般通用型色母产品而言，其技术门槛并不高，加上初期行业规范的不健全也导致发展过快、良莠不齐；不可否认还存在相当部分简单拷贝型的“克隆”厂商，能够支撑这些“克隆”厂商运营的基础仅仅是“我也有”“价格便宜”这两条，这也就成为引发价格战、形成市场“低价抢生意”简单竞争模式的主要因素，另外，中国色母从业者普遍对自身的技术和知识产权的保护意识不强，客观上造成属于中国色母的专利稀少；被侵权后难以维权。凡此种种，致使中国色母行业从发展之初就被“强制”打上低水平的烙印。

近年来，我国塑料工业的发展无论从产业分工合作，还是产业规模等方面都有了极大的变化。

① 改变原有价值链供应模式，在原有聚烯烃管道专用树脂基础上，由大石化直接着色生产有色管道专用料，充分发挥规模效应优化产品成本结构。改变了传统色母粒产品定向下游的供应模式。原中石化、中石油所属管道专用树脂生产点已纷纷投入使用，加入到有色专用料生产的行列。

② 可持续发展、轻量化等理念深入人心，越来越多像金属之类不可再生材料被塑料所取代，由此工程塑料的需求总量呈几何级增长，指定颜色改性料的大批量订单也随之大涨，国内各工程塑料厂商和改性料加工巨头如 LG、金发、巴塞尔、沙比克等公司乘势而上，投入或强化有色工程专用料的生产经营。这其中有些公司还投入资源改善原有工艺，企图直接采用粉体着色剂以取代色母进行着色生产，这在一定程度上形成与色母的竞争关系。

③ 家电和3C行业盛行的代工模式，使得原有分属不同品牌且具有相同性质的塑料制品得以高度集中进行生产和管控。富士康、比亚迪、立讯精密等这些耳熟能详的品牌就是活跃于中国大陆市场具有代表性的代工公司，他们所代工的产品囊括了几乎所有国际知名品牌的高端产品。

④ 得益于涤纶、锦纶终端市场需求在以往十多年来不断增长，加上环保政策推进力度的持续加强，越来越多的彩色涤纶、锦纶由后染改为纺前着色，致使涤纶、锦纶纺丝专用母粒的需求日益旺盛，各项性能指标的要求也越来越高。因此，行业急切呼唤能有保障供给、质量稳定、承诺合规的专用色母粒供应商的保驾护航。

综合上述色母企业近年来的变化也显而易见，终端市场需求的明显变化对色母供应商提出了新的更高的要求，供需双方需要建立起对等且能够确保长期可信合作的伙伴关系。市场呼唤行业集中度的提升，涌现一些规模化生产厂商以对市场、行业起到引领和规范的作用。其生产的专业化、大型化日趋明显，色母粒前十企业产量与产值变化见图10-1。

大者恒大，强者愈强，规模产生效应将成为色母粒行业发展趋势。如何改变现状，顺应潮流的需求，顺势改变就成为各企业不可回避的课题。下述两点可能成为行之有效实现改变的方向。

（1）优化投资，做大做强，实现自身规模竞争效应

合理定位自身企业主要产品的应用方向，规划投资方向和具体项目，分步骤实施转型目标：了解终端市场需求，确定合理且双方都具有可操作性的产品规格、质量标准和业务流程；

企业内部应投入足够的人力和物力，确保生产和品质的稳定性、技术研发与质量提升的持续性，必要时，也应引进先进工艺和设备，以提升生产效率和保证技术的先进性；还应重视与终端应用市场保持频繁的制度性的联系，唯有如此，才能确保企业能够紧跟市场发展，不断进步。

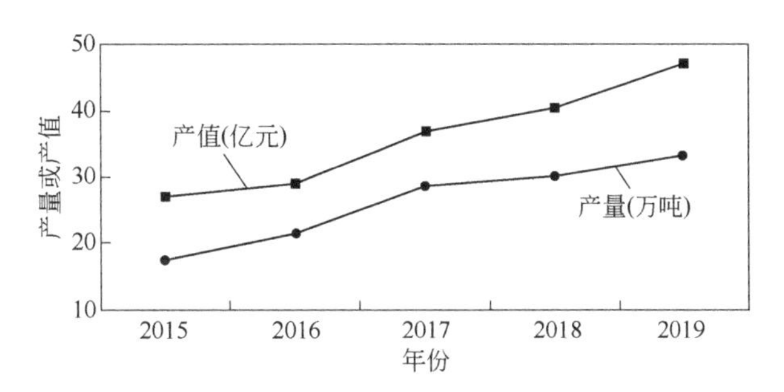

图 10-1 2015～2019 年色母粒前十产量与产值变化

中国色母行业中不乏这种类型的成功案例。如合纤纺丝专用母粒生产企业，经过前些年的不断发展，其产业集中度不断提高。据不完全统计，目前国内共有同类型生产厂家约 30 多家，其中产能居前 8 的企业的产能集中度约占全国的 63%。这其中的 2～3 家厂商已经成为颇具规模的龙头型企业。仔细观察就能看到这些企业明显地具有一些共性化的特点：首先重视人才，投重金网罗适合企业长期发展的各路专业人才，学识与实干并重，放手让他们施展才华。同时也注重从企业内部发掘和拔擢贤能之才，加以培养使之成为企业骨干力量。其次，具有创新精神。密切关注市场发展方向，了解新材料、新技术、新工艺进展，投入人力、财力优化和更新原有工艺设备，增强自身的研发和技术创新能力；建立长期的企业与院校的科研合作、积极推进省市级色母粒工程技术中心落户于企业，真正做到科研与产业相结合。再者，贯彻与落实可持续发展理念。其具体表现为，积极落实节能减排目标，杜绝浪费；参照国家和世界标准，严格把控，以合规的生产工艺制造合规的产品。

实现规模化生产应该基于自身优势，把握住市场需求，技术领先且具有可持续发展的战略性目标，科学分析，合理投资。切不可为大而大、盲目投资、跟风投资。

(2) 购并、合并、联合，组合式发展，形成规模效应

这个看似简单的题目其实有着很深的内涵。企业间的购并、合并或联合不是“大鱼吃小鱼”式的简单数字叠加。只有经过科学分析，严密计算后，通盘考虑双方在生产工艺、产品结构、市场分布、人才配置乃至经营方式等诸多方面具有互补性，真正能够达到产品系列化、生产专业化、工艺最优化、服务多元化的经营模式，分担经营风险，降低营运成本，实现互补共赢的最终目标。

世界色母粒巨头原普立万公司近十多年的发展轨迹可以给我们以启迪：

2011 年，收购了全球领先的液体色母公司 ColorMatrix，补全了原先不足的液体色浆解决方案。

2015 年，收购了全球纤维行业创新开发商马洁达公司，从而在技术研发、生产工艺、市场分布等多方面增强了纺前着色色母粒的专项业务能力。

2020 年 7 月，宣布完成对科莱恩色母粒业务的收购，公司更名为 Avient。原先的两家公司在市场分布、产品结构等方面各有侧重，各具优势，两大巨头的合二为一确确实实达到优

势互补，成为全球范围内首屈一指的巨无霸。

中国色母粒行业也开启了企业间的购并、合并或联合。色母粒第一家上市公司广东美联新材料股份有限公司（300586）在2021-007公告中发布公司于2021年1月21日与彭志远在汕头市签署了《关于成都菲斯特新材料有限公司之股权转让协议》，约定由彭志远将其持有的成都菲斯特新材料有限公司51%股权即1275万元出资额按1868.58万元的价格转让给公司，在2021-008公告中发布公司拟收购张鹏龙持有的浙江金淳高分子材料有限公司50%股权，开启了中国色母粒行业组合式发展序幕。

大者恒大，强者愈强，我们应该理解为：大是形，强才是神。只注重表面形的“大”，而忽略作为“神”的主要组成，如技术、性能、品质以及服务等能力的养成，那么，再大的形也是虚幻的。唯有神形兼备才能长足发展，立于不败之地。

10.2 行业篇：化纤原液着色用母粒和色浆持续增长可期

化纤工业自从在中国生根起就得以迅速发展，时至今日，我国已经成为世界最大的化纤生产国。据统计，2018年我国化纤产量超过5000万吨，约占当年全球总产量的70%左右。化纤工业的持续发展，其综合竞争能力日益提高，有力地支撑和推动了纺织工业和相关产业的发展。

有别于传统纺织品印染工艺，化纤原液着色工艺是指在喷丝成纤工序之前，采用颜料、溶剂染料或者其他着色制剂对成纤物质在熔融体或溶液体状态时进行直接着色，然后经喷丝成纤后直接获得有色丝束或纱线的工艺。鉴于成纤物质本身的特性，许多纺丝品的制成既可运用纺后染色工艺也可采用纺前原液着色工艺。以熔纺的三大纶为例：丙纶（PP）因其材质本身为非极性树脂，不适用后染工艺而全部采用熔融体原液着色工艺制成；而涤纶（PET）和锦纶(PA)既可进行织物的后染上色，也可经熔融体原液着色而直接获得有色丝。这其中的涤纶制品无论从产量还是终端应用的覆盖面来说,其占整个化纤领域的比例都是首屈一指的,并且原液着色涤纶的比例因客观因素和政策推进也逐年提升。下面，我们就以涤纶不同的着色工艺比较为例来剖析一下原液着色的发展趋势。

涤纶传统的染色方法是高温、高压或加载体染色，并且必须在高于聚酯（PET）玻璃化转变温度（81℃）、纤维膨胀后再加入分散染料，方能完成涤纶纤维（织物）的染色。实际上，为确保上色与固色效果，常规涤纶染色的工艺条件必须在温度130～140℃、压力0.3～0.4MPa的条件下进行，后经悬浮、轧染、干燥和焙烘等步骤真正完成染整工序。另外，由于部分参与混纺的其他纤维难以承受如此高温，还需要采用载体辅助染色工艺。

从另一角度分析，后染的投入和消耗也十分巨大，据统计生产1000吨有色涤纶毛条需要投入：设备250万元、厂房1300m^2、耗水10万吨、消耗煤气16.5m^3，耗电56万kW·h。同时还会产生有色废水约2～5万吨，由此所需付出的处理费用和对环境造成的损害很难精确估算。总而言之，采用后染色工艺投资大、耗能高、效率低、污染严重。

反之，如果采用涤纶纺前原液着色工艺，则仅需在纺前PET熔融体中加入适用的着色制剂，无需改变原有纺丝设备，采用原有生产工艺设置，就可以得到理想的有色丝和纱线制品。与后染工艺相比，生产同样重量的有色涤纶丝和纱，采用纺前原液着色工艺，则无需厂房设备的巨大投入；革除了所需的水、电、煤气的消耗；更不会产生大量有色废水所导致的巨大生产处理成本和不可估量的环境成本。

目前，涤纶纺前着色主要采用 PET 纺丝专用色母粒与聚酯树脂均匀混合，经熔融挤出、喷丝后直接获得有色涤纶纤维。经过多年的探索发展，该工艺已经变得越来越成熟，尤其适用于功能性纤维产品的开发和生产。

与后染工艺相比，纺前原液着色还有一些显而易见的优势。

(1) 着色质量高，色彩体现稳定可控

通常涤纶后染是在高温、高压条件下，采用分散染料进行染色。由于工艺和理化处理过程极难保证树脂内部结构中结晶区和非晶态区的均匀分布，加之染料晶型、分散性能和最终分散细度、染色速率等因素的微小差异，被染色织物往往容易产生色差、色斑、色花等缺陷。而纺前着色工艺则不然，着色制剂（色母粒）与树脂切片经精确计量、充分混合均匀后，再经熔融、混炼、挤出、过滤及抽丝，完成色丝的生产过程。因此，纺前着色工艺完全能够保证批次大小或批次之间产品色彩性能的稳定可控。

(2) 着色剂选择范围广，色彩牢度性能和应用性能有保障

涤纶后染工艺对于着色剂的选择范围非常狭窄。而对于采用色母粒进行纺前着色的工艺来说，着色剂的选择就非常丰富，各种适用的溶剂染料、颜料都在可选之列，这极大程度地保证了加工过程和制品应用对着色剂耐热稳定性要求的实施，也有效提升了制品色彩的相关牢度性能，如耐光性、耐候性等。

另外，从前染和后染的色丝最终着色剂和成纤树脂结合的微观形式上也能看出明显的不同：因涤纶属于疏水性纤维，纤维树脂本身缺乏可与染料产生结合的基团，所有不能使用水溶性染料进行染色，而只能使用小分子量、不含强离子型水溶性基团、溶解度较低的非离子型分散染料进行染色，其最终与纤维树脂的结合也就仅仅是染料微颗粒在纤维树脂微小空隙间的渗透和吸附。反观纺前着色工艺则完全不同，经过完全分散后的颜料微颗粒或染料与熔融树脂充分混合后喷丝成型，此时的着色剂与成纤树脂已经成为表里一致的均匀的固溶体状态。这也是为何由纺前着色的色丝或织物的耐洗、耐摩擦、耐化学品等应用性能远优于后染纤维制品的主要原因。

(3) 着色剂完全利用，不污染环境，制品安全性高

涤纶后染是在染料水溶液的染槽中进行染色，势必产生大量有色废水，其染料浪费严重，且造成对环境的污染。纺前着色工艺是一个纯粹的物理结合过程，不产生任何形态的有色废弃物，着色剂利用率达 100%；且由于纺前工艺对着色剂选择范围宽，所选用的着色剂都能满足纺丝工艺条件尤其是耐高温(>280℃)的要求，极大程度排除了热分解或升华的可能性，因而该工艺不会造成不良的环境后果。

此外，着色剂选择的多样性，很大程度上避免了使用含有禁用成分或结构的着色剂，确保制品符合产品安全规范。这一点的现实意义在今天尤为重要。

(4) 帮助制品达到多功能、复合功能

涤纶熔融纺借助于母粒添加工艺不仅能直接获得有色纺丝制品，也能够比较容易地实现纤维制品多功能、复合性功能目标。

随着科学技术的持续发展和人们生活水平的提高，市场呼唤具备多种不同功能性的纤维和纺织制品的不断问世。采用具有抗老化、抗静电、抗菌、阻燃、改善成纤特性等特殊功能的添加成分，在母粒制作过程中进行有机结合，并经由母粒赋予纤维制品相应的功能。这已

经成为实现差异化、功能性纤维制品开发和生产的有效手段，这也大大提升了纺织品舒适性、保暖性、安全性和成品外观的表现性。

自20世纪60年代末期起，国内已开始进行纺前着色技术的研究开发工作，这一科研题目的主要目标就是为了解决后染存在的问题。比如，当时的上海染料公司应用技术室与南京原总后勤部就户外帐篷应用进行的合作开发项目，就是要通过维尼纶原液着色来解决户外帐篷易褪色的难题并最终取得了良好的效果；2004年我国全军军服实现了纺前着色，这是军队自1983年提出正式要求并开始纺前着色纤维试验工作以来的第一次全面推广应用，其中所经历的艰辛不言而喻，类似的研发要求还在不断地推进，有效降低着色尤其是深色的化学纤维服装在经历阳光辐射下的材料温升，以利于提升穿着舒适度等。此外，中国颜料工业的长足发展、计算机辅助配色等技术的不断完善以及色母粒生产工艺技术和相关设备持续进步，有力地推动了原液着色纤维产业的快速发展。

从市场需求的发展和国家产业政策层面来看，纺前原液着色的发展前景也是十分诱人的。“十三五”期间，工信部和国家发改委于2016年联合发布的《化纤工业“十三五”发展指导意见》就提出了明确的发展目标：“开发推广纺前原液着色、绿色制浆、高效绿色催化等先进绿色制造技术，包括完善原液着色功能性纤维的产业化纺丝技术，开发高性能、高浓缩功能性母粒的清洁生产技术，完善原液着色纤维标准和色标体系。”这样的目标给原液着色行业和从业者提出了严峻的任务和更高的要求。

2017年世界原液着色纤维约占化纤总产量的13.9%，化纤用色母粒的需求量为25万~30万吨。同年，我国原液着色纤维产量约500万吨，占化学纤维总产量约10%，相对色母粒的需求量则约为13万~15万吨，其中，黑色纤维的产量约300万~325万吨。对黑色母粒的市场需求量为8万~10万吨。按照我国化纤产量占世界化纤总产量的68.7%计算，我国原液着色纤维的比重仍然偏低。虽然近年来原液着色纤维产量在国内继续在保持增长，以2018年为例，国内原液着色纤维产量增长率达16%，高于化纤产量的平均增长率。其中，原液着色锦纶长丝产量的平均增长率为64%，原液着色再生纤维素短纤维产量的平均增长率为43%，但鉴于部分纤维原有纺前着色基数较低，还有着很大的继续发展的空间，任重而道远。

母粒的壮大和进步保障了合成纤维纺前原液着色的发展，也确保化纤制品能够更多更好地开发新产品、新功能，开拓更为广泛的应用领域；反过来纺前原液着色也给母粒向着更高、更强的发展提供了广袤的空间。

10.3 进步篇：先进技术、工艺、设备的运用和普及

先进技术、工艺、设备在色母粒工业上运用和普及会给行业带来进步，使行业发展更健康。

10.3.1 计算机辅助测、配色应用的普及

现代人类社会，除了大自然所赋予的五光十色的“自然色”外，我们的生活更离不开色彩缤纷的“工业色彩”。在众多的工业领域中，油墨、涂料、纺织品和塑料制品等行业正是贡

献人们生活所需“工业色彩”最为重要的主力军。对各种色彩的准确评估和配制符合需求的色彩也成为他们日常的主要工作之一。

传统的测、配色完全依赖有经验的配色师以肉眼目测完成。一名合格的配色师必须具有非常丰富的测、配色经验、对各种着色剂的色彩和性能了如指掌、掌握相关材料和化学知识并能熟练使用各种仪器设备。因此，培养一名合格的配色师费时长久，十分不易。虽如此，源于配色师个人对色彩的理解、即时的情绪和身体状况以及工作环境等因素的影响，测、配色结果难免会带有一定的主观性，而且，每次配色须经历初次配色和数次微调色方能完成，费时费力。生活节奏的加快、制品色彩精确性多样性要求、远程色彩信息的传递等实际需求的变化导致传统测、配色方法显得越来越力不从心。

计算机辅助的色彩开发和管理技术的出现和不断完善为人类快速准确进行测、配色提供了有效的帮助。所谓计算机辅助的色彩开发和管理技术简言之就是业内人士所表述的：电脑（计算机）测色或电脑（计算机）配色，它是基于测色仪（分光测色仪）测量并借助于电脑和专门的测色或配色软件经复杂计算比对后给出测色结果或配色建议的技术方法。

任何物质对于不同波长的光都有选择性吸收的特性。物体的颜色正是对全光谱范围的可见光经选择性吸收后的反射光色的视觉体现。

分光测色仪测色、配色系统就是通过分光光度计，将被测物品表面的颜色以被测光谱范围的反射率曲线来表述，并自动录入计算机系统完成测色；配色则以要求配色样板色的反射率曲线为目标，与数据库中已知着色剂各自的标准数据通过专业的配色软件进行比对和换算，自动完成对目标样的配色。整个配色系统中，分光光度计起着举足轻重的作用，它就好似人的眼睛，并且具有比人眼更高的色差辨析能力，由它测出的反射信息经计算机转换成数字化信号，由专门软件进行复杂计算后得出测、配色结果。

测、配色软件当仁不让地成为整个系统的大脑，它承担了信息转换、比对和计算工作，最终给出结果或建议。一般而言，测、配色软件是针对特定行业对色彩设计、管理的要求而设计开发的，例如：印刷、油墨、造纸、涂料以及塑料等行业。着色剂在不同的应用中最终所能体现的色彩不尽相同，性能各异，故此，软件的设计和计算方式也是有差异的，所以说：测、配色软件是具有很强的专业特征的。此外，不同公司设计的软件之间也有着各不相同的特色，对同一颜色的测试结果也可能存在微小的差异。因此，在选择测、配色系统时，不仅要挑选合意的硬件配置，也应关注所带软件的品牌及所在行业的覆盖度。

与传统测、配色方法相比较，我们不难发现计算机辅助的色彩开发和管理技术（电脑测、配色）所具有的优势：

① 快速、准确获得色彩数据或配色建议；

② 避免客观因素：环境、情绪、健康以及主观认知等对测色或配色结果的影响；

③ 建立和采用色彩信息传递的共通语言，避免认知误差；

④ 利用数字化平台建立强大的数据库和颜色档案库；无缝融入企业数字化管理系统；

⑤ 有利于色彩信息的远程传递；

⑥ 快速判定和定性配色缺陷，如：同色异谱等。

在当今信息时代，颜色的数字化管理已呈必然趋势，计算机辅助配色技术在产品开发、生产、质量控制、销售等各个方面都给予极大的便利，因而普及率越来越高。颜色物理学的进步和测试仪器精度的提升结合计算机技术的高速发展，使计算机辅助色彩开发和管理技术成为便于操作的测试手段和行之有效的色彩管理工具而助力整个行业的发展。它也为未来的色彩个性化定制奠定了基础。这一新技术必将推动色彩技术在智能制造的更广的范围内大显身手。它给使用者带来了生产科学化、高效率和经济效益。

10.3.2 FCM/LCM 设备及其分散工艺

颜料被分散的结果直接关乎最终色母产品品质的优劣，选择合乎要求的分散工艺和能帮助实现分散目标的加工设备就成为色母从业者首先要考虑的问题。本书前面的章节对市场上主要通用的分散加工设备及其加工工艺做了一些介绍,其中关于密炼机的性能给人深刻印象。单就对粉体颗粒的分散效果来看，密炼机的剪切分散能力不可小觑，在传统分散工艺中，对于一些特别难以分散的粉体料都会选择密炼分散工艺进行处理。然而，密炼机及其分散工艺本身存在着明显的缺点：首先其操作形式为批次化间歇性生产，且单批次处理量不高，能耗较高，最终表现为生产效率较低；其次，手工劳作占比高，劳动强度大，操作环境污染比较严重。因而，目前常规生产选择纯密炼机工艺的比例呈下降趋势。

双转子连续混炼机组的出现既保留了密炼机特有对物料剪切分散的运动特性，又把原来批次间歇式操作方式改变为连续化生产模式，在有效提升生产效率的同时，也为自动化计量加料配套提供了极大的便利，并由此能够实现过程封闭式生产，从而大大改善了手工加/投料的污染现象，也为加工过程全自动化和计算机控制系统智能化操作提供便利。

鉴于双转子连续混炼机的特点而广受用户市场的关注。国内一些塑料加工设备厂商也投入人力、物力，与知名高校相关院系合作开发生产该类设备，助力该类设备贴近市场需求实际，促进分散加工工艺多样化发展。

双转子连续混炼机组通常被运用的场合及其工艺特点以图 10-2 作一简单叙述。

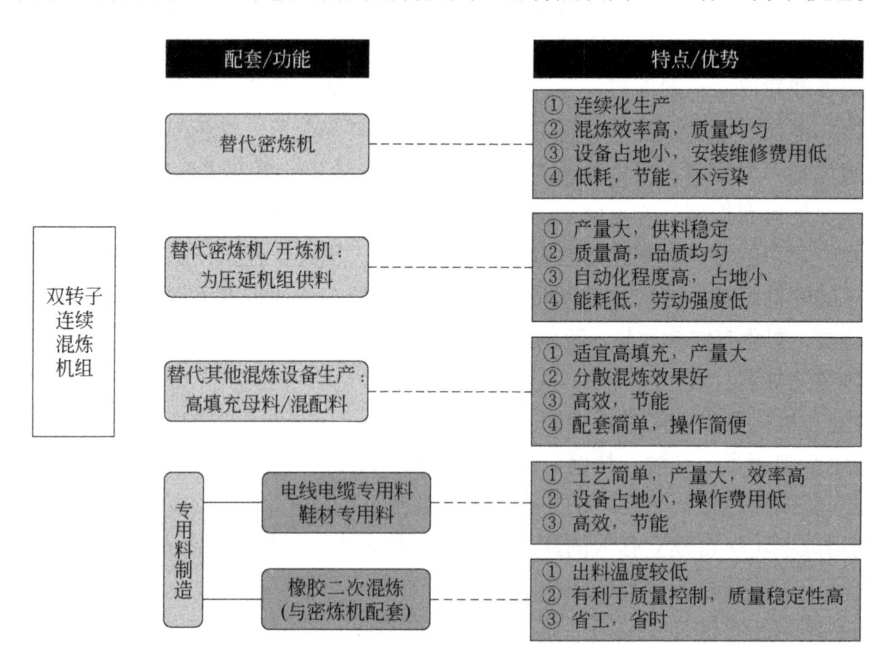

图 10-2 双转子连续混炼机组通常被运用的场合及其工艺特点

双转子连续混炼机通常被用于填充母粒以及高固含量混配料的制造，它具有分散均匀、填充量大、工艺过程简单、生产效率高、节能等诸多特点。尤其它所具备的处理高比例固体粉融入树脂体系的能力是一般螺杆混炼设备所无法企及的。它可用于处理高填充黑白母粒（炭黑填充量在 50%，钛白填充量可达 80%）、无卤阻燃电缆料（填充量在 70%）、各种中压及高压电缆屏蔽料、PE 压力管道专用母粒、无低分子润滑剂的高分散高填充母粒、高档电缆专用料、热塑性弹性体等目前我国市场所急需的高质量的橡塑共混、改性材料。

10.4 趋势篇：颜料预制剂（SPC）的制造和应用

预分散颜料制剂通常被称为颜料预制剂，其英文简称：SPC（single pigment concentration）。它具体特指的是：单一颜料的高浓度预分散制剂。预分散特指颜料被充分或是完全分散，而非一般意义上的分散。其中颜料的分散是基于特殊的工艺手段经由特定的分散设备所完成。

一般来说，塑料着色专用的颜料预制剂是以有机颜料为主（目前也有根据需求而特制的无机颜料制品），其有机颜料的含量约 40% ~ 60%，这是基于每个颜料品种所特有表面特性而能够做到的最大的颜料含量，其余的主要组成是树脂，目前产品主要集中于聚烯烃和 PVC 等大宗应用相适用的载体树脂；特殊的分散手段和严苛的质量控制使得所含的颜料以最细微的颗粒形态呈现，帮助体现最佳的色彩性能和达到颜料固有的应用特性。颜料预制剂产品的外观也呈现多样性：既有约为 0.2 ~ 0.3mm 大小的无规粉体，也有如普通色母粒般大小的粒状制剂，这是最为常见的两种剂型；在它们之间，还有被制成直径约 1mm 的微球体颗粒的剂型，其特点就是与粉状或颗粒状树脂相混都能获得比较理想和稳定的混合效果。

塑料用颜料预制剂的制作工艺目前主要有两大流派。

（1）标准化粉体颜料直接分散工艺

此类工艺采用商业化的、符合出厂规格标准的粉状颜料，经精确配方后与载体树脂混合，再经由树脂熔融、研磨分散、制品成型等工序获得成品。鉴于受一般树脂熔融体流动性和黏度等特性的限制和其对颜料粉体颗粒表面润湿速度及润湿效果等因素影响，采用此类工艺要达到符合真正意义上所谓预制剂所含颜料颗粒“最细微”化的要求，其难度对于行业内的色母从业者来说都是心知肚明的。

目前，在市场上采用此类工艺经营预制剂制造的厂商包含颜料制造者、色母生产商以及其他从事颜料预制剂的从业者，他们的工艺手段和主要生产装备五花八门，各具特点，其产品的质量规范也是参差不齐。其中的佼佼者是那些真正掌握着特有自主工艺和生产技术的探索者。

此类工艺最为明显的优点是，因其采用的是经过标准化工序和严格质量控制检验后的商品化颜料产品，这在最大程度上保障了最终预制剂产品的色彩稳定性，避免了产品批次间色彩差异的烦恼。

（2）液、固转相工艺

完成合成反应和必要化学处理后的颜料悬浮液经过初步过滤去除大部分水分后，直接采用相转换工艺，把原有的液、固相接触状态转换成所需载体与颜料的相界面结合状态，然后通过制品定型加工获得最终成品。

由于采用了在颜料干燥工序之前，颜料微颗粒尚未聚集成为大的聚集体和团聚体之前直接转相的工艺，最大程度上确保了原有的颜料微颗粒状态。因此，这一工艺对制品所应具备的完美的分散特性给予了极大的保障。此外，它还省却了颜料干燥所需的能耗。

因为该工艺所采用的是独立合成反应批次的颜料过滤物，未经标准化处理过程，不能够保证由此生产的预制剂成品批次间质量的一致性和标准性。恰好，颜料制品的标准化是一个十分专业的过程。

在上述两种流派之外，还存在一种结合两者特点的组合型制造工艺。即：采用标准商品化粉状颜料成品，在水相中精细研磨成细微颗粒状色浆（悬浮体），经过滤后再进行液、固转相处理和后续加工，最终获得预制剂成品。其既能实现颜料的良好分散效果，也能保证成品批次间的色彩稳定性和质量标准，然而，这一工艺的缺陷也是显而易见的：制成过程长、工艺复杂、费水且能耗极高，它的高成本成为阻碍市场推广的最大障碍。

颜料预制剂的发展已历经数十年，由油墨、涂料专用进而开发塑料着色专用预制剂，并已日趋成熟且广为市场所接受。在欧美发达国家和地区塑料着色专用预制剂产品的生产和应用早已不是什么新鲜事物。然而，塑料着色用预制剂在中国市场的推广境遇不尽相同，早在二十年前，当时国际一些著名供应商如汽巴、巴斯夫等就已经着手在大陆市场推广颜料预制剂的应用，然而收效十分有限，在国内本土企业中对预制剂的接受程度就更低了。究其原因主要有两个。

① 颜料预制剂最为显著的特点是“预分散”，它的主要使用者群体是色母生产商。而长久以来，中国母粒人一直坚定地认为对颜料的分散是自己的天职，似乎失去这一职责也就失去作为母粒人的存在价值。再加上长期以来国内色母产能远高于实际市场需求，富裕的产能足以应付对颜料分散达标所需的额外耗时。而近年来国内塑料加工设备无论从种类还是性能方面都取得了长足的进步，并且它们本身的成本较之以往也有了大幅度降低，这也更加有利于母粒加工对颜料分散能力的提升。

② 经过深加工的颜料预制剂其售价明显高于颜料粉的价格。简单的价格比较就让许多人望而却步，即使加上一次再分散的返工所需耗费，似乎也抵不上两者的价差。

由此两点造成了塑料着色用颜料预制剂在中国市场发展的迟缓。可以说，造成这一结果的主因还是认知的不全面。

如果仔细探究一下塑料预制剂所具备的众多特性，以及由此带来的深层次的内涵，就不难发现它所能体现的综合性优势。

首先，“预分散”特点是指颜料已经被分散至颗粒“最细微化”，可以认为其分散结果已臻完美。它能帮助提升色母粒成品档次，适用高标准应用，进而帮助拓展高档市场。

预制剂中颜料的良好分散性能够赋予的不仅仅只是提升色彩特性这一点，在生产效率、成品质量、生产调度灵活性等方面都能带来意想不到的益处；此外，预制剂特殊的制品形态也给生产安全和环保提供了有效的保障。我们就用图 10-3 简单归纳一下采用颜料预制剂生产色母粒的诸多好处。

仅从颜料粉和预制剂两者采购价格的比较来确定取舍属于以偏概全，有失公允。如果能够综合全面地比较采购价格、生产效率、减少浪费乃至于更深层次的，如减低污染和环境保护的众多方面，不难看出颜料预制剂的真正价值所在。

随着二十多年来持续不断的推广和尝试，行业间对颜料预制剂的认知逐步更新，更得益于中国色母及其下游终端应用市场的高速发展所带来的对颜料制品各方面要求的提升，颜料预制剂应用在国内市场正悄然发生着可喜的变化：行业对生产效率的追求，制品精细化催生出越来越多对超细、超薄、超微化制造的需求，业内工艺设备逐步趋向生产高度自动化，运转高速化、计量精准化。所有这些无一不对颜料预制剂的介入提供了施展的舞台；此外，伴随政府环保政策的日益严苛，预制剂在粉尘控制方面相较于普通粉末状颜料的优势越发明显。

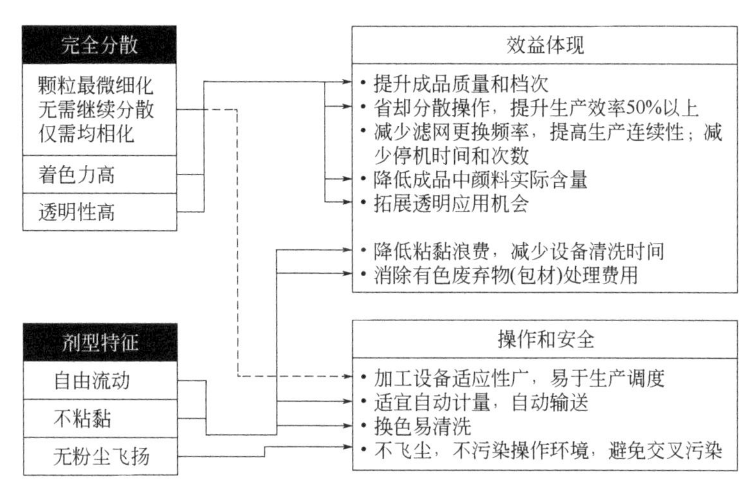

图 10-3 颜料预制剂特征及其所赋予色母加工的益处

鉴于市场需求的逐步转暖，国内近年来也相应出现一些塑料专用颜料预制剂的制造经营厂商，虽然他们在经营规模、产品配套等方面尚处于起步阶段，但是可以确定，假以时日，他们的发展必将对当下进口颜料预制剂产品产生巨大的冲击，而且，这样的冲击不会仅仅停留在销售价格的层面。这样的发展趋势也将会引导现行色母产业的分工格局产生更为合理和优化的改变。

10.5 可持续发展篇：废旧塑料资源再生的大课题

历经 100 多年的发展，塑料合成和塑料制品制造业随着石油化工业的高速发展而水涨船高，尤其在近二三十年，借助于工程塑料家族的壮大和塑料改性技术的不断完善，以塑料替代各种不可再生资源如木材、金属材料、天然纤维材料等已经形成一种全球化的发展趋势，塑料行业无论从树脂种类、制品总量，还是终端应用领域都获得极大的发展，相信这样的发展势头还将长期持续。

塑料制品在带给人们生活上极大便利的同时，也给人类社会提出了极大的挑战，如果处置不当，其后果可以说将是灾难性的。

如何有效控制废塑料制品总量，如何正确合理回收并处理废塑料并使之变废为宝、物尽其用？这已经成为摆在全世界人民面前一道不可回避的问题，废旧塑料回收再利用势在必行，不可回避。废旧塑料资源再生是塑料工业和色母粒工业发展的大课题。

（1）塑料废弃物总量控制和回收再利用迫在眉睫

塑料作为一种有机合成的高分子材料，其制品的加工成型工艺简单、设备投资和运营费用较低、产品制作能耗低、便于着色且制品性能优良，得天独厚的众多优点使得各类塑料制品无论是品种还是总量都逐日递增，塑料制品充斥在国计民生几乎所有的领域之中。然而，任何事物都是具有两面性的。由于塑料制品的易获得性和其相对低廉的价格，陈旧后的淘汰成本压力相对较低；加之一次性使用的塑料制品如杯、餐盒、吸管、薄膜或吸塑包装材料等的普遍使用，更加剧了废旧塑料制品总量的飙升。就塑料材料本身而言，它所具有的材料特性的优点在制品废弃后成为处理的难点。譬如：塑料杰出的耐腐蚀性、耐化学稳定性导致塑料废弃物既不能像木材那样在潮湿环境中自身逐渐腐烂分解或受微生物侵蚀而降解；也不能够如金属般在潮湿空气中而被锈蚀；即使采用填埋处理，大多数的塑料材料在土中历经上百年其本质也不会发生根本的改变，只会成为土地的负担。虽然目前仍有相当数量的填埋处理，但是，有限的土地资源绝无法承受如此巨量的塑料废弃物，且填埋极易导致严重的环境后患。

能否采取如针对某些化学废弃物的方法对废旧塑料进行焚烧处理，答案绝对是否定的。塑料焚烧发热量大，如此巨大的焚烧处理量单从其对气候温室效应无可估量的影响这一点显然就行不通，更何况许多塑料燃烧时会释放出有害气体，如 PVC 中含有氯元素，燃烧时极易产生二噁英类有毒物质。

由此可知，处理废旧塑料制品一不能等待其自生自灭，二不能简单依赖填埋处理，更不可一烧了之。

据统计，目前全球每年生产的塑料制品约 5 亿吨，但每年被回收再利用的总量仅约 5 千万吨，两者相差悬殊。绝大多数遭淘汰的废旧塑料制品流入环境，它们只是被填埋或焚烧这样最简单化的处置。以目前的发展趋势来看，全世界每年塑料产品的使用消耗量还在持续不断的攀升，相应而产生的废塑料已经远远超过现有有效的处理能力，尤其在废塑料回收再利用方面更是力不从心。进入环境中的废塑料对土壤、海洋和空气所造成的巨大污染正日益加剧。在现有的城市固体废物中，废塑料制品的比例已达到 15%～20%，如不加控制，这个比例还将会上升，而其中大部分是一次性使用的塑料制品和各类塑料包装材料。塑料废弃物的处理已不仅仅是塑料工业所应关注的问题，它已成为一个社会公害的大问题而备受国际社会的广泛关注。各国政府和国际组织近年来纷纷相继制定一系列法规以期规范塑料废弃物的处理。

2018 年 5 月 28 号，欧盟委员通过了一项提案：减少塑料产品对环境的影响（DIRECTIVE OF THE EUROPEAN PARLIAMENT AND OF THE COUNCIL on the reduction of the impact of certain plastic products on the environment）。该提案是在欧盟经济发展战略由线性经济发展方式向循环经济发展方式转换的背景下提出的。

欧盟委员的提案中很重要的内容：将于 2021 年开始在欧盟范围内禁止使用一次性塑料产品。这是首次以区域性法规的方式强制性停止了一次性塑料制品的生产和使用，从根本上杜绝了这类产品的泛滥。法案同时规定，到 2025 年塑料产品含再生成分需要超过 25%，到 2029 年塑料产品的回收率要达到 90%的目标。许多国际知名的公司已经纷纷响应了该项提案，如可口可乐、百事、雀巢、宜家、宝洁、联合利华等品牌都宣布在他们塑料制品中所含有一定比例的回收再生料，并承诺继续推进这一比例的逐步提升。

在美国，加州和夏威夷已经立法并执行了一次性塑料袋的禁令；纽约州计划在 2020 年 5 月也开始实施。

在日本，西部的京都地区规划于 2020 年 8 月执行禁止当地零售商向消费者提供一次性塑料购物袋的规定，从 2020 年 7 月开始，日本政府要求全国的零售商停止向消费者提供免费购物袋。

我国作为塑料产品生产和消费的第一大国，这一问题同样也备受中央政府和相关部委的高度关注。2020 年 1 月 19 日，由国家发展改革委、生态环境部公布了《关于进一步加强塑料污染治理的意见》（以下简称《意见》），该《意见》明确指明，到 2020 年底，我国先行在部分地区和部分领域，禁止或限制部分塑料制品的生产、销售和使用；到 2022 年底，一次性塑料制品的消费量应大幅度降低，鼓励并推进替代产品和回收再利用产品的推广。

该《意见》提出，要按照“禁限一批、替代循环一批、规范一批”的思路，推进三项主要任务：①禁止生产和销售超薄塑料购物袋、超薄聚乙烯农用地膜；禁止以医疗废物为原料制造塑料制品；全面禁止废塑料进口；分步骤禁止生产和销售一次性发泡塑料餐具、一次性塑料棉签、含塑料微珠的日化产品；分步骤、分领域禁止或限制使用不可降解塑料袋、一次性塑料制品、快递塑料包装等。②鼓励研发和推广绿色环保的塑料制品及替代产品，探索培育有利于规范回收和循环利用、减少塑料污染的新业态和新模式。③加强塑料废弃物的分类回收清运，规范塑料废弃物资源化利用和无害化处置，开展塑料垃圾专项清理。

要消除废旧塑料对社会环境的负担，采用禁止资源过度消耗等的不合理的塑料制品的生产使用量只是一个方面，更为重要的是必须大力发展循环经济，充分发挥回收再利用的无穷威力，从根本上改变其对环境严重污染的局面。唯有如此，才能解决经济发展与环境保护之间长期存在的矛盾，以求达到经济效益与环境友好的双赢目标。

依据现今的发展趋势判断，至 2030 年，全球范围内的塑料回收再利用率将超过今天的 4 倍，也就是将有 50%的废旧塑料被回收再利用。仅就这一结果，预期到时的塑料回收再利用可以为塑料加工制造行业带来高达 600 亿美元的利润增长。中国作为最具体量的塑料回收和再利用的潜在市场，如能发挥体制优势群策群力达成预期目标，其良好的社会效应和丰厚的经济效益将不可限量。现阶段正是塑料从业者合理规划、积极布局于塑料回收再利用领域的大好时机。

(2) 塑料回收再利用的关键“起手式”——分类

塑料制品无论从树脂类别、制品形态、应用领域、改性形式等方面来分都是五花八门，花样繁多的。每种树脂性能各异，对回收塑料“一勺烩”处理显然行不通。因而，塑料的回收再利用第一步最为基础的是必须先区别不同的树脂种类进行归类。以往只能采取人工回收分类的方法，这一方法除不易准确区分之外，最大的障碍在于效率低下且必须投入大量的人力。与回收再造所得相比，巨大的劳动力成本根本无法与之匹敌，因而不可能达到真正形成产业化、规模化的基本条件。

真正做好回收分类应从两方面着手：首先，如能在弃用之始就进行区别分类投放，将能极大减少回收后分类的工作量；其次，考虑如何进行回收后的甄别分类。曾几何时，一则日本小学生在教室喝完饮料后将饮料瓶体、收缩膜标签和瓶盖分离后分别投入回收容器的视频让无数人唏嘘不已。正是这个视频揭示了一个不容忽视的大课题：正确合理地遗弃包括废旧塑料在内的生活废弃物是全社会的行动，是每个社会人的职责。

回收后的分类受限于回收塑料自身成分的复杂性、人工甄别的不确定性以及巨大的人力成本等因素，依靠人工分类显然可行性不高。可喜的是，随着新兴技术的不断涌现和完善，近年来也产生了一些分拣新技术和新工艺，例如：红外反射识别分类技术、利用密度或电阻率差异实施分类的技术等。相比较而言，其中的光电分类技术的发展较为迅速和完善，达到了符合商业化运营的基本要求。这里所说的光是特指近红外光（NIR，near infrared），近红外具有高灵敏度、高分辨率等最突出的特点，充分发挥这些特点的近红外反射技术就能够很好地帮助实现废塑料的自动化高效识别工作。

（3）什么是近红外反射技术？如何利用这一技术实现分类？

当近红外光照射物体时，频率相同的红外辐射和基团发生共振现象，其辐射能量通过分子偶极矩的变化传递给分子；近红外光的频率和物质的振动频率不相同，该频率的光就不会被吸收。

如果设置连续改变频率的近红外光照射某样品时，由于试样对不同频率近红外光的选择性吸收，通过试样或经试样表面反射后的近红外光在某些波长范围内强度减弱，而另外一些波长范围内的反射则体现较强，经过透射、反射的红外光的强弱变化就携带有该物质的组成和结构的信息。

通过检测器分析透射或反射光线的光密度变化并与基本数据库进行比对，从而确定该物质的组成、属性。通过测定透射光线携带的信息所做的检测，称为近红外透射技术；而依据测定反射光线携带的信息进行的测定，则称为近红外反射技术。

不同的树脂具有各自独有的近红外反射特性。图 10-4 展示了部分树脂在近红外波长范围的反射曲线。由图可以明显看出不同的树脂具有明显的特征波，正是这些特征为我们精确甄别不同塑料材质提供可行且合理的方法。

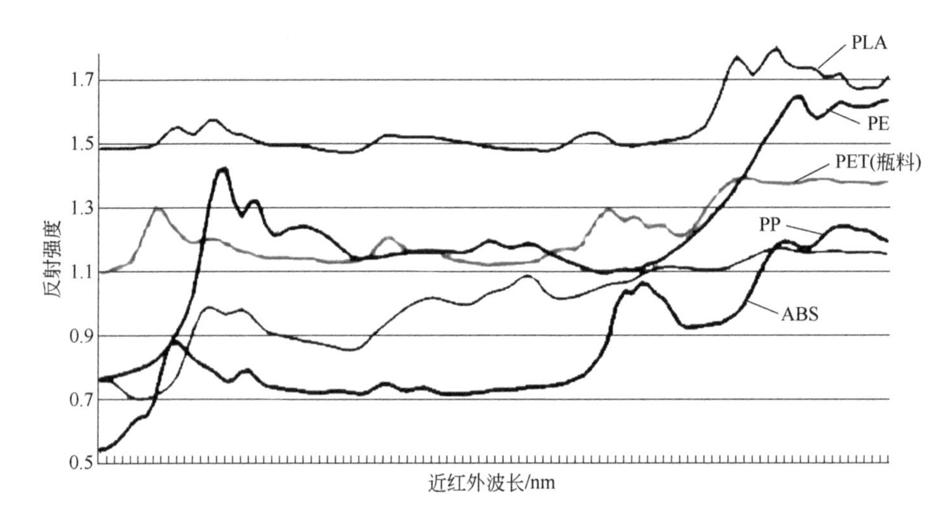

图 10-4 不同树脂的近红外反射曲线

有一个不容忽视的问题。大多数的塑料制品，尤其是民用制品都是带有颜色的。那么作为着色剂的颜料或染料也会对近红外辐射产生选择性吸收、透射和反射，两者反射特性的叠加是否会对材料的判别产生影响？大量的实验证明：影响确实存在。但是，对于大多数着色塑料制品来说一般不会造成甄别的障碍。有一个规律是，对于特别深色的着色塑料，其区分难度较大。需要明确说明的是：在配色时采用炭黑颜料进行调色或直接配灰、黑色，对于采用近红外技术区分塑料材质将是不利的。

由于炭黑的光学特性是无论对紫外、可见光还是红外范围内各个波长的辐射都呈现出极高的吸收率，极少反射。因此，基本无法透过反射波分析材质信息。即使炭黑的添加量很小，然而其影响也足以阻绝反射信息。避免这种干扰的方法就是寻找到对红外辐射吸收不强的黑色着色剂以替代炭黑。

颜料棕 29（Br.29）作为一款无机黑色颜料就能很好地帮助达成配色和借用近红外反射

达成自动分类回收再利用的双重目标。以难度最高的纯黑色为例，分别采用 Br.29、炭黑以及它们二者相合，配制 PET 黑色制品并分别检测制品对近红外的反射特性，得到图 10-5 所示结果。

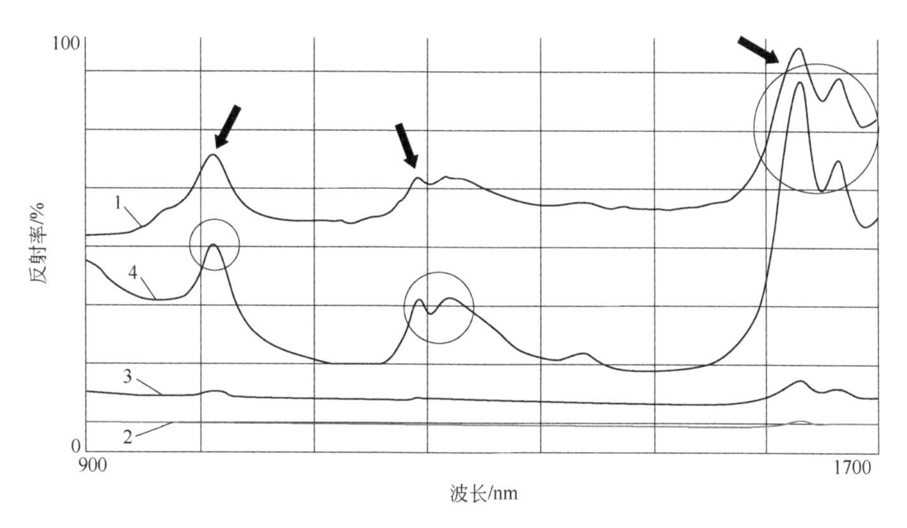

图 10-5 无机黑色颜料近红外的反射特性图

1—基础树脂；2—纯炭黑；3—炭黑+Br.29；4—红外反射（黑色）

由图 10-5 可以清晰地看到：

① 反射波上端曲线 1 是 PET 材料的反射曲线，辐射范围内的几个特征波峰十分明确；

② 反射波曲线 4 是用 Br.29 着色的黑色 PET 样，明显可见辐射范围内的红外反射变化，尤其数个反射特征波峰与载体材质的特征十分吻合；

③ 底下曲线 2 是采用炭黑着色的 PET 样，辐射范围内的红外光几乎都被吸收，极少反射，且无明显强弱变化，根本无法提供任何树脂的成分信息；

④ 反射波曲线 3 是由炭黑和 Br.29 混合进行着色的 PET 样，其中着色剂中炭黑占比仅为 5%，结果显示：单就红外反射而论，虽然炭黑加量极微，但其影响极大，与纯炭黑结果相比并无实质性区别。

这一试验告知我们：Br.29 的确能够帮助实现着色塑料进行近红外分类的黑色着色剂品种。市面上还有一些近红外反射或透射的黑色颜料、染料品种，但是，或由于自身耐受性能和牢度性能的限制；或受制于着色成本的居高不下，它们的综合性价比尚不及 Br.29。

(4) 如何实施近红外自动识别分类?

我们试用图 10-6 所示简单描述分类的实施过程:

① 需分类的废旧塑料经初步处理成颗粒度相对均匀的颗粒后，由低速传送带抛落至高速传送带平铺分布输送；

② 高速传送带尾部上方的近红外线光谱识别仪利用红外线照射，捕集反射光谱信息并转换成数字信号，并与数据库相应信息比对，从而分析获得物体的材质特性，发出分选指令；

③ 分选指令传递给气流喷射系统，在对应的时间（位置），开启空气喷嘴，把选定的塑料颗粒吹出；

④ 被选中吹出塑料颗粒循抛物线轨迹进入指定容器（或通道），未吹出塑料颗粒依照传送带输送速度自然落入相应容器（或通道）。

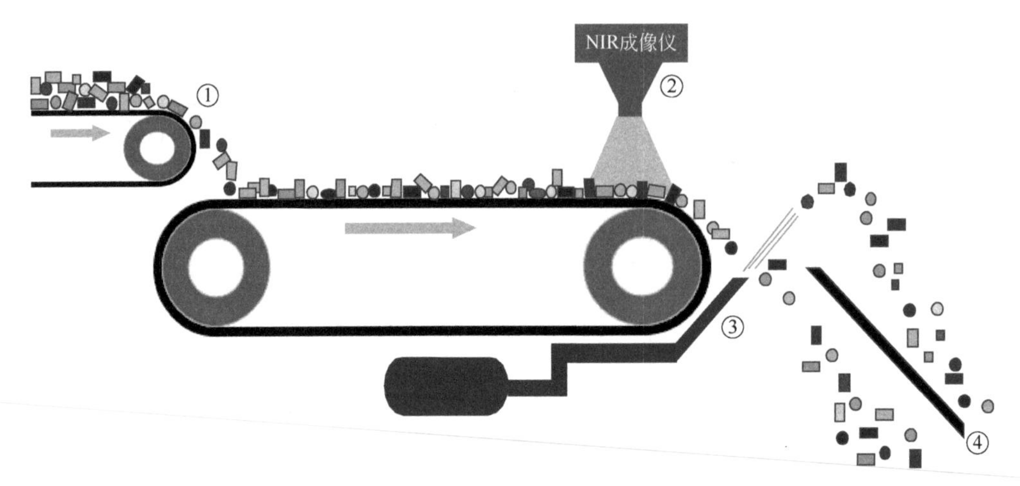

图10-6 分类的实施过程

这样的识别分选系统十分灵敏，通常在分选工作的最终环节被运用。运用此技术能比较容易地区分 LDPE、HDPE、PP、PET、PET-G、PS、PVC、ABS、PA6 等树脂。一般经过两次或多次识别分选，被选回收塑料的纯度可达 98% ~ 99%。

本节标题之所以把废旧塑料资源的再生利用定性为“大课题”主要是想强调：废旧塑料的回收再利用是关乎全社会的一个系统性的巨大行动，我们上面所提及的只是这个系统工作的冰山一角，这个工作的起始点不是在塑料制品成为废弃物之后，而恰恰在制品设计和材料配方选择之初就已经确定了今后回收再利用的可行与否。作为色母从业者的我们更应该关注和掌握这些重要知识，加强这方面的意识，选择合乎要求的着色剂，从原始配方入手，提供符合资源再生要求的塑料制品解决方案。

总而言之，废旧塑料回收再利用势在必行，其行业的专业化、规范化、规模化要求必将日益提升完善；各种新技术、新工艺的不断引入也将助力这个行业的快速发展，从业者的效益也必将产生极大的改善。利国利民，大有可为。

10.6 挑战篇：高性能塑料着色之挑战

何为高性能塑料？怎样的性能可谓之“高”？

对于这一问题，目前国内外对它的定义及所涉及的品种也还没有一个明确和统一的认识。单就对这类产品的称呼也是纷杂不一：有称之为特种工程塑料（SEP）、超级工程塑料的；也有以高性能热塑性塑料或高性能聚合物来称呼的。我们在此姑且以高性能塑料来特指该塑料品种，以区别于通用塑料和普通工程塑料。相信随着技术发展的进步，这类塑料产品也必将有一个合适统一的名称和合理的归类。

能够规类为高性能塑料的产品都有着比较明显的结构特征和性能特点：具有刚性骨架、

大分子主链上均含有大量的芳环或杂环、有的共轭双键还以梯形或者半梯形结构有序排列、分子的规整性好；呈现出高刚性、高熔点或高黏流温度等特点，即使在高温下，其分子链仍能保持相对固定的排列。约定俗成的一个区分尺度：可长期耐受使用温度在150℃以上的塑料品种可归为高性能塑料。按照这一尺度，目前被列入高性能塑料的主要品种（或类别）有：

聚苯硫醚	PPS	polyphenylene snlfide;
聚酰亚胺	PI	polyimide;
	均苯型聚酰亚胺	homo-benzene polyimide
	可溶性聚酰亚胺	soluble polyimide
	聚酰胺-酰亚胺（PAI）	poly(amide-Imide)
	聚醚酰亚胺（PEI）	polyetherimide
聚芳醚酮	PAEK	poly (aryl ether ketone);
	代表品种：聚醚醚酮	PEEK　poly (ether ether ketone)
液晶聚合物	LCP	Liquid crystal polymer
聚砜	PSF	polysalfone
聚芳砜	PASF 或 PAS	polyarylsulfone
聚醚砜	PES	polyethersulfone

……

另外，部分具有特殊性能的材料也被归于高性能塑料范围，比如：氟塑料和有机硅塑料因其具有突出的耐高温、自润滑等特殊功能，也被规入高性能塑料之列。

高性能塑料的崛起在给色母行业展现机会的同时，也给色母从业者提出了极大的挑战。对于色母从业者来说，这些挑战主要集中在如下几个方面。

首当其冲的挑战是温度。在高性能塑料具有的众多突出性能中，单就由于它们优异的热稳定性所必须要求的超高的加工温度就已经远超人们对常规塑料热加工条件的认知。表10-1列出了部分高性能塑料的热性能参数。

表10-1　部分高性能塑料的热性能参数

高性能塑料	玻璃化转变温度/℃	熔点/℃	长时间使用温度/℃	外观
PPS	150	281	240	白色
PSF	—	280	160	浅琥珀色
PASF	288	—	260	琥珀色
PES	225	—	180～200	淡黄-灰褐色
PEEK	143	334	260	—
TPI	250	—	230～240	—
LCP	—	300～425	200～300	白色-米黄色
PTFE	—	327①	260	白色半透明
		…		

① 无明显熔点，327℃时机械强度突然消失。

表10-1所列部分高性能塑料的热性能数据可以明确它们的热稳定性极高，因而其加工制作时的工艺温度一般都远超300℃，这对于着色剂而言是一个极大的挑战，尤其对于有机的染料、颜料来说更是一道难以逾越的障碍。目前仅有有限的几个有机染料、颜料产品能在略高于300℃的加工温度下被勉强选用，高于340℃的几乎全军覆没。因而，能够适用的仅剩

一些高性能无机颜料产品，例如晶红石或尖晶石结晶型类别的颜料产品。而通常无机颜料的色彩性能体现在着色力和色彩鲜艳度较低，因而想要获得比较强烈的色彩和鲜艳的色泽比较困难。这无疑给着色剂的选择加大了难度。目前而言，能够勉强符合部分高性能塑料着色的染料、颜料产品类别见表 10-2。

表 10-2 勉强符合部分高性能塑料着色的染料、颜料的索引号

无机颜料	溶剂染料	有机颜料	无机颜料	溶剂染料	有机颜料
P.Y. 53	S.G. 5	P.Y. 215	P.R. 101	S.R. 225	P.B. 60
P.Br. 24	S.Y. 114	P.Y. 150	P.B. 28	S.V. 13	P.B. 15:1/3/4
P.Y. 119	P.Y. 147	P.R. 149	P.B. 36	S.B. 104	P.G. 7
P.Y. 164	S.Y. 163	P.R. 179	P.G. 50	S.B. 132	P.G. 36
P.Y. 216	S.O. 60	P.R. 202	P.Bk. 28	S.G. 3	
P.Br. 29	S.R. 52	P.R. 122	P.Bk. 27		
P.O. 82	S.R. 195	P.V. 23			

上述所提及的仅为可能适用的着色剂结构（类别），而非明确特指某一具体产品，究其原因主要是因为每家供应商在设计制造自身产品的时候通常都有对自己产品的应用定位，其应用特性的具体表现也就带有明显不同的特征，更何况不同的配方都有自身不同的添加体系和工艺要求，能否适用也就没有现成规律可循。因此，必须着重指出：着色剂是否适用应由使用者依据自己产品的要求和制作工艺进行模拟检验以判断其适用性。

另一个挑战主要是源于高性能塑料材料及其体系本身对着色后制品色彩表现力的影响：①许多这类材料本身带有明显的颜色，一般为乳白-灰色或深浅不等的琥珀色、棕色等；②大部分的高性能塑料需要进行填充改性或是以合金形式来改善或提升某些力学性能，许多填充材料如玻纤、矿物纤维以及一些粉体矿物材料本身都有或深或浅的色泽；经合金改性的材料色泽也会有不同程度的改变。它们所带来的消色作用和配色障碍对于高性能塑料原本就十分困难的着色工作来说更是雪上加霜。

随着科学技术的进步，相信会有越来越多的新型高性能塑料材料不断出现，也会继续对塑料着色的从业人士提出更新、更难的要求，这就需要我们大家不断探索，与着色剂开发生产厂商共同努力，以满足市场不断提高的要求。

参考文献

[1] 周春隆. 有机颜料技术//中国染料工业协会有机颜料专业委员会, 2010.

[2] 周春隆. 有机颜料技术: 续篇//中国染料工业协会有机颜料专业委员会, 2020.

[3] 周春隆. 有机颜料化学及进展//全国有机颜料协作组, 1991.

[4] 周春隆. 有机颜料百题百答//台湾福记管理顾问有限公司, 2008.

[5] 田禾, 等. 功能性色素在高新技术中的应用. 北京: 化学工业出版社, 2000.

[6] 沈永嘉. 有机颜料——品种与应用. 北京: 化学工业出版社, 2007.

[7] Hartmut Endri. Inorganic coloured Pigments Today. Germany, 1998.

[8] [德]冈特・布克斯鲍姆. 工业无机颜料 (原著第3版). 朱传棨等译. 北京: 化学工业出版社, 2007.

[9] 朱骥良. 颜料工艺学. 北京: 化学工业出版社, 2001.

[10] Robert A. Charvat. Coloring of plastics Second Edition. USA, 2003.

[11] [德]阿尔布雷希特. 塑料着色. 乔辉等译. 北京: 化学工业出版社, 2004.

[12] 程远佳, 等. 塑料密炼机. 北京: 轻工业出版社, 1982.

[13] 吴立峰, 等. 塑料着色和色母粒. 北京: 化学工业出版社, 1998.

[14] 吴立峰, 等. 色母粒应用技术问答. 北京: 化学工业出版社, 2000.

[15] 吴立峰, 等. 塑料着色配方设计. 北京: 化学工业出版社, 2002.

[16] 徐扬群. 珠光颜料的制造加工与应用. 北京: 化学工业出版社, 2005.

[17] 陈炳炎. 光纤光缆的设计和制造. 杭州: 浙江大学出版社, 2003.

[18] 陈信华, 等. 塑料着色剂——品种·性能·应用. 北京: 化学工业出版社, 2014.

[19] 陈信华, 等. 塑料配色——理论与实践. 北京: 化学工业出版社, 2017.

[20] 宋波. 荧光增白剂及其应用. 上海: 华东理工大学出版社, 1995.

[21] [瑞士]汉斯・茨魏费尔. 塑料添加剂手册 (原著第5版). 欧育湘等译. 北京: 化学工业出版社, 2005.

[22] 周春隆, 穆振义. 有机颜料索引卡. 北京: 中国石化出版社, 2004.

[23] 周春隆. 塑料着色剂 (有机颜料与溶剂染料)的特性与进展. 上海染料, 2002(6): 26-30.

[24] 周春隆. 有机颜料制备物技术及其应用. 上海染料, 2013(3): 22-44.

[25] 俞鸿安. 加工颜料及其应用. 染料与染色, 1989 (3): 1-9.

[26] 宋秀山. 苯并咪唑酮颜料的回顾. 上海染料, 2012(4): 30-32.

[27] 宋秀山. 高档有机颜料的研究. 上海染料, 2011(4, 5): 18-24.

[28] 杨薇, 杨新纬. 国内外溶剂染料的进展. 上海染料, 2001(1): 38-54.

[29] 乔辉, 等. 中国色母粒行业调查与分析. 塑料, 2012(2): 1-4.

[30] 孙贵生, 万强, 毕其兵. 粘胶纤维原液着色超细紫色色浆分散性及纤维性能. 人造纤维, 2010(5): 2-4.

[31] 明章勇, 黄翔宇, 林智红. 原液着色腈纶工业化生产技术. 合成纤维工业, 2004(4): 39-41.

[32] 窦善庆, 楚显辉, 陈世明, 董梅萱. 涤纶短纤维“注射法”纺前着色工艺试验. 合成纤维, 1984(2): 1-4.

[33] 张红鸣. 维纶的纺前着色. 上海染料, 2014(5): 28-30.

[34] 张红鸣. 粘胶纤维纺前着色. 上海染料, 2014(6): 45-51.

[35] 张红鸣. 涤纶的纺前着色. 上海染料, 2014(2): 52-55.

[36] 李文昌. 塑料母体的着色工艺. 塑料工业, 1984 (3): 14-16.

[37] 李文昌. 塑料着色用咪唑啉凝聚剂的研究. 塑料工业, 1981(6): 11-13.

[38] 张宏炎. 湿法工艺丙纶用色母粒生产中有关问题的探讨. 塑料加工应用, 1990(3): 29-32.

[39] 陈信华, 孙淦之. 橡皮电缆用新型着色剂. 电线电缆, 1987(5): 29-31.

[40] 赵广贤. 橡胶着色剂的开发, 制备与实效. 中国橡胶, 2009(20): 40-42.

[41] 陈华明, 陈保平. 光纤松套管工艺对带状光缆的影响研究. 光通信研究, 2010(6): 37-39.

[42] 闫燕, 黄海. 尼龙用着色剂. 染料与染色, 2009(5): 32-36.
[43] 毛亚琴. 聚乙烯蜡的种类和应用研究发展. 塑料助剂, 2019(2): 18-21.
[44] 崔小明. 聚乙烯蜡的生产及应用前景. 精细与专用化学品, 2014(2): 33-36.
[45] E. Richter , 骆为林, 沈新元. 着色聚丙烯纤维用的蜡. 国外纺织技术, 2001(3): 17-18.
[46] 陈信华. 颜料的分散. 染料工业, 1987(3): 44-46.
[47] 胡国南. 国内外色母粒生产概况及发展趋势. 塑料制造, 2007(4): 57-61.
[48] 陈信华. 丙纶原液着色剂. 合成纤维, 1983(3): 40-43.
[49] 贺怀军, 徐其新. 丙纶色母粒的生产工艺与应用研究. 国外塑料, 1995(1): 49-53.
[50] 孙玉声. 丙纶染色用色母粒原材料选择与工艺技术. 兰化科技, 1993(9): 214-217.
[51] 李桥棋, 等. 农用地膜染色用炭黑母粒的研制. 合成树脂和塑料, 1991(1): 20-25.
[52] 王文强, 张无为. 薄层涂覆用色母料的研制与应用. 塑料科技, 1991(1): 16-18.
[53] 孙玉声. ABS 色母粒制造及其应用. 塑料工业, 1988(6): 23-27.
[54] 常俊山. 丙纶地毯流行色色母粒的研制. 石化技术, 2002(1): 28-32.
[55] 赵晓婷, 金剑, 王利平. 聚酯纤维原液着色技术的研究现状. 合成纤维工业, 2018(2): 51-55.
[56] 程红原, 国旺, 王卓. 聚乙烯管材炭黑色母的研制和应用. 化学建材, 2008(5): 1-3.
[57] 陈德标. 高速挤出级通信电缆绝缘用聚烯烃着色母料研制. 塑料通讯, 1996(4): 19-22.
[58] 孙玉声. 聚乙烯电缆着色专用色母粒技术. 合成树脂及塑料, 1987(3): 51-55
[59] 徐长征. 通信电缆着色母粒干法制备技术. 塑料科技, 1996(4): 15-18.
[60] 陈国斌. 黑色聚乙烯电缆护套料的试制与生产. 塑料工业, 1991(5): 53-56.
[61] 许磊, 蒋玉仙. 通信电缆光缆 LLDPE 护套料用黑色母料的研制. 铁道师院学报, 2001(1): 28-31.
[62] 王晓东. 威达美 TM(Vistamaxx)丙烯基弹性体性能及应用. 化工新型材料, 2014(5): 248-250
[63] 樊书德. 关于 PVDC 肠衣薄膜的着色——兼论 PVDC 肠衣薄膜采用 GB 9685-2003 的方法. 塑料包装, 2007(1): 35-42.
[64] 严雪英. 塑料色母粒色差原因和改进. 上海塑料, 2008(1): 33-35.
[65] 刘晓梅, 周建军. 汽车内饰涤纶织物着色剂. 染料与染色, 2010(5): 22-24.
[66] 章杰. 化学纤维原液着色用新型着色剂. 湘潭化工, 1995(1): 1-7.
[67] 杨蕴敏, 余晓华. 聚酯纤维纺前着色技术的进展. 合成纤维工业, 2008(6): 53-56.
[68] Vaman G Kullkarni, 金立国. 化纤用色母粒和功能母粒最新进展. 合成纤维工业, 2006(5): 48-50.
[69] 张恒等. 户外测试检验加速测试. 装备环境工程, 2010, 7(03): 105-109.
[70] 张正潮, 楼才英. 浅谈耐日晒色牢度的测试标准. 印染, 2005(3): 41-42.
[71] 章杰. 有机颜料安全性探讨. 上海染料, 2011(5): 18-27.
[72] 周姝萌. 对食品接触用塑料材料及制品国家新标准的解读. 塑料, 2018(4): 108-110.
[73] 李杰, 夏飞, 时凯. 《食品安全国家标准 食品接触材料及制品用添加剂使用标准》应用探讨. 塑料助剂, 2017 (6): 1-4.
[74] 王蕾, 翁云宣, 赵艳, 凌伟. 食品接触用塑料制品安全国家标准与检验问题探讨. 食品安全质量检测学报, 2018, 9(24): 6345-6354.
[75] 夏亚栋. 绿色包装材料 PLA(聚乳酸). 上海包装, 2016(2): 39-41.
[76] 郝春霞, 赵玉柱, 吴振宇. 生活垃圾中废塑料分选回收技术概述. 北方环境, 2013(11): 27-29.